Überströme in Hochspannungsanlagen

Von

J. Biermanns

Chefelektriker der AEG-Fabriken für Transformatoren
und Hochspannungsmaterial

Mit 322 Textabbildungen

Berlin
Verlag von Julius Springer
1926

ISBN-13: 978-3-642-98813-4   e-ISBN-13: 978-3-642-99628-3
DOI: 10.1007/978-3-642-99628-3

Vorwort.

Als ich vor nunmehr über 6 Jahren mein Buch über „Magnetische Ausgleichsvorgänge in elektrischen Maschinen" der Öffentlichkeit übergab, mußte ich in seinem Geleitwort feststellen, daß damals die Ausgleichsvorgänge ein Studium für wenige geblieben waren. Das ist heute anders geworden.

Bei den großen Leistungen, die heute in unseren elektrischen Zentralen und in den einzelnen Maschineneinheiten zusammengeballt sind, und bei den großen Anforderungen, die an die Betriebssicherheit gestellt werden, sind die durch die magnetischen Ausgleichsvorgänge ausgelösten Überströme ein Faktor geworden, mit dem der Ersteller und der Betriebsleiter einer Anlage unbedingt zu rechnen gezwungen sind. Sie konnten sich gegen ihre Folgeerscheinungen nur schützen, indem sie sich mit ihrer Eigenart vertraut machten; die Ausgleichsvorgänge sind ihnen so ihrem Wesen nach heute durchaus geläufig geworden.

Der in der Praxis stehende Ingenieur muß indes noch mehr von sich verlangen. Genau so, wie er den normalen Betrieb und die normale Beanspruchung der elektrischen Anlagen und ihrer Teile rechnungsmäßig beherrscht, muß er dazu auch bezüglich der durch die magnetischen Ausgleichsvorgänge ausgelösten abnormalen Beanspruchungen imstande sein. Dazu braucht er aber Rechnungsgrundlagen, die ihm die vorliegende neue Auflage meines Buches liefern soll. Zu diesem Zweck mußte die erste Auflage nicht unwesentlich erweitert und vervollständigt werden, und zwar hauptsächlich durch Hinzufügung eines praktischen Teiles, der die im Netz sich abspielenden Ausgleichsvorgänge und ihre sowie ihrer Folgewirkungen zahlenmäßige Erfassung behandelt. An der Frage der Schutzeinrichtungen konnte dabei selbstverständlich nicht vorbeigegangen werden, denn gerade sie interessieren schließlich vom Standpunkte der Betriebsführung aus am meisten.

Der ursprüngliche Charakter meines Buches hat sich dadurch so sehr geändert, daß ich glaubte, dem durch die Wahl eines neuen Titels Rechnung tragen zu müssen.

Als in der Praxis stehender Ingenieur habe ich mich bemüht, möglichst in der Sprache der Praxis zu sprechen. So habe ich mich in der Wahl der mathematischen Hilfsmittel möglichst beschränkt, um den Leser nicht auch noch mit neuen mathematischen Disziplinen zu belasten, selbst wenn dafür stellenweise eine etwas breitere Darstellung in Kauf genommen werden mußte. Die zahlreichen Abbildungen und Kurven sollen das Verständnis erleichtern, ebenso, wie die vielen Oszillogramme und Versuchsergebnisse dafür sorgen sollen, daß nirgends die Fühlung mit der Praxis verloren geht. Wo angängig, sind Zahlenbeispiele eingestreut, um dem Leser die praktische Anwendung der Ergebnisse der Theorie zu erleichtern. Der zweite, praktische Teil ist so selbständig gehalten, daß er auch für solche Leser verständlich ist, die sich nicht erst in den ersten, mehr theoretischen Teil des vorliegenden Buches vertiefen wollen.

Ich hoffe, um mit dem letzten Absatz des Vorwortes der ersten Auflage zu schließen, dadurch das Studium der Ausgleichsvorgänge auch denjenigen Fachgenossen mundgerecht gemacht zu haben, welche der trockenen Theorie keinen Geschmack abgewinnen können.

Berlin-Karlshorst, im Januar 1926.

J. Biermanns.

Inhaltsverzeichnis.

I. Allgemeines.

Als der Elektromaschinenbau die ersten Anfänge überwunden hatte und seine nun folgende beispiellose Entwicklung einsetzte, die zu immer gewaltiger gesteigerten Maschinenleistungen und gleichzeitig besserer Materialausnutzung führte, sah sich der Elektrotechniker bald vor Erscheinungen gestellt, die ihm bisher fremd waren und welchen er, obwohl sie gelegentlich verheerende Wirkungen zeitigten, zunächst hilflos gegenüberstand. Es ist merkwürdig, daß, obwohl die Theorie, soweit es sich um betriebsmäßige und stationäre Vorgänge handelte, bald auf eine sichere Grundlage gestellt und den Bedürfnissen der Praxis angepaßt wurde, das Wesen der Ausgleichsvorgänge lange in Dunkel gehüllt blieb. Erst die letzten Jahre haben hier, dank der intensiven Arbeit einer Reihe von Fachgenossen, Wandel geschaffen, und man kann wohl sagen, daß heute eine ziemliche Klärung eingetreten ist.

Wir sprachen im vorhergehenden von Ausgleichsvorgängen. Wir verstehen darunter solche nichtstationäre Vorgänge, die bei der plötzlichen Störung des jeweiligen Gleichgewichtszustandes einer elektrischen Maschine ausgelöst werden und die zu dem neuen, den veränderten äußeren Bedingungen entsprechenden Zustande hinüberleiten. Dabei wird es sich in den meisten Fällen nicht um rein elektrische Vorgänge handeln. Denn in der Regel bedingen die Schwankungen der elektrischen Größen — Spannung, Strom, Feld — auch Pulsationen der mechanischen Größen — Drehmoment, Drehzahl — und eine strenge mathematische Behandlung ist gezwungen, diese sämtlichen Faktoren in ihrer gegenseitigen Abhängigkeit in den Kreis ihrer Betrachtungen einzubeziehen. Um aber den hierdurch bedingten mathematischen Schwierigkeiten aus dem Wege zu gehen, können wir die Zahl der Ausgleicherscheinungen in zwei Klassen einteilen, in solche, bei welchen die mechanischen Pendelungen der Maschine die Hauptrolle spielen, z. B. das Pendeln parallellaufender Synchronmaschinen, und in solche, bei welchen die Änderung der mechanischen Größen nur nebenbei auftritt, ohne für das Wesen des Ausgleichsvorganges selbst charakteristisch zu sein. Hierzu ein Beispiel.

Ein Synchronmotor, der an ein Netz angeschlossen sei, werde plötzlich kurzgeschlossen. Vor dem Kurzschluß waren in ihm ein gewisser mechanischer und ein gewisser magnetischer Energiebetrag aufgespeichert, die beide während des ungestörten Gleichgewichtszustandes zeitlich konstant blieben; der Motor nahm lediglich elektrische Energie aus dem Netz auf, die er, nach Abzug der Verluste, in Form mechanischer Energie an seine Welle weitergab. Nach eingetretenem Kurzschluß hört die Energiezufuhr aus dem Netz, da die Klemmenspannung des Motors Null wird, auf, und der Motor bleibt sich selbst überlassen. Die Erfahrung lehrt nun, daß der Motor sich in wenigen Sekunden unter bedeutenden Stromstößen bis auf einen geringen, den Streufeldern und den Ohmschen Spannungsabfällen im stationären Kurzschluß entsprechenden Betrag entmagnetisiert und nach Erreichung des neuen Gleichgewichtszustandes, wenn wir von den stationären Verlusten absehen, mit einer um ein Geringes verminderten Drehzahl weiterläuft. Fast die gesamte, im Motor aufgespeicherte magnetische Energie wurde also im Momente des Kurzschlusses in Freiheit gesetzt und in ganz kurzer Zeit in den Ohmschen Widerständen der Wicklung vernichtet, ja, in diesen Vernichtungsprozeß wurde sogar ein Teil der im Motor aufgespeicherten lebendigen Energie mit hineingezogen. Man wird nun nicht etwa behaupten wollen, daß das geringe Abfallen der Drehzahl besonders charakteristisch für den Verlauf des eben geschilderten Vorganges wäre, im Gegenteil, derselbe hätte sich sicherlich genau so abgespielt, wenn wir uns den Motor mit einem Schwungrad von so großem Trägheitsmoment gekuppelt gedacht hätten, daß die dem Motor entzogene lebendige Energie keine Änderung der Winkelgeschwindigkeit des Systems hätte hervorbringen können.

Mit dieser zweiten Klasse der Ausgleichserscheinungen wollen wir uns im folgenden in erster Linie beschäftigen. Dabei können wir uns, außer durch Vernachlässigung des Einflusses der mechanischen Größen, unser Problem noch weiterhin vereinfachen. In jeder Maschine werden neben den magnetischen Feldern auch elektrische Felder auftreten, und diese besitzen ebenfalls die Fähigkeit, Energie aufzuspeichern. Nun ist aber die in diesen Feldern aufgespeicherte Energie im Vergleich zur magnetischen Energie hier so geringfügig, daß wir den Einfluß der Kapazität der Wicklungen ohne weiteres vernachlässigen können. Wir scheiden dadurch eine Reihe von Erscheinungen aus, die sich den uns allein interessierenden überlagern, ohne sie zu stören, und die mehr in das Gebiet der Überspannungen gehören.

Bei den von uns zu betrachtenden Erscheinungen dient somit als Energiequelle lediglich die in dem betreffenden System aufgespeicherte magnetische und mechanische Energie, und das Charakteristische der Vorgänge besteht in einem Freiwerden der magnetischen Energie, beispielsweise unter kurzschlußähnlichen Erscheinungen. Es kann sich aber auch um den umgekehrten Fall handeln, nämlich um den Aufbau eines magnetischen Feldes, z. B. infolge eines Einschaltvorganges, und die Feldenergie muß in diesem Falle von außen in Form elektrischer Energie zugeführt werden. Beide Fälle sind jedoch eng verwandt, sie gehorchen genau denselben mathematischen Gesetzen, und nur das Studium der besonderen Form, in welcher sich der eine oder andere Vorgang abspielt, wird im folgenden unsere Aufgabe sein.

Die Erkenntnis der praktischen Bedeutung der magnetischen Ausgleichsvorgänge hat sich in den letzten Jahren immer mehr durchgesetzt, diese wurde vielen Fachgenossen ja auch sinnfällig genug vor Augen geführt. Schwere Wicklungszusammenbrüche von Generatoren und Transformatoren, Ölschalterexplosionen, zerstörte Kabel und Kabelmuffen sind nur einige der Erscheinungsformen, unter welchen sie — gebieterisch genug — auftraten. Wir können nur dann ein abgerundetes Bild von den magnetischen Ausgleichsvorgängen erhalten, wenn wir uns im folgenden außer mit ihrem Wesen und ihrem Verlauf auch mit ihren Wirkungen und, nicht zuletzt, mit den Schutzeinrichtungen zu ihrer Unschädlichmachung beschäftigen.

II. Der einfach verkettete magnetische Fluß.

1. Die Energie des magnetischen Feldes.

Wenn ein magnetisches Feld einmal erregt ist, so bedarf es keiner äußeren Energiezufuhr, um erhalten zu bleiben; ebensowenig gibt es fortwährend Energie nach außen ab. Aber es repräsentiert einen ganz bestimmten, in ihm aufgespeicherten Energiebetrag, der bei seiner Entstehung aufgewendet werden mußte. Umgekehrt muß dieser Energievorrat wieder frei werden, wenn das Feld verschwindet.

Man kann sich diese Verhältnisse sehr bequem an einem Stahlmagneten veranschaulichen. Wir denken uns einen hufeisenförmigen Stahlmagneten. Im Ruhezustande findet in demselben keinerlei Energieumsetzung statt. Daß er jedoch befähigt ist, Arbeit zu leisten, bemerken wir, wenn wir seinen Polen ein Stück weiches Eisen nähern. Indem der Magnet dieses mit einer gewissen Kraft anzieht, leistet er mechanische Arbeit, gleichzeitig verschwindet das in der Umgebung des Magneten vorhanden gewesene Feld, indem das Eisen sämtliche Kraftlinien ansaugt[1]). Die potentielle Energie des vom Magneten ausgesandten Feldes hat sich somit in mechanische Arbeit umgesetzt.

---

[1]) Man darf sich nicht zu dem Trugschluß verleiten lassen, als wäre nun die ganze magnetische Energie vom Eisen aufgesaugt worden. Die magnetische Energiedichte dringt, wie wir wissen, nur in sehr geringem Maße in Eisen ein.

Entfernen wir umgekehrt das Eisenstück wieder, so müssen wir dem System mechanische Arbeit zuführen, die zum Wiederaufbau des magnetischen Feldes dient.

Uns interessiert nun vor allem die Größe des in einem magnetischen Felde aufgespeicherten Energiebetrages, denn die im magnetischen Felde aufgespeicherte Energie ist es, deren Freiwerden die in den folgenden Abschnitten erörterten Ausgleichsvorgänge ermöglicht.

Wir betrachten ein beliebig gestaltetes magnetisches Feld. Die Feldstärke in irgendeinem Punkte sei $\mathfrak{H}$[1]), die Permeabilität μ. Die magnetische Induktion in diesem Punkte ist dann

$$\mathfrak{B} = \mu \cdot \mathfrak{H},$$

und die sog. magnetische Verschiebung:

$$\mathfrak{F} = \frac{\mu}{4 \cdot \pi} \cdot \mathfrak{H}.$$

Das vom magnetischen Felde erfüllte Medium befindet sich in einem Spannungszustande, der bei der Erzeugung des Feldes überwunden werden mußte; es wird folglich bei einer Verschiebung von der Feldstärke $\mathfrak{H}$ Arbeit geleistet. Die bei einer unendlich kleinen Verschiebung $d\mathfrak{F}$ geleistete Arbeit ist dann pro Volumeinheit:

$$dA = \mathfrak{H} \cdot d\mathfrak{F} = \frac{\mu}{4 \cdot \pi} \cdot \mathfrak{H} \cdot d\mathfrak{H}\,{}^{2}).$$

Für eine endliche Verschiebung folgt hieraus der Wert:

$$A = \frac{\mu}{4 \cdot \pi} \cdot \int_{0}^{\mathfrak{H}} \mathfrak{H} \cdot d\mathfrak{H} = \frac{\mu}{8 \cdot \pi} \cdot \mathfrak{H}^{2}.$$

Diese Arbeit bleibt als potentielle Energie im Felde je Volumeinheit aufgespeichert; man erhält also für die im ganzen Felde vorhandene Energie:

$$W = \frac{1}{8 \cdot \pi} \cdot \int \mu \cdot \mathfrak{H}^{2} \cdot dv. \tag{1}$$

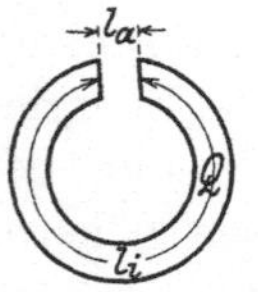

Abb. 1.
Magnetischer Kreis.

Wir wollen den so gewonnenen Ausdruck für die aufgespeicherte magnetische Energie auf den durch die Abb. 1 dargestellten elektromagnetischen Kreis anwenden. Ein ringförmig gebogener Eisenkern von der Länge l_i und dem Querschnitt Q werde von $z \cdot i$ Amperewindungen umschlungen. Zwischen den Enden des Ringes befinde sich ein Luftspalt von der Länge l_a. Wir sehen von der Streuung an den Schlitzrändern ab, ferner von den Sättigungserscheinungen,

---

[1]) Deutsche Buchstaben bedeuten, wie üblich, Vektoren.

[2]) Gilt nur, falls μ unabhängig von $\mathfrak{F}$ und somit $d\mathfrak{F} = \frac{\mu}{4 \cdot \pi} \cdot d\mathfrak{H}$.

so daß es uns gestattet ist, die Gl. (1) auch auf den Eisenkreis anzuwenden. Für den wirklichen Kreis werden unsere Entwicklungen somit nur näherungsweise gelten. Die Indexe a und i sollen sich auf den Luftspalt bzw. auf das Innere des Eisenkerns beziehen. Gl. (1) geht dann über in:

$$W = \frac{Q}{8 \cdot \pi} \cdot \left[\mu \cdot \mathfrak{H}_i{}^2 \cdot l_i + \mathfrak{H}_a{}^2 \cdot l_a \right].$$

Nun ist

$$\mu \cdot \mathfrak{H}_i = \mathfrak{H}_a = \mathfrak{B}$$

und damit wird

$$W = \frac{Q}{8 \cdot \pi} \cdot \mathfrak{B}^2 \cdot \left[\frac{l_i}{\mu} + l_a \right].$$

Bekanntlich ist der gesamte, in unserem magnetischen Kreis erzeugte Kraftlinienfluß:

$$\Phi = \mathfrak{B} \cdot Q = \frac{4 \cdot \pi \cdot z \cdot i}{\dfrac{l_i}{\mu} + l_a} \cdot Q.$$

Eliminiert man hieraus die Induktion $\mathfrak{B}$ und setzt den so gewonnenen Wert in die letzte Gleichung für W ein, so ergibt sich für die aufgespeicherte magnetische Energie:

$$W = \frac{Q}{8 \cdot \pi} \cdot \frac{(4 \cdot \pi \cdot z \cdot i)^2}{\dfrac{l_i}{\mu} + l_a} = \frac{1}{2} \cdot z \cdot i \cdot \Phi. \qquad (2)$$

In dieser Gleichung sind sämtliche Längen in cm und die Stromstärke in absoluten Einheiten einzusetzen, und man erhält dann die Energie in Erg. Um sie in mkg auszudrücken, sind die erhaltenen Zahlen durch $9{,}81 \cdot 10^7$ zu dividieren.

Wir wollen als Beispiel den Eisenkern eines Transformators von 15 000 kVA normaler Leistung betrachten. Das magnetische Feld verlaufe zunächst vollkommen in Eisen, der Kern enthalte also keinen Luftspalt. Seine Abmessungen sind

$$Q = 3340 \ \mathrm{cm}^2,$$
$$l_i = 460 \ \mathrm{cm}.$$

Ferner ist

$$\mathfrak{B} = 16\,000,$$
$$\mu = 425,$$
$$z \cdot i = 750.$$

Damit ergibt sich: $\qquad W = 110 \ \mathrm{mkg}.$

Man sieht, die in dem verhältnismäßig großen Eisenkern aufgespeicherte magnetische Energie ist nicht besonders groß.

Nun nehmen wir an, der Eisenkern sei an einer Stelle unterbrochen, und der Luftspalt habe eine Länge von 3 cm. Diese Anordnung dürfte den Verhältnissen des magnetischen Kreises einer Synchronmaschine entsprechen. Wir haben dann

$$l_a = 3 \text{ cm}$$
$$z \cdot i = 4550$$

und Gl. (2) ergibt:

$$W = 1100 \text{ mkg}.$$

Die aufgespeicherte magnetische Energie hat sich also trotz der geringen Länge des Luftspaltes auf den 10 fachen Betrag vergrößert. Wir ziehen daraus die Lehre, daß bei Ausgleichsvorgängen in Maschinen viel größere magnetische Energien in Frage kommen als bei Transformatoren und daß ferner die magnetische Energie ihren Hauptsitz im Luftspalt hat. Dieses Ergebnis kann uns nicht überraschen, denn gerade zur Magnetisierung des Luftspaltes wird weitaus die meiste Magnetisierungsarbeit verbraucht.

2. Die Differentialgleichung des mit einem magnetischen Kraftflusse verketteten Stromkreises.

Ein ringförmig zusammengebogenes Solenoid ohne Eisenkern von der Länge l, dem Querschnitt Q und der Windungszahl z sei an eine Spannungsquelle angeschlossen. Die dem Stromkreis aufgedrückte Spannung sei E, dessen gesamter Ohmscher Widerstand r, die Stromstärke zu irgendeiner Zeit sei i und t bedeute endlich die Zeit. Wir wollen nun die Energiebilanz des so charakterisierten Stromkreises aufstellen.

Die dem Stromkreis von außen zugeführte Energie ist $E \cdot i \cdot dt$. Hiervon wird in den Ohmschen Widerständen ein Betrag von $r \cdot i^2 \cdot dt$ in Joulesche Wärme umgewandelt, der Rest wird im Solenoid als magnetische Energie aufgespeichert. Die zu irgendeiner Zeit im magnetischen Felde vorrätige Energie ist nach Gl. (2), da nach Voraussetzung $\mu = 1$:

$$W = 2 \cdot \pi \cdot \frac{Q \cdot z^2}{l} \cdot i^2.$$

Setzen wir der Kürze halber:

$$4 \cdot \pi \cdot \frac{Q \cdot z^2}{l} = L$$

und definieren damit den bekannten Selbstinduktionskoeffizienten des Solenoids, so können wir einfacher schreiben:

$$W = \frac{1}{2} \cdot L \cdot i^2.$$

Die Änderung des magnetischen Energievorrates in Abhängigkeit vom Strom ist, da L konstant:

$$\frac{dW}{di} = L \cdot i ,$$

und es ist die bei einer kleinen Änderung des Stromes dem magnetischen Felde zugeführte Energie:

$$dW = L \cdot i \cdot di .$$

Wir können somit die Energiebilanz unseres Stromkreises in folgender Form anschreiben:

$$i \cdot L \cdot \frac{di}{dt} \cdot dt + r \cdot i^2 \cdot dt = E \cdot i \cdot dt . \tag{3}$$

Durch Division mit $i \cdot dt$ geht diese Gleichung über in:

$$L \cdot \frac{di}{dt} + r \cdot i = E. \tag{4}$$

Dies ist die bekannte Spannungsgleichung eines Selbstinduktion und Ohmschen Widerstand enthaltenden Stromkreises, ihr Integral ist

$$i = \frac{1}{L} \cdot e^{-\frac{r}{L} \cdot t} \cdot \int E \cdot e^{+\frac{r}{L} \cdot t} \cdot dt + A \cdot e^{-\frac{r}{L} \cdot t} . \tag{5}$$

A ist hierin die willkürliche Integrationskonstante.

Gl. (5) setzt uns in die Lage, jeden beliebigen, in dem betrachteten Stromkreise sich abspielenden Ausgleichsvorgang zu verfolgen, allerdings unter der Einschränkung, daß L konstant und somit Sättigungserscheinungen ausscheiden.

3. Betrachtung verschiedener Schaltvorgänge.

Der im vorigen Abschnitt behandelte Stromkreis werde an eine Gleichstromquelle angeschaltet. Da somit $E =$ konstant, geht Gl. (5) über in:

$$i = \frac{E}{r} + A \cdot e^{-\frac{r}{L} \cdot t} . \tag{6}$$

Die Integrationskonstante A ist aus dem Anfangszustand zu bestimmen. Im Schaltmoment, also zur Zeit $t = 0$, ist der Strom i noch Null. Setzt man diese speziellen Werte in die Gl. (6) ein, so ergibt diese

$$A = -\frac{E}{r}$$

und wir erhalten weiter

$$i = \frac{E}{r} \cdot \left(1 - e^{-\frac{r}{L} \cdot t} \right) . \tag{7}$$

Der Strom springt im Schaltmoment also nicht plötzlich auf seinen Endwert, er steigt vielmehr allmählich nach einer Exponentialfunktion an, um seinen stationären, durch das Ohmsche Gesetz bedingten Wert theoretisch erst nach unendlich langer Zeit zu erreichen, wie die Abb. 2 dies erkennen läßt. Dies wird eben dadurch bedingt, daß zunächst ein Teil der zugeführten elektrischen Leistung zum Aufbau des magnetischen Feldes verwendet wird, und erst wenn dieser Aufbau vollendet ist, wird die sämtliche zugeführte Energie in den Ohmschen Widerständen in Wärme umgesetzt.

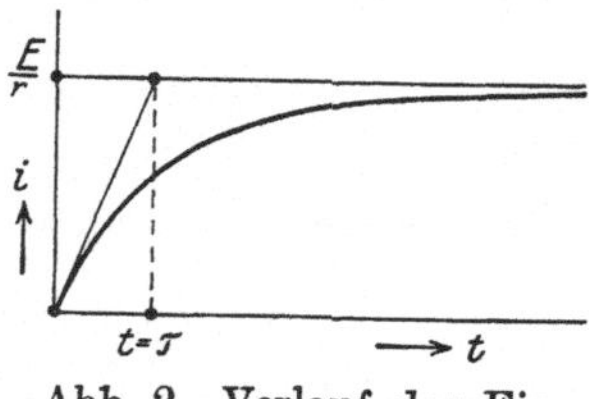

Abb. 2. Verlauf des Einschaltstromes.

Der reziproke Exponent $\frac{L}{r}$ wird $= T$ gesetzt und „Zeitkonstante" genannt, da T ein Maß für die Schnelligkeit des Anwachsens des Stromes ist. Würde der Strom mit seiner Anfangsgeschwindigkeit linear ansteigen, so würde er, wie Abb. 2 zeigt, seinen Endwert bereits nach einer Zeit $t = T$ erreichen. In Wirklichkeit dauert es aber wegen des exponentiellen Verlaufes des Stromes wesentlich länger; nach einer Zeit $t = 3 \cdot T$ ist er seinem Endwert erst auf $5\,{}^0/_0$ nahe gekommen, man kann aber immerhin sagen, daß der Ausgleichsvorgang nach dieser Zeit praktisch abgeklungen ist.

Wir wollen nun einmal den umgekehrten Vorgang betrachten. Der Strom i habe seinen stationären Wert $\frac{E}{r} = J$ erreicht und nun verschwinde zur Zeit $t = 0$ plötzlich die Spannung E, ohne daß jedoch der Stromkreis geöffnet werde. Dieser Fall ist praktisch gegeben durch Auftreten eines Kurzschlusses an der Stromquelle. Diese Bedingung in die Gl. (6) eingesetzt, ergibt:

$$A = J$$

und wir erhalten für den Verlauf des Stromes

$$i = J \cdot e^{-\frac{t}{T}}. \tag{8}$$

Diese Gleichung sagt uns folgendes. Der Strom kann nach dem Ausbleiben der von außen aufgedrückten Spannung nicht plötzlich verschwinden. Die im magnetischen Felde aufgespeicherte magnetische Energie sucht ihn vielmehr, da sie an seine Existenz gebunden, in voller Stärke aufrechtzuerhalten und würde dies auch erreichen, wenn die Wicklung widerstandslos wäre. So verursacht aber das Fließen des Stromes einen

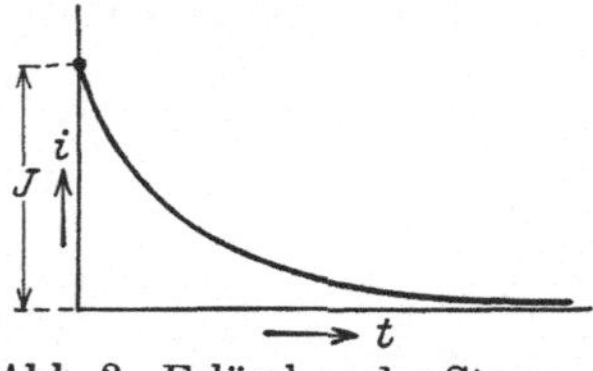

Abb. 3. Erlöschen des Stromes.

ständigen Energieverlust, der nur von der aufgespeicherten magnetischen Energie gedeckt werden kann, und so muß also das magnetische Feld und damit der es aufrechterhaltende Strom langsam erlöschen, wie dies die Abb. 3 zeigt.

Daß wir mit dieser Interpretation der Gl. (8) das Richtige getroffen haben, läßt sich unschwer zeigen. Offenbar muß die vom Zeitpunkt $t = 0$ ab im Ohmschen Widerstande der Wicklung in Wärme umgesetzte Energie dem im magnetischen Felde aufgespeichert gewesenen Energievorrat äquivalent sein. Die gesamte, im Ohmschen Widerstande vernichtete Arbeit ist nun

$$W = \int_0^\infty i^2 \cdot r \cdot dt = J^2 \cdot r \cdot \int_0^\infty e^{-2 \cdot \frac{r}{L} \cdot t} \cdot dt = -\left[\frac{1}{2} \cdot J^2 \cdot L \cdot e^{-2 \cdot \frac{r}{L} \cdot t}\right]_{t=0}^{t=\infty} = \frac{1}{2} \cdot J^2 \cdot L.$$

Dies ist aber der uns bekannte Ausdruck für die im magnetischen Felde einer vom Strome J durchflossenen Induktivität L aufgespeicherte Energie.

Wir erkennen bereits das Wesen der Ausgleichsvorgänge, die in einem mit magnetischen Feldern verketteten Stromkreis einsetzen, sobald dieser von einem stationären Betriebszustande in irgendeinen andern stationären Zustand übergeführt wird. Daß ein solcher Übergang im allgemeinen nicht unvermittelt geschehen kann, ist leicht einzusehen; denn der erste Zustand hinterläßt im allgemeinen andere Stromwerte, als der zweite erfordern würde. Sollte nun der Strom sich plötzlich um einen endlichen Betrag ändern, so würde wegen der Selbstinduktion des Stromkreises eine unendlich hohe Spannung entstehen, was nicht möglich ist. Da springen nun die freien Schwingungen (das allgemeine Integral der Differentialgleichung) in die Bresche und überlagern sich dem zweiten Zustande so, daß ein stetiger Anschluß an den ersten Zustand erreicht wird. Nun kann dieser verschwinden, denn die freien Schwingungen halten den ihm entsprechenden Stromzustand noch aufrecht; im Laufe der Zeit klingen die freien Schwingungen infolge der Verluste ab, und der zweite Zustand bleibt allein bestehen.

Will man einen mit Selbstinduktion ausgestatteten Stromkreis im Gegensatz zu dem vorher betrachteten Beispiel dadurch stromlos machen, daß man ihn mittels eines Schalters

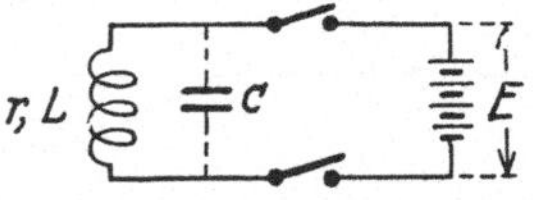

Abb. 4. Schaltungsschema der Unterbrechung.

öffnet (Abb. 4), so verläuft der Ausschaltvorgang im allgemeinen viel weniger harmlos. Der ungünstigste Fall wird dann gegeben sein, wenn nach dem Öffnen des Schalters der Strom plötzlich erlischt. Dann muß auch das mit dem Stromkreis verkettete magnetische Feld plötzlich verschwinden, und das bedingt, wie wir wissen, das Auftreten einer sehr hohen Spannung an den Enden der Wicklung und damit an den Kontakten des Schalters. Eine einfache Überlegung gestattet, die Höhe dieser Spannung anzugeben. Die im magnetischen Felde aufgespeicherte Energie muß, da ihr keine Ausgleichsmöglichkeit gegeben ist, als solche plötzlich verschwinden und wird, dem Gesetze von der Erhaltung der Energie folgend, in irgendeiner andern Form wieder zum Vorschein kommen. Nun besitzen die zum Schalter führenden Leitungen, wie dies Abb. 4 andeutet, eine gewisse Kapazität C und damit das Vermögen, elektrische Energie aufzuspeichern. Die magnetische Energie wird sich also in elektrische Energie umsetzen, und wir können, wenn wir von den Verlusten absehen, folgende Beziehung anschreiben:

$$\frac{1}{2} \cdot L \cdot J^2 = \frac{1}{2} \cdot C \cdot e^2.$$

Hieraus ergibt sich die Höhe der Ausschaltüberspannung zu

$$e = J \cdot \sqrt{\frac{L}{C}}, \tag{9}$$

und diese Gleichung führt, da C in der Regel sehr klein gegenüber L ist, $\left(\sqrt{\dfrac{L}{C}} \text{ bewegt sich in der Größenordnung von } 1000 \right)$ zu ganz erheblichen Überspannungen.

In Wirklichkeit stellt nun Gl. (9) nur einen oberen Grenzwert dar, der zum Glück niemals erreicht wird. Das liegt einesteils daran, daß beim Auseinandergehen der Schalterkontakte sich der Übergangswiderstand ständig vergrößert und daß vor allem der Ausschaltprozeß niemals ohne Lichtbogenbildung verläuft. Der aufgespeicherten magnetischen Energie ist also während des Ausschaltvorganges reichlich Gelegenheit gegeben, sich zum größten Teil in Wärme umzusetzen, und das um so mehr, auf je längere Zeit man den Ausschaltvorgang erstreckt. Diese Verhältnisse werden am besten durch die Oszillogramme Abb. 5, 6 und 7 beleuchtet, die das Ausschalten einer mit Gleichstrom von ungefähr 1000 Amp. gespeisten Induktivität von 0,7 Henry zeigen; einmal mittels gewöhnlichen Luftschalters, dann mittels Hörnerschalters (normale Bauart

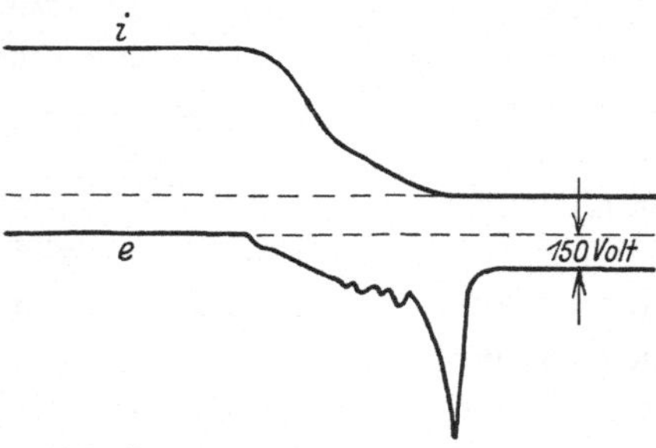

Abb. 5. Ausschalten mittels Hebelschalters.

der meisten Gleichstrom-Maximalausschalter) und mittels Ölschalters. In den Oszillogrammen zeigt die obere Kurve den über die Schalterkontakte fließenden Strom, die untere Kurve die Spannung zwischen den Schalterkontakten; die gestrichelten Linien sind die zugehörigen Nullinien. Beim Ausschalten mittels Ölschalters wurden am Schalter mittels Nadelspitzen Spannungen bis 7000 Volt festgestellt, während die normale Spannung nur 150 Volt betrug; dagegen spielt sich das Ausschalten mittels Hörnerschalters viel allmählicher ab, und die auftretende Spannung erreicht höchstens den doppelten Normalwert, ungefähr 300 Volt; auch zeigt die Spannungskurve während der Ausschaltperiode einen ganz glatten Verlauf, ohne irgendwelche scharfen Spitzen. Beim Hörnerschalter bleibt eben der Lichtbogen genügend lange Zeit stehen, so daß der aufgespeicherten magnetischen Energie genügend

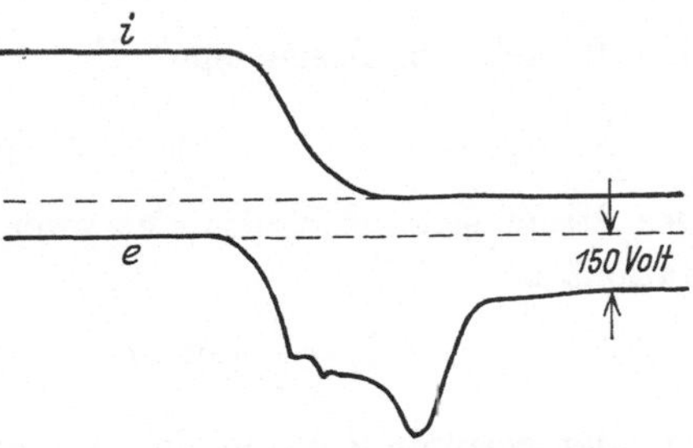

Abb. 6. Ausschalten mittels Hörnerschalters.

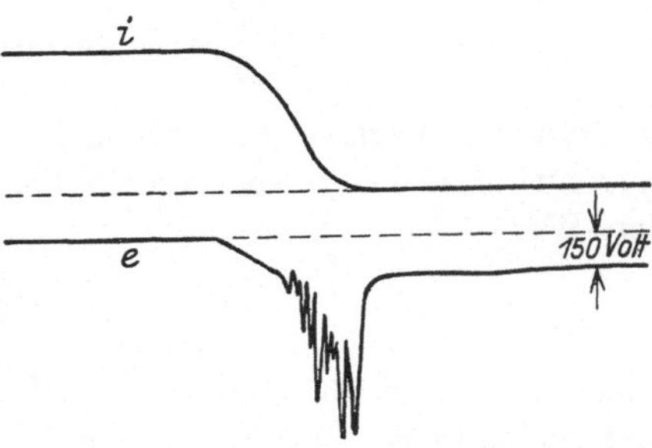

Abb. 7. Ausschalten mittels Ölschalters.

lange Zeit gegeben ist, sich restlos in Joulesche Wärme umzusetzen. Dagegen lehren uns die Versuchsergebnisse, daß Ölschalter in Gleichstromanlagen unter allen Umständen zu vermeiden sind.

Legt man den Ohmschen Widerstand und Selbstinduktion enthaltenden Stromkreis an eine sinusförmige Wechselspannung, z. B.

$$e = E \cdot \sin(\omega \cdot t + \alpha),$$

wo E der Maximalwert und ω die elektrische Winkelgeschwindigkeit ist, so geht die Gl. (5) über in:

$$i = \frac{E}{Z} \cdot \sin(\omega \cdot t + \alpha - \operatorname{arctg} \omega \cdot T) + A \cdot e^{-\frac{t}{T}}. \qquad (10)$$

Hierin ist

$$Z = \sqrt{r^2 + \omega^2 \cdot L^2} \qquad (10\,\mathrm{a})$$

der Wechselstromwiderstand des Stromkreises, A wiederum die Integrationskonstante.

Zur Zeit $t = 0$ werde nun der Stromkreis plötzlich durch einen Schalter geschlossen. In diesem Augenblicke ist noch $i = 0$ und diese Anfangsbedingung ergibt für die Integrationskonstante

$$A = \frac{E}{Z} \cdot \sin(\operatorname{arctg}(\omega \cdot T) - \alpha).$$

Gl. (10) geht in diesem speziellen Falle somit über in:

$$i = \frac{E}{Z} \cdot \left[\sin(\omega \cdot t + \alpha - \operatorname{arctg} \omega \cdot T) + \sin(\operatorname{arctg}(\omega \cdot T) - \alpha) \cdot e^{-\frac{t}{T}} \right]. \quad (11)$$

Der Strom setzt sich also aus zwei Teilen zusammen, erstens dem stationären Teil

$$i_s = \frac{E}{Z} \cdot \sin(\omega \cdot t + \alpha - \operatorname{arctg} \omega \cdot T),$$

der der Spannung e um den Winkel $\operatorname{arctg} \omega \cdot T = \varphi$ nacheilt, und zweitens dem überlagerten Teil, dem Ausgleichsstrom

$$i_f = \frac{E}{Z} \cdot e^{-\frac{t}{T}} \cdot \sin(\operatorname{arctg}(\omega \cdot T) - \alpha),$$

der mit wachsender Zeit abklingt und nach unendlich langer Zeit verschwindet. Der überlagerte Strom i_f kann im äußersten Falle den Wert

$$i_f = \frac{E}{Z}$$

annehmen, nämlich wenn $e^{-\frac{t}{T}} = 1$, also z. B. $r = 0$ gesetzt wird, und $\sin(\operatorname{arctg}(\omega \cdot T) - \alpha) = 1$, d. h. $\alpha = 0$, also in dem Moment eingeschaltet wurde, wo die Spannung gerade ihren Nullwert durchläuft.

Nehmen wir vorübergehend einmal einen widerstandslosen Stromkreis an, den wir zur Zeit $t = 0$ an die Spannung $e = E \cdot \sin \omega \cdot t$ legen, so ist der physikalische Vorgang folgender:

Im stationär gewordenen Zustand würde der Spannung e ein Fluß Φ_s entsprechen. Zur Zeit $t = 0$ ist der Fluß tatsächlich Null, während er im stationären Zustand $- \Phi_{max}$ sein sollte. Der sich tatsächlich ausbildende Fluß Φ muß aber der Bedingung genügen

$$e = -\frac{d\Phi}{dt},$$

d. h. seine zeitliche Änderung muß in derselben Weise vor sich gehen, wie im stationären Zustand. Seine tiefste Lage befindet sich also im Diagramm auf der Nullinie und er erreicht, wie dies die Kurve Φ der Abb. 8 zeigt, nach einer halben Periode den Wert $2 \cdot \Phi_{max}$. Dasselbe gilt für den Strom, beide erscheinen um den Betrag ihrer Amplitude über die Abszissenachse erhoben.

Folgende Vorstellung ergibt ein sehr anschauliches Bild. Über den stationären Fluß Φ_s scheint sich im Einschaltmoment ein konstanter Fluß $\Phi_f = \Phi_{max}$ und über dem stationären Strom i_s ein konstanter Strom (Gleichstrom) i_f gelagert zu haben. Das übergelagerte Gleichfeld bzw. der Gleichstrom werden im verlustlosen Stromkreis für alle Zeiten bestehen bleiben, Kraftlinienfluß und Strom pendeln also dauernd zwischen Null und ihrem doppelten Maximalwert hin und her.

Wird der Stromkreis zu einer beliebigen Zeit $\dfrac{\alpha}{\omega}$ eingeschaltet, wenn z. B. $e = E \cdot \sin \alpha$ ist, so lagert sich über das stationäre Wechselfeld Φ_s ein Gleichfeld $\Phi_f = \Phi_{max} \cos \alpha$ und über den stationären Wechselstrom ein Gleichstrom $i = i_{max} \cos \alpha$ (Abb. 9).

Vernachlässigen wir jetzt den Ohmschen Widerstand nicht mehr, so klingt der überlagerte

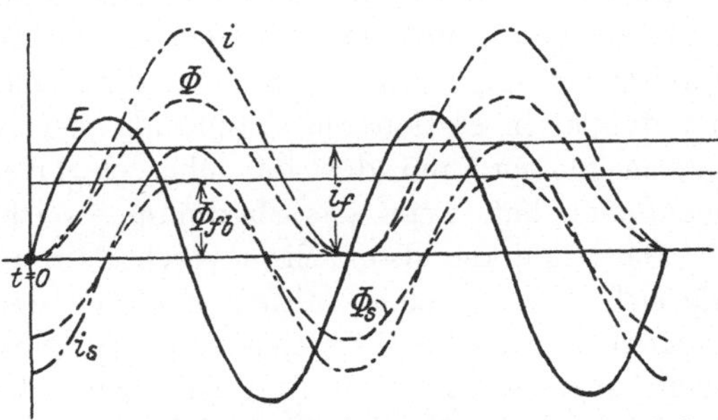

Abb. 8. Die übergelagerten Schwingungen beim Einschalten des widerstandslosen Stromkreises.

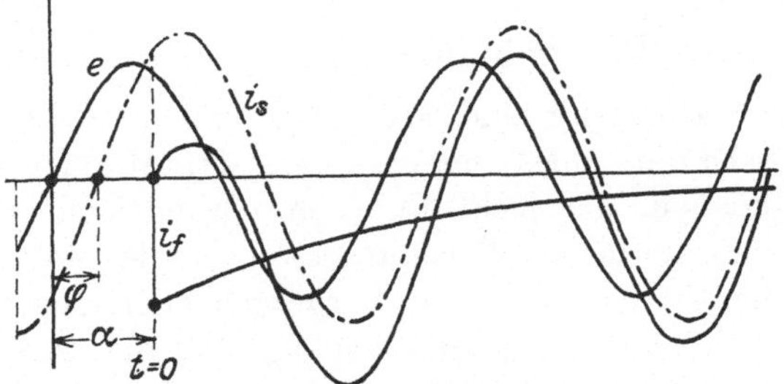

Abb. 9. Einschaltvorgang beim Stromkreis mit Ohmschen Widerstand.

Gleichstrom bzw. das überlagerte Gleichfeld nach der Funktion $e^{-\frac{t}{T}}$ ab und Strom und Feld schwingen allmählich in den stationären Zustand ein. Die Größe der zeitlichen Dämpfung und damit die Zeitdauer des Einschaltvorganges, womit wir die Zeit bezeichnen wollen, bis Strom und Feld merklich in den eingeschwungenen Zustand übergegangen sind, ist also genau wie bei Gleichstrom durch die Funktion $e^{-\frac{t}{T}}$ gegeben, hängt also nur von den Konstanten L und r des Stromkreises ab und nicht von der Frequenz.

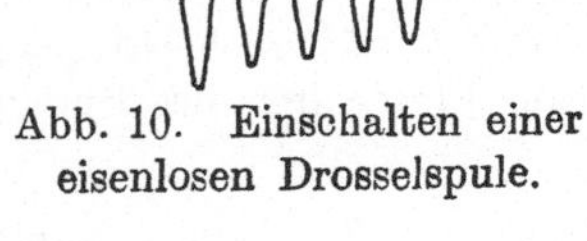

Abb. 10 zeigt ein Oszillogramm des Einschaltstromes einer Drosselspule ohne Eisen, der, wie wir gesehen, maximal gleich der doppelten stationären Amplitude werden kann. Im vorliegenden Fall erreichte

Abb. 10. Einschalten einer eisenlosen Drosselspule.

der Stromstoß ungefähr den 1,8 fachen stationären Wert.

Der in einer Drosselspule auftretende Einschaltstrom läßt sich für einen beliebigen Einschaltmoment α sehr einfach aus dem stationären

Strome i_s und dem überlagerten Gleichstrom bestimmen, der nach dem Vorhergehenden im Einschaltmoment den negativen Betrag des stationären Stromes hat und nach der Funktion $e^{-\frac{t}{T}}$ abklingt. Der maximale Stromstoß kann wegen dieses Abklingens, selbst bei Einschalten im ungünstigsten Moment (Spannung $= 0$) nicht mehr gleich der doppelten stationären Amplitude werden, sondern ist um jenen Betrag kleiner, um den der übergelagerte Gleichstrom bereits abgenommen hat. wenn das Maximum erreicht wird.

Wir bemerken also auch im Wechselstromkreise Ausgleichsvorgänge, die sich in Form eines zeitlich abklingenden Gleichstromes abspielen. Elektromagnetische Ausgleichsvorgänge dieser Form treten, wie wir auch bei unsern späteren Betrachtungen sehen werden, überall da auf, wo magnetische Energien gebunden oder in Freiheit gesetzt werden, ganz gleichgültig, wie der Stromkreis im übrigen beschaffen sein mag.

4. Das Schalten des sekundär offenen Transformators.

Fleming und Mordey[1]) haben zuerst gezeigt, daß beim Einschalten eines unbelasteten Transformators Stromstöße auftreten können, die nicht nur den normalen Leerlaufstrom, sondern sogar den normalen Belastungsstrom viele Male übertreffen. Der Grund hierfür ist nach dem Vorhergehenden unschwer einzusehen.

Nehmen wir zunächst an, daß der Ohmsche Widerstand r klein gegenüber der Reaktanz $L \cdot \omega$ und $\omega \cdot T$ groß gegen 1 ist, was bei Transformatoren, Motoren usw. ja praktisch immer der Fall ist, so lassen sich die Verhältnisse näherungsweise wie folgt darstellen.

Schaltet man zu einer beliebigen Zeit ein, wo die Spannung den Wert $E \cdot \sin \alpha$ hat, so sollte der im stationären Zustand die Wicklung durchsetzende Fluß $\Phi_{\max} \cdot \cos \alpha$ sein. Im Einschaltmoment ist er aber tatsächlich Null, und es lagert sich über dem stationären Wechselfluß ein Gleichfluß, der sich im Einschaltmoment mit dem Wechselfluß zu Null ergänzt, d. h. der den

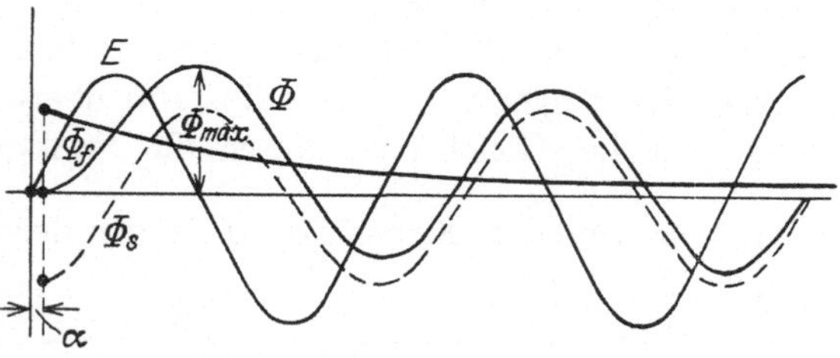

Abb. 11. Übergelagertes und resultierendes Feld beim Einschalten des leerlaufenden Transformators.

Wert $- \Phi_{\max} \cdot \cos \alpha$ hat und der infolge der Dämpfung allmählich wieder verschwindet. Der tatsächliche Fluß Φ ist somit durch Abb. 11

----

[1]) Journ. Inst. El. Eng. 1892, XXI, Seite 677.

gegeben. Für den Strom liegen nun aber die Verhältnisse, im Gegensatz zu den Betrachtungen des vorhergehenden Abschnittes insofern anders, als L und i nicht mehr durch eine lineare Beziehung miteinander verknüpft sind, sondern ihre gegenseitige Zuordnung vielmehr durch die Magnetisierungskurve des Eisenkernes gegeben ist. Hat z. B. der Eisenkern die durch die Abb. 12 gegebene Sättigungskurve und entsprechen dem stationären Zustande die Werte Φ_s und i_s, so

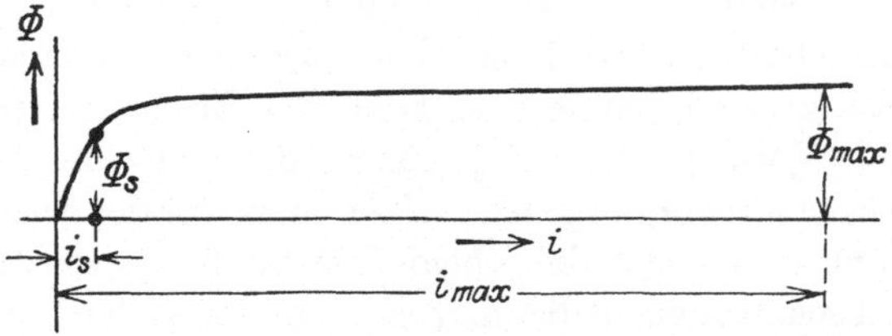

Abb. 12.　Angenäherte Bestimmung des Einschaltstromstoßes.

können wir aus der Sättigungskurve des Transformators, wenn wir den Ohmschen Spannungsabfall gänzlich vernachlässigen, den dem maximalen Fluß Φ_{max} (der ungefähr $^1/_2$ Periode nach dem Einschalten erreicht wird) zugehörigen Magnetisierungsstrom i_{max} entnehmen. Wir sehen ohne weiteres, daß dieser Strom sehr vielmal größer werden kann als der normale Magnetisierungsstrom i_s.

Mit Hilfe der Sättigungskurve ließe sich also aus der verlangten Feldkurve, wie Hay dies schon tat, der Einschaltmagnetisierungsstrom näherungsweise ermitteln. Exakt ist das Verfahren schon deshalb nicht, weil die Induktivität einer Spule mit Eisen nicht konstant ist und das übergelagerte Gleichfeld infolgedessen nicht nach einer reinen e-Funktion, sondern besonders anfangs wegen der bei hohen Sättigungen kleinen Induktivität viel schneller abklingt. Immerhin gibt uns dieses Verfahren bereits wertvolle Fingerzeige.

Der Stromstoß wird, wie schon oben gezeigt, einen Maximalwert erreichen, wenn in dem Augenblicke eingeschaltet wird, wo die Spannung gerade Null ist, und dieser Maximalwert wird um so höher werden, je näher der stationäre Wert Φ_s des Flusses am Knie der Sättigungskurve liegt und je stärker die Sättigungskurve im Knie umbiegt und (bei gleichen Maßstäben) in ihrem oberen Teile geneigt ist, d. h. wenn der Weg des Kraftflusses möglichst vollständig aus Eisen besteht. Im letzten Jahrzehnt haben gerade die Siliziumlegierungen des Eisens durch ihre niedrigen Verluste es ermöglicht, mit höheren Werten der Induktion (12000 bis 15000) als früher (10000) zu arbeiten. Aber gerade diese Eisenlegierungen haben niedrige Werte der Sättigung (d. h. flachen Verlauf der Magnetisierungskurve) und bei ihnen sind somit alle Vorbedingungen für die Ausbildung starker Stromstöße erfüllt. In der Tat haben auch erst mit der Einführung der Siliziumlegierungen die Einschaltstromstöße als eine lästige Begleiterscheinung Bedeutung erlangt. Ihre unangenehmen Wirkungen sind: Mechanische Beanspruchung der Wicklung, Rückwirkung auf das Netz, Ansprechen von Sicherungen, Überstromschutzvorrichtungen und Relais.

Bisher haben wir angenommen, daß das Feld im Eisenkern zur Einschaltezeit Null ist. Dies braucht nun aber nicht notwendig der Fall zu sein, sondern es kann das Eisen bereits infolge der Remanenz eine Vormagnetisierung haben, die von wesentlichem Einfluß auf den Einschaltevorgang ist. Über den stationären Fluß Φ_s lagert sich dann nicht nur der obige Gleichfluß, dessen Anfangswert durch den Einschaltmoment bedingt ist, sondern außerdem der Remanenzfluß Φ_R. Für diesen Fall und Einschalten im ungünstigsten Zeitpunkt (Spannung $= 0$) kann man dann nach dem oben skizzierten Näherungsverfahren den höchstmöglichen Stromstoß aus der Sättigungskurve als denjenigen finden, der dem Fluß $\Phi_R + 2 \cdot \Phi_s$ zugeordnet ist.

Die beiden nachstehenden, an Transformatoren aufgenommenen Oszillogramme sollen die eben behandelten Vorgänge illustrieren.

Die Abb. 13 zeigt den Einschaltstrom eines 2 kW-Transformators, wenn in einem besonders ungünstigen Moment geschaltet wurde.

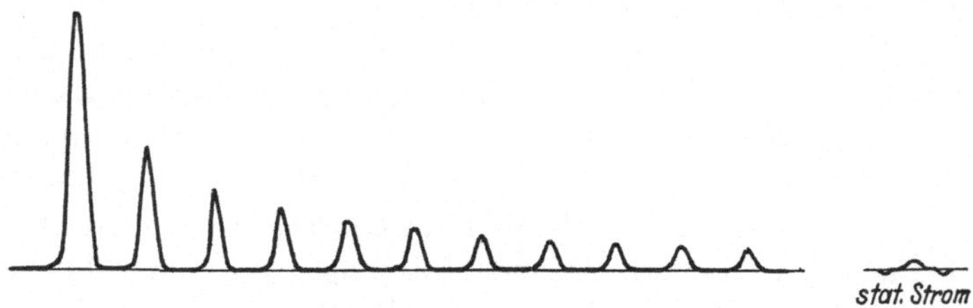

Abb. 13.   Einschalten eines 2 kW-Transformators.

Obwohl es sich um einen sehr kleinen Transformator handelt, erreicht der maximale Stromstoß immerhin den 50fachen Betrag des stationären Leerlaufstromes. Linke hat eine sehr große Anzahl von Aufnahmen gemacht, nach denen der Stromstoß beim Einschalten bis zur 120fachen stationären Leerlaufamplitude anstieg. Da der Leerlaufstrom ungefähr 6 bis 10$^0/_0$ des normalen Vollaststromes beträgt, entsprechen diese Stromstöße dem 8- bis 12fachen Vollaststrome. Bei großen Transformatoren, die sehr kleinen Widerstand und damit geringe Dämpfung des Einschaltvorganges haben, beobachtet man oft nach 20 bis 30 Sekunden noch eine wesentliche Abweichung vom stationären Leerlaufstrom. Oszillogramm Abb. 14 ist charakteristisch hierfür. Es zeigt den Einschaltstrom eines 1250 kW-Transformators, wenn er direkt an einen großen Turbogenerator angeschaltet wird. Immerhin können die großen Stromstöße, da sie nur von relativ kurzer Dauer sind, nicht infolge Stromwärme gefährlich werden.

Die exakte rechnerische Behandlung des Einschaltvorganges eines
Transformators, d. h. einer Drosselspule mit Eisen, bietet große Schwierigkeiten, da L und i voneinander abhängig sind und diese Abhängig-

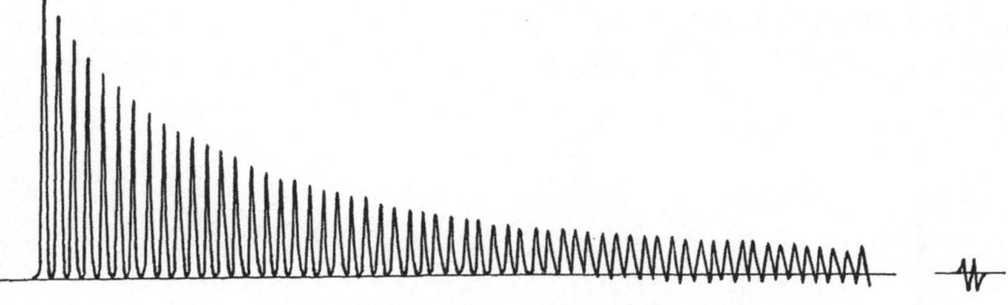

Abb. 14.   Einschalten eines 1250 kW-Transformators.

keit graphisch durch die knieförmige Magnetisierungskurve des Eisens
gegeben ist.   Man braucht aber statt dieser graphischen Zuordnung
einen analytischen Ausdruck, der nicht nur die Magnetisierungskurve
genügend genau wiedergibt, sondern auch eine Integration der Gl. (3)
ermöglicht.   Rogowski gelangte dadurch zum Ziel, daß er die
Magnetisierungskurve durch drei passend aneinandergefügte gerade
Strecken ersetzte und auf jedes durch eine solche Strecke begrenzte
Gebiet der Magnetisierungskurve die Gl. (4) getrennt anwandte.   Das
Hauptergebnis der Rogowskischen Arbeit besteht in folgender
Aussage:
Schon bei sehr kleinen Werten des Ohmschen Widerstandes sinkt
der Einschaltstromstoß sehr schnell herab. Mit weiter wachsendem Wider-
stand fällt er immer mehr, aber langsamer.   Die Remanenz vermag
nur bei ganz kleinen Widerständen den Stromstoß zu vergrößern; schon
bei geringen Werten des Verhältnisses $\dfrac{\text{Ohmscher Spannungsabfall}}{\text{Induzierte Spannung}}$,
z. B. schon bei 3 bis $4\,^0/_0$, ist von ihrem Einfluß nicht mehr viel
zu spüren.
Die Abb. 15 bis 18 zeigen die Höhe des Einschaltstromstoßes in
Amperewindungen je cm Eisenlänge in Abhängigkeit vom Verhältnis

$$\varepsilon = \frac{r}{\omega \cdot L_0} \cdot 100 \,.$$

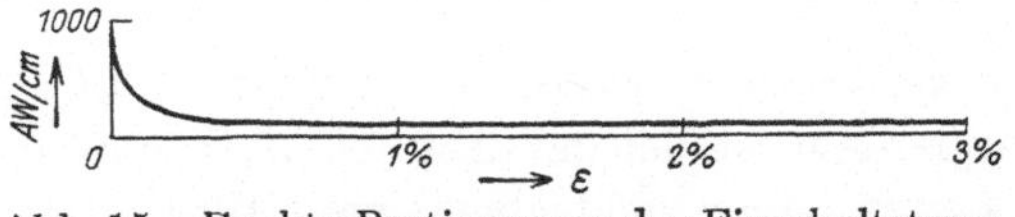

L_0 bezieht sich hierbei auf
den geradlinigen Teil vor
dem Knie der Magneti-
sierungskurve,   bedeutet

Abb. 15.   Exakte Bestimmung des Einschaltstromstoßes. $B_{\mathrm{norm}} = 10\,000$.

also den größtmöglichen Selbstinduktionskoeffizienten, den die Wicklung bei ganz geringer Eisensättigung besitzt. ε ist somit jener ideelle
kleinstmögliche prozentuale Ohmsche Spannungsabfall, welcher im

Stromkreis vorhanden wäre, wenn mit der Sättigung noch erheblich unter das Knie der Magnetisierungskurve heruntergegangen würde. Der tatsächliche Ohmsche Spannungsabfall ist unter normalen Verhältnissen etwa 2,4 mal größer.

Die Abbildungen beziehen sich auf die Magnetisierungskurve eines Bleches mit $4^0/_0$ Siliziumlegierung, die Induktion im normalen Be-

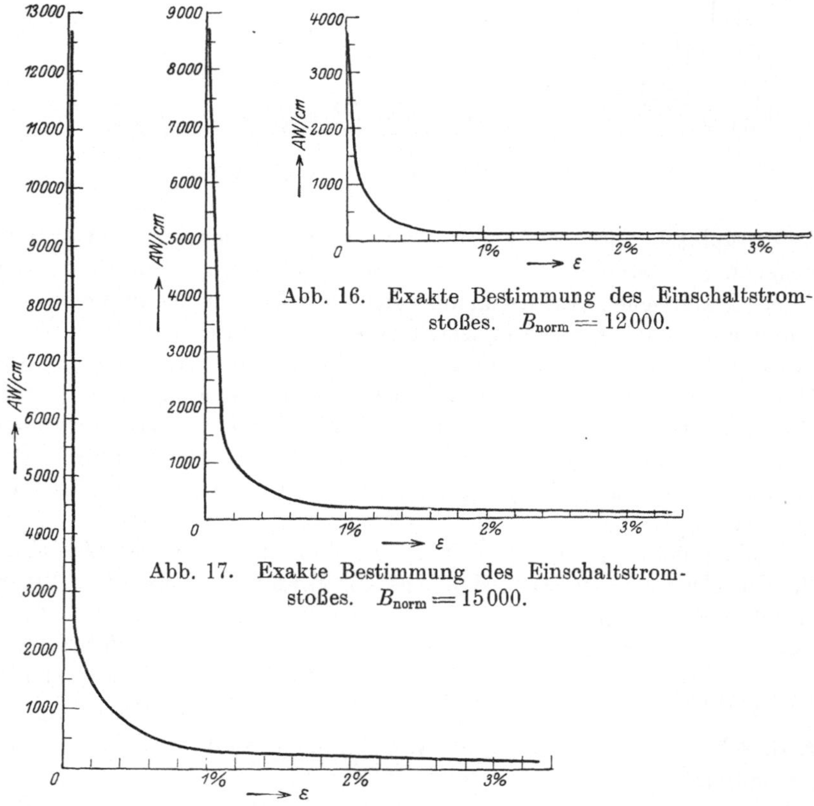

Abb. 16. Exakte Bestimmung des Einschaltstromstoßes. $B_{\text{norm}} = 12\,000$.

Abb. 17. Exakte Bestimmung des Einschaltstromstoßes. $B_{\text{norm}} = 15\,000$.

Abb. 18. Exakte Bestimmung des Einschaltstromstoßes.
$B_{\text{norm}} = 15\,000$, $B_R = 5000$.

triebszustande wurde zu 10000, 12000 und 15000 angenommen, außerdem ist bei der Abb. 18 noch eine Remanenz von 5000 vorausgesetzt. Man sieht, bei einem Werte des Verhältnisses ε von 1 bis $3^0/_0$, d. h. bei einem Ohmschen Spannungsabfalle von 3 bis $8^0/_0$ wird bei den praktisch üblichen Werten der normalen Induktion die Höhe des Stromstoßes bereits genügend stark abgeschwächt. Die Schnittpunkte der Kurven mit den Ordinatenachsen $(\varepsilon = 0)$ geben die nach dem Hayschen angenäherten Verfahren ermittelten Stromstöße.

Die Frage, wie die beim Einschalten von Transformatoren auftretenden, für das Netz höchst unerwünschten Stromstöße vermieden werden können, ist durch die Abb. 15 bis 18 bereits beantwortet. Man schaltet dem Transformator einen künstlichen Widerstand vor und kann, wie die Abbildungen zeigen, durch geeignete Wahl des Widerstandes den Stromstoß beliebig klein halten. Die physikalische Erklärung hierfür ist die, daß infolge der durch den Widerstand

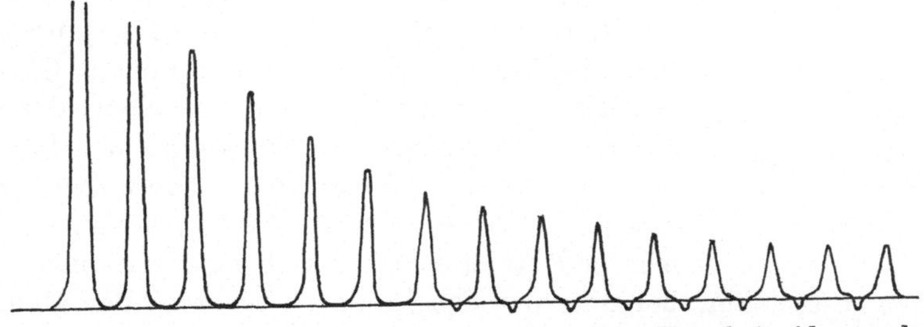

Abb. 19. Einschalten eines Transformators ohne Vorschaltwiderstand.

künstlich vergrößerten Dämpfung das übergelagerte Gleichstromfeld bereits wesentlich abgeklungen ist, wenn der Wechselstrom zum erstenmal seinen Maximalwert erreicht. Die Induktion im Eisen kann sich dann nicht wesentlich über den normalen Wert erheben.

Oszillogramm Abb. 19 gibt zunächst den Einschaltstromstoß eines kleinen Transformators, der ungefähr gleich dem 50 fachen stationären Leerlaufstrom ist. Die Oszillogramme 20 und 21 geben die Einschaltvorgänge, wenn der Vorschaltwiderstand so bemessen war, daß für den stationären Zustand die Spannung am Vorschaltwiderstand jeweils 5 bzw. 15 % der Netzspannung war. Sie sind mit derselben Empfindlichkeit geschrieben wie Oszillogramm 19. Wir sehen daraus, daß mit zunehmendem Widerstand der erste Stromstoß kleiner wird

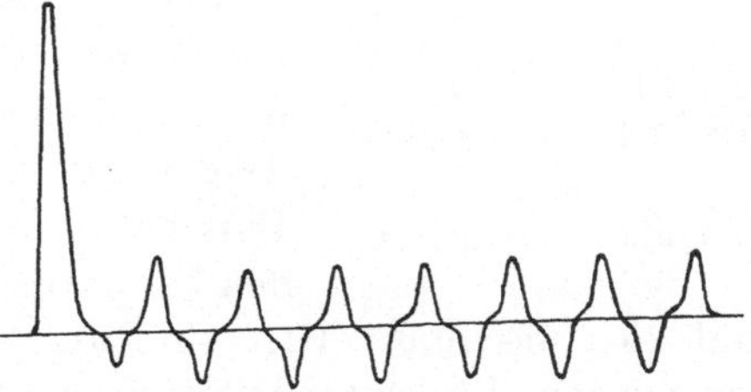

Abb. 20.   Einschalten desselben Transformators mit Vorschaltwiderstand, der stationär 5 % der Netzspannung verzehrt.

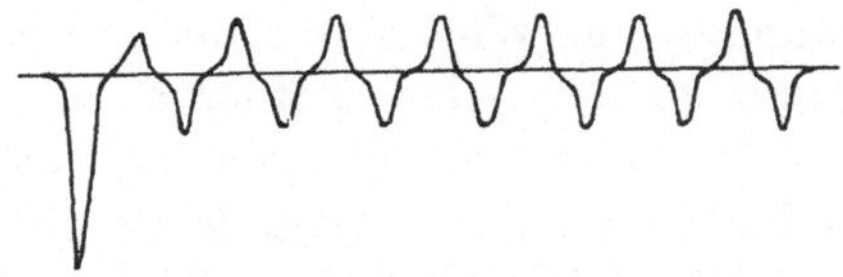

Abb. 21. Einschalten desselben Transformators mit Vorschaltwiderstand, der stationär 15 % der Netzspannung verzehrt.

und daß die Dämpfung so groß ist, daß bereits nach einer Periode der Strom merklich auf den stationären Wert abgeklungen ist.

2*

Für den stationären Zustand des Oszillogramms 21 stelle e (Abb. 22) den Vektor der Netzspannung dar, dann ist e_w die Spannung am Widerstand und e_t die Spannung am Transformator. Würde man den Widerstand nun plötzlich kurzschließen, so würde sich dieser Vorgang wie folgt vollziehen:

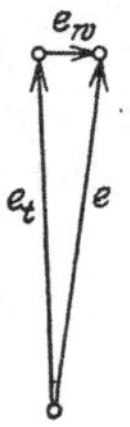

Der neue, stationäre Zustand (Spannung e am Transformator) würde einen der Spannung e proportionalen Fluß erfordern. Über den im Einschaltmoment vorhandenen Fluß, der e_t proportional ist, würde sich ein e_w proportionaler Gleichfluß lagern. Für diesen Fluß kann man wieder aus der Magnetisierungskurve annähernd den Stromstoß entnehmen, und man sieht ohne weiteres ein, daß die jetzt auftretende Stromerhöhung nicht sehr bedeutend sein kann. Konstruiert man sich also einen Schalter, bei dem das Schaltmesser, bevor es den Hauptkontakt erreicht, einen Vorkontakt berührt (Abb. 23), und legt zwischen Haupt- und Vorkontakt den Widerstand, so läßt sich mit dieser Vorrichtung der Einschaltstoß praktisch vollkommen verhüten. Selbst bei schnellem Schalten beträgt die Zeit, während welcher der Widerstand eingeschaltet ist, erfahrungsgemäß mindestens $\frac{1}{50}$ Sekunde, und diese Zeit genügt nach den Oszillogrammen 20 und 21 vollkommen, um den ersten Vorgang merklich stationär werden zu lassen. Über den beim schnellen Einschalten eines solchen Schalters auftretenden Stromverlauf geben die Oszillogramme 24 und 25 Aufschluß. Hier sind aus sehr vielen Aufnahmen für zwei verschiedene Widerstände im Vorkontakt die charakteristischsten ausgewählt, die Oszillogramme 24 und 25 sind im gleichen Maßstabe geschrieben wie die Oszillogramme 19, 20 und 21. Die Größe des Widerstandes im Vorkontakt, ausgedrückt durch die prozentuale Spannung am Widerstand für stationären Zustand, war bei Oszillogramm 24 2 $^0/_0$, bei Oszillogramm 25 10 $^0/_0$. Wir sehen, daß hier der Einschaltstromstoß höchstens das 2- bis 3 fache des stationären Leerlaufstromes, also lange nicht gleich dem Vollaststrom wird. Die Ergebnisse dieser, von Linke ausgeführten Versuche stehen demnach in guter Übereinstimmung mit den Resultaten der Rogowskischen Arbeit. Weitere Versuche ergaben, daß eine praktisch genügende Reduzierung des Stromstoßes noch erreicht wird, wenn der Widerstand der Vorstufe für stationären Zustand bis zu 50 $^0/_0$ der Netzspannung verzehrt.

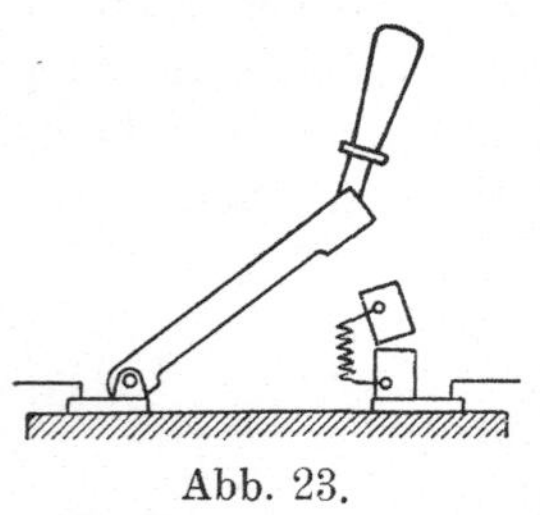

Abb. 22. Spannungsdiagramm bei vorgeschaltetem Widerstand.

Abb. 23. Vorkontaktschalter.

Die Abb. 5 und 7 zeigten uns, daß beim Abschalten einer von Gleichstrom durchflossenen Induktivität unter Umständen beträchtliche Überspannungen entstehen können. Bei Wechselstrom liegen

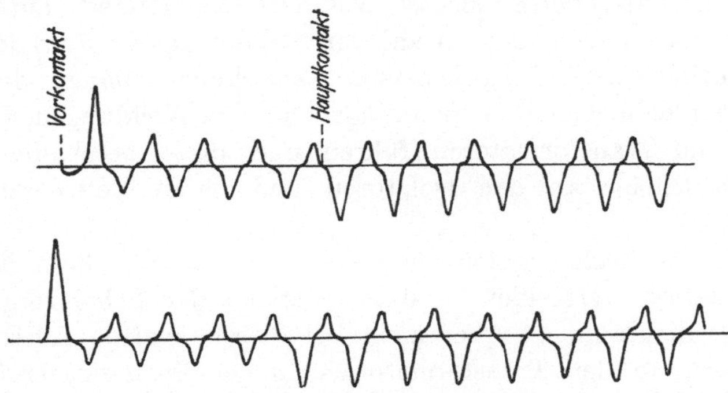

Abb. 24 und 25. Einschalten desselben Transformators wie bei Abb. 19, jedoch mit Vorkontaktschalter.

nun die Verhältnisse insofern anders, als die Stromkurve während jeder Periode zweimal betriebsmäßig durch Null geht und somit einem guten Schalter reichlich Gelegenheit geboten ist, den Stromkreis ohne alle Nebenerscheinungen zu unterbrechen. In der Literatur ist vielfach die Ansicht vertreten, daß der Ölschalter, und solche kommen heute in Hochspannungsanlagen ausschließlich zur Verwendung, unter allen Umständen im Nullpunkt des Stromes ausschaltet, das will heißen, daß, wenn auch der Schaltvorgang gleich nach dem Durchgang des Stromes durch Null eingeleitet wird, der nächste Wechsel noch den stationären Verlauf hat.

Die Oszillogramme Abb. 26 und 27 zeigen, daß das nicht der Fall ist, sondern der begonnene Wechsel erscheint je nach dem Schalt-

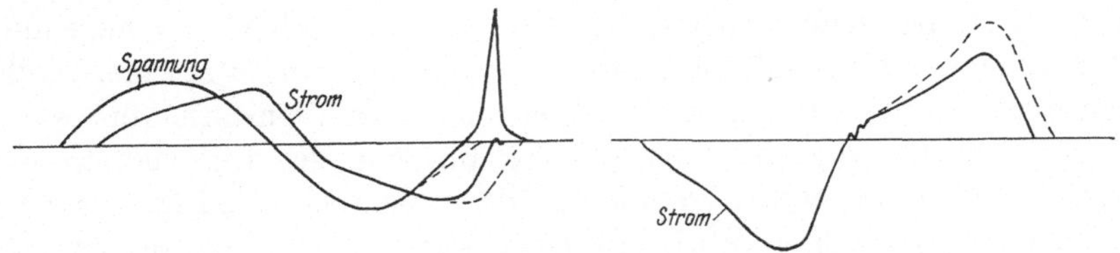

Abb. 26 und 27. Ausschalten eines Transformators.

moment sehr stark verkürzt, hat aber im wesentlichen die Form der stationären Welle, und beim Durchgang durch Null reißt der Strom plötzlich ab. Besonders charakteristisch ist das Oszillogramm 27, wo ganz kurz vor dem Durchgang durch Null der Schaltprozeß eingeleitet wird. Die zu dieser Zeit bestehende hohe Spannung (große Phasenverschiebung) zündet jedoch den Lichtbogen zwischen den

Schalterkontakten, und über diesen hat der nächste Stromwechsel noch fast normalen Verlauf. Bei schlecht konstruierten Schaltern, bei denen die Geschwindigkeit, mit der sich die Kontakte entfernen, zu klein ist, oder bei schlechter Kontaktbeschaffenheit, können sich zuweilen noch eine ganze Anzahl von Stromwechseln über den Lichtbogen ausbilden. Bei Hochspannungsmaschinen können diese Vorgänge zu erheblichen Überspannungen an den Wicklungen der Generatoren und Transformatoren führen und diese beschädigen, oder doch Überschläge an den Isolatoren und damit Betriebsstörungen verursachen.

Bei einigermaßen guten Ölschaltern lassen sich diese Nachzündungen jedoch vermeiden, und man erhält den Schaltvorgang der obigen Oszillogramme. Aber auch bei diesem glatten Ausschaltvorgang treten an den Transformatorwicklungen Spannungserhöhungen auf infolge der Verkürzung der letzten Stromwelle und des damit verbundenen schnellen Verschwindens des Feldes. Das Oszillogramm 26, das neben dem Strom auch die Spannung am Transformator zeigt, läßt dies deutlich erkennen. Bei einer Reihe von Versuchen wurde mittels Nähnadelfunkenstrecken an Transformatorwicklungen beim Ausschalten die 3- bis 4 fache Normalspannung festgestellt. Es sind dies Überspannungen, die durchaus unstatthaft sind, und man ist daher gezwungen, nach geeigneten Schutzmaßnahmen zu suchen.

Hier ist nun wieder der Vorstufenschalter der Retter in der Not. Ausgedehnte Versuche haben ergeben, daß bei passender Wahl des Vorschaltwiderstandes die erwähnten Überspannungen fast vollständig zum Verschwinden gebracht werden können. Rein theoretisch läßt sich über die Bemessung des Widerstandswertes wenig sagen, denn der Ausschaltvorgang wird durch eine ganze Reihe von Faktoren beeinflußt, die außerhalb jeder Berechnung liegen. Hier kann daher nur das Experiment entscheiden, und dieses ergab eine genügende Reduktion der Ausschaltüberspannung, wenn der Vorstufenwiderstand gleich der 4- bis 5 fachen Leerlaufimpedanz des Transformators war.

Nun hatten wir allerdings zur Bekämpfung des Einschaltstromstoßes Widerstandswerte gefunden, die wesentlich niedriger lagen. Da man stets trachten wird, mit einer Vorstufe am Schalter auszukommen und daher nur einen einzigen Widerstand zur Beseitigung der Überströme sowohl als der Überspannungen zur Verfügung hat, muß man eben einen Kompromiß schließen, was um so leichter erscheint, da, wie wir gesehen, noch verhältnismäßig hohe Widerstände eine genügende Dämpfung des Einschaltstromes herbeiführen.

III. Einfach verkettete magnetische Flüsse in elektrischer Wechselwirkung.

5. Die Rückwirkung des Einschaltstromes von Transformatoren auf das Netz.

Wir haben im vorhergehenden den Fall untersucht, daß ein einzelner Transformator auf ein sehr großes Wechselstromnetz geschaltet wird. Es bilden sich dann Stromstöße aus, die bei stark gesättigten Transformatoren sogar den normalen Vollaststrom um ein Vielfaches überschreiten können. Wenn nun mehrere Transformatoren an ein und dasselbe Netz angeschlossen sind, so fragt es sich, in welcher Weise jene Einschaltströme auf das Netz bzw. auf die übrigen Transformatoren zurückwirken. Eine solche Rückwirkung wird stets in mehr oder minder großem Maße zu bemerken sein. Denn infolge des unvermeidlichen Spannungsabfalles in den Zuleitungen und im Generator wird im Augenblicke des Einschaltens sowohl die Größe als der zeitliche Verlauf der Netzspannung Änderungen erfahren. Die magnetische Trägheit der bereits eingeschalteten Transformatoren und Motoren sucht solche plötzlichen Änderungen natürlich hintanzuhalten, und es bedarf zur Herbeiführung des neuen Gleichgewichtszustandes im Netz zunächst mal eines Ausgleichsvorganges zwischen dem neu hinzugeschalteten Transformator und dem Generator einerseits und, was uns hier besonders interessiert, zwischen dem neu eingeschalteten Transformator und den übrigen bereits eingeschalteten Transformatoren andererseits.

Diese Betrachtungen gelten nicht nur für Transformatoren, sondern für jeden Stromverbraucher, der die dem Netz entnommene Energie in magnetische Energie umwandelt, diese zeitweilig in sich aufspeichert und zeitweilig dem Netz wieder zurückgibt.

Müssen also einerseits solche Ausgleichsvorgänge ebenso in bereits eingeschalteten Transformatoren wie in dem neu hinzugeschalteten Transformator entstehen, so können die dadurch bedingten Ströme in den bereits eingeschalteten Transformatoren natürlich auch ebenso unangenehme Folgen zeitigen, wie in dem neu hinzugeschalteten Transformator. Allerdings werden die jeweiligen örtlichen Verhältnisse des Netzes und die Belastung eine große Bedeutung in bezug auf das Hervortreten dieser Erscheinungen an den bereits eingeschalteten Transformatoren haben. Recht unangenehme Folgen beobachtete Kuhlmann unter folgenden Verhältnissen.

Von einer großen Kraftstation wurden mittels Kabel eine Anzahl Transformatorenstationen gespeiss. Wurde nun in einer derselben, welche ziemlich weit entfernt von der Zentrale war, ein 1000 kVA-Transformator neu hinzugeschaltet, so entstand bei geeignetem Augenblickswerte der Netzspannung ein so gewaltiger Überstrom, daß der Überstromschutz diesen Transformator sofort wieder abschaltete. Gleichzeitig trat aber auch in einem an die gleichen Sammelschienen angeschlossenen leerlaufenden Transformator ein annähernd gleichgroßer Überstrom auf, so daß auch dieser Transformator durch seinen Überstromschutz wieder abgeschaltet wurde. Die ganze Station war also durch das Einschalten des 1000 kVA-Transformators stromlos geworden. Aber die Störung ging häufig sogar so weit, daß auch leerlaufende Transformatoren mit abgeschaltet wurden, die sich in einer einige Kilometer von der Versuchsstation entfernt liegenden zweiten Transformatorenstation befanden. Die Rückwirkungen auf das Netz waren also recht empfindliche.

Eine kurze mathematische Betrachtung wird uns nach Kuhlmann sofort Klarheit über das Wesen der sich abspielenden Ausgleichsvorgänge bringen.

Gegeben sei ein Wechselstromgenerator G (Abb. 28) mit dem inneren Widerstande r_0 und der Induktivität L_0. Er arbeite über eine Leitung vom Widerstande r und der Induktivität λ auf eine Sammelschiene S. Von dieser zweigen die Leitungen zu den Primärwicklungen zweier Transformatoren I und II ab. Der primäre Wicklungswiderstand derselben sei R_1 und R_2 und die Induktivität L_1 und L_2. Der Generator erzeuge im Leerlauf eine EMK

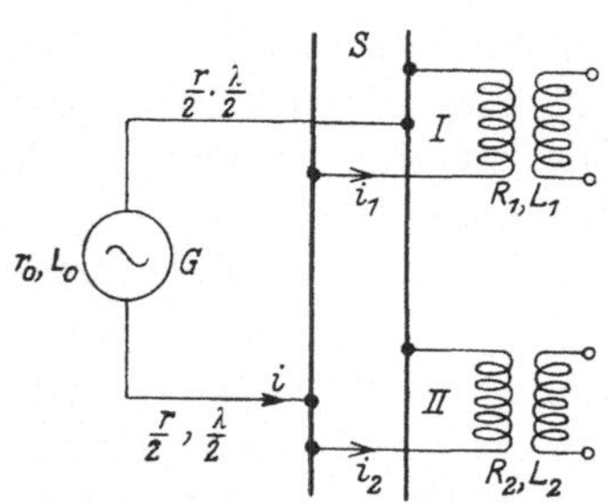

Abb. 28. Schaltungsschema.

$$e = E \cdot \sin(\omega \cdot t + \alpha).$$

Setzen wir zur Abkürzung

$$R = r_0 + r; \qquad L = L_0 + \lambda$$

und bezeichnen wir mit i, i_1, i_2 die Augenblickswerte der Ströme in der Zuleitung, im Transformator I und im Transformator II, so können wir, wenn wir L_1 und L_2 zunächst als konstant betrachten, für jeden der beiden Transformatoren folgende Gleichung anschreiben:

$$L_1 \cdot \frac{di_1}{dt} + R_1 \cdot i_1 + L \cdot \frac{di}{dt} + R \cdot i = e, \qquad (12\,\text{a})$$

$$L_2 \cdot \frac{di_2}{dt} + R_2 \cdot i_2 + L \cdot \frac{di}{dt} + R \cdot i = e. \qquad (12\,\text{b})$$

Da

$$i = i_1 + i_2,$$

lassen sich diese Gleichungen auch schreiben

$$(L_1 + L)\cdot\frac{di_1}{dt} + (R_1 + R)\cdot i_1 + L\cdot\frac{di_2}{dt} + R\cdot i_2 = e, \qquad (13\,\text{a})$$

$$(L_2 + L)\cdot\frac{di_2}{dt} + (R_2 + R)\cdot i_2 + L\cdot\frac{di_1}{dt} + R\cdot i_1 = e. \qquad (13\,\text{b})$$

Wird Gl. (13 a) mit L und Gl. (13 b) mit $(L_1 + L)$ multipliziert, so folgt durch Subtraktion der ersten von der zweiten Gleichung:

$$i_1 = \frac{e\cdot L_1 - i_2\cdot(R\cdot L_1 + R_2\cdot(L_1 + L)) - (L\cdot L_1 + L_1\cdot L_2 + L_2\cdot L)\cdot\frac{di_2}{dt}}{R\cdot L_1 - R_1\cdot L}$$

und hieraus

$$\frac{di_1}{dt} = \frac{L_1\cdot\frac{de}{dt} - (R\cdot L_1 + R_2\cdot(L_1 + L))\cdot\frac{di_2}{dt} - (L\cdot L_1 + L_1\cdot L_2 + L_2\cdot L)\cdot\frac{d^2 i_2}{dt^2}}{R\cdot L_1 - R_1\cdot L}.$$

Setzt man diese Werte in Gl. (13 b) ein, indem man noch zur Abkürzung setzt

$$\left.\begin{aligned}
\varphi &= L\cdot L_1 + L_1\cdot L_2 + L_2\cdot L \\
\psi &= R\cdot(L_1 + L_2) + R_1\cdot(L_2 + L) + R_2\cdot(L_1 + L) \\
\delta &= R\cdot R_1 + R_1\cdot R_2 + R_2\cdot R
\end{aligned}\right\} \qquad (14\,\text{a})$$

so ergibt sich

$$\varphi\cdot\frac{d^2 i_2}{dt^2} + \psi\cdot\frac{di_2}{dt} + \delta\cdot i_2 = L_1\cdot\frac{de}{dt} + R_1\cdot e.$$

Da $e = E\cdot\sin(\omega\cdot t + \alpha)$, so läßt sich diese Gleichung auch schreiben:

$$\frac{d^2 i_2}{dt^2} + \frac{\psi}{\varphi}\cdot\frac{di_2}{dt} + \frac{\delta}{\varphi}\cdot i_2 = E\cdot\sqrt{\frac{R_1{}^2 + \omega^2\cdot L_1{}^2}{\varphi^2}}\cdot\sin\left(\omega\cdot t + \alpha + \operatorname{arctg}\frac{\omega\cdot L_1}{R_1}\right). \quad (15)$$

Dies ist eine für i_2 lineare Differentialgleichung zweiter Ordnung mit Störungsfunktionen. Ihre Lösung, d. h. ihr vollständiges Integral, besteht bekanntlich aus zwei Summanden $i_{2s} + i_{2f}$. Es ist also

$$i_2 = i_{2s} + i_{2f}. \qquad (16)$$

i_{2s} ist der stationäre Leerlaufstrom des Transformators II, die sogenannte erzwungene Schwingung. i_{2f} ist der im Schaltmoment einsetzende Ausgleichsstrom, welcher bald nach dem Einschalten verschwindend klein wird, so daß der Strom i_2 dann ganz in den Strom i_{2s} übergeht.

Hier interessiert uns lediglich der Ausgleichsstrom i_{2f}. Er ist seinem Charakter nach ein Gleichstrom, und wir erhalten ihn, wenn wir die rechte Seite der Gl. (15) gleich Null setzen. Die erzwungene

Schwingung dagegen kann leicht mit Hilfe des Vektordiagrammes gefunden werden. Aus Gl. (15) erhalten wir also für die freie Schwingung:

$$\frac{d^2 i_{2f}}{dt^2} + \frac{\psi}{\varphi} \cdot \frac{di_{2f}}{dt} + \frac{\delta}{\varphi} \cdot i_{2f} = 0. \tag{17}$$

Wenn A_1 und A_2 die willkürlichen Integrationskonstanten bedeuten, hat diese Gleichung folgende Lösung:

$$i_{2f} = A_1 \cdot e^{-\alpha_1 \cdot t} + A_2 \cdot e^{-\alpha_2 \cdot t}, \tag{18}$$

wo α_1 und α_2 die Wurzeln der durch Einsetzen von Gl. (18) in Gl. (17) erhaltenen quadratischen Gleichung

$$\alpha^2 + \frac{\psi}{\varphi} \cdot \alpha + \frac{\delta}{\varphi} = 0$$

sind. Es ist also, wenn wir noch zur Abkürzung

$$\gamma = \sqrt{\psi^2 - 4 \cdot \varphi \cdot \delta} \tag{14b}$$

setzen,

$$\left.\begin{aligned} \alpha_1 &= \frac{\psi - \gamma}{2}, \\ \alpha_2 &= \frac{\psi + \gamma}{2}. \end{aligned}\right\} \tag{19}$$

Um i_{1f}, den im Transformator I fließenden Ausgleichsstrom zu finden, ersetzen wir in der aus den Gl. (13) abgeleiteten Beziehung zwischen i_1 und i_2 i_1 durch i_{1f} und i_2 durch i_{2f} und setzen wieder $e = 0$. Dann wird

$$i_{1f} = \frac{\left[R_1 L_1 + R_2 (L_1 + L) - \frac{\psi - \gamma}{2}\right] A_1 e^{-\alpha_1 t} + \left[R L_1 + R_2 (L_1 + L) - \frac{\psi + \gamma}{2}\right] A_2 e^{-\alpha_2 t}}{R_1 L - R L_1}. \tag{20}$$

Der in der Zuleitung fließende Ausgleichsstrom ist:

$$i_f = i_{1f} + i_{2f}$$

und somit

$$i_f = \frac{\left[R_1 L + R_2 (L_1 + L) - \frac{\psi - \gamma}{2}\right] A_1 e^{-\alpha_1 t} + \left[R_1 L + R_2 (L_1 + L) - \frac{\psi + \gamma}{2}\right] A_2 e^{-\alpha_2 t}}{R_1 L - R L_1}. \tag{21}$$

Die Werte für i_f, i_{1f} und i_{2f} sind uns für $t = 0$ bekannt und seien mit i_{f0}, i_{1f0} und i_{2f0} bezeichnet. Sie ergeben sich ihrer Definition nach als die Differenz aus den Strömen am Anfang und am Ende des Ausgleichsvorganges. Wir geben den ersten den Index a, den letzteren den Index b. Dann ergibt sich

$$\left.\begin{aligned}
i_{1f0} &= i_{1a} - i_{1b}\\
i_{2f0} &= i_{2a} - i_{2b} = 0 - i_{2b} = - i_{2b}\\
i_{f0} &= i_a - i_b = i_{1a} - (i_{1b} + i_{2b})
\end{aligned}\right\} \tag{22}$$

Mit diesen Werten bestimmen sich nun die Integrationskonstanten aus Gl. (18) und (20) zu

$$\left.\begin{aligned}
A_1 &= \frac{(i_{1a}-i_{1b})\cdot(R_1\cdot L - R\cdot L_1) + i_{2b}\cdot\left[R\cdot L_1 + R_2\cdot(L_1+L) - \dfrac{\psi+\gamma}{2}\right]}{\gamma},\\[2em]
A_2 &= \frac{(i_{1a}-i_{1b})\cdot(R_1\cdot L - R\cdot L_1) + i_{2b}\cdot\left[R\cdot L_1 + R_2\cdot(L_1+L) - \dfrac{\psi-\gamma}{2}\right]}{\gamma}.
\end{aligned}\right\} \tag{23}$$

Damit ist das Problem gelöst, und wir wollen uns gleich an Hand eines Beispieles die Bedeutung der abgeleiteten Gleichungen klarmachen.

Es sei

$$E = 100 \text{ Volt}, \quad \omega = 314;$$
$$R_1 = 2,5, \quad R_2 = 2,5, \quad R = 3,25 \text{ Ohm};$$
$$L_1 = 1,4\cdot 10^{-2}, \quad L_2 = 1,4\cdot 10^{-2} \text{ Henry}, \quad L = 0.$$

Es handelt sich also um zwei gleiche Transformatoren. Die Maximalwerte der Ströme werden im folgenden mit großen Buchstaben bezeichnet.

Ist zunächst der Transformator I allein eingeschaltet, so nimmt derselbe einen Leerlaufstrom $J_{1a} = 13,9$ Amp. auf, der der Leerlaufspannung E um den Winkel $\varepsilon_{0a} = 37^0\,15'$ nacheilt. Die Sammelschienenspannung ist auf einen Betrag $E_{1a} = 70$ Volt abgefallen und eilt dem Strome J_{1a} um einen Winkel $\varepsilon_{1a} = 60^0\,12'$ vor. Ferner ist $J_a = J_{1a} = 13,9$ Amp., $J_{2a} = 0$.

Sind beide Transformatoren eingeschaltet, so ist im stationären Zustande

$$J_{1b} = J_{2b} = 10 \text{ Amp.}, \quad J_b = 20 \text{ Amp.},$$
$$E_{1b} = 50,5 \text{ Volt}, \quad \varepsilon_{0b} = 25^0\,50' \quad \text{und} \quad \varepsilon_{1b} = \varepsilon_{2b} = 60^0\,12'.$$

Durch das Zuschalten des zweiten Transformators ist also die Sammelschienenspannung von 70 Volt auf 50,5 Volt gefallen. Der zweite Transformator werde eingeschaltet, wenn $E_{1a} = 0$ ist, und zwar ist dann, da $t = 0$, der Einschaltwinkel $\alpha = \varepsilon_{0a} - \varepsilon_{1a} = -23^0$ oder $\alpha = 180^0 - 23^0 = 157^0$. Wir wählen letzteren Wert, dann ist:

$$i_{1a} = 12,08 \text{ Amp.}, \qquad i_{1b} = 7,53 \text{ Amp.},$$

also

$$i_{1f0} = 4,55 \text{ Amp.}, \qquad i_{2f0} = 7,53 \text{ Amp.}$$

Ferner ergeben sich die Dämpfungsfaktoren zu

$$\alpha_1 = 180 \qquad \alpha_2 = 650$$

und die Integrationskonstanten zu

$$A_1 = -\,6{,}04 \quad \text{und} \quad A_2 = -\,1{,}49\,.$$

Wir können jetzt die Gleichungen für die Ausgleichsströme anschreiben:

$$
\begin{aligned}
i_{1f} &= 6{,}04\cdot e^{-180\cdot t} - 1{,}49\cdot e^{-650\cdot t} = i_{1f}' + i_{1f}'';\\
i_{2f} &= -6{,}04\cdot e^{-180\cdot t} - 1{,}49\cdot e^{-650\cdot t} = -i_{1f}' + i_{1f}'';\\
i_f &= -2\cdot 1{,}49\cdot e^{-650\cdot t} \phantom{- 1{,}49\cdot e^{-650}} = +2\cdot i_{1f}'';
\end{aligned}
$$

mit deren Hilfe das Liniendiagramm Abb. 29 gezeichnet wurde.

Wir sehen hieraus, daß bei zwei gleich großen Transformatoren der Ausgleichsstrom in ihnen aus zwei Teilen i_{1f}' und i_{1f}'' besteht. Der erstere, i_{1f}' ist im Transformator I stets entgegengesetzt gerichtet wie im Transformator II. Er zirkuliert also nur zwischen den beiden Transformatoren. Der zweite Stromteil i_{1f}'' hat in beiden Transformatoren dieselbe Richtung. Er kommt vom Generator, und er allein fließt — natürlich in doppelter Stärke — in der Zuleitung. Wegen der stärkeren Dämpfung ist dieser Stromteil i_{1f}'' aber längst abgeklungen, während der erstere i_{1f}' noch kräftig zwischen den Transformatoren zirkuliert.

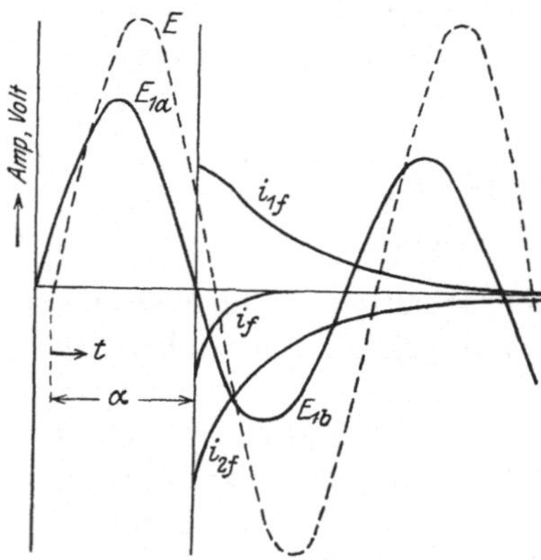

Abb. 29. Verlauf der Ausgleichsströme.

Ist der Wicklungswiderstand der Transformatoren sehr klein, handelt es sich also um große Transformatoren, so wird der Ausgleichsstrom zwischen den Transformatoren noch in voller Stärke bestehen, während der vom Generator kommende Ausgleichsstrom i_f schon längst abgeklungen ist. Tatsächlich wird natürlich auch i_{1f}' mit der Zeit verschwinden, aber es dauert machmal recht lange, bei großen Transformatoren bis zu einer Minute. Sind die Leistungen der Transformatoren ungleich und wird etwa der größere Transformator zuletzt eingeschaltet, so wird man bemerken, daß der bereits eingeschaltete kleinere Transformator fast seine ganze magnetische Energie an den großen Transformator abgibt, daß aber auch die vom Generator gelieferte Ausgleichungsenergie nicht unbedeutend ist infolge des großen Leistungsunterschiedes der Transformatoren.

Sehr wichtig ist noch der Fall, daß Widerstand und Induktivität von Generator und Zuleitung sehr klein sind. Eine einfache Rechnung führt zu dem zu erwartenden Ergebnis:

$$i_{2f} = -\,i_{2b}\cdot e^{-\frac{R_2}{L_2}\cdot t},$$
$$i_{1f} = 0.$$

Der bereits eingeschaltete Transformator beteiligt sich also nicht mehr an den Ausgleichsvorgängen.

Wir haben uns bis jetzt nur um die in Form gedämpfter Gleichströme verlaufenden Ausgleichsströme bekümmert, weil diese als die Träger der magnetischen Energien uns besonders interessieren. Um die im Einschaltmoment sich tatsächlich ausbildenden Ströme zu erhalten, brauchen wir nur, solange L, L_1 und L_2 konstant, also die Sättigung gering ist, zu den Ausgleichsströmen i_f, i_{1f} und i_{2f} die stationären Ströme i_b, i_{1b} und i_{2b} zu addieren. Wie sich indes die Verhältnisse bei gesättigtem Eisen, also in Wirklichkeit gestalten, soll folgende Betrachtung lehren.

Transformator II werde in dem Moment eingeschaltet, in welchem die Spannung gerade die Nullinie passiert. Dann lagert sich, wie wir im vierten Abschnitt sahen, im Einschaltmoment über dem stationären Kraftlinienfluß im Eisenkern ein Gleichfluß, der dieselbe Größe besitzt und der die zu seinem Aufbau nötige Energie dem Netz entnimmt. Diese Vorstellung war damals gerechtfertigt, weil wir die Ergiebigkeit des Netzes als unendlich groß voraussetzten. Da dies nun nicht mehr der Fall ist, müssen wir annehmen, daß ein Teil der zum Aufbau dieses Gleichfeldes benötigten magnetischen Energie dem Transformator I entnommen wird. Das bedingt in diesem das Auftreten eines Gleichflusses von entgegengesetzter Richtung, der sich ebenfalls seinem stationären Flusse überlagert. Die Summe beider Flüsse führt in beiden Transformatoren zu erheblichen Sättigungen und damit zu bedeutenden Stromstößen. Die Stromstöße in dem bereits eingeschalteten Transformator I werden um so größer sein, je größer die vom Transformator II benötigte Energie, d. h. je größer er ist und um so weniger das Netz für die Energiezufuhr in Frage kommt, je größer also der Widerstand der Zuleitungen ist.

Daß diese Vorstellung zu richtigen Ergebnissen führt, sollen zwei nachstehend wiedergegebene Oszillogramme beweisen. Diese wurden von Kuhlmann an zwei Transformatoren von 5 kVA aufgenommen, welche über ein Kabel von $^1/_{25}$ Ohm an einem großen Wechselstromnetz lagen. Bei Oszillogramm Abb. 31 war in das Kabel ein zusätzlicher Widerstand von 1 Ohm gelegt worden. Der Widerstand der Transformatorenwicklung betrug $^1/_{50}$ Ohm.

Man erkennt deutlich, daß die stationären Ströme i_1 und i_2 erst ganz allmählich erreicht werden und vorher starke Energiependelungen zwischen den beiden Transformatoren herrschen, denn i_1 und i_2 haben fast ständig entgegengesetztes Vorzeichen. Im Oszillogramm 31, bei dessen Aufnahme der Widerstand der Zuleitung künstlich vergrößert

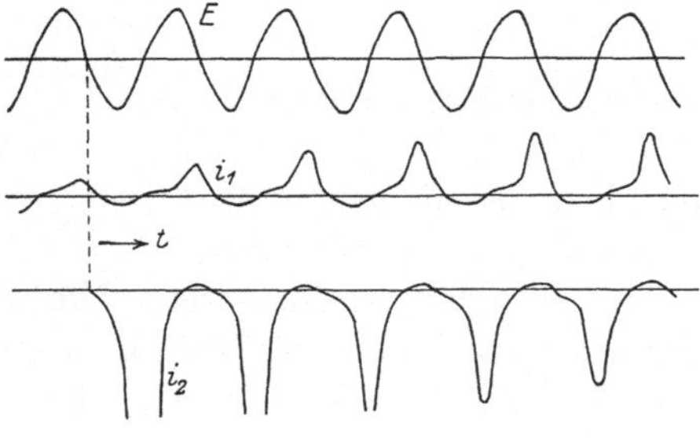

Abb. 30. Zuschalten eines 5 kW-Transformators zu einem zweiten Transformator gleicher Leistung.

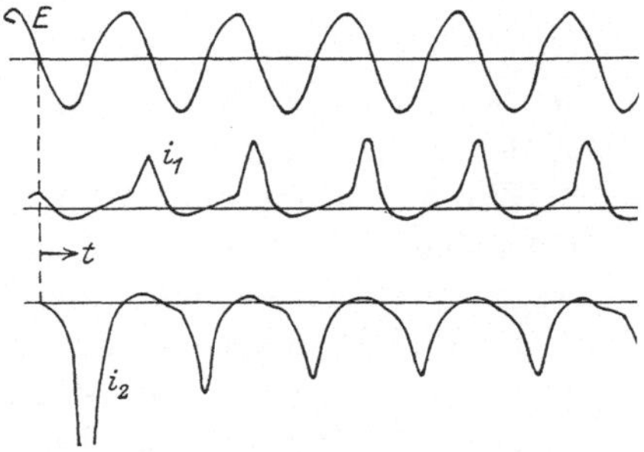

Abb. 31. Dasselbe wie Abb. 30, jedoch bei vergrößertem Widerstand der gemeinsamen Zuleitung.

war, ist i_1 bereits nach zwei Perioden ebenso groß als i_2, während im Oszillogramm 30, also bei geringem Widerstand der Zuleitung, i_1 nach dieser Zeit erst $^1/_5$ von i_2 beträgt. Transformator I beteiligt sich also im Oszillogramm 31 relativ stärker an den Ausgleichsvorgängen.

Die Versuchsbedingungen waren infolge der kleinen Transformatorleistung dem Zustandekommen der betrachteten Ausgleichserscheinungen nicht besonders günstig. In der Praxis treten, wie bereits erwähnt, unter günstigen Bedingungen zwischen parallellaufenden Transformatoren wesentlich höhere Ausgleichsströme auf, die zu unangenehmen Störungen führen können. Zur Vermeidung dieser Störungen sind natürlich auch hier Vorstufenschalter vollkommen ausreichend.

Wir haben unsere sämtlichen bisherigen Betrachtungen auf einphasige Stromkreise bezogen. Drehstrom-Transformatoren verhalten sich prinzipiell ebenso, nur daß eben die Vorgänge, die wir bisher für eine Phase betrachteten, sich dann in allen drei Phasen wiederholen und übereinander lagern. Es besteht nur folgender Unterschied. Im Einphasenkreise hängt der Verlauf der Ausgleichsströme sehr vom Schaltmoment ab, dergestalt, daß, wenn z. B. die Einschaltung in dem Augenblicke erfolgt, in welchem die Spannung gerade ihren Maximalwert durchläuft, Ausgleichsströme überhaupt nicht auftreten. Denn in diesem Falle besteht, da der neue Gleichgewichtszustand sich ohnehin stetig an den alten anschließt, hierzu keine Notwendigkeit. Bei Drehstrom ist hingegen wegen der Phasenverschiebung von 120^0 zwischen den drei verketteten Spannungen ein solcher Schaltmoment nicht möglich, denn eine der drei Spannungen wird sich immer mehr oder weniger in der Nähe der Nullinie befinden. Beim Einschalten eines Drehstrom-Transformators sind somit unter allen Umständen Stromstöße zu erwarten.

IV. Der mehrfach verkettete magnetische Fluß zwischen ruhenden Wicklungssystemen.

6. Allgemeine Begriffe.

Unseren bisherigen Betrachtungen lagen Anordnungen zugrunde, welche aus einer stromdurchflossenen Wicklung und einem mit ihr verketteten magnetischen Kraftlinienflusse bestanden. Wir waren den Gesetzen dieser Verkettung nachgegangen und hatten gefunden, daß, wie die Verhältnisse auch sonst liegen mögen, Änderungen im elektrischen Beharrungszustande des Stromkreises stets auch entsprechende Änderungen der magnetischen Größen des Kraftlinienfeldes bedingten und umgekehrt. Denken wir uns nun zwei elektrisch vollkommen getrennte Wicklungen, die von einem gemeinsamen Kraftlinienflusse umschlungen werden, so wird diese Wechselwirkung zwischen jeder einzelnen Wicklung und dem magnetischen Felde in gleicher Weise bestehen, eine Wicklung wird also auch mittelbar auf dem Umwege über das gemeinsame magnetische Feld die andere Wicklung beeinflussen, und wir sagen in diesem Falle, beide Wicklungen sind durch ein magnetisches Feld miteinander verkettet. Ändern wir plötzlich den jeweiligen elektrischen Gleichgewichtszustand in einer der beiden Wicklungen, so ist das nicht möglich, ohne daß sich auch die andere Wicklung, sofern sie geschlossen ist, an den dadurch bedingten Ausgleichsvorgängen beteiligt und ihrerseits eine ganz bestimmte Rückwirkung nicht nur auf das magnetische Feld, sondern auch auf die erste Wicklung ausübt. Die Ausgleichsvorgänge werden dadurch zweifellos andere Formen annehmen, und die Erforschung derselben möge im folgenden unser Ziel sein. Unsere Aufgabe ist in diesem Kapitel noch verhältnismäßig einfach, denn wir werden uns zunächst auf ruhende Wicklungssysteme beschränken, eine Anordnung, die ihren vornehmsten Repräsentanten im Transformator besitzt.

Wir denken uns einen Transformator, der primär an einer Wechselspannung

$$e = E \cdot \sin \omega \cdot t$$

liegt und sekundär zunächst offen ist. Eine Einwirkung der Sekundärwicklung findet also nicht statt, und die Primärwicklung führt lediglich den Magnetisierungsstrom, der, wenn wir von den Eisenverlusten und den Sättigungserscheinungen absehen, das Gesetz befolgt:

$$\left. \begin{aligned} i_0 &= J_0 \cdot \cos \omega \cdot t, \\ J_0 &= \frac{E}{L_1 \cdot \omega}, \end{aligned} \right\} \tag{24}$$

wo

und L_1 der totale Selbstinduktionskoeffizient der Primärwickung ist.

Wir wissen nun, daß die magnetische Verkettung des Kraftlinienfeldes im Eisen mit beiden Wicklungen niemals eine vollkommene
ist, ein Teil des Kraftlinienflusses, die sogenannten Streukraftlinien,
ist nur mit einer der beiden Wicklungen allein verkettet. Wir berücksichtigen dies, indem wir den Selbstinduktionskoeffizienten schreiben:

$$L_1 = L_{01} \cdot (1 + \tau_1). \tag{25a}$$

Man kann den Selbstinduktionskoeffizienten einer Wicklung auch
definieren als die mit ihr verkettete Kraftlinienzahl, welche entsteht,
wenn sie vom Strom 1 durchflossen wird[1]). Es entspricht somit L_{01}

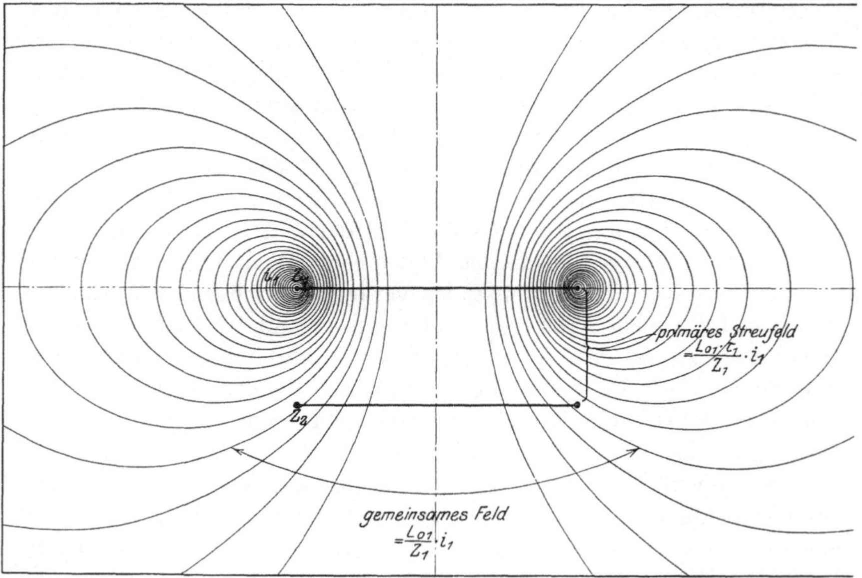

Abb. 32.   Magnetisches Feld eines primärseitig erregten, eisenlosen,
leerlaufenden Transformators.

dem beide Wicklungen durchsetzenden gemeinsamen Kraftlinienflusse,
während $L_{01} \cdot \tau_1$ den nur die Primärwicklung allein durchsetzenden
verketteten Streufluß ergibt (siehe auch Abb. 32). τ_1 bezeichnet man
als den primären Streuungskoeffizienten. In gleicher Weise kann man
für die Sekundärwicklung schreiben:

$$L_2 = L_{02} \cdot (1 + \tau_2). \tag{25b}$$

---

[1]) Ist also z die Windungszahl, Φ der jeweils mit einer Windung beim
Strom 1 verkettete Kraftlinienfluß, so ist allgemein:

$$L = \sum_0^z \Phi,$$

und nur im besonderen Falle des technischen Transformators mit konzentrierten
Wicklungen ist

$$L = z \cdot \Phi.$$

Hier ist τ_2 der sekundäre Streuungskoeffizient und $L_{02}\cdot\tau_2$ der verkettete sekundäre Streukraftlinienfluß beim Sekundärstrom 1 (Abb. 33). Die Streuungskoeffizienten geben also das Verhältnis der Streukraftlinien zu den Nutzkraftlinien an.

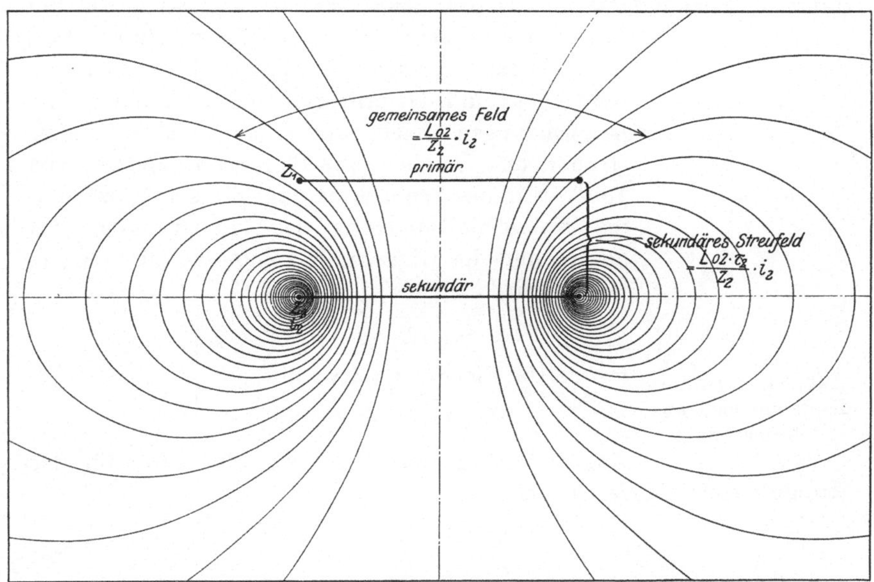

Abb. 33. Magnetisches Feld eines sekundärseitig erregten, eisenlosen, leerlaufenden Transformators.

Wir setzen:

$$\sqrt{L_{01}\cdot L_{02}} = M \tag{25c}$$

und bezeichnen damit den Koeffizienten der gegenseitigen Induktion beider Wicklungen. M läßt sich auch als die mit einer Wicklung verkettete Kraftlinienzahl definieren, wenn die andere, die Kraftlinien erzeugende Wicklung, vom Strom 1 durchflossen wird. Die vom gemeinsamen Felde in beiden Wicklungen induzierte EMK ist somit primär:

und sekundär:

$$\left.\begin{aligned} e_1 &= -J_0\cdot L_{01}\cdot\omega\cdot\sin\omega\cdot t, \\ e_2 &= -J_0\cdot M\cdot\omega\cdot\sin\omega\cdot t, \end{aligned}\right\} \tag{26}$$

beide haben also, wie dies auch in dem in Abb. 34 dargestellten Leerlaufdiagramm des Transformators zum Ausdruck kommt, gleiche Richtung und sind gegenüber der Netzspannung um 180^0 verschoben. Die gesamte, in der Primärwicklung induzierte Spannung ist natürlich:

$$e' = -J_0\cdot L_1\cdot\omega\cdot\sin\omega\cdot t = -e.$$

Der dem Leerlauf entgegengesetzte Betriebszustand des Transformators ist der Kurzschluß, in ihm ist die sekundäre Klemmenspannung $= 0$, und die gesamte im Sekundärkreis induzierte EMK wird in dem Ohmschen und dem durch den Streufluß bedingten induktiven Spannungsabfall der Sekundärwicklung aufgezehrt. Da der Magnetisierungsstrom neben den Kurzschlußströmen wegen seines geringen Betrages vollkommen verschwindet, sind die primären und sekundären Amperewindungen gleich, und Primär- und Sekundärstrom i_1 und i_2 haben eine Phasenverschiebung von 180^0. Für die Primärwicklung gilt somit, wenn e_k die Kurzschlußspannung des Transformators bedeutet und der Ohmsche Spannungsabfall vernachlässigt wird:

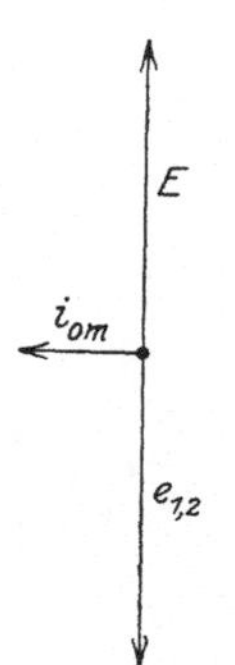

Abb. 34. Leerlaufdiagramm des Transformators.

$$e_k = i_1 \cdot L_1 \cdot \omega + i_2 \cdot M \cdot \omega ,$$

ferner für die Sekundärwicklung:

$$0 = i_2 \cdot L_2 \cdot \omega + i_1 \cdot M \cdot \omega . \qquad (27)$$

Aus dieser letzteren Gleichung folgt sofort für das Stromübersetzungsverhältnis:

$$\frac{i_2}{i_1} = - \frac{M}{L_2} \qquad (28\,\text{a})$$

und damit wird

$$e_k = i_1 \cdot L_1 \cdot \omega \cdot \left(1 - \frac{M^2}{L_1 \cdot L_2}\right) = i_1 \cdot L_1 \cdot \tau \cdot \omega . \qquad (28\,\text{b})$$

Man bezeichnet

$$\tau = 1 - \frac{M^2}{L_1 \cdot L_2} = 1 - \frac{1}{(1 + \tau_1) \cdot (1 + \tau_2)} \qquad (29)$$

als den totalen Streuungskoefffzienten des Transformators, da er die gesamte Streuung desselben zum Ausdruck bringt, und $L_1 \cdot \tau \cdot \omega$ ist die primärseitig gemessene Kurzschlußreaktanz des Transformators. Die sekundärseitig gemessene Kurzschlußreaktanz des Transformators wäre $L_2 \cdot \tau \cdot \omega$. Man läßt also im einen Falle sämtliche Streukraftlinien in der Primärwicklung, im anderen Falle in der Sekundärwicklung auftreten, und man könnte $L_1 \cdot \tau$ bzw. $L_2 \cdot \tau$ auch als die auf die betreffende Wicklung bezogene totale Streuinduktivität des Transformators bezeichnen.

Etwas anderes ist die primäre Streuinduktivität L_s' und die sekundäre Streuinduktivität L_s''. L_s' ist der Teil des mit der Primärwicklung verketteten Kraftlinienflusses, der die Sekundärwicklung nicht induziert, also

$$L_s' = L_1 - M \cdot \frac{z_1}{z_2} = L_{01} \cdot \tau_1 ,$$

ebenso

$$L_s'' = L_2 - M \cdot \frac{z_2}{z_1} = L_{02} \cdot \tau_2 \,,$$

wo z_1 die primäre und z_2 die sekundäre Windungszahl ist.

Somit ist der die Primärwicklung durchsetzende Streufluß

$$\Phi_s' = i_1 \cdot \frac{L_{01}}{z_1} \cdot \tau_1 = i_1 \cdot \frac{L_1}{z_1} \cdot \frac{\tau_1}{1 + \tau_1} \,, \qquad (30\,\text{a})$$

und der von der Sekundärwicklung erzeugte Streufluß:

$$\Phi_s'' = i_2 \cdot \frac{L_2}{z_2} \cdot \frac{\tau_2}{1 + \tau_2} = i_1 \cdot \frac{L_1}{z_1} \cdot \frac{\tau_2}{(1 + \tau_1) \cdot (1 + \tau_2)} \,. \qquad (30\,\text{b})$$

Die Summe beider:

$$\Phi_0 = \Phi_s' + \Phi_s'' = i_1 \cdot \frac{L_1}{z_1} \cdot \tau \qquad (30\,\text{c})$$

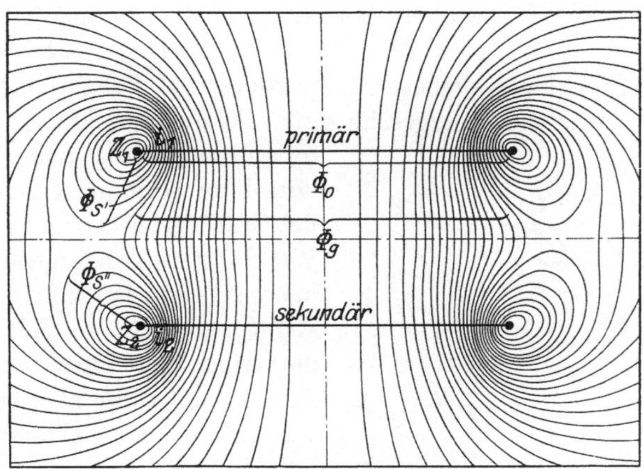

Abb. 35. Magnetisches Feld eines beiderseitig stromdurchflossenen
Transformators.

ergibt das gesamte, im Kurzschluß vorhandene magnetische Feld des Transformators (siehe auch Abb. 35!). Hingegen ist das im Kurzschluß noch vorhandene gemeinsame Feld:

$$\Phi_g = \Phi_s - \Phi_s' = \Phi_s'' = i_1 \cdot \frac{L_1}{z_1} \cdot \frac{\tau_2}{(1 + \tau_1) \cdot (1 + \tau_2)} \,. \qquad (30\,\text{d})$$

Wir müssen streng unterscheiden zwischen dem gemeinsamen Felde und dem gesamten magnetischen Felde des Transformators oder dem magnetischen Felde schlechtweg. Während, wie wir sahen, das gemeinsame Feld im vollkommenen Kurzschluß identisch ist mit dem sekundären Streufelde, setzt sich das gesamte magnetische Feld des Transformators aus den Streufeldern von Primär- und Sekundär-wicklung zusammen. Das gesamte magnetische Feld erfährt durch den Kurzschluß keine Verminderung, sofern nur die Primärspannung ihren Leerlaufswert beibehält, also $e_k = e$.

Abb. 36 zeigt den räumlichen Verlauf der Streufelder und des gemeinsamen Feldes eines kurzgeschlossenen technischen Transformators mit Eisenkern. Die Zerlegung des magnetischen Feldes des Transformators in die einzelnen Komponenten Φ_s', Φ_s'' und Φ_g ist natürlich nur eine gedachte, den Verlauf des sich in Wirklichkeit ergebenden resultierenden Feldes zeigt Abb. 37. Man sieht, wie die kurzgeschlossene Sekundärwicklung die Kraftlinien vollständig aus dem Eisenkern herausdrängt; vollständig freilich nur deshalb, weil wir uns die Wicklung widerstandslos gedacht haben. Ist die Wicklung mit Widerstand behaftet, so läßt sie einen derartigen Kraftlinienfluß durch den Eisenkern hindurchtreten, daß die von ihm in der Sekundärwicklung induzierte EMK gerade zur Deckung ihres Ohmschen Spannungsabfalles ausreicht.

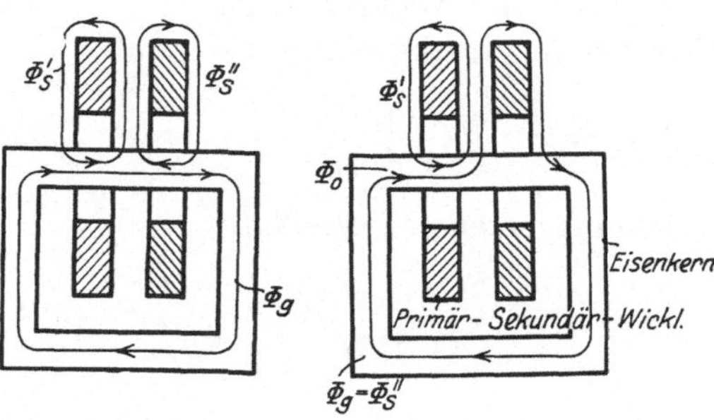

Abb. 36. Magnetische Felder eines Transformators mit Eisenkern.

Abb. 37. Resultierendes magnetisches Feld eines Transformators mit Eisenkern.

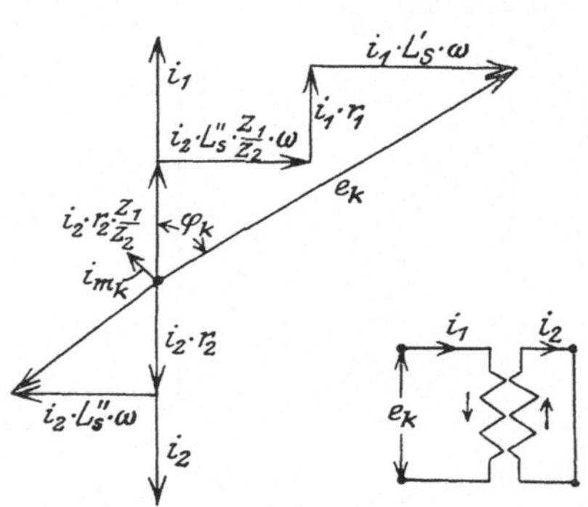

Abb. 38.   Kurzschlußdiagramm des Transformators.

Abb. 38 zeigt das bekannte Vektordiagramm des kurzgeschlossenen Transformators, an welchem die eben behandelten Verhältnisse leicht zu verfolgen sind.

7. Die Differentialgleichungen zweier durch einen magnetischen Kraftfluß verketteter Wicklungen.

Die allgemeinen Differentialgleichungen des Transformators sind schon von Helmholtz aufgestellt worden. Sie lauten für den sekundär kurzgeschlossenen Transformator:

$$L_1 \cdot \frac{di_1}{dt} + M \cdot \frac{di_2}{dt} + r_1 \cdot i_1 = E, \left.\vphantom{\frac{di_1}{dt}}\right\}$$
$$L_2 \cdot \frac{di_2}{dt} + M \cdot \frac{di_1}{dt} + r_2 \cdot i_2 = 0. \qquad (31)$$

i_1 und i_2 sind die jeweiligen Momentanwerte der Ströme in Primär- und Sekundärwicklung, die Gleichungen vernachlässigen natürlich jegliche Eisenverluste und Sättigungserscheinungen.

Differenzieren wir die Gl. (31) nach t und eliminieren wir aus diesen und den neu entstandenen Gleichungen i_2, so ergibt sich die folgende lineare Differentialgleichung zweiten Grades für i_1, deren rechte Seite, da uns nur die freien Ausgleichsströme interessieren, wir gleich Null setzen:

$$\left(1 - \frac{M^2}{L_1 \cdot L_2}\right) \cdot \frac{d^2 i_{1f}}{dt^2} + \left(\frac{r_1}{L_1} + \frac{r_2}{L_2}\right) \cdot \frac{di_{1f}}{dt} + \frac{r_1}{L_1} \cdot \frac{r_2}{L_2} \cdot i_{1f} = 0.$$

Führen wir folgende Abkürzungen ein:

$$1 - \frac{M^2}{L_1 \cdot L_2} = \tau,$$

$$\frac{r_1}{L_1 \cdot \tau} = a_1,$$

$$\frac{r_2}{L_2 \cdot \tau} = a_2,$$

so läßt sich die Gleichung auch schreiben

$$\frac{d^2 i_{1f}}{dt^2} + (a_1 + a_2) \cdot \frac{di_{1f}}{dt} + a_1 \cdot a_2 \cdot \tau \cdot i_{1f} = 0. \qquad (31\,\mathrm{a})$$

τ ist der resultierende Streufaktor des Transformators, a_1 und a_2 können als die reziproken Kurzschluß-Zeitkonstanten von Primär- und Sekundärwicklung bezeichnet werden.

Die eben angeschriebene Differentialgleichung hat folgende Lösung:

$$i_{1f} = A_1 \cdot e^{-a_1 \cdot t} + A_2 \cdot e^{-a_2 \cdot t}, \qquad (32\,\mathrm{a})$$

wobei sich die Exponenten α_1 und α_2 aus der durch Einsetzen von Gl. (32a) in Gl. (31a) entstandenen charakteristischen Gleichung

$$\alpha^2 - (a_1 + a_2) \cdot \alpha + a_1 \cdot a_2 \cdot \tau = 0$$

zu

$$\alpha_{1.2} = \frac{a_1 + a_2}{2} \mp \sqrt{\frac{(a_1 + a_2)^2}{4} - a_1 \cdot a_2 \cdot \tau} \qquad (33)$$

ergeben.

Genau die gleiche Differentialgleichung wie für i_1 ergibt sich auch für i_2, somit ergibt sich für den in der Sekundärwicklung fließenden Strom:

$$i_{2f} = A_3 \cdot e^{-\alpha_1 \cdot t} + A_4 \cdot e^{-\alpha_2 \cdot t}. \tag{32b}$$

In den Gl. (32) sind $A_1 \div A_4$ die willkürlichen Integrationskonstanten, die aus den Anfangsbedingungen des jeweils vorliegenden Problems zu bestimmen sind. $A_1 \div A_4$ sind jedoch nicht unabhängig voneinander. Wir erkennen dies, wenn wir die Gl. (32) in die ursprünglichen Differentialgleichungen (31) einführen, deren rechte Seite gleich Null gesetzt ist. Die sich dann ergebenden beiden Gleichungen können aber nur dann erfüllt werden, wenn auf der linken Seite die Summe der mit $e^{-\alpha_1 \cdot t}$ bzw. $e^{-\alpha_2 \cdot t}$ multiplizierten Glieder für sich verschwindet. Dies ergibt die folgenden vier Bedingungsgleichungen:

$$L_1 \cdot A_1 \cdot \alpha_1 + M \cdot A_3 \cdot \alpha_1 - r_1 \cdot A_1 = 0 ,$$
$$L_1 \cdot A_2 \cdot \alpha_2 + M \cdot A_4 \cdot \alpha_2 - r_1 \cdot A_2 = 0 ,$$
$$L_2 \cdot A_3 \cdot \alpha_1 + M \cdot A_1 \cdot \alpha_1 - r_2 \cdot A_3 = 0 ,$$
$$L_2 \cdot A_4 \cdot \alpha_2 + M \cdot A_2 \cdot \alpha_2 - r_2 \cdot A_4 = 0 .$$

Die eben angeschriebenen Gleichungen sind jedoch wiederum nicht unabhängig voneinander, sondern durch die Gl. (33) miteinander verknüpft. Infolgedessen können von den angeschriebenen Gleichungen nur zwei benutzt werden, die mit den aus den Anfangsbedingungen sich ergebenden beiden Gleichungen gerade die hinreichende und notwendige Anzahl Bestimmungsgleichungen zur Berechnung der Integrationskonstanten $A_1 \div A_4$ liefern.

Besonders einfache Verhältnisse ergeben sich, wenn Primär- und Sekundärwicklung gleiche Zeitkonstanten

$$T_1 = \frac{L_1}{r_1} = T_2 = \frac{L_2}{r_2}$$

besitzen, was bei jedem technischen Transformator mit großer Annäherung zutrifft. Nehmen wir dann, lediglich der Bequemlichkeit halber, noch gleiche Windungszahlen und gleiche Streufaktoren für beide Wicklungen an, so ergeben die Gl. (33), da nunmehr $L_1 = L_2 = L$:

$$\alpha_1 = \frac{r}{L + M} ,$$

$$\alpha_2 = \frac{r}{L - M} ,$$

ferner die Gl. (32c):

$$A_3 = A_1 ,$$
$$A_4 = - A_2 ,$$

und wir erhalten die folgenden einfachen Gleichungen für die in beiden Wicklungen sich ausbildenden Ausgleichströme:

$$i_{1f} = A_1 \cdot e^{-\frac{r}{L+M} \cdot t} + A_2 \cdot e^{-\frac{r}{L-M} \cdot t}, \\ i_{2f} = A_1 \cdot e^{-\frac{r}{L+M} \cdot t} - A_2 \cdot e^{-\frac{r}{L-M} \cdot t}. \tag{34}$$

Wir werden diesen Spezialfall den folgenden Betrachtungen zugrunde legen, da wir dann die physikalischen Vorgänge besonders deutlich erkennen werden.

8. Das Schalten des sekundär kurzgeschlossenen Transformators.

Der sekundär kurzgeschlossene Transformator werde zur Zeit $t = 0$ primärseitig an eine Gleichstromspannung E gelegt. Im Schaltmoment ist

$$i_{1t=0} = 0, \\ i_{2t=0} = 0.$$

Sind die freien Schwingungen abgelaufen, also die Ausgleichsvorgänge beendet, so muß ferner sein

$$i_{1t=\infty} = \frac{E}{r_1}, \\ i_{2t=\infty} = 0.$$

Die Ausgleichsströme genügen somit den folgenden Anfangsbedingungen:

$$i_{1f0} = -\frac{E}{r_1}, \\ i_{2f0} = 0. \tag{35}$$

Diese ergeben, in die Gl. (34) eingesetzt, folgende Werte für die Integrationskonstanten:

$$A_1 = A_2 = -\frac{E}{2 \cdot r_1},$$

und wir erhalten somit für die übergelagerten Ströme:

$$i_{1f} = -\frac{E}{2 \cdot r_1} \cdot e^{-\frac{r}{L+M} \cdot t} - \frac{E}{2 \cdot r_1} \cdot e^{-\frac{r}{L-M} \cdot t}, \\ i_{2f} = -\frac{E}{2 \cdot r_1} \cdot e^{-\frac{r}{L+M} \cdot t} + \frac{E}{2 \cdot r_1} \cdot e^{-\frac{r}{L-M} \cdot t}. \tag{36}$$

Um die sich in den Wicklungen tatsächlich ausbildenden Ströme zu erhalten, müssen wir die Ausgleichsströme zu den nach Beendigung

des Ausgleichsvorganges bestehenden stationären Stromwerten addieren.
Dies ergibt im vorliegenden Falle:

$$\left.\begin{aligned}
i_1 &= \frac{E}{r_1}\cdot\left(1 - \frac{1}{2}\cdot e^{-\frac{r}{L+M}\cdot t} - \frac{1}{2}\cdot e^{-\frac{r}{L-M}\cdot t}\right), \\
i_2 &= \frac{E}{r_1}\cdot\left(-\frac{1}{2}\cdot e^{-\frac{r}{L+M}\cdot t} + \frac{1}{2}\cdot e^{-\frac{r}{L-M}\cdot t}\right).
\end{aligned}\right\} \tag{37}$$

Dieses Ergebnis ist sehr bemerkenswert. Der Ausgleichsstrom in beiden
Wicklungen besteht aus 2 Gliedern mit sehr verschieden starker
Dämpfung. Der Anteil

$$i' = \frac{E}{2\cdot r_1}\cdot e^{-\frac{r}{L+M}\cdot t},$$

mit einer Dämpfung, die nur etwa halb so groß ist, wie wir sie im
3. Abschnitt bei nur einer Wicklung kennen lernten, hat in beiden
Wicklungen gleiches Vorzeichen und entgegengesetzte Richtung wie
der aufgezwungene Strom. i' ist jener Strom, welcher der durch das
Anwachsen des gemeinsamen Feldes in beiden Wicklungen induzierten
Gegen-EMK seine Entstehung verdankt, und wir sehen, daß sich
beide Wicklungen in gleicher Weise an der Abwehr des entstehenden
Feldes beteiligen. Wegen des doppelten Kupfergewichtes der beiden
Wicklungen gegenüber einer einzigen ist natürlich auch die Zeit-
konstante nun doppelt so groß. Der Anteil

$$i'' = \frac{E}{2\cdot r_2}\cdot e^{-\frac{r}{L-M}\cdot t}$$

mit sehr starker Dämpfung (statt der doppelten Leerlaufinduktivität
erscheint im Exponenten die vielmals kleinere Streuinduktivität) hat
in beiden Wicklungen entgegengesetztes Vorzeichen, beide Ströme
heben sich also in ihrer Wirkung auf das gemeinsame Feld auf.
Die Ströme i'' werden durch die Gegen-EMK der sich um beide
Wicklungen bildenden Streufelder hervorgerufen, daher ihr entgegengesetztes Vorzeichen und ihre durch die geringe Feldenergie bedingte
starke Dämpfung. Während also die Streufelder recht schnell aufgebaut werden, dauert dies bei dem gemeinsamen Felde relativ lange.
Man erkennt das letztere auch leicht, wenn man die Summe der Ströme
i_1 und i_2 bildet, man erhält dann den gesamten Magnetisierungsstrom
und damit den Verlauf des ihm proportionalen gemeinsamen Feldes.
Es ist

$$i_1 + i_2 = \frac{E}{r_1}\cdot\left(1 - e^{-\frac{r}{L+M}\cdot t}\right).$$

Die Abb. 39, welche den Verlauf der Einschaltströme in Primär- und
Sekundärwicklung eines Transformators zeigt, bedarf nach dem Gesagten wohl keiner Erklärung mehr.

In der Regel ist die Streuung zwischen Primär- und Sekundärwicklung sehr gering und dann die Dämpfung des Stromanteiles i''
viel stärker, als in Abb. 39 angenommen. Man bemerkt in unter
derartigen Verhältnissen aufgenommenen Oszillogrammen denn auch
ein fast sprunghaftes Ansteigen des Primärstromes auf seinen halben
und ein sehr langsames weiteres Ansteigen auf seinen vollen Endwert.

Das erstere allerdings nur,
wenn beide Wicklungen
gleiche Zeitkonstanten besitzen. Ist die Zeitkon-
stante der kurzgeschlos-
senen Wicklung (T_2) von der
der Primärwicklung (T_1)
verschieden, so springt bei
kleiner Streuung zwischen
beiden Wicklungen der
Strom zunächst auf einen

Wert $\dfrac{E}{r_1} \cdot \dfrac{T_2}{T_1 + T_2}$, um dann

weiterhin langsam nach
Maßgabe der Summe bei-
der Zeitkonstanten anzu-
steigen.

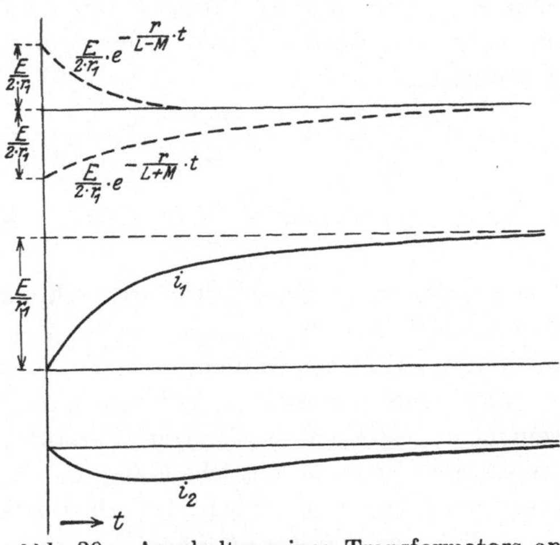

Abb. 39.   Anschalten eines Transformators an
eine Gleichstromspannung.

Wir wollen nun zu dem
praktisch wichtigen Fall übergehen, daß ein sekundär kurzgeschlossener Transformator primärseitig an eine Wechselspannung angeschlossen wird. Der sich ausbildende stationäre Kurzschlußstrom sei
auf der Primärseite i_{1k}, auf der Sekundärseite i_{2k}, die entsprechenden
Augenblickswerte im Schaltmoment seien i_{1k0} und i_{2k0}. Die freien
Schwingungen haben somit, wie man leicht feststellen kann, folgende
Anfangswerte:

$$\left.\begin{aligned}
i_{1f0} &= -\,i_{1k0}, \\
i_{2f0} &= -\,i_{2k0},
\end{aligned}\right\} \tag{38}$$

und damit bestimmen sich die Integrationskonstanten zu

$$A_1 = -\tfrac{1}{2}\cdot(i_{1k0} + i_{2k0}),$$
$$A_2 = -\tfrac{1}{2}\cdot(i_{1k0} - i_{2k0}).$$

Nun ist aber sehr angenähert

$$i_{1k0} = -\,i_{2k0} = i_{k0},$$
$$i_{1k0} + i_{2k0} = i_{m0},$$

und die Integrationskonstanten lassen sich somit einfacher schreiben

$$A_1 = -\frac{i_{m0}}{2},$$

$$A_2 = -i_{k0}.$$

i_{m0} ist der Augenblickswert des Magnetisierungsstromes im Schalt-moment. Für die in Primär- und Sekundärwicklung im Einschalt-moment ausgelösten freien Schwingungen gewinnen wir somit die Gleichungen:

$$\left.\begin{aligned} i_{1f} &= -\frac{i_{m0}}{2}\cdot e^{-\frac{r}{L+M}\cdot t} - i_{k0}\cdot e^{-\frac{r}{L-M}\cdot t}, \\[2mm] i_{2f} &= -\frac{i_{m0}}{2}\cdot e^{-\frac{r}{L+M}\cdot t} + i_{k0}\cdot e^{-\frac{r}{L-M}\cdot t}. \end{aligned}\right\} \qquad (39)$$

Beim plötzlichen Einschalten des sekundär kurzgeschlossenen Trans-formators laufen zwei Ausgleichsvorgänge nebeneinander her, die wir getrennt betrachten wollen.

Der Kurzschlußstrom i_k kann nur dann vom Schaltmoment ab seinen ungestörten stationären Verlauf nehmen, wenn er in jenem Augenblicke gerade betriebsmäßig die Nullinie passieren würde. Ist dies nicht der Fall, wird also zu irgendeinem anderen Zeitpunkte geschaltet, so lagert sich über den stationären Kurzschlußstrom ein Gleichstrom, der diesen im Einschaltmoment zu Null ergänzt, also im Höchstfalle dessen Amplitudinalwert erreichen kann. Dieser Gleich-strom hat, wie die Gl. (39) zeigen, in Primär- und Sekundärwicklung entgegengesetzte Richtung, hebt sich also in seiner Wirkung auf das gemeinsame Feld auf und ist, da er nur von Streufeldern getragen wird, ziemlich stark gedämpft.

Auch das im Kurzschluß vorhandene gemeinsame Feld wird je nach dem Einschaltmoment durch ein sich ihm überlagerndes Gleich-feld zu Null ergänzt, es spielt sich also im kurzgeschlossenen Trans-formator noch ein zweiter Vorgang ab, den wir aber bereits im 4. Ab-schnitt kennen lernten. Der zur Aufrechterhaltung dieses Gleichfeldes nötige Magnetisierungsstrom wird, wie die Gl. (39) zeigen, von beiden Wicklungen in gleicher Weise gedeckt, während bekanntlich der sta-tionäre Magnetisierungsstrom i_m nur von der Primärseite aus geliefert wird. Ist der Transformator groß im Vergleich zur Leistungsfähigkeit des Netzes, mit anderen Worten, fällt infolge des Kurzschlusses die Netzspannung stark ab, so besitzt das gemeinsame Feld und damit i_m nur geringe Höhe, i_{m0} ist also gegenüber i_{k0} zu vernachlässigen und in Primär- und Sekundärwicklung sind Ströme von gleicher Höhe zu erwarten, welche im ungünstigsten Falle die doppelte Höhe des stationären Kurzschlußstromes erreichen. Ist der Transformator hin-

gegen klein im Vergleich zur Leistungsfähigkeit des Netzes, hält dasselbe also seine Spannung aufrecht, so können im Eisenkern, besonders
wenn die sekundäre Streuung groß und das primäre Streufeld zum
großen Teil im Eisen verläuft, infolge des übergelagerten Gleichfeldes
hohe Sättigungen und damit in der Primärwicklung erhebliche Magnetisierungsstromstöße auftreten. Das Gleichstromglied in der Sekundärwicklung erreicht natürlich nur die halbe Höhe des dem übergelagerten
Gleichfelde entsprechenden Magnetisierungsstromes. Während also in

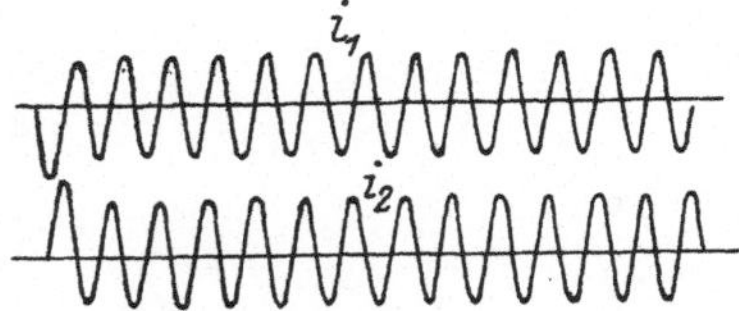

Abb. 40. Einschalten eines kurzgeschlossenen Asynchronmotors bei
verminderter Spannung.

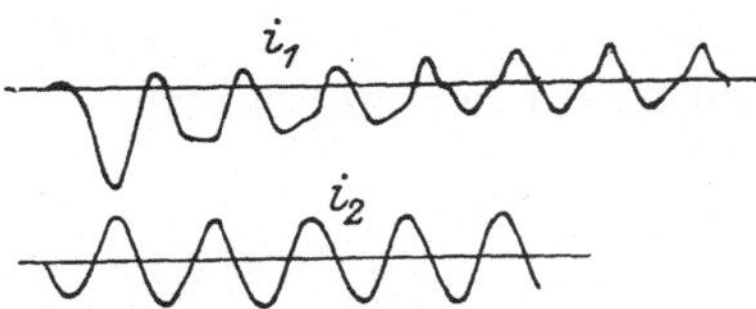

Abb. 41. Einschalten eines kurzgeschlossenen Asynchronmotors bei
normaler Spannung.

der Sekundärwicklung nur etwa der doppelte stationäre Kurzschlußstrom zu erwarten ist, können in der Primärwicklung, wenn die Streuung
nicht zu klein ist, wesentlich höhere Stromstöße auftreten.

Die Oszillogramme 40 und 41 bestätigen dies. Beide wurden an
einem Asynchronmotor mit stillstehendem, kurzgeschlossenem Rotor
aufgenommen, da Asynchronmotoren wegen ihrer größeren Streuung
günstigere Versuchsbedingungen ergeben. Bei Oszillogramm 40 war
die Spannung auf $30^0/_0$ des normalen Wertes erniedrigt worden,
während sie bei Oszillogramm 41 die normale Höhe besaß. Im Oszillogramm 40 treten in Stator und Rotor gleich hohe Ströme auf, welche
wegen der starken Dämpfung nur die 1,3fache Höhe des stationären
Kurzschlußstromes erreichen, während im Oszillogramm 41 der Statorstrom den 4fachen Betrag des stationären Kurzschlußstromes annimmt. Der Rotorstrom zeigt keine nennenswerte Erhöhung.

9. Der plötzliche Kurzschluß des Transformators und seine Unterbrechung.

Der Fall wird meist so liegen, daß der Transformator primärseitig an ein Wechselstromnetz angeschlossen ist und daß nun auf
der Sekundärseite plötzlich ein Kurzschluß auftritt. Wir wollen, da
wir dann besonders einfache Anfangsbedingungen haben, annehmen,
der Transformator laufe unbelastet und zur Zeit $t = 0$ werde die
Sekundärwicklung plötzlich kurzgeschlossen.

Dann fließt vor Eintritt des Kurzschlusses in der Primärwicklung
ein Magnetisierungsstrom i_m, die Sekundärwicklung ist stromlos. Nach

Ablauf sämtlicher Ausgleichserscheinungen führen beide Wicklungen den stationären Kurzschlußstrom i_{1k} bzw. i_{2k}. Bezeichnen wir wieder die auf den Schaltmoment bezogenen Werte mit i_{m0}, i_{1k0} und i_{2k0}, so haben wir:

$$\left. \begin{array}{l} i_{1f0} = i_{m0} - i_{1k0} = A_1 + A_2 \\ i_{2f0} = - i_{2k0} \quad\;\; = A_1 - A_2 \end{array} \right\} \tag{40}$$

und daraus folgt

$$A_1 = \tfrac{1}{2} \cdot (i_{m0} - (i_{1k0} + i_{2k0})),$$
$$A_2 = \tfrac{1}{2} \cdot (i_{m0} - (i_{1k0} - i_{2k0})).$$

Nun ist wieder angenähert:

$$i_{1k0} = - i_{2k0} = i_{k0},$$
$$i_{1k0} + i_{2k0} \quad = i_{mk0}.$$

und damit

$$A_1 = \frac{1}{2} \cdot (i_{m0} - i_{mk0}) = \frac{i'_{m0}}{2},$$

$$A_2 = \frac{i_{m0}}{2} - i_{k0} \quad = \sim - i_{k0}.$$

i_{mk0} ist der dem im Kurzschluß vorhandenen gemeinsamen Felde entsprechende Magnetisierungsstrom, somit entspricht i'_{m0} jenem Anteil des Feldes, welches im Verlaufe des Kurzschlusses verschwindet. Denn schon infolge des in der Regel eintretenden Abfallens der Netzspannung wird das gemeinsame Feld im Kurzschluß immer kleiner sein als bei Leerlauf.

Die Gleichungen der übergelagerten Ströme lauten also:

$$\left. \begin{array}{l} i_{1f} = \dfrac{i'_{m0}}{2} \cdot e^{-\frac{r}{L+M} \cdot t} - i_{k0} \cdot e^{-\frac{r}{L-M} \cdot t}, \\[3ex] i_{2f} = \dfrac{i'_{m0}}{2} \cdot e^{-\frac{r}{L+M} \cdot t} + i_{k0} \cdot e^{-\frac{r}{L-M} \cdot t}. \end{array} \right\} \tag{41}$$

Es treten also in beiden Wicklungen erstens zwei gleichgerichtete Ströme von geringer Stärke auf, welche die Schwächung des Feldes zu verhindern suchen, und zweitens zwei entgegengesetzt gerichtete Ströme, welche maximal die Höhe des Amplitudinalwertes des stationären Kurzschlußstromes erreichen, also wieder für diesen die Anfangsbedingungen herstellen. Es sind also beim plötzlichen Kurzschluß in beiden Wicklungen gleich große Stromstöße von maximal der doppelten Höhe des stationären Kurzschlußstromes zu erwarten.

Nicht so sehr praktisches als vielmehr theoretisches Interesse bietet der plötzliche Kurzschluß des Serientransformators, also eines Transformators, der vor und nach dem Kurzschluß den konstanten Primärstrom i_1 führt. Dieser selbe Strom ist vor dem Kurzschluß

Magnetisierungsstrom, während er nach Ablauf der Ausgleichsvorgänge, wo das Feld im Transformator gering ist, zum weitaus größten Teil lediglich den sekundären Gegenamperewindungen die Wage hält. Beim Eintritt des plötzlichen Kurzschlusses wird also fast die ganze, im Leerlaufzustande aufgespeichert gewesen magnetische Energie im Transformator in Freiheit gesetzt.

Die Anfangsbedingungen für die Ausgleichsströme lauten im vorliegenden Falle:

$$\left.\begin{aligned} i_{1f} &= 0, \\ i_{2f} &= -i_{2k0} = \sim i_{10}. \end{aligned}\right\} \qquad (42)$$

Hieraus folgt

$$A_1 = \frac{i_{10}}{2},$$

$$A_2 = -\frac{i_{10}}{2}.$$

und damit

$$\left.\begin{aligned} i_{1f} &= \frac{i_{10}}{2} \cdot e^{-\frac{r}{L+M} \cdot t} - \frac{i_{10}}{2} \cdot e^{-\frac{r}{L-M} \cdot t}, \\ i_{2f} &= \frac{i_{10}}{2} \cdot e^{-\frac{r}{L+M} \cdot t} + \frac{i_{10}}{2} \cdot e^{-\frac{r}{L-M} \cdot t}. \end{aligned}\right\} \qquad (43)$$

Während also in der Primärwicklung nur eine Stromerhöhung um höchstens $50\,^0/_0$ eintritt, erreicht der Kurzschlußstrom in der Sekundärwicklung wieder den doppelten stationären Wert. Die interessanteste Aussage der Gl. (43) besteht darin, daß beide Wicklungen das freiwerdende Feld abfangen und eine ganz allmählich verlaufende Umwandlung der magnetischen Energie in Joulesche Wärme vermitteln.

Hätten wir den Kurzschluß in dem Augenblicke eingeleitet, in welchem die Leerlaufspannung gerade ihr Maximum durchläuft, also die im Transformator aufgespeicherte Energie Null ist, so wären natürlich überhaupt keine Ausgleichsvorgänge aufgetreten.

Im stationären Kurzschluß herrscht an den Primärklemmen des Transformators, wenn wir vom Ohmschen Widerstand absehen, eine Spannung

$$e_k = i_1 \cdot L_1 \cdot \tau \cdot \omega,$$

die Leerlaufspannung ist

$$e = i_1 \cdot L_1 \cdot \omega.$$

Beiden Spannungen ist das gesamte, die Primärwicklung umschließende magnetische Feld proportional. Die durch den plötzlichen Kurzschluß in Freiheit gesetzte magnetische Energie hat mithin einen Betrag von

$$W_f = \tfrac{1}{2} \cdot i_{1}^{2}{}_{\max} \cdot L_1 \cdot (1 - \tau).$$

Unterbrechungsüberspannungen sind in dem Maße, wie wir sie beim Abschalten des leerlaufenden Transformators kennen lernten, bei der Unterbrechung des Kurzschlusses eines Transformators nicht möglich. Denn es wird stets eine der beiden Wicklungen, entweder direkt oder über den Stromerzeuger geschlossen und so imstande sein, das Feld mit Hilfe eines im Schaltmoment entstehenden Gleichstromes noch zunächst aufrecht zu erhalten. Diesen Vorgang zeigt Oszillogramm 42 sehr deutlich. Das Oszillogramm stellt die über einem Stromwandler aufgenommene Unterbrechung des Kurzschlußstromes eines Turbogenerators dar. Im Augenblicke t_0 riß der Lichtbogen im Ölschalter vorzeitig ab. Das Oszillogramm zeigt nun nicht etwa ein plötzliches Verschwinden des Stromes, was in Wirklichkeit ja eintrat, sondern der Gleichstrom abzuklingen.

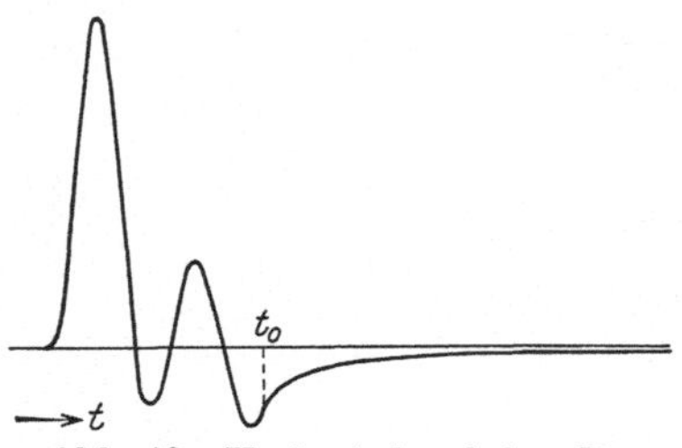

Abb. 42. Verlauf des Sekundärstromes eines Stromwandlers bei der plötzlichen Unterbrechung des Kurzschlusses auf der Primärseite.

Generatorstrom scheint langsam als Es ist dies ein im Sekundärstromkreis des primär nunmehr offenen Stromwandlers auftretender Gleichstrom, welcher die zur Zeit der plötzlichen Unterbrechung im Stromwandler aufgespeicherte magnetische Energie bindet und eine langsam verlaufende Umwandlung derselben in Joulesche Wärme bewirkt. Es wird im Augenblicke der Unterbrechung nur die in den Streufeldern aufgespeicherte magnetische Energie frei und diese ist verhältnismäßig gering, kann also beträchtliche Überspannungen nicht hervorbringen.

Ist der Kurzschluß eines Transformators stationär geworden, so ist das gemeinsame Feld einmal um einen dem primären Streufeld entsprechenden Betrag kleiner geworden, dann um einen dem primären Ohmschen Spannungsabfall und ferner um einen dem Spannungsabfall des Netzes entsprechenden Betrag. Wird nun der Kurzschluß sekundärseitig abgeschaltet und steigt die Netzspannung wieder sofort auf ihren alten Betrag, so wird sie im Transformator ein Feld vorfinden, dessen Stärke unter Umständen beträchtlich unter dem Sollwert liegt. Es wird also im Augenblicke der Unterbrechung ein neuer Ausgleichsvorgang einsetzen, dessen Verlauf wir bereits im vierten Abschnitt kennen lernten. Abb. 43 zeigt das

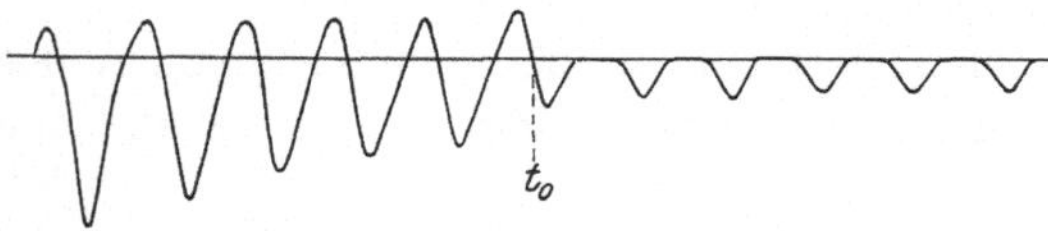

Abb. 43. Verlauf des Primärstromes eines Transformators bei der Unterbrechung des Kurzschlusses auf der Sekundärseite.

Ein- und Abschalten des Kurzschlusses eines 5000 kVA-Transformators. Man sieht, wie sich an den Kurzschlußstrom die bekannten Einschaltstromstöße stetig anschließen, doch ist ihre Höhe gegenüber der des maximalen Kurzschlußstromes gering und somit ihre praktische Bedeutung im vorliegenden Falle nicht groß.

10. Abklingen eines mit zwei Wicklungen verketteten magnetischen Flusses.

Wir denken uns einen mit zwei Wicklungen versehenen Eisenkern und es werde die primäre Wicklung von einem konstanten Gleichstrom J durchflossen, während die sekundäre Wicklung kurzgeschlossen und stromlos sei. Zur Zeit $t = 0$ werde die primäre Wicklung an ihren Klemmen plötzlich kurzgeschlossen und damit von der Stromquelle abgetrennt. Wir fragen uns nun, wie der hierdurch eingeleitete Ausgleichsvorgang durch die kurzgeschlossene Sekundärwicklung beeinflußt wird.

Die Annahme gleicher Zeitkonstanten für beide Wicklungen wollen wir im Gegensatz zu den vorher behandelten Beispielen diesmal fallen lassen, die Primärwicklung habe also eine Zeitkonstante

$$T_1 = \frac{L_1}{r_1},$$

die Sekundärwicklung eine solche

$$T_2 = \frac{L_2}{r_2}.$$

Wir haben von folgenden Anfangsbedingungen auszugehen:

$$\left. \begin{array}{l} i_1 = J \\ i_2 = 0 \end{array} \right\} \text{ für } A = 0, \qquad (44)$$

woraus

$$A_1 + A_2 = J,$$
$$A_3 + A_4 = 0.$$

Hieraus ergibt sich nun unter Berücksichtigung der Gl. (32c) leicht

$$A_1 = J \cdot \alpha_1 \cdot \frac{1 + T_1 \cdot \alpha_2}{\alpha_1 - \alpha_2},$$

$$A_2 = - J \cdot \alpha_2 \cdot \frac{1 + T_1 \cdot \alpha_1}{\alpha_1 - \alpha_2},$$

$$A_3 = - J \cdot \frac{L_1}{M} \cdot \frac{(1 + T_1 \cdot \alpha_1) \cdot (1 + T_1 \cdot \alpha_2)}{T_1 \cdot (\alpha_1 - \alpha_2)},$$

$$A_4 = J \cdot \frac{L_1}{M} \cdot \frac{(1 + T_1 \cdot \alpha_1) \cdot (1 + T_1 \cdot \alpha_2)}{T_1 \cdot (\alpha_1 - \alpha_2)}.$$

Sehr übersichtliche Verhältnisse ergeben sich, wenn wir streuungsfreie Verkettung von Primär- und Sekundärwicklung annehmen, also $\tau = 0$ setzen. Beide Wicklungen mögen der Einfachheit halber noch gleiche Windungszahl besitzen.

Für $\tau = 0$ ergibt sich für die Dämpfungskonstante α_1 der unbestimmte Ausdruck $\frac{0}{0}$, der jedoch durch Entwicklung nach dem binomischen Lehrsatz übergeht in

$$\alpha_1 = \frac{1}{T_1 + T_2},$$

ferner wird

$$\alpha_2 = \infty.$$

Die Integrationskonstanten gehen ferner über in

$$A_1 = J \cdot \frac{T_1}{T_1 + T_2}, \qquad A_2 = J \cdot \frac{T_2}{T_1 + T_2},$$

$$A_3 = - A_4 = J \cdot \frac{T_2}{T_1 + T_2},$$

und wir erhalten die folgenden Gleichungen für den Verlauf der Ströme in beiden Wicklungen:

$$\left. \begin{aligned} i_1 &= J \cdot \frac{T_1}{T_1 + T_2} \cdot e^{-\frac{t}{T_1 + T_2}} + J \cdot \frac{T_2}{T_1 + T_2} \cdot e^{-\infty \cdot t}, \\ i_2 &= J \cdot \frac{T_2}{T_1 + T_2} \cdot e^{-\frac{t}{T_1 + T_2}} - J \cdot \frac{T_2}{T_1 + T_2} \cdot e^{-\infty \cdot t}. \end{aligned} \right\} \quad (45)$$

Dieses Ergebnis kann uns nach den Erörterungen des 8. Abschnittes nicht überraschen. Wir sehen, wie beide Wicklungen nach dem Verschwinden der aufgedrückten EMK das freiwerdende magnetische Feld aufrecht zu erhalten suchen und sie beteiligen sich hieran nach Maßgabe ihrer Zeitkonstante. Das gemeinsame magnetische Feld ist proportional der Summe der Amperewindungen beider Wicklungen, wir erhalten also ein Bild über sein zeitliches Verschwinden, indem wir Primär- und Sekundärstrom addieren. Das Ergebnis ist

$$i_1 + i_2 = J \cdot e^{-\frac{t}{T_1 + T_2}},$$

das heißt maßgebend für die Schnelligkeit des Abklingens des gemeinsamen Feldes ist die Summe der Zeitkonstanten beider Wicklungen.

V. Der mehrfach verkettete magnetische Fluß zwischen bewegten, einachsigen Wicklungssystemen.

11. Die Einphasen-Synchronmaschine im stationären Leerlauf und Kurzschluß.

Wir haben uns in diesem Kapitel mit den merkwürdigen Ausgleichsvorgängen zu befassen, die sich beim plötzlichen Kurzschluß der Einphasen-Synchronmaschine abspielen. Bevor wir indes die Analysierung dieser verwickelten Erscheinungen in Angriff nehmen, wollen wir kurz den Zustand des stationären Leerlaufes und Kurzschlusses betrachten, schon, um uns mit der Bedeutung der verschiedenen, auf die Maschine angewandten Induktionskoeffizienten vertraut zu machen.

Wir denken uns eine Maschine von einfachster Bauart, die nach Art eines Turbogenerators mit konstantem Luftraum und verteilter Erregerwicklung ausgeführt ist (Abb. 44). Stator und Induktor seien lamelliert, so daß Wirbelstromerscheinungen von nennenswerter Bedeutung sich nicht ausbilden können. Außerdem sei die Maschine während des ganzen Ausgleichsvorganges ungesättigt, d. h. ihre magnetische Charakteristik sei eine Gerade und ihre Selbst- und Gegeninduktivitätskoeffizienten konstante Größen. Daß wir sämtliche Eisenverluste vernachlässigen, wurde früher schon gesagt.

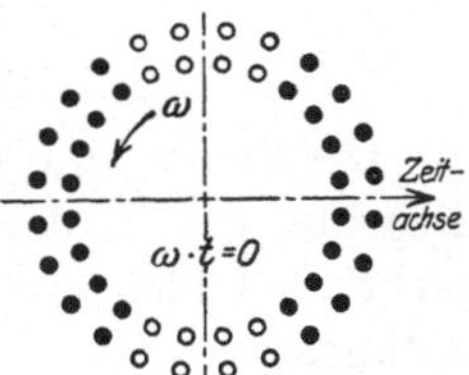

Abb. 44. Wicklungsanordnung der Synchronmaschine.

Diese Maschine denken wir uns entgegen dem Uhrzeigersinne mit der Winkelgeschwindigkeit ω (in Polteilungsgraden) angetrieben und bei offenem Stator mit einem Strom i_e erregt. Die in der Abb. 44 gezeichnete gegenseitige Stellung von Stator und Induktor — die schwarz ausgefüllten Kreise bedeuten bewickelte Nuten — entspreche dem Zeitpunkte $\omega \cdot t = 0$. Die Magnetamperewindungen erzeugen das stationäre, trapezförmige Hauptfeld, das bei genügend verteilter Wicklung im Stator eine sinusförmige EMK der Drehung hervorruft. Dabei befolgt das den Stator schneidende Hauptfeld, falls wir die Trapezlinie durch die äquivalente Sinuslinie ersetzen, relativ zum Stator das Zeitgesetz:

$$\Phi = i_e \cdot \frac{M}{z_2} \cdot \cos \omega \cdot t.$$

Hier ist M der Koeffizient der gegenseitigen Induktion zwischen Stator und Erregerwicklung in der durch die Abb. 44 festgehaltenen gegenseitigen Lage. Wir wären zu demselben Resultat gekommen, wenn wir uns den Induktor stillstehend denken und statt dessen einen gegenseitigen Induktionskoeffizienten

$$M' = M \cdot \cos \omega \cdot t \tag{46}$$

einführen. Tun wir dies, so vereinfachen wir die Behandlungsweise unseres Problems ganz erheblich, denn wir können dann die Wicklungen im übrigen als ruhend voraussetzen und ohne weiteres die allgemeinen Transformatorgleichungen auf dieselben anwenden.

Genau wie beim Transformator bezeichnen wir den Selbstinduktionskoeffizienten der Erregerwicklung, der dort die Primärwicklung entspricht, mit

$$L_1 = L_{01} \cdot (1 + \tau_1) \tag{47a}$$

und den der Stator- oder Sekundärwicklung mit

$$L_2 = L_{02} \cdot (1 + \tau_2). \tag{47b}$$

τ_1 und τ_2 sind der Streuungskoeffizient der Erreger- und der Statorwicklung, der totale Streuungskoeffizient des Generators ist wieder:

$$\tau = 1 - \frac{1}{(1 + \tau_1) \cdot (1 + \tau_2)}. \tag{48}$$

Die Selbst- und Gegeninduktivitäten L und M sind physikalische Begriffe, die in der Praxis wenig benutzt werden; wir wollen daher nicht verfehlen, sie auf dem Ingenieur geläufigere Größen zurückzuführen.

Bedeute z_1 die Windungszahl einer Phase des Rotors, δ'' die auf den Luftspalt reduzierte Kraftlinienlänge, f_{aw} den sogen. Amperewindungsfaktor[1]), $f_{1,2}$ den gegenseitigen Spulenfaktor[1]), X die doppelte Polteilung und B die effektive Eisenbreite, so erzeugt ein in der Wicklung fließender Strom i_1 im Luftspalt eine maximale Feldstärke

$$h_{10} = 0{,}4 \cdot \pi \cdot f_{aw1} \cdot \frac{z_1}{\delta''} \cdot i_1 = c_1 \cdot i_1 \,,$$

und es ist, da wir die räumliche Verteilung der Feldstärke in Richtung des Rotorumfanges als sinusförmig voraussetzen, die mittlere Feldstärke

$$h_{1m} = \frac{2}{\pi} \cdot h_{10} = \frac{2}{\pi} \cdot c_1 \cdot i_1 \,.$$

Der gesamte, von der betrachteten Wicklung erzeugte Kraftlinienfluß ist ferner

$$\Phi_{10} = h_{1m} \cdot \frac{X}{2} \cdot B = c_1 \cdot \frac{X \cdot B}{\pi} \cdot i_1 \,.$$

---

[1]) Näheres siehe: Kittler: Allgemeine Elektrotechnik, III. Band, 1910, Seite 78 usw.

Seiner Definition nach gibt L_{01} die Verkettung der Statorwicklung mit der mit beiden Systemen verketteten Kraftlinienzahl an, es gilt also ferner

$$L_{01} = \frac{\Phi_{10} \cdot f_{1,2} \cdot z_1}{i_1}.$$

Aus den beiden zuletzt angeschriebenen Gleichungen folgt nun

$$L_{01} = c_1 \cdot f_{1,2} \cdot z_1 \cdot \frac{X \cdot B}{\pi},$$

und sinngemäß

$$L_{02} = c_2 \cdot f_{2,1} \cdot z_2 \cdot \frac{X \cdot B}{\pi},$$

und

$$M = \frac{f_{aw2} \cdot f_{2,1} \cdot z_2}{f_{aw1} \cdot f_{1,2} \cdot z_1} \cdot L_{01} = \frac{f_{aw1} \cdot f_{1,2} \cdot z_1}{f_{aw2} \cdot f_{2,1} \cdot z_2} \cdot L_{02},$$

$$(49)$$

mit den beiden Feldfaktoren

$$c_1 = 0{,}4 \cdot \pi \cdot f_{aw1} \cdot \frac{z_1}{\delta''},$$

bzw.

$$c_2 = 0{,}4 \cdot \pi \cdot f_{aw2} \cdot \frac{z_2}{\delta''}.$$

$$(50)$$

Die Streuungskoeffizienten τ_1 und τ_2 enthalten bei Maschinen mit verteilten Wicklungen auf Stator und Rotor (Asynchronmaschinen, Synchronmaschinen mit Walzenrotoren) auch die doppelt verkettete Streuung.   Nach Blondel ist

$$\tau_1 = \frac{f_1 - f_{1,2}}{f_{1,2}} + \frac{\Phi_s'}{f_{1,2} \cdot \Phi_{1,2}},$$

bzw.

$$\tau_2 = \frac{f_2 - f_{2,1}}{f_{2,1}} + \frac{\Phi_s''}{f_{2,1} \cdot \Phi_{2,1}}.$$

$$(51)$$

Hierin sind f_1 bzw. f_2 die sogen. eigenen Spulenfaktoren, Φ_s' bzw. Φ_s'' die reinen, also in erster Linie auf Nut- und Wickelkopfstreuung zurückzuführenden Streukraftlinien, und endlich $\Phi_{1,2}$ bzw. $\Phi_{2,1}$ die mit Primär- und Sekundärwicklung verkettete Kraftlinienzahl, d. h. das gemeinsame Feld.

f_1 bzw. f_2 schwanken in praktisch ausgeführten Maschinen je nach der Nutenzahl q pro Pol und Phase zwischen 1 ($q = 1$) und 0,95 ($q = \infty$).

Zwischen den gleichen Grenzen schwanken je nach gegenseitiger Wicklungsanordnung $f_{1,2}$ bzw. $f_{2,1}$. Der resultierende Streufaktor der doppelt verketteten Streuung, der angenähert durch die Summe

$$\tau_d = \frac{f_1 - f_{1,2}}{f_{1,2}} + \frac{f_2 - f_{2,1}}{f_{2,1}}$$

$$(52)$$

wiedergegeben wird, dürfte bei größeren Asynchronmaschinen zwischen 0,02 und 0,005 schwanken, während bei Synchronmaschinen mit Walzenrotoren die Höhe der angegebenen Grenzen sich vervierfachen dürfte.

Für verteilte Wicklungen $(q > 2)$ und eine Spulenseitenbreite von 60^0 bzw. 90^0 bzw. 120^0 bzw. 180^0 sind die Amperewindungsfaktoren $f_{aw} = 0,91$ bzw. 0,86 bzw. 0,79 bzw. 0,60. Dabei entspricht eine Spulenseitenbreite von 60^0 einer symmetrischen Dreiphasenwicklung, eine solche von 90^0 einer symmetrischen Zweiphasenwicklung und endlich eine solche von 120^0 der verteilten Erregerwicklung einer Synchronmaschine mit Walzenrotor.

Die in der Statorwicklung induzierte Leerlaufspannung ist:

$$e_2 = z_2 \cdot \frac{d\,\Phi}{d\,t} = -\,i_e \cdot M \cdot \omega \cdot \sin \omega \cdot t. \qquad (53)$$

Diese Gleichung entspricht genau der analogen Gl. (26) des Transformators. Nun aber beginnt das Neuartige an unserer Maschine. Wir denken uns den Stator plötzlich kurzgeschlossen, das ursprüngliche Gleichgewicht ist also aufgehoben und mit gewaltigen Stromstößen setzt ein Ausgleichsvorgang ein, der das System in den neuen Zustand des stationären Kurzschlusses überführt. Ist dieser erreicht, so wird ein Teil der Erregeramperewindungen durch die ihnen entgegenwirkenden Ankeramperewindungen neutralisiert, und die magnetische Energie unserer Maschine ist um einen entsprechenden Betrag vermindert worden. Das war schließlich auch beim Serientransformator der Fall. Die Verhältnisse werden aber bei der Einphasenmaschine dadurch schon im stationären Kurzschluß verwickelt und schwer zu übersehen, daß, während das vom Induktor ausgesandte Feld ein reines Drehfeld ist, der Stator auf dieses nur mit einem Wechselfeld reagieren kann. Wie diese beiden Felder nun zusammenarbeiten, möge die Abb. 45 zeigen. Vernachlässigen wir einen Augenblick den Ohmschen Widerstand der Statorwicklung, betrage also die Phasenverschiebung zwischen EMK und Kurzschlußstrom im Stator gerade 90^0, so haben Erreger- und Statorfeld zur Zeit $\omega \cdot t = 0$ eine gegenseitige Lage, welche die Abb. 45a angibt; beide Felder heben sich also gegenseitig größtenteils auf, und ihre Differenz ergibt das Statorstreufeld. Die Abb. 45a bis 45e veranschaulichen, wie das Erregerfeld mit fortschreitender Zeit seine räumliche Lage relativ zum Stator ändert, wie ferner das Statorfeld seine einmal eingenommene räumliche Lage unverändert beibehält, dagegen im selben Tempo seine Intensität verändert. Nachdem der zweipolige Induktor eine halbe Umdrehung vollendet hat, nehmen Induktor- und Statorfeld wieder dieselbe gegenseitige Lage ein wie zu Anfang (vgl.

Abb. 45e und 45a), das Statorfeld hat also relativ zum Hauptfelde eine volle Periode vollendet. Das heißt aber nichts anderes, als daß das Statorfeld den Induktor und damit die Erregerwicklung mit der Geschwindigkeit $2 \cdot \omega$ schneidet.

Sehr anschaulich ist folgende Betrachtungsweise. Nach einem bekannten Satze läßt sich jedes Wechselfeld in zwei gegenläufige Dreh-

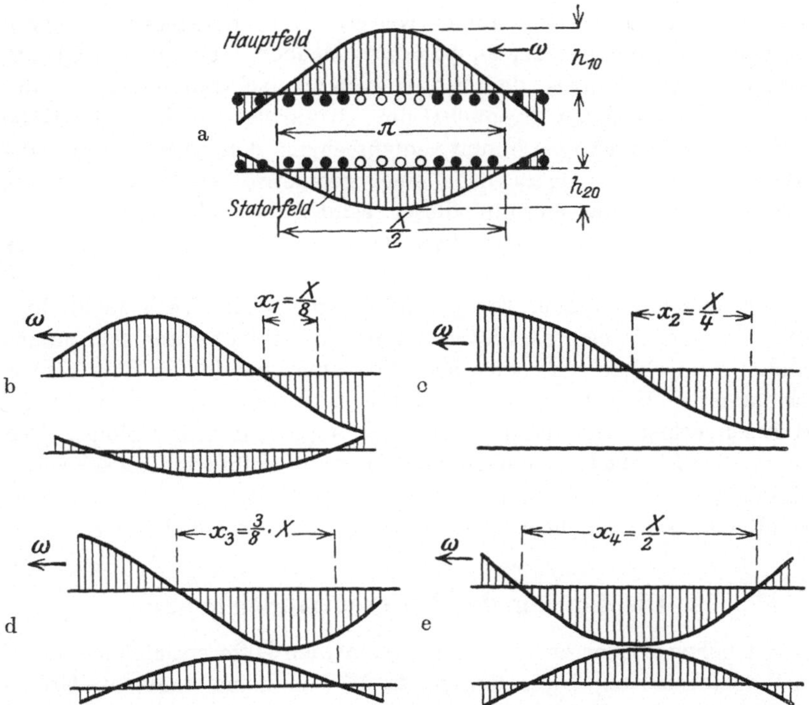

Abb. 45a bis 45e. Zeitlicher Verlauf von Induktorfeld und Statorfeld im stationären Kurzschluß.

felder mit je halber Amplitude und gleicher Winkelgeschwindigkeit wie das Wechselfeld zerlegen. Das eine dieser Drehfelder läuft synchron mit dem Induktor, es ist dasjenige, welches das Erregerfeld dauernd schwächt. Das gegenläufige Drehfeld schneidet den Induktor mit einer Geschwindigkeit, welche der doppelten Eigengeschwindigkeit des Induktors entspricht. Die Erregerwicklung bildet naturgemäß Gegenamperewindungen aus. Die unmittelbare Folge davon ist ein dem Erregerstrom sich überlagernder Wechselstrom von der doppelten Frequenz der Grundwelle des Statorstromes und ein dem Erregerfeld sich überlagerndes Wechselfeld von derselben Frequenz und annähernd der halben Höhe des ursprünglichen Erregerfeldes. Dieses übergelagerte Feld kann man sich wieder in zwei gegenläufige Drehfelder zerlegt denken. Das eine derselben bewegt sich mit der Geschwindigkeit des Induktors relativ zum Stator, jedoch in entgegengesetzter Richtung, und schwächt den synchron mit ihm umlaufenden Teil des Statorfeldes. Das zweite Drehfeld dagegen schneidet den Stator mit der dreifachen Winkelgeschwindigkeit des Induktors, in ihm einen Strom von der dreifachen Frequenz der Grundwelle erzeugend. So wiederholt sich das Spiel immer weiter. Dem Erregerstrom lagern sich Oberschwingungen der 2-, 4-, 6- usw.-fachen Frequenz der Grundwelle des Statorstromes, dem Statorstrom Oberschwingungen von der 3-, 5-, 7- usw.-fachen Frequenz der Grundwelle über. Die Höhe dieser Oberschwingungen nimmt, entsprechend den Streuungsverhältnissen des Stromerzeugers, nach einer geometrischen Progression ab. Durch Übereinanderlagerung dieser sämtlichen Schwingungen entstehen die bekannten Wellenbilder des einphasigen Kurzschlusses der Synchronmaschine.

Gerade das sich dem Erregerfeld überlagernde Wechselfeld doppelter Frequenz machte sich im Maschinenbau frühzeitig sehr unangenehm bemerkbar. Es tritt natürlich auch bei jedem dem Stator entnommenen Belastungsstrom auf und hat eine starke Vermehrung der Eisenverluste und damit hohe Übertemperaturen im Gefolge. Der Bau großer Einphasenstromerzeuger führte so anfänglich zu schweren Fehlschlägen, die, wäre man rechtzeitig im Besitze der theoretischen Grundlagen gewesen, leicht hätten vermieden werden können.

12. Die Lösung der Differentialgleichungen.

Wir gehen wieder aus von den allgemeinen Differentialgleichungen des Transformators. Diese lauten, da M' nun keine konstante Größe mehr ist, für den Induktor:

$$L_1 \cdot \frac{di_1}{dt} + \frac{dM' \cdot i_2}{dt} + r_1 \cdot i_1 = r_1 \cdot i_e, \tag{54a}$$

und für den kurzgeschlossenen Stator:

$$L_2 \cdot \frac{di_2}{dt} + \frac{dM' \cdot i_1}{dt} + r_2 \cdot i_2 = 0. \tag{54b}$$

Hierin ist r_1 der Ohmsche Widerstand der Erregerwicklung und r_2 der der Statorwicklung, i_e ist der eingestellte Erregerstrom. Ferner sind i_1 und i_2 die jeweiligen Momentanwerte der Ströme in der Erreger- und in der Statorwicklung. Setzen wir:

$$i_1 \cdot \sqrt{L_1} = j_1,$$
$$i_2 \cdot \sqrt{L_2} = j_2,$$

und ersetzen wir M' durch seinen Wert aus Gl. (46), so lassen sich die Gl. (50) umformen in:

$$\frac{dj_1}{dt} + \frac{M}{\sqrt{L_1 \cdot L_2}} \cdot \frac{dj_2 \cdot \cos \omega \cdot t}{dt} + \frac{r_1}{L_1} \cdot j_1 = \frac{r_1 \cdot i_e}{\sqrt{L_1}} \,,$$

$$\frac{dj_2}{dt} + \frac{M}{\sqrt{L_1 \cdot L_2}} \cdot \frac{dj_1 \cdot \cos \omega \cdot t}{dt} + \frac{r_2}{L_2} \cdot j_2 = 0 \,.$$

Nun treffen wir die vereinfachende Annahme, daß Stator- und Induktorwicklung gleiche Zeitkonstanten oder, was dasselbe ist, gleiche Kupfergewichte besitzen mögen, denn bei gleicher Wicklungsanordnung sind ja die Zeitkonstanten den diesbezüglichen Kupfergewichten proportional. Wir schreiben somit:

$$\frac{r_1}{L_1} = \frac{r_2}{L_2} = \frac{r}{L} \tag{55a}$$

und führen ferner einen reziproken Kopplungsfaktor:

$$\sigma = \frac{\sqrt{L_1 \cdot L_2}}{M} = \frac{1}{\sqrt{1 - \tau}} \tag{55b}$$

ein. Dann gehen die Differentialgleichungen, wenn wir sie zueinander addieren bzw. voneinander subtrahieren, über in:

$$\frac{d(j_1 + j_2)}{dt} + \frac{1}{\sigma} \cdot \frac{d(j_1 + j_2) \cdot \cos \omega \cdot t}{dt} + \frac{r}{L} \cdot (j_1 + j_2) = \frac{r_1 \cdot i_e}{\sqrt{L_1}} \,,$$

$$\frac{d(j_1 - j_2)}{dt} - \frac{1}{\sigma} \cdot \frac{d(j_1 - j_2) \cdot \cos \omega \cdot t}{dt} + \frac{r}{L} \cdot (j_1 - j_2) = \frac{r_1 \cdot i_e}{\sqrt{L_1}} \,.$$

Diese Gleichungen lassen sich durch Ausdifferenzieren der Produkte endlich umformen in:

$$\left.\begin{aligned}
\frac{d(j_1 + j_2)}{dt} + (j_1 + j_2) \cdot \frac{\dfrac{r}{L} - \dfrac{\omega}{\sigma} \cdot \sin \omega \cdot t}{1 + \dfrac{1}{\sigma} \cdot \cos \omega \cdot t} &= \frac{r_1 \cdot i_e}{\sqrt{L_1}} \,, \\[4ex]
\frac{d(j_1 - j_2)}{dt} + (j_1 - j_2) \cdot \frac{\dfrac{r}{L} + \dfrac{\omega}{\sigma} \cdot \sin \omega \cdot t}{1 - \dfrac{1}{\sigma} \cdot \cos \omega \cdot t} &= \frac{r_1 \cdot i_e}{\sqrt{L_1}} \,.
\end{aligned}\right\} \tag{56}$$

Damit haben wir nun die Differentialgleichungen unseres Problems in einer Form, in welcher sie sich direkt integrieren lassen. Setzen wir die rechte Seite der Gleichungen gleich Null, so erhalten wir zunächst für die freien Schwingungen:

$$j_{1f} + j_{2f} = A' \cdot e^{-\ln(\sigma + \cos \omega \cdot t) - \frac{2 \cdot r}{L \cdot \omega} \cdot \sqrt{\frac{\sigma^2}{\sigma^2 - 1}} \cdot \operatorname{arctg}\left(\sqrt{\frac{\sigma - 1}{\sigma + 1}} \cdot \operatorname{tg} \frac{\omega \cdot t}{2}\right)},$$

$$j_{1f} - j_{2f} = A'' \cdot e^{-\ln(\sigma - \cos \omega \cdot t) - \frac{2 \cdot r}{L \cdot \omega} \cdot \sqrt{\frac{\sigma^2}{\sigma^2 - 1}} \cdot \operatorname{arctg}\left(\sqrt{\frac{\sigma + 1}{\sigma - 1}} \cdot \operatorname{tg} \frac{\omega \cdot t}{2}\right)}.$$

Hieraus ergeben sich die übergelagerten Ströme leicht zu:

$$\left. \begin{aligned}
i_{1f} &= \frac{A_1}{\sigma + \cos \omega \cdot t} \cdot e^{-\alpha_1(t)} + \frac{A_2}{\sigma - \cos \omega \cdot t} \cdot e^{-\alpha_2(t)}, \\
i_{2f} &= \sqrt{\frac{L_1}{L_2}} \cdot \left[\frac{A_1}{\sigma + \cos \omega \cdot t} \cdot e^{-\alpha_1(t)} - \frac{A_2}{\sigma - \cos \omega \cdot t} \cdot e^{-\alpha_2(t)}\right],
\end{aligned} \right\} \quad (57)$$

wo A_1 und A_2 die willkürlichen Integrationskonstanten, und $\alpha_1(t)$ und $\alpha_2(t)$ eine Abkürzung für:

$$\left. \begin{aligned}
\alpha_1(t) &= \frac{r}{L} \cdot \frac{2}{\omega} \cdot \sqrt{\frac{\sigma^2}{\sigma^2 - 1}} \cdot \operatorname{arctg}\left(\sqrt{\frac{\sigma - 1}{\sigma + 1}} \cdot \operatorname{tg} \frac{\omega \cdot t}{2}\right), \\
\alpha_2(t) &= \frac{r}{L} \cdot \frac{2}{\omega} \cdot \sqrt{\frac{\sigma^2}{\sigma^2 - 1}} \cdot \operatorname{arctg}\left(\sqrt{\frac{\sigma + 1}{\sigma - 1}} \cdot \operatorname{tg} \frac{\omega \cdot t}{2}\right).
\end{aligned} \right\} \quad (58)$$

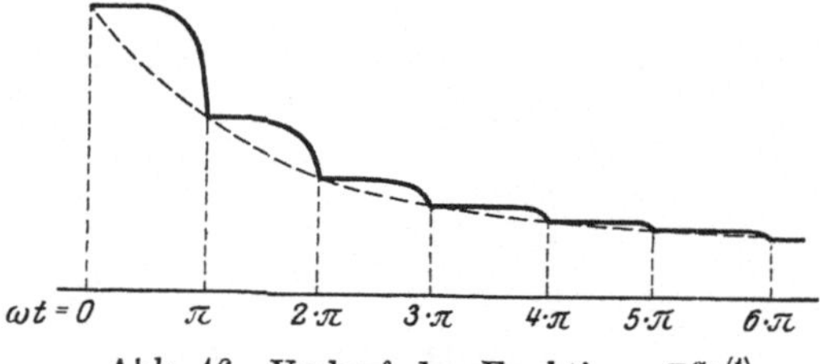

Abb. 46. Verlauf der Funktion $e^{-\alpha_1(t)}$.

Der Aufbau der Dämpfungsfunktionen α_1 und α_2 ist sehr bemerkenswert. Diese ergeben eine treppenförmig abfallende Kurve, deren Stufen sich an eine Exponentialfunktion anschmiegen (Abb. 46 und 47). Die Konstante dieser Exponentialfunktion stellt den Mittelwert der Dämpfungsfunktionen α_1 und α_2 dar, und zwar ist:

$$\alpha_m(t) = \alpha_{1m}(t) = \alpha_{2m}(t) = \frac{r}{L} \cdot \sqrt{\frac{\sigma^2}{\sigma^2 - 1}} = \frac{r}{L \cdot \sqrt{\tau}}. \quad (59)$$

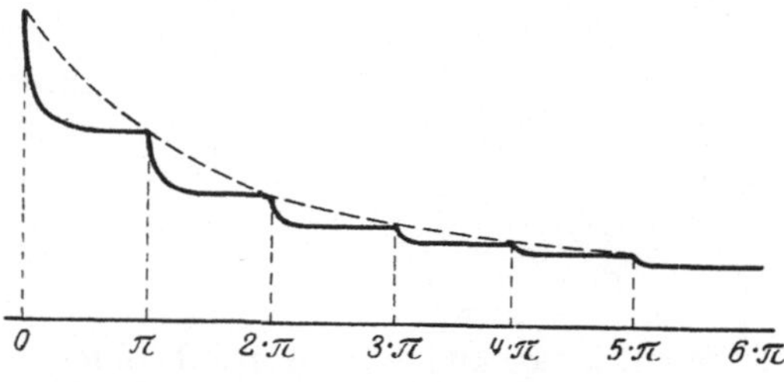

Abb. 47. Verlauf der Funktion $e^{-\alpha_2(t)}$.

Wir sehen, daß die freien Schwingungen unserer Maschine mit wachsender Zeit immer kleiner werden und schließlich ganz verschwinden. Die Stärke der Dämpfung hängt im wesentlichen vom Ohmschen Widerstand und der Streuinduktivität des Generators ab und ist unabhängig von der Frequenz.

Die Differentialgleichungen (56) ergeben außer dem allgemeinen noch ein partikuläres Integral, welches uns die Kenntnis der stationären Ströme vermittelt. Dasselbe lautet, solange der Ohmsche Widerstand der Wicklungen als klein betrachtet werden kann:

$$\left. \begin{aligned} i_{1st} &= \frac{i_e}{2} \cdot \left[\frac{\sqrt{\sigma^2 - 1}}{\sigma + \cos \omega \cdot t} + \frac{\sqrt{\sigma^2 - 1}}{\sigma - \cos \omega \cdot t} \right], \\ i_{2st} &= \frac{i_e}{2} \cdot \frac{M}{L_2} \cdot \left[\frac{\sqrt{\sigma^2 - 1}}{\sigma + \cos \omega \cdot t} - \frac{\sqrt{\sigma^2 - 1}}{\sigma - \cos \omega \cdot t} \right]. \end{aligned} \right\} \tag{60}$$

Die Summe beider Integrale ergibt die vollständige Lösung unseres Problems. Die vollständigen Gleichungen für die im Induktor und Stator sich ausbildenden Ströme sind somit gegeben durch:

$$\left. \begin{aligned} i_1 &= i_{1st} + i_{1f}, \\ i_2 &= i_{2st} + i_{2f}. \end{aligned} \right\} \tag{61}$$

Diese Gleichungen geben jeden beliebigen, im kurzgeschlossenen Stromerzeuger sich abspielenden Ausgleichsvorgang wieder, vorausgesetzt, daß es gelingt, die Integrationskonstanten A_1 und A_2 richtig zu bestimmen. Diese sind aus den gegebenen Grenzbedingungen auszuwerten.

Wir nehmen der Einfachheit halber an, der Stromerzeuger habe sich vor Eintritt des Kurzschlusses im Leerlauf befunden und zu irgendeinem Zeitpunkte $\omega \cdot t = \alpha$ werde der Stator plötzlich kurzgeschlossen. Diesen Voraussetzungen entsprechen folgende Anfangsbedingungen:

$$\left. \begin{aligned} i_1 &= i_e, \\ i_2 &= 0, \end{aligned} \right\} \quad \text{für} \quad \omega \cdot t = \alpha, \tag{62}$$

die in Gl. (61) einzuführen sind. Daraus ergeben sich dann folgende Werte für die Integrationskonstanten:

$$A_1 = \frac{i_e}{2} \cdot \left(\sigma + \cos \alpha - \sqrt{\sigma^2 - 1} \right),$$

$$A_2 = \frac{i_e}{2} \cdot \left(\sigma - \cos \alpha - \sqrt{\sigma^2 - 1} \right).$$

Damit haben wir das uns gestellte Problem gelöst, wir können nun ohne weiteres die vollständigen, den Vorgang des plötzlichen Kurzschlusses der Einphasen-Synchronmaschine beschreibenden Gleichungen angeben. Diese haben folgende Form:

$$i_1 = \frac{i_e}{2} \cdot \left[\frac{\sqrt{\sigma^2-1} + (\sigma + \cos\alpha - \sqrt{\sigma^2-1}) \cdot e^{-a_1(t)}}{\sigma + \cos(\omega \cdot t + \alpha)} + \frac{\sqrt{\sigma^2-1} + (\sigma - \cos\alpha - \sqrt{\sigma^2-1}) \cdot e^{-a_2(t)}}{\sigma - \cos(\omega \cdot t + \alpha)} \right],$$

$$i_2 = \frac{i_e}{2} \cdot \sqrt{\frac{L_1}{L_2}} \cdot \left[\frac{\sqrt{1-\dfrac{1}{\sigma^2}} + \left(\sigma + \cos\alpha - \sqrt{1-\dfrac{1}{\sigma^2}}\right) \cdot e^{-a_1(t)}}{\sigma + \cos(\omega \cdot t + \alpha)} - \frac{\sqrt{1-\dfrac{1}{\sigma^2}} + \left(\sigma - \cos\alpha - \sqrt{1-\dfrac{1}{\sigma^2}}\right) \cdot e^{-a_2(t)}}{\sigma - \cos(\omega \cdot t + \alpha)} \right]. \tag{63}$$

Ein Blick auf die eben angeschriebenen Gleichungen lehrt, daß der Verlauf des Ausgleichsvorganges, abgesehen von der zeitlichen Dämpfung nur durch die Größe des Kopplungsfaktors und damit durch den Betrag der totalen Streuung des Stromerzeugers beherrscht wird. Wie die Gesamtstreuung sich auf die Stator- und die Erregerwicklung verteilt, ist gleichgültig. Die übergelagerten Ausgleichströme sind nach einiger Zeit verschwunden, und es verbleiben dann lediglich die stationären Werte des Stator- und des Erregerstromes. Für $t = \infty$ gehen die Gl. (63) dann auch in die Gl. (60) über.

13. Näherungslösung der Differentialgleichungen der Einphasen-Synchronmaschine für den Fall verschiedener Zeitkonstanten von Induktor- und Statorwicklung.

Wir haben im vorigen Abschnitt die Differentialgleichungen der kurzgeschlossenen Einphasen-Synchronmaschine in aller Strenge gelöst, mußten uns aber, um die mathematischen Schwierigkeiten zu begrenzen, auf einen Spezialfall beschränken; wir setzten unseren Betrachtungen eine Maschine mit gleich starken Wicklungen auf Induktor und Stator voraus. Diese Voraussetzung ist nun in den meisten Fällen nicht erfüllt, und ich möchte die Betrachtungen dieses Kapitels nicht weiterführen, ohne wenigstens näherungsweise gezeigt zu haben, wie sich eine Maschine verhält, deren Wicklungen verschiedene Zeitkonstanten besitzen. Die Vernachlässigungen, die wir begehen werden, beruhen darauf, daß wir die Ohmschen Spannungsabfälle als klein gegenüber den induktiven Spannungsabfällen annehmen, eine Annahme, die im allgemeinen immer erfüllt sein wird. Da wir, wenigstens unter der bewußten Voraussetzung, die strenge Lösung kennen, ist es uns ein leichtes, den begangenen Fehler abzuschätzen. Diese Möglichkeit ist uns schon deshalb besonders wertvoll, weil wir uns in den folgenden Kapiteln der besseren Übersicht halber von vornherein ähnliche Vernachlässigungen zuschulden kommen lassen werden, von deren Bedeutungslosigkeit wir uns hier überzeugen können.

Wir gehen aus von dem mit beiden Wicklungen verketteten Kraftlinienflusse. Derselbe hat für die Erregerwicklung einen Betrag:

$$\sum_0^{z_1} \Phi = L_1 \cdot i_e. \text{[1]}$$

Unter der Voraussetzung eines kleinen Ohmschen Widerstandes klingt Φ nach Eintritt des Kurzschlusses nach einem Gesetz $e^{-a_i \cdot t}$ allmählich auf einen geringen, dem stationären Kurzschluß entsprechenden Wert Φ_0 ab.

Ebenso ist mit der Statorwicklung ein Kraftlinienfluß verkettet, der zur Zeit $\omega \cdot t = 0$, also im Moment des Eintrittes des Kurzschlusses einen Wert

$$\sum_0^{z_2} \Phi' = M \cdot i_e \cdot \cos \alpha$$

besitzt. Φ' klingt nach Eintritt des Kurzschlusses, ebenfalls nach einem Gesetz $e^{-a \cdot t}$, auf Null ab.

Wir können für Induktor- und Statorwicklung somit folgende Gleichungen anschreiben:

$$L_1 \cdot i_1 + M \cdot i_2 \cdot \cos(\omega \cdot t + \alpha) = \sum_0^{z_1} \Phi_0 + \left(\sum_0^{z_1} \Phi_1 - \sum_0^{z_1} \Phi_0 \right) \cdot e^{-a_i \cdot t},$$

$$L_2 \cdot i_2 + M \cdot i_1 \cdot \cos(\omega \cdot t + \alpha) = \left(\sum_0^{z_2} \Phi' \right) \cdot e^{-a \cdot t},$$

oder, da nach Gl. (67):

$$\sum_0^{z_1} \Phi_0 = L_1 \cdot i_e \cdot \sqrt{\tau}$$

und somit

$$\sum_0^{z_1} \Phi_0 + \left(\sum_0^{z_1} \Phi_1 - \sum_0^{z_1} \Phi_0 \right) \cdot e^{-a_i \cdot t} = L_1 \cdot i_e \cdot \left[\sqrt{\tau} + (1 - \sqrt{\tau}) \cdot e^{-a_i \cdot t} \right],$$

$$\left(\sum_0^{z_2} \Phi' \right) \cdot e^{-a \cdot t} = M \cdot i_e \cdot \cos \alpha \cdot e^{-a \cdot t}:$$

$$i_1 + \frac{M}{L_1} \cdot i_2 \cdot \cos(\omega \cdot t + \alpha) = i_e \cdot \left[\sqrt{\tau} + (1 - \sqrt{\tau}) \cdot e^{-a_i \cdot t} \right],$$

$$i_2 + \frac{M}{L_2} \cdot i_1 \cdot \cos(\omega \cdot t + \alpha) = \frac{M}{L_2} \cdot i_e \cdot \cos \alpha \cdot e^{-a \cdot t}.$$

Wir haben damit zwei Gleichungen für die beiden Unbekannten i_1

---

[1]) Statt $\sum_0^{z_1} \Phi$ hätten wir auch einfacher $z_1 \cdot \Phi$ schreiben können, wenn wir nur unter z_1 die mit sämtlichen Kraftlinien verkettete Windungszahl verstehen.

und i_2 gewonnen, aus welchen diese ohne weiteres bestimmt werden können; das Ergebnis lautet:

$$\left.\begin{aligned}
i_1 &= \frac{i_e}{2}\cdot\left[\frac{\sqrt{\sigma^2-1}+\left(\sigma-\sqrt{\sigma^2-1}\right)\cdot e^{-a_i\cdot t}+\cos\alpha\cdot e^{-a\cdot t}}{\sigma+\cos(\omega\cdot t+\alpha)}+\right.\\
&\qquad\left.+\frac{\sqrt{\sigma^2-1}+\left(\sigma-\sqrt{\sigma^2-1}\right)\cdot e^{-a_i\cdot t}-\cos\alpha\cdot e^{-a\cdot t}}{\sigma-\cos(\omega\cdot t+\alpha)}\right],\\[4mm]
i_2 &= \frac{i_e}{2}\cdot\sqrt{\frac{L_1}{L_2}}\cdot\left[\frac{\sqrt{1-\dfrac{1}{\sigma^2}}+\left(\sigma-\sqrt{1-\dfrac{1}{\sigma^2}}\right)\cdot e^{-a_i\cdot t}+\cos\alpha\cdot e^{-a\cdot t}}{\sigma+\cos(\omega\cdot t+\alpha)}-\right.\\
&\qquad\left.-\frac{\sqrt{1-\dfrac{1}{\sigma^2}}+\left(\sigma-\sqrt{1-\dfrac{1}{\sigma^2}}\right)\cdot e^{-a_i\cdot t}-\cos\alpha\cdot e^{-a\cdot t}}{\sigma-\cos(\omega\cdot t+\alpha)}\right].
\end{aligned}\right\} \quad (63\,\mathrm{a})$$

Jeder der Kurzschlußströme des Induktors und Stators besteht sonach aus drei Teilen, einem stationären Teil, einem Teil, der mit dem Induktorfelde und einem Teil, der mit dem Statorfelde abklingt. Derjenige Teil des Erregerstromes, der mit dem Induktorfelde abklingt, ist sozusagen als dessen Magnetisierungsstrom zu betrachten, und wir können infolgedessen beide, die physikalisch einander zugeordnet sind, durch das allgemeine Induktionsgesetz miteinander verknüpfen:

$$r\cdot i = -\frac{d\sum_0^z \Phi}{dt}.$$

Durch Integration folgt hieraus

$$r\cdot\int_0^\infty i\cdot dt = \sum_0^z \Phi,$$

oder, wenn wir die Werte aus Gl. (63 a) in die eben angeschriebene Gleichung einführen:

$$r_1\cdot\int_0^\infty \frac{i_e}{2}\cdot\left[\frac{\sigma-\sqrt{\sigma^2-1}}{\sigma+\cos(\omega\cdot t+\alpha)}+\frac{\sigma-\sqrt{\sigma^2-1}}{\sigma-\cos(\omega\cdot t+\alpha)}\right]\cdot e^{-a_i\cdot t}\cdot dt =$$

$$=\sum_0^{z_1}\Phi_1 - \sum_0^{z_1}\Phi_0 = i_e\cdot L_1\cdot\left(1-\sqrt{1-\frac{1}{\sigma^2}}\right),$$

oder:

$$\int^\infty \frac{e^{-a_i\cdot t}}{\sigma^2-\cos^2(\omega\cdot t+\alpha)}\cdot dt = \frac{L_1}{\sigma^2\cdot r_1}.$$

Das eben angeschriebene Integral läßt sich näherungsweise auflösen, und zwar ist:

$$\int_0^\infty \frac{e^{-a_i \cdot t}}{\sigma^2 - \cos^2(\omega \cdot t + \alpha)} \cdot dt = \left[-\frac{e^{-a_i \cdot t}}{a_1} \cdot \frac{1}{\sigma^2 \cdot \sqrt{1 - \dfrac{1}{\sigma^2}}} \right]_0^\infty = \frac{1}{a_1 \cdot \sigma^2 \cdot \sqrt{\tau}}$$

und wir erhalten somit

$$a_i = \frac{r_1}{L_1 \cdot \sqrt{\tau}} \, . \tag{59 a}$$

Bei der Berechnung der Dämpfungskonstante a des Statorfeldes können wir ganz ebenso verfahren, wir stellen also folgende Bedingungsgleichung auf:

$$\frac{M}{L_2} \cdot r_2 \cdot \int_0^\infty \frac{i_e}{2} \cdot \left[\frac{\cos \alpha}{\sigma + \cos(\omega \cdot t + \alpha)} + \frac{\cos \alpha}{\sigma - \cos(\omega \cdot t + \alpha)} \right] \cdot e^{-a \cdot t} \cdot dt =$$

$$= \sum_0^{z_2} \Phi' = M \cdot i_e \cdot \cos \alpha \, .$$

Hieraus folgt, ähnlich wie vorher:

$$\int_0^\infty \frac{e^{-a \cdot t}}{\sigma^2 - \cos^2(\omega \cdot t + \alpha)} \cdot dt = \frac{L_2}{\sigma^2 \cdot r_2} \, ,$$

woraus:

$$a = \frac{r_2}{L_2 \cdot \sqrt{\tau}} \, . \tag{59 b}$$

Setzen wir zunächst

$$\frac{r_1}{L_1} = \frac{r_2}{L_2} = \frac{r}{L} \, ,$$

so wird

$$a_i \cdot t = a \cdot t = \alpha_m(t)$$

und die für die plötzlichen Kurzschlußströme gewonnenen Gl. (63 a) gehen in die Gl. (63) über, wenn wir nur in diesen $\alpha_1(t)$ und $\alpha_2(t)$ durch deren mittleren Wert $\alpha_m(t)$ ersetzen. Um das Ergebnis der Näherungslösung mit dem der strengen Lösung des 12. Abschnittes vergleichen zu können, brauchen wir also lediglich die Abb. 46 und 47 zu Rate zu ziehen.

Die strenge Theorie ergab für die zeitliche Dämpfung der Kurzschlußströme eine eigenartige Funktion, nämlich in graphischer Darstellung eine treppenförmig abfallende Kurve, die sich aber an eine e-Funktion anschließt und diese auf den Abszissen $\omega \cdot t = \pi$, $2 \cdot \pi$, $3 \cdot \pi \ldots$ berührt. Die umhüllende e-Funktion stellt also sozusagen den Mittelwert der durch die Abb. 46 und 47 dargestellten Kurven vor.

Die angenäherte Theorie ergab von vornherein nur diese umhüllende e-Funktion. Nun erreichen die Kurzschlußströme ihre Amplitudinalwerte zu den Zeiten $\omega \cdot t = \pi$, $2 \cdot \pi$, $3 \cdot \pi \ldots$, für diese Zeitpunkte ergaben aber die Funktionen $e^{-a_{1,2} \cdot t}$ und $e^{-a_{1,2} \cdot (t)}$ gleiche Werte und wir ersehen daraus, daß unsere Näherungslösung die Amplituden der Überströme in ihrer richtigen Höhe ergibt. Der Ohmsche Widerstand der Wicklungen bewirkt, wie Abb. 46 und 47 erkennen lassen, außer dem zeitlichen Absterben der Ausgleichsströme noch eine geringe Kurvenverzerrung der Stromwellen, insofern, als diese zu den Ordinaten in den Punkten $\omega \cdot t = \pi$, $2 \cdot \pi$, $3 \cdot \pi \ldots$ etwas unsymmetrisch erscheinen, was ja auch z. B. das Oszillogramm Abb. 63 erkennen läßt. Diese Unsymmetrie verschweigt die in diesem Abschnitt entwickelte Näherungslösung. Doch war die durch den Ohmschen Widerstand bewirkte Kurvenverzerrung schon bei unserer kleinen Versuchsmaschine, die zudem noch mit stark verringerter Umdrehungszahl lief, so gering, daß wir uns ohne weiteres mit der Näherungslösung begnügen können.

Lassen wir nun die Voraussetzung gleicher Zeitkonstanten von Induktor- und Statorwicklung fallen, so kommen wir zu dem Ergebnis, daß die an Induktor und Stator hängenden Teilfelder verschieden stark gedämpft sind, und zwar wird die Lebensdauer eines jeden Feldes nur durch die Eigenschaften derjenigen Wicklung bestimmt, die im Momente des Kurzschlusses von ihm Besitz ergriffen hat. Bei praktisch ausgeführten Synchronmaschinen ist der Dämpfungsfaktor a in der Regel $5 \div 30$ mal so groß als der Dämpfungsfaktor a_i. Dieses Verhältnis wird nicht allein durch die verschiedenen Zeitkonstanten von Stator- und Induktorwicklung bedingt, sondern auch durch die Wirbelstromdämpfung, die das Statorfeld durch das in ihm umlaufende massive Induktoreisen erfährt.

14. Der plötzliche Kurzschluß der Einphasen-Synchronmaschine.

Die Abb. 48 und 49 zeigen die aus den Gl. (60) berechnete Kurvenform des stationären Stator- und Erregerstromes für $\sigma = 1{,}25$ und $\sigma = 1{,}03$, entsprechend 35 und $6\,^0/_0$ Gesamtstreuung des Stromerzeugers. Die Bilder entsprechen nach den Erörterungen des zehnten Abschnittes durchaus unseren Erwartungen. Es ist interessant zu sehen, wie die charakteristischen Erscheinungen des einphasigen Kurzschlusses sich mit abnehmender Streuung schärfer ausprägen; es fällt vor allem auf, daß bereits im stationären Kurzschluß ganz erhebliche Stromstöße auftreten können. Wir wollen einmal einen Grenzfall betrachten, der natürlich nur theoretisches Interesse beansprucht, nämlich den widerstands- und streuungslosen Generator. Die Stromspitzen wachsen mit abnehmender Streuung immer höher an, und für $\sigma = 1$, d. h. $\tau = 0$, entsteht das durch die Abb. 50 dargestellte Bild. In den Punkten $\omega \cdot t = 0$, π, $2 \cdot \pi$ usw. springen die Ströme auf den

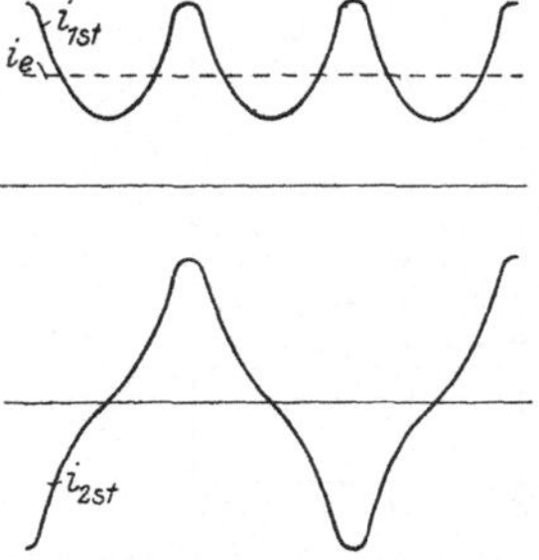

Abb. 48. Stationärer Stator- und Erregerstrom eines Stromerzeugers mit $35\,^0/_0$ Gesamtstreuung.

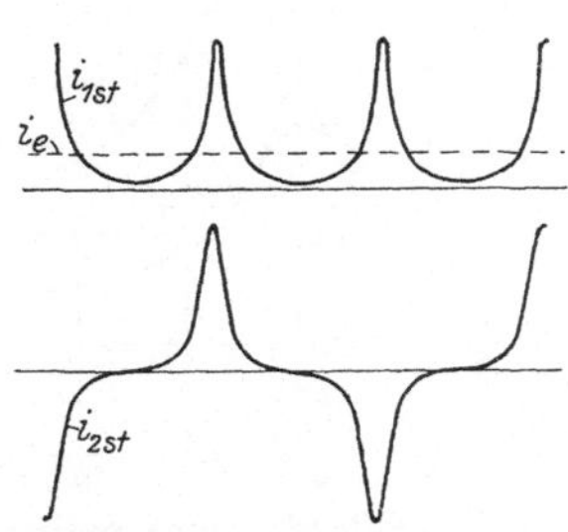

Abb. 49. Stationärer Stator- und Erregerstrom eines Stromerzeugers mit $6\,^0/_0$ Gesamtstreuung.

Wert Unendlich, erheben sich aber im übrigen nicht von der Null-linie. Dies ist gewiß ein merkwürdiges Verhalten der betrachteten einphasig kurzgeschlossenen Synchron-maschine.

Aus Gl. (60) berechnet sich z. B. der größte Betrag, bis zu welchem der Er-regerstrom im stationären Kurzschluß ansteigen kann, zu

$$i_{1\,st\,max} = \frac{i_e}{2} \cdot \left[\sqrt{\frac{\sigma + 1}{\sigma - 1}} + \sqrt{\frac{\sigma - 1}{\sigma + 1}} \right] =$$

$$= \sim \frac{i_e}{2} \cdot \sqrt{\frac{1 + \sqrt{1 - \tau}}{1 - \sqrt{1 - \tau}}}$$

$$= \sim \frac{i_e}{2} \cdot \sqrt{\frac{1}{\tau}}. \qquad (64\,\mathrm{a})$$

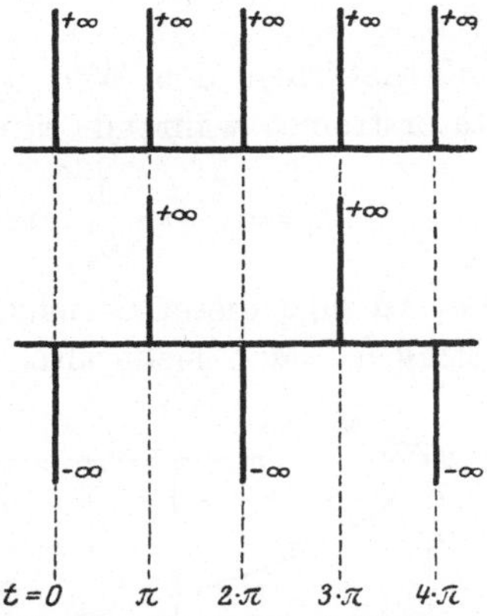

Hingegen ergibt sich für den Effektiv-wert des stationären Erregerstromes angenähert:

$$i_{1\,st\,eff} = \sim i_e \cdot \sqrt[4]{\frac{1}{\tau}}. \qquad (64\,\mathrm{b})$$

Abb. 50. Stator- und Erreger-strom des streuungs- und wider-standslosen Stromerzeugers.

Fast dieselben relativen Überströme ergeben sich natürlich auch für den Stator.

Abb. 51 zeigt zwei mit Hilfe dieser Gleichungen berechnete Schau-linien, welche die Abhängigkeit des Maximal- sowie des Effektiv-

wertes des stationären Erregerstromes von der Größe des Kopplungsfaktors σ vor Augen führen.

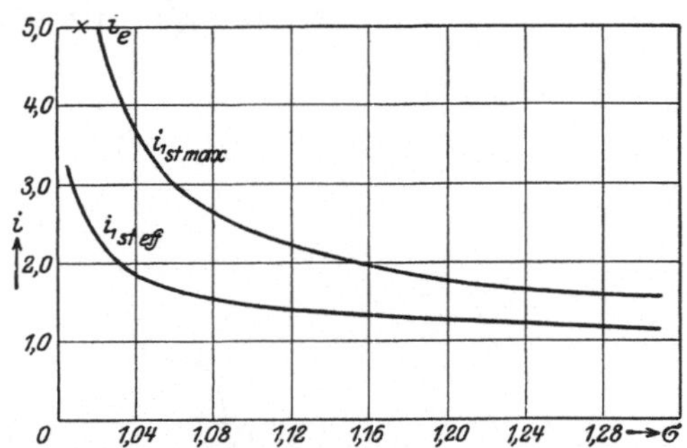

Abb. 51. Größe des maximalen und effektiven stationären Erregerstromes
in Abhängigkeit von der Streuung.

Der zeitliche Mittelwert des stationären Erregerstromes während
einer Halbperiode des Statorstromes, d. h. der Ausdruck

$$i_{1m} = \frac{1}{\pi} \cdot \int_0^\pi i_{st} \cdot dt$$

muß natürlich den Wert i_e besitzen. Der zeitliche Mittelwert des
Statorstromes während einer Halbperiode ergibt sich zu

$$i_{2m} = \frac{2}{\pi} \cdot i_e \cdot \frac{M}{L_2} \left[\operatorname{arctg} \sqrt{\frac{\sigma+1}{\sigma-1}} - \operatorname{arctg} \sqrt{\frac{\sigma-1}{\sigma+1}} \right]. \tag{64c}$$

Die Aussage dieser Gleichung ist in Abb. 52 in einer Schaulinie aufgetragen. Man sieht also, daß, obwohl mit abnehmender Streuung

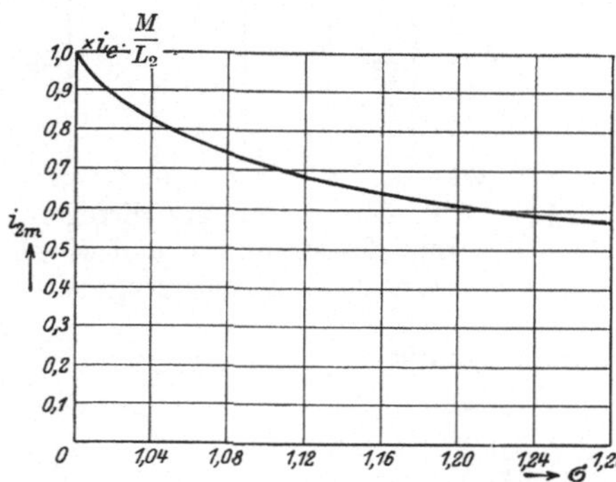

die Maximalwerte des stationären Erreger- und Statorstromes ganz beträchtliche
Werte annehmen, deren zeitlicher Mittelwert niemals
größer als i_e werden kann.

Der plötzliche Kurzschluß
ist dadurch gekennzeichnet,
daß bei seinem Eintritt im
Stromerzeuger das volle Feld
vorhanden ist, während hingegen im stationären Kurzschluß das Erregerfeld durch
das ihm entgegenarbeitende

Abb. 52. Zeitlicher Mittelwert des Statorstromes in Abhängigkeit von der Streuung.

Statorfeld eine starke Schwächung erfahren hat. Es ist somit anzunehmen, daß die Erscheinungen, die wir beim stationären Kurz-

schluß kennen lernten, sich beim plötzlichen Kurzschluß viel stärker ausprägen werden.

Der Verlauf des plötzlichen Kurzschlusses wird stark dadurch beeinflußt, in welcher relativen Lage sich bei seinem Eintritt das Erregerfeld gerade zur Statorwicklung befand. Wir wollen zunächst annehmen, die Achsen beider standen gerade senkrecht aufeinander, so daß also die Statorwicklung keine Kraftlinien umschlang; die Leerlaufspannung des Stators durchlief in jenem Augenblicke gerade ihr

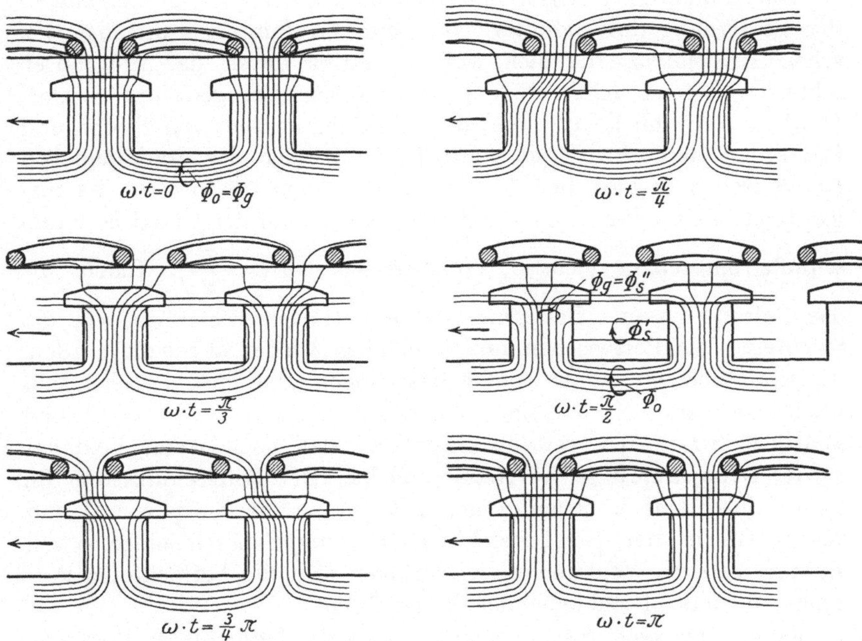

Abb. 53. Das magnetische Feld beim plötzlichen Kurzschluß der Einphasen-Synchronmaschine.

$$\alpha = \frac{\pi}{2}.$$

Maximum. Die Erregerwicklung hält ihr Feld fest und nimmt es mit der alten Geschwindigkeit um den Stator herum, dagegen ändert sich der räumliche Verlauf der Kraftlinien. Die kurzgeschlossene Statorwicklung sucht sich dem Eindringen der Kraftlinien durch Ausbildung von Gegenamperewindungen zu widersetzen, so daß diese gezwungen sind, sich um diese herum unter teilweiser Überbrückung des Polzwischenraumes zu schließen. In dieser Beziehung ist der Vorgang ganz ähnlich dem, den wir beim kurzgeschlossenen Transformator kennen lernten und der Leser wird in der Tat eine weitgehende Übereinstimmung zwischen den Abbildungen 37 und 53 feststellen, von denen die letzteren für verschiedene, aus einer Periode herausgegriffene Zeitintervalle den räumlichen Verlauf der magneti-schen Kraftlinien ganz schematisch andeuten. Die Abbildungen wurden unter einer Reihe vereinfachender und den Kern der Vorgänge herausschälender Annahmen gezeichnet, so wurden zeitliche Dämpfung und Ohmscher Widerstand vernachlässigt, ferner wurde angenommen, die Statorwicklung besitze keine Wickelkopfstreuung, so daß sämt-liche Streulinien im Polzwischenraum verlaufen müssen.

Die Abbildungen zeigen nun sehr anschaulich, wie mit zunehmen-der Entfernung des Induktors aus seiner Anfangslage die magneti-schen Kraftlinien, die sich vorher restlos durch das Statoreisen schlossen, immer mehr in den Polzwischenraum gedrängt werden. In dem Augenblick, in dem die Wicklungsachsen von Stator und Induktor sich decken, sind sämtliche Kraftlinien des ursprünglichen magnetischen Feldes der Maschine, aus dem Statoreisen heraus-gedrängt, es ist dies jener Zeitpunkt, in welchem der plötzliche Kurz-schlußstrom seinen höchsten Wert erreicht $\left(\omega \cdot t = \dfrac{\pi}{2}\right)$. Indem wir das Polrad in seiner Bewegung weiter verfolgen, sehen wir, wie die Streufelder im Polzwischenraum allmählich wieder abgebaut werden, während sich im selben Maße das gemeinsame magnetische Feld wieder aufbaut. Nach Ablauf einer halben Periode $(\omega \cdot t = \pi)$ sind sämtliche Streufelder verschwunden und das gemeinsame Feld hat wieder seine ursprüngliche Höhe erreicht. Der Kurzschlußstrom im Stator durchläuft in jenem Augenblick gerade die Nullinie, während der Strom in der Erregerwicklung den ursprünglich eingestellten Wert i_e besitzt. Von nun ab wiederholen sich die betrachteten Vor-gänge in stets gleichbleibender Reihenfolge.

Es ist ohne weiteres einleuchtend, daß die betrachteten Vorgänge von gewaltigen Stromstößen in Stator- und Induktorwicklung be-gleitet sein müssen. Im ungünstigsten Moment schließt sich das gesamte ursprüngliche magnetische Feld der Maschine über sämtliche ihm zur Verfügung stehende Streuwege, während ihm im Leerlauf der bequeme Weg durch das Statoreisen zur Verfügung stand. Da das magnetische Feld im ganzen, wie die Abbildungen zeigen, nicht abgenommen hat, muß der größte, in der Erregerwicklung auftretende Stromstoß sich zum ursprünglichen Erregerstrom verhalten, wie die Leerlaufinduktivität zur Kurzschlußinduktivität des Generators. Nach dem Prinzip von Wirkung und Gegenwirkung ist in der Statorwick-lung ein annähernd gleich hoher Stromstoß zu erwarten. Wir werden sehen, daß dies in der Tat zutrifft. Bei der Erregerwicklung wird es sich in der Hauptsache, da die Felder mit ihr umlaufen, um Gleichstromstöße, bei der Statorwicklung um Wechselstromstöße handeln. Unter dem Einfluß der Verluste verschwinden die Erscheinungen des plötzlichen Kurzschlusses mit wachsender Zeit.

Wir wollen nun den zweiten Extremfall betrachten, in welchem der plötzliche Kurzschluß gerade in dem Augenblicke erfolgt, in welchem Stator- und Erregerwicklung sich gegenüberstehen. Die Leerlaufspannung des Stators durchläuft in jenem Augenblicke gerade die Nullinie. War die Maschine vorher unbelastet, so umschlingt die

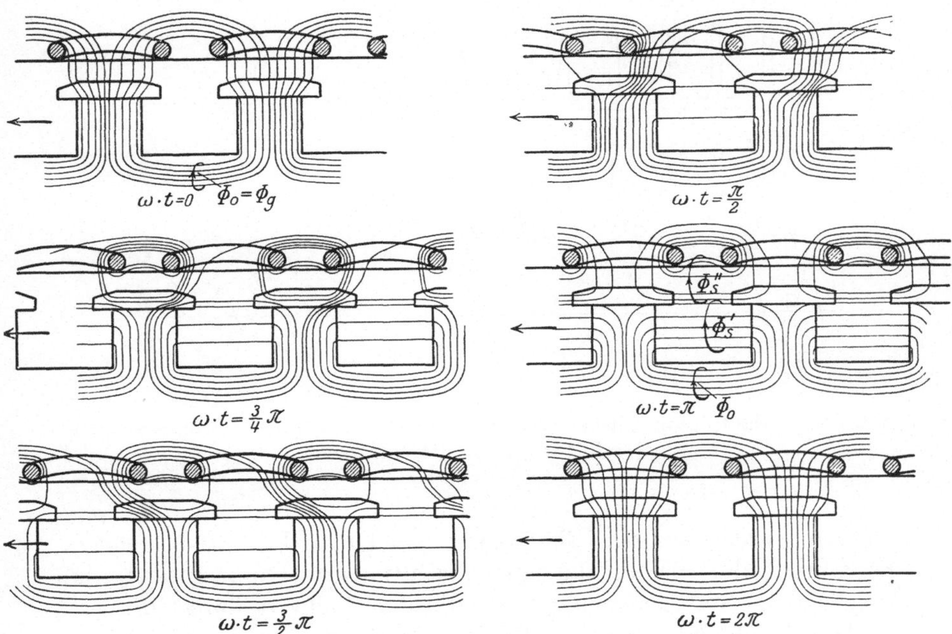

Abb. 54. Das magnetische Feld beim plötzlichen Kurzschluß der Einphasen-
Synchronmaschine.
$\alpha = 0$.

Statorwicklung, wie Abb. 54 erkennen läßt, gerade das volle Erregerfeld. Sowohl Stator- und Erregerwicklung suchen das Feld festzuhalten, und unter dem Einfluß beider tritt eine Spaltung des Feldes in zwei Teile ein, deren einer dem Stator und deren anderer dem Induktor verbleibt. Es bildet sich also in beiden Wicklungen ein Gleichstrom aus, der die beiden Teilfelder aufrecht erhält. Ferner tritt auch in beiden Wicklungen ein Wechselstrom von der Grundfrequenz auf, da jede der Wicklungen sich relativ zu dem an der andern Wicklung haftenden Felde bewegt. Im Gegensatz zu dem vorher betrachteten Kurzschlußmoment bildet sich also diesmal noch in der Statorwicklung ein Gleichstrom aus, der die Höhe der Wechselstromamplitude des Statorstromes besitzt und in der Erregerwicklung ein Wechselstrom mit der Grundfrequenz, der sich dem Strome doppelter Frequenz überlagert und von derselben Höhe wie dieser ist. In dem zuletzt betrachteten Schaltmoment treten also doppelt so hohe Stromstöße auf.

Abb. 55 zeigt den Vorgang des plötzlichen Kurzschlusses einer Einphasen-Synchronmaschine mit rund $18\,^0/_0$ totaler Streuung. Die

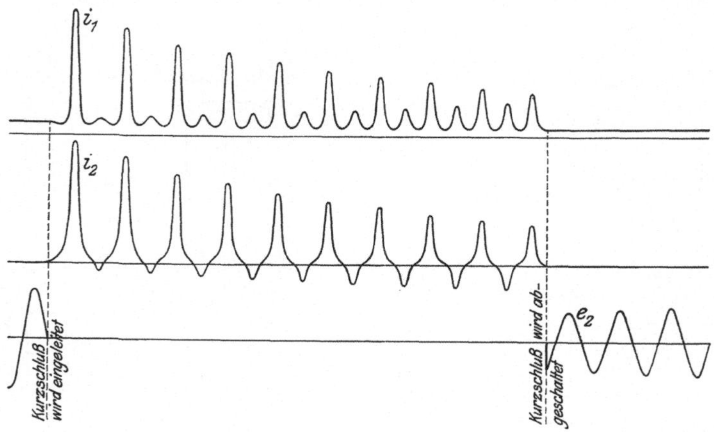

Abb. 55. Verlauf des plötzlichen einphasigen Kurzschlusses eines Stromerzeugers mit $18\,^0/_0$ Gesamtstreuung.
$\alpha = 0$.

Kurven wurden aus den Gl. (63) mit $\sigma = 1{,}1$ und $\alpha = 0$ berechnet. Es wurde also der ungünstigste Schaltmoment vorausgesetzt, in welchem die Statorspannung e_2 gerade den Nullwert durchläuft.

Die Abbildung bestätigt die Richtigkeit der eben angestellten Überlegungen aufs deutlichste. Wir bemerken außer der Oberschwingung doppelter Frequenz eine dem Erregerstrom sich überlagernde Stromwelle von der normalen Frequenz, die allmählich verschwindet, ferner ein dem Statorstrom sich überlagerndes, gleich stark gedämpftes Gleichstromglied. Beide besitzen dieselbe Höhe wie die Amplitude des ursprünglich vorhandenen Wechselstromgliedes. Hätten

wir als Schaltmoment den Zeitpunkt $\alpha = \dfrac{\pi}{2}$ gewählt, so wären, wie

Abb. 56 erkennen läßt, das erwähnte Gleichstromglied und das ihm zugeordnete, im Erregerstrom enthaltene Wechselstromglied nicht aufgetreten, und der in beiden Wicklungen sich ausbildende größte Kurzschlußstrom hätte nur die halbe Höhe erreicht. Für zwischen diesen beiden Extremfällen liegende Schaltmomente tritt das Gleichstrombzw. Wechselstromglied nur teilweise auf und zwar nach Maßgabe des Cosinus des Schaltwinkels α.

Die größtmöglichen, in den Wicklungen des Stromerzeugers auftretenden Stromstöße ergeben sich aus den Gl. (63) für $\alpha = 0$ und

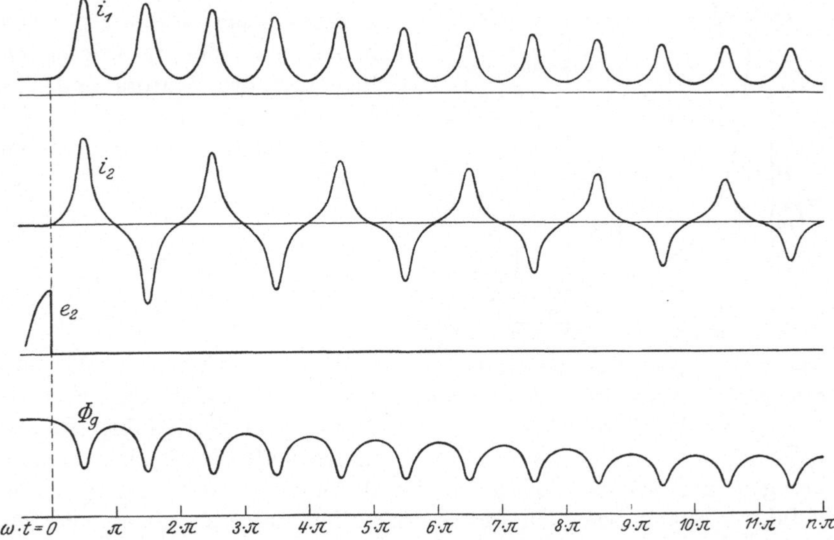

Abb. 56. Verlauf des plötzlichen einphasigen Kurzschlusses eines Stromerzeugers mit $18\,^0/_0$ Gesamtstreuung.

$$\alpha = \frac{\pi}{2}.$$

$\omega \cdot t = \pi$ bei Vernachlässigung der bis zu diesem Zeitpunkt eingetretenen Dämpfung zu:

$$\left.\begin{aligned}
i_{1\,\mathrm{max}} &= i_e \cdot \frac{\sigma^2 + 1}{\sigma^2 - 1} = i_e \cdot \left(\frac{2}{\tau} - 1\right), \\[2mm]
i_{2\,\mathrm{max}} &= i_e \cdot \sqrt{\frac{L_1}{L_2}} \cdot \frac{2 \cdot \sigma}{\sigma^2 - 1} = i_e \cdot \frac{M}{L_2} \cdot \frac{2}{\tau}.
\end{aligned}\right\} \tag{65}$$

Abb. 57 zeigt graphisch, was die letzte der eben niedergeschriebenen Gleichungen aussagt. Man sieht, daß die Wicklungen eines Stromerzeugers beim plötzlichen Kurzschluß gewaltige Stromstöße auszuhalten haben, Stator und Induktor werden übrigens, wie die Gleichungen aussagen, fast gleich stark beansprucht.

In der Praxis rechnet man meistens mit der Steuerreaktanz eines Generators, und man versteht darunter jene Streuung des Stators, welche den induktiven Spannungsabfall bei Belastung (also ohne die Ankerrückwirkung) hervorruft, bezogen auf den Vollaststrom $J_{1/_1}$ des Generators. Man drückt nun die Höhe des in der Statorwicklung auftretenden maximalen Stromstoßes dadurch aus, daß man diesen induktiven Spannungsabfall in Beziehung zur normalen Statorspannung bringt. Dies ist indessen, streng genommen, nicht richtig. Denn die Höhe des maximalen Kurzschlußstromes hängt, wie wir gesehen haben, von der resultierenden Streuung des Stators und des Induktors ab. Die zweite der Gl. (65) kann auch geschrieben werden:

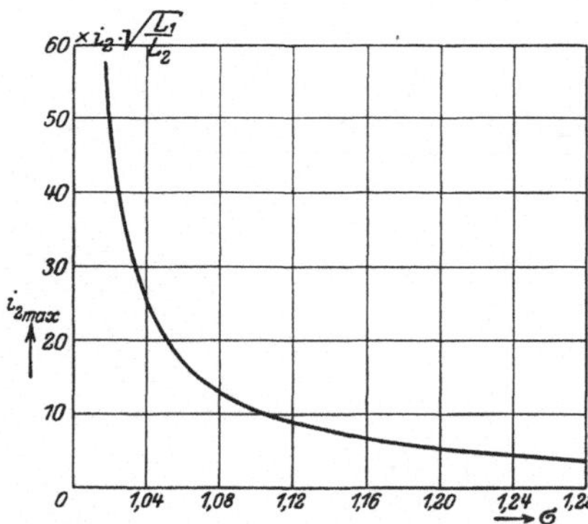

Abb. 57. Abhängigkeit des maximalen Stromstoßes in der Statorwicklung von der Gesamtstreuung.

$$i_{2\,\text{max}} = 2 \cdot i_e \cdot \frac{M}{L_2 \cdot \tau}$$

$$= 2 \cdot J_{1/_1} \cdot \frac{i_e \cdot M \cdot \omega}{J_{1/_1} \cdot L_2 \cdot \tau \cdot \omega}$$

$i_e \cdot M \cdot \omega$ ist nach Gl. (53) die Leerlaufspannung des Stators, $J_{1/_1} \cdot L_2 \cdot \tau \cdot \omega$ der induktive Spannungsabfall des Stromerzeugers, bezogen auf seinen Vollaststrom und seine totale Streuung. Der induktive Spannungsabfall des Stators allein wäre $J_{1/_1} \cdot L_2 \cdot \tau_2 \cdot \omega$. Bezeichnen wir

$$x = 100 \cdot \frac{J_{1/_1} \cdot L_2 \cdot \tau \cdot \omega}{i_e \cdot M \cdot \omega} \tag{66a}$$

als die prozentuale Streureaktanz des Stromerzeugers, so erhalten wir endlich

$$i_{2\,\text{max}} = 2 \cdot J_{1/_1} \cdot \frac{100}{x}. \tag{66b}$$

Der maximale Kurzschlußstrom eines Einphasen-Stromerzeugers ist also doppelt so groß als der mit 100 multiplizierte Vollaststrom dividiert durch die prozentuale Streureaktanz von Stator und Induktor. Wie die gesamte Streureaktanz sich auf Stator und Induktor verteilt, ist gleichgültig.

Eine aufmerksame Betrachtung der Abb. 54 gibt auch Auskunft über das Schicksal des Hauptfeldes während des Kurzschlußvorganges. Das beide Wicklungen verkettende Feld wird zunächst vom Induktor, allerdings mit wachsendem Schlupf, mitgenommen[1]), während der Stator langsam beginnt, sein Streufeld aufzubauen. Dabei vermag er jedoch dem Hauptfelde zunächst nur wenig Energie zu entziehen.

---

[1]) Sowohl die Abb. 55 als auch die später gezeigten Oszillogramme zeigen, daß der Erregerstrom i_1 während der ersten Viertelperiode des Kurzschlusses abnimmt, während der Statorstrom zunächst nur langsam ansteigt. Der Induktor gibt also einen Teil seiner Amperewindungen an den Stator ab, und

Nach einer Viertelperiode ungefähr hat das Hauptfeld die Mittellage zwischen Stator- und Induktorwicklung erreicht, und nun beginnt der Kampf beider Wicklungen um seinen Besitz. Induktor und Stator vergrößern ihre Amperewindungen mit großer Geschwindigkeit, damit ihr Streufeld aufbauend. Die in diesen Streufeldern sich aufspeichernde magnetische Energie wird zum geringen Teile dem Hauptfelde entzogen, der weitaus größte Teil aber stammt aus der kinetischen Energie der rotierenden Massen. Daß dem so sein muß, zeigt folgende Überlegung. Nach Gl. (2) ist die in einem magnetischen Kreise aufgespeicherte Energie $= {}^1/_2 \cdot z \cdot i \cdot \Phi$, also gleich dem halben Produkt aus Amperewindungszahl und Kraftlinienfluß. Nun bleibt die Kraftlinienzahl, gleichviel wie sich die Kraftlinien räumlich verteilen mögen, zunächst annähernd konstant, dagegen erhöht sich, wie Gl. (65) lehrt die Amperewindungszahl ganz gewaltig. Die magnetischen Felder haben also einen der Vergrößerung der Amperewindungszahl proportionalen Zuwachs an potentieller Energie erfahren, der nur aus der kinetischen Energie der sich drehenden Massen gedeckt werden konnte. Nach einer Halbperiode haben die Streufelder ihre größte Stärke erreicht, das Hauptfeld hat sich fast vollkommen aufgelöst und der Umwandlungsprozeß von kinetischer in magnetische potentielle Energie ist zum Stillstand gekommen. Dreht der Induktor sich nun weiter, so beginnen, sobald die Stellung $\omega \cdot t = \pi$ überschritten, die Kraftlinien der Streufelder sich zu vereinigen und bauen so das Hauptfeld wieder auf, das zunächst dem Induktor voreilt. Gleichzeitig vermindert sich wieder die im System aufgespeicherte magnetische Energie, d. h. das Polrad, das vorher mit großer Kraft zurückgestoßen wurde, wird nun wieder mit derselben Gewalt vorwärts geschleudert und erhält nun den größten Teil der ihm vorher entzogenen kinetischen Energie wieder zurück. Mit wachsender Annäherung des Induktors an seine Anfangsstellung strebt das Hauptfeld wieder der Mittellage zu, die es nach Vollendung einer Periode erreicht. Das Hauptfeld ist bis auf einen kleinen Betrag, der in Wärme umgesetzt wurde, wieder aufgebaut, und nun beginnt das Spiel von neuem.

Wäre der Kurzschluß eine Viertelperiode später eingetreten, so wäre nur ungefähr die Hälfte des Hauptfeldes von den Streufeldern aufgezehrt worden, die übriggebliebene Hälfte hätte der Induktor mit über den Stator hinweggenommen, wobei sie ähnliche Schwan-

---

das Hauptfeld wird sich natürlich in die Achse der resultierenden Erregeramperewindungen, d. h. in eine Zwischenlage zwischen den Achsen der Induktor- und der Statorwicklung einstellen. Dadurch wird der Trennungsprozeß des Hauptfeldes in zwei Teile, der nach Ablauf der ersten Viertelperiode einsetzt, vorbereitet.

kungen um die Polachse ausgeführt hätte. Die Schwingungen, die die magnetischen Kontrastwirkungen dem Induktor aufzuzwingen suchen, führt das beweglichere Feld eben aus. Auf derartige Schwankungen des Hauptfeldes läßt auch der eigenartige Aufbau der Dämpfungsfunktionen schließen.

Wie wir sahen, erreichen zur Zeit $\omega \cdot t = \pi$ die Streufelder ihre größte Stärke, und das gemeinsame Feld ist in jenem Augenblick auf seinen niedrigsten Wert herabgesunken. Seinen Restbetrag kann man, da Induktor- und Statorwicklung sich gerade, allerdings um 180^0 gegen die Anfangslage verdreht, gegenüberstehen, durch die algebraische Summe der Stator- und Rotoramperewindungen ausdrücken. Betrachten wir zunächst jenen Schaltmoment, der die höchsten Überströme ergibt ($\alpha = 0$), so erhalten wir mit Hilfe der Gl. (65):

$$\left.\begin{aligned}
\Phi_0 &= \left(i_{1\,max} - \frac{z_2}{z_1} \cdot i_{2\,max}\right) \cdot \frac{L_{01}}{z_1} = i_e \cdot \frac{L_{01}}{z_1} \cdot \frac{\tau_2 + \tau_2 \cdot \tau_1 - \tau_1}{\tau_2 + \tau_2 \cdot \tau_1 + \tau_1} = \\
&= \sim i_e \cdot \frac{L_1}{z_1} \cdot \frac{\tau_2 - \tau_1}{\tau_2 + \tau_1}.
\end{aligned}\right\} \quad (67\,\text{a})$$

Diese Gleichung besagt, daß das gemeinsame Feld unter Umständen, nämlich wenn Erreger- und Statorwicklung gleiche Streuung besitzen, vollständig verschwindet, und das ist folgendermaßen zu verstehen. Das ursprüngliche Feld im Luftspalt spaltet sich bekanntlich und wird zwischen den beiden Wicklungen aufgeteilt, und auf jene Wicklung entfällt der größere Anteil, welche die kleinere Streuung besitzt. Hat sich der Induktor um 180^0 gedreht, so haben die beiden Feldanteile entgegengesetzte Richtung zueinander, und das Feld im Luftspalt ergibt sich als ihre Differenz, die natürlich bei gleich großen Feldanteilen, also gleicher Induktor- und Statorstreuung verschwindet.

Wird der Kurzschluß eine Viertelperiode später eingeleitet $\left(\alpha = \frac{\pi}{2}\right)$, so findet, wie wir wissen, keine Feldspaltung statt. Für das verbleibende gemeinsame Feld ergibt sich in jenem Falle:

$$\Phi_0 = i_e \cdot \frac{L_{01}}{z_1} \cdot \frac{\tau_2 + \tau_2 \cdot \tau_1}{\tau_2 + \tau_2 \cdot \tau_1 + \tau_1} = \sim i_e \cdot \frac{L_1}{z_1} \cdot \frac{\tau_2}{\tau_2 + \tau_1}, \quad (67\,\text{b})$$

sein Restbetrag hängt also im wesentlichen von der Statorstreuung ab und ist bei gleichen Streuungsverhältnissen im Induktor und Stator gleich der Hälfte der ursprünglichen Stärke.

Man darf nun aber nicht annehmen, daß — den ungünstigsten Schaltmoment vorausgesetzt — das gemeinsame Feld während der ersten Halbperiode des Kurzschlusses durch die Streufelder aufgezehrt wird und dann verschwunden ist. Wir sahen vielmehr, daß nach einer weiteren Halbperiode die Streufelder wieder verschwunden sind und daß demgemäß das gemeinsame Feld wieder aufgebaut ist. Es klingt unter dem Einfluß der Verluste im Mittel nach der Gleichung

$$\Phi = i_e \cdot \frac{L_1}{z_1} \cdot \left[\sqrt{\tau} + (1 - \sqrt{\tau}) \cdot e^{-\frac{r_i}{L_i \cdot \sqrt{\tau}} \cdot t} \right] \tag{68}$$

langsam ab.

In der Abb. 56 zeigt die untere Kurve das allmähliche Abklingen des gemeinsamen magnetischen Feldes in der Polachse, aus der Kurve sind alle im Vorhergehenden geschilderten Einzelheiten zu ersehen.

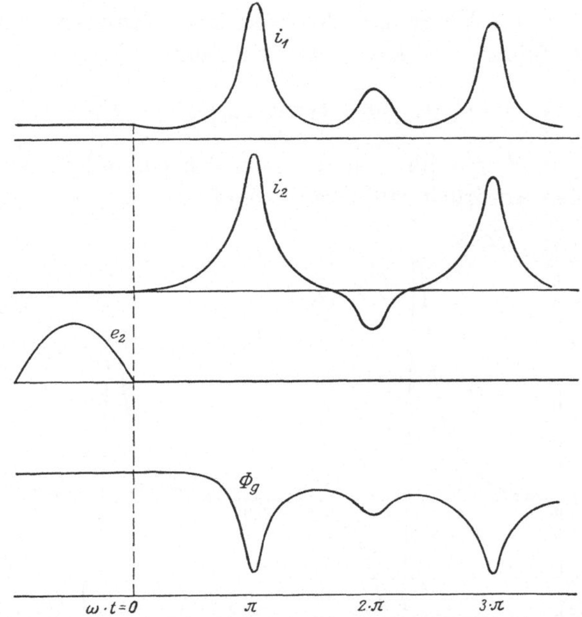

Abb. 58. Verlauf des plötzlichen einphasigen Kurzschlusses eines Stromerzeugers mit $18^0/_0$ Gesamtstreuung.
$\alpha = 0$

Wie hingegen die Schwankungen des gemeinsamen Feldes bei Eintritt des Kurzschlusses im ungünstigsten Moment ($\alpha = 0$) verlaufen, läßt die untere Kurve der Abb. 58 für die ersten drei Halbperioden des Kurzschlußvorganges erkennen. Der zeitliche Verlauf des gemeinsamen magnetischen Feldes in der Polachse wurde mit Hilfe der Gleichung

$$\Phi_g = c \cdot (i_1 + i_2 \cdot \cos(\omega \cdot t + \alpha)) \tag{69}$$

berechnet, die wohl keiner näheren Begründung bedarf.

Die durch die geschilderten magnetischen Kontrastwirkungen auf Induktor und Stator ausgeübten Kräfte sind leicht zu berechnen. Anziehungs- bzw. Abstoßungskräfte in Richtung des Umfangs können nur zwischen den Längsfeldamperewindungen des Induktors und den Querfeldamperewindungen des Stators auftreten. Im normalen Betrieb der mit $\cos \varphi = 1$ vollbelasteten Maschine ist das an der Welle angreifende maximale Drehmoment, da in diesem Falle die Statoramperewindungen reine Querfeldamperewindungen sind,

$$D_{\text{norm}} = k \cdot i_e \cdot J_{1/1}, \tag{70}$$

wo $J_{1/1}$ die Amplitude des sinusförmig gedachten Belastungsstromes ist. Die Querfeldamperewindungen des Statorkurzschlußstromes erhalten wir durch Bildung des Ausdrucks $i_2 \cdot \sin \omega \cdot t$, und somit ist das während des Vorganges des plötzlichen Kurzschlusses zwischen Stator und Induktor wirksame Drehmoment

$$D = k \cdot i_1 \cdot i_2 \cdot \sin \omega \cdot t = D_{\text{norm}} \cdot \frac{i_1 \cdot i_2}{i_e \cdot J_{1/1}} \cdot \sin \omega \cdot t.$$

Indem wir die Werte für i_1 und i_2 aus den Gl. (63) in den eben angeschriebenen Ausdruck einführen, wobei wir, da uns in erster Linie

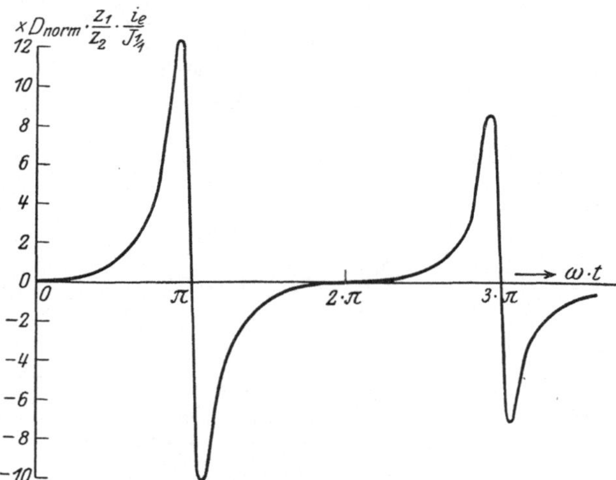

Abb. 59. Magnetische Kontrastwirkung zwischen Stator und Induktor beim plötzlichen einphasigen Kurzschluß.

die ersten Perioden interessieren, den Dämpfungsfaktor a_i des Induktorfeldes $= 0$ setzen, erhalten wir endlich die folgende Gleichung für den Verlauf der magnetischen Kontrastwirkung zwischen Stator und Induktor:

$$D = D_{\text{norm}} \cdot \frac{z_1}{z_2} \cdot \frac{i_e}{J_{1/1}} \cdot \sigma \cdot$$

$$\frac{\cos \alpha \cdot e^{-a \cdot t} \cdot \left(\sigma^2 + \cos^2 (\omega \cdot t + \alpha)\right) - \left(\sigma^2 + \cos^2 \alpha \cdot e^{-2 \cdot a \cdot t}\right) \cdot \cos (\omega \cdot t + \alpha)}{\left(\sigma^2 - \cos^2 (\omega \cdot t + \alpha)\right)^2} \tag{71}$$

Abb. 59 zeigt den zeitlichen Verlauf der eben berechneten magnetischen Zug- bzw. Druckkräfte für einen Generator mit $18\,^0/_0$ Gesamtstreuung, der im ungünstigsten Moment ($\alpha = 0$) kurzgeschlossen wurde. In erster Linie fallen die ganz kolossalen Höchstwerte dieser Kraftäußerung ins Auge und dann die große Geschwindigkeit, mit der die magnetische Anziehungskraft in eine annähernd gleich große Abstoßungskraft übergeht. Die letztere Tatsache ist von größter Bedeutung, denn sie befähigt den Generator in erster Linie zum Überstehen der festgestellten großen Bean-

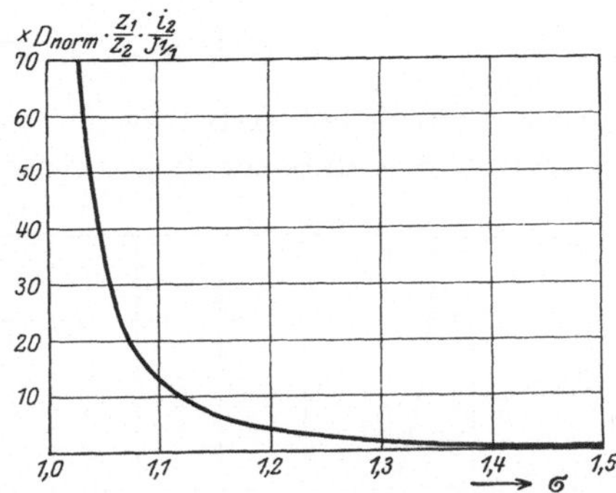

Abb. 60. Abhängigkeit der maximalen Kontrastwirkung von der Streuung.

spruchung, indem die magnetischen Zug- und Druckkräfte ihres schnellen Richtungswechsels wegen wohl zum größten Teil von der Massenträgheit der einzelnen Teile des Polrades aufgenommen werden. Man muß bedenken, daß bei einem normalen Generator mit $18\,^0/_0$ Streuung ($\sigma = 1{,}1$), bei dem man $\dfrac{z_1}{z_2} \cdot \dfrac{i_e}{J_{1/1}}$ zu 3 schätzen kann, wie Abb. 60 erkennen läßt, ungefähr das 40 fache normale Drehmoment auftritt.

Wir wollen indes unsere Aufmerksamkeit noch einer anderen während des plötzlichen Kurzschlusses zwischen Stator und Induktor auftretenden Kraftäußerung zuwenden, die im Gegensatz zu der eben betrachteten stets gleiche Richtung besitzt, und die der Konstrukteur wohl zu beachten hat; es ist die Größe des beim plötzlichen Kurzschluß infolge der Verluste zwischen Stator und Induktor auftretenden bremsenden Drehmomentes. Die jetzt zu behandelnde Energieumsetzung ist nicht umkehrbar, hat also einen dauernden Verlust an magnetischer und kinetischer Energie zur Folge und bewirkt so das allmähliche Absterben der Erscheinungen des plötzlichen Kurzschlusses.

Dieses gleichgerichtete Drehmoment hat seinen Ursprung natürlich ebenfalls in den magnetischen Kontrastwirkungen zwischen Induktor und Stator, es kommt dadurch zustande, daß die magnetischen Felder infolge der Verluste ständig abnehmen und infolgedessen die den Induktor bremsende Kraft ständig größer ist als die eine halbe Periode später auftretende Abstoßungskraft.

Im Leerlauf sind die Stromwärmeverluste in der Erregerwicklung

$$v = i_e^2 \cdot r_1 = y\,^0/_0$$

der normalen Stromerzeugerleistung.

Zur Zeit $\omega t = \pi$ erreichen nach Gl. (63) die Kupferverluste im Stromerzeuger ihren Höchstwert

$$V = i_e^2 \cdot r_1 \cdot \frac{\sigma^4 + 6 \cdot \sigma^2 + 1}{(\sigma^2 - 1)^2} . \tag{72a}$$

Neben diesem hohen Betrag der Stromwärmeverluste können wir die Eisenverluste unbedenklich vernachlässigen. Die ganze, durch die Kupferverluste aufgezehrte Leistung wird zum Teil von der kinetischen Energie der rotierenden Massen des Stromerzeugers bzw. von der Antriebsmaschine, zum anderen Teil jedoch von der freiwerdenden magnetischen Energie aufgebracht. Die zu Anfang im Generator aufgespeicherte magnetische Energie ist

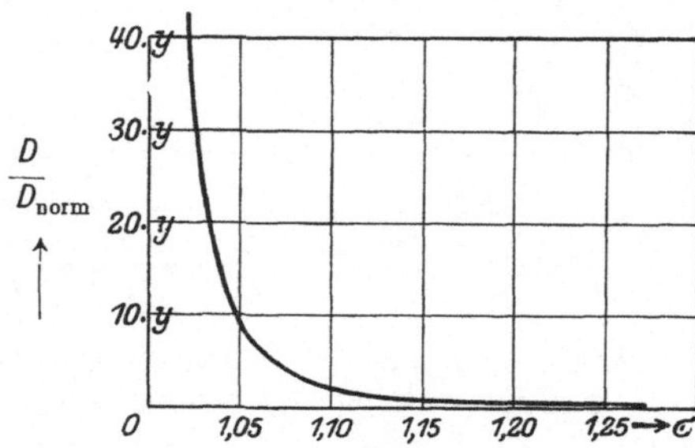

Abb. 61. Abhängigkeit des maximalen bremsenden Drehmomentes von der Streuung.

$$m = \tfrac{1}{2} \cdot i_e^2 \cdot L_1 .$$

Hiervon setzt sich während der ersten Halbperiode für die Zeiteinheit annähernd ein Betrag von

$$W = \frac{1}{2} \cdot i_e^2 \cdot \frac{r}{L} \cdot L_1 \cdot \sqrt{\frac{\sigma^2}{\sigma^2 - 1}} = \frac{1}{2} \cdot i_e^2 \cdot r_1 \cdot \sigma \cdot \frac{\sqrt{(\sigma^2 - 1)^3}}{(\sigma^2 - 1)^2} \tag{72b}$$

in Joulesche Wärme um. Die Maschine hat somit zur Deckung der Stromwärmeverluste eine maximale mechanische Leistung

$$W_m = i_e^2 \cdot r_1 \cdot \frac{\sigma^4 + 6 \cdot \sigma^2 + 1 - \tfrac{1}{2} \cdot \sigma \cdot \sqrt{(\sigma^2 - 1)^3}}{(\sigma^2 - 1)^2}$$

aufzubringen; das maximale, dieser Leistung entsprechende Drehmoment berechnet sich hieraus zu

$$D = D_{\text{norm}} \cdot \frac{y}{100} \cdot \frac{\sigma^4 + 6 \cdot \sigma^2 + 1 - \tfrac{1}{2} \cdot \sigma \cdot \sqrt{(\sigma^2 - 1)^3}}{(\sigma^2 - 1)^2} , \tag{73}$$

wo D_{norm} das bei Vollastleistung des Stromerzeugers an seiner Welle angreifende Drehmoment bedeutet. Abb. 61, welche mit Hilfe der Gl. (73) gezeichnet wurde, läßt erkennen, daß bei Stromerzeugern mit kleiner Streuung ganz gewaltige Belastungsstöße auftreten. Damit erklärt sich

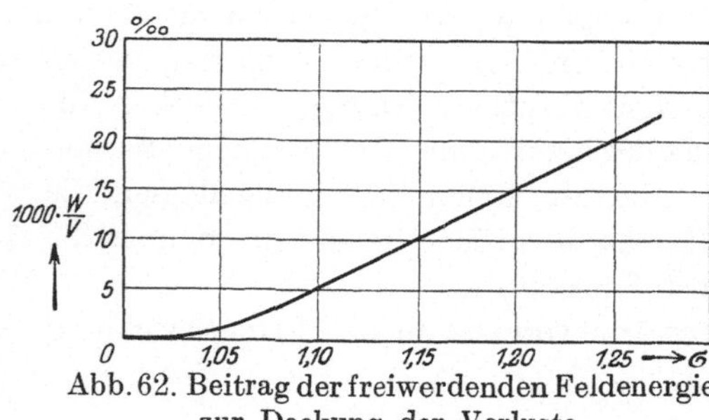

Abb. 62. Beitrag der freiwerdenden Feldenergie zur Deckung der Verluste.

auch der nicht unbedeutende Drehzahlabfall, den man beim plötzlichen Kurzschluß an Stromerzeugern mit nicht zu großer Streuung sehr regelmäßig beobachten kann. Bei einem Turbogenerator wurde z. B. schon ein Drehzahlabfall von $15\,^0/_0$ beobachtet.

Es ist übrigens interessant, daß nur ein verschwindend geringer Bruchteil der Stromwärmeverluste von der magnetischen Feldenergie gedeckt wird. Dieser Anteil nimmt zwar, wie Abb. 62 zeigt, mit wachsender Streuung des Stromerzeugers langsam zu, beträgt aber z. B. bei $20\,^0/_0$ Gesamtstreuung immer erst $5\,^0/_{00}$. Die während des Kurzschlußvorganges im Generator verbrauchte Leistung wird also von der kinetischen Energie der rotierenden Massen gedeckt, während die magnetische Energie des Feldes die Vorbedingungen zum Freiwerden jener Energie schafft.

15. Vergleich zwischen Theorie und Experiment.

Die Wiedergabe einer Reihe von Versuchsergebnissen an dieser Stelle dürfte nicht ohne Interesse sein. Denn es wird für den Leser nützlich sein, zu sehen, was die an der richtigen Stelle angewandte Theorie tatsächlich zu leisten vermag, und daß die zu ihrer Durcharbeitung aufgewandte Zeit sich doch in vielen Fällen lohnen dürfte.

Zu den nachstehend beschriebenen Versuchen wurde ein vierpoliger Dreiphasen-Asynchronmotor von 30 kVA und 1500 Umdr./Min. benutzt, von dem zwei in Reihe geschaltete Statorphasen mit Gleichstrom erregt wurden, dem Rotor konnte somit Drehstrom entnommen werden. Bei unserer Versuchsmaschine lagen infolgedessen die Verhältnisse insofern umgekehrt, als wir, um in Einklang mit den üblichen Bezeichnungen zu kommen, den feststehenden Teil als Induktor und den beweglichen Teil als Stator oder Anker zu bezeichnen haben. Natürlich ist dies ohne Einwirkung auf die Wirkungsweise der Maschine.

Unsere Versuchsmaschine unterscheidet sich insofern von praktisch ausgeführten Synchronmaschinen, als Anker und Induktor aus voneinander isolierten Eisenblechen aufgebaut sind. Ferner wurden die oszillographischen Aufnahmen bei einem Erregerstrom i_e gemacht, bei welchem wir uns noch unterhalb des Knies der Magnetisierungskurve befinden. Das sind aber gerade die Voraussetzungen, unter welchen wir die Differentialgleichungen des einphasigen Kurzschlusses abgeleitet haben. Die sonstige Bauart und insbesondere die Wicklungsanordnung unserer Versuchsmaschine entspricht genau den Verhältnissen, die wir bei Turbodynamos kennen. In dieser Beziehung hatten wir auch bei Ableitung der Gleichungen keine einschränkenden Annahmen gemacht. Wir können somit die Versuchsergebnisse benutzen, um mit ihrer Hilfe die Richtigkeit unserer Theorie zu überprüfen. Darüber hinaus konnten die Versuche auf manche Frage Auskunft erteilen, deren Beantwortung die Theorie große Hindernisse bereitet.

Die beschriebene Versuchsanordnung wurde aber noch aus einem anderen Grunde gewählt. Bei einem Asynchronmotor lassen sich nämlich die verschiedenen Streufaktoren und Induktionskoeffizienten der Wicklungen sehr bequem messen, während diese Messungen bei normalen Synchronmaschinen auf große Hindernisse stoßen.

Wir geben im folgenden diejenigen, durch Messung nach den üblichen Methoden bestimmten Daten unserer Versuchsmaschine an, deren Kenntnis für die Beurteilung des Kurzschlußvorganges wesentlich ist. Die zunächst folgenden Angaben beziehen sich auf Reihenschaltung je zweier Phasen von Anker und Induktor, sie geben also die Verhältnisse des einphasigen Kurzschlusses wieder.

$$L_1 = 23{,}2 \cdot 10^{-3} \text{ Henry,}$$

$$L_2 = 5{,}35 \cdot 10^{-3} \text{ Henry,}$$

$$\tau = 0{,}08,$$

$$\sigma = 1{,}04,$$

$$\left.\begin{array}{l} \dfrac{r_1}{L_2} = 1{,}3, \\[2mm] \dfrac{r_2}{L_2} = 1{,}4, \end{array}\right\} \quad \frac{r}{L} = \sim 1{,}35 \text{ Sek}^{-1},$$

$$a_m = \sim 5.$$

Die Messung des Spannungsübersetzungsverhältnisses zwischen beiden Wicklungen ergab

$$\tau_1 = 0{,}09,$$

$$\tau_2 = -\,0{,}005.$$

Man sieht den eigenartigen Einfluß der doppelt verketteten Streuung.

Der Vollständigkeit halber sei noch erwähnt, daß die Versuchsmaschine im Anker 4, im Induktor 3 Nuten für 1 Pol und Phase besaß und daß das Verhältnis der Windungszahlen beider 1:2 war. Wie man sieht, war die durch Gl. (6) geforderte Übereinstimmung der Zeitkonstanten bei unserer Maschine ziemlich genau erfüllt.

Von den aufgenommenen Oszillogrammen wird im folgenden eine Anzahl wiedergegeben werden. Bei sämtlichen Aufnahmen betrug der Erregerstrom $i_e = 20$ Amp., es entspricht dieser Wert ungefähr $60^0/_0$ der normalen Sättigung, ferner wurde die Maschine mit 600 Umdr./Min. angetrieben. Die in die Oszillogramme eingeschriebenen Zahlen bedeuten Maximalwerte.

Das Oszillogramm 63 zeigt den stationären Erreger- und Ankerstrom. Ein Vergleich mit der Abb. 49, die sich auf eine Maschine
mit ähnlichen Streuungsverhältnissen bezieht, zeigt eine geradezu
überraschende Ähnlichkeit zwischen dem Oszillogramm und den
theoretisch ermittelten Wellenbil-
dern. Nur bei genauem Hinsehen
bemerkt man eine kleine Unsymmetrie der Ströme zu den Ordinaten 0, π, 2π usw., welche die
Gl. (60) nicht ergaben. Dies erklärt
sich indes dadurch, daß bei der
Ableitung dieser Gleichungen der
Ohmsche Widerstand der Wicklungen vernachlässigt wurde. Auf

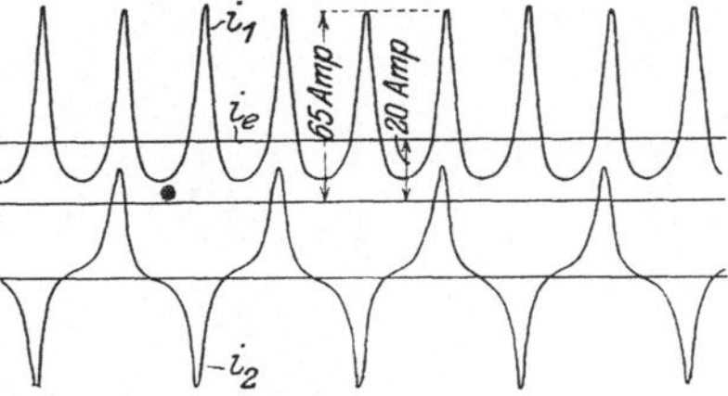

Abb. 63. Stationärer Erreger- und
Statorstrom beim einphasigen Kurzschluß der Versuchsmaschine.

das Konto dieser Vernachlässigung ist es auch zu setzen, daß der
aus Gl. (64a) berechnete Wert für $i_{st\,max}$ von 70 Amp. vom Oszillogramm, das 65 Amp. ergibt, nicht ganz erreicht wird.

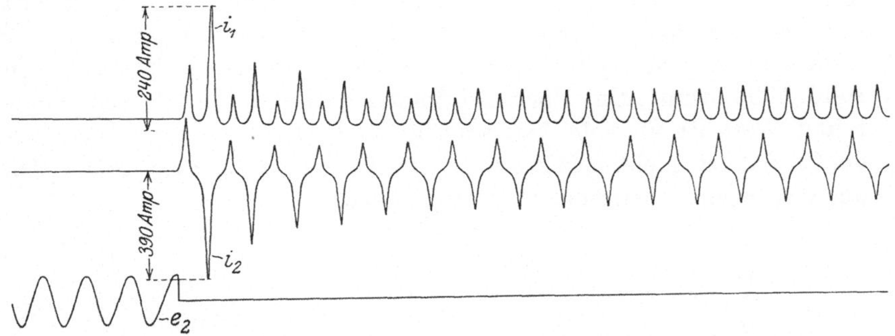

Abb. 64. Plötzlicher einphasiger Kurzschluß der Versuchsmaschine.

Die Oszillogramme 64 und 65 zeigen den Vorgang des plötzlichen
Kurzschlusses. Die untere der drei Oszillographenschleifen zeichnete
stets die Spannung derjenigen Ankerphase auf, an welcher der Kurzschluß erfolgte. Wie man sieht, beziehen die Oszillogramme sich auf
verschiedene Schaltmomente, indes hat in beiden Fällen der Induktor
die charakteristischen Stellungen $\alpha = \dfrac{\pi}{2}$ und $\alpha = 0$ bereits überschritten. Das Oszillogramm Abb. 103, das unter denselben Verhält-
nissen aufgenommen wurde, kommt dem ungünstigsten Schaltmoment
schon näher. Wir sehen in den Oszillogrammen alle charakteristischen
Erscheinungen, die uns bereits die Theorie offenbarte, und wir haben
nichts Neues zu denselben zu sagen. Nach Gl. (65) ergibt sich die
größtmögliche Stromspitze im Anker zu 1080 Amp. Dies ist jedoch

nur ein oberer Grenzwert, denn Gl. (65) berücksichtigt nicht die bis zur Erreichung der ersten Stromspitze eingetretene Dämpfung, die bei unserer kleinen Versuchsmaschine nicht unbedeutend ist. Um also

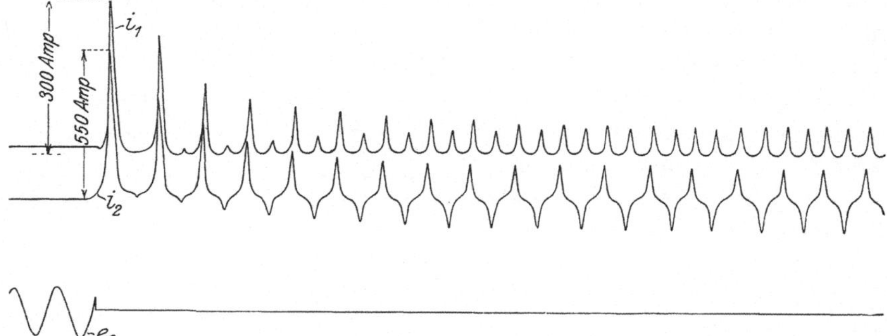

Abb. 65.   Plötzlicher einphasiger Kurzschluß der Versuchsmaschine.

das Oszillogramm Abb. 103 auf diesen Wert hin kontrollieren zu können, müssen wir die eingezeichnete Exponentialfunktion bis zum Schnitt mit der im Punkte $\omega \cdot t = 0$ eingezeichneten Ordinate bringen. Dieser Schnittpunkt ergibt einen oberen Grenzwert für den Ankerstrom von rund 1000 Amp. Die Übereinstimmung mit dem theoretisch ermittelten Wert ist als sehr befriedigend zu bezeichnen, wenn man bedenkt, daß es nicht sicher ist, ob das Oszillogramm auch genau den ungünstigsten Schaltmoment getroffen hat.

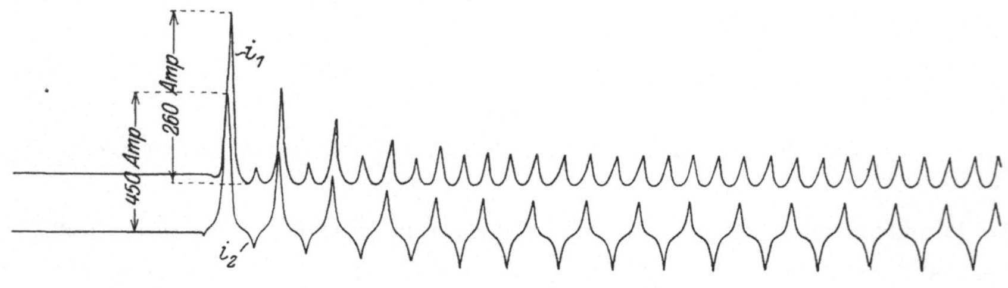

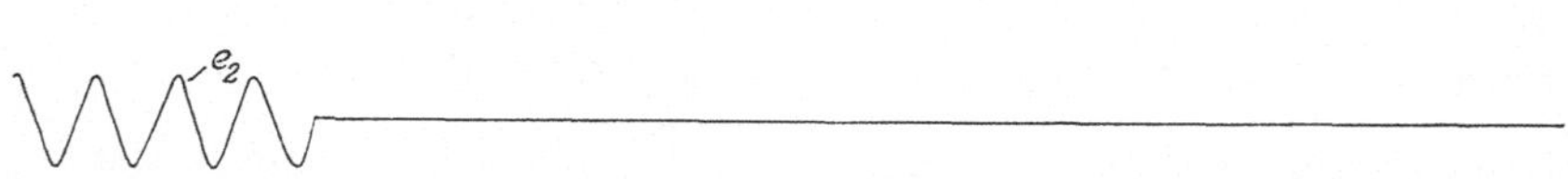

Abb. 66.   Plötzlicher einphasiger Kurzschluß der Versuchsmaschine bei Vorschaltung einer Drosselspule von 28 %/₀ vor den Anker.

Bei Aufnahme der Oszillogramme 66 und 67 war die Streuung der Versuchsmaschine durch Vorschaltung von Drosselspulen vor den Anker künstlich vergrößert worden. Die vorgeschaltete Induktivität betrug im ersteren Falle $0{,}12 \cdot 10^{-3}$, im zweiten Falle $0{,}43 \cdot 10^{-3}$ Henry, entsprechend einer Vergrößerung der Streuinduktivität des Stromerzeugers um 28 bzw. 100 $^0/_0$. Der Schaltmoment entspricht in beiden Fällen ungefähr den Verhältnissen des Oszillogramms 65, eine genaue

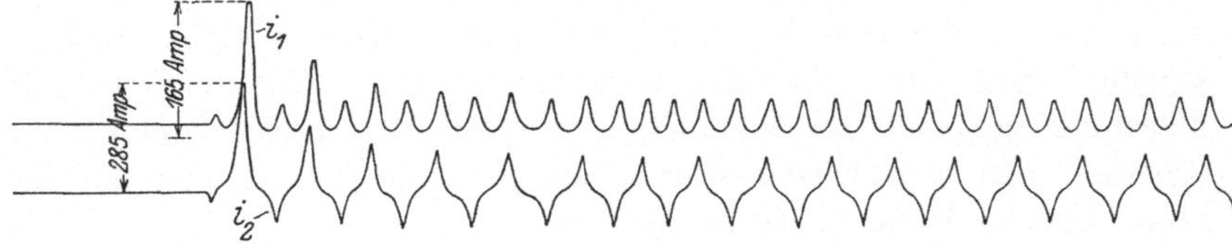

Abb. 67. Dasselbe wie Abb. 66, jedoch beträgt die Induktivität der Drosselspule 100 $^0/_0$ der Kurzschlußreaktanz der Versuchsmaschine.

Übereinstimmung ist natürlich niemals zu erzielen. Die aus dem Oszillogramm entnommene maximale Größe des Statorstromes bleibt um 18 bzw. 95 $^0/_0$ hinter dem diesbezügl. Strom des Oszillogramms 65 zurück. Die Theorie fordert einen Rückgang des Stromes um 22 bzw. 100 $^0/_0$. Man erkennt ferner, besonders im Oszillogramm 67, daß auch im stationären Kurzschluß die Stromspitzen bedeutend zurückgegangen sind.

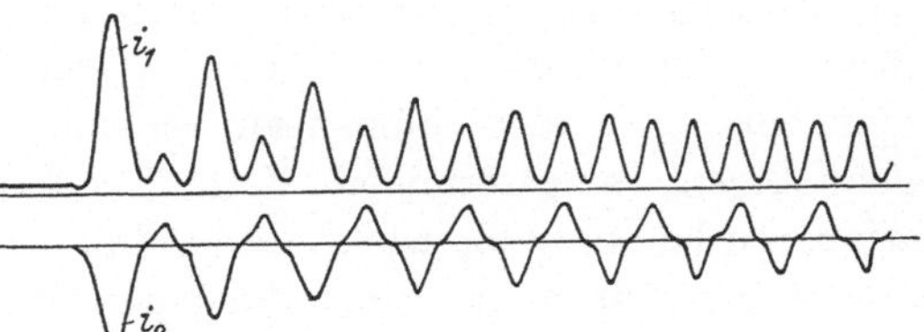

Abb. 68. Plötzlicher Kurzschluß eines Einphasengenerators von 500 kW.

Die Abb. 68 zeigt die oszillographische Aufnahme des plötzlichen Kurzschlusses eines Einphasen-Generators von 500 kW, 10 000 Volt und 15 Perioden. Man sieht, daß auch die Synchronmaschine in ihrer wirklichen Ausführung mit massivem Induktor sich sehr gut in unsere Theorie einfügt. Der Kurzschlußstrom erreicht im Oszillogramm den 19 fachen Wert des stationären effektiven Kurzschlußstromes, und das ist ein ganz gewaltiger Betrag.

16. Die Unterbrechung des Kurzschlusses.

Die Vorgänge beim plötzlichen Kurzschluß sind gekennzeichnet durch das Freiwerden der Energie des während des vorangegangenen Belastungszustandes mit Induktor und Stator verkettet gewesenen magnetischen Feldes. Wir sahen, daß im stationären Kurzschluß nur mehr ein gemeinschaftliches Feld vorhanden ist, das lediglich zur Deckung des Ohmschen und induktiven Spannungsabfalles der Stator wicklung dient, also stark geschwächt ist. Ein großer Teil der ur sprünglich in der Maschine aufgespeicherten magnetischen Energie wird also im Verlaufe des plötzlichen Kurzschlusses vernichtet. Um gekehrt wird somit bei der Unterbrechung des Kurzschlusses die Maschine zunächst mit einem stark geschwächten magnetischen Felde arbeiten, das erst wieder durch Energiezufuhr von außen auf die ursprüngliche Höhe gebracht werden muß.

Wir setzen voraus, der betr. Schaltapparat, es wird sich wohl meist um einen Ölschalter handeln, unterbreche ordnungsgemäß den Strom in dem Augenblicke, in welchem er betriebsmäßig durch Null geht eine Voraussetzung, die nicht immer, jedoch wohl meistens erfüllt sein wird. Wir vernachlässigen ferner den Einfluß der bei Öl schaltern nur wenige Prozent der Generatorspannung betragender Lichtbogenspannung. Wir setzen, mit anderen Worten, einen idealer Schalter voraus.

Da der Statorstrom im Augenblicke der Unterbrechung ohnehin Null ist, geht das Erlöschen desselben vor sich, ohne irgendwelche Nebenerscheinungen auszulösen. Die Statorspannung springt von Nul auf ihren, der Stellung des Induktors, sowie der Stärke des Erreger feldes entsprechenden Momentanwert und nimmt von da ab ihrer regelmäßigen, sinusförmigen Verlauf. Der Erregerstrom hat in stationären Kurzschluß, wie die Abbildungen erkennen lassen, zu den betrachteten Zeitpunkte einen kleineren Wert, als der Erregerspan nung und dem Widerstand r_1 der Erregerwicklung entspricht. Der innere Grund ist der, daß, wie wir gesehen, im Kurzschluß nur mehr ein geschwächtes Hauptfeld vorhanden ist; da i_2 und damit das Statorfeld gerade gleich Null, ist die Größe von i_1 in dem betrach teten Zeitpunkte direkt ein Maß für die Stärke des im Kurzschluß noch vorhandenen gemeinsamen Feldes.

Aus Gl. (60) folgt für $\omega \cdot t = \dfrac{\pi}{2}$:

$$i_0 = i_e \cdot \sqrt{1 - \frac{1}{\sigma^2}} = i_e \cdot \sqrt{\tau} \,. \tag{74}$$

Diesem Strome ist das im stationären Kurzschluß noch vorhandene magnetische Feld proportional, und es fällt um so schwächer aus, je geringer die totale Streuung des Generators ist. Der Erregerstrom arbeitet sich nun von dem Anfangswerte i_0 nach Gesetzen, die wir im zweiten und dritten Abschnitt kennen lernten, auf seinen vor den Eintritt des Kurzschlusses eingestellten Wert i_e hinauf, entsprechend der Gleichung:

$$i_1 = i_e + (i_0 - i_e) \cdot e^{-\frac{r_1}{L_1} \cdot t}. \tag{75}$$

Gl. (75) vermittelt den Übergang vom Kurzschluß zum Leerlauf des Stromerzeugers. Im selben Maße, in welchem der Erregerstrom und damit das Hauptfeld anwächst, steigt natürlich auch die Statorspannung, um nach dem Eintreten stationärer Verhältnisse wieder ihren Leerlaufwert zu erreichen.

Abb. 69, welche für $\sigma = 1,1$ gezeichnet wurde, erläutert die eben be-schriebenen Vorgänge. Man sieht, wie die Stator-

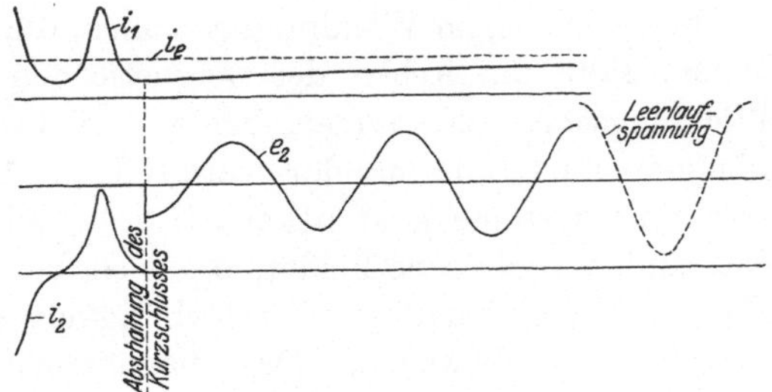

Abb. 69. Unterbrechung des einphasigen Kurz-schlusses.

spannung im Augenblicke der Unterbrechung von Null auf ihren Amplitudinalwert springt und nun beginnt, sich auf ihren Leerlaufs-wert hinaufzuarbeiten, was bei großen Maschinen viele Sekunden erfordert.

Wir haben gesehen, daß beim plötzlichen Kurzschluß das ur-sprüngliche gemeinsame Feld allmählich bis auf einen geringen, durch die Gl. (74) festgelegten Teilbetrag verschwindet. Die Geschwindig-keit, mit der das Feld abfällt, hängt von der Größe der Dämpfungs-konstante α_i ab. Wird nun der Kurzschluß unterbrochen, bevor er stationär geworden ist, so wird sich bei der Unterbrechung eine höhere Statorspannung einstellen, als der Gl. (74) entspricht; die sich sofort einstellende Statorspannung wird sich um so mehr der ur-sprünglichen Leerlaufspannung nähern, je schneller der Kurzschluß unterbrochen wurde. Dies läßt sich aus den Abb. 55 u. 56 deutlich herauslesen.

Die gepflogenen Erörterungen führen zu dem Schlusse, daß, wenn die vom Maschinenschalter zu bewältigende Abschaltleistung klein gehalten werden soll, es einen doppelten Vorteil bietet, den Kurz-schluß nicht zu schnell abzuschalten. Denn es sinkt dann nicht nur der vom Ölschalter zu bewältigende Strom, sondern auch gleichzeitig die zur Aufrechterhaltung des Unterbrechungslichtbogens zur Ver-fügung stehende Spannung.

VI. Der mehrfach verkettete magnetische Fluß zwischen bewegten, symmetrischen Mehrphasensystemen.

17. Das stationäre Drehfeld der Asynchronmaschine.

Bei einphasigen Wicklungssystemen, die allein wir bisher betrachtet haben, fällt die Achse des magnetischen Kraftflusses stets mit der Wicklungsachse zusammen, beide sind also auch räumlich mehr oder weniger starr miteinander verbunden. Mehrphasige, symmetrische Wicklungssysteme sind bekanntlich befähigt, Drehfelder auszubilden, das sind magnetische Felder, die sich bei gleichbleibender Form und Höhe mit gleichmäßiger Geschwindigkeit über das betr. Wicklungssystem hinwegbewegen. Das magnetische Feld ist also in seiner räumlichen Lage nicht mehr an die Wicklungsachsen gebunden, es kann vielmehr, je nach der jeweiligen momentanen Stromverteilung in den einzelnen Phasen, jede beliebige Stellung zu den Wicklungsachsen einnehmen. Diese Eigenschaft des magnetischen Feldes bedingt natürlich in symmetrischen Mehrphasenmaschinen ganz besondere Formen des Verlaufes magnetischer Ausgleichsvorgänge.

Unter symmetrischen Mehrphasenmaschinen verstehen wir elektrische Maschinen, welche in Stator und Rotor symmetrische Mehrphasensysteme tragen. Praktische Ausführungen dieser Maschinentype sind der mehrphasige Induktionsmotor sowie die mehrphasige Synchronmaschine mit konstantem Luftraum und einer Dämpferwicklung in der Achse des Querfeldes, vorausgesetzt, daß diese ebenso stark ausgebildet ist wie die Erregerwicklung. Gleich stark aber, im Sinne unserer Theorie, nennen wir Stromkreise mit gleichen Zeitkonstanten $\dfrac{L}{r}$. Bei gleicher Wicklungsverteilung ist nämlich die Zeitkonstante direkt ein Maß für den ausgefüllten Wicklungsraum und damit für das Kupfergewicht einer Wicklung.

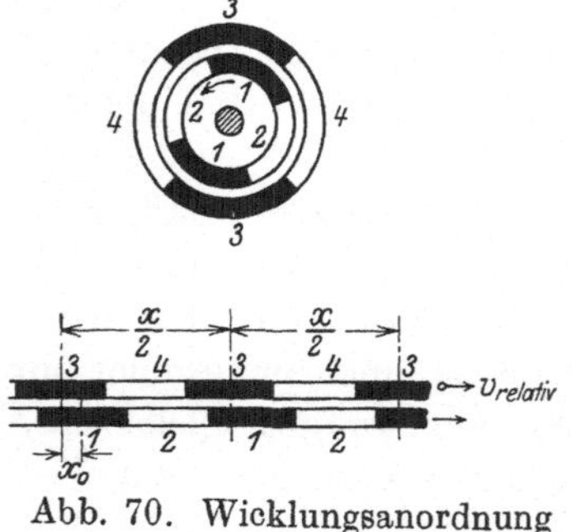

Abb. 70. Wicklungsanordnung der Asynchronmaschine.

Es ist klar, daß, sofern es sich nur um symmetrische Mehrphasensysteme handelt, die Anzahl der Phasen für den Verlauf der Ausgleichserscheinungen belanglos ist. Wir werden daher, um Schreibarbeit zu sparen, unseren Betrachtungen zweiphasige Wicklungssysteme zugrunde legen.

Zunächst mögen kurz die Verhältnisse für den stationären Zustand eines zweipoligen Zweiphasen-Stators erläutert werden. In Abb. 70

sind die Stator- und Rotorwicklungen eines gewöhnlichen Zweiphasen-Induktionsmotors schematisch dargestellt. Die Spannungen an den beiden Phasen des Stators seien gegeben durch:

$$\begin{aligned} e_3 &= E \cdot \sin(\omega \cdot t + \alpha), \\ e_4 &= E \cdot \sin(\omega \cdot t + \alpha - 90^0) \\ &= - E \cdot \cos(\omega \cdot t + \alpha). \end{aligned} \qquad (76)$$

Der Magnetisierungsstrom eilt der betr. Spannung, wenn wir zunächst einmal vom Ohmschen Widerstand absehen, um 90^0 nach, was wir in den folgenden Gleichungen zum Ausdruck bringen:

$$\begin{aligned} i_3 &= - J_{03} \cdot \cos(\omega \cdot t + \alpha), \\ i_4 &= - J_{04} \cdot \sin(\omega \cdot t + \alpha), \end{aligned} \qquad (77)$$

wo

$$\begin{aligned} J_{03} &= \frac{E}{\omega \cdot L_3}, \\ J_{04} &= \frac{E}{\omega \cdot L_4}. \end{aligned} \qquad (77\,\text{a})$$

L_3 und L_4 sind die Selbstinduktionskoeffizienten der beiden Statorphasen. Da nach Voraussetzung

ist auch
$$\begin{aligned} L_3 &= L_4 = L, \\ J_{03} &= J_{04} = J_0. \end{aligned} \qquad (77\,\text{b})$$

Den Magnetisierungsströmen (70) entsprechen für die Einzelphasen Wechselfelder, die wir uns wieder durch Sinusfelder ersetzt denken. Jedes einzelne Feld besitzt im Luftspalt die maximale Feldstärke

wo
$$\begin{aligned} h &= c \cdot i, \\ c &= 0{,}4 \cdot \pi \cdot f_{aw} \cdot \frac{z}{\delta''}. \end{aligned} \qquad (78)$$

Hierin ist z die Windungszahl einer Statorphase, δ'' die auf den Luftspalt reduzierte Kraftlinienlänge und f_{aw} der sogen. Amperewindungsfaktor. (Näheres siehe: Kittler, Allgemeine Elektrotechnik, III. Band 1910, S. 78!) Bedeutet ferner noch X die doppelte Polteilung, x die Abszisse in einem durch den stillstehenden Rotor gelegten räumlichen Koordinatensystem, so ergeben sich folgende Gleichungen für die Wechselfelder im Luftspalt:

$$F_3 = c \cdot i_3 \cdot \sin \frac{2 \cdot \pi}{X} \cdot x$$

$$= - c \cdot J_0 \cdot \cos\left(\omega \cdot t + \alpha\right) \cdot \sin \frac{2 \cdot \pi}{X} \cdot x$$

$$F_4 = c \cdot i_4 \cdot \cos \frac{2 \cdot \pi}{X} \cdot x$$

$$= - c \cdot J_0 \cdot \sin\left(\omega \cdot t + \alpha\right) \cdot \cos \frac{2 \cdot \pi}{X} \cdot x$$

$$(79)$$

Das resultierende Feld im Luftspalt folgt durch Superposition der beiden Wechselfelder:

$$F_r = F_3 + F_4$$

$$F_r = - c \cdot J_0 \cdot \sin\left(\frac{2 \cdot \pi}{X} \cdot x + \omega \cdot t + \alpha\right),$$

$$= - c \cdot J_0 \cdot \sin \frac{2\pi}{X} \cdot (x + v \cdot t + X'),$$

$$(80)$$

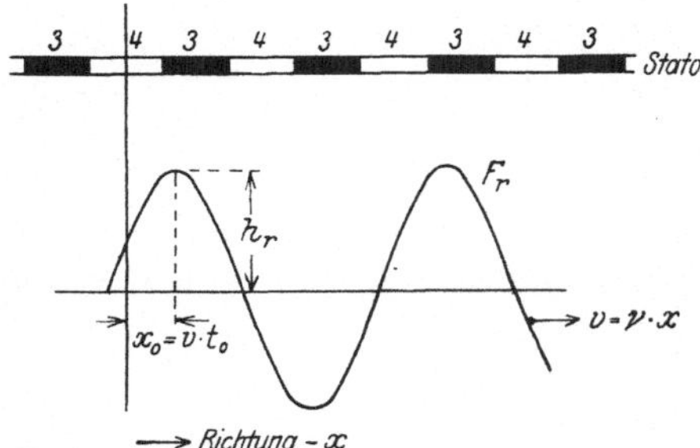

Abb. 71. Das resultierende Feld der leerlaufenden Asynchronmaschine.

wo

$$v = \frac{\omega}{2 \cdot \pi} \cdot X = \nu \cdot X \qquad (80\,\mathrm{a})$$

$$(\nu = \text{Periodenzahl}).$$

Nun stellt aber Gl. (80) nichts anderes als ein sich im Gegensinne des Uhrzeigers mit der Geschwindigkeit v bewegendes, räumlich sinusförmig verteiltes Drehfeld konstanter Amplitude dar. Denn das Argument $x + v \cdot t$ ändert seinen Wert nicht, wenn x um einen Betrag x_0 abnimmt und t gleichzeitig um einen Betrag t_0 wächst, so, daß $x_0 = v \cdot t_0$ (Abb. 71).

18. Das Einschalten des Stators einer Asynchronmaschine bei offenem Rotor.

Bevor wir weiterschreiten, wollen wir die Ergebnisse der eben gepflogenen Betrachtungen gleich einmal auf die Untersuchung der Vorgänge anwenden, die sich beim plötzlichen Einschalten des Stators abspielen.

Der Einschaltvorgang möge zur Zeit $t = 0$ einsetzen, so daß also in diesem Moment die Spannungen dargestellt sind durch:

$$\left. \begin{aligned} e_3 &= E \cdot \sin \alpha, \\ e_4 &= - E \cdot \cos \alpha. \end{aligned} \right\} \qquad (81)$$

In diesem Augenblick ist noch kein Feld vorhanden (von Vormagnetisierung möge abgesehen werden). Von nun an aber ist die Ausbildung des Feldes durch die bekannten Induktionsgleichungen vorgeschrieben:

$$e_3 = z \cdot \frac{d\Phi_3}{dt} = E \cdot \sin(\omega \cdot t + \alpha),$$

$$e_4 = z \cdot \frac{d\Phi_4}{dt} = - E \cdot \cos(\omega \cdot t + \alpha),$$

wo Φ_3 und Φ_4 die Kraftlinienflüsse der beiden Phasen sind.

Hieraus folgt durch Integration:

$$\left.\begin{aligned}
\Phi_3 &= -\frac{E}{z \cdot \omega} \cdot \cos(\omega \cdot t + \alpha) - A_1, \\
\Phi_4 &= -\frac{E}{z \cdot \omega} \cdot \sin(\omega \cdot t + \alpha) - A_2.
\end{aligned}\right\} \tag{82}$$

Die Integrationskonstanten A_1 und A_2 ergeben sich aus der Anfangsbedingung, nach der zur Zeit $t = 0$ das Feld $= 0$ ist. Die Gl. (82) lassen sich damit endgültig schreiben:

$$\left.\begin{aligned}
\Phi_3 &= -\frac{E}{z \cdot \omega} \cdot [\cos(\omega \cdot t + \alpha) - \cos\alpha], \\
\Phi_4 &= -\frac{E}{z \cdot \omega} \cdot [\sin(\omega \cdot t + \alpha) - \sin\alpha].
\end{aligned}\right\} \tag{82a}$$

Die beiden Glieder

$$\Phi_3' = -\frac{E}{z \cdot \omega} \cdot \cos(\omega \cdot t + \alpha),$$

$$\Phi_4' = -\frac{E}{z \cdot \omega} \cdot \sin(\omega \cdot t + \alpha)$$

geben das stationäre Drehfeld, während die Glieder

$$\Phi_3'' = \frac{E}{z \cdot \omega} \cdot \cos\alpha,$$

$$\Phi_4'' = \frac{E}{z \cdot \omega} \cdot \sin\alpha$$

übergelagerte Gleichfelder darstellen. Das resultierende übergelagerte Gleichfeld ist demnach:

$$\Phi_r'' = \frac{E}{z \cdot \omega}, \tag{83}$$

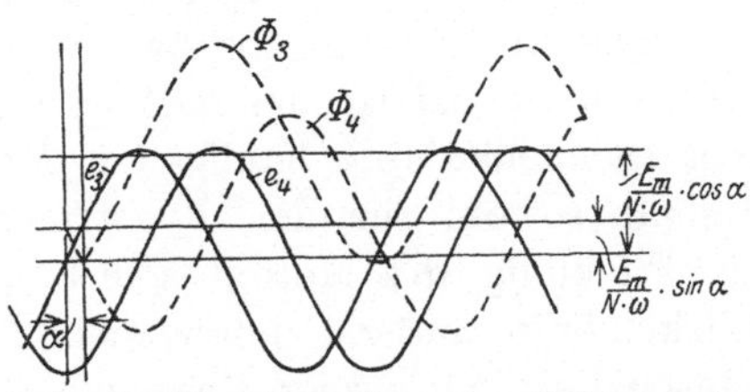

Abb. 72. Die übergelagerten Felder beim Einschalten der leerlaufenden Asynchronmaschine.

d. h. seine Größe ist unabhängig vom Einschaltmoment, seine Form entspricht der Form des stationären Feldes, seine Achse fällt mit der Achse des stationären Drehfeldes im Einschaltmoment zusammen, sein Vorzeichen ist jedoch das entgegengesetzte des stationären Dreh·feldes, so daß sich im Einschaltmoment stationäres und übergelagertes Feld zu Null ergänzen. (Anfangsbedingung.)

Den Feldern Φ_3 und Φ_4 entsprechen Magnetisierungsströme:

$$\left.\begin{aligned} i_3 &= c \cdot [\cos(\omega \cdot t + \alpha) - \cos\alpha] , \\ i_4 &= c \cdot [\sin(\omega \cdot t - \alpha) - \sin\alpha] . \end{aligned}\right\} \tag{84}$$

Über die stationären Wechselströme in den beiden Phasen sind also den übergelagerten Gleichfeldern proportionale Gleichströme gelagert. Wäre der Ohmsche Widerstand der Wicklungen Null, so würden diese Gleichströme bis in alle Zeiten bestehen bleiben. Infolge der Verluste klingen sie jedoch, und mit ihnen die übergelagerten Gleich·felder, nach der Funktion $e^{-\frac{r}{L} \cdot t}$ ab.

Vormagnetisierung und variable Permeabilität haben hier quali·tativ denselben Einfluß wie beim Einschalten von Transformatoren.

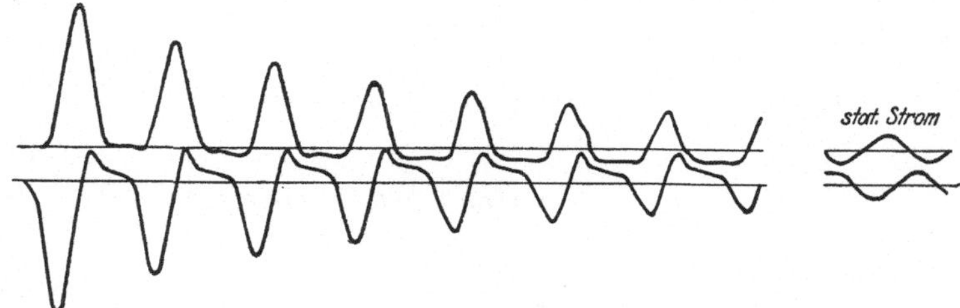

Abb. 73. Einschalten eines 500 kW-Asynchronmotors bei offenem Rotor.

Quantitativ hingegen können sie den Einschaltstromstoß nicht so stark beeinflussen, weil wegen des großen Luftspaltes einerseits die Rema·menz viel kleiner ist als bei Transformatoren und andererseits auch die Sättigungskurve oberhalb des Knies nicht so flach verläuft.

Immerhin sind die beobachteten Einschaltstromstöße bei Motoren, insbesondere bei solchen mit geringem Luftspalt und großem Eisen·weg (Schnelläufern) häufig ein Mehrfaches des Vollaststromes und deshalb sowohl für die Überstromschutzvorrichtungen wie auch für die Wicklung des Motors selbst wegen der großen Kräfte auf die Wickelköpfe äußerst unangenehm. Das Oszillogramm 73 gibt die Einschaltströme zweier Phasen eines 1500tourigen Drehstrommotors für 500 kW. Bei diesem Motor z. B. steigt der Einschaltstromstoß bis zum 14fachen Leerlaufstrom, entsprechend dem etwa 3fachen Vollaststrom an.

Auch beim Asynchronmotor läßt sich der Einschaltstrom ganz wesentlich reduzieren, wenn man mittels eines Schalters mit Vorkontakt und Widerstand einschaltet. Da jedoch die physikalischen Vorgänge hier genau dieselben sind wie beim Einschalten des Transformators, können wir uns ein näheres Eingehen hierauf schenken.

19. Die Differentialgleichungen der Zweiphasen-Maschine mit unsymmetrisch bewickeltem Rotor.

Die von den vier Wicklungen im Luftraum ausgebildeten Teilfelder sind nach dem Vorgange von Dreyfus unter der Annahme einer sinusförmigen Verteilung in Abb. 74 a in ein Koordinatensystem eingetragen, das relativ zum unsymmetrisch bewickelten Rotor festliegt. Auf dieses Koordinatensystem beziehen sich auch die Pfeile der Drehrichtung, und zwar bewege sich der Rotor mit der konstanten Winkelgeschwindigkeit ω im Gegensinne des Uhrzeigers. Die Zeitzählung endlich soll durch die Angabe bestimmt werden, daß im Augenblicke $t = 0$ die Phase 1 des Rotors und die Phase 3 des Stators sich gerade decken, so daß der Winkel, um welchen sich der Rotor gemäß der Abb. 74 aus dieser Anfangsstellung bereits entfernt hat, durch die Gleichung

$$\frac{2 \cdot \pi}{X} \cdot x_0 = \omega \cdot t_0$$

beschrieben werden kann.

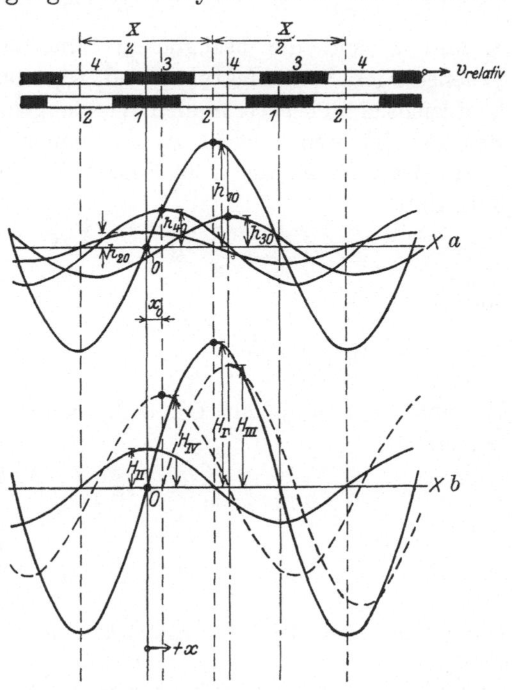

Abb. 74. Feldverteilung im Luftspalt der kurzgeschlossenen Mehrphasenmaschine.

Weshalb wir dem Rotor zwei unsymmetrische Wicklungen zuordnen, obgleich doch die Untersuchung einer derartigen Maschine gar nicht in unserer Absicht lag, wird im VII. Kapitel klar werden.

Die beiden von den Strömen i_1 und i_2 durchflossenen Wicklungen des Rotors bilden im Luftraum Sinusfelder aus mit den maximalen Ordinaten:

$$h_{10} = c_1 \cdot i_1 , \atop h_{20} = c_2 \cdot i_2 \quad\Bigg\}\qquad (85\,\mathrm{a})$$

bzw.

und mit den Kraftlinienzahlen:

$$\Phi_{10} = \frac{L_{01}}{f_{1,2} \cdot z_1} \cdot i_1 , \atop \Phi_{20} = \frac{L_{02}}{f_{2,1} \cdot z_2} \cdot i_2 . \quad\Bigg\}\qquad (85\,\mathrm{b})$$

bzw.

z_1 und z_2 sind die bezüglichen Windungszahlen, $f_{1,2}$ bzw. $f_{2,1}$ die gegenseitigen Spulenfaktoren und L_{01} und L_{02} die Selbstinduktionskoeffizienten der betreffenden Wicklungen, deren Zusammenhang mit den Feldfaktoren c leicht zu bestimmen ist.

Es ist nämlich der von einer Wicklung erzeugte gesamte Kraftlinienfluß:

$$\Phi = h_{\mathrm{mittel}} \cdot \frac{X}{2} \cdot B = h \cdot \frac{X \cdot B}{\pi} , \qquad (B = \text{effektive Eisenbreite})$$

oder

$$\Phi = c \cdot i \cdot \frac{X \cdot B}{\pi} .$$

Hieraus folgt nun mit Gl. (85 b) sofort für die beiden Rotorwicklungen:

$$L_{01} = c_1 \cdot f_{1,2} \cdot z_1 \cdot \frac{X \cdot B}{\pi} , \atop L_{02} = c_2 \cdot f_{2,1} \cdot z_2 \cdot \frac{X \cdot B}{\pi} . \quad\Bigg\}\qquad (85\,\mathrm{c})$$

Die totalen Selbstinduktionskoeffizienten derselben Wicklungen sind wieder:

$$L_1 = L_{01} \cdot (1 + \tau_1), \atop L_2 = L_{02} \cdot (1 + \tau_2), \quad\Bigg\}\qquad (85\,\mathrm{d})$$

die Wicklungen erzeugen also Streuflüsse:

$$\Phi_{1\tau} = \Phi_{10} \cdot \tau_1 \atop \Phi_{2\tau} = \Phi_{20} \cdot \tau_2 . \quad\Bigg\}\qquad (85\,\mathrm{e})$$

und

Im Gegensatz zum Rotor hat der Stator symmetrisch ausgeführte Wicklungen mit gleichen effektiven Windungszahlen z, gleichen Feldfaktoren c und demgemäß auch gleichen Ohmschen Widerständen r, Selbstinduktionskoeffizienten $L' = c \cdot z \cdot \dfrac{X \cdot B}{\pi}$ und Streuungskoeffizienten τ'. Seine Phasenströme i_3 und i_4 erzeugen im Luftraum die

Teilfelder:

$$h_{30} = c \cdot i_3 \Big\}$$

und $\qquad\qquad h_{40} = c \cdot i_4 \Big\}$ $\qquad\qquad$ (86a)

mit den Kraftlinienzahlen:

$$\Phi_{30} = \frac{L'}{z} \cdot i_3$$

und

$$\Phi_{40} = \frac{L'}{z} \cdot i_4 \, ,$$

$\qquad\qquad\qquad\qquad\qquad\qquad\qquad\qquad\qquad$ (86b)

wozu sich noch die Streuflüsse:

$$\Phi_{3\tau} = \Phi_{30} \cdot \tau' \Big\}$$

und $\qquad\qquad \Phi_{4\tau} = \Phi_{40} \cdot \tau' \Big\}$ $\qquad\qquad$ (86c)

addieren.

Da wir alle Sättigungserscheinungen vernachlässigen, so erhalten wir die resultierende Feldverteilung im Luftraum einfach durch Superposition der 4 Teilfelder (85a) und (86a), deren Ergebnis wir in der Form anschreiben:

$$\sum h = \left(\sin \frac{2 \cdot \pi}{X} \cdot x \right) \cdot \left(h_{10} + h_{30} \cdot \cos \frac{2 \cdot \pi}{X} \cdot x_0 + h_{40} \cdot \sin \frac{2 \cdot \pi}{X} \cdot x_0 \right) +$$

$$+ \left(\cos \frac{2 \cdot \pi}{X} \cdot x \right) \cdot \left(h_{20} + h_{30} \cdot \sin \frac{2 \cdot \pi}{X} \cdot x_0 + h_{40} \cdot \cos \frac{2 \cdot \pi}{X} \cdot x_0 \right) .$$

Damit haben wir das resultierende Feld relativ zu dem gewählten Koordinatensystem in eine Sinus- und eine Cosinus-Komponente zerlegt, und da wir die Feldverteilung im Luftraum von vornherein in den Vordergrund unseres Interesses gerückt haben, so stellen diese Koordinaten unsere wichtigsten Unbekannten dar. Ihre Gleichungen lauten nach dem vorigen:

$$\begin{aligned} H_{\mathrm{I}} &= c_1 \cdot i_1 + c \cdot i_3 \cdot \cos \omega \cdot t + c \cdot i_4 \cdot \sin \omega \cdot t, \\ H_{\mathrm{II}} &= c_2 \cdot i_2 - c \cdot i_3 \cdot \sin \omega \cdot t + c \cdot i_4 \cdot \cos \omega \cdot t. \end{aligned} \Bigg\} \qquad (87)$$

Hätten wir das resultierende Feld im Luftraum nach den Wicklungsachsen des Stators zerlegt, so wären wir auf folgende Gleichungen gekommen (vgl. Abb. 74b!):

$$\begin{aligned} H_{\mathrm{III}} &= c_1 \cdot i_1 \cdot \cos \omega \cdot t - c_2 \cdot i_2 \cdot \sin \omega \cdot t + c \cdot i_3 , \\ H_{\mathrm{IV}} &= c_1 \cdot i_1 \cdot \sin \omega \cdot t + c_2 \cdot i_2 \cdot \cos \omega \cdot t + c \cdot i_4 . \end{aligned} \Bigg\} \qquad (88)$$

Der Kraftfluß der ersten Komponente H_{III} wäre dann nur mit der ersten Phase, der Kraftfluß der zweiten Komponente H_{IV} nur mit der zweiten Phase des Stators verkettet gewesen, und diese Zerlegung erscheint der vorausgeschickten vollkommen gleichwertig. Indes würde die analytische Behandlung dieses Falles größere Schwierigkeiten machen, insofern, als die Differentialgleichungen dann nicht mehr linear ausfallen, und deshalb wollen wir bei der Zerlegung nach den Koordinatenachsen bleiben. Der Übergang von einer Ausdrucksweise zur andern läßt sich ja jederzeit leicht bewerkstelligen mittels der einfachen Transformationsgleichungen:

$$\left.\begin{aligned} H_{\mathrm{I}} &= H_{\mathrm{III}} \cdot \cos \frac{2 \cdot \pi}{X} \cdot x_0 + H_{\mathrm{IV}} \cdot \sin \frac{2 \cdot \pi}{X} \cdot x_0 , \\ H_{\mathrm{II}} &= H_{\mathrm{IV}} \cdot \cos \frac{2 \cdot \pi}{X} \cdot x_0 - H_{\mathrm{III}} \cdot \sin \frac{2 \cdot \pi}{X} \cdot x_0 , \end{aligned}\right\} \tag{87a}$$

bzw.

$$\left.\begin{aligned} H_{\mathrm{III}} &= H_{\mathrm{I}} \cdot \cos \frac{2 \cdot \pi}{X} \cdot x_0 - H_{\mathrm{II}} \cdot \sin \frac{2 \cdot \pi}{X} \cdot x_0 , \\ H_{\mathrm{IV}} &= H_{\mathrm{II}} \cdot \cos \frac{2 \cdot \pi}{X} \cdot x_0 + H_{\mathrm{I}} \cdot \sin \frac{2 \cdot \pi}{X} \cdot x_0 . \end{aligned}\right\} \tag{88a}$$

Nach diesen Schritten sind wir nun endlich so weit, daß wir die Spannungsgleichungen der beiden Statorphasen anschreiben können:

$$\left.\begin{aligned} z \cdot \frac{X \cdot B}{\pi} \cdot \frac{d H_{\mathrm{III}}}{d t} + L' \cdot \tau' \cdot \frac{d i_3}{d t} + i_3 \cdot r &= e_3 , \\ z \cdot \frac{X \cdot B}{\pi} \cdot \frac{d H_{\mathrm{IV}}}{d t} + L' \cdot \tau' \cdot \frac{d i_4}{d t} + i_4 \cdot r &= e_4 . \end{aligned}\right\} \tag{89a}$$

Sämtliche in diesen Gleichungen enthaltenen Unbekannten lassen sich mittels einfacher Umformungen auf die beiden Feldkomponenten H_{I} und H_{II} und die beiden Ströme i_1 und i_2 zurückführen. Wir multiplizieren zu diesem Zwecke die erste der Gl. (89a) mit $\cos \omega \cdot t$, die zweite mit $\sin \omega \cdot t$ und addieren beide Produkte.

$$z \cdot \frac{X \cdot B}{\pi} \cdot \left[\frac{d H_{\mathrm{III}}}{d t} \cdot \cos \omega \cdot t + \frac{d H_{\mathrm{IV}}}{d t} \cdot \sin \omega \cdot t \right] +$$

$$+ L' \cdot \tau' \cdot \left[\frac{d}{d t} (i_3 \cdot \cos \omega \cdot t + i_4 \cdot \sin \omega \cdot t) + \omega \cdot (i_3 \cdot \sin \omega \cdot t - i_4 \cdot \cos \omega \cdot t) \right] +$$

$$+ r \cdot (i_3 \cdot \cos \omega \cdot t - i_4 \cdot \sin \omega \cdot t) = e_3 \cdot \cos \omega \cdot t + e_4 \cdot \sin \omega \cdot t .$$

Dann multiplizieren wir die erste der Gl. (89a) mit $\sin \omega \cdot t$ und die zweite mit $\cos \omega \cdot t$ und subtrahieren die erste von der zweiten:

$$z \cdot \frac{X \cdot B}{\pi} \cdot \left[\frac{d H_{\mathrm{IV}}}{d t} \cdot \cos \omega \cdot t - \frac{d H_{\mathrm{III}}}{d t} \cdot \sin \omega \cdot t \right] +$$

$$+ L' \cdot \tau' \cdot \left[\frac{d}{d t} (i_4 \cdot \cos \omega \cdot t - i_3 \cdot \sin \omega \cdot t) + \omega \cdot (i_3 \cdot \cos \omega \cdot t + i_4 \cdot \sin \omega \cdot t) \right] +$$

$$+ r \cdot (i_4 \cdot \cos \omega \cdot t - i_3 \cdot \sin \omega \cdot t) = e_4 \cdot \cos \omega \cdot t - e_3 \cdot \sin \omega \cdot t .$$

Beachtet man jetzt aber, daß nach Gl. (87a) und (88a):

$$\frac{dH_{III}}{dt}\cdot\cos\omega\cdot t + \frac{dH_{IV}}{dt}\cdot\sin\omega\cdot t = \frac{dH_I}{dt} - H_{II}\cdot\omega\,,$$

$$\frac{dH_{IV}}{dt}\cdot\cos\omega\cdot t - \frac{dH_{III}}{dt}\cdot\sin\omega\cdot t = \frac{dH_{II}}{dt} + H_I\cdot\omega$$

und ferner nach Gl. (87):

$$i_3\cdot\cos\omega\cdot t + i_4\cdot\sin\omega\cdot t = \frac{1}{c}\cdot(H_I - c_1\cdot i_1)\,,$$

$$i_4\cdot\cos\omega\cdot t - i_3\cdot\sin\omega\cdot t = \frac{1}{c}\cdot(H_{II} - c_2\cdot i_2)\,,$$

so erhält man für das behandelte Gleichungssystem leicht die gesuchte Fassung:

$$\left[\frac{dH_I}{dt} + \frac{r}{L}\cdot H_I - \omega\cdot H_{II}\right] - \left[c_1\cdot\left(\frac{\tau'}{1+\tau'}\cdot\frac{di_1}{dt} + \frac{r}{L}\right) - c_2\cdot\frac{\tau'}{1+\tau'}\cdot\omega\cdot i_2\right]$$

$$= \frac{c}{L}\cdot(e_3\cdot\cos\omega\cdot t + e_4\cdot\sin\omega\cdot t)\,, \qquad (90\,\text{a})$$

$$\left[\frac{dH_{II}}{dt} + \frac{r}{L}\cdot H_{II} + \omega\cdot H_I\right] - \left[c_2\cdot\left(\frac{\tau'}{1+\tau'}\cdot\frac{di_2}{dt} + \frac{r}{L}\right) + c_1\cdot\frac{\tau'}{1+\tau'}\cdot\omega\cdot i_1\right]$$

$$= \frac{c}{L}\cdot(e_4\cdot\cos\omega\cdot t - e_3\cdot\sin\omega\cdot t)\,. \qquad (90\,\text{b})$$

Dabei bedeutet

$$L = L'\cdot(1+\tau') \qquad\qquad (86\,\text{d})$$

den totalen Selbstinduktionskoeffizienten einer Statorphase.

Die Spannungsgleichungen für die beiden Rotorphasen bedürfen keiner besonderen Umformung mehr. Sie lauten:

$$\left.\begin{aligned} z_1\cdot\frac{X\cdot B}{\pi}\cdot\frac{dH_I}{dt} + L_{11}\cdot\tau_1\cdot\frac{di_1}{dt} + i_1\cdot r_1 = e_1\,,\\[2mm] z_2\cdot\frac{X\cdot B}{\pi}\cdot\frac{dH_{II}}{dt} + L_{22}\cdot\tau_2\cdot\frac{di_2}{dt} + i_2\cdot r_2 = e_2\,, \end{aligned}\right\} \qquad (89\,\text{b})$$

oder auch, wenn man die totalen Selbstinduktionskoeffizienten aus Gl. (86d) einführt:

$$\frac{1}{1+\tau_1}\cdot\frac{dH_I}{dt} + c_1\cdot\left(\frac{\tau_1}{1+\tau_1}\cdot\frac{di_1}{dt} + \frac{r_1}{L_1}\cdot i_1\right) = \frac{c_1}{L_1}\cdot e_1\,, \qquad (90\,\text{c})$$

$$\frac{1}{1+\tau_2}\cdot\frac{dH_{II}}{dt} + c_2\cdot\left(\frac{\tau_2}{1+\tau_2}\cdot\frac{di_2}{dt} + \frac{r_2}{L_2}\cdot i_2\right) = \frac{c_2}{L_2}\cdot e_2\,. \qquad (90\,\text{d})$$

Die vier simultanen totalen Differentialgleichungen (90) sind die Grundgleichungen unseres Problems. Durch sie wird jeder nur mögliche Ausgleichsvorgang eindeutig beschrieben. Der besondere Charakter desselben, Kurzschluß oder Magnetisierung, wird erst durch die jeweiligen Anfangsbedingungen festgelegt. Die Differentialgleichungen sind aber, wie sofort auffällt, linear, d. h. die Koeffizienten der Unbekannten und ihrer Ableitungen sind sämtlich Konstante. Sie unterscheiden sich dadurch wesentlich von den Differentialgleichungen der Einphasen-Synchronmaschine. Der lineare Charakter ihrer Differentialgleichungen ist typisch für die Mehrphasenmaschine. Denn er besagt, daß dieselbe nur einer ganz bestimmten elektrischen Eigenschwingung fähig ist, mittels welcher sich jeder gestörte Gleichgewichtszustand in den neuen Gleichgewichtszustand einschwingen muß. Wir haben also im Gegensatz zur Einphasen-Synchronmaschine nur immer eine ganz bestimmte Frequenz zu erwarten.

Das Ergebnis rechtfertigt aber auch den Gang unserer mathematischen Betrachtungsweise. Dadurch, daß wir unser Hauptaugenmerk auf die Feldverteilung im Luftspalt richteten, wurden wir unabhängiger von der relativen Lage zu den verschiedenen Wicklungssystemen. Wären wir direkt von den Strömen ausgegangen, so wären die Differentialgleichungen nicht mehr linear ausgefallen und infolgedessen wesentlich schwieriger zu behandeln gewesen.

Die Auflösung eines Systems von vier linearen simultanen totalen Differentialgleichungen ersten Grades nach einer der vier Unbekannten liefert eine gleichfalls lineare Differentialgleichung vierten Grades von der Form:

$$\frac{d^4x}{dt^4} + a \cdot \frac{d^3x}{dt^3} + b \cdot \frac{d^2x}{dt^2} + c \cdot \frac{dx}{dt} + d \cdot x = F(t). \tag{91}$$

Die Zeitfunktion $F(t)$ rührt ausschließlich von den an die Wicklungen angelegten äußeren Spannungen her. Sie ist daher eine periodische Funktion der Zeit oder eine Konstante, und der neue Gleichgewichtszustand, den sie erzwingt, die erzwungene Schwingung, ist das sog. Partikulärintegral der Differentialgleichung. Da diese das Superpositionsgesetz erfüllt, so interessiert uns zunächst die erzwungene Schwingung nicht weiter. Wir sind gewohnt, sie auf anderem Wege, nämlich mittels Vektordiagrammen, bequem zu ermitteln, und ihre Gesetzmäßigkeiten sind uns geläufig.

Wir können uns daher im folgenden auf die Untersuchung der übergelagerten Eigenschwingung beschränken, deren Gesetz wir erhalten, indem wir die rechte Seite der Gl. (91) gleich Null setzen. Es liegt in der Eigenart der magnetischen Verkettung begründet, daß sämtliche Unbekannte, H_{I} und H_{II}, i_1 und i_2, nicht nur ähnliche, sondern genau dieselben Differentialgleichungen liefern, lineare Differentialgleichungen vierten Grades mit gleichen Koeffizienten a, b, c und d.

Durch welches Verfahren die letzteren ermittelt werden, ist bekannt und braucht hier nur kurz angedeutet zu werden. Man differenziert die Gl. $(90\,\mathrm{a} \div 90\,\mathrm{d})$ nach der Zeit t, wodurch man vier neue Gleichungen $(90\,\mathrm{a}' \div 90\,\mathrm{d}')$ erhält. Eliminiert man aus diesen $\dfrac{d^2 H_\mathrm{I}}{dt^2}$ bzw. $\dfrac{d^2 H_\mathrm{II}}{dt^2}$, ferner aus den Gl. $(90\,\mathrm{a} \div 90\,\mathrm{d})$ $\dfrac{dH_\mathrm{I}}{dt}$ bzw. $\dfrac{dH_\mathrm{II}}{dt}$, so ergeben sich zwei voneinander unabhängige lineare Differentialgleichungen zweiten Grades für i_1 und i_2, welche, wenn man in gleicher Weise fortfährt, endlich zu der gesuchten linearen Differentialgleichung vierten Grades für irgendeine der vier Unbekannten führen. Hierbei ergeben sich die Koeffizienten a, b, c und d in folgender Form, die sie durch Einführung der Blondelschen Koeffizienten der Totalstreuung:

$$\left.\begin{aligned}
\tau_{t1} &= 1 - \frac{1}{(1+\tau')\cdot(1+\tau_1)} \\[2mm]
\tau_{t2} &= 1 - \frac{1}{(1+\tau')\cdot(1+\tau_2)}
\end{aligned}\right\} \tag{92}$$

und

erhalten, das ist:

$$\left.\begin{aligned}
a &= \left(\frac{r_1}{L_1} + \frac{r}{L}\right)\cdot\frac{1}{\tau_{t1}} + \left(\frac{r_2}{L_2} + \frac{r}{L}\right)\cdot\frac{1}{\tau_{t2}}, \\[2mm]
b &= \left(\frac{r_1}{L_1\cdot\tau_{t1}} + \frac{r_2}{L_2\cdot\tau_{t2}}\right)\cdot\frac{r}{L} + \left[\left(\frac{r_1}{L_1} + \frac{r}{L}\right)\left(\frac{r_2}{L_2} + \frac{r}{L}\right)\right]\cdot\frac{1}{\tau_{t1}\cdot\tau_{t2}} + \omega^2, \\[2mm]
c &= \left[\frac{r_1}{L_1}\cdot\left(\frac{r_2}{L_2} + \frac{r}{L}\right) + \frac{r_2}{L_2}\cdot\left(\frac{r_1}{L_1} + \frac{r}{L}\right)\right]\cdot\frac{r}{L}\cdot\frac{1}{\tau_{t1}\cdot\tau_{t2}} + \left(\frac{r_1}{L_1\cdot\tau_{t1}} + \frac{r_2}{L_2\cdot\tau_{t2}}\right)\cdot\omega^2, \\[2mm]
d &= \frac{r_1}{L_1\cdot\tau_{t1}}\cdot\frac{r_2}{L_2\cdot\tau_{t2}}\cdot\left(\frac{r^2}{L^2} + \omega^2\right).
\end{aligned}\right\} \tag{93}$$

Wir kennen jetzt die Differentialgleichung des Problems und ihre Koeffizienten und haben nur noch das allgemeine Integral derselben abzuleiten, das, wie man weiß, folgende Form besitzt:

$$x = A_1\cdot e^{\alpha_1\cdot t} + A_2\cdot e^{\alpha_2\cdot t} + A_3\cdot e^{\alpha_3\cdot t} + A_4\cdot e^{\alpha_4\cdot t}. \tag{94}$$

Dabei sind A_1, A_2, A_3 und A_4 Konstanten, die aus den jeweiligen Anfangsbedingungen zu berechnen sind; durch sie berücksichtigen wir, wie wir sahen, die besondere Art, auf welche der Ausgleichsvorgang eingeleitet wird. Hingegen stellen α_1, α_2, α_3 und α_4 Koeffizienten dar, die nur von den elektrischen Daten der Maschine abhängen und die sich demnach für jede Maschine ein für allemal berechnen lassen. In ihnen liegt somit das Typische, Gesetzmäßige, das es ermöglicht, so viele verschiedene Vorgänge unter einem Gesichtspunkt zu vereinigen.

Bekanntlich ergeben sich die Werte dieser vier Koeffizienten als die vier Wurzeln der sog. charakteristischen Gleichung der gegebenen Differentialgleichung:

$$\alpha^4 + a \cdot \alpha^3 + b \cdot \alpha^2 + c \cdot \alpha + d = 0. \tag{95}$$

Führt man hierin die Werte aus den Gl. (93) ein, so läßt sich die Gleichung in die folgende Produktensumme auflösen:

$$\left[\alpha^2 + \alpha \cdot \left(\frac{r_1}{L_1} + \frac{r}{L}\right) \cdot \frac{1}{\tau_{t1}} + \frac{r_1}{L_1 \cdot \tau_{t1}} \cdot \frac{r}{L}\right] \cdot \left[\alpha^2 + \alpha \cdot \left(\frac{r_2}{L_2} + \frac{r}{L}\right) \cdot \frac{1}{\tau_{t2}} + \frac{r_2}{L_2 \cdot \tau_{t2}} \cdot \frac{r}{L}\right] +$$

$$+ \omega^2 \cdot \left[\alpha + \frac{r_1}{L_1 \cdot \tau_{t1}}\right] \cdot \left[\alpha + \frac{r_2}{L_2 \cdot \tau_{t2}}\right] = 0. \tag{96}$$

Von dieser Gleichung werden nun unsere folgenden Untersuchungen auszugehen haben.

20. Die Eigenschwingungen der symmetrischen Mehrphasenmaschine.

Sind die beiden Phasen des Rotors gleichmäßig bewickelt, so vereinfacht sich die Gl. (96) für die Schwingungskonstanten ganz wesentlich. Setzen wir nämlich

und

$$\left.\begin{aligned}\frac{r_1}{L_1} = \frac{r_2}{L_2} = \frac{r_r}{L_r} \\[2mm] \tau_{t1} = \tau_{t2} = \tau,\end{aligned}\right\} \tag{97}$$

wobei wir τ kurzweg als den Streuungskoeffizienten unserer Maschine bezeichnen können, so erscheint die charakteristische Gleichung nunmehr als die Summe zweier Quadrate:

$$\left[\alpha_r^2 + \alpha_r \cdot \left(\frac{r_r}{L_r} + \frac{r}{L}\right) \cdot \frac{1}{\tau} + \frac{r_r}{L_r} \cdot \frac{r}{L} \cdot \frac{1}{\tau}\right]^2 + \left[\omega \cdot \left(\alpha_r + \frac{r_r}{L_r} \cdot \frac{1}{\tau}\right)\right]^2 = 0. \tag{98a}$$

Der Index r bezieht sich stets auf den Rotor.

Aus Symmetriegründen muß sich für die Schwingungskonstante α des Stators eine ganz ähnlich gebaute Bedingungsgleichung ergeben, die man aus der eben angeschriebenen durch Vertauschen der Indexe erhält:

$$\left[\alpha^2 + \alpha \cdot \left(\frac{r}{L} + \frac{r_r}{L_r}\right) \cdot \frac{1}{\tau} + \frac{r}{L} \cdot \frac{r_r}{L_r} \cdot \frac{1}{\tau}\right]^2 + \left[\omega \cdot \left(\alpha + \frac{r}{L} \cdot \frac{1}{\tau}\right)\right]^2 = 0. \tag{98b}$$

Bei der unsymmetrischen Mehrphasenmaschine hätten wir natürlich nicht so vorgehen dürfen.

In der eben angeschriebenen Form lassen sich nun die charakteristischen Gleichungen unschwer auflösen. Sie zerfallen nämlich in zwei quadratische Faktoren, und wir erhalten z. B. für den Rotor:

$$\left\{\alpha_r{}^2+\alpha_r\cdot\left[\left(\frac{r_r}{L_r}+\frac{r}{L}\right)\cdot\frac{1}{\tau}+j\cdot\omega\right]+\frac{r_r}{L_r}\cdot\frac{1}{\tau}\cdot\left[\frac{r}{L}+j\cdot\omega\right]\right\}\times$$

$$\times\left\{\alpha_r{}^2+\alpha_r\cdot\left[\left(\frac{r_r}{L_r}+\frac{r}{L}\right)\cdot\frac{1}{\tau}-j\cdot\omega\right]+\frac{r_r}{L_r}\cdot\frac{1}{\tau}\cdot\left[\frac{r}{L}-j\cdot\omega\right]\right\}=0.\qquad(99)$$

wo $j=\sqrt{-1}$ die imaginäre Einheit bedeutet.

Da jeder dieser Faktoren für sich verschwinden muß, erhalten wir die gesuchten Schwingungskonstanten als die Wurzeln zweier quadratischer Gleichungen zu:

$$\alpha_{r,\,1,\,2}=-\frac{\dfrac{r}{L}+\dfrac{r_r}{L_r}}{2\cdot\tau}\pm$$

$$j\cdot\left[\frac{\omega}{2}+\sqrt{\left[\left(\frac{\omega}{2}\right)^2+\frac{\dfrac{r}{L}\cdot\dfrac{r_r}{L_r}}{\tau}-\left(\frac{\dfrac{r}{L}+\dfrac{r_r}{L_r}}{2\cdot\tau}\right)^2\right]\pm j\cdot\omega\cdot\frac{\dfrac{r}{L}-\dfrac{r_r}{L_r}}{2\cdot\tau}}\right]=-a_1\pm j\cdot p$$

und

$$\alpha_{r,\,3,\,4}=-\frac{\dfrac{r}{L}+\dfrac{r_r}{L_r}}{2\cdot\tau}\pm$$

$$j\cdot\left[\frac{\omega}{2}-\sqrt{\left[\left(\frac{\omega}{2}\right)^2+\frac{\dfrac{r}{L}\cdot\dfrac{r_r}{L_r}}{\tau}-\left(\frac{\dfrac{r}{L}+\dfrac{r_r}{L_r}}{2\cdot\tau}\right)^2\right]\pm j\cdot\omega\cdot\frac{\dfrac{r}{L}-\dfrac{r_r}{L_r}}{2\cdot\tau}}\right]=-a_2\pm j\cdot q.$$

$$(100\,\mathrm{a})$$

Ganz ähnlich gebaute Ausdrücke ergeben sich für die Schwingungskonstanten des Stators, nämlich:

$$\alpha_{1,\,2}=-\frac{\dfrac{r}{L}+\dfrac{r_r}{L_r}}{2\cdot\tau}\mp$$

$$j\cdot\left[\frac{\omega}{2}-\sqrt{\left[\left(\frac{\omega}{2}\right)^2+\frac{\dfrac{r}{L}\cdot\dfrac{r_r}{L_r}}{\tau}-\left(\frac{\dfrac{r}{L}+\dfrac{r_r}{L_r}}{2\cdot\tau}\right)^2\right]\pm j\cdot\omega\cdot\frac{\dfrac{r}{L}-\dfrac{r_r}{L_r}}{2\cdot\tau}}\right]=-a_1\mp j\cdot q$$

und

$$\alpha_{3,\,4}=-\frac{\dfrac{r}{L}+\dfrac{r_r}{L_r}}{2\cdot\tau}\mp$$

$$j\cdot\left[\frac{\omega}{2}+\sqrt{\left[\left(\frac{\omega}{2}\right)^2+\frac{\dfrac{r}{L}\cdot\dfrac{r_r}{L_r}}{\tau}-\left(\frac{\dfrac{r}{L}+\dfrac{r_r}{L_r}}{2\cdot\tau}\right)^2\right]\pm j\cdot\omega\cdot\frac{\dfrac{r}{L}-\dfrac{r_r}{L_r}}{2\cdot\tau}}\right]=-a_2\mp j\cdot p.$$

$$(100\,\mathrm{b})$$

Wir sehen also, daß sämtliche Wurzeln gewöhnlich komplex ausfallen, wenn auch in der obigen Schreibweise der reelle und der imaginäre Anteil noch nicht voneinander getrennt sind. Besitzt aber die charakteristische Gleichung einer linearen Differentialgleichung unter anderen zwei konjugiert-komplexe Wurzeln von der Form

$$\alpha_1 = - a + j \cdot b$$

und

$$\alpha_2 = - a - j \cdot b,$$

so bedeutet das nichts anderes, als daß der betrachtete Vorgang eine Sinusschwingung enthält, deren Winkelgeschwindigkeit durch den imaginären Anteil der Wurzel bestimmt ist. Das reelle Glied hingegen charakterisiert das zeitliche Anwachsen (a negativ) oder Abfallen (a positiv) der Schwingungsamplitude, deren Größe (A) und Phase (ψ) aus den Anfangsbedingungen folgen. Nach einem bekannten Satze ist nämlich

$$e^{- a \pm j \cdot b} = e^{-a} \cdot (\cos b \pm j \cdot \sin b).$$

In unserem Falle setzt sich also der Ausgleichsvorgang im allgemeinen aus zwei gedämpften Sinuswellen zusammen, und da die allgemeine Differentialgleichung (91), von der wir ausgingen, in unveränderter Form ebenso für die Feldkomponenten wie für die Phasenströme gilt, so lassen sich auch die freien Schwingungen aller dieser Größen für Rotor und Stator durch je einen einzigen Ansatz beschreiben:

$$\left.\begin{aligned}
X_r &= A_1' \cdot e^{-a_1 \cdot t} \cdot \sin (p \cdot t - \psi_1) + A_2' \cdot e^{-a_2 \cdot t} \cdot \sin (q \cdot t - \psi_2), \\
X &= A_3' \cdot e^{-a_1 \cdot t} \cdot \sin (q \cdot t - \psi_3) + A_4' \cdot e^{-a_2 \cdot t} \cdot \sin (p \cdot t - \psi_4).
\end{aligned}\right\} \quad (101)$$

Betrachtet man die eben angeschriebenen Gleichungen näher, so wird man auf einen merkwürdigen, zwischen denselben bestehenden Zusammenhang stoßen. Wir bemerken nämlich, daß gleichen Dämpfungskonstanten — also ein und demselben physikalischen Vorgang — verschiedene Frequenzen in Stator und Rotor zugeordnet sind, so aber, daß deren Summe, wie ein Blick auf die Gl. (100) lehrt, die aus der Umdrehungszahl zu berechnende Synchronfrequenz liefert. Daß eine so auffallende Gesetzmäßigkeit keinem Zufall entspringen kann, werden wir gleich sehen. Verfolgen wir beispielsweise einmal gleich gedämpfte Anteile der Feldkomponenten H_I und H_{II}, so sehen wir, daß beide Wechselfelder repräsentieren, die z. B. nach der Funktinon $e^{-a_1 t}$ abklingen und sekundlich mit $\dfrac{p}{2 \cdot \pi}$ Perioden pulsieren. Nun läßt sich jedes stehende Wechselfeld in zwei gegenläufige Drehfelder zerlegen, die sich im vorliegenden Falle mit den Winkelgeschwindigkeiten $+ p$ und $- p$ um den Rotor herumbewegen. Von einer hingegen mit der Relativgeschwindigkeit $+\omega$ bewegten Statorwicklung aus scheint diesen Feldern jedoch bei gleicher Dämpfung die Winkelgeschwindigkeit $\omega - p$ bzw. $\omega + p$ zuzukommen; die durch die Felder induzierten elektromotorischen Kräfte und mithin auch die Phasenströme i_1 und i_2 müßten daher gleichgedämpfte Oszillationen eben dieser Winkelgeschwindigkeit aufweisen. Wenn sich jedoch, wie die Gl. (100) lehrt, tatsächlich nur die Frequenz $\dfrac{\omega - p}{2 \cdot \pi}$, nicht aber auch die übersynchrone Frequenz $\dfrac{\omega + p}{2 \cdot \pi}$ ausbildet, so gibt es hierfür nur eine widerspruchsfreie Erklärung, nämlich die: daß der mit a_1 gedämpfte Anteil des gemeinschaftlichen Feldes eben nur ein einziges Drehfeld darstellt, welches relativ zum Rotor mit einer Winkelgeschwindigkeit $+p$ im Sinne der Relativbewegung des Stators, also entgegen der Drehrichtung des Rotors mitgenommen wird. Die beiden gegenläufigen Drehfeldkomponenten von H_I und H_{II}, welche ja relativ zueinander stillstehen, müssen sich hingegen in ihrer Wirkung gerade aufheben, also gleiche Phase und entgegengesetzt gleiche Amplitude oder bei gleicher Amplitude eine Phasenverschiebung von 180^0 besitzen. Ein gleiches gilt natürlich auch für den zweiten Feldanteil, der nach der Funktion $e^{-a_2 \cdot t}$ abklingt.

Wir erhalten somit, beispielsweise für die beiden Feldkomponenten des Rotors ein zusammengehöriges Gleichungspaar von folgender Gestalt:

$$\left. \begin{aligned} H_I &= A_1{}' \cdot e^{-a_1 \cdot t} \cdot \sin(p \cdot t - \psi_1) + A_2{}' \cdot e^{-a_2 \cdot t} \cdot \sin(q \cdot t - \psi_2), \\ H_{II} &= A_1{}' \cdot e^{-a_1 \cdot t} \cdot \cos(p \cdot t - \psi_1) + A_2{}' \cdot e^{-a_2 \cdot t} \cdot \cos(q \cdot t - \psi_2), \end{aligned} \right\} \quad (102)$$

und fassen die Aussage dieser Gleichungen folgendermaßen in Worte: In demselben Moment, in welchem der Ausgleichsvorgang einsetzt, spaltet sich bei der symmetrischen Mehrphasenmaschine das freiwerdende Feld im Luftraum in zwei Drehfelder, die im allgemeinen verschiedene Winkelgeschwindigkeit und Dämpfung besitzen. Stets jedoch erfolgt ihre Bewegung im Sinne der Relativbewegung beider Systeme und mit konstanten Winkelgeschwindigkeiten p und q, deren Summe wieder die Winkelgeschwindigkeit des bewegten Systemes liefert.

Nun brauchen sich die beiden Teilfelder, in welche sich das Hauptfeld auflöst, zur Zeit $t = 0$ nicht mit diesem zu decken, denn die Winkel ψ_1 und ψ_2 werden im allgemeinen voneinander verschieden sein[1]). Normalerweise, besonders bei größeren Maschinen mit nicht

---

[1]) Der Leser kann Näheres hierüber in der ganz ausgezeichneten Arbeit von L. Dreyfus: „Ausgleichsvorgänge in der symmetrischen Mehrphasenmaschine", Elektrotechnik und Maschinenbau 1912, S. 121 ff., finden.

zu kleinen Zeitkonstanten von Stator- und Rotorwicklung, also geringem Ohmschen Spannungsabfall, sind indes ψ_1 und ψ_2 zwei sehr kleine Winkel, so daß wir sie bei den Betrachtungen praktischer Fälle unbedenklich gleichsetzen können. Die dadurch begangene Vernachlässigung kommt darauf hinaus, daß wir die Ohmschen Spannungsabfälle als klein gegenüber den induktiven Spannungsabfällen betrachten, und wir sahen schon beim einphasigen Kurzschluß, daß daß dadurch die quantitative Seite unseres Problems überhaupt nicht und die qualitative Seite nur insofern berührt wird, als uns gewisse Feinheiten entgehen, die keinerlei praktische Bedeutung besitzen. Wir vereinfachen uns damit die Bestimmung der Schwingungs- und Integrationskonstanten ganz wesentlich, und was vor allem zur Rechtfertigung unserer Vernachlässigung dienen möge, wir erhalten sehr durchsichtige Gleichungen.

Die Bestimmung der Integrationskonstanten wird ferner dadurch erleichtert, daß bei der Mehrphasenmaschine der Verlauf des jeweiligen Ausgleichsvorganges ganz unabhängig vom Schaltmoment ist. Denn die Drehfelder des Stators und Rotors können ja in jeder beliebigen Lage zu den Wicklungsachsen existieren, und somit kann sich auch die Spaltung des Hauptfeldes zu jedem beliebigen Zeitpunkte in gleicher Weise vollziehen. Der Winkel ψ kann infolgedessen ohne Einbuße an Allgemeinheit gänzlich vernachlässigt werden. Abhängig vom Schaltmoment ist lediglich die Verteilung der erregenden Amperewindungen und damit der Ströme auf die einzelnen Phasen.

Bei der Betrachtung praktischer Fälle wird uns hauptsächlich der zeitliche Verlauf der Ströme und ihre größtmögliche Höhe interessieren. Auf sie sollen sich demnach unsere nun folgenden Untersuchungen in erster Linie erstrecken. Gehen wir aus von den Induktionsgleichungen (89a) und (89b), die sich unter Beachtung der Gl. (88), (87) und (85) umformen lassen in:

$$
\left.
\begin{aligned}
L_r \cdot \frac{di_1}{dt} + M \cdot \frac{di_4 \cdot \sin \omega \cdot t}{dt} + M \cdot \frac{di_3 \cdot \cos \omega \cdot t}{dt} + r_r \cdot i_1 &= 0, \\[2mm]
L_r \cdot \frac{di_2}{dt} + M \cdot \frac{di_4 \cdot \cos \omega \cdot t}{dt} - M \cdot \frac{di_3 \cdot \sin \omega \cdot t}{dt} + r_r \cdot i_2 &= 0, \\[2mm]
L \cdot \frac{di_3}{dt} - M \cdot \frac{di_2 \cdot \sin \omega \cdot t}{dt} + M \cdot \frac{di_1 \cdot \cos \omega \cdot t}{dt} + r \cdot i_3 &= 0, \\[2mm]
L \cdot \frac{di_4}{dt} + M \cdot \frac{di_2 \cdot \cos \omega \cdot t}{dt} + M \cdot \frac{di_1 \cdot \sin \omega \cdot t}{dt} + r \cdot i_4 &= 0.
\end{aligned}
\right\} \quad (103
$$

Die formelle Lösung dieses Gleichungssystems haben wir bereit in Händen, wir schreiben sie der Deutlichkeit halber nochmals aus führlich hin, wobei wir aus Gründen, die bei Betrachtung der Gl. (106a) klar werden, $a_1 = a$ und $a_2 = a_r$ setzen:

$$\left.\begin{aligned}
i_{1f} &= A_1 \cdot e^{-a \cdot t} \cdot \sin\,(p \cdot t - \psi_1) + A_2 \cdot e^{-a_r \cdot t} \cdot \sin\,(q \cdot t - \psi_2),\\
i_{2f} &= A_1 \cdot e^{-a \cdot t} \cdot \cos\,(p \cdot t - \psi_1) + A_2 \cdot e^{-a_r \cdot t} \cdot \cos\,(q \cdot t - \psi_2),\\
i_{3f} &= A_3 \cdot e^{-a \cdot t} \cdot \sin\,(q \cdot t - \psi_3) + A_4 \cdot e^{-a_r \cdot t} \cdot \sin\,(p \cdot t - \psi_4),\\
i_{4f} &= -A_3 \cdot e^{-a \cdot t} \cdot \cos\,(q \cdot t - \psi_3) - A_4 \cdot e^{-a_r \cdot t} \cdot \cos\,(p \cdot t - \psi_4).
\end{aligned}\right\} \quad (104)$$

Dies sind die Gleichungen für die freien Ausgleichsströme; $A_1 \div A_4$ bzw. $\psi_1 \div \psi_4$ sind die noch zu bestimmenden Integrationskonstanten, während die Dämpfungskonstanten a und a_r und die Winkelgeschwindigkeiten p und q durch die Gl. (100) gegeben sind. Diese letzeren Gleichungen wollen wir zunächst auf eine für numerische Ausrechnungen geeignete Form bringen.

Setzen wir zur Abkürzung

$$\left.\begin{aligned}
w &= \frac{\dfrac{r}{L} + \dfrac{r_r}{L_r}}{2 \cdot \tau},\\[2ex]
u &= \left(\frac{\omega}{2}\right)^2 + \frac{\dfrac{r}{L} \cdot \dfrac{r_r}{L_r}}{\tau} - \left(\frac{\dfrac{r}{L} + \dfrac{r_r}{L_r}}{2 \cdot \tau}\right)^2,\\[2ex]
v &= \omega \cdot \frac{\dfrac{r}{L} - \dfrac{r_r}{L_r}}{2 \cdot \tau},
\end{aligned}\right\} \quad (105\,\mathrm{a})$$

so können wir auch schreiben

$$\alpha_{1,\,2} = -w \mp j \cdot \left[\frac{\omega}{2} - \sqrt{u \pm j \cdot v}\right],$$

$$\alpha_{3,\,4} = -w \mp j \cdot \left[\frac{\omega}{2} + \sqrt{u \pm j \cdot v}\right].$$

Nun ist nach dem Moivre'schen Lehrsatz:

$$\sqrt{u \pm j \cdot v} = \sqrt{r} \cdot \left(\cos\frac{\varphi}{2} \pm j \cdot \sin\frac{\varphi}{2}\right)$$

mit $\qquad r = \sqrt{u^2 + v^2} \qquad$ und $\qquad \varphi = \operatorname{arctg}\dfrac{v}{u}.$

Es ist aber

$$\cos\varphi = \frac{u}{r},$$

oder

$$\cos\frac{\varphi}{2} = \frac{1}{\sqrt{2}} \cdot \sqrt{1 + \cos\varphi} = \frac{1}{\sqrt{2 \cdot r}} \cdot \sqrt{r + u}.$$

Ferner ist

$$\sin\frac{\varphi}{2}=\frac{1}{\sqrt{2}}\cdot\sqrt{1-\cos\varphi}=\frac{1}{\sqrt{2\cdot r}}\cdot\sqrt{r-u}\,,$$

und damit wird

$$\sqrt{u\pm j\cdot v}=\sqrt{\frac{u}{2}}\cdot\left[\sqrt{\sqrt{1+\left(\frac{v}{u}\right)^2}+1}\pm j\cdot\sqrt{\sqrt{1+\left(\frac{v}{u}\right)^2}-1}\,\right].$$

Wir erhalten somit die folgenden, von den imaginären Teilen befreiten Ausdrücke für die Dämpfungskonstanten und Winkelgeschwindigkeiten:

$$\left.\begin{aligned}
a&=w+\sqrt{\frac{u}{2}\cdot\left(\sqrt{1+\left(\frac{v}{u}\right)^2}-1\right)}\\[2mm]
a_r&=w-\sqrt{\frac{u}{2}\cdot\left(\sqrt{1+\left(\frac{v}{u}\right)^2}-1\right)}\\[2mm]
p&=\frac{\omega}{2}+\sqrt{\frac{u}{2}\cdot\left(\sqrt{1+\left(\frac{v}{u}\right)^2}+1\right)}\\[2mm]
q&=\frac{\omega}{2}-\sqrt{\frac{u}{2}\cdot\left(\sqrt{1+\left(\frac{v}{u}\right)^2}+1\right)}
\end{aligned}\right\}\qquad(105)$$

Die eben angeschriebenen Gleichungen lassen sich für die meisen praktisch vorkommenden Fälle noch wesentlich vereinfachen. In der Gl. 100 kann nämlich die Wurzel auch geschrieben werden:

$$\sqrt{\left(\frac{\omega}{2}\right)^2-\frac{r}{L\cdot\tau}\cdot\frac{r_r}{L_r\cdot\tau}+\frac{r_r}{L_r}\cdot\frac{r}{L\cdot\tau}-\left(\frac{\dfrac{r}{L}-\dfrac{r_r}{L_r}}{2\cdot\tau}\right)^2\pm j\cdot\frac{\omega}{2}\cdot\frac{\dfrac{r}{L}-\dfrac{r_r}{L_r}}{\tau}}$$

oder

$$\sqrt{\left(\frac{\omega}{2}\pm j\cdot\frac{\dfrac{r}{L}-\dfrac{r_r}{L_r}}{2\cdot\tau}\right)^2-\frac{r_r}{L_r}\cdot\frac{r}{L\cdot\tau}\cdot\left(\frac{1}{\tau}-1\right)}\,.$$

Nun ist bei allen größeren Synchrommaschinen die reziproke Zeitkonstante $\dfrac{r_r}{L_r}$ der Erreger- bzw. Rotorwicklung eine sehr kleine Größe, so daß wir in der eben angeschriebenen Wurzel den zweiten Summanden gegenüber dem ersten ohne großen Fehler vernachlässigen können. Damit geht die Wurzel über in

$$\frac{\omega}{2}\pm j\cdot\frac{\dfrac{r}{L}-\dfrac{r_r}{L_r}}{2\cdot\tau}\,,$$

und es folgen durch Einsetzen in die Gl. (100) die Näherungswerte:

$$\left.\begin{aligned}
a &= \frac{r}{L\cdot\tau}, \\
a_r &= \frac{r_r}{L_r\cdot\tau}, \\
p &= \omega, \\
q &= 0.
\end{aligned}\right\} \qquad (106\,\mathrm{a}$$

Die Dämpfungskonstante a ist also nur von den Eigenschaften der Statorwicklung, a_r dagegen nur von denen der Rotorwirkung abhängig. Die Eigenfrequenz p der freien Schwingungen fällt mit der erzwungenen Netzfrequenz ω zusammen, während q verschwindet. Das freiwerdende Statorfeld bleibt also in seiner ursprünglichen Lage stehen und klingt in dieser entsprechend dem Dämpfungsfaktor $e^{-a\cdot t}$ ab, wogegen das Rotorfeld synchron mit diesem umläuft und entsprechend der Funktion $e^{-a_r\cdot t}$ gedämpft ist.

Mit einem zweiten Grenzfall kann bei Asynchronmaschinen gerechnet werden. Die Gl. (100) vereinfachen sich ganz wesentlich, wenn wir Stator und Induktor gleiche Zeitkonstanten zuordnen, was mit großer Annäherung bei jedem Induktionsmotor ohne besondere Widerstände in Stator und Rotor der Fall ist. Dann verschwindet das imaginäre Glied unter der Wurzel und wir können schreiben:

$$\left.\begin{aligned}
a_r &= a = \frac{r}{L\cdot\tau}, \\
p &= \frac{\omega}{2} + \sqrt{\left(\frac{\omega}{2}\right)^2 - \left(\frac{r}{L\cdot\tau}\right)^2\cdot(1-\tau)}, \\
q &= \frac{\omega}{2} - \sqrt{\left(\frac{\omega}{2}\right)^2 - \left(\frac{r}{L\cdot\tau}\right)^2\cdot(1-\tau)},
\end{aligned}\right\} \qquad (106\,\mathrm{b})$$

Hier fällt nun sofort auf, daß der Wurzelwert unter Umständen imaginär werden kann. Unterschreitet nämlich die Winkelgeschwindigkeit des zweipoligen Rotors den kritischen Betrag:

$$\omega_k = 2\cdot\frac{r}{L\cdot\tau}\cdot\sqrt{1-\tau}, \qquad (107)$$

so tritt dieser Fall ein, und wir erhalten dann ganz wesentlich andere Gesetze für die Dämpfungskonstanten und Winkelgeschwindigkeiten der freiwerdenden Felder und Ströme, nämlich:

$$p = q = \frac{\omega}{2},$$

$$a = \frac{r}{L \cdot \tau} + \frac{1}{2} \cdot \sqrt{\omega_k{}^2 - \omega^2},$$

$$a_r = \frac{r}{L \cdot \tau} - \frac{1}{2} \cdot \sqrt{\omega_k{}^2 - \omega^2},$$

$$\text{für } \omega < \omega_k. \qquad (106\,\mathrm{c})$$

Die Dämpfung ist also auch abhängig von der Umdrehungszahl der Maschine, ein Gesetz, auf das wir bei der symmetrischen Mehrphasenmaschine zum ersten Male stoßen. Immerhin befindet man sich bei nicht zu kleinen 50periodigen Motoren mit $\frac{r}{L} < 5$ und $\tau > 0,035$ stets oberhalb der kritischen Winkelgeschwindigkeit, wobei die Gl. (106 b) Gültigkeit besitzen, und damit wollen wir im folgenden stets rechnen. Ohne längere Erörterungen an die Gl. (106 b) zu knüpfen, können wir doch sagen, daß die Winkelgeschwindigkeiten p und q, vom Werte ω bzw. 0 beginnend, mit wachsendem Widerstand oder abnehmender Streuung beide dem Werte $\frac{\omega}{2}$ zustreben. Bei größeren Maschinen wird sich p meist nicht sehr stark von ω unterscheiden und damit q sehr klein ausfallen, man kann q auch als die Schlupfgeschwindigkeit der freiwerdenden Felder bezeichnen. Die zeitliche Dämpfung ist für beide Frequenzen gleich und hängt nur vom Ohmschen Widerstand und der Streuinduktivität der Maschine ab.

Nach dieser Abschweifung können wir in der Bestimmung der Integrationskonstanten fortfahren. Wir nehmen an, der den zu untersuchenden Ausgleichsvorgang auslösende äußere Eingriff in die Maschine erfolge zur Zeit $t = 0$. Die in jenem Zeitpunkt in den vier Wicklungen der Maschine fließenden Ströme mögen die Momentanwerte $i_{1a} \div i_{4a}$ besitzen. Die nach dem Absterben des Ausgleichsvorganges $(t = \infty)$ in der Maschine sich einstellende Sromverteilung sei durch die Werte $i_{1st} \div i_{4st}$ gegeben, wobei zu beachten ist, daß, da es sich in beiden Fällen um Momentanwerte handelt, ihrer Festlegung gleiche Zeitpunkte, auf eine Periode bezogen, zugrunde zu legen sind. Somit haben die freien Ausgleichsströme, deren Aufgabe ja die stetige Überleitung des ursprünglichen Zustandes in den neuen Zustand ist, den folgenden Anfangsbedingungen zu genügen:

$$\left. \begin{aligned} i_{1f} &= i_{1a} - i_{1st} \\ i_{2f} &= i_{2a} - i_{2st} \\ i_{3f} &= i_{3a} - i_{3st} \\ i_{4f} &= i_{4a} - i_{4st} \end{aligned} \right\} \text{ für } t = 0. \qquad (108)$$

Die uns im folgenden interessierenden Probleme werden sämtlich von der Art sein, daß wir mit wesentlich einfacheren, als den eben angeschriebenen Anfangsbedingungen auskommen können. Wie sich nämlich herausstellen wird, genügt es, wenn wir für unsere weiteren Untersuchungen die Anfangsbedingungen wie folgt zusammenschrumpfen lassen:

$$\left.\begin{aligned} i_{1f} &= 0 \\ i_{2f} &= 0 \\ i_{3f} &= -J_1 \\ i_{f4} &= -J_2 \end{aligned}\right\} \quad \text{für } t = 0. \tag{108a}$$

Mit diesen Werten wollen wir denn auch im folgenden weiterrechnen.

Wir setzen die Werte aus den Gl. (104) in die Differentialgleichungen (103) ein und entwickeln sämtliche Glieder in ihre Sinus- und Kosinuskomponenten. Die rechte Seite der sich ergebenden vier Gleichungen ist Null; dies ist aber nur möglich, wenn jeweils die Summe aller mit $\sin \omega \cdot t$ oder mit $\cos \omega \cdot t$ multiplizierten Glieder für sich verschwindet. Das Gleichungssystem zerfällt also in die folgenden acht Gleichungen:

$$\left.\begin{aligned} &L_r \cdot A_1 \cdot p \cdot \cos \psi_1 + (L_r \cdot a - r_r) \cdot A_1 \cdot \sin \psi_1 - M \cdot A_3 \cdot p \cdot \cos \psi_3 - \\ &\qquad\qquad\qquad - M \cdot A_3 \cdot a \cdot \sin \psi_3 = 0 \\ &L_r \cdot A_1 \cdot p \cdot \sin \psi_1 - (L_r \cdot a - r_r) \cdot A_1 \cdot \cos \psi_1 - M \cdot A_3 \cdot p \cdot \sin \psi_3 + \\ &\qquad\qquad\qquad + M \cdot A_3 \cdot a \cdot \cos \psi_3 = 0 \end{aligned}\right\} \tag{109a}$$

$$\left.\begin{aligned} &L \cdot A_3 \cdot q \cdot \cos \psi_3 + (L \cdot a - r) \cdot A_3 \cdot \sin \psi_3 - M \cdot A_1 \cdot q \cdot \cos \psi_1 - \\ &\qquad\qquad\qquad - M \cdot A_1 \cdot a \cdot \sin \psi_1 = 0 \\ &L \cdot A_3 \cdot q \cdot \sin \psi_3 - (L \cdot a - r) \cdot A_3 \cdot \cos \psi_3 - M \cdot A_1 \cdot q \cdot \sin \psi_1 + \\ &\qquad\qquad\qquad + M \cdot A_1 \cdot a \cdot \cos \psi_1 = 0 \end{aligned}\right\} \tag{109b}$$

$$\left.\begin{aligned} &L_r \cdot A_2 \cdot q \cdot \cos \psi_2 + (L_r \cdot a_r - r_r) \cdot A_2 \cdot \sin \psi_2 - M \cdot A_4 \cdot q \cdot \cos \psi_4 - \\ &\qquad\qquad\qquad - M \cdot A_4 \cdot a_r \cdot \sin \psi_4 = 0 \\ &L_r \cdot A_2 \cdot q \cdot \sin \psi_2 - (L_r \cdot a_r - r_r) \cdot A_2 \cdot \cos \psi_2 - M \cdot A_4 \cdot q \cdot \sin \psi_4 + \\ &\qquad\qquad\qquad + M \cdot A_4 \cdot a_r \cdot \cos \psi_4 = 0 \end{aligned}\right\} \tag{109c}$$

$$\left.\begin{aligned} &L \cdot A_4 \cdot p \cdot \cos \psi_4 + (L \cdot a_r - r) \cdot A_4 \cdot \sin \psi_4 - M \cdot A_2 \cdot p \cdot \cos \psi_2 - \\ &\qquad\qquad\qquad - M \cdot A_2 \cdot a_r \cdot \sin \psi_2 = 0 \\ &L \cdot A_4 \cdot p \cdot \sin \psi_4 - (L \cdot a_r - r) \cdot A_4 \cdot \cos \psi_4 - M \cdot A_2 \cdot p \cdot \sin \psi_2 - \\ &\qquad\qquad\qquad - M \cdot A_2 \cdot a_r \cdot \cos \psi_2 = 0 \end{aligned}\right\} \tag{109d}$$

Ferner führen wir die Anfangsbedingungen (108a) in die Differentialgleichungen (103) ein, diese ergeben dann für $t = 0$:

$$\left.\begin{array}{l} A_1 \cdot \sin \psi_1 + A_2 \cdot \sin \psi_2 = 0 \\ A_1 \cdot \cos \psi_1 + A_2 \cdot \cos \psi_2 = 0 \\ A_3 \cdot \sin \psi_3 + A_4 \cdot \sin \psi_4 = J_1 \\ A_3 \cdot \cos \psi_3 + A_4 \cdot \cos \psi_4 = J_2 \end{array}\right\} \qquad (109\,\text{e})$$

Wir haben damit 12 Gleichungen zur Bestimmung der Integrationskonstanten gewonnen; da deren Zahl jedoch nur 8 beträgt, scheinen diese überbestimmt zu sein. Dieser Zwiespalt löst sich jedoch sofort, wenn wir bedenken, daß die Gl. (109a) $\div$ (109d) nicht unabhängig voneinander sind, sondern vielmehr durch die Beziehungen (105) miteinander verknüpft sind. Wir dürfen von den 8 angegebenen Gleichungen also nur 4 benutzen, und zwar wählen wir die Gl. (109a) und (109d).

Für die nun folgenden Rechnungen führen wir der Kürze halber neue Unbekannte

$$\begin{aligned} x_1 &= A_3 \cdot \cos \psi_3 & x_2 &= A_3 \cdot \sin \psi_3 \\ x_3 &= A_4 \cdot \cos \psi_4 & x_4 &= A_4 \cdot \sin \psi_4 \\ x_5 &= A_1 \cdot \cos \psi_1 & x_6 &= A_1 \cdot \sin \psi_1 \\ x_7 &= A_2 \cdot \cos \psi_2 & x_8 &= A_2 \cdot \sin \psi_2 \end{aligned}$$

ein, mit deren Hilfe die Gl. (109a), (109d) und (109e) in das folgende Gleichungssystem übergehen, wenn wir ihrer Geringfügigkeit halber die mit a_r und q multiplizierten Glieder vernachlässigen:

$$\frac{M}{L_r} \cdot p \cdot x_1 + \frac{M}{L_r} \cdot a \cdot x_2 - p \cdot x_5 - \left(a - \frac{r_r}{L_r}\right) \cdot x_6 = 0$$

$$-\frac{M}{L_r} \cdot a \cdot x_1 + \frac{M}{L_r} \cdot p \cdot x_2 + \left(a - \frac{r_r}{L_r}\right) \cdot x_5 - p \cdot x_6 = 0$$

$$p \cdot x_3 - \frac{r}{L} \cdot x_4 - \frac{M}{L} \cdot p \cdot x_7 = 0$$

$$\frac{r}{L} \cdot x_3 + p \cdot x_4 - \frac{M}{L} \cdot p \cdot x_8 = 0$$

$$x_1 + x_3 = J_2$$
$$x_2 + x_4 = J_1$$
$$x_5 + x_7 = 0$$
$$x_6 + x_8 = 0 .$$

Man löst dieses System von 8 linearen Gleichungen am einfachsten mittels Determinanten auf, und zwar lassen sich bekanntlich die Unbekannten aus der sich ergebenden Determinante und den Unterdeterminanten wie folgt zusammensetzen:

$$x_1 = \frac{\varDelta_1}{\varDelta}, \qquad\qquad x_2 = \frac{\varDelta_2}{\varDelta},$$

$$x_3 = J_2 - x_1, \qquad\qquad x_4 = J_1 - x_2,$$

$$x_5 = \frac{\varDelta_5}{\varDelta}, \qquad x_6 = \frac{\varDelta_6}{\varDelta},$$

$$x_7 = -x_5, \qquad x_8 = -x_6.$$

Im vorliegenden Falle genügt also die Berechnung von 4 Unterdeterminanten, und zwar ergibt die Ausrechnung folgende Werte:

$$\varDelta = \tau^2 \cdot (p^2 + a^2)^2,$$

$$\varDelta_1 = J_1 \cdot p \cdot a \cdot (1 - \tau) \cdot \tau \cdot (p^2 + a^2) + J_2 \cdot (p^2 + a^2 \cdot \tau) \cdot \tau \cdot (p^2 + a^2).$$

$$\varDelta_2 = J_1 \cdot (p^2 + a^2 \cdot \tau) \cdot \tau \cdot (p^2 + a^2) - J_2 \cdot p \cdot a \cdot (1 - \tau) \cdot \tau \cdot (p^2 + a^2),$$

$$\varDelta_5 = J_1 \cdot \frac{L}{M} \cdot p \cdot a \cdot (1 - \tau)^2 \cdot \tau \cdot (p^2 + a^2) + J_2 \cdot \frac{L}{M} \cdot (p^2 + a^2 \cdot \tau) \cdot (1 - \tau) \cdot \tau \cdot (p^2 + a^2),$$

$$\varDelta_6 = J_1 \cdot \frac{L}{M} \cdot (p^2 + a^2 \cdot \tau) \cdot (1 - \tau) \cdot \tau \cdot (p^2 + a^2) - J_2 \cdot \frac{L}{M} \cdot p \cdot a \cdot (1 - \tau)^2 \cdot \tau \cdot (p^2 + a^2).$$

Die Unbekannten $x_1 \div x_8$ ergeben sich hiermit zu

$$x_1 = J_1 \cdot \frac{p \cdot a \cdot (1 - \tau)}{\tau \cdot (p^2 + a^2)} + J_2 \cdot \frac{p^2 + a^2 \cdot \tau}{\tau \cdot (p^2 + a^2)},$$

$$x_2 = J_1 \cdot \frac{p^2 + a^2 \cdot \tau}{\tau \cdot (p^2 + a^2)} - J_2 \cdot \frac{p \cdot a \cdot (1 - \tau)}{\tau \cdot (p^2 + a^2)},$$

$$x_3 = -J_1 \cdot \frac{p \cdot a \cdot (1 - \tau)}{\tau \cdot (p^2 + a^2)} - J_2 \cdot \frac{p^2 \cdot (1 - \tau)}{\tau \cdot (p^2 + a^2)},$$

$$x_4 = -J_1 \cdot \frac{p^2 \cdot (1 - \tau)}{\tau \cdot (p^2 + a^2)} + J_2 \cdot \frac{p \cdot a \cdot (1 - \tau)}{\tau \cdot (p^2 + a^2)},$$

$$x_5 = J_1 \cdot \frac{L}{M} \cdot \frac{p \cdot a \cdot (1 - \tau)^2}{\tau \cdot (p^2 + a^2)} + J_2 \cdot \frac{L}{M} \cdot \frac{(p^2 + a^2 \cdot \tau) \cdot (1 - \tau)}{\tau \cdot (p^2 + a^2)},$$

$$x_6 = J_1 \cdot \frac{L}{M} \cdot \frac{(p^2 + a^2 \cdot \tau) \cdot (1 - \tau)}{\tau \cdot (p^2 + a^2)} - J_2 \cdot \frac{L}{M} \cdot \frac{p \cdot a \cdot (1 - \tau^2)}{\tau \cdot (p^2 + a^2)},$$

$$x_7 = -x_5, \qquad x_8 = -x_6.$$

Mit den eben angeschriebenen Werten ergeben sich die Integrationskonstanten A und ψ endlich zu

$$\left.\begin{aligned}
A_1 &= -A_2 = \frac{L}{M} \cdot \frac{1 - \tau}{\tau} \cdot \sqrt{(J_1{}^2 + J_2{}^2) \cdot \frac{p^2 + a^2 \cdot \tau^2}{p^2 + a^2}}, \\[2mm]
A_3 &= -\frac{1}{\tau} \cdot \sqrt{(J_1{}^2 + J_2{}^2) \cdot \frac{p^2 + a^2 \cdot \tau^2}{p^2 + a^2}}, \\[2mm]
A_4 &= \frac{1 - \tau}{\tau} \cdot \sqrt{(J_1{}^2 + J_2{}^2) \cdot \frac{p^2}{p^2 + a^2}}, \\[2mm]
\operatorname{tg} \psi_1 &= \operatorname{tg} \psi_2 = \operatorname{tg} \psi_3 = \frac{J_1 \cdot (p^2 + a^2 \cdot \tau) - J_2 \cdot p \cdot a \cdot (1 - \tau)}{J_1 \cdot p \cdot a \cdot (1 - \tau) + J_2 \cdot (p^2 + a^2 \cdot \tau)}, \\[2mm]
\operatorname{tg} \psi_4 &= \frac{J_1 \cdot p - J_2 \cdot a}{J_1 \cdot a + J_2 \cdot p}.
\end{aligned}\right\} \quad (110)$$

Solange sich unsere Untersuchungen auf die in der Maschine selbst abspielenden Ausgleichsvorgänge erstrecken und wir den Einfluß des äußeren Stromkreises vernachlässigen, können wir die erhaltenen Ausdrücke noch wesentlich vereinfachen. Bei allen praktisch vorkommenden Synchron- und Asynchronmaschinen ist nämlich der Ohmsche Widerstand eine gegenüber der Streureaktanz kleine Größe, und wir können infolgedessen unter der gegebenen Voraussetzung, wie ein Blick auf die Gl. (106a) lehrt, a gegenüber p und erst recht a^2 gegenüber p^2 vernachlässigen. Damit vereinfachen sich aber die Ausdrücke für die Integrationskonstanten zu:

$$A_1 = - A_2 = \frac{L}{M} \cdot \frac{1-\tau}{\tau} \cdot \sqrt{J_1{}^2 + J_2{}^2},$$

$$A_3 = -\frac{1}{\tau} \cdot \sqrt{J_1{}^2 + J_2{}^2},$$

$$A_4 = \frac{1-\tau}{\tau} \cdot \sqrt{J_1{}^2 + J_2{}^2}, \qquad\qquad (110a)$$

$$\operatorname{tg} \psi_1 = \operatorname{tg} \psi_2 = \operatorname{tg} \psi_3 = \operatorname{tg} \psi_4 = \frac{J_1}{J_2}.$$

Mit diesen einfachen nach den Seite 100 gepflogenen Erörterungen zu erwartenden Werten wollen wir im folgenden weiterrechnen; die dadurch begangene Vernachlässigung kommt darauf hinaus, daß wir die Ohmschen Spannungsabfälle als klein gegenüber den induktiven Spannungsabfällen betrachten, und wir sahen schon beim einphasigen Kurzschluß, daß dadurch die quantitative Seite unseres Problems überhaupt nicht, und die qualitative Seite nur insofern berührt wird, als uns gewisse, das Wesen des Ausgleichsvorgangs nicht im geringsten berührende Feinheiten entgehen, die keinerlei praktische Bedeutung besitzen.

21. Das Einschalten des Stators einer Asynchronmaschine bei geschlossenem und synchron umlaufendem Rotor.

Dieser Fall beansprucht wegen seiner großen praktischen Bedeutung besonderes Interesse; er ist gegeben, wenn Asynchronmotoren oder Generatoren mit Kurzschlußanker durch fremde Kraft oder mittels Anlaßtransformators auf Synchronismus gebracht und dann ans Netz geschaltet werden. Der Elektrotechniker sah bald, daß dieser Schaltvorgang kurzschlußähnliche Begleiterscheinungen zeitigt, deren Ursache wir gleich erkennen werden.

Der von der Asynchronmaschine aufgenommene Magnetisierungsstrom besitze die Amplitude J_0. Die Einschaltung erfolge zur Zeit $t = 0$, in jenem Moment sind Stator und Rotor noch stromlos. Vor dem sich später einstellenden Beharrungszustand greifen wir einen Zeitpunkt heraus, in welchem der Magnetisierungsstrom in der Phase 4 des Stators gerade seinen Amplitudinalwert J_0 durchläuft, während er in der Phase 3 gerade die Nullinie schneidet. Dann lauten die Anfangsbedingungen unseres Problems:

$$\left.\begin{aligned} i_{1f} = i_{2f} = i_{3f} &= 0, \\ i_{4f} &= -J_0, \end{aligned}\right\} \quad \text{für } t = 0. \tag{111}$$

Diese Werte sind in die Gl. (108 a) bzw. (110 a) einzusetzen und es ergeben sich dann die Integrationskonstanten zu:

$$A_1 = -A_2 = \frac{L}{M} \cdot \frac{1-\tau}{\tau} \cdot J_0 = \frac{M}{L_r} \cdot \frac{1}{\tau} \cdot J_0,$$

$$A_3 = -\frac{1}{\tau} \cdot J_0,$$

$$A_4 = \frac{1-\tau}{\tau} \cdot J_0,$$

$$\psi_1 = \psi_2 = \psi_3 = \psi_4 = 0.$$

Durch Einsetzen in die Gl. (104) erhalten wir schließlich die Gleichungen für die Rotor- und Statorströme in folgender Form, wenn wir noch zu den freien Ausgleichsströmen die stationären Ströme in der Statorwicklung addieren:

$$\left.\begin{aligned} i_1 &= \frac{J_0}{\tau} \cdot \frac{M}{L_r} \cdot [e^{-a \cdot t} \cdot \sin p \cdot t - e^{-a_r \cdot t} \cdot \sin q \cdot t], \\[2ex] i_2 &= \frac{J_0}{\tau} \cdot \frac{M}{L_r} \cdot [e^{-a \cdot t} \cdot \cos p \cdot t - e^{-a_r \cdot t} \cdot \cos q \cdot t], \\[2ex] i_3 &= \frac{J_0}{\tau} \cdot [e^{-a \cdot t} \cdot \sin q \cdot t - (1-\tau) \cdot e^{-a_r \cdot t} \cdot \sin p \cdot t] - J_0 \cdot \sin \omega \cdot t, \\[2ex] i_4 &= \frac{J_0}{\tau} \cdot [-e^{-a \cdot t} \cdot \cos q \cdot t + (1-\tau) \cdot e^{-a_r \cdot t} \cdot \cos p \cdot t] + J_0 \cdot \cos \omega \cdot t. \end{aligned}\right\} \tag{112}$$

Wir ersehen zunächst aus den Gleichungen, daß die beiden Ströme verschiedener Frequenz im Rotor genau, im Stator annähernd gleich stark ausfallen und ganz erhebliche Stärke erreichen. Die höchstmöglichen Stromstöße ergeben sich nämlich bei Vernachlässigung der Dämpfung im Rotor zu

$$\left.\begin{aligned} i_{2\,\text{max}} &= J_0 \cdot \frac{M}{L_r} \cdot \frac{2}{\tau} \\[3ex] i_{4\,\text{max}} &= J_0 \cdot \frac{2}{\tau}. \end{aligned}\right\} \tag{112 a}$$

und im Stator zu

Das ist der doppelte stationäre Kurzschlußstrom. Daß es sich hier auch tatsächlich um einen Kurzschlußvorgang handelt, werden die folgenden Betrachtungen zeigen. Der großen Stator- und kleinen Rotorfrequenz ist ein magnetisches Feld zuzuordnen, das sich im Raume mit der Winkelgeschwindigkeit p, also relativ schnell, dreht und mit $- a_r \cdot t$ gedämpft ist, also allmählich verschwindet. Umgekehrt ist der kleinen Stator- und großen Rotorfrequenz ein magnetisches Feld zuzuordnen, welches gegen den Stator nur mit der Geschwindigkeit q im Drehsinn des Rotors umläuft, aber im allgemeinen stärker wie das erstere Teilfeld, nämlich mit $- a \cdot t$ gedämpft ist.

Nun haben wir beim Einschalten des Stators bei offenem Rotor gesehen, daß sich im Einschaltmoment über das stationäre Drehfeld ein Gleichfeld von der Größe und Form des Drehfeldes lagert, das im Raume still stehen bleibt und allmählich verschwindet. Beim Einschalten des Stators bei geschlossenem Rotor werden wir zunächst genau den gleichen Vorgang haben, denn der Stator weiß zunächst ja nicht, daß der Rotor geschlossen ist. Im Moment des Einschaltens haben wir also auch das stehende Feld von der Form und Größe des stationären Drehfeldes. Die Rotorwicklung, die in dem im Raume stillstehenden Feld rotiert, bildet aber jetzt ein Querfeld aus, was zur Wirkung hat, daß sich das Gleichfeld mit dem Rotor drehen will.

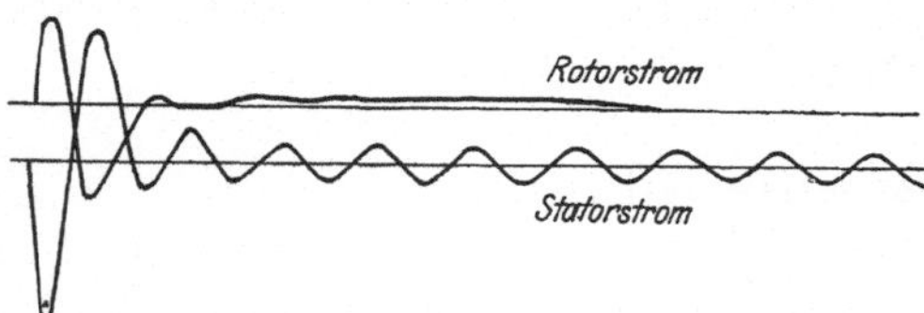

Abb. 75.   Einschalten des Stators eines Asynchronmotors bei geschlossenem, synchron umlaufendem Rotor.

Dieser Drehung widersetzt sich aber die Statorwicklung, die über das Netz kurzgeschlossen ist. Unter dem gemeinsamen Einfluß beider Wicklungssysteme spaltet sich das Gleichfeld in zwei Teile, von denen der eine am Stator hängen bleibt, der andere am Rotor. Das am Stator festhaltende Feld induziert den Rotor. Dieser bildet ein Querfeld aus, und so bleibt das Feld nicht fest zum Stator stehen, sondern dreht sich mit einer meist geringen Geschwindigkeit gegen den Stator. Das am Rotor festhaltende Feld induziert den Stator. Das von letzterem ausgebildete Querfeld bedingt, daß das resultierende Feld mit einer geringen Schlupfung gegen den Rotor mitgenommen wird.

Diese Darstellung der sich im Einschaltmoment abspielenden Vorgänge wird durch das Oszillogramm Abb. 75 belegt, welches an einem Asynchronmotor 15 kW, 190 Volt aufgenommen wurde und je einen Stator- und Rotorstrom zeigt. Infolge der sehr großen Dämpfung bildet sich die niedrige Frequenz kaum noch aus, immerhin ist sie im Rotorstrom noch deutlich sichtbar.

Bei gleich starken Wicklungssystemen in Stator und Rotor und Schalten ohne Vorkontakt sind beide Teilfelder gleich stark gedämpft. Schaltet man, um den ersten Stromstoß zu mildern, zunächst einen Widerstand vor den Stator, so wird:

$$\frac{r}{L} > \frac{r_r}{L_r}$$

und die Werte für die Schwingungskonstanten α sind aus den allgemeinen Gl. 105) auszuwerten. Wir werden einmal, um einen Überblick zu bekommen, die Schwingungskonstanten für drei Werte von $\frac{r}{L}$ berechnen und zwar:

1. für $\dfrac{r}{L} = \dfrac{r_r}{L_r}$; (Schalter ohne Vorkontakt).

2. „ $\dfrac{r}{L} = 2 \cdot \dfrac{r_r}{L_r}$; (einfacher Statorwiderstand vorgeschaltet).

3. „ $\dfrac{r}{L} = 10 \, \dfrac{r_r}{L_r}$; (10 facher   „   „   ).

Für einen normalen, kleineren Motor kann angenommen werden:

$$\tau = 0{,}062 ; \qquad \frac{r}{L} = \frac{r_r}{L_r} = 3{,}14 ;$$

bei 50 Perioden wird dann, wenn

1. $\dfrac{r}{L} = \dfrac{r_r}{L_r}$, d. h. ohne Vorkontakt geschaltet wird, für den Stator und den Rotor:

$$\alpha_1 = -50 + j \cdot \omega \cdot 0{,}975 ,$$
$$\alpha_2 = -50 + j \cdot \omega \cdot 0{,}025 ,$$
$$\alpha_3 = -50 - j \cdot \omega \cdot 0{,}975 ,$$
$$\alpha_4 = -50 - j \cdot \omega \cdot 0{,}025 ,$$

d. h. Stator- und Rotorstrom setzen sich aus zwei gedämpften Sinuswellen zusammen, jede mit der Dämpfung $-50 \cdot t$, deren erste nahezu die Netzfrequenz, nämlich $0{,}975 \cdot \dfrac{\omega}{2 \cdot \pi}$ hat, deren zweite eine ganz kleine Frequenz $0{,}025 \cdot \dfrac{\omega}{2 \cdot \pi}$ hat, so daß die Summe der beiden die Netzfrequenz ergibt. Das sind ungefähr die Verhältnisse, welche dem Oszillogramm 63 zugrunde liegen.

2. $\dfrac{r}{L} = 2 \cdot \dfrac{r_r}{L_r}$, d. h. dem Stator ist ein Widerstand von seiner eigenen Größe vorgeschaltet. Dann ergibt sich:

<table>
<tr><td>Für den Stator:</td><td>Für den Rotor:</td></tr>
</table>

$$\alpha_1 = -\ 35 + j\cdot\omega\cdot0{,}953, \qquad \alpha_{r1} = -\ 35 + j\cdot\omega\cdot0{,}047,$$
$$\alpha_2 = -115 + j\cdot\omega\cdot0{,}047, \qquad \alpha_{r2} = -115 + j\cdot\omega\cdot0.953,$$
$$\alpha_3 = -\ 35 - j\cdot\omega\cdot0{,}953, \qquad \alpha_{r3} = -\ 35 - j\cdot\omega\cdot0{,}047,$$
$$\alpha_4 = -115 - j\cdot\omega\cdot0{,}047, \qquad \alpha_{r4} = -115 - j\cdot\omega\cdot0{,}953.$$

Stator- und Rotorstrom setzen sich also wieder aus zwei gedämpften Sinusströmen zusammen, deren einer nahezu die Netzfrequenz, deren anderer eine Frequenz gleich der Netzfrequenz minus der Frequenz der ersten Welle, also eine sehr kleine Frequenz hat. Für den Stator ist die erste Welle, welche nahezu die Netzfrequenz besitzt, mit $-35\cdot t$, also weniger gedämpft als im Falle 1, während die lange Welle eine stärkere Dämpfung, $-115\cdot t$, hat. Für den Rotor dagegen sind die Verhältnisse gerade umgekehrt. Zwar bilden sich die gleichen Frequenzen und Dämpfungen aus, doch ist die geringe Frequenz schwach, die große stark gedämpft.

3. $\dfrac{r}{L} = 10\cdot\dfrac{r_r}{L_r}$, d. h. dem Stator ist der 10 fache Eigenwiderstand vorgeschaltet. Es errechnet sich

<table>
<tr><td>Für den Stator:</td><td>Für den Rotor:</td></tr>
</table>

$$\alpha_1 = -\ 15 + j\cdot\omega\cdot0{,}93, \qquad \alpha_{r1} = -\ 15 + j\cdot\omega\cdot0{,}07,$$
$$\alpha_2 = -535 + j\cdot\omega\cdot0{,}07, \qquad \alpha_{r2} = -535 + j\cdot\omega\cdot0{,}93,$$
$$\alpha_3 = -\ 15 - j\cdot\omega\cdot0{,}93, \qquad \alpha_{r3} = -\ 15 - j\cdot\omega\cdot0{,}07,$$
$$\alpha_4 = -535 - j\cdot\omega\cdot0{,}07, \qquad \alpha_{r4} = -535 - j\cdot\omega\cdot0{,}93.$$

Für den Stator ist die kurze Welle, $0{,}93 \times$ Netzfrequenz, noch viel weniger gedämpft als im vorigen Falle, nämlich mit $-15\cdot t$, während die lange Welle äußerst stark, nämlich mit $-535\cdot t$, gedämpft ist. Für den Rotor sind die Verhältnisse wieder umgekehrt, und hier besitzt die lange Welle die geringe Dämpfung, während die kurze Welle sehr schnell verschwindet.

Für diesen 3. Fall sind am selben Motor wieder die Einschaltströme oszillographisch aufgenommen worden, welche Abb. 76 zeigt.

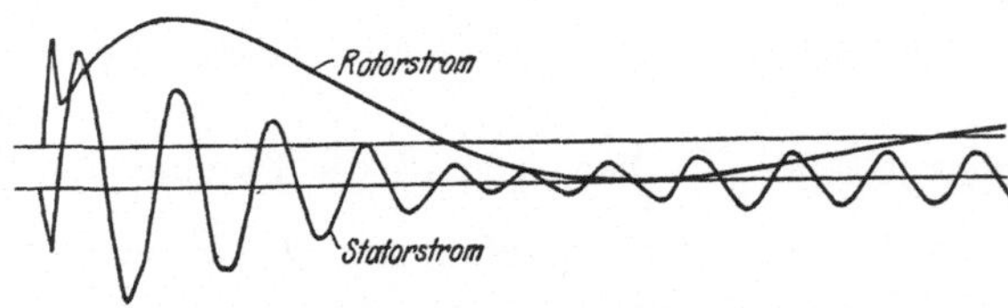

Abb. 76. Dem Stator ist der 10 fache Eigenwiderstand vorgeschaltet.

Das Oszillogramm bestätigt vollständig obige Rechnung. Die kurze Statorstromwelle ist weit weniger gedämpft als beim Schalten ohne

Vorschaltwiderstand, während die lange Welle so stark gedämpft ist, daß sie nicht mehr zu erkennen ist. Besonders für den Rotorstrom ist das Oszillogramm charakteristisch. Hier ist die kurze Welle deutlich ausgebildet, verschwindet aber bereits wegen der starken Dämpfung nach einer halben Periode vollständig; die wenig gedämpfte lange Welle dagegen ist vollkommen ausgebildet. Der Statorstrom hat übrigens eine sehr deutlich erkennbare Schwebung. Diese rührt daher, daß sich über die Ausgleichsströme der stationäre Magnetisierungsstrom lagert, der die Netzfrequenz hat. Mit diesem interferiert die Statoreinschaltstromwelle, deren Frequenz nur wenig kleiner als die Netzfrequenz ist.

Die Berechnung des Einschaltstromstoßes mit Hilfe der Gl. (112) ist jetzt wegen des großen Wertes der Zeitkonstante des Stators, bzw. weil der Ohmsche Spannungsabfall nicht mehr neben dem induktiven Spannungsabfall vernachlässigt werden kann, nicht mehr möglich. Der physikalische Vorgang spielt sich jetzt so ab, daß fast das ganze freiwerdende Feld an dem elektrisch stärkeren Rotor hängen bleibt, während dem Stator nur ein seiner kleineren Zeitkonstante entsprechender Anteil, im vorliegenden Falle nur etwa $10^0/_0$ verbleibt. Außerdem besitzen die beiden Teilfelder zur Zeit $t = 0$ bereits eine Phasenverschiebung von annähernd 90^0, dies bewirkt, daß das starke, am Rotor haftende Feld fast die volle Höhe des freiwerdenden Feldes besitzt. Da das am Stator haftende Feld ohnehin fast momentan verschwindet[1]), wird also der ganze, zur Zeit $t = 0$ einsetzende Ausgleichsvorgang in der Hauptsache nur durch das sehr schwach gedämpfte Rotorfeld charakterisiert.

Diese Vorstellungsweise ergibt ein sehr anschauliches Bild vom Verlauf des Ausgleichsvorganges und ermöglicht uns auch auf sehr einfachem Wege unter Umgehung der allgemeinen Gl. (110) eine Berechnung des Einschaltstromstoßes beim Schalten mit Vorkontaktwiderstand. Während wir früher sahen, daß beim Schalten ohne Schutzwiderstand oberhalb der kritischen Geschwindigkeit der Einschaltstrom fast nur durch die Streuinduktivität der Maschine begrenzt wird, während die Wirkung des Ohmschen Widerstandes zurücktritt, so erkennen wir jetzt beim Schalten über einen hinreichend großen Vorkontaktwiderstand, daß umgekehrt der Ohmsche Spannungsabfall nahezu dieselbe Größe besitzt, wie die vom Rotordrehfeld herrührende EMK. Bei unserem letzten Beispiel mit $\dfrac{r}{L} = 31{,}4$ und $\tau = 0{,}062$, $\tau' = 0{,}032$ macht z. B. der Ohmsche Widerstand $96^0/_0$

---

[1]) Beispielsweise würde für $\dfrac{r}{L} = 31{,}4$ dieser Feldanteil schon nach $^1/_{200}$ sec auf $5^0/_0$ seines Anfangswertes herabgesunken sein.

der induzierten EMK aus. Wir können also folgende Spannungsgleichung anschreiben:

$$r \cdot i_{4\,\mathrm{max}} = \sim J_0 \cdot L \cdot p,$$

oder

$$i_{4\,\mathrm{max}} = J_0 \cdot \frac{p}{\dfrac{r}{L}}.$$

Berücksichtigt man noch, daß sehr angenähert

$$p = \omega \cdot \frac{\dfrac{r}{L}}{\dfrac{r_r}{L_r} + \dfrac{r}{L}},$$

so folgt:

$$i_{4\,\mathrm{max}} = i_{0\,m} \cdot \frac{\omega}{\dfrac{r_r}{L_r} + \dfrac{r}{L}} = \frac{E}{r_r \cdot \dfrac{L}{L_r} + r}.$$

Das ist ein gegenüber dem Schalten ohne Vorkontakt wesentlich niedrigerer Wert und bei unserem Beispiel beträgt der maximale Einschaltstromstoß nur mehr den 9 fachen Magnetisierungsstrom oder den 2,5 fachen Vollaststrom, während 'er beim Schalten ohne Vorstufenwiderstand die 7 fache Höhe des Vollaststromes erreicht.

In der Tat läßt sich auch durch passende Wahl des Vorstufenwiderstandes der Einschaltstromstoß auf praktisch zulässige Werte herunterdrücken. Linke findet als geeignetsten Widerstandswert einen Betrag, welcher im stationären Zustand 2 bis 3 $^0/_0$ der Netzspannung verzehrt. Die auftretenden Maximalamplituden sind dann ungefähr gleich dem 1,5 fachen Vollaststrom und damit unschädlich.

Interessant ist auch noch, wie sich der Einschaltvorgang vollzieht, wenn nicht dem Stator ein Widerstand vorgeschaltet, sondern in den Rotorkreis ein Widerstand gelegt wird, so z. B. daß

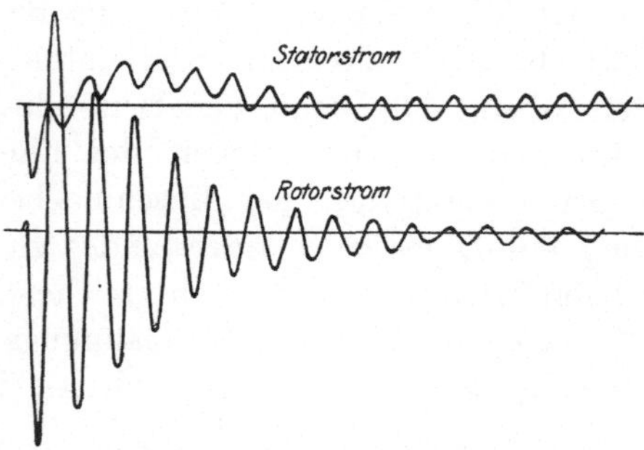

Abb. 77. Dem Rotor ist der 10 fache Eigenwiderstand vorgeschaltet.

$$\frac{r_r}{L_r} = 10 \cdot \frac{r}{L}$$

ist. Die sich dann ergebenden Werte aus den Gl. (105) auszuwerten, möge dem Leser überlassen bleiben. Er wird dann finden, daß jetzt der Statorstrom eine lange, wenig gedämpfte und eine kurze, stark gedämpfte und der Rotorstrom umgekehrt eine kurze, wenig gedämpfte und eine lange, stark gedämpfte Welle hat, d. h. das am Stator hängende, überlagerte Gleichfeld ist jetzt wenig gedämpft, und das am Rotor hängende Feld klingt sehr schnell ab. Das Oszillogramm 77 bestätigt diese Überlegung. Über die deutlich ausgebildete lange Statorwelle lagert sich natürlich der stationäre Magnetisierungstrom.

Wird der Stator eines Induktionsmotors vom Netz abgeschaltet[1]), so kann die im Drehfeld aufgespeicherte magnetische Energie nicht ohne weiteres verschwinden. Erfolgt das Abschalten bei geschlossenem Rotor, so setzt sich die im Felde aufgespeicherte Energie in der Rotorwicklung allmählich in Stromwärme um. Im Moment des Abschaltens des Stators treten nämlich in der Rotorwicklung Ströme auf, die das Feld zunächst in der ursprünglichen Stärke, und rotierend mit dem Rotor, aufrecht zu erhalten suchen. Da aber eine Energiezufuhr von außen aufhört, klingt der Strom und damit das Feld nach einer Exponentialfunktion ab. Wir haben hier naturgemäß dieselben Verhältnisse, die wir beim Abschalten des sekundär kurzgeschlossenen Transformators kennen lernten.

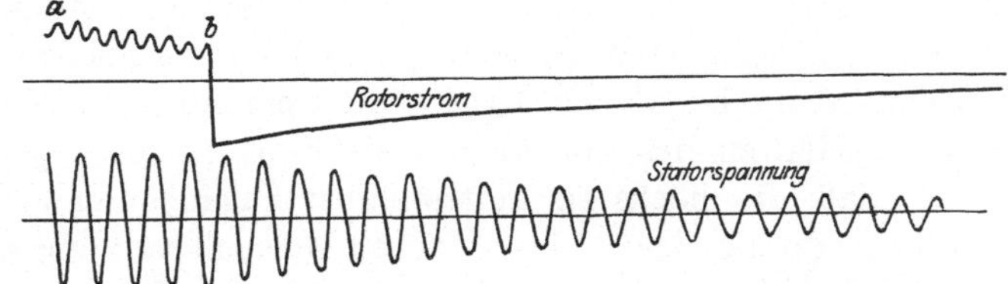

Abb. 78. Abschalten eines Asynchronmotors bei geschlossenem Rotor.

Das Oszillogramm 78 zeigt das Abschalten unseres 15 kW-Motors bei leerlaufendem Rotor, und zwar den Verlauf eines Rotorstromes und der Statorspannung. Der Kurvenzug a—b stellt zunächst den stationären Leerlaufstrom im Rotor dar; die in ihm vorhandenen Zacken sind Obertöne infolge der Zähne. Im Punkt b erfolgt das Abschalten, und jetzt nimmt plötzlich der Rotorstrom einen solchen Wert an, daß das ursprüngliche Drehfeld aufrecht erhalten wird und klingt dann allmählich ab. Der Verlauf der Statorspannung zeigt deutlich das Abklingen des Feldes mit der Rotorerregung. Infolge dieses allmählichen Abklingens bleibt am Stator im ersten Moment nach dem Abschalten zunächst die volle Spannung bestehen, die dann nach einer Exponentialfunktion abfällt.

Wird jedoch der Stator bei offenem Rotor abgeschaltet, so setzt sich die im Felde aufgespeicherte magnetische Energie zum Teil in

____

[1]) Siehe auch R. Rüdenberg: Überspannungen beim Abschalten von Asynchronmotoren. ETZ 1915, Seite 169.

dem an den Schalterkontakten auftretenden Lichtbogen in Wärme um; zum Teil lädt sie die Wicklung als Kondensator auf hohe Spannung. Die Höhe dieser Spannung hängt wesentlich vom Verlauf des Schaltprozesses und damit von der Art des verwendeten Schalters ab. Das Oszillogramm 79 zeigt Stator- und Rotorspannung eines Induktionsmotors während des Ausschaltens mittels eines modernen Ölschalters. Hier zeigt sich, daß die Spannung am Stator, im Gegensatz zum Vorgang beim Schalten bei geschlossenem Rotor, im Schaltmoment eine momentane, nicht unbeträchtliche Erhöhung aufweist und dann plötzlich

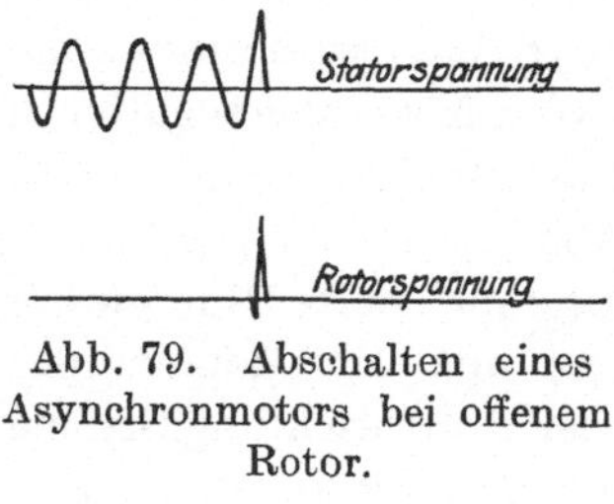

Abb. 79. Abschalten eines Asynchronmotors bei offenem Rotor.

verschwindet; desgleichen die Spannung im Rotor. Aus diesem Grunde wird vielfach für Induktionsmotoren die Bedienungsvorschrift gegeben, daß der Stator nur geschaltet werden darf, wenn der Rotor entweder ganz kurz oder über einen Schutzwiderstand geschlossen ist. Die letztere Vorschrift auch auf das Einschalten auszudehnen, ist sicher zwecklos; dagegen wird beim Ausschalten durch diese Vorsichtsmaßregel eine Spannungserhöhung vermieden. Eine Reihe von Versuchen, bei denen Linke die Spannungen am offenen Rotor beim Abschalten des Stators mittels Funkenstrecke gemessen hat, ergaben. daß die höchsten auftretenden Überspannungen etwa von der Größenordnung der 3- bis 4 fachen Normalspannung werden, und zwar beim Schalten mit modernen Ölschaltern. Im allgemeinen kann man sagen, daß beim Abschalten leerlaufender Asynchronmotoren größere Überspannungen zu erwarten sind als beim Abschalten von Transformatoren wegen des größeren, im Luftspalt des Motors aufgespeicherten magnetischen Energiebetrages. Natürlich leistet auch hier der Vorkontaktschalter mit passend bemessenen Vorstufenwiderständen gute Dienste.

22. Der plötzliche Kurzschluß der Asynchronmaschine.

Ein Asynchrongenerator oder Motor sei an ein Netz angeschlossen, und der zweipolige Läufer bewege sich mit der synchronen Winkelgeschwindigkeit ω, die Maschine befinde sich also im Leerlauf. Zur Zeit $t = 0$ sollen nun sämtliche Phasen des Stators gleichzeitig kurzgeschlossen werden. Das Problem ist also dem eben behandelten gerade entgegengesetzt, während es sich dort um eine Magnetisierung des vorher feldfreien Motors handelte, kommt hier eine Entmagnetisierung unserer Maschine in Frage, die zur Zeit $t = 0$ unter großen Stromstößen einsetzt und nach einiger Zeit beendet ist, die Maschine ist dann vollkommen strom- und feldfrei. Die Anfangsbedingungen zur Berechnung der Integrationskonstanten sind demgemäß den durch die Gl.(111) ausgedrückten gerade entgegengesetzt, sie lauten nämlich:

$$\left. \begin{aligned} i_{1f} &= i_{2f} = i_{3f} = 0, \\ i_{4f} &= J_0, \end{aligned} \right\} \qquad (113)$$

und damit schreiben sich die Gleichungen für die Rotor- und Statorströme:

$$\left. \begin{aligned} i_1 &= \frac{J_0}{\tau} \cdot \frac{M}{L_r} \cdot [- e^{-a \cdot t} \cdot \sin p \cdot t + e^{-a_r \cdot t} \cdot \sin q \cdot t], \\[2mm] i_2 &= \frac{J_0}{\tau} \cdot \frac{M}{L_r} \cdot [- e^{-a \cdot t} \cdot \cos p \cdot t + e^{-a_r t \cdot} \cdot \cos q \cdot t], \\[2mm] i_3 &= \frac{J_0}{\tau} \cdot [- e^{-a \cdot t} \cdot \sin q \cdot t + (1-\tau) \cdot e^{-a_r \cdot t} \cdot \sin p \cdot t], \\[2mm] i_4 &= \frac{J_0}{\tau} \cdot [e^{-a \cdot t} \cdot \cos q \cdot t - (1-\tau) \cdot e^{-a_r \cdot t} \cdot \cos p \cdot t]. \end{aligned} \right\} \qquad (114)$$

Das sind, abgesehen vom Vorzeichen und dem veränderten neuen Beharrungszustand, dieselben Gleichungen, die wir für das Einschalten des Motors bei synchron umlaufendem, geschlossenem Rotor fanden. Ähnlich wie dort ergeben sich die höchstmöglichen Stromstöße in Rotor und Stator zu:

$$\left. \begin{aligned} i_{2\,max} &= J_0 \cdot \frac{M}{L_r} \cdot \frac{2}{\tau}, \\[2mm] i_{4\,max} &= J_0 \cdot \left(\frac{2}{\tau} - 1 \right). \end{aligned} \right\} \qquad (114\,\mathrm{a})$$

In der Tat beschreiben die Gleichungen in beiden Fällen denselben physikalischen Vorgang. Während es dort das im Schaltmoment entstehende magnetische Feld war, welches, indem es zwischen die kurzgeschlossenen Wicklungssysteme des Rotors und Stators geriet, dem Vernichtungsprozeß ausgeliefert wurde, ist es hier das Leerlauffeld der Maschine, welches dasselbe Schicksal erleidet. Im Augenblicke des Kurzschlusses spaltet sich also das Leerlauffeld der Maschine in zwei, und zwar wenn Rotor und Stator gleiche Zeitkonstanten besitzen, gleich gedämpfte Teile, deren einer am Stator und der andere am Rotor hängen bleibt bzw. gegen diesen mit einer geringen Geschwindigkeit q schlüpft, beide Teile besitzen annähernd gleiche Höhe.

Diese letztere Erkenntnis ermöglicht es uns, den ins Auge gefaßten Ausgleichsvorgang besonders anschaulich zu beschreiben. Zwei gleichstarke und gleichgedämpfte Drehfelder mit den bezüglichen Winkelgeschwindigkeiten p und q repräsentieren nämlich nichts anderes als ein einziges abklingendes Wechselfeld doppelter Amplitude, das mit der Winkelgeschwindigkeit $\dfrac{p+q}{2} = \dfrac{\omega}{2}$ umläuft und mit $\dfrac{p-q}{4\cdot\pi}$ Perioden pulsiert. Mit der Winkelgeschwindigkeit $\dfrac{\omega}{2}$ bewegte sich das frei-werdende Feld aber auch bei Schaltvorgängen unterhalb der kritischen Geschwindigkeit. Wir können also ganz allgemein sagen, daß beim plötzlichen Kurzschluß der Asynchronmaschine mit gleichstarken Systemen in Stator und Rotor das in Freiheit gesetzte Feld mit der halben Läuferumdrehungszahl gleichsam mitgenommen wird. Wir haben dann oberhalb und unterhalb der kritischen Geschwindigkeit nur zwischen dem Charakter des Feldes — nicht seiner Geschwindig-keit zu unterscheiden. Wir müssen nämlich dem Feld eine Eigen-schwingung zuschreiben, die unterhalb der kritischen Umdrehungszahl aperiodisch, oberhalb derselben aber periodisch gedämpft ist.

23. Der plötzliche allpolige Kurzschluß der Mehrphasen-Synchronmaschine mit einer vollkommenen Dämpferwicklung auf dem Induktor.

Wir verstehen unter der Dämpferwicklung einer Synchronmaschine eine Wicklung, welche, wie dies die Abb. 80 zeigt, in der Achse des Querfeldes angebracht und in sich kurzgeschlossen ist. Vollkommen wollen wir diese Dämpferwicklung nennen, wenn sie die gleiche Zeit-

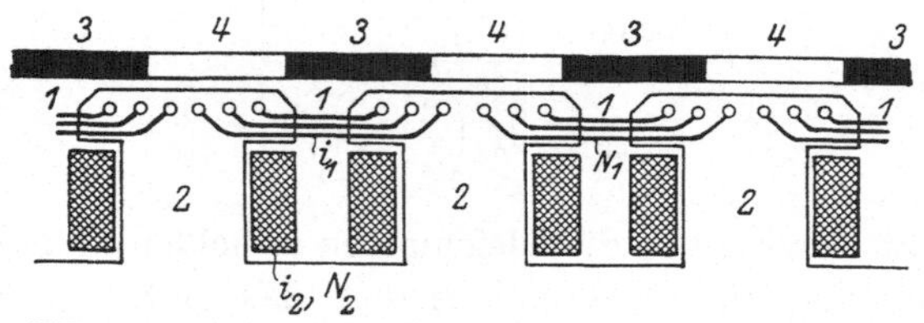

Abb. 80. Wicklungsanordnung einer Synchronmaschine mit Querfelddämpfung.

konstante, mit andern Worten, dasselbe Kupfergewicht besitzt wie die Erregerwicklung. Die letztere Voraussetzung wird bei praktisch aus-geführten Maschinen wohl selten erfüllt sein, allenfalls bei Turbo-generatoren. Hier verbinden manche Firmen die aus Messing oder Rotguß bestehenden, sehr kräftig gehaltenen Nutenverschlußkeile des Induktors an den Stirnseiten durch gut leitende Metallringe, so daß ein sehr wirksamer Dämpferkäfig entsteht. Ganz ohne praktisches Interesse ist also das vorliegende Problem nicht, im Gegenteil, ich möchte behaupten, daß die uns in der Praxis begegnende Synchron-maschine in ihrem Verhalten noch am besten durch die vorliegende idealisierte Maschine wiedergegeben wird. Wir wollen, um in Einklang mit den bisherigen Bezeichnungen zu bleiben, die Dämpferwicklung als Phase 1, die Erregerwicklung als Phase 2 bezeichnen.

Zur Zeit $t = 0$, also im Augenblicke des Eintretens des Kurzschlusses, fließt in der Erregerwicklung der eingestellte Erregerstrom i_e, während alle andern Phasen noch stromlos sind. Ist der Kurzschluß stationär geworden, so ist die Dämpferwicklung stromlos, in der Erregerwicklung fließt der ungeänderte Strom i_e, und in den beiden Statorphasen der stationäre Kurzschlußstrom

$$i_{3st} = -\frac{M}{L} \cdot i_e \cdot \sin \omega \cdot t = -J_{k0} \sin \omega \cdot t,$$

bzw.

$$i_{4st} = -\frac{M}{L} \cdot i_e \cdot \cos \omega \cdot t = -J_{k0} \cos \omega \cdot t.$$

Somit lauten die Anfangsbedingungen für die Ausgleichsströme:

$$\left.\begin{aligned} i_{1f} = i_{2f} = i_{3f} = 0, \\ i_{4f} = J_{k0} \end{aligned}\right\} \tag{115}$$

und wir können nun sämtliche Gleichungen für den Verlauf der verschiedenen Ströme leicht anschreiben, nämlich:

$$\left.\begin{aligned} i_1 &= \frac{i_e}{\tau} \cdot (1 - \tau) \cdot [- e^{-a \cdot t} \cdot \sin p \cdot t + e^{-a_i \cdot t} \cdot \sin q \cdot t], \\[2mm] i_2 &= \frac{i_e}{\tau} \cdot (1 - \tau) \cdot [- e^{-a \cdot t} \cdot \cos p \cdot t + e^{-a_i \cdot t} \cdot \cos q \cdot t] + i_e, \\[2mm] i_3 &= \frac{J_{k0}}{\tau} \cdot [- e^{-a \cdot t} \cdot \sin q \cdot t + (1 - \tau) \cdot e^{-a_i \cdot t} \cdot \sin p \cdot t + \tau \cdot \sin \omega \cdot t], \\[2mm] i_4 &= \frac{J_{k0}}{\tau} \cdot [- e^{-a \cdot t} \cdot \cos q \cdot t - (1 - \tau) \cdot e^{-a_i \cdot t} \cdot \cos p \cdot t - \tau \cdot \cos \omega \cdot t]. \end{aligned}\right\} \tag{116}$$

Diese Gleichungen unterscheiden sich nur dadurch von denjenigen des plötzlichen Kurzschlusses der Asynchronmaschine, daß sie noch die stationären Kurzschlußströme enthalten. Bemerkenswert ist jedenfalls, daß der dem Induktor verbleibende Feldanteil nicht in der Achse der Erregerwicklung stehen bleibt, sondern mit der Schlupfgeschwindigkeit q langsam über denselben hinweggleitet. Dies wird eben dadurch ermöglicht, daß die Dämpferwicklung den andern Wicklungen vollkommen ebenbürtig ist und sich in gleicher Weise wie diese am Ausgleichsvorgang beteiligt. In allen praktischen Fällen ist indes die Schlüpfgeschwindigkeit q so klein, daß sie in keiner Weise äußerlich in die Erscheinung tritt. Aus diesem Grunde kann in den Gl. (116) unbedenklich $p = \omega$ und $q = 0$ gesetzt werden, ohne daß dadurch das sich vom Verlauf des plötzlichen Kurzschlusses ergebende Bild irgendwie verzerrt würde.

Akzeptieren wir diese Vereinfachung, und wir können dies ruhig tun, ohne befürchten zu müssen, eine praktisch irgendwie ins Gewicht fallende Ungenauigkeit zu begehen, so können wir die Gl. (116) nicht unwesentlich vereinfachen. Beachten wir noch gleichzeitig, daß

$$J_{k0} \cdot L \cdot \omega = E_i$$

ist, wo E_i die während des Kurzschlusses im Generator induzierte EMK ist — in unserm Fall des vor dem plötzlichen Kurzschluß leerlaufenden Generators ist E_i identisch mit der eingestellten Leerlaufspannung

$$i_e \cdot M \cdot \omega = E_0$$

— so gehen die Gl. (110) mit $p = \omega$ und $q = 0$ über in:

$$\left.\begin{aligned}
i_1 &= - i_e \cdot \frac{1-\tau}{\tau} \cdot e^{-a \cdot t} \cdot \sin \omega \cdot t, \\[2mm]
i_2 &= i_e \cdot \frac{1-\tau}{\tau} \cdot [e^{-a_i \cdot t} - e^{-a \cdot t} \cdot \cos \omega \cdot t] + i_e, \\[2mm]
i_3 &= \frac{E_0}{L \cdot \tau \cdot \omega} \cdot (1-\tau) \cdot e^{-a_i \cdot t} \cdot \sin \omega \cdot t + \frac{E_0}{L \cdot \omega} \cdot \sin \omega \cdot t, \\[2mm]
i_4 &= \frac{E_0}{L \cdot \tau \cdot \omega} \cdot [e^{-a \cdot t} - (1-\tau) \cdot e^{-a_i \cdot t} \cdot \cos \omega \cdot t] - \frac{E_0}{L \cdot \omega} \cdot \cos \omega \cdot t.
\end{aligned}\right\} \quad (117)$$

In diesen Gleichungen ist $L \cdot \omega$ die sogen. synchrone Reaktanz des Generators, die durch die Gleichung

$$L \cdot \omega = \frac{E_0}{J_{k0}}$$

definiert wird. Um $L \cdot \omega$ experimentell zu bestimmen, müßte man den unerregten Generator synchron antreiben und seine Statorwicklung an die Spannung E_0 legen. Der Quotient aus angelegter Spannung und aufgenommenem Strom ergibt dann die synchrone Reaktanz. Wir sehen schon, daß bei der Synchronmaschine die synchrone Reaktanz dasselbe ist wie bei der Asynchronmaschine die Leerlaufreaktanz und der stationäre Kurzschlußstrom dasselbe wie bei der letzteren der Leerlaufstrom. Dagegen ist $L \cdot \tau \cdot \omega$ die sogen. Streureaktanz des Generators, zu deren experimenteller Bestimmung der Generator bei stillstehendem und kurzgeschlossenem Induktor an die Spannung E_0 zu legen ist. Die Streureaktanz ist also bei der Synchronmaschine dasselbe wie bei der Asynchronmaschine die Kurzschlußreaktanz.

Wenn wir uns nun die Gl. (117) ansehen, so bemerken wir, daß der vom Generator abgegebene Kurzschlußstrom aus drei Teilen besteht, dem sogen. Gleichstromglied des plötzlichen Kurzschlußstromes

$$i_g = \frac{E_0}{L \cdot \tau \cdot \omega} \cdot e^{-a \cdot t}, \qquad (118\,\text{a})$$

dem sogen. Wechselstromglied des plötzlichen Kurzschlußstromes

$$i_w = -\frac{E_0}{L \cdot \tau \cdot \omega} \cdot (1 - \tau) \cdot e^{-a_i \cdot t} \cdot \cos \omega \cdot t, \qquad (118\,\text{b})$$

und dem stationären Kurzschlußstrom

$$i_{st} = -\frac{E_0}{L \cdot \omega} \cdot \cos \omega \cdot t. \qquad (118\,\text{c})$$

Alle drei Anteile zusammen ergeben den resultierenden Kurzschlußstrom des Generators

$$i = i_g + i_w + i_{st}. \qquad (118\,\text{d})$$

Abb. 81 zeigt den für $\tau = 0{,}1$ gezeichneten Vorgang des plötzlichen Kurzschlusses einer Synchronmaschine mit Querfelddämpfung. Die Abbildung zeigt den Erregerstrom und den Strom derjenigen Statorphase, welche zur Zeit $t = 0$ der Erregerwicklung gerade gegenüberlag. Wie man sieht, werden im Gegensatz zu den Erscheinungen des einphasigen Kurzschlusses die Wellenbilder durch keinerlei Oberschwingungen gestört.

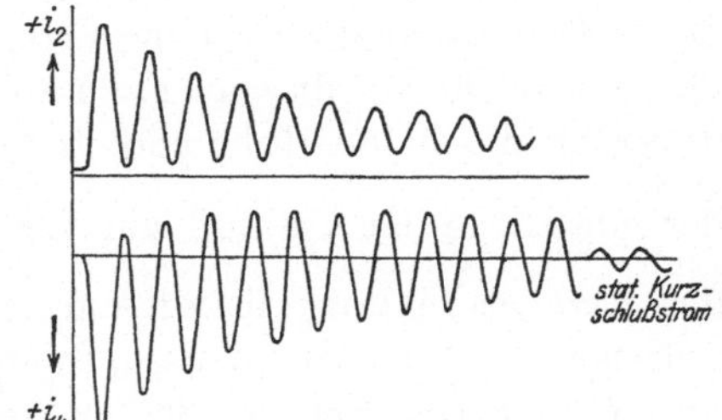

Abb. 81. Der plötzliche allpolige Kurzschluß einer Synchronmaschine mit Dämpferwicklung.

Die höchstmöglichen Stromstöße ergeben sich für Erreger- und Statorwicklung zu:

$$\left.\begin{aligned}
i_{2\,\text{max}} &= i_e \cdot \left(\frac{2}{\tau} - 1\right), \\[2mm]
i_{4\,\text{max}} &= J_{k0} \cdot \frac{2}{\tau} = \frac{2 \cdot E_0}{L \cdot \tau \cdot \omega},
\end{aligned}\right\} \qquad (117\,\text{a})$$

und das sind dieselben Werte, die wir für den plötzlichen Kurzschlußstrom der Einphasen-Synchronmaschine fanden. Über diese Übereinstimmung brauchen wir uns nicht zu wundern. Denn in beiden Fällen wird die volle magnetische Energie des Leerlauffeldes der Maschine in Freiheit gesetzt und zeitweise in den Streufeldern von Induktor und Stator gebunden. Hier wie dort hat ferner beim Schalten im ungünstigsten Moment je eine Statorphase den vollen Amperewindungsstoß aufzunehmen.

Der angegebene Wert für $i_{4\mathrm{max}}$ würde freilich nur dann erreicht werden, und zwar in allen Phasen, wenn keine zeitliche Dämpfung vorhanden wäre. Die Verluste bewirken nicht nur, daß die tatsächlich auftretenden Überströme unter allen Umständen hinter den Werten der Gl. (117a) zurückbleiben, sondern auch, daß der größte Stromstoß immer nur in einer der beiden Statorphasen auftritt. Denn bis z. B. in der Phase 3 die Funktion $\sin q \cdot t$ ihren Maximalwert erreicht hat, ist ihre Amplitude infolge der zeitlichen Dämpfung bereits auf einen verschwindenden Bruchteil ihrer ursprünglichen Größe herabgesunken. Genau so liegen die Verhältnisse bei der Dämpferwicklung.

In der Erregerwicklung tritt der größtmögliche Stromstoß unter allen Umständen auf, auch wenn der Kurzschluß in einem beliebigen Zeitpunkte eingeleitet wird. Nicht so in der Statorwicklung. Denn im allgemeinen wird der maximale Amperewindungsstoß von den beiden Statorphasen gemeinsam aufgenommen werden, und nur in dem speziellen Schaltmoment $t = 0$, in welchem gerade eine Statorphase das volle Erregerfeld umschlingt, hat diese auch denselben relativen Stromstoß auszuhalten wie die Erregerwicklung. In der andern Statorphase erreicht in diesem Falle der maximale Kurzschlußstrom nur ungefähr die halbe Höhe und damit den kleinstmöglichen Wert. Wird der plötzliche Kurzschluß zur Zeit $\omega \cdot t = \dfrac{\pi}{4}$ eingeleitet, steht also die Erregerwicklung in diesem Augenblicke gerade in der Mitte zwischen beiden Statorphasen, so entfällt auf beide derselbe Stromstoß vom 0,85 fachen Betrage des maximal möglichen Wertes. Der Verlauf des Ausgleichsvorganges selbst ist, wie bereits früher gesagt wurde, unabhängig von der Wahl des Einschaltmomentes.

Insbesondere die Schwankungen des magnetischen Feldes werden in keiner Weise vom Einschaltmoment beeinflußt. Wir hatten S. 91 das resultierende Feld im Luftspalt, das mit dem sogenannten gemeinsamen Feld identisch ist, relativ zu einem durch die Polachse gelegten Koordinatensystem in eine Sinus- und in eine Cosinuskomponente zerlegt, für die wir folgende Gleichungen anschreiben können:

$$\left. \begin{aligned} F_1 &= H_I \cdot \sin 2 \cdot \pi \cdot \frac{x}{X} \\[2mm] F_2 &= H_{II} \cdot \cos 2 \cdot \pi \cdot \frac{x}{X} \end{aligned} \right\} \tag{119}$$

Dabei ergab die Gl. (87) folgende Werte für die Amplituden H_I und H_{II}:

$$\left. \begin{aligned} H_I &= c_r \cdot i_1 + c' \cdot i_3 \cdot \cos \omega \cdot t + c' \cdot i_4 \cdot \sin \omega \cdot t, \\ H_{II} &= c_r \cdot i_2 - c' \cdot i_3 \cdot \sin \omega \cdot t + c' \cdot i_4 \cdot \cos \omega \cdot t. \end{aligned} \right\} \tag{87}$$

Wenn wir der Einfachheit halber die Widerstände als sehr klein betrachten, also $p = \omega$ und $q = 0$ setzen, wenn wir ferner ohne Einschränkung der Allgemeinheit $z_r = z'$ und $c_r = c' = c$ setzen, so ergeben die Gl. (116):

$$\left.\begin{aligned}
i_1 &= -i_e \cdot \frac{1-\tau}{\tau} \cdot e^{-a \cdot t} \cdot \sin \omega \cdot t, \\[2mm]
i_2 &= -i_e \cdot \frac{1-\tau}{\tau} \cdot \left[e^{-a \cdot t} \cdot \cos \omega \cdot t - e^{-a_i \cdot t}\right] + i_e, \\[2mm]
i_3 &= i_e \cdot \frac{1-\tau}{\tau \cdot (1+\tau')} \cdot e^{-a_i \cdot t} \cdot \sin \omega \cdot t + i_e \cdot \frac{1}{1+\tau'} \cdot \sin \omega \cdot t, \\[2mm]
i_4 &= -i_e \cdot \frac{1-\tau}{\tau \cdot (1+\tau')} \cdot \left[e^{-a_i \cdot t} \cdot \cos \omega \cdot t - \frac{1}{1-\tau} \cdot e^{-a \cdot t}\right] - i_e \cdot \frac{1}{1+\tau'} \cdot \cos \omega \cdot t,
\end{aligned}\right\} \quad (116\,\mathrm{a})$$

und die Gl. (87) gehen mit diesen Werten über in:

$$\left.\begin{aligned}
H_I &= \frac{c \cdot i_e}{\tau} \cdot \left[\frac{1}{1+\tau'} + \tau - 1\right] \cdot e^{-a \cdot t} \cdot \sin \omega \cdot t, \\[2mm]
H_{II} &= \frac{c \cdot i_e}{\tau} \cdot \left[\left(\frac{1}{1+\tau'} + \tau - 1\right) \cdot e^{-a \cdot t} \cdot \cos \omega \cdot t + \left(1 - \tau - \frac{1-\tau}{1+\tau'}\right) \cdot e^{-a_i \cdot t} + \right. \\[2mm]
&\qquad\qquad\qquad\qquad \left. + \tau \cdot \left(1 - \frac{1}{1+\tau'}\right)\right].
\end{aligned}\right\} \quad (87\,\mathrm{a})$$

Das resultierende Feld im Luftspalt ist gleich der Summe seiner Komponenten, es ist also

$$F_r = F_1 + F_2,$$

und wir erhalten somit endgültig folgenden Ausdruck für das resultierende Feld im Luftspalt bzw. für das gemeinsame Feld:

$$\left.\begin{aligned}
F_r = \frac{c \cdot i_e}{\tau} \cdot \Bigg\{&\left[\left(1 - \tau - \frac{1-\tau}{1+\tau'}\right) \cdot e^{-a_i \cdot t} + \tau \cdot \left(1 - \frac{1}{1+\tau'}\right)\right] \cdot \cos 2 \cdot \pi \cdot \frac{x}{X} \\[2mm]
&+ \left(\frac{1}{1+\tau'} + \tau - 1\right) \cdot e^{-a \cdot t} \cdot \cos\left(2 \cdot \pi \cdot \frac{x}{X} - \omega \cdot t\right)\Bigg\}.
\end{aligned}\right\} \quad (120)$$

Wenn wir nun noch bedenken, daß angenähert

$$\frac{1}{\tau} \cdot \left(1 - \tau - \frac{1-\tau}{1+\tau'}\right) = \frac{(\tau' + \tau_r \cdot \tau') \cdot (1-\tau)}{\tau_r + \tau' + \tau_r \cdot \tau'},$$

$$1 - \frac{1}{1+\tau'} = \frac{(\tau' + \tau_r \cdot \tau') \cdot \tau}{\tau_r + \tau'},$$

und

$$\frac{1}{1+\tau'} + \tau - 1 = \frac{\tau_r}{\tau_r + \tau' + \tau_r \cdot \tau'},$$

so sagt die oben abgeleitete Gleichung folgendes aus.

Beim Eintritt des Kurzschlusses spaltet das ursprüngliche magnetische Feld der Maschine sich in 2 Teile, deren einer am Induktor und deren anderer am Stator haften bleibt. Die Amplituden beider Teilfelder verhalten sich umgekehrt wie die bezüglichen Streufaktoren beider Wicklungssysteme und klingen entsprechend der Kurzschluß-

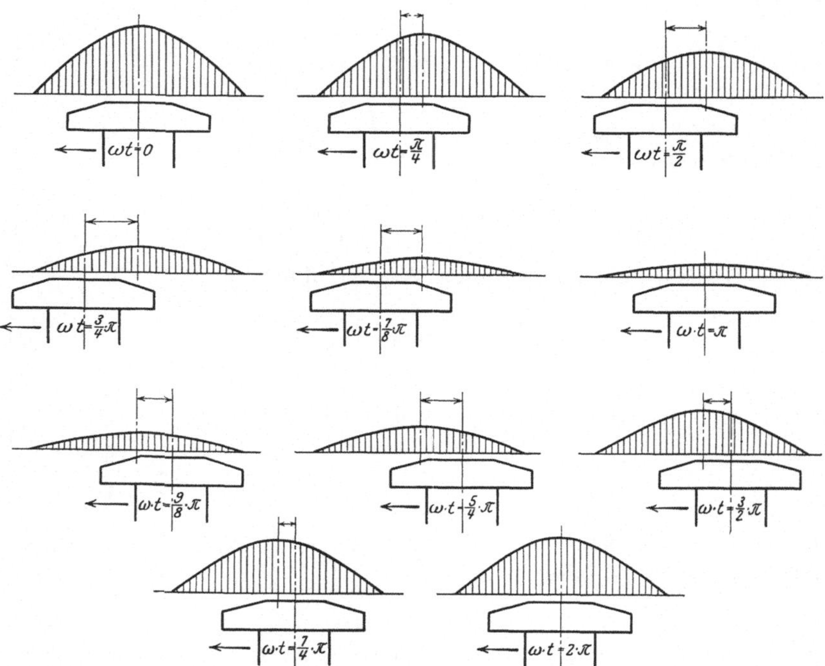

Abb. 82. Die Schwankungen des gemeinsamen Feldes beim plötzlichen allpoligen Kurzschluß der Synchronmaschine mit Dämpferwicklung.

zeitkonstante der zugehörigen Wicklungen ab. Beide Teilfelder setzen sich zum gemeinsamen Feld der Maschine zusammen, dessen räumliche und zeitliche Schwankungen die Abb. 82 für die erste Periode des plötzlichen Kurzschlusses erkennen lassen. Wir sehen, wie das gemeinsame Feld zunächst hinter dem Polrad zurückbleibt, anfangs jedoch nur langsam abnimmt. Nach Ablauf der ersten Viertelperiode jedoch beginnt das Feld schnell abzunehmen, in diese Zeit fällt der Aufbau der Streufelder. Zur Zeit $\omega \cdot t = \frac{3}{4} \cdot \pi$ hat das gemeinsame Feld seine größte Nacheilung erreicht, es beginnt nun wieder der Polachse zuzustreben und erreicht diese wiederum unter weiterem starken Abnehmen zur Zeit $\omega \cdot t = \pi$. Jetzt ist das gemeinsame Feld fast ganz von den Streufeldern aufgezehrt, der Kurzschlußstrom in beiden Wicklungen durchläuft gerade sein Maximum. Von jetzt ab nehmen die Streufelder wieder ab, das Hauptfeld baut sich allmählich wieder auf und beginnt der Polachse vorzueilen. Seine größte Voreilung erreicht es im Zeitpunkt $\omega \cdot t = \frac{5}{4} \cdot \pi$, es strebt nun wiederum der Polachse zu und erreicht diese zum zweitenmal zur Zeit $\omega \cdot t = 2 \cdot \pi$. Die erste Periode des Kurzschlußvorganges ist beendet, das Hauptfeld hat fast wieder seine volle ursprüngliche Höhe erreicht und nun beginnt das Spiel von neuem. Im selben

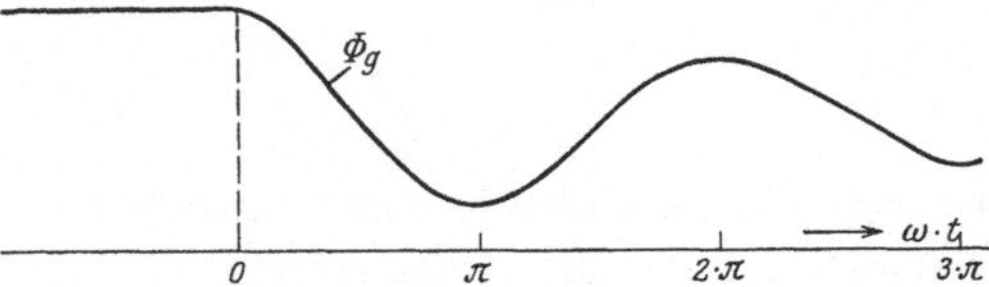

Abb. 83. Die Schwankungen des gemeinsamen Feldes in der Polachse beim plötzlichen allpoligen Kurzschluß der Mehrphasensynchronmaschine mit Dämpferwicklung.

Maße, in dem das Statorfeld abklingt, kommen die Pendelungen des Hauptfeldes zur Ruhe, das dann weiterhin langsam in der Polachse abklingt. Abb. 83 zeigt die zeitlichen Schwankungen des Haupt- oder gemeinsamen Feldes in der Polachse für die allererste Zeit des Kurzschlusses.

Magnetische Anziehungs- bzw. Abstoßungskräfte können nur zwischen den Längsfeldamperewindungen des Induktors und den Querfeldamperewindungen des Stators bzw. zwischen den Querfeldamperewindungen des Induktors und den Längsfeldamperewindungen des Stators auftreten. Der resultierende Erregerstrom in der Längsachse der Erregerwicklung ist:

$$i_m = i_2 - \frac{M}{L} \cdot (i_3 \cdot \sin \omega \cdot t - i_4 \cdot \cos \omega \cdot t).$$

Ferner ist der resultierende Erregerstrom in der Querachse der Erregerwicklung:

$$i_q = i_1 + \frac{M}{L} \cdot (i_3 \cdot \cos \omega \cdot t + i_4 \cdot \sin \omega \cdot t).$$

Die beiden bezüglichen Drehmomente sind nun:

$$D_m = k \cdot i_m \cdot (i_3 \cdot \cos \omega \cdot t + i_4 \cdot \sin \omega \cdot t),$$

bzw.

$$D_q = k \cdot i_q \cdot (- i_3 \cdot \sin \omega \cdot t + i_4 \cdot \cos \omega \cdot t).$$

Somit ist das resultierende Drehmoment zwischen Stator und Induktor:

$$D = D_m + D_q =$$
$$= k \cdot [i_2 \cdot (i_3 \cdot \cos \omega \cdot t + i_4 \cdot \sin \omega \cdot t) + i_1 \cdot (i_3 \cdot \sin \omega \cdot t - i_4 \cdot \cos \omega \cdot t)] \quad (121)$$

Das der Vollast des Generators entsprechende Drehmoment ist

$$D_{\mathrm{norm}} = k \cdot i_e \cdot J_{1/1},$$

wir haben somit

$$k = \frac{D_{\text{norm}}}{i_e \cdot J_{1/1}},$$

ferner

$$i_e \cdot \frac{M}{L} = J_{k0},$$

wo J_{k0} die Amplitude des stationären Kurzschlußstromes unseres
Generators ist. Mit diesen Ausdrücken, sowie mittels der Gl. (116a)
geht endlich die Gl. (121) über in

$$D = D_{\text{norm}} \cdot \frac{J_{k0}}{J_{1/1}} \cdot \frac{1}{\tau} \cdot e^{-(a+a_i)\cdot t} \cdot \sin \omega \cdot t. \tag{122}$$

Das zwischen Stator und Induktor wirksame Drehmoment verläuft also, wie dies auch die Abb. 84 für einen Generator mit
18 % Streuung zeigt,
nach einer reinen Sinus-
funktion. Gegenüber
dem einphasigen Kurz-
schluß fällt uns die nicht
einmal halbe relative
Höhe und der viel we-
niger schroffe Rich-
tungswechsel der ma-
gnetischen Kontrastwir-
kung auf, wie denn
überhaupt sämtliche Er-
scheinungen des plötz-
lichen Kurzschlusses be-
der   Mehrphasenma-
schine einen weniger
schroffen Verlauf zeigen

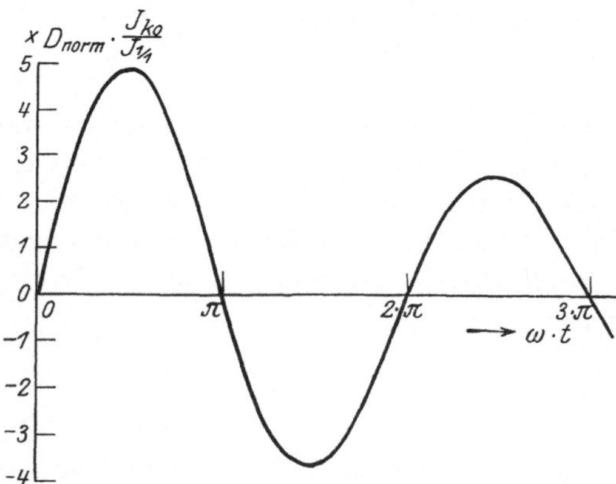

Abb. 84.   Magnetische Kontrastwirkung zwischen
Stator und Induktor beim plötzlichen allpoligen
Kurzschluß.

Die Gl. (65), (112a), (114a) und (117a) geben, wie bereits erwähnt, nur einen oberen Grenzwert für den maximalen Kurzschlußstrom an, der in Wirklichkeit niemals erreicht wird. Um den tatsächlichen Höchstwert des Kurzschlußstromes zu erhalten, ist die bis
zur Erreichung desselben eingetretene Dämpfung zu berücksichtigen.
Die angeschriebenen Gleichungen ergeben also nur dann richtige
Werte, wenn sie noch mit einem Faktor

$$\delta = e^{-a\cdot t'} \tag{123a}$$

multipliziert werden, wo a die Dämpfungskonstante und t' die bis
zur Erreichung des ersten Strommaximums verstreichende Zeit be-

deutet. In allen Fällen ist

$$t' = \frac{\pi}{\omega}, \qquad (123\,\text{b})$$

oder bei $\omega = 314$ (50 Perioden)

$$t' = \frac{1}{100}\ \text{sec}, \qquad (123\,\text{c})$$

und damit ergibt sich für die Asynchronmaschine bzw. für die Mehr-phasen-Synchronmaschine mit Querfelddämpfung und gleichstarken Systemen in Stator und Rotor:

$$\delta = e^{-\frac{r}{L\cdot\tau}\cdot\frac{\pi}{\omega}} = e^{-\frac{r}{L\cdot\tau^0/_0}}\ (50\ \text{Perioden}).$$

Nun ist bekanntlich

$$e^{-x} = 1 - x + \frac{x^2}{2!} - \frac{x^3}{3!} + \cdots,$$

und da im vorliegenden Falle $x = \dfrac{r}{L\cdot\tau^0/_0}$ meist eine kleine Zahl, kann man die Reihenentwicklung nach dem zweiten Gliede abbrechen bzw. den entstehenden Fehler gemäß nachstehender Tabelle durch einen Faktor berücksichtigen:

$x = 0{,}0$	$e^{-x} = 1{,}0$	$1 - x = 1{,}0$	Fehler in $^0/_0\ \pm 0$
$0{,}1$	$0{,}905$	$1 - x = 0{,}91$	$-0{,}5$
$0{,}2$	$0{,}82$	$1 - 0{,}9\,x = 0{,}82$	± 0
$0{,}3$	$0{,}74$	$1 - 0{,}9\,x = 0{,}73$	$-1{,}5$
$0{,}4$	$0{,}67$	$1 - 0{,}8\cdot x = 0{,}68$	$+1{,}5$
$0{,}5$	$0{,}60$	$1 - 0{,}8\cdot x = 0{,}60$	± 0
$0{,}6$	$0{,}55$	$1 - 0{,}8\cdot x = 0{,}52$	$-5{,}5$

Wir können somit bequemer schreiben:

$$\delta = 1 - (1{,}0 \div 0{,}8)\cdot \frac{r}{L\cdot\tau}\cdot\frac{\pi}{\omega}, \qquad (124)$$

oder für 50 Perioden:

$$\delta = 1 - (1{,}0 \div 08)\cdot \frac{r}{L\cdot\tau^0/_0}. \qquad (124\,\text{a})$$

Bleiben wir bei unserm Motor mit $\tau = 0{,}062$ und $\dfrac{r}{L} = 3{,}14$. Ohne Berücksichtigung der Dämpfung ergibt sich der größtmögliche Kurz-schlußstrom zu:

$$i_{\text{max}} = i_0 \cdot \frac{200}{6{,}2} = 32\cdot i_0,$$

dagegen mit Berücksichtigung der Dämpfung nur zu:

$$i_{max} = 32 \cdot \left(1 - 0,8 \cdot \frac{3,14}{6,2}\right) \cdot i_0 = 19 \cdot i_0.$$

Während man also ohne Berücksichtigung der Dämpfung einen maximalen Kurzschlußstrom vom 32fachen Betrag des Leerlaufstromes errechnen würde, erreicht er in Wirklichkeit nur den 19fachen Betrag desselben.

Beim plötzlichen Kurzschluß der Einphasen-Synchronmaschine fanden wir die Dämpfungskonstante zu

$$a = \frac{r}{L \cdot \sqrt{\tau}}$$

und mit diesem Wert erhalten wir:

$$\delta_{1-ph} = 1 - (1,0 \div 0,8) \cdot \frac{r}{L \cdot \sqrt{\tau}} \cdot \frac{\pi}{\omega}. \tag{125}$$

oder für 50 Perioden:

$$\delta_{1-ph} = 1 - (1,0 \div 0,8) \cdot \frac{r}{10 \cdot L \cdot \sqrt{\tau^0/_0}}. \tag{125a}$$

Im Falle eines einphasigen Kurzschlusses ergibt unser Beispiel sonach
$$\delta = 0,875$$
und damit

$$i_{max} = 28 \cdot i_0.$$

Beim einphasigen Kurzschluß ist also die Dämpfung ganz auffallend gering.

Die Gl. (124) und (125) setzen gleichstarke Systeme im Rotor und Stator voraus, womit indes nur bei Asynchronmotoren gerechnet werden kann. Ist dies nicht der Fall, wie bei Synchronmaschinen, bei denen stets a etwa $5 \div 30$mal so groß wie a_i angenommen werden kann, so ist folgende allgemeine Gleichung zu benutzen:

$$\delta = 1 - (1,0 \div 0,8) \cdot \frac{a_i + a}{2} \cdot \frac{\pi}{\omega}. \tag{124a}$$
$$\tag{124b}$$

24. Parallelschalten von Synchronmaschinen.

Die bisherigen Betrachtungen vermittelten uns die Erkenntnis, daß sich beim plötzlichen Kurzschluß von Wechselstromerzeugern Ausgleichsvorgänge abspielen, die von dem Auftreten gewaltiger Stromstöße begleitet sind. Die durch den sogenannten plötzlichen Kurzschlußstrom großer Generatoren hervorgerufenen, oft verheerenden Wirkungen haben wohl viele der in der Praxis stehenden Ingenieure schon erfahren müssen. Man hat sich in den letzten Jahren leidlich gegen die auftretenden Erscheinungen zu schützen gewußt, nicht zuletzt, seitdem die Theorie derselben auf eine gesicherte Grundlage gestellt worden ist.

Nicht so glücklich sind wir bisher bei der Form des plötzlichen Kurzschlusses gewesen, die die denkbar schwersten Beanspruchungen der Maschine selbst und der betroffenen Leitungsteile im Gefolge hat, und die durch das falsche Parallelschalten von Synchronmaschinen realisiert wird. Wenn dieses letztere sich auch durch gute Betriebsführung im allgemeinen vermeiden läßt, so lehrt doch die Erfahrung, daß es selbst in gut geleiteten Betrieben immer wieder vorkommt, und die dann auftretenden schweren Maschinenschäden und Betriebsstörungen erheischen gebieterisch eine Lösung auch dieses Problems. Wir können uns jedoch gegen eine Gefahr am besten schützen, wenn wir sie genau kennen, und wir wollen es uns infolgedessen nicht die Mühe verdrießen lassen, im folgenden die beim falschen Parallelschalten von Synchronmaschinen auftretenden Ausgleichsvorgänge einer genaueren Untersuchung zu unterziehen.

Als Typus der Synchronmaschine wollen wir dabei unseren Untersuchungen die im vorigen Abschnitt bestrachtete Ausführungsform zugrunde legen, also eine Maschine mit einer vollkommenen Dämpferwicklung auf dem Induktor. Die betrachtete Maschine denken wir uns entgegen dem Uhrzeigersinn mit der unveränderlichen Winkelgeschwindigkeit ω angetrieben und mit einem Strom i_e erregt; die Klemmen des zweiphasig bewickelten Stators mögen an die Klemmen eines unendlich ergiebigen Zweiphasennetzes angeschlossen werden, das seine Phasenspannungen

$$\left.\begin{array}{l} e_3 = E \cdot \cos\,(\omega \cdot t + \alpha) \\[2mm] e_4 = E \cdot \sin\,(\omega \cdot t + \alpha) \end{array}\right\} \qquad (126)$$

und

unbekümmert um den von der Maschine entnommenen Strom unveränderlich aufrecht erhält. Nach dieser Festlegung gibt α die Phasenverschiebung des Vektors der Netz-EMK gegenüber dem Vektor der Maschinen-EMK an, α ist also ein Maß für die Güte des Parallelschaltens, und zwar muß bei richtigem Parallelschalten $\alpha = 0$ sein. $\alpha = \pi$ bedeutet Schalten in Phasenopposition. Wie bereits gesagt, betrachten wir zunächst ω und damit α als konstante Größen, d. h. das Polrad verharre während des betrachteten Ausgleichsvorganges starr in seiner einmal zum Netzvektor angenommenen relativen Lage.

Die Gl. (90) sind die Differentialgleichungen auch des vorliegenden Problems; der Leser wird sich erinnern, daß wir sie für eine Maschine aufstellten, deren Rotor und Stator an äußere Spannungen $e_{1,2}$ bzw. $e_{3,4}$ gelegt waren. Für die Berechnung der freien Ausgleichsströme setzten wir diese Spannungen aber gleich Null, und das bedeutet, daß wir auch die durch die Gl. (104) gegebene Lösung der Differentialgleichungen (90) ebenfalls unverändert übernehmen können. Es sind dies die Gleichungen für die freien Ausgleichsströme, in welchen $A_1 \div A_4$ bzw. $\psi_1 \div \psi_4$ die noch zu bestimmenden Integrationskonstanten sind, die allein die Anpassung der allgemeinen Lösung (104) an das vorliegende spezielle Problem ermöglichen, während die Dämpfungskonstanten a und α_r und die Winkelgeschwindigkeiten p und q durch die Gl. (105) bzw. (106a) gegeben sind.

Zur Ermittlung der freien Ausgleichsströme verbleibt uns also lediglich die Bestimmung der Integrationskonstanten A und ψ, die, wie wir wissen, aus den vorliegenden Anfangsbedingungen zu berechnen sind. Um jedoch diese formulieren zu können, müssen wir zunächst den stationär gewordenen Zustand betrachten. Und zwar benötigen wir die Kenntnis des nach Abklingen des Ausgleichsvorganges in der Maschine fließenden stationären Stromes, bei dessen Bestimmung wir die noch vorläufig geltende Voraussetzung beachten müssen, wonach die Maschine mit konstanter Winkelgeschwindigkeit ω angetrieben wird, der Winkel α sich im Verlaufe des Ausgleichsvorganges also nicht ändert.

Da die betrachtete Maschine als symmetrische Drehstrommaschine ein synchron mit dem Induktor umlaufendes Statordrehfeld konstanter Amplitude ausbildet, können wir von vornherein annehmen, daß die Dämpferwicklung im stationär gewordenen Zustand stromlos ist, während die Erregerwicklung den vorher eingestellten Gleichstrom i_e führt. Die beiden Phasen des Stators werden ferner einen stationären Kurzschlußstrom führen, der folgendem Gesetz gehorcht:

$$\left.\begin{aligned}
i_{3\,st} &= J \cdot \sin(\omega \cdot t - \psi), \\
i_{4\,st} &= -J \cdot \cos(\omega \cdot t - \psi), \\
i_{1\,st} &= 0, \\
i_{2\,st} &= i_e.
\end{aligned}\right\} \tag{127}$$

ferner hatten wir

Führen wir diese Ausdrücke in die beiden letzten der Differentialgleichungen (103) ein, auf deren rechter Seite wir natürlich Null durch die Spannungswerte Gl. (126) ersetzen müssen, so ergeben sich die beiden folgenden Bedingungsgleichungen zur Berechnung der Konstanten J und ψ:

$$\left.\begin{aligned}
J \cdot [L \cdot \omega \cdot \cos(\omega \cdot t - \psi) &+ r \cdot \sin(\omega \cdot t - \psi)] = \\
&= i_e \cdot M \cdot \omega \cdot \cos \omega \cdot t - E \cdot \cos(\omega \cdot t + \alpha), \\
J \cdot [L \cdot \omega \cdot \sin(\omega \cdot t - \psi) &- r \cdot \cos(\omega \cdot t - \psi)] = \\
&= i_e \cdot M \cdot \omega \cdot \sin \omega \cdot t - E \cdot \sin(\omega \cdot t + \alpha).
\end{aligned}\right\} \tag{128}$$

Setzt man hierin $t = 0$, erhebt die so entstehenden Gleichungen beiderseitig ins Quadrat und addiert, bzw. subtrahiert die neu entstandenen Gleichungen voneinander, so erhält man endlich folgende Ausdrücke für die gesuchten Konstanten:

$$J = J_{k_0} \cdot \sqrt{\frac{(1 + \varkappa^2 - 2 \cdot \varkappa \cdot \cos \alpha}{1 + \left(\dfrac{a \cdot \tau}{\omega}\right)^2}},$$

mit

$$\psi = \operatorname{arctg} \frac{\tau \cdot \dfrac{a}{\omega} \cdot (1 - \varkappa \cdot \cos \alpha) + \varkappa \cdot \sin \alpha}{1 - \varkappa \cdot \cos \alpha - \tau \cdot \dfrac{a}{\omega} \cdot \varkappa \cdot \sin \alpha}, \qquad (129)$$

und

$$J_{k_0} = i_e \cdot \frac{M \cdot \omega}{\sqrt{(L \cdot \omega)^2 + r^2}} = \sim i_e \cdot \frac{M}{L}$$

$$\varkappa = \frac{E}{i_e \cdot M \cdot \omega}.$$

Hierin ist J_{k_0} der stationäre Kurzschlußstrom des direkt an seinen Klemmen kurzgeschlossenen Generators, $\varkappa$ ein Koeffizient, der, da $i_e \cdot M \cdot \omega$ die Leerlaufspannung des Generators ist, den Erregungszustand der betrachteten Maschine charakterisiert.

Man erkennt, daß im ungünstigsten Falle, also Schalten in Phasenopposition $(\alpha = \pi)$, der in den Statorwicklungen sich ausbildende stationäre Strom gerade doppelt so groß ausfällt als der stationäre Kurzschlußstrom des Generators. Es darf natürlich nicht außer acht gelassen werden, daß unsere Betrachtungen ein Netz mit unendlich großer Ergiebigkeit voraussetzen.

Unsere Maschine wurde zur Zeit $t = 0$ plötzlich aufs Netz geschaltet, vor diesem Zeitpunkt flossen in ihr folgende Ströme:

$$\left.\begin{array}{l} i_{10} = 0, \\ i_{20} = i_e, \\ i_{30} = 0, \\ i_{40} = 0, \end{array}\right\} \text{ für } t < 0. \qquad (130)$$

Ferner ist der nach dem Absterben der Ausgleichsströme in der Maschine sich einstellende stationäre Endzustand durch die folgenden Gleichungen gegeben:

$$\left.\begin{array}{l} i_{1\,st} = 0, \\ i_{2\,st} = i_e, \\ i_{3\,st} = J \cdot \sin(-\,\psi) = J_1, \\ i_{4\,st} = J \cdot \cos \psi = J_2, \end{array}\right\} \text{ für } t = \infty. \qquad (130\,\text{a})$$

Somit haben die freien Ausgleichsströme den folgenden Anfangsbedingungen zu genügen:

$$\left.\begin{aligned}
i_{1f} &= 0, \\
i_{2f} &= 0, \\
i_{3f} &= -J_1, \\
i_{4f} &= -J_2,
\end{aligned}\right\} \quad \text{für } t = 0, \tag{130b}$$

wo, wie die Gl. (129) und (130a) ergaben:

$$\left.\begin{aligned}
J_1 &= J_{k_0} \cdot \frac{\dfrac{a \cdot \tau}{\omega} \cdot (1 - \varkappa \cdot \cos \alpha) + \varkappa \cdot \sin \alpha}{1 + \left(\dfrac{a \cdot \tau}{\omega}\right)^2}, \\[4mm]
\text{und} & \\[2mm]
J_2 &= -J_{k_0} \cdot \frac{1 - \varkappa \cdot \cos \alpha - \dfrac{a \cdot \tau}{\omega} \cdot \varkappa \cdot \sin \alpha}{1 + \left(\dfrac{a \cdot \tau}{\omega}\right)^2}.
\end{aligned}\right\} \tag{130c}$$

Die Anfangsbedingungen (130b) des vorliegenden speziellen Problems stimmen nun, wie wir sehen, genau mit den Anfangsbedingungen (108a) überein, auf Grund deren wir die allgemeinen Gleichungen (110) für die Integrationskonstanten A und ψ aufstellten. Wir brauchen also im vorliegenden Falle nur die Werte aus den Gl. (130c) in die Gl. (110) einzuführen, und wir erhalten dann, wenn wir uns mit den Näherungswerten (106a) für die Schwingungskonstanten begnügen:

$$\left.\begin{aligned}
A_1 &= -A_2 = -i_e \cdot \frac{1 - \tau}{\tau} \cdot \sqrt{\frac{1 + \varkappa^2 - 2 \cdot \varkappa \cdot \cos \alpha}{1 + \left(\dfrac{a}{\omega}\right)^2}}, \\[4mm]
A_3 &= -\frac{J_{k0}}{\tau} \cdot \sqrt{\frac{1 + \varkappa^2 - 2 \cdot \varkappa \cdot \cos \alpha}{1 + \left(\dfrac{a}{\omega}\right)^2}}, \\[4mm]
A_4 &= J_{k0} \cdot \frac{1 - \tau}{\tau} \cdot \sqrt{\frac{1 + \varkappa^2 - 2 \cdot \varkappa \cdot \cos \alpha}{1 + \left(\dfrac{a}{\omega}\right)^2}}, \\[4mm]
\psi_1 &= \psi_2 = \psi_3 = -\operatorname{arctg} \frac{\dfrac{a}{\omega} \cdot (1 - \varkappa \cdot \cos \alpha) + \varkappa \cdot \sin \alpha}{1 - \varkappa \cdot \cos \alpha - \dfrac{a}{\omega} \cdot \varkappa \cdot \sin \alpha}, \\[4mm]
\psi_4 &= \operatorname{arctg} \frac{\dfrac{a}{\omega} \cdot (1 + \tau) \cdot (1 - \varkappa \cdot \cos \alpha) + \varkappa \cdot \left(1 - \tau \cdot \left(\dfrac{a}{\omega}\right)^2\right) \cdot \sin \alpha}{\left(1 - \tau \cdot \left(\dfrac{a}{\omega}\right)^2\right) \cdot (1 - \varkappa \cdot \cos \alpha) - \varkappa \cdot \dfrac{a}{\omega} \cdot (1 + \tau) \cdot \sin \alpha}.
\end{aligned}\right\} \tag{131}$$

Wenn wir die eben für die Integrationskonstanten angeschriebenen Werte in die Gl. (104) einführen und zu den so erhaltenen freien Ausgleichsströmen die stationären Ströme aus den Gl. (127) und (129) addieren, erhalten wir einen vollständigen Überblick über die beim Parallelschalten sich abspielenden Ausgleichsvorgänge. Wir können uns aber diesen Überblick sehr erleichtern, wenn wir uns bemühen, den Kern der Sache durch Fortlassung alles Unwesentlichen noch mehr herauszuschälen.

So können wir annehmen, daß der Ohmsche Widerstand im Kurzschlußkreis des Stators stets klein gegenüber den induktiven Widerständen sein wird, und wir können dann alle mit $\dfrac{a}{\omega}$ multiplizierten Glieder vernachlässigen. Ferner können wir annehmen, daß die zuzuschaltende Maschine stets auf einen der Netzspannung gleichen Wert erregt wird, d. h. wir können $\varkappa = 1$ setzen. Endlich nehmen sämtliche Winkel ψ, ψ_1, ψ_2, ψ_3 und ψ_4 den gleichen Wert

$$\psi' = \operatorname{arctg} \frac{\sin \alpha}{1 - \cos \alpha} = \operatorname{arctg} \operatorname{cotg} \frac{\alpha}{2} \qquad (132\,\text{a})$$

an und wir können, da sämtliche Schwingungen um den gleichen Winkel ψ verspätet erscheinen, diesen ganz aus unsern Betrachtungen fortlassen, ohne daß sich dadurch für uns das Bild vom gegenseitigen Ablauf der einzelnen Erscheinungen ändert. Wenn wir den Winkel ψ' aus formalen Gründen in den folgenden Gleichungen auch noch beibehalten, so können wir uns ihn doch durch einen gleich großen negativen Winkel

$$\overline{\alpha}' = \operatorname{arctg} \frac{\sin \alpha_0}{1 - \cos \alpha_0} \qquad (132\,\text{b})$$

aufgehoben denken, wo α' den Einschaltmoment in bezug auf den Momentenwert der Netzspannung, dagegen α_0 den Einschaltmoment in bezug auf die momentane Stellung des Polrades festlegt. Für die vorliegenden Betrachtungen ist, da wir α vorläufig als konstante Größe auffassen, $\alpha_0 = \alpha$. Wir erhalten somit folgende, den Verlauf des Parallelschaltvorganges beschreibenden Gleichungen, wenn wir noch berücksichtigen, daß $\sqrt{2 \cdot (1 - \cos \alpha)} = 2 \cdot \sin \dfrac{\alpha}{2}$:

$$
\left.
\begin{aligned}
i_1 &= \frac{i_e}{\tau} \cdot (1 - \tau) \cdot 2 \cdot \sin \frac{\alpha}{2} \cdot [- e^{-a \cdot t} \cdot \sin (p \cdot t + \alpha' - \psi') + \\
&\quad + e^{-a_i \cdot t} \cdot \sin (q \cdot t + \alpha' - \psi')], \\
i_2 &= \frac{i_e}{\tau} \cdot (1 - \tau) \cdot 2 \cdot \sin \frac{\alpha}{2} \cdot [- e^{-a \cdot t} \cdot \cos (p \cdot t + \alpha' - \psi') + \\
&\quad + e^{-a_i \cdot t} \cdot \cos (q \cdot t + \alpha' - \psi')] + i_e,
\end{aligned}
\right\} \quad (132)
$$

$$i_3 = \frac{J_{k0}}{\tau} \cdot 2 \cdot \sin\frac{\alpha}{2} \cdot \left[-e^{-a \cdot t} \cdot \sin(q \cdot t + \alpha' - \psi') + \right.$$
$$\left. + (1-\tau) \cdot e^{-a_i \cdot t} \cdot \sin(p \cdot t + \alpha' - \psi') + \tau \cdot \sin(\omega \cdot t + \alpha' - \psi') \right],$$
$$i_4 = \frac{J_{k0}}{\tau} \cdot 2 \cdot \sin\frac{\alpha}{2} \cdot \left[e^{-a \cdot t} \cdot \cos(q \cdot t + \alpha' - \psi') - \right.$$
$$\left. - (1-\tau) \cdot e^{-a_i \cdot t} \cdot \cos(p \cdot t + \alpha' - \psi') - \tau \cdot \cos(\omega \cdot t + \alpha' - \psi') \right].$$

$$(132)$$

Wenn wir nun diese Gleichungen mit der Gl. (116) des plötzlichen Kurzschlusses vergleichen, so sehen wir, daß beide Gleichungssysteme, sofern sie den zeitlichen Ablauf der Erscheinungen charakterisieren, völlig identisch sind, worüber wir uns, im Grunde genommen, nicht wundern dürfen. Denn das Typische des Ausgleichsvorganges liegt darin, daß das magnetische Feld der Maschine im Momente des Schaltens zwischen die kurzgeschlossenen Wicklungen des Stators und Induktors gerät und dort, indem sich seine Energie zum größten Teil in Joulesche Wärme umwandelt, dem Vernichtungsprozeß ausgeliefert wird. Es sind also lediglich die gegenseitige Lage der Wicklungen und deren elektrische Eigenschaften, die den zeitlichen Verlauf des Ausgleichsvorganges bestimmen; die den Klemmen des Stators aufgedrückte fremde Spannung kann nur zur Ausbildung eines weiteren magnetischen Feldes führen, das sich jedoch nicht anders als das eigene Feld der Maschine verhalten kann. Es ist also lediglich eine größere Heftigkeit des Ausgleichsvorganges, d. h. eine größere Amplitude der auftretenden Ströme zu erwarten. Und zwar multiplizieren sich sämtliche Amplituden mit dem Faktor $\left| 2 \cdot \sin\frac{\alpha}{2} \right|$. Eine größere Heftigkeit des Ausgleichsvorganges ist also nur beim Parallelschalten in einem entsprechend ungünstigen Moment zu erwarten. Denn wenn bei richtiger Erregung ($\varkappa = 1$) und gleicher Lage des Vektors der Netz-EMK und jenes der Maschinen-EMK ($\alpha = 0$) parallel geschaltet wird, kann, da die Maschine sich von vornherein im richtigen Betriebszustande befindet, überhaupt kein Ausgleichsvorgang auftreten; die Wicklungen der Maschine bleiben in diesem Falle von jeglichen Überstromerscheinungen verschont.

In der Tat verschwinden, wie die Gl. (132) lehren, für $\varkappa = 1$ und $\alpha = 0$ sämtliche Ströme. Die Ströme werden genau so groß wie beim plötzlichen Kurzschluß, wenn im Augenblicke des Parallelschaltens zwischen Netz-EMK und Maschinen-EMK eine Phasenverschiebung von 60^0 besteht $\left(\alpha = \frac{\pi}{3} \right)$. Die gefährlichsten Überströme treten beim Schalten in Phasenopposition auf ($\alpha = \pi$). In diesem ungünstigsten Falle werden die Überströme genau doppelt so hoch wie beim plötzlichen Kurzschluß, natürlich nur unter der eingangs getroffenen Voraussetzung, daß die Ergiebigkeit des Netzes unendlich groß ist, daß also etwa die betrachtete Maschine zu einer großen Zahl gleich großer Maschinen parallel geschaltet wird. Ist diese Voraussetzung nicht erfüllt, so erhält man den richtigen Strom indem man zur Reaktanz der zuzuschaltenden Maschine den der im Betrieb befindlichen Maschinen addiert.

Wir wissen von den vorhergehenden Betrachtungen des plötzlichen Kurzschlusses her, daß im Verlaufe des Ausgleichsvorganges zwischen Stator und Induktor gewaltige magnetische Anziehungs- und Abstoßungskräfte auftreten, die die ganze Maschine in gefährlicher Weise beanspruchen können. Es sind dies zunächst die Kontrastwirkungen zwischen den am Stator und am Induktor haftenden Anteilen des ursprünglichen magnetischen Feldes der Maschine, die sich bald als Anziehungs- bzw. Abstoßungskräfte äußern, und in jeder Periode zweimal ihre Richtung ändern. Dann tritt ein durch die Stromwärmeverluste in der Statorwicklung bedingtes gleichgerichtetes bremsendes Drehmoment auf, das gleichfalls erhebliche Werte annehmen kann. Mit diesen Kraftäußerungen ist natürlich im vorliegenden Falle, der dem des plötzlichen Kurzschlusses ja sehr ähnlich ist, ebenfalls zu rechnen. Hier tritt aber noch eine weitere Kraftäußerung auf, nämlich ein gewaltiges synchronisierendes Drehmoment, das den Induktor alsbald nach dem Parallelschalten in seine richtige Lage relativ zum Vektor der Netz-EMK zu drehen sucht.

Um die Summe aller auf den Induktor wirkenden magnetischen Kräfte zu erhalten, bilden wir wieder die resultierende Längs- bzw. Querfeldamperewindungsverteilung des Stators relativ zur Längs- bzw. Querachse der Erregerwicklung. Und zwar ist der aus der Wirkung sämtlicher Amperewindungen des Stators und Induktors sich ergebende resultierende Erregerstrom in der Längsachse der Erregerwicklung:

$$i_m = i_2 - \frac{M}{L} \cdot [i_3 \cdot \sin(\omega \cdot t + \alpha) - i_4 \cdot \cos(\omega \cdot t + \alpha)].$$

Ferner ist der resultierende Erregerstrom in der Querachse der Erregerwicklung, also in der Längsachse der Dämpferwicklung:

$$i_q = i_1 + \frac{M}{L} \cdot [i_3 \cdot \cos(\omega \cdot t + \alpha) + i_4 \cdot \sin(\omega \cdot t + \alpha)].$$

Eine Drehmomentenbildung kann nur zwischen um 90^0 auseinanderliegenden Komponenten der Stator- bzw. Induktoramperewindungen auftreten. Nun ist die magnetische Kontrastwirkung zwischen den resultierenden Längsamperewindungen des Induktors und den Queramperewindungen des Stators:

$$D_m = k \cdot i_m \cdot (i_3 \cdot \cos (\omega \cdot t + \alpha) + i_4 \cdot \sin (\omega \cdot t + \alpha)).$$

Ferner ist die magnetische Kontrastwirkung zwischen den resultierenden Queramperewindungen des Induktors und den Längsamperewindungen des Stators:

$$D_q = k \cdot i_q \cdot [- i_3 \cdot \sin (\omega \cdot t + \alpha) + i_4 \cdot \cos (\omega \cdot t + \alpha)].$$

Die resultierende magnetische Kontrastwirkung zwischen Induktor und Stator ist somit:

$$D = D_m + D_q = k \cdot [i_2 \cdot (i_3 \cdot \cos (\omega \cdot t + \alpha) + i_4 \cdot \sin (\omega \cdot t + \alpha))$$
$$+ i_1 \cdot (i_3 \cdot \sin (\omega \cdot t + \alpha) - i_4 \cdot \cos (\omega \cdot t + \alpha))]. \quad (133)$$

Das normale Vollastdrehmoment des Generators ist

$$D_{\mathrm{norm}} = k \cdot i_e \cdot J_{1/_1 (\cos \varphi = 1)},$$

somit ist

$$k = \frac{D_{\mathrm{norm}}}{i_e \cdot J_{1/_1}}. \quad (133\,\mathrm{a})$$

Indem wir nun in die Gl. (133) sämtliche Werte für $i_1 \div i_4$ aus den Gl. (104), (127), (129) und (131) einführen, erhalten wir folgenden Ausdruck für die magnetische Kontrastwirkung zwischen Stator und Induktor:

$$D = D_{\mathrm{norm}} \cdot \frac{J_{k0}}{J_{1/_1} \cdot \tau \cdot \left[1 + \left(\frac{a}{\omega}\right)^2\right]} \cdot \left[(1 + \varkappa^2 - 2 \cdot \varkappa \cdot \cos \dot\alpha) \cdot \right.$$

$$\cdot \left(\sin (\omega \cdot t - \delta) \cdot e^{-(a + a_i) \cdot t} + (1 - \tau) \cdot \frac{a}{\omega} \cdot e^{-2 \cdot a_i \cdot t} + \tau \cdot \frac{a}{\omega}\right) +$$

$$\left. + (1 - \tau) \cdot \varkappa \cdot \sin \alpha \cdot e^{-2 \cdot a_i \cdot t} + \tau \cdot \varkappa \cdot \sin \alpha \right], \quad (134)$$

mit

$$\delta = \operatorname{arctg} \frac{\sin \alpha + \dfrac{a}{\omega} \cdot \cos \alpha}{\cos \alpha - \dfrac{a}{\omega} \cdot \sin \alpha}. \quad (134\,\mathrm{a})$$

Gewöhnlich reguliert man, wie schon gesagt, $i_e \cdot M \cdot \omega = E$ ein, macht also $\varkappa = 1$, ferner kann, da uns vor allem die erste Zeit kurz nach Beginn des Ausgleichsvorganges interessiert, a_i in den Exponenten unbedenklich gleich Null gesetzt werden. Mit diesen Vernachlässigungen nimmt nun die Gl. (134) eine sehr übersichtliche Form an. Sie zeigt, daß das resultierende, am Induktor angreifende

Drehmoment aus 3 Teilen besteht. Der erste Teil

$$D_1 = D_{\text{norm}} \cdot \frac{J_{k0}}{J_{1/1}} \cdot \frac{4 \cdot \sin^2 \dfrac{\alpha}{2}}{\tau \cdot \left[1 + \left(\dfrac{a}{\omega}\right)^2\right]} \cdot e^{-a \cdot t} \cdot \sin(\omega \cdot t - \delta) \qquad (135\,\text{a})$$

entspricht der magnetischen Kontrastwirkung zwischen den am Stator und Induktor haftenden Anteilen des ursprünglichen magnetischen Feldes, der zweite Teil

$$D_2 = D_{\text{norm}} \cdot \frac{J_{k0}}{J_{1/1}} \cdot \frac{4 \cdot \sin^2 \dfrac{\alpha}{2}}{\tau \cdot \left[1 + \left(\dfrac{a}{\omega}\right)^2\right]} \cdot \frac{a}{\omega} \qquad (135\,\text{b})$$

ergibt das durch die Stromwärmeverluste bedingte bremsende Moment, und der dritte Teil

$$D_3 = D_{\text{norm}} \cdot \frac{J_{k0}}{J_{1/1}} \cdot \frac{\sin \alpha}{\tau \cdot \left[1 + \left(\dfrac{a}{\omega}\right)^2\right]} \qquad (135\,\text{c})$$

endlich das synchronisierende Moment.

Weitaus den höchsten Wert, und zwar den vierfachen Betrag des synchronisierenden Momentes kann der erste Summand D_1 erreichen, er wechselt jedoch seine Richtung so schnell, daß er zum größten Teil von der kinetischen Energie der einzelnen Pole bzw. der Induktorwalze aufgenommen wird, und aus diesem Grunde die Welle und die Fundamente nur wenig beansprucht. Das bremsende Moment wird am größten beim Parallelschalten in Phasenopposition und verschwindet beim Schalten in der Nähe des Synchronismus, es verhält sich in dieser Beziehung genau so wie die eben betrachtete magnetische Kontrastwirkung. Beide Drehmomente D_1 und D_2 erreichen beim Schalten im ungünstigsten Moment den vierfachen Betrag der beim plötzlichen Kurzschluß auftretenden Beanspruchung. Das synchronisierende Moment dagegen wird beim Parallelschalten in Phasenopposition gleichfalls Null, es erreicht seinen größten Betrag beim Parallelschalten in der Mittelstellung zwischen Synchronismus und Phasenopposition $\left(\alpha = \dfrac{\pi}{2}\right)$.

Die sämtlichen bisherigen Betrachtungen beschränkten sich auf die allererste Zeit nach dem Einlegen des Schalters, sie geben uns daher keinen Aufschluß über den ferneren Verlauf der Dinge, insbesondere darüber, welchem endgültigen stationären Zustand unsere Maschine zustrebt, und wie das Einschwingen in diesen verläuft. Denn wir betrachteten sowohl die Winkelgeschwindigkeit ω als auch den Netzwinkel α als konstante Größen, zwangen also dem Induktor eine gegenüber der Netz-EMK absolut starre Lage auf. Wir wollen diese Beschränkung nun im folgenden fallen lassen und zunächst zusehen, wie weit die Ergebnisse der bisherigen Betrachtungen dadurch eine Korrektur erfahren. Und zwar können wir die Winkelgeschwindigkeit ω weiterhin als Konstante betrachten, wenn wir nur den Winkel α als eine mit der Zeit veränderliche Größe auffassen.

Jede zusätzliche Bewegung $\left(\dfrac{d\alpha}{dt}\right)$ des Induktors gibt den Anlaß zu in den verschiedenen Wicklungen sich ausbildenden zusätzlichen Strömen. Diese letzteren werden nun um so mehr an Bedeutung zurücktreten, mit um so geringerer Geschwindigkeit $\left(\dfrac{d\alpha}{dt}\right)$ diese Bewegung erfolgt, denn um so geringer wird die Höhe der durch diese induzierten zusätzlichen EMK. Genauere Untersuchungen[1]), auf die wir hier nicht einzugehen brauchen, bestätigen denn auch die Richtigkeit dieser Überlegung. Die Ergebnisse der im Vorhergehenden angestellten Untersuchungen gelten mit um so größerer Genauigkeit auch für die Synchronmaschine mit freischwingendem Induktor, je mehr die Bedingung erfüllt ist

$$\frac{d^2\alpha}{dt^2} \quad \text{und} \quad \left(\frac{d\alpha}{dt}\right)^2 \ll \omega^2. \tag{136}$$

Und daß diese Bedingung in allen praktisch vorkommenden Fällen tatsächlich erfüllt wird, werden die später durchgerechneten Zahlenbeispiele zeigen. Die Gl. (104), (131), (132), (134) und (135) geben somit für alle praktisch vorkommenden Fälle den zeitlichen Verlauf der Ströme und der Drehmomente für den vollständigen Vorgang des Einschwingens des Polrades in die synchrone Lage richtig wieder, wenn in ihnen α als eine Funktion der Zeit aufgefaßt wird, deren Erforschung die folgenden Betrachtungen gewidmet sind.

Bezeichnen wir mit Θ das Trägheitsmoment der sich drehenden Massen pro Polpaar. so lautet die mechanische Bewegungsgleichung des Induktors:

$$\Theta \cdot \frac{d^2\alpha}{dt^2} + \gamma \cdot \frac{d\alpha}{dt} + D = 0. \tag{137}$$

Hierin ist $\dfrac{d\alpha}{dt}$ als eine zur konstanten Winkelgeschwindigkeit ω zu addierende zusätzliche Geschwindigkeit aufzufassen, der Dämpfungs-

---

[1]) Hier sei auf eine ähnlichen Untersuchungen gewidmete Arbeit von L. Dreyfus: „Einführung in die Theorie der selbsterregten Schwingungen von synchronen Maschinen", EuM. 1911, S. 352 verwiesen.

koeffizient γ wird sehr angenähert durch die Beziehung

$$\gamma = D_{\mathrm{norm}} \cdot \frac{J_{k0}}{J_{1/1} \cdot \tau \cdot a_i \cdot \left[1 + \left(\frac{a}{\omega}\right)^2\right]} \cdot \left[\varkappa + \frac{2 \cdot \dfrac{a \cdot \tau}{\omega}}{1 + \left(\dfrac{a \cdot \tau}{\omega}\right)^2} \cdot \left(\sin \alpha - \frac{a \cdot \tau}{\omega} \cdot \cos \alpha\right)\right] \quad (137$$

wiedergegeben, während die Größe des Drehmoments D der Gl. (134) zu entnehmen ist.

Wir erhalten wiederum übersichtlichere Verhältnisse, ohne dabei die Allgemeinheit unserer Betrachtungen zu stören, wenn wir $\varkappa = 1$ setzen, und das ohnehin sehr schnell absterbende, mit der Winkelgeschwindigkeit ω pulsierende und alle hundertstel Sekunde seine Richtung wechselnde Drehmoment D_1 vernachlässigen. Seines großen Trägheitsmomentes wegen vermag der Induktor den Impulsen des Drehmomentes D_1 doch nicht zu folgen. Wir können weiterhin die Dämpfungsfunktion γ noch wesentlich vereinfachen. Wir interessieren uns hauptsächlich dafür, wie das Einschwingen des Induktors im Mittel verläuft. Aus diesem Grunde können wir in der letzten Klammer der Gl. (137a) den Summanden $\sin \alpha$, der in der Hauptsache nur eine gewisse Unsymmetrie der Schwingung zur Mittelstellung des Polrades ergibt, vernachlässigen. Endlich setzen wir noch in derselben Gleichung $\cos \alpha = 1$; der dadurch begangene Fehler wird um so geringfügiger, je kleiner auf der einen Seite $\dfrac{a}{\omega}$ gegenüber 1 und je kleiner auf der anderen Seite die Amplituden der Schwingung an sich sind. Auf die Folgen dieser Vernachlässigungen werden wir übrigens noch zurückkommen.

Mit den erwähnten Vernachlässigungen geht die Differentialgleichung (137) über in:

mit

$$\frac{d^2 \alpha}{dt^2} + \frac{\gamma}{\Theta} \cdot \left[1 - \left(\frac{a \cdot \tau}{\omega}\right)^2\right] \cdot \frac{d\alpha}{dt} + \frac{\gamma \cdot a_i}{\Theta} \cdot \sin \alpha = 0, \qquad (138)$$

$$\gamma = \frac{D_{\mathrm{norm}} \cdot J_{k0}}{J_{1/1} \cdot \tau \cdot a_i \cdot \left[1 + \left(\frac{a}{\omega}\right)^2\right]}. \qquad (138\,\mathrm{a})$$

Aus dieser Gleichung ist das bremsende Moment D_2, für welches das Gleiche wie das über die Dämpfungsfunktion γ Gesagte gilt, ebenfalls verschwunden. Wir dürfen nicht vergessen, daß das synchronisierende Moment ursprünglich einen Dämpfungsfaktor $e^{-2 \cdot a_i \cdot t}$ enthielt, der in der eben angeschriebenen Differentialgleichung ebenfalls vernachlässigt ist. Diese Vernachlässigung ist indes völlig belanglos, denn mit abklingendem Induktorfeld nimmt nicht nur das synchonisierende

Moment, sondern in gleichem Maße auch das bremsende Moment ab und der vernachlässigte Dämpfungsfaktor ist somit ohne Einfluß auf den zeitlichen Verlauf des Einschwingens des Induktors.

Solange es sich nicht gerade um Schalten in Phasenopposition handelt, sondern um das praktisch vorkommende schlechte Synchronisieren, solange der Winkel α also klein bleibt, kann in der Differentialgleichung (138) $\sin \alpha = \alpha$ gesetzt werden. Sie geht dann in eine lineare homogene Differentialgleichung zweiten Grades mit konstanten Koeffizienten über, deren allgemeines Integral bekanntlich lautet, wenn wir gleich die Anfangsbedingungen berücksichtigen, wonach

$$\left.\begin{array}{l} \alpha = \alpha_0\,, \\[2mm] \dfrac{d\alpha}{dt} = 0\,, \end{array}\right\} \ \text{für}\ \ t = 0: \tag{139}$$

$$\alpha = \alpha_0 \cdot e^{-\beta \cdot t} \cdot \left[\frac{\nu + \beta}{2 \cdot \nu} \cdot e^{\nu \cdot t} + \frac{\nu - \beta}{2 \cdot \nu} \cdot e^{-\nu \cdot t}\right], \ \text{wenn}\ \ \beta > \nu', \tag{140a}$$

bzw.

$$\alpha = \alpha_0 \cdot e^{-\beta \cdot t} \cdot \cos \nu \cdot t, \qquad\qquad \text{wenn}\ \ \beta < \nu', \tag{140b}$$

wo

$$\left.\begin{array}{l} \nu = \nu' \cdot \sqrt{-1 + \dfrac{\beta^2}{\nu'^2}}, \quad \text{bzw.}\ = \nu' \cdot \sqrt{1 - \dfrac{\beta^2}{\nu'^2}}, \\[6mm] \beta = \nu'^2 \cdot \dfrac{1 - \left(\dfrac{a \cdot \iota}{\omega}\right)^2}{2 \cdot a_i}, \\[4mm] \text{und} \\[4mm] \nu' = \sqrt{\dfrac{D_{\text{norm}} \cdot J_{k0}}{\Theta \cdot J_{\frac{1}{2}} \cdot \tau \cdot \left[1 + \left(\dfrac{a}{\omega}\right)^2\right]}} = 2 \cdot \sqrt{\dfrac{(\text{kVA}) \cdot \text{m}^2 \cdot 10^3}{(G \times D^2) \cdot x \cdot \omega \cdot \left[1 + \left(\dfrac{a}{\omega}\right)^2\right]}} \cdot \end{array}\right\} \tag{141}$$

In dem zuletzt angeschriebenen Ausdruck bedeutet (kVA) die normale Leistung des Generators in kVA, $(G \times D^2)$ dessen Schwungmoment in $\text{kg} \times \text{m}^2$, x dessen auf den Nennstrom bezogenen Streufaktor und m dessen Polpaarzahl.

Wie man sieht, erfolgt je nach den Dämpfungsverhältnissen das Einschwingen des Induktors in die synchrone Lage aperiodisch oder periodisch, je nach der Größe der Ohmschen Widerstände im Induktor- und Statorkreis. Wir können die Bedingung für das Auftreten aperiodischer bzw. periodischer Schwingung auch so formulieren:

$$\nu' \cdot \frac{1 - \left(\dfrac{a \cdot \tau}{\omega}\right)^2}{2 \cdot a_i} \gtrless 1, \tag{142}$$

und sehen dann deutlich, daß es an sich gleichgültig ist, ob der Widerstand im Stator oder Induktor vergrößert wird. ν' ist die sich bei geringer Dämpfung (β klein) ergebende mechanische Eigenfrequenz des Induktors, deren Größe wir einmal für verschiedene markante Maschinentypen bestimmen wollen.

Für mittlere und größere Maschinen kann der auf den Vollaststrom bezogene Streufaktor $x = 0{,}1$ angenommen werden, während wir, falls keine besonderen Widerstände vorhanden sind, $a_i = 1$ und $a = 10$ schätzen können. Für $\omega = 314$ ergibt sich dann

$$\nu' = 11 \cdot m \cdot \sqrt{\frac{\mathrm{kVA}}{G \times D^2}}.$$

1. Turbogenerator 1750 kVA, 3000 Umdr./Min. mit einem Schwungmoment von Induktor und Schaufelrad zusammen $= G \times D^2 = 500 \ \mathrm{kg} \times \mathrm{m}^2$:

$$\nu' = 11 \cdot \sqrt{\frac{1750}{500}} = 21.$$

2. Turbogenerator 10000 kVA, 3000 Umdr./Min., $G \times D^2 = 2000 \ \mathrm{kg} \times \mathrm{m}^2$:

$$\nu' = 11 \cdot \sqrt{\frac{10000}{2000}} = 25.$$

3. Turbogenerator 23000 kVA, 1500 Umdr./Min., $G \times D^2 = 35000 \ \mathrm{kg} \times \mathrm{m}^2$:

$$\nu' = 22 \cdot \sqrt{\frac{23000}{35000}} = 18.$$

4. Wasserturbogenerator 11500 kVA, 500 Umdr./Min., $G \times D^2 = 160000 \ \mathrm{kg} \times \mathrm{m}^2$:

$$\nu' = 66 \cdot \sqrt{\frac{11500}{160000}} = 18.$$

Zunächst fällt uns auf, daß die mechanische Eigenfrequenz bei den verschiedensten Maschinentypen nur sehr wenig schwankt. Ferner bemerken wir aber, wenn wir einen Blick auf die zweite der Gl. (141) werfen und bedenken, daß bei größeren Maschinen a_i sich in der Größenordnung von 1 bewegt, daß das Einschwingen im allgemeinen stets aperiodisch erfolgen wird. Periodische Schwingungen des Induktors sind nur dann möglich, wenn $\dfrac{a \cdot \tau}{\omega}$ sehr nahe gleich 1 wird, wenn also zwischen den parallel zu schaltenden Maschinen sehr erhebliche Streckenwiderstände liegen, die ihrer Ohmzahl nach die synchrone Reaktanz $\left(\dfrac{E_0}{J_{k0}}\right)$ des zuzuschaltenden Generators erreichen. Dann wird allerdings die Dämpfung schon so gering bzw. negativ, daß das Polrad überhaupt nicht mehr in die synchrone Lage einschwingt, sondern nach einer Reihe anschwellender Schwingungen schließlich außer Tritt fällt. Die letztere Behauptung bedarf allerdings noch einer Einschränkung.

Wir hatten bei der Herleitung der Differentialgleichung (138) an der ursprünglich durch die Gl. (137a) gegebenen Dämpfungsfunktion γ verschiedene Vereinfachungen getroffen, die in einer Vernachlässigung der trigonometrischen Funktionen bestanden. Gl. (137a) läßt nun aber erkennen, daß bei erheblichen Ausschlagwinkeln α eine ursprünglich negative Dämpfung $\left(\dfrac{a \cdot \tau}{\omega} > 1\right)$ wieder positiv wird.

In Wirklichkeit werden also die Schwingungen des Induktors nicht unbegrenzt anschwellen, sondern einem gewissen Beharrungszustand zustreben, wenn nicht das ebenfalls vernachlässigte bremsende Moment den Induktor dennoch zum Kippen bringt.

Die vorgeführten Zahlenbeispiele zeigen, daß beim Fehlen nennenswerter Widerstände im Stromkreis der parallel zu schaltenden Maschinen, d. h. solange $\dfrac{a \cdot \tau}{\omega}$ klein gegen 1 ist, β^2 groß ist gegenüber ν'^2. Infolgedessen ist sehr angenähert

$$\nu = \beta \cdot \left(1 - \frac{\nu'^2}{2 \cdot \beta^2}\right),$$

d. h. ν unterscheidet sich nur wenig von β. Damit vereinfacht sich aber die Gl. (140a) zu

$$\alpha = \alpha_0 \cdot e^{-(\nu - \beta) \cdot t},$$

und

$$\nu - \beta = \sim -\frac{\nu'^2}{2 \cdot \beta} = \sim \frac{a_i}{1 - \left(\dfrac{a}{\omega}\right)^2} = \sim a_i,$$

Somit können wir auch endgültig schreiben

$$\alpha = \sim \alpha_0 \cdot e^{-a_i \cdot t}, \tag{140c}$$

und wir sind damit zu dem merkwürdigen Ergebnis gekommen, daß das Einschwingen des Induktors in die synchrone Lage und das Abklingen des Induktorfeldes durch das gleiche Gesetz geregelt werden.

Wir hatten die Differentialgleichung (138) nur unter der Voraussetzung kleiner Winkel α gelöst, die sämtlichen bisherigen Betrachtungen beziehen sich also auf kleine Schwingungen des Polrades. Gl. (138) ist vom Typus der Differentialgleichung des Pendels, von dessen Theorie her wir wissen, daß mit größer werdendem Ausschlag die Schwingungszeit nicht mehr konstant bleibt, sondern allmählich langsam und dann immer schneller zunimmt. Außerdem verliert die Schwingung ihren harmonischen Charakter, und ihre Kurvenform verflacht sich immer mehr. Doch sind dies Details, die uns weniger interessieren, uns genügt es zu wissen, daß mit zunehmender Amplitude der Schwingung die Schwingungszahl nach der Gleichung

$$\nu'' = \nu' \cdot \frac{\pi}{2 \cdot K} \qquad (143)$$

abnimmt, wo

$$K = \int_0^{\frac{\pi}{2}} \frac{d\varphi}{\sqrt{1 - k^2 \cdot \sin^2 \varphi}} \left.\vphantom{\int}\right\} \qquad (143\,\mathrm{a})$$

mit

$$k = \sin \frac{\bar{\alpha}}{2} \cdot$$

das sogenannte vollständige elliptische Integral erster Gattung ist, von dem numerische Tafeln beispielsweise in den Funktionentafeln von Jahnke und Emde zu finden sind. Abb. 85 zeigt, in welchem Maße die Eigenfrequenz des Polrades mit zunehmender Amplitude $\bar{\alpha}$ der Schwingung abnimmt, und läßt erkennen, daß bis zu Ausschlagwinkeln $\bar{\alpha} = 60^0$ die vorhergehend diskutierte Näherungslösung der Differentialgleichung (138) noch mit völlig ausreichender Genauigkeit gilt.

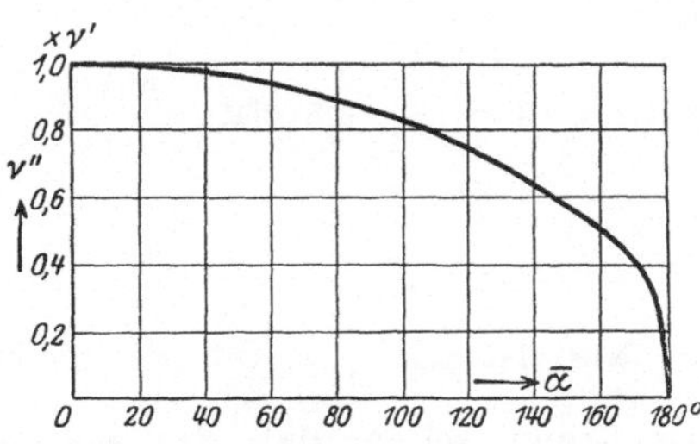

Abb. 85. Abnahme der Eigenfrequenz des Polrades mit wachsender Amplitude.

Zum Schluß wollen wir noch an einem Beispiel den durch schlechtes Parallelschalten ausgelösten Ausgleichsvorgang betrachten; als Objekt wählen wir den schon oben erwähnten Wasserturbogenerator von 11500 kVA, 500 Umdr./Min., $G \times D^2 = 160000$ kg $\times$ m^2, $x = 0{,}1$, $\omega = 314$, $a_i = 1{,}0$, $a = 31{,}4$, der unter einem Fehlwinkel $\alpha_0 = 60^0$ auf ein unendlich großes Netz geschaltet werde.

Mit den eben angeschriebenen Werten ergibt sich zunächst

$$\nu' = 18,$$

$$\beta = 162,$$

$$\nu = 161,$$

und durch Einsetzen in Gl. (140a):

$$\alpha = \alpha_0 \cdot \left[\frac{323}{322} \cdot e^{-1,0 \cdot t} - \frac{1}{322} \cdot e^{-323 \cdot t} \right] = \sim \alpha_0 \cdot e^{-t}.$$

Wir sehen, das Polrad strebt mit einer verhältnismäßig geringen Geschwindigkeit aperiodisch seiner synchronen Lage zu. Und zwar beträgt die Anfangsverzögerung des Polrades, wie eine Differentiation nach der Zeit ergibt, 60^0 pro Sekunde, das heißt, das Polrad würde bei gleichbleibender Verzögerung in 5 Minuten bis zum Stillstand abgebremst werden. Die mechanische Beanspruchung der Maschine ist also nur gering.

Sei für die betrachtete Maschine weiterhin $J_{k0} = 3 \cdot J_{1/1}$, $p = \omega$, $q = 0$, so ergeben die Gl. (132) beispielsweise folgenden Verlauf des Ausgleichsstromes in der Statorphase 2:

$$i_4 = \frac{J_{k0}}{0,15} \cdot \sin\left(\frac{\pi}{6} \cdot e^{-t}\right) \cdot [e^{-31,4 \cdot t} \cdot \cos(\alpha' - \psi') -$$

$$- 0,7 \cdot e^{-t} \cdot \cos(314 \cdot t + \alpha' - \psi') - 0,3 \cdot \cos(314 \cdot t + \alpha' - \psi')],$$

$$= 3,33 \cdot J_{k0} [e^{-32,4 \cdot t} \cdot \cos(\alpha' - \psi') -$$

$$- 0,7 \cdot e^{-2 \cdot t} \cdot \cos(314 \cdot t + \alpha' - \psi') - 0,3 \cdot e^{-t} \cdot \cos(314 \cdot t + \alpha' - \psi')],$$

mit

$$\alpha' - \psi' = \operatorname{arctg} \frac{\sin \alpha_0}{1 - \cos \alpha_0} - \operatorname{arctg} \frac{\sin \alpha_0 \cdot e^{-t}}{1 - \cos \alpha_0 \cdot e^{-t}} =$$

$$= \frac{\pi}{3} - \operatorname{arctg} \operatorname{cotg} \frac{\pi}{6} \cdot e^{-t}.$$

Nun ist $\sin \frac{\pi}{6} = 0,5$, ferner ist für $t = 0$ auch $\alpha' - \psi' = 0$, und wir sehen schon, daß der sich ergebende Ausgleichsstrom mit derselben Amplitude wie der plötzliche Kurzschlußstrom des Generators einsetzt. Auch der zeitliche Verlauf des Ausgleichsstromes ist ganz ähnlich dem des plötzlichen Kurzschlußstromes, nur daß das Wechselstromglied doppelt so stark gedämpft ist und daß es keinen stationären Kurzschlußstrom gibt, auch erfahren die Ströme im Verlauf des Ausgleichsvorganges allmählich eine Winkelverdrehung um 30^0.

Wir wollen nunmehr das betrachtete Beispiel dahin abändern, daß der parallel zu schaltende Generator nicht in unmittelbarer Nähe der Zentrale sich befinde, sondern daß die Parallelschaltung über ein Kabel von solcher Länge erfolge, daß gerade $\frac{\alpha \cdot \tau}{\omega} = 1$, daß also der Ohmsche Widerstand des Kabels plus dem des Stators gleich der synchronen Reaktanz des Generators sei. Die an sich geringfügige Induktivität des Kabels wollen wir vernachlässigen. Unter den nunmehr veränderten Verhältnissen ergibt sich zunächst

$$\nu' = 12{,}5 = \nu,$$

und

$$\beta = 0,$$

und damit

$$\alpha = \frac{\pi}{3} \cdot \cos 12{,}5 \cdot t.$$

Weiterhin lautet nach den Gl. (104) und (127) das Gesetz für den Ausgleichsstrom in der Statorphase 2:

$$i_4 = A_3 \cdot e^{-a \cdot t} \cdot \cos \psi_3 - A_4 \cdot e^{-a_1 \cdot t} \cdot \cos (\omega \cdot t - \psi_4) - J \cdot \cos (\omega \cdot t - \psi_4),$$

wo nach den Gl. (129) und (131):

$$A_3 = 2{,}3 \cdot J_{k0} \cdot \sin \frac{\alpha}{2}, \qquad A_4 = 1{,}6 \cdot J_{k0} \cdot \sin \frac{\alpha}{2},$$

$$\psi_3 = \operatorname{arctg} \frac{3{,}3 - 3{,}3 \cdot \cos \alpha + \sin \alpha}{1 - \cos \alpha - 3{,}3 \cdot \sin \alpha},$$

$$\psi_4 = -\operatorname{arctg} \frac{4{,}3 \cdot (1 - \cos \alpha) - 2 \cdot \sin \alpha}{2 \cdot (1 - \cos \alpha) + 4{,}3 \cdot \sin \alpha},$$

$$J = 0{,}9 \cdot J_{k0} \cdot \sin \frac{\alpha}{2}, \qquad \psi = \operatorname{arctg} \frac{1 - \cos \alpha + \sin \alpha}{1 - \cos \alpha - \sin \alpha}.$$

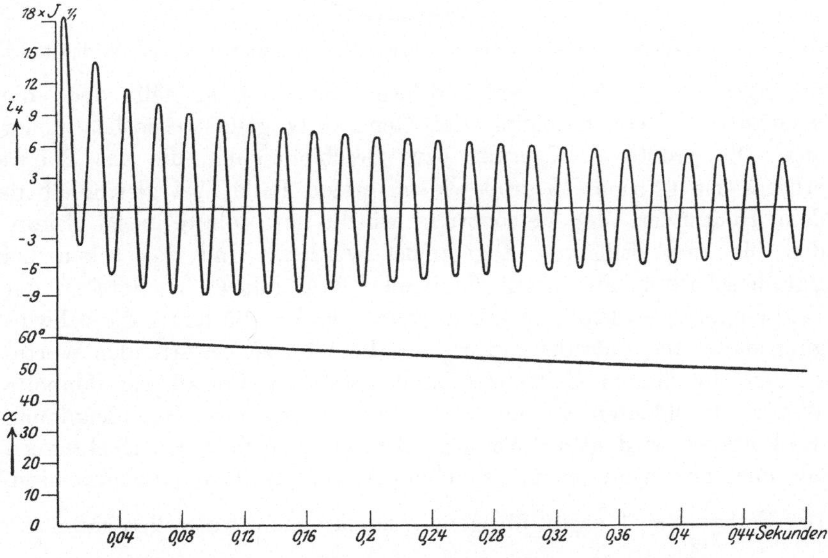

Abb. 86. Widerstandsloses Parallelschalten von Generatoren.

Wenn wir weiterhin berücksichtigen, daß des kleinen Winkels wegen

$$\sin \frac{\alpha}{2} = \sim \frac{\pi}{6} \cdot \cos 12{,}5 \cdot t,$$

so erhalten wir endlich:

$$i_4 = J_{k0} \cdot \cos 12{,}5 \cdot t \cdot [1{,}15 \cdot e^{-314 \cdot t} \cdot \cos \psi_3 - 0{,}8 \cdot e^{-t} \cdot \cos (314 \cdot t - \psi_4) -$$
$$- 0{,}45 \cdot \cos (314 \cdot t - \psi)].$$

Die Abb. 86 und 87 veranschaulichen die an den eben durchgerechneten Beispielen gewonnenen Ergebnisse. Wenn auch, wie wir sehen, im zweiten Fall, der auftretende Überstrom viel

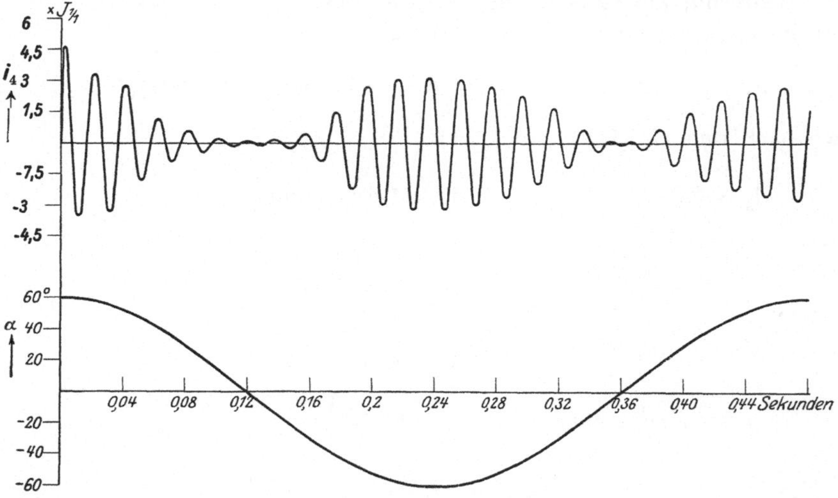

Abb. 87. Parallelschalten von Generatoren über einen Ohmschen Widerstand.

niedriger ist als bei widerstandslosem Schalten, so fällt doch die mechanische Beanspruchung des Generators ganz wesentlich höher aus. Die größte Verzögerung bzw. Beschleunigung, die das Polrad erfährt, ist 12,5 mal so groß wie im ersten Falle; bei gleichbleibendem Höchstwert der Verzögerung würde das Polrad in 24 Sekunden bis zum Stillstand abgebremst werden. Und das schon bei Parallelschalten mit einem Fehlwinkel von nur 60°. Betrüge der Fehlwinkel $\alpha_0 = 120°$, so würde zwar, wie Abb. 85 lehrt, die Schwingungsdauer des Polrades auf $^4/_3$ des bei 60° zu erwartenden Wertes steigen, in diesem Zeitraume muß aber vom Polrad der doppelte Winkel durchlaufen werden. Die Verzögerung bzw. Beschleunigung des Polrades wird also 1,5 mal größer und erreicht einen Höchstwert, der imstande wäre, es in 16 Sekunden zum Stillstand abzubremsen.

Der Fall $\dfrac{a \cdot \tau}{\omega} = 1$ ergibt übrigens, wie man leicht feststellen kann, die größte mechanische Beanspruchung des Generators.

25. Die Synchronmaschine beim Kurzschluß über Streckenwiderstände.

Bei den vorhergegangenen Betrachtungen des plötzlichen Kurzschlusses der Synchronmaschine hatten wir der Einfachheit halber vorausgesetzt, daß der Kurzschluß direkt an den Klemmen der Maschine unter Ausschaltung nennenswerter Widerstände erfolge. Diese Voraussetzung trifft aber in der Praxis in den seltensten Fällen zu.

Meist wird der Fall so liegen, daß der Kurzschluß irgendwo draußen im Netz eintritt, und daß in der Kurzschlußbahn die verschiedenen Streckenwiderstände liegen, zu denen dann noch der Widerstand des Kurzschlußlichtbogens hinzukommt. Zweifellos wird hierdurch das Wesen der beim plötzlichen Kurzschluß sich abspielenden Ausgleichsvorgänge nicht berührt, so daß die Frage nach dem Einfluß der Streckenwiderstände, vom rein theoretischen Standpunkt aus betrachtet, wenig interessant erscheint. Dagegen besitzt diese Frage eine große praktische Bedeutung, denn es ist ohne weiteres einleuchtend, daß die Höhe und der zeitliche Verlauf der Kurzschlußströme durch derartige zusätzliche Widerstände, die sowohl induktiv als auch induktionsfrei sein können, stark beeinflußt wird. Die Größe und Zeitdauer des zu erwartenden Ausgleichsstromes ist aber gerade dasjenige, was den Praktiker in erster Linie interessiert.

Bei den nachfolgenden Untersuchungen, deren Ziel die Berechnung der beim Kurzschluß über Streckenwiderstände zu erwartenden Überströme ist, können wir uns demnach kurz fassen, und die Betrachtung der Ausgleichsvorgänge selbst mehr in den Hintergrund rücken. Wir können die eingangs dieses Kapitels aufgestellten Differentialgleichungen und deren Lösung unverändert übernehmen, wenn wir sie nur den speziellen Bedingungen des vorliegenden Problems anpassen. Und diese Anpassung ist nicht schwer.

In den Differentialgleichungen (89) bzw. (103) war entsprechend der Annahme eines „satten" Kurzschlusses für die beiden Statorphasen die rechte Seite, abgesehen von etwa angelegten äußeren Spannungen, gleich Null gesetzt worden. Dies ist jetzt nicht mehr zulässig, wir haben vielmehr in der Selbstinduktivität λ und dem Ohmschen Widerstand R des Kurzschlußkreises Spannungsabfälle

$$\left.\begin{aligned} e_3 &= -\lambda \cdot \frac{di_3}{dt} - R \cdot i_3, \\[2ex] e_4 &= -\lambda \cdot \frac{di_4}{dt} - R \cdot i_4, \end{aligned}\right\} \tag{144}$$

bzw.

denen die auf der linken Seite der eben erwähnten Differentialgleichungen angeschriebenen Spannungen das Gleichgewicht zu halten haben. Wenn wir nun die Gl. (144) in die Differentialgleichungen (103) einführen, so gehen diese über in:

$$
\begin{aligned}
L_r \cdot \frac{di_1}{dt} + M \cdot \frac{di_4 \cdot \sin \omega \cdot t}{dt} + M \cdot \frac{di_3 \cdot \cos \omega \cdot t}{dt} + r_r \cdot i_1 &= 0\,. \\[2mm]
L_r \cdot \frac{di_2}{dt} + M \cdot \frac{di_4 \cdot \cos \omega \cdot t}{dt} - M \cdot \frac{di_3 \cdot \sin \omega \cdot t}{dt} + r_r \cdot i_2 &= 0, \\[2mm]
(L + \lambda) \cdot \frac{di_3}{dt} - M \cdot \frac{di_2 \cdot \sin \omega \cdot t}{dt} + M \cdot \frac{di_1 \cdot \cos \omega \cdot t}{dt} + (r+R) \cdot i_3 &= 0, \\[2mm]
(L + \lambda) \cdot \frac{di_4}{dt} + M \cdot \frac{di_2 \cdot \cos \omega \cdot t}{dt} + M \cdot \frac{di_1 \cdot \sin \omega \cdot t}{dt} + (r+R) \cdot i_4 &= 0.
\end{aligned} \tag{145}
$$

Das sind aber formal genau dieselben Gleichungen, und sie haben deshalb auch dieselbe, durch die Gl. (100) und (104) gegebene Lösung, nur daß wir in diese statt des Selbstinduktionskoeffizienten L und des Ohmschen Widerstandes r neue Größen

$$
\text{und} \qquad
\begin{aligned}
L' &= L + \lambda \\
r' &= r + R
\end{aligned} \tag{146}
$$

einzusetzen haben. Zu diesem Ergebnis hätten wir auch auf Grund unmittelbarer Anschauung gelangen können, denn wir können uns selbstverständlich Selbstinduktivität und Ohmschen Widerstand des äußeren Kurzschlußkreises in die Statorwicklung hineinverlegt denken.

Mit dieser Feststellung sind wir bereits am Ziele unserer Rechnungen angelangt. Wenn wir nämlich in den Gleichungen des vorigen, dem Parallelschaltvorgang gewidmeten Abschnittes die äußere Spannung, also E und damit $\varkappa$ gleich Null werden lassen, so decken sie, natürlich unter Beachtung der Beziehungen (146), auch den vorliegenden Fall. Wir können also ohne weitere Rechnung folgende Gleichungen für den Verlauf der Kurzschlußströme in den Wicklungen der betrachteten Maschine anschreiben:

$$
i_1 = A_1 \cdot e^{-a' \cdot t} \cdot \sin (\omega \cdot t - \psi') - A_2 \cdot e^{-a_i' \cdot t} \cdot \sin \psi',
$$

$$
i_2 = A_1 \cdot e^{-a' \cdot t} \cdot \cos (\omega \cdot t - \psi') + A_2 \cdot e^{-a_i' \cdot t} \cdot \cos \psi' + i_e.
$$

$$
i_3 = - A_3 \cdot e^{-a' \cdot t} \cdot \sin \psi' + A_4 \cdot e^{-a_i' \cdot t} \cdot \sin (\omega \cdot t - \psi'') + J_k \cdot \sin (\omega \cdot t - \psi),
$$

$$
i_4 = - A_3 \cdot e^{-a' \cdot t} \cdot \cos \psi' - A_4 \cdot e^{-a_i' \cdot t} \cdot \cos (\omega \cdot t - \psi'') - J_k \cdot \cos (\omega \cdot t - \psi),
$$

mit

$$A_1 = - A_2 = - i_e \cdot \frac{1 - \tau'}{\tau'} \cdot \sqrt{\frac{1}{1 + \left(\dfrac{a}{\omega}\right)^2}} =$$

$$= - i_e \cdot \frac{M^2}{(L + \lambda) \cdot L_r} \cdot \sqrt{\frac{((L + \lambda) \cdot \tau' \cdot \omega)^2}{\tau'^2 \cdot [((L + \lambda) \cdot \tau' \cdot \omega)^2 + (r + R)^2]}} =$$

$$= - i_e \cdot \frac{L \cdot \omega \cdot (1 - \tau)}{\sqrt{((L \cdot \tau + \lambda) \cdot \omega)^2 + (r + R)^2}},$$

$$A_3 = - \frac{J_{k0}}{\tau'} \cdot \sqrt{\frac{1}{1 + \left(\dfrac{a}{\omega}\right)^2}} = - \frac{J_{k0}(L + \lambda) \cdot \omega}{\sqrt{((L + \lambda) \cdot \tau' \cdot \omega)^2 + (r + R)^2}} =$$

$$= - \frac{E_i}{\sqrt{((L \cdot \tau + \lambda) \cdot \omega)^2 + (r + R)^2}},$$

$$A_4 = J_{k0} \cdot \frac{1 - \tau'}{\tau'} \cdot \sqrt{\frac{1}{1 + \left(\dfrac{a}{\omega}\right)^2}} = \frac{1 - \tau}{1 + \dfrac{\lambda}{L}} \cdot \frac{E_i}{\sqrt{((L \cdot \tau + \lambda) \cdot \omega)^2 + (r + R)^2}},$$

$$J_k = J_{k0} \cdot \sqrt{\frac{1}{1 + \left(\dfrac{a \cdot \tau'}{\omega}\right)^2}} = \frac{E_i}{\sqrt{((L + \lambda) \cdot \omega)^2 + (r + R)^2}},$$

$$J_{k0} = i_e \cdot \frac{M}{L},$$

$$\psi = \operatorname{arctg} \frac{a \cdot \tau'}{\omega} = \operatorname{arctg} \frac{r + R}{(L + \lambda) \cdot \omega},$$

$$\psi' = - \operatorname{arctg} \frac{a}{\omega} = - \operatorname{arctg} \frac{r + R}{(L \cdot \tau + \lambda) \cdot \omega}.$$

$$\psi'' = \operatorname{arctg} \frac{\dfrac{a}{\omega} \cdot (1 + \tau')}{1 - \tau' \cdot \left(\dfrac{a}{\omega}\right)^2} = \operatorname{arctg} \frac{\operatorname{tg} \psi - \operatorname{tg} \psi'}{1 + \operatorname{tg} \psi \cdot \operatorname{tg} \psi'} = \psi - \psi',$$

$$a' = \frac{r + R}{(L + \lambda) \cdot \tau'} = \frac{r + R}{L \cdot \tau + \lambda},$$

$$a_i' = \frac{r_r}{L_r \cdot \tau'} = \frac{r_r \cdot \left(1 + \dfrac{\lambda}{L}\right)}{L_r \cdot \left(\tau + \dfrac{\lambda}{L}\right)}$$

und

$$\tau' = 1 - \frac{M^2}{(L + \lambda) \cdot L_r} = \frac{\tau + \dfrac{\lambda}{L}}{1 + \dfrac{\lambda}{L}}.$$

Durch Zusammenfassung der eben angeschriebenen Ausdrücke erhalten wir endlich, wenn wir noch der Einfachheit halber einen Schaltwinkel $\alpha = -\psi'$ in die Gleichungen einführen.

$$i_1 = -i_e \cdot \frac{L \cdot \omega \cdot (1-\tau)}{\sqrt{((L \cdot \tau + \lambda) \cdot \omega)^2 + (r+R)^2}} \cdot e^{-a' \cdot t} \cdot \sin \omega \cdot t \,,$$

$$i_2 = i_e \cdot \frac{L \cdot \omega \cdot (1-\tau)}{\sqrt{((L \cdot \tau + \lambda) \cdot \omega)^2 + (r+R)^2}} \cdot \left[e^{-a_i' \cdot t} - e^{-a' \cdot t} \cdot \cos \omega \cdot t \right] + i_e \,.$$

$$i_3 = \frac{E_0}{\sqrt{((L \cdot \tau + \lambda) \cdot \omega)^2 + (r+R)^2}} \cdot \frac{1-\tau}{1+\dfrac{\lambda}{L}} \cdot e^{-a_i' \cdot t} \cdot \sin(\omega \cdot t - \psi) +$$

$$+ \frac{E_0}{\sqrt{((L+\lambda) \cdot \omega)^2 + (r+R)^2}} \cdot \sin(\omega \cdot t - \psi' - \psi) \,,$$

$$i_4 = \frac{E_0}{\sqrt{((L \cdot \tau + \lambda) \cdot \omega)^2 + (r+R)^2}} \cdot \left[e^{-a' \cdot t} - \frac{1-\tau}{1+\dfrac{\lambda}{L}} \cdot e^{-a_i' \cdot t} \cdot \cos(\omega \cdot t - \psi) \right]$$

$$- \frac{E_0}{\sqrt{((L+\lambda) \cdot \omega)^2 + (r+R)^2}} \cdot \cos(\omega \cdot t - \psi' - \psi) \,.$$

$$(147)$$

In diesen Gleichungen bedeutet E_0 die durch den Erregerstrom in der leerlaufenden Maschine induzierte EMK, wobei natürlich i_e derselbe Erregerstrom ist, der in der an ihren Klemmen direkt kurzgeschlossenen Maschine den stationären Kurzschlußstrom J_{k0} erzeugt; E_0 und J_{k0} sind, um es nochmals zu betonen, Scheitelwerte. $L \cdot \omega$ ist die sog. synchrone Reaktanz des Generators und ergibt sich als Quotient aus induzierter EMK E_i oder, was dasselbe ist, aus der Leerlaufspannung E_0 und dem auf dieselbe Erregung bezogenen stationären Kurzschlußstrom J_{k0}. $L \cdot \tau \cdot \omega$ ist die sog. Streureaktanz des Generators und ergibt sich als Quotient aus der Leerlaufspannung E_0 und dem Wechselstromglied $\left(\dfrac{J_{k0}}{\tau} \right)$ des plötzlichen Kurzschlußstromes des an seinen Klemmen kurzgeschlossenen, vorher unbelasteten Generators. Unter τ verstehen wir, wie stets, den resultierenden Streufaktor des Generators allein.

Wie wir sehen, fällt der Kurzschlußstrom, wie dies dem Ohmschen Gesetz nach zu erwarten ist, den Widerständen des äußeren Kurzschlußkreises entsprechend kleiner aus. Und zwar ist der Einfluß der äußeren Widerstände auf die Höhe des plötzlichen Kurzschlußstromes größer als auf die Höhe des stationären Kurzschlußstromes, da $L \cdot \omega$ natürlich wesentlich größer ist, als $L \cdot \tau \cdot \omega$.

Der größte Stromstoß im Statorkreis ergibt sich bei Vernachlässigung der Dämpfung zu

$$i_{4\,\text{max}} = \frac{2 \cdot E_0}{\sqrt{((L \cdot \tau + \lambda) \cdot \omega)^2 + (r + R)^2}}.$$

Doch ist dies ein rein theoretischer Wert, der nur auf dem Papier steht; denn das sog. Gleichstromglied des plötzlichen Kurzschlußstromes

$$i_g = \frac{E_0}{\sqrt{((L \cdot \tau + \lambda) \cdot \omega)^2 + (r + R)^2}} \cdot e^{-a' \cdot t} \qquad (149)$$

mit der gegenüber dem Klemmenkurzschluß wesentlich größeren Dämpfungskonstante

$$a' = \frac{r + R}{L \cdot \tau + \lambda} \qquad (149\,\text{a})$$

verschwindet, falls der Kurzschluß über nennenswerte Streckenwiderstände erfolgt, so schnell, daß der durch die Gl. (148) geforderte Wert auch nicht annähernd erreicht wird.

Hingegen schiebt sich das sog. Wechselstromglied des plötzlichen Kurzschlußstromes

$$i_w = \frac{-E_0}{\sqrt{((L \cdot \tau + \lambda) \cdot \omega)^2 + (r + R)^2}} \cdot \frac{1 - \tau}{1 + \dfrac{\lambda}{L}} \cdot e^{-a_i' \cdot t} \cdot \cos(\omega \cdot t - \psi),$$

das wir auch, wenn wir Effektivwerte einführen und bedenken, daß

$$\frac{1 - \tau}{1 + \dfrac{\lambda}{L}} = 1 - \tau',$$

und

$$(L \cdot \tau + \lambda) = (L + \lambda) \cdot \tau'$$

ist, schreiben können

$$i_{w\,\text{eff}} = \left(\frac{E_{0\,\text{eff}}}{\sqrt{((L \cdot \tau + \lambda) \cdot \omega)^2 + (r + R)^2}} - \frac{E_{0\,\text{eff}}}{\sqrt{((L + \lambda) \cdot \omega)^2 + (r + R)^2}} \right) \cdot e^{-a_i' \cdot t} \quad (150)$$

immer mehr in den Vordergrund, denn dessen zeitliche Dämpfung, die durch die Dämpfungskonstante

$$a_i' = \frac{r_r \cdot \left(1 + \dfrac{\lambda}{L}\right)}{L_r \cdot \left(\tau + \dfrac{\lambda}{L}\right)} \qquad (150\,\text{a})$$

festgelegt wird, hat gegenüber dem Klemmenkurzschluß sogar abgenommen. Zu diesem Wechselstromglied[1]) addiert sich endlich noch der stationäre Kurzschlußstrom

$$i_{st\,\mathrm{eff}} = \frac{E_{0\,\mathrm{eff}}}{\sqrt{((L+\lambda)\cdot\omega)^2 + (r+R)^2}}.$$

(151)

Wir können also den plötzlichen Kurzschlußstrom unserer Maschine auch durch folgende Summe ausdrücken:

$$i = i_q + i_{w\,\mathrm{eff}} + i_{st\,\mathrm{eff}}'',$$

(152)

wo die auf der rechten Seite stehenden drei Summanden durch die Gl. (149), (150) und (151) gegeben sind. Es hat natürlich keinen Sinn, einen resultierenden Effektivwert des plötzlichen Kurzschlußstromes bilden zu wollen, da dieser Gleich- und Wechselstromglieder gleichzeitig enthält.

Das auf der magnetischen Kontrastwirkung zwischen Stator und Induktor beruhende, an diesen während des plötzlichen Kurzschlusses angreifende Drehmoment ergibt sich aus der Gl. (134) des vorigen Abschnittes, indem wir α und $\varkappa$ gleich Null setzen, zu

$$D = D_{\mathrm{norm}} \cdot \frac{J_{k0}}{J_{1/1} \cdot \tau' \cdot \left[1 + \left(\dfrac{a'}{\omega}\right)^2\right]} \cdot$$

$$\cdot \left[\sin(\omega\cdot t - \psi')\cdot e^{-(a'+a_i')\cdot t} + (1-\tau')\cdot\frac{a'}{\omega}\cdot e^{-2\cdot a_i'\cdot t} + \tau'\cdot\frac{a'}{\omega}\right].$$

Das alle hundertstel Sekunde seine Richtung wechselnde Drehmoment

$$D_1 = D_{\mathrm{norm}} \cdot \frac{E_0}{J_{1/1}} \cdot \frac{(L\cdot\tau+\lambda)\cdot\omega}{((L\cdot\tau+\lambda)\cdot\omega)^2 + (r+R)^2}\cdot e^{-(a'+a_i')\cdot t}\cdot\sin(\omega\cdot t - \psi') \quad (153)$$

wird in jedem Falle kleiner als bei Klemmenkurzschluß des Generators. Dagegen kann das gleichgerichtete, bremsende Drehmoment, das von einem Anfangswert

$$D_{2a} = D_{\mathrm{norm}} \cdot \frac{E_0}{J_{1/1}} \cdot \frac{r+R}{((L\cdot\tau+\lambda)\cdot\omega)^2 + (r+R)^2}$$

(154a)

entsprechend der Gleichung

$$D_2 = (D_{2a} - D_{2\,st})\cdot e^{-2\cdot a_i'\cdot t} + D_{2\,st}$$

(154)

allmählich auf einen stationären Endwert

$$D_{2\,st} = \frac{\tau + \dfrac{\lambda}{L}}{1 + \dfrac{\lambda}{L}}\cdot D_{2a}$$

(154b)

---

sinkt, ganz wesentlich höhere Werte als bei Klemmenkurzschluß erreichen. Das bremsende Moment erreicht seinen größten Wert für $\lambda = 0$ und $\dfrac{a'}{\omega} = 1$, d. h. wenn bei induktionsfreiem äußeren Kreis der Ohmsche Widerstand im Kurzschlußkreis gleich der Streureaktanz des Generators wird.

VII. Der mehrfach verkettete magnetische Fluß zwischen bewegten unsymmetrischen Wicklungssystemen.

26. Die Bestimmung der Schwingungskonstanten.

Der Leser wird sich erinnern, daß wir im vorigen Kapitel die Differentialgleichungen einer Maschine mit symmetrischem Mehrphasensystem im Stator aber unsymmetrisch-zweiphasiger Rotorwicklung aufstellten, und diese bis zum Erhalt der Bedingungsgleichung für die Schwingungskonstanten weiterbehandelten. Aber wir lösten diese Gleichung nicht sofort für diesen allgemeinen Fall, sondern wandten sie zunächst auf ein besonders einfaches Beispiel an, nämlich die Induktionsmaschine mit symmetrischen Mehrphasensystemen in Stator und Rotor. Hätte uns nur diese spezielle Maschinengattung interessiert, so hätten wir damit zweifellos einen Umweg beschritten. Aber wir wollten den Fall der Mehrphasen-Synchronmaschine gleich mit in unsere Rechnung einschließen, und wie wir zu diesem gelangen, zeigt uns der 23. Abschnitt des vorigen Kapitels. Lassen wir nämlich den Ohmschen Widerstand der Dämpferwicklung immer größer und zuletzt unendlich groß werden, so scheint diese verschwunden und der gesuchte Fall ist realisiert.

Die Bedingungsgleichung der Schwingungskonstanten hatten wir für die Maschine mit unsymmetrisch bewickeltem Rotor in folgender Form gefunden:

$$\left[\alpha^2 + \alpha \cdot \left(\frac{r_1}{L_1} + \frac{r}{L}\right) \cdot \frac{1}{\tau_{t_1}} + \frac{r_1}{L_1 \cdot \tau_{t_1}} \cdot \frac{r}{L}\right] \cdot \left[\alpha^2 + \alpha \cdot \left(\frac{r_2}{L_2} + \frac{r}{L}\right) \cdot \frac{1}{\tau_{t_2}} + \frac{r_2}{L_2 \cdot \tau_{t_2}} \cdot \frac{r}{L}\right] +$$

$$+ \omega^2 \cdot \left[\alpha + \frac{r_1}{L_1 \cdot \tau_{t_1}}\right] \cdot \left[\alpha + \frac{r_2}{L_2 \cdot \tau_{t_2}}\right] = 0. \quad (96)$$

Hierin haben wir beispielsweise den Index 1 auf die Dämpferwicklung und den Index 2 auf die Erregerwicklung zu beziehen. Wir erhalten nach dem Vorgehenden die gesuchte Bedingungsgleichung für die Schwingungskonstanten der Synchronmaschine, indem wir $r_1 = \infty$ setzen. Dann ergibt sich, wenn wir für den Induktor nur noch den

Index i benutzen und mit $\tau = \tau_{t_1}$ den resultierenden Blondelschen Streuungskoeffizienten unserer Maschine bezeichnen:

$$\alpha_i^3 + \alpha_i^2 \cdot \left(\frac{r_i}{L_i \cdot \tau} + \frac{r}{L} \cdot \frac{1+\tau}{\tau} \right) + \alpha_i \cdot \left(2 \cdot \frac{r}{L} \cdot \frac{r_i}{L_i \cdot \tau} + \frac{r^2}{L^2} \cdot \frac{1}{\tau} + \omega^2 \right) +$$
$$+ \frac{r_i}{L_i \cdot \tau} \cdot \left(\frac{r^2}{L^2} + \omega^2 \right) = 0. \quad (155)$$

Zwischen dem resultierenden Streuungskoeffizienten und den Streuungskoeffizienten τ_i der Induktor- und τ' der Statorwicklung besteht, wie wir wissen, die Beziehung:

$$\tau = 1 - \frac{1}{(1 + \tau_i) \cdot (1 + \tau')}. \quad (156)$$

Gl. (155) ist vom 3. Grade. Sie muß also mindestens eine reelle Wurzel besitzen, d. h. mindestens ein Wert von α_i muß einen aperiodisch gedämpften Ausgleichsvorgang darstellen. Wir gehen nicht fehl, wenn wir diesen Wert zu

$$\alpha_i = -\frac{r_i}{L_i \cdot \tau} \quad (157)$$

vermuten. Dividieren wir nämlich die Gl. (155) durch $\left(\alpha_i + \frac{r_i}{L_i \cdot \tau} \right)$, so erhalten wir mit einer geringfügigen Vernachlässigung eine quadratische Gleichung für die uns noch fehlenden beiden Werte, nämlich:

$$\alpha_i^2 + \alpha_i \cdot \frac{r}{L} \cdot \frac{1+\tau}{\tau} - \frac{r_i}{L_i \cdot \tau} \cdot \frac{r}{L} \cdot \frac{1-\tau}{\tau} + \frac{r^2}{L^2} \cdot \frac{1}{\tau} + \omega^2 = 0. \quad (158)$$

Das sich bei der Division ergebende Restglied ist

$$\frac{r}{L} - \frac{r}{L} \cdot \tau - \frac{r_i}{L_i \cdot \tau} + \frac{r_i}{L_i}.$$

Damit nun dieses Restglied verschwindet, muß sein

$$\frac{r_i}{L_i \cdot \tau} = \frac{r}{L},$$

was bei praktisch ausgeführten Synchronmaschinen in der Regel tatsächlich zutrifft.

Aus Gl. (158) folgt:

$$\alpha_i = -\frac{r}{2 \cdot L} \cdot \frac{1+\tau}{\tau} \pm j \cdot (\omega - q), \quad (159)$$

mit

$$q = \frac{\omega}{2} \cdot \left(\frac{r_i}{\omega \cdot L_i \cdot \tau} + \frac{r}{2 \cdot \omega \cdot L} \cdot \frac{1-\tau}{\tau} \right)^2. \quad (159\,\mathrm{a})$$

Der eben angeschriebene Wert für q ist nicht sehr genau. Doch ist q gegenüber der synchronen Winkelgeschwindigkeit ω so klein, daß

auf eine genauere Ermittlung, wie sie auf Grund der Gl. (155) leicht
möglich wäre, verzichtet werden kann.

Die Gl. (157) und (159) enthalten nun bereits alles, was wir
brauchen, um den Verlauf irgendeines, in der kurzgeschlossenen Mehrphasen-Synchronmaschine sich abspielenden Ausgleichsvorganges be-
urteilen zu können. Gl. (157) deutet auf einen mit $e^{-\frac{r_i}{L_i \cdot \tau} \cdot t}$ gedämpften
Gleichstrom hin, charakterisiert also ein in der Achse der Erreger-
wicklung abklingendes Gleichfeld. Durch die Gl. (159) hingegen verrät
sich eine diesem Gleichstrom übergelagerte, mit der Frequenz $\omega - q$
pulsierende und mit $e^{-\frac{r}{2 \cdot L} \cdot \frac{1+\tau}{\tau} \cdot t}$ gedämpfte Sinusschwingung. Diese
kann aber ihre Entstehung nur einem am Stator haftenden, bzw.
mit der geringen Geschwindigkeit q in Richtung der Induktordrehung
über dasselbe hinweggleitenden und mit $e^{-\frac{r}{2 \cdot L} \cdot \frac{1+\tau}{\tau} \cdot t}$ gedämpften Felde
verdanken. Wir haben also auch hier denselben physikalischen Vorgang,
den wir bei der symmetrischen Mehrphasenmaschine kennen lernten.

Im Augenblicke des Einsetzens des Ausgleichsvorganges spaltet
sich das freiwerdende magnetische Feld in zwei Teile, deren einer
am Induktor und der andere am Stator hängen bleibt. Die Induktorwicklung hält ihren Feldanteil fest und nimmt ihn mit der synchronen Geschwindigkeit ω über den kurzgeschlossenen Stator hinweg
mit. Wir haben also zunächst einen Kurzschluß des Stators auf ein
mit der synchronen Drehzahl umlaufendes Feld, das mit einem
Dämpfungsexponenten

$$\alpha_i = \frac{r_i}{L_i \cdot \tau} \tag{160a}$$

erlischt. Der mehrphasige Stator hält seinen Feldanteil nicht starr
fest, sondern läßt diesen der Drehung des Polrades mit einer sehr
kleinen Winkelgeschwindigkeit q folgen. Hier haben also Stator und
Rotor die Rollen getauscht. Es ist der Rotor, der, bezogen auf ein
nahezu mit der synchronen Geschwindigkeit zurückbleibendes Feld,
kurzgeschlossen erscheint, und indem er diesem Felde Gegenamperewindungen entgegensetzt, bildet er selbst ein neues Drehfeld aus
(Zerlegung des Wechselfeldes in zwei gegenläufige Drehfelder!), welches
den Stator nahezu mit der doppelten Synchronfrequenz, nämlich
$2 \cdot \omega - q$ schneidet. Wie es diesmal der Statorkreis ist, der von
dem freiwerdenden Feldanteil gleichsam Besitz ergreift, so bestimmt
er auch die Lebensdauer desselben. Wir haben dafür nämlich den
Dämpfungsfaktor

$$\alpha = \frac{1}{2} \cdot \frac{r}{L \cdot \tau} + \frac{1}{2} \cdot \frac{r}{L} \tag{160b}$$

kennen gelernt, dessen Größe, außer durch die Streuung, nur durch die Zeitkonstante der Statorwicklung bestimmt wird.

Das gegenseitige Verhältnis der Amplituden aller auftretenden Schwingungen ist wieder so zu bestimmen, daß es möglich ist, jeden beliebigen und in unserer Maschine möglichen Anfangszustand abzubilden. Wir können dabei in genau derselben Weise vorgehen, wie wir es auf Seite 104 ff. bei der Induktionsmaschine taten und erhalten dann folgende Gleichungen für die freien Schwingungen im Induktor und im zweiphasigen Stator:

$$
\left.
\begin{aligned}
i_{if} &= -\frac{M}{L_i} \cdot A_1 \cdot e^{-a \cdot t} \cdot \cos(\omega - q) \cdot t - A_2 \cdot e^{-a_i \cdot t}, \\[2ex]
i_{3f} &= \frac{1}{2} \cdot A_1 \cdot e^{-a \cdot t} \cdot ((1+\tau) \cdot \sin q \cdot t + (1-\tau) \cdot \sin(2 \cdot \omega - q) \cdot t) + \\[1ex]
&\quad + \frac{M}{L} \cdot A_2 \cdot e^{-a_i \cdot t} \cdot \sin \omega \cdot t, \\[2ex]
i_{4f} &= \frac{1}{2} \cdot A_1 \cdot e^{-a \cdot t} \cdot ((1+\tau) \cdot \cos q \cdot t + (1-\tau) \cdot \cos(2 \cdot \omega - q) \cdot t) + \\[1ex]
&\quad + \frac{M}{L} \cdot A_2 \cdot e^{-a_i \cdot t} \cdot \cos \omega \cdot t.
\end{aligned}
\right\} \quad (161)
$$

27. Der plötzliche allpolige Kurzschluß der Mehrphasen-Synchronmaschine ohne Dämpferwicklung.

Eine leerlaufende Synchronmaschine mit zweiphasig bezwickeltem Stator sei mit einem Strome i_e erregt und werde zur Zeit $t = 0$ plötzlich und in allen Phasen gleichzeitig kurzgeschlossen. Dann lauten die Anfangsbedingungen für die Ausgleichsströme, genau wie bei der Synchronmaschine mit Querfelddämpfung:

$$
\left.
\begin{aligned}
i_{if} &= i_{3f} = 0, \\
i_{4f} &= J_{k0},
\end{aligned}
\right\} \quad (162)
$$

und wir erhalten folgende Werte für die Integrationskonstanten:

$$
A_1 = \frac{J_{k0}}{\tau},
$$

$$
A_2 = -(1-\tau) \cdot \frac{i_e}{\tau}.
$$

Indem wir diese Werte in die Gl. (161) einführen, erhalten wir ohne weiteres die Gleichungen für die gesuchten Ausgleichsströme, und wenn wir hierzu noch die stationären Werte des Erregerstromes und der induzierten Statorströme addieren, die vollständigen Gleichungen für die in Induktor und Stator fließenden Ströme in folgender Form:

$$i_i = i_e + (1 - \tau) \cdot \frac{i_e}{\tau} \cdot [e^{-a_i \cdot t} - e^{-a \cdot t} \cos(\omega - q) \cdot t],$$

$$i_3 = - J_{k0} \cdot \sin \omega \cdot t + \frac{J_{k0}}{\tau} \cdot$$

$$\cdot \left[e^{-a \cdot t} \cdot \frac{1}{2} \cdot ((1+\tau) \cdot \sin q \cdot t + (1-\tau) \cdot \sin(2 \cdot \omega - q) \cdot t) - (1-\tau) \cdot e^{-a_i \cdot t} \cdot \sin \omega \cdot t \right],$$

$$i_4 = - J_{k0} \cdot \cos \omega \cdot t + \frac{J_{k0}}{\tau} \cdot$$

$$\cdot \left[e^{-a \cdot t} \cdot \frac{1}{2} \cdot ((1+\tau) \cdot \cos q \cdot t + (1-\tau) \cdot \cos(2 \cdot \omega - q) \cdot t) - (1-\tau) \cdot e^{-a_i \cdot t} \cdot \cos \omega \cdot t \right].$$

$$(163)$$

Einige Zeit nach dem Eintritt des Kurzschlusses sind die übergelagerten Ströme verschwunden, und in der Erregerwicklung fließt wieder der eingestellte Erregerstrom i_e, in den beiden Statorwicklungen hingegen der stationäre Kurzschlußstrom. Dieser besitzt in beiden Phasen gleiche Amplitude, entgegengesetztes Vorzeichen wie der Erregerstrom und eine gegenseitige Phasenverschiebung von 90^0, d. h. im stationären Kurzschluß ist das Statorfeld ein reines Drehfeld mit zeitlich unveränderlicher Amplitude, das synchron mit dem Induktor umläuft. Bei vernachlässigbaren Verlusten ist es in Phase mit dem Hauptfelde, besitzt entgegengesetzte Polarität wie dasselbe und hebt es also, da es in der gleichen Bahn verläuft, teilweise auf. Der im Kurzschluß verbleibende Rest des gemeinsamen Feldes ergibt sich somit bei Vernachlässigung der Verluste als die arithmetische Differenz von Induktor und Statorfeld. Da das Statorfeld eine zeitlich konstante Amplitude besitzt, enthält der Erregerstrom keine übergelagerten Schwingungen und ebenso der Statorstrom nur die Grundwelle.

Der plötzliche Kurzschluß ist wieder gekennzeichnet durch den Zerfall des Leerlauffeldes in zwei annähernd gleiche Teile, deren einer am Stator und der andere am Induktor hängen bleibt. Dieser Vorgang ist, wie wir bisher sahen, allen Ausgleichserscheinungen gemeinsam, die sich zwischen zwei relativ bewegten, durch ein magnetisches Feld verketteten Wicklungssystemen abspielen. Die speziellen Eigenschaften der verschiedenen Wicklungssysteme charakterisieren nur die besondere Form, in welcher sich diese Feldspaltung vollzieht. Ja selbst beim ruhenden Transformator sahen wir bereits den Ansatz zu einem Zerfall des gemeinsamen Feldes, der allerdings nicht eintritt, da kein phykalischer Grund hierzu vorhanden ist.

Der dem Induktor verbleibende Teil des Hauptfeldes bleibt starr mit ihm verbunden, insofern, als er ihn mit der synchronen Winkelgeschwindigkeit über den Stator hinweg mitnimmt; damit soll aber nicht gesagt sein, daß er infolge der Kontrastwirkung mit dem Statorfelde nicht Pendelungen um die Polachse ausführt, genau so, wie wir es bei der Maschine mit Dämpferwicklung kennen lernten. Diese Pendelungen kommen erst dann zur Ruhe, wenn der am Stator haftende Feldanteil infolge der zeitlichen Dämpfung verschwunden ist. Der Stator hält sein Feld, wie wir bereits sahen, nicht fest, sondern läßt es mit einer geringen Geschwindigkeit q der Drehung des Induktors folgen. Beide Feldanteile bedingen in den bezüglichen Wicklungssystemen einen zu ihrer Aufrechterhaltung nötigen Magnetisierungsstrom, der in der Erregerwicklung Gleichstromcharakter, in den Statorwicklungen den Charakter eines Wechselstromes mit der allerdings sehr niedrigen Frequenz $\dfrac{q}{2 \cdot \pi}$ besitzt. Da beide Feldanteile zeitweise nur als Streufelder existieren, erreichen wegen des großen magnetischen Widerstandes, den die diese vorfinden, die Magnetisierungsströme bedeutende Beträge. Diesen lagern sich in beiden Wicklungssystemen, da sie für die über sie hinweggleitenden Felder kurzgeschlossen sind, Wechselströme von annähernd derselben Höhe über. Bei den Statorphasen haben diese Wechselströme eine derartige Frequenz $\left(\dfrac{\omega}{2 \cdot \pi}\right)$ und eine derartige gegenseitige Lage (Phasenverschiebung $= 90^{0}$), daß ein synchron mit dem Induktor umlaufendes Drehfeld entsteht. Dagegen kann der Induktor infolge seiner einachsigen Schaltung auf das mit der Relativgeschwindigkeit $\omega - q$ über ihn hinweglaufende, am Stator haftende Feld nur mit Wechselstromamperewindungen antworten. Man kann sich nun das vom Induktor ausgesandte Wechselfeld der Frequenz $\dfrac{\omega - q}{2 \cdot \pi}$ in zwei gegenläufige Drehfelder von je halber Amplitude und den absoluten Geschwindigkeiten $+ q$ und $2\omega - q$ zerlegt denken, deren eines also relativ zum Statorfelde stillsteht, während das andere die Statorwicklungen mit der Geschwindigkeit $2\omega - q$, also nahezu der doppelten Synchrongeschwindigkeit schneidet. Der Stator antwortet natürlich mit einem ebenso schnell umlaufenden Drehfeld. Den Statorströmen lagert sich also auch noch ein Wechselstrom von annähernd der doppelten Frequenz der Grundwelle und annähernd ihrer halben Amplitude über, während der ursprünglich vorhandene niedrig-periodige Wechselstrom um annähernd denselben Betrag geschwächt erscheint. Diese Vorgänge sind aus den Gl. (163) deutlich herauszulesen.

Ebenso wie bei der Induktionsmaschine ist auch hier der Verlauf des Kurzschlusses von der Wahl des Einschaltmomentes unabhängig. Denn in jeder Lage des Erregerfeldes sind in gleicher Weise Windungen des Stators mit ihm verkettet, so daß sich die Feldspaltung zu jeder Zeit in derselben Weise vollziehen kann.

Zweifellos wird jener Feldanteil in der Hauptsache den Verlauf des plötzlichen Kurzschlusses charakterisieren, der die größere Lebensdauer besitzt. Hierfür ist aber nur die Größe des Dämpfungsexponenten oder nach Gl. (160) die Größe der Zeitkonstante der betreffenden Wicklung maßgebend. Wir wollen uns das sogleich an einem Beispiel klar machen.

Die Abb. 88 und 89 zeigen den für einen Stromerzeuger mit rund

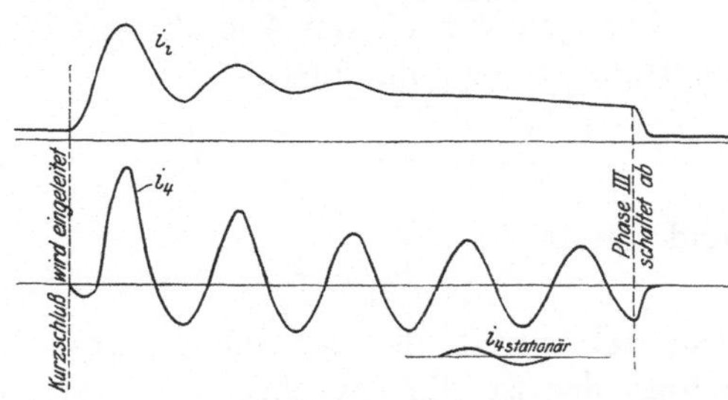

Abb. 88. Verlauf des plötzlichen dreipoligen Kurzschlusses bei überwiegender Dämpfung des Statorfeldes.

$10\,^0/_0$ Gesamtstreuung nach den Gl. (163) berechneten Vorgang des plötzlichen allpoligen Kurzschlusses. Es ist der Strom derjenigen Statorphase gezeichnet, welche bei Eintritt des Kurzschlusses diametral gegenüber der Erregerwicklung lag. Die beiden durch die Abb. 88 und 89 dargestellten Beispiele unterscheiden sich lediglich durch die verschiedene Wahl der Dämpfungsverhältnisse. Im ersteren Falle war:

$$\frac{r_i}{L_i} = 1,0 ;$$

$$\frac{r}{L} = 9,0 ;$$

$$\tau = 0,1 ;$$

$$\omega = 314$$

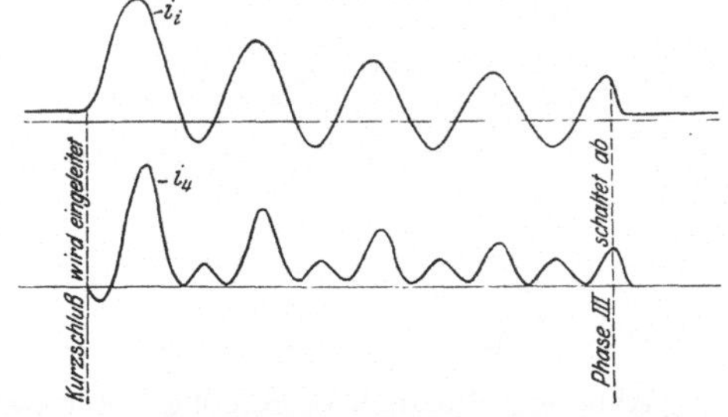

Abb. 89. Verlauf des plötzlichen dreipoligen Kurzschlusses bei überwiegender Dämpfung des Induktorfeldes.

und damit

$$a_i = 10; \qquad a = 50 \text{ und } q = 4 .$$

Der auf den Induktor entfallende Feldanteil besitzt also den kleineren Dämpfungsexponenten und damit die größere Lebensdauer. Nach einer Periode ist z. B.

$$e^{-a_i \cdot t'} = e^{-a_i \cdot \frac{1}{50}} = e^{-0,2} = 0,82 ,$$

$$e^{-a \cdot t'} = e^{-a \cdot \frac{1}{50}} = e^{-1,0} = 0,37 ,$$

d. h. während sich das synchron verkettete Feld und die mit ihm zusammenhängenden Stromgrößen nur wenig geändert haben, sind die Größen der asynchronen Verkettung, das ist das am Stator haftende

Feld und die mit ihm zusammenhängenden Stromgrößen, bereits auf ein Drittel ihres Anfangswertes herabgesunken.

Dagegen wurden der Abb. 89 gerade die umgekehrten Verhältnisse zugrunde gelegt, nämlich:

$$\frac{r_i}{L_i} = 9,0; \qquad \frac{r}{L} = 1,0; \qquad \tau = 0,1; \qquad \omega = 314$$

und damit

$$a_i = 50; \qquad a = 10; \qquad q = 5.$$

Diesmal besitzt also der vom Stator festgehaltene Anteil des Leerlauffeldes, das ist die asynchrone Verkettung, die größere Lebensdauer.

Ein Vergleich zwischen den beiden Bildern ist sehr interessant. Beide zeigen in ihren Grundzügen die im Vorhergehenden erörterten Erscheinungen. Während aber in Abb. 88 die Oberschwingung zweifacher Frequenz sich im Statorstrom höchstens durch dessen etwas spitzere Wellenform verrät, beherrscht sie in Abb. 89 den Verlauf desselben, die Grundwelle ist nur mehr als Schwebung erkennbar. Wenn wir von den ersten Augenblicken absehen, so besteht der ganze

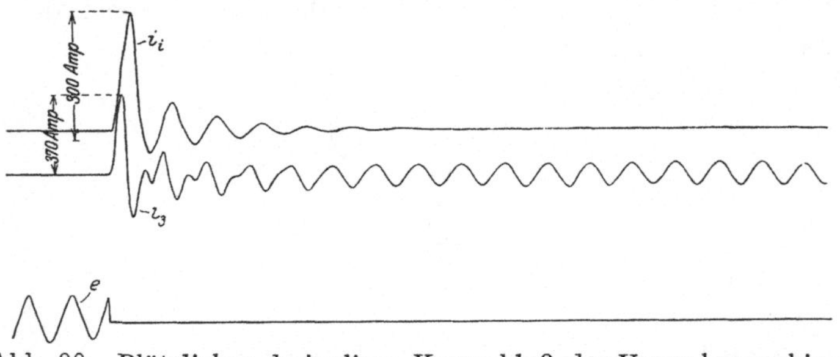

Abb. 90. Plötzlicher dreipoliger Kurzschluß der Versuchsmaschine.

Ausgleichsvorgang im ersten Falle in einem Kurzschluß des zweiphasigen Stators auf ein mit der synchronen Geschwindigkeit ω umlaufendes Drehfeld, im zweiten Falle in einem Kurzschluß des einachsigen Induktors auf ein mit der etwas geringeren Geschwindigkeit $\omega - q$ relativ zu ihm bewegtes Drehfeld. Es ist bemerkenswert, daß trotz der im vorliegenden Falle verhältnismäßig großen Widerstände die Schlupfgeschwindigkeit des Statorfeldes eine sehr geringe ist, man wird sie daher in fast allen Fällen, ohne einen großen Fehler zu begehen, vernachlässigen können.

Nachstehend werden einige Oszillogramme wiedergegeben, welche den plötzlichen dreipoligen Kurzschluß verschiedener Drehstrom-Synchronmaschinen vor Augen führen. Die Oszillogramme 90 und 91 wurden an der im 15. Abschnitt beschriebenen Maschine aufgenommen und sind also ganz besonders geeignet, die Richtigkeit unserer Theorie nachzuprüfen. In der Tat zeigen die Oszillogramme alle Einzelheiten, die wir im Anschluß an die Gl. (163) bereits diskutiert haben. Ein Vergleich mit der Abb. 89 ist nicht ohne weiteres angängig, da diese

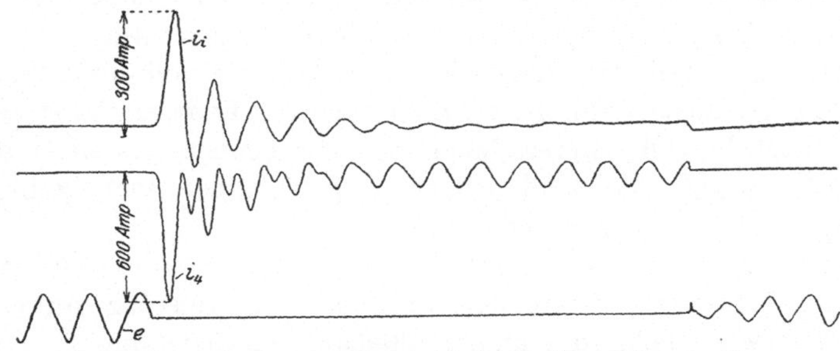

Abb. 91. Plötzlicher dreipoliger Kurzschluß der Versuchsmaschine $(\alpha = \smile 0)$.

stark übertriebene Verhältnisse wiedergibt. Die dem Ankerstrom übergelagerte Oberschwingung annähernd doppelter Frequenz ist be-

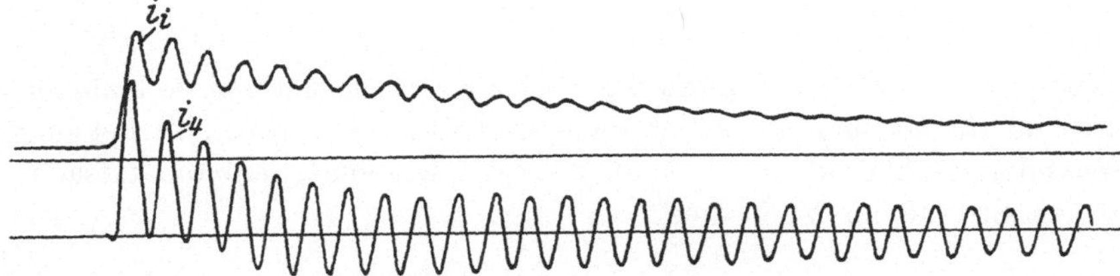

Abb. 92. Plötzlicher dreipoliger Kurzschluß eines Turbogenerators von 12 500 kVA.

sonders im Oszillogramm 91 sehr stark ausgeprägt. Obwohl die Oszillogramme zwei ganz verschiedene Schaltmomente wiedergeben, erreicht der Erregerstrom in beiden Fällen genau dieselbe Höhe. Der Verlauf des Ausgleichsvorganges ist also vom Schaltmoment unabhängig.

Die Oszillogramme 92 und 93 sind das genaue Gegenstück zu den Abb. 88 und 89. Ersteres wurde an einem Turbogenerator von 12 500 kVA, 5000 Volt, 50 $\smile$, 1000 Umdrehungen pro Minute aufgenommen, letzteres an einem Langsamläufer unbekannter Leistung mit geblätterten Polen. Im ersten Falle stieg der Kurzschlußstrom auf 45 000 Amp., das ist der 31 fache Wert des effektiven Vollaststromes, also ein ganz ungeheurer Betrag. Ähnliche Werte nimmt natürlich auch der Erregerstrom an, und man kann daraus er-

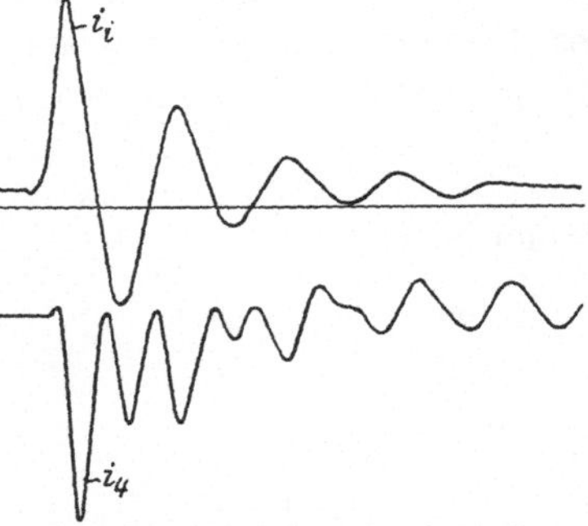

Abb. 93. Plötzlicher dreipoliger Kurzschluß eines Langsamläufers.

messen, von welcher Größe die Beanspruchungen der Wickelköpfe und vor allem auch der den Kurzschluß unterbrechenden Ölschalter sind. Bemerkenswert ist auch die auffallend geringe Dämpfung des Kurzschlußvorganges, vollkommen stationäre Verhältnisse sind erst nach $4 \div 5$ Sekunden zu erwarten. Gerade die Turbogeneratoren waren ja eine Zeitlang wegen ihrer hohen Kurzschlußströme und deren geringer Dämpfung geradezu gefürchtet. Aber auch der Langsamläufer zeitigt Kurzschlußströme, die hinter denen des Turbogenerators nicht allzuviel zurückstehen, sie sind jedoch wegen seiner viel geringeren Leistung ungleich stärker gedämpft.

Wenn wir aus den Gl. (163) für $a = 0$ und $\omega \cdot t = \pi$ die in Induktor und Stator auftretenden maximalen Stromstöße berechnen, so erhalten wir wieder die uns wohlbekannten Gleichungen:

und

$$\left.\begin{aligned} i_{i\,\mathrm{max}} &= i_e \cdot \left(\frac{2}{\tau} - 1\right) \\[2mm] i_{4\,\mathrm{max}} &= 2 \cdot \frac{J_{k0}}{\tau}. \end{aligned}\right\} \tag{164}$$

Wenn wir wieder den Einfluß der Verluste berücksichtigen, so kommen wir, da die Größen der synchronen und der asynchronen Verkettung einander annähernd gleich sind, zu dem Ergebnis, daß die tatsächlichen Ströme im Verhältnis

$$\delta = 1 - (1{,}0 \div 0{,}8) \cdot \frac{a_i + a}{2} \cdot \frac{\pi}{\omega} \tag{164a}$$

kleiner ausfallen.

Wurde bei der im 15. Abschnitt beschriebenen Maschine der Induktor in einachsiger, der Anker in dreiphasiger Schaltung angeschlossen, wurde also die Bestimmung der Streuung den Verhältnissen des Drehstromerzeugers angepaßt, so ergab die Kurzschlußmessung für den totalen Streuungskoeffizienten den Wert

$$\tau = 0{,}09.$$

Ferner war:

$$\frac{r_i}{L_i} = 1{,}3; \qquad \frac{r}{L} = 1{,}4; \qquad \omega = 125; \qquad i_e = 20 \text{ Amp.}$$

und damit wird

$$a_i = 14{,}5; \qquad a = 8{,}5 \quad \text{und} \quad \frac{a_i + a}{2} \cdot \frac{\pi}{\omega} = 0{,}29.$$

Es errechnet sich somit im vorliegenden Falle

$$\delta = 1 - 0{,}9 \cdot 0{,}29 = 0{,}74$$

und

$$i_{i\,\mathrm{max}} = 20 \cdot \left(\frac{2}{0,09} - 1\right) \cdot 0,74 = 310 \text{ Amp.}$$

In den Oszillogrammen 90 und 91 erreicht der Erregerstrom tatsächlich einen Wert von 300 Amp., die Übereinstimmung mit der Rechnung ist also eine gute.

Das Verhältnis zwischen den Überströmen, die in einem zweiphasig und in einem dreiphasig bewickelten Stator auftreten, ist leicht anzugeben, wenn wir uns der Tatsache erinnern, daß in einem Zweiphasensystem das resultierende Drehfeld dieselbe Amplitude wie die Wechselfelder der einzelnen Wicklungen, in einem Dreiphasensystem aber die 1,5 fache Amplitude besitzt. Ist sonach in einem zweiphasig und in einem dreiphasig bewickelten Stator die· Drahtzahl pro Pol dieselbe, so muß, da im ersteren Falle eine Phase 1,5 mal mehr Windungen besitzt, der maximale Kurzschlußstrom sowohl im zwei- als im dreiphasigen Stator dieselbe Höhe erreichen. Ist aber in beiden, Fällen die Drahtzahl pro Pol und Phase dieselbe, so wird der maximale Kurzschlußstrom im zweiphasigen Stator seinem absoluten Betrage nach 1,5 mal größer. Das Verhältnis zwischen maximalem und stationärem Kurzschlußstrom ist natürlich von der Phasenzahl unabhängig, ebenso das Verhältnis zwischen maximalem Kurzschlußstrom und Vollaststrom bzw. zwischen maximalem Kurzschlußstrom und Leerlaufstrom. Hier gelten die Gl. (66), (112a), (114a), (117a) und (164) ganz allgemein.

Von großem Interesse ist noch das Schicksal des gemeinsamen Feldes während des Verlaufes des plötzlichen Kurzschlusses. Um Auskunft hierüber zu erhalten, nehmen wir im Geiste unsern Beobachtungsstand auf dem Induktor ein, dann scheint der Stator mit der Geschwindigkeit ω an uns vorüberzuziehen. Da wir das gemeinsame Feld am bequemsten an seinen erregenden Amperewindungen messen, bilden wir, um die resultierende Amperewindungsverteilung in der Achse des Induktors zu erhalten, zunächst den Ausdruck:

$$z \cdot (i_3 \cdot \sin \omega \cdot t + i_4 \cdot \cos \omega \cdot t) = -z \cdot \frac{M}{L} \cdot \frac{i_e}{\tau} \cdot \left[\tau + (1-\tau) \cdot e^{-a_i \cdot t} - e^{-a \cdot t} \cdot \cos \omega \cdot t\right].$$

Diese Statoramperewindungen arbeiten den Amperewindungen des Induktors

$$z_i \cdot i_i = z_i \cdot \frac{i_e}{\tau} \cdot \left[\tau + (1-\tau) \cdot e^{-a_i \cdot t} - (1-\tau) \cdot e^{-a \cdot t} \cdot \cos \omega \cdot t\right]$$

entgegen, und indem wir sämtliche Amperewindungen addieren, erhalten wir einen Ausdruck für das an seinen erregenden Amperewindungen gemessene Haupt- oder gemeinsame Feld, nämlich:

$$\sum z \cdot i =$$

$$= z_i \cdot i_e \cdot \left[\frac{\tau_2 + \tau_1 \cdot \tau_2}{\tau_1 + \tau_2 + \tau_1 \cdot \tau_2} \cdot (\tau + (1-\tau) \cdot e^{-a_i \cdot t}) + \frac{\tau_1}{\tau_1 + \tau_2 + \tau_1 \cdot \tau_2} \cdot e^{-a \cdot t} \cdot \cos \omega \cdot t \right]. \quad (165)$$

Aus dieser Gleichung ist nun die Spaltung des Hauptfeldes in zwei Teile mit aller Deutlichkeit zu ersehen, der erste Summand verkörpert das Induktorfeld und der zweite das Statorfeld, das wegen der relativen Bewegung des Stators mit der Geschwindigkeit ω an uns vorüberzuziehen scheint. Wie wir sehen, teilt sich das Hauptfeld im umgekehrten Verhältnis der Streuungskoeffizienten beider Systeme auf, und jeder Anteil für sich verschwindet nach Maßgabe der dem zugehörigen System eigentümlichen Dämpfungskonstante.

Ist der Kurzschluß stationär geworden, so ist das Statorfeld vollkommen und das Induktorfeld zum größten Teil verschwunden und es verbleibt das gemeinsame Feld

$$\sum z \cdot i_{st} = z_i \cdot i_e \cdot \frac{\tau_2 + \tau_1 \cdot \tau_2}{1 + \tau_1 + \tau_2 + \tau_1 \cdot \tau_2} = z_i \cdot i_e \cdot \frac{\tau_2}{1 + \tau_2},$$

das natürlich genau dem Streufelde des Stators entspricht. Nun ist aber im stationären Kurzschluß, wie wir S. 193 sehen werden, im Generator ein gesamtes magnetisches Feld

$$z_i \cdot i_e \cdot \tau = z_i \cdot i_e \cdot \frac{\tau_1 + \tau_2 + \tau_1 \cdot \tau_2}{1 + \tau_1 + \tau_2 + \tau_1 \cdot \tau_2}$$

vorhanden, also muß die Differenz beider,

$$z_i \cdot i_e \cdot \frac{\tau_1}{1 + \tau_1 + \tau_2 + \tau_1 \cdot \tau_2}$$

auf das Streufeld des Induktors entfallen. Wir haben somit ein Verhältnis

$$\frac{\text{Induktor-Streufeld}}{\text{Stator-Streufeld}} = \frac{\tau_1}{\tau_2 + \tau_1 \cdot \tau_1}.$$

Bei den meisten Maschinen ist wegen des im Interesse eines kleinen Spannungsabfalles bei Belastung wesentlich größeren Kupfergewichtes der Erregerwicklung die Dämpfungskonstante a des Statorfeldes vielmals größer als die a_i des Induktorfeldes. Denken wir uns nun in Gl. 165) die Dämpfungskonstante a sehr groß gegenüber a_i, so erhalten wir für $a_i \cdot t = 0$ und $a \cdot t = \infty$:

$$\sum z \cdot i = z_i \cdot i_e \cdot \frac{\tau_2 + \tau_1 \cdot \tau_2}{\tau_1 + \tau_2 + \tau_1 \cdot \tau_2}.$$

Diesem Ausdruck entspricht das dann noch vorhandene gemeinsame

Feld, und die eben angeschriebene Gleichung gibt folgerichtig auch die Höhe des Statorstreufeldes an. Für das Induktorstreufeld erhalten wir, wenn wir uns des Verhältnisses beider erinnern, einen Betrag

$$z_i \cdot i_e \cdot \frac{\tau_1}{\tau_1 + \tau_2 + \tau_1 \cdot \tau_2},$$

und die Summe beider Streufelder ergibt das ursprünglich in der Maschine aufgespeicherte magnetische Feld.

Wir sind also zu dem überraschenden Ergebnis gelangt, daß, obwohl das Statorfeld bereits verschwunden ist, die im Generator aufgespeicherte magnetische Energie noch nicht abgenommen hat. Dies kann uns, wenn wir uns der Abb. 54 erinnern, allerdings nicht wundernehmen, denn die Zahl der ursprünglichen mit der Erregerwicklung verketteten Kraftlinien hat ja nach dem Verschwinden des Statorfeldes noch nicht abgenommen. Maßgebend für das Verschwinden des magnetischen Feldes, in das im Gegensatz zum gemeinsamen Felde das Induktorstreufeld mit einbegriffen ist, ist also lediglich die Dämpfungskonstante a_i des Induktors.

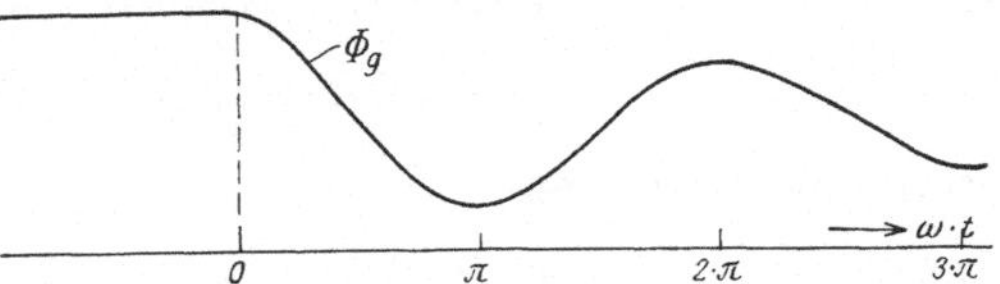

Abb. 94. Die Schwankungen des gemeinsamen Feldes in der Polachse beim plötzlichen allpoligen Kurzschluß der Mehrphasen-Synchronmaschine.

Im Gegensatz hierzu nimmt das gemeinsame Feld, wie Gl. (165) und Abb. 94 lehren, zunächst ziemlich rasch auf einen durch den Streuungskoeffizienten des Stators bestimmten Betrag ab, um weiterhin ebenfalls langsam abzunehmen.

Es läßt sich denken, daß auch beim plötzlichen Kurzschluß der Mehrphasen-Synchronmaschine zwischen den am Induktor und am Stator haftenden Feldanteilen gewaltige Abstoßungskräfte auftreten Wie wir bereits beim einphasigen Kurzschluß sahen, bleibt auch hier beim Beginn des Kurzschlußvorganges das Stator und Induktor verkettende Hauptfeld zunächst hinter der Polachse zurück, um etwa nach einer Viertelperiode seine größte Nacheilung zu erreichen. In diesem Augenblicke sind die Stator- und Rotoramperewindungen fast reine Gegenamperewindungen, und infolgedessen muß in jenem Augenblicke die Abstoßung zwischen Induktor und Stator ihren größten Betrag erreichen.

Das mechanische Drehmoment berechnet sich am einfachsten aus dem Kontraste der Erregeramperewindungen und der Querfeldamperewindungen. Das normale Moment der mit ihrem Vollaststrome $J_{1/1}$ induktionsfrei belasteten Maschine wäre:

$$D_{\mathrm{norm}} = \mathrm{konst.} \times i_t \cdot J_{1/1}, \tag{166}$$

da bei $\cos \varphi = 1$ die Statoramperewindungen reine Querfeldamperewindungen sind. In unserem Falle ist dagegen bei Vernachlässigung der zeitlichen Dämpfung:

$$i_i = i_e \cdot \left[\frac{1}{\tau} - \frac{1-\tau}{\tau} \cdot \cos \omega \cdot t \right],$$

ferner bilden wir, um den Betrag der Querfeldamperewindungen zu erhalten, den Ausdruck:

$$i_3 \cdot \cos(-\omega \cdot t) + i_4 \cdot \sin(-\omega \cdot t) = J_{k0} \cdot \sin \omega \cdot t,$$

wo J_{k0} den Scheitelwert des stationären Kurzschlußstromes und $J_{1/1}$ den des Vollaststromes bedeuten.

Daraus folgt für das Moment während des Ausgleichsvorganges:

$$D = D_{\text{norm}} \cdot \frac{J_{k0}}{J_{1/1}} \cdot \left[\frac{1}{\tau} \cdot \sin \omega \cdot t - \frac{1-\tau}{2 \cdot \tau} \cdot \sin 2\,\omega \cdot t \right]. \qquad (167)$$

Dieses Moment erreicht ein Maximum, wenn die Gleichung:

$$\cos \omega \cdot t = (1-\tau) \cdot \cos 2\,\omega \cdot t$$

erfüllt ist, d. h. wenn

$$\cos \omega \cdot t = \frac{1}{4 \cdot (1-\tau)} \cdot [1 - \sqrt{1 + 8 \cdot (1-\tau)^2}] = \sim \frac{1}{2} \cdot \left(1 - \frac{\tau}{3}\right)$$

und

$$\sin \omega \cdot t = \sim \pm \frac{\sqrt{3}}{2} \cdot \left(1 + \frac{\tau}{9}\right).$$

Führt man diese Werte in Gl. (167) ein, so findet man mit guter Annäherung:

$$\frac{D_{\text{max}}}{D_{\text{norm}}} = \pm \frac{J_k}{J_{1/1}} \cdot \frac{3 \cdot \sqrt{3}}{4} \cdot \frac{1 - \dfrac{\tau}{9}}{\tau}. \qquad (167\,\text{a})$$

Schätzen wir $\dfrac{J_k}{J_{1/1}} = 3$, so liefert unser Zahlenbeispiel mit $\tau = 0{,}1$ ein Überlastungsverhältnis:

$$\frac{D_{\text{max}}}{D_{\text{norm}}} = 39,$$

und das ist ein ganz gewaltiger Betrag.

Mit dieser Kraft wird also das Polrad, wie Abb. 95 dies für einen Generator mit $\tau = 0{,}18$ zeigt, eine Viertelperiode nach Eintritt des Kurzschlusses gebremst und eine halbe Periode später wieder vorwärts geschleudert. Nachdem nämlich das Hauptfeld seine größte

Nacheilung hinter der Polachse erreicht hat, beginnt es wieder in die Mittellage zu schwingen, die es zur Zeit $\omega \cdot t = \pi$ erreicht, es schwingt über dieselbe hinaus und erreicht zur Zeit $\omega \cdot t = \dfrac{3}{2} \cdot \pi$ seine größte Voreilung, die ihrem absoluten Betrage nach mit der maximalen Nacheilung zusammenfällt. Die abstoßende Kraft zwischen

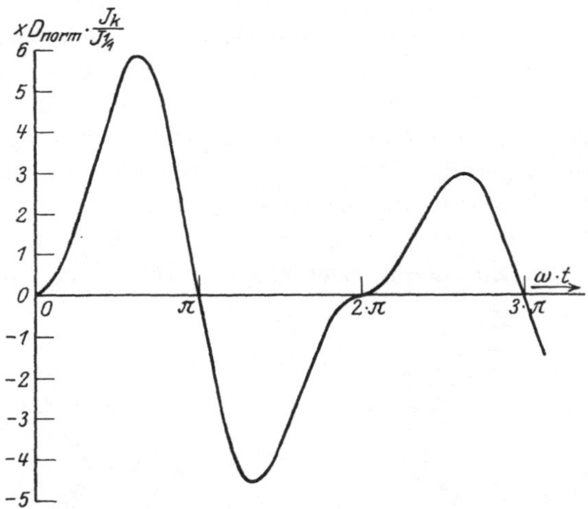

Abb. 95.   Magnetische Kontrastwirkung zwischen Stator und Induktor beim plötzlichen allpoligen Kurzschluß.

Induktor und Stator hat jetzt also entgegengesetztes Vorzeichen, der Induktor wird beschleunigt. Nun schwingt das Hauptfeld wieder zurück und erreicht nach einer Periode, vom Beginn des Kurzschlusses an gezählt, wieder seine Mittellage. Nun sind die Streufelder auch wieder verschwunden, und das Hauptfeld besitzt wieder seine alte Höhe. So würde das Spiel, wenn keine Dämpfung vorhanden wäre, in alle Ewigkeit fortgehen. Unter dem Einfluß der Verluste kommen die Pendelungen des Hauptfeldes im selben Maße zur Ruhe, in welchem das Statorfeld verschwindet, und auch die Höhe des Hauptfeldes nimmt, da seine Energie sich in den Stromwärmeverlusten verzehrt, ständig ab.

Von einer Berechnung des infolge der Verluste auf den Induktor ausgeübten bremsenden Drehmomentes[1]) können wir an dieser Stelle absehen, da der Gang der Rechnung ebenso verläuft und ganz ähnliche Ergebnisse zeitigt wie die beim Kurzschluß der Einphasenmaschine durchgeführte.

---

[1]) Die Gl. (73) ergibt genügend genaue Werte, wenn man unter y die halben prozentualen Kupferverluste des Generators im stationären Kurzschluß versteht.

28. Der plötzliche zweipolige Kurzschluß der Mehrphasen-Synchronmaschine.

Das vorliegende Problem hätte eigentlich schon im V. Kapitel behandelt werden müssen, denn soweit der Verlauf der Ausgleichsströme in Frage kommt, unterscheidet sich die zweipolig kurzgeschlossene Mehrphasen-Synchronmaschine in nichts von der dort betrachteten kurzgeschlossenen Einphasen-Synchronmaschine. Das Problem war an sich schon interessant genug. Die zweipolig kurzgeschlossene Mehrphasenmaschine bietet jedoch noch besonderes Interesse wegen der Anwesenheit der nicht kurzgeschlossenen Phasen, denn in diesen treten, da auch sie naturgemäß durch die dem Hauptfelde sich überlagernden Wechselfelder induziert werden, sehr bemerkenswerte Überspannungserscheinungen auf.

Wir wollen zur Abwechslung einmal eine Dreiphasen-Synchronmaschine betrachten, deren Wicklungsanordnung die Abb. 96 zeigt.

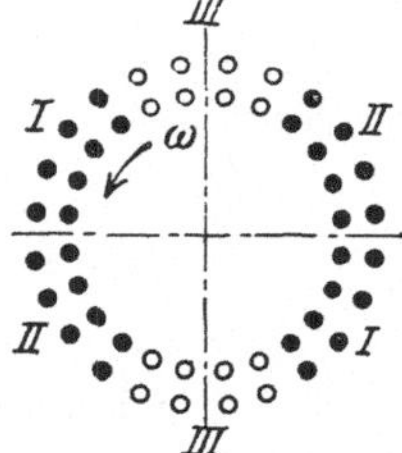

Abb. 96. Wicklungsanordnung
des Dreiphasen-Stromerzeugers.

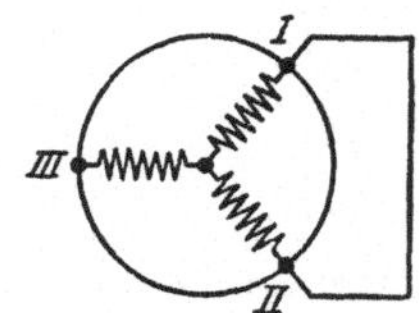

Abb. 97. Schaltung des „zweipoligen" Kurzschlusses.

Unter zweipoligem Kurzschluß verstehen wir Kurzschluß zwischen zwei Klemmen des Generators, wie dies in der Abb. 97 angedeutet ist.

Ein Blick auf die Abb. 96 lehrt, daß die Wicklungsachse der nicht kurzgeschlossenen Phase III senkrecht auf der resultierenden Wicklungsachse der Phasen I und II steht, mithin lautet die Spannungsgleichung der Phase III:

$$- e_3 = r_3 \cdot i_3 + L_3 \cdot \frac{di_3}{dt} + M_3 \cdot \frac{di_i \cdot \cos\left(\omega \cdot t + \frac{\pi}{2}\right)}{dt}. \tag{168}$$

In dieser Gleichung bedeuten e_3 die Klemmenspannung der Phase III, i_3 den der Phase III entnommenen Strom, r_3, L_3 und M_3 Ohmschen Widerstand, Selbstinduktionskoeffizienten und Koeffizienten der gegenseitigen Induktion der Phase II bzw. zwischen Phase III und Erregerwicklung.

Für den in der Erregerwicklung fließenden Kurzschlußstrom hatten wir gefunden:

$$i_i = \frac{i_e}{2} \cdot \left[\frac{\sqrt{\sigma^2 - 1} + (\sigma - \sqrt{\sigma^2 - 1}) \cdot e^{-a_1 \cdot t} + \cos\alpha \cdot e^{-a_2 \cdot t}}{\sigma + \cos(\omega \cdot t + \alpha)} + \frac{\sqrt{\sigma^2 - 1} + (\sigma - \sqrt{\sigma^2 - 1}) \cdot e^{-a_1 \cdot t} - \cos\alpha \cdot e^{-a_2 \cdot t}}{\sigma - \cos(\omega \cdot t + \alpha)} \right]. \quad (169)$$

Hierin ist σ der durch die (Gl. 55b) definierte reziproke Kopplungs-faktor zwischen der Erregerwicklung und zwei in Reihe geschalteten Statorphasen.

Setzen wir der Einfachheit halber voraus, daß der Phase III kein Strom entnommen wird, so erhalten wir durch Einsetzen des Wertes für i_i in die Gl. (168) folgenden Ausdruck für den Verlauf der Span-nung an der Phase III:

$$= \frac{i_e \cdot M_3 \cdot \omega}{2} \cdot \left[\frac{\sigma \cdot \cos(\omega \cdot t + \alpha) + 1}{(\sigma + \cos(\omega \cdot t + \alpha))^2} \cdot (\sqrt{\sigma^2 - 1} + (\sigma - \sqrt{\sigma^2 - 1}) \cdot e^{-a_1 \cdot t} + \cos\alpha \cdot e^{-a_2 \cdot t}) + \frac{\sigma \cdot \cos(\omega \cdot t + \alpha) - 1}{(\sigma - \cos(\omega \cdot t + \alpha))^2} \cdot (\sqrt{\sigma^2 - 1} + (\sigma - \sqrt{\sigma^2 - 1}) \cdot e^{-a_1 \cdot t} - \cos\alpha \cdot e^{-a_2 \cdot t}) \right]. (170$$

Ist der Kurzschluß stationär geworden, sind also sämtliche Ausgleichs-vorgänge abgelaufen, so ergibt die eben angeschriebene Gleichung:

$$e_{3\,\mathrm{st}} = \frac{i_e \cdot M_3 \cdot \omega}{2} \cdot \sqrt{\sigma^2 - 1} \cdot \left[\frac{\sigma \cdot \cos(\omega \cdot t + \alpha) + 1}{(\sigma + \cos(\omega \cdot t + \alpha))^2} + \frac{\sigma \cdot \cos(\omega \cdot t + \alpha) - 1}{(\sigma - \cos(\omega \cdot t + \alpha))^2} \right]. (171)$$

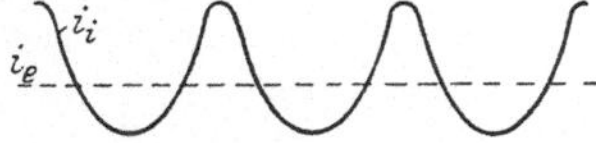
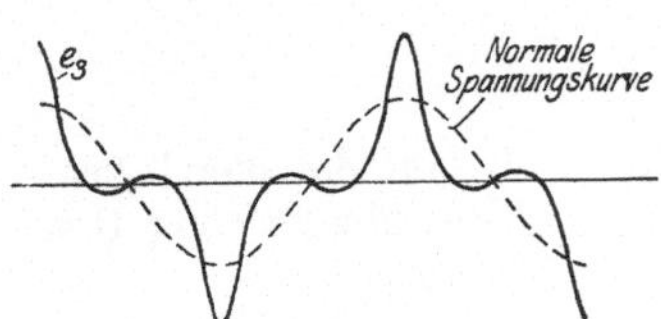

Abb. 98. Spannungskurve der dritten, offenen Phase eines Stromerzeugers mit $55\,^0/_0$ Gesamt-streuung.

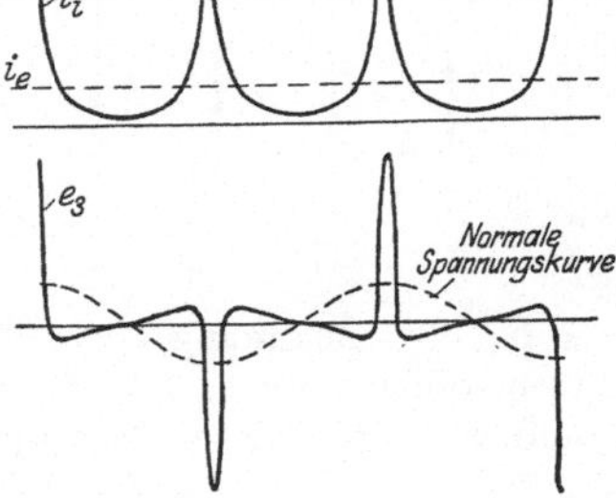

Abb. 99. Spannungskurve der dritten, offenen Phase eines Stromerzeugers mit $6\,^0/_0$ Gesamt-streuung.

Die Abb. 98 und 99 zeigen die Auswertung dieser Gleichung für $\sigma = 1{,}25$ und $\sigma = 1{,}03$, der Verlauf der normalen Spannungskurve ist gestrichelt eingezeichnet. Man sieht, von der Grundwelle ist nicht viel übrig geblieben, die Oberwellen beherrschen das Bild der Span-nungskurve vollständig. Es ist ferner bemerkenswert, daß die Span-nung der offenen Phase bereits im stationären einphasigen Kurzschluß ganz ähnliche Überschreitungen des normalen Wertes zeigt, wie wir sie beim stationären Kurzschlußstrom kennen lernten, und diese Spannungserhöhung der dritten, leerlaufenden Phase wird um so erheblicher, je kleiner die Streuung des Stromerzeugers ist. Der Maximalwert der stationären Überspannung ist:

$$e_{3\,\text{st\,max}} = \frac{1}{2} \cdot i_e \cdot M_3 \cdot \omega \cdot \left[\sqrt{\frac{\sigma+1}{\sigma-1}} + \sqrt{\frac{\sigma-1}{\sigma+1}} \right] = \sim \frac{1}{2} \cdot E_0 \cdot \sqrt{\frac{1}{\tau}}, \quad (172)$$

und ihr Effektivwert:

$$e_{3\,\text{st\,eff}} = \frac{1}{\sqrt{2}} \cdot E_0 \cdot \sqrt[4]{\frac{1}{\tau}}, \quad (173)$$

wo E_0 die Amplitude der normalen Phasenspannung ist. Wir haben also dasselbe Verhältnis zwischen normaler Spannung und Überspannung bzw. deren Effektivwert, das wir beim Erregerstrom kennen lernten, und die Schaulinien der Abb. 51 gelten sinngemäß auch hier. Bei der streuungs- und widerstandslosen Maschine werden

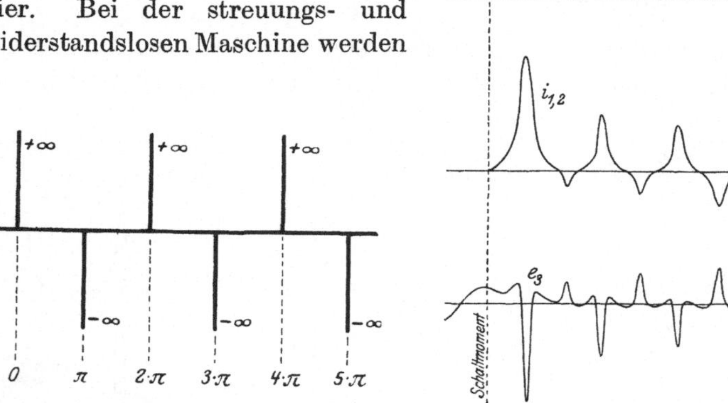

Abb. 100. Spannungskurve der dritten, offenen Phase der streuungs- und widerstandslosen Maschine.

Abb. 101. Verlauf des plötzlichen zweipoligen Kurzschlusses einer Dreiphasenmaschine.

die Spannungsspitzen unendlich hoch, und es ergibt sich für diesen Fall das typische Bild der Abb. 100.

In Abb. 101 ist der aus Gl. (170) für $\alpha = 0$ und $\sigma = 1{,}1$ berechnete Verlauf der Spannung e_3 während des plötzlichen Kurzschlusses dargestellt. Die Spannung verhält sich, abgesehen von der veränderten Kurvenform, ganz ähnlich wie der Statorstrom. Die höchste Spannung tritt dann auf, wenn die Phasen I und II in dem Augenblick kurzgeschlossen werden, in welchem ihre Spannung gerade ihren Nullwert passiert ($\alpha = 0$). Wird der Kurzschluß eine halbe Periode später eingeleitet, so wird die höchste, in der Phase III induzierte Überspannung nur halb so hoch. Der im ungünstigsten Falle mögliche maximale Wert ist:

$$e_{3\,\text{max}} = i_e \cdot M_3 \cdot \omega \cdot \frac{\sigma^2 + 1}{\sigma^2 - 1} = E_0 \cdot \left(\frac{2}{\tau} - 1\right), \qquad (174)$$

es ist derselbe relative Wert, den wir für den Erregerstrom fanden. Das ist ein ganz ungeheurer Betrag, und es ist als ein wahres Glück zu bezeichnen, daß der Elektrotechniker niemals auf den Gedanken gekommen ist, auch die Induktoren der Synchronmaschinen aus Eisenblechen aufzubauen. Unter dem Einfluß der im massiven Induktoreisen induzierten Wirbelströme werden diese Überspannungen, wie wir noch sehen werden, zum größten Teil unterdrückt.

Wir haben im vorhergehenden stillschweigend Sternschaltung des Stators vorausgesetzt. Der in Dreieck geschaltete Stromerzeuger verhält sich ganz ähnlich; die beiden

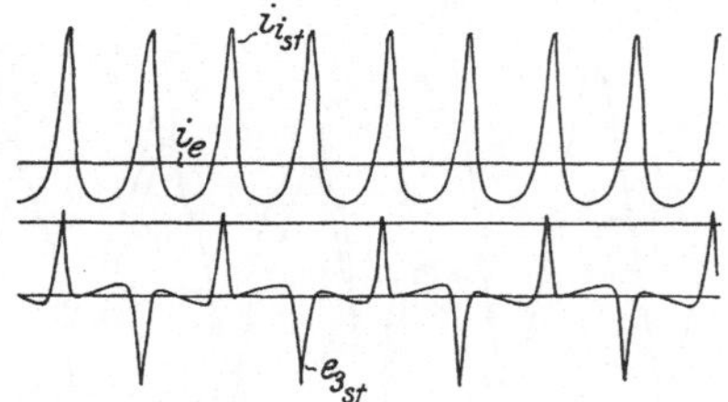

Abb. 102. Stationärer Verlauf der Spannung an der dritten offenen Phase der Versuchsmaschine.

nicht direkt kurzgeschlossenen Phasen sind als parallel geschaltet zu betrachten, und ihre resultierende Wicklungsachse steht senkrecht auf der Achse der kurzgeschlossenen Phase. Die Erscheinungen bleiben

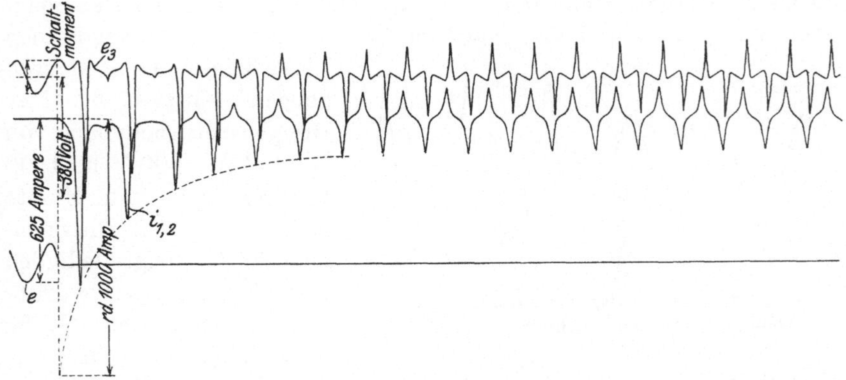

Abb. 103. Spannung an der offenen Phase der Versuchsmaschine beim plötzlichen zweipoligen Kurzschluß. ($\alpha = 0$.)

qualitativ und quantitativ dieselben. Daß der Zweiphasengenerator sich genau wie der Dreiphasengenerator verhält, braucht wohl nicht erst erwähnt zu werden.

Die Abb. 102 und 103 zeigen zwei an unserer, im 15. Abschnitt beschriebenen Versuchsmaschine aufgenommene Oszillogramme. Oszillogramm 102 enthält die Spannung an der dritten offenen Phase im stationären, Oszillogramm 103 im plötzlichen Kurzschluß. Die Übereinstimmung mit der Theorie ist eine vollkommene, bei einem Vergleich der Abb. 101 und 103 ist lediglich zu berücksichtigen, daß im ersteren Falle die Dämpfung viel stärker ist.

Die Oszillogramme zeigen, daß das entgegen unserer Annahme massive Eisen des Induktors den Verlauf der Überströme kaum be-

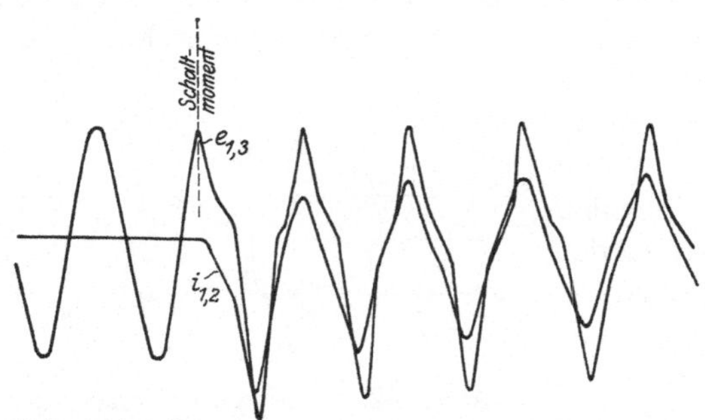

Abb. 104. Spannung an der offenen Phase beim plötzlichen zweipoligen Kurzschluß eines Turbogenerators von 5000 kW.

einflußt, und wir konnten deshalb die an unserer idealisierten Maschine gewonnenen Ergebnisse ohne weiteres auf die Praxis übertragen. Dies trifft nun beim zweipoligen Kurzschluß in bezug auf die Spannungsverhältnisse der nicht kurzgeschlossenen Phase glücklicherweise nicht zu. Es zeigt sich vielmehr, daß die im massiven Eisen auftretenden Wirbelströme genügen, um die Spannungsschwingungen an der offenen Phase fast vollkommen zu unterdrücken. Oszillogramm 104 läßt dies deutlich erkennen. Es zeigt den Statorstrom und die Spannung an der nicht kurzgeschlossenen

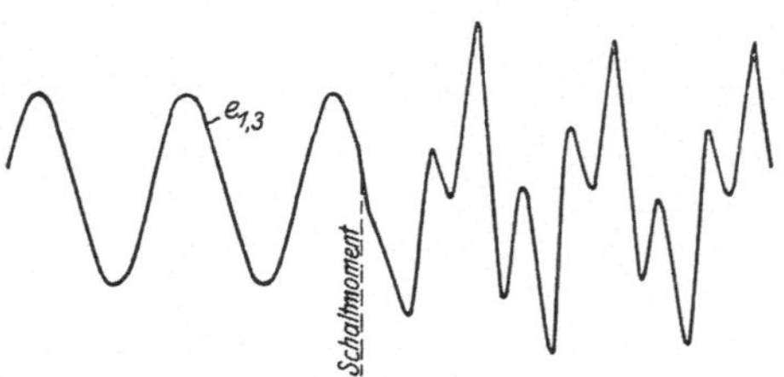

Abb. 105. Verlauf der Spannung, wenn der Generator auf ein Kabelnetz arbeitet.

Phase beim plötzlichen zweipoligen Kurzschluß einer Dreiphasenturbodynamo von 5000 kVA, 6000 Volt, 1500 Umdrehungen pro Minute und 50 Perioden. Die Spannungskurve zeigt lediglich eine stark ausgeprägte dritte Harmonische, ihre Höhe steigt nicht über den 1,7-fachen Betrag der verketteten Spannung, d. i. der dreifache Wert der Phasenspannung.

Gefährliche Überspannungen können jedoch dann auftreten, wenn der Stromerzeuger auf ein Kabel- oder größeres Freileitungsnetz arbeitet, also kapazitiv belastet ist. Hier können die Verhältnisse gerade so liegen, daß der aus der Kapazität und aus der Streuinduktivität der nicht kurzgeschlossenen Statorphase bestehende Schwingungskreis eine Eigenschwingungszahl besitzt, die angenähert z. B. die dreifache normale Periodenzahl des Stromerzeugers ergibt.

Der Schwingungskreis befindet sich in Resonanz mit der dritten Harmonischen der nicht kurzgeschlossenen Statorphase und die sich einstellende Resonanzüberspannung besitzt, wenn nicht ein vorzüglicher Dämpferkäfig vorhanden ist, mit Leichtigkeit die drei- bis fünffache Höhe der normalen Maschinenspannung trotz der großen Wirbelstromverluste im massiven Eisenkörper des Induktors. Auch der Fall, in dem Resonanz mit der fünften Harmonischen der Stator-

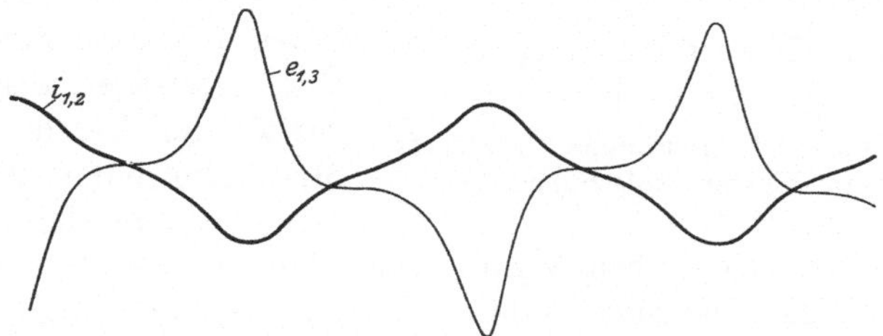

Abb. 106. Spannung an der offenen Phase eines zweipolig kurzgeschlossenen Wasserturbogenerators mit lamellierten Polschuhen.

spannung eintritt, besitzt noch große praktische Bedeutung. Das von Petersen aufgenommene Oszillogramm 105, welches die Spannung an der nicht kurzgeschlossenen Phase desselben Turbogenerators zeigt, wenn er auf ein längeres Kabel arbeitet, läßt die stark herausgearbeitete dritte Harmonische deutlich erkennen.

Das im vorhergehenden über den Einfluß des massiven Eisens des Induktors auf den Verlauf der Spannung an der offenen Phase Gesagte gilt übrigens nicht für Maschinen mit ausgeprägten Polen und lamellierten Polschuhen. Abb. 106[1]) zeigt den zweipoligen statio-

Abb. 107. Wie Abbildung 106, jedoch arbeitet der Generator auf ein großes Freileitungsnetz.

nären Kurzschluß eines Drehstromgenerators von 20000 kVA mit massiven Polen, aber lamellierten Polschuhen und man erkennt bereits eine durch eine dritte Harmonische bewirkte starke Verzerrung

---

[1]) Ich möchte nicht versäumen, an dieser Stelle Herrn Direktor Menge nochmals für die Überlassung der Oszillogramme Abb. 106, 107 und 108 zu danken.

der Spannung der offenen Phase. Wenn auch der erreichte Spitzenwert der Spannung den normalen Wert bereits wesentlich überschreitet, so ist immerhin die Überspannung noch harmlos im Vergleich zu derjenigen, die bei kapazitiver Belastung des Generators zu erwarten ist. Bei Aufnahme des Oszillogramms Abb. 107, das ebenfalls den stationären zweipoligen Kurzschluß zeigt, war derselbe Generator über einen Transformator auf ein Freileitungsnetz geschaltet, dessen Kapazität im Verein mit der Streuinduktivität des Generators gerade Resonanz mit

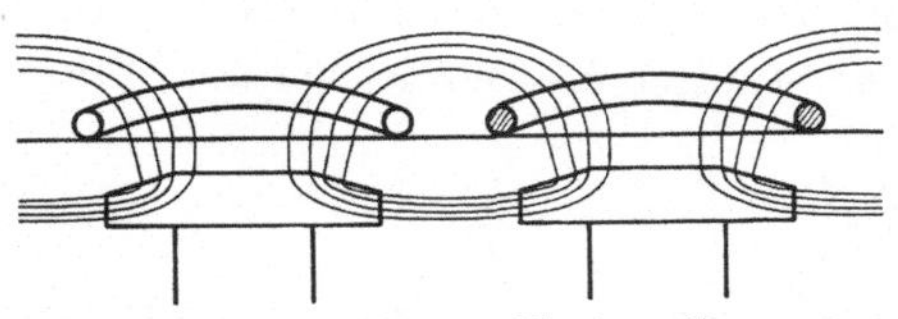

Abb. 108. Stator-Längsfeld eines Generators mit lamellierten Polschuhen.

der dritten Harmonischen ergab. Und daß es sich um eine sehr ausgeprägte Resonanzerscheinung handelt, läßt die Abbildung erkennen; die Grundwelle der Spannung an der offenen Phase ist neben der dritten Harmonischen, die sie um den sechsfachen Betrag übertrifft, kaum noch zu erkennen. Das Oszillogramm wurde natürlich bei sehr schwacher Erregung des Generators aufgenommen, ein zweipoliger Kurzschluß bei voller Erregung und gar erst ein plötzlicher zweipoliger Kurzschluß

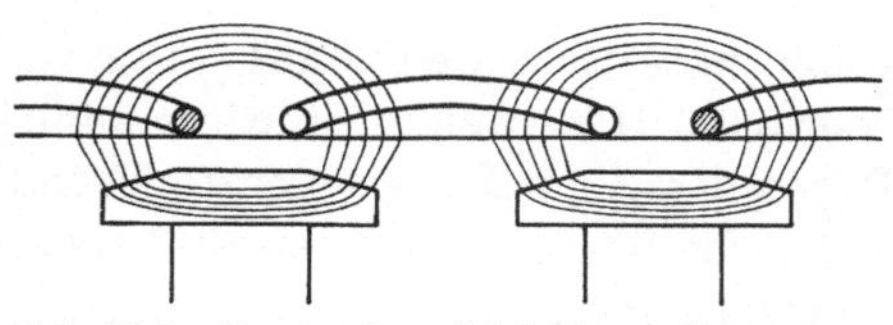

Abb. 109. Stator-Querfeld eines Generators mit lamellierten Polschuhen.

würden unbedingt zu schweren Defekten geführt haben.

Dieses Verhalten des Generators mit lamellierten Polschuhen mag im ersten Moment überraschen, erklärt sich jedoch leicht bei Betrachtung der Abb. 108 und 109. Sie zeigen das Ankerfeld in 2 ausgezeichneten Stellungen des Polrades, in deren erster das Längsfeld und in deren zweiter das Querfeld voll zur Ausbildung kommt, und lassen erkennen, daß speziell das letztere, das für die beobachtete Überspannungserscheinung in erster Linie verantwortlich ist, durch die lamellierten Polschuhe einen vorzüglichen magnetischen Rückschluß findet. Eine Beseitigung der gefähnlichen Überspannungen ist nur durch eine ausgezeichnete Querfelddämpfung möglich, wie sie durch die Abb. 80 dargestellt wird; eine derartige Dämpferwicklung schließt, wie ein Blick auf die Abb. 109 lehrt, das Querfeld im Polschuh kurz und drängt es in den parallel verlaufenden Luftspalt zwischen Anker und Polschuh. Die Dimensionierung der Dämpferwicklung hat so zu erfolgen, daß sie imstande ist, den Querfeldamperewindungen des Stators auch beim plötzlichen Kurzschluß die Wage zu halten, ohne sich dabei unzulässig zu erwärmen.

29. Der plötzliche zweipolige Kurzschluß der Mehrphasen-Synchronmaschine mit einer vollkommenen Dämpferwicklung auf dem Induktor.

Die beim zweipoligen Kurzschluß der Drehstrom-Synchronmaschine an der offenen Phase auftretenden Überspannungserscheinungen lassen sich vollkommen unterdrücken, wenn man auf dem Induktor nach Abb. 80 eine Dämpferwicklung aufbringt, die dasselbe Kupfergewicht wie die Erregerwicklung besitzt.

Betrachten wir zunächst einmal den stationären Kurzschluß. Der dem Stator entnommene Einphasenstrom erzeugt ein Wechselfeld, das wir uns wieder in zwei gegenläufige Drehfelder je halber Amplitude und der synchronen Winkelgeschwindigkeit zerlegt denken. Eins von diesen steht relativ zum Induktor still und hat entgegengesetzte Richtung wie das von ihm ausgesandte Feld, vernichtet es also teilweise, das andere schneidet den Induktor mit der doppelten Synchrongeschwindigkeit. Dieser kann jedoch jetzt wegen seiner zweiphasigen Bewicklung mit einem ebenso schnell umlaufenden und entgegengesetzt gerichteten Drehfelde antworten, welches jede weitere Wirkung des inversen Drehfeldes aufhebt, und damit ist der Kreis von Aktion und Reaktion geschlossen. Im Stator fließt nur ein Wechselstrom der Synchronfrequenz, in Erreger- und Dämpferwicklung als Träger des gegenläufigen Feldes je ein Wechselstrom der doppelten Synchronfrequenz mit einer gegenseitigen Phasenverschiebung von 90^0. Auch über die Amplituden der einzelnen Ströme erhalten wir leicht Aufschluß. Stellen wir uns die Maschine zunächst widerstands- und streuungslos vor, so muß im stationären Kurzschluß das gemeinsame Feld Null sein. Das eine der beiden gegenläufigen, synchron mit dem Induktor umlaufenden Drehfelder muß also dieselbe Höhe wie das ursprüngliche gemeinsame Feld besitzen, und da die zwei gegenläufigen Drehfelder gleich groß sind, besitzt das Wechselfeld des Stators die doppelte Amplitude des ursprünglichen Erregerfeldes. Somit ist, abgesehen von der Windungszahl, die Amplitude des Statorstromes gleich dem doppelten Erregerstrom i_e, während der dem Erregerstrom übergelagerte und der in der Dämpferwicklung fließende Wechselstrom der doppelten Frequenz nur eine Amplitude von der Höhe des Erregerstromes i_e erreichen. Berücksichtigen wir nun noch den Einfluß der Streuung, so gelangen wir zu den bekannten Gleichungen für die während des stationären Kurzschlusses in Erreger-, Dämpfer- und Statorwicklung fließenden Ströme:

$$i_i = i_e \cdot \left[1 + \frac{1-\tau}{1+\tau} \cdot \cos 2 \cdot \omega \cdot t \right], \tag{175}$$

$$i_d = i_e \cdot \frac{1-\tau}{1+\tau} \cdot \sin 2 \cdot \omega \cdot t,$$

$$i_{1,2} = -\frac{M}{L} \cdot i_e \cdot \frac{2}{1+\tau} \cdot \cos \omega \cdot t = -J_{k\,0\,\mathrm{I}} \cdot \cos \omega \cdot t. \tag{175}$$

Dieselben Überlegungen, die für den Statorstrom angestellt wurden, gelten natürlich auch für die in der dritten offenen Statorphase induzierte Spannung, auch diese kann keine Oberschwingungen enthalten, sondern behält während des einphasigen Kurzschlusses ihre Sinusform unverändert bei. Ihre Amplitude ist kleiner als im Leerlauf, entsprechend der geringeren Höhe des im stationären Kurzschluß noch vorhandenen gemeinsamen Feldes. Sämtliche Oberschwingungen sind also durch die zweite Induktorwicklung hinweggedämpft.

Die Gl. (161), die wir für die allpolig kurzgeschlossene Zweiphasen-Synchronmaschine aufgestellt hatten, gelten auch im vorliegenden Falle, nur haben Stator und Induktor die Rollen getauscht. Denn wir ordnen diesmal dem Induktor eine symmetrische Zweiphasenwicklung zu, während der Stator nur eine kurzgeschlossene Phase besitzt. Wir brauchen daher die Gl. (162) nur den neuen Bezeichnungen anzupassen und können schreiben:

$$i_{if} = A_1 \cdot e^{-a_i \cdot t} \cdot \left(\frac{1+\tau}{2} \cdot \cos q \cdot t + \frac{1-\tau}{2} \cdot \cos (2\,\omega - q) \cdot t \right) +$$
$$+ \frac{M}{L_i} \cdot A_2 \cdot e^{-a \cdot t} \cdot \cos \omega \cdot t,$$

$$i_{df} = A_1 \cdot e^{-a_i \cdot t} \cdot \left(\frac{1+\tau}{2} \cdot \sin q \cdot t + \frac{1-\tau}{2} \cdot \sin (2 \cdot \omega - q) \cdot t \right) + \tag{176}$$
$$+ \frac{M}{L_i} \cdot A_2 \cdot e^{-a \cdot t} \cdot \sin \omega \cdot t,$$

$$i_{1,2f} = -\frac{M}{L} \cdot A_1 \cdot e^{-a_i \cdot t} \cdot \cos (\omega - q) \cdot t - A_2 \cdot e^{-a \cdot t}.$$

Ferner ist wieder:

$$a = \frac{r}{L \cdot \tau},$$

$$a_i = \frac{r_i}{2 \cdot L_i \cdot \tau} + \frac{r_i}{2 \cdot L_i}, \tag{177}$$

$$q_i = \frac{\omega}{2} \cdot \left(\frac{r}{\omega \cdot L \cdot \tau} + \frac{r_i}{2 \cdot \omega \cdot L_i} \cdot \frac{1-\tau}{\tau} \right)^2.$$

Der Index i bezieht sich wie früher auf den Induktor, während die auf den Stator bezüglichen Größen ohne Index angeschrieben wurden.

Der Verlauf des Ausgleichsvorganges ist, wie wir schon früher sahen, beim einphasigen Kurzschluß stark vom Einschaltmoment abhängig, den wir daher bei der Aufstellung der Anfangsbedingungen zu berücksichtigen gezwungen sind. Nehmen wir der Einfachheit halber wieder an, daß der plötzliche Kurzschluß sich direkt an den Leerlaufzustand des Stromerzeugers anschließt, so ist im Moment des Kurzschlusses:

$$\left.\begin{array}{l} i_{1,2} = i_d = 0 \\ i_i = i_e \end{array}\right\} \quad \text{für} \quad \omega \cdot t = \alpha.$$

Für stationär gewordenen Zustand ist:

$$i_{1,2} = - i_e \cdot \frac{M}{L} \cdot \frac{2}{1+\tau} \cdot \cos \alpha,$$

$$i_d = i_e \cdot \left(1 + \frac{1-\tau}{1+\tau} \cdot \sin 2\,\alpha\right),$$

$$i_i = i_e \cdot \left(1 + \frac{1-\tau}{1+\tau} \cdot \cos 2\,\alpha\right),$$

und somit ergeben sich die Anfangsbedingungen für die freien Schwingungen zu:

$$\left.\begin{array}{l} i_{if} = - i_e \cdot \dfrac{1-\tau}{1+\tau} \cdot \cos 2\,\alpha, \\[2ex] i_{df} = - i_e \cdot \left(1 + \dfrac{1-\tau}{1+\tau} \cdot \sin 2\,\alpha\right), \\[2ex] i_{1,2f} = i_e \cdot \dfrac{M}{L} \cdot \dfrac{2}{1+\tau} \cdot \cos \alpha. \end{array}\right\} \qquad (178)$$

Zur Bestimmung der Integrationskonstanten A_1 und A_2 benötigen wir natürlich nur zwei dieser Gleichungen, etwa die erste und die dritte, und indem wir die Anfangsbedingungen in die Gl. (176) einführen, ergeben diese:

$$A_1 = \frac{i_e}{\tau} \cdot \frac{1-\tau}{1+\tau},$$

$$A_2 = - \frac{M}{L} \cdot \frac{i_e}{\tau} \cdot \cos \alpha,$$

und wir können damit die vollständigen, den Verlauf des plötzlichen Kurzschlusses unserer Maschine beschreibenden Gleichungen folgendermaßen schreiben:

$$i_{1} = i_{e} \cdot \left(1 + \frac{1-\tau}{1+\tau} \cdot \cos 2 \cdot (\omega \cdot t + \alpha)\right) + \frac{i_{e}}{\tau} \cdot$$

$$\cdot \left[\left(\frac{1-\tau}{2} \cdot \cos q \cdot t + \frac{(1-\tau)^{2}}{2 \cdot (1+\tau)} \cdot \cos ((2\,\omega - q) \cdot t + 2\,\alpha)\right) \cdot \right.$$

$$\left. \cdot e^{-a_{i} \cdot t} - (1-\tau) \cdot \cos \alpha \cdot e^{-a \cdot t} \cdot \cos (\omega \cdot t + \alpha) \right],$$

$$i_{d} = i_{e} \cdot \frac{1-\tau}{1+\tau} \cdot \sin 2\,(\omega \cdot t + \alpha) + \frac{i_{e}}{\tau} \cdot$$

$$\cdot \left[\left(\frac{1-\tau}{2} \cdot \sin q \cdot t + \frac{(1-\tau)^{2}}{2 \cdot (1+\tau)} \cdot \sin ((2\,\omega - q) \cdot t + 2\,\alpha)\right) \cdot \right.$$

$$\left. \cdot e^{-a_{i} \cdot t} - (1-\tau) \cdot \cos \alpha \cdot e^{-a \cdot t} \cdot \sin (\omega \cdot t + \alpha) \right],$$

$$i_{1,2} = -J_{k\,0\,\mathrm{I}} \cdot \cos (\omega \cdot t + \alpha) + J_{k\,0\,\mathrm{I}} \cdot \frac{1+\tau}{2 \cdot \tau} \cdot$$

$$\cdot \left[\cos \alpha \cdot e^{-a \cdot t} - \frac{1-\tau}{1+\tau} \cdot e^{-a_{i} \cdot t} \cdot \cos ((\omega - q) \cdot t + \alpha) \right].$$

$$(179)$$

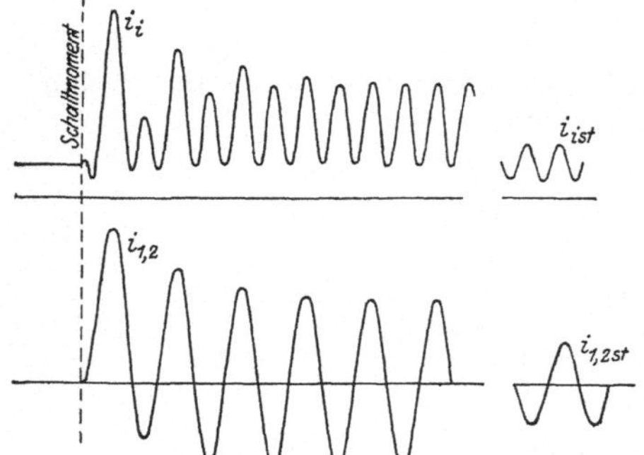

Abb. 110. Plötzlicher zweipoliger Kurzschluß eines Stromerzeugers mit Querfelddämpfung. ($\alpha = 0$.)

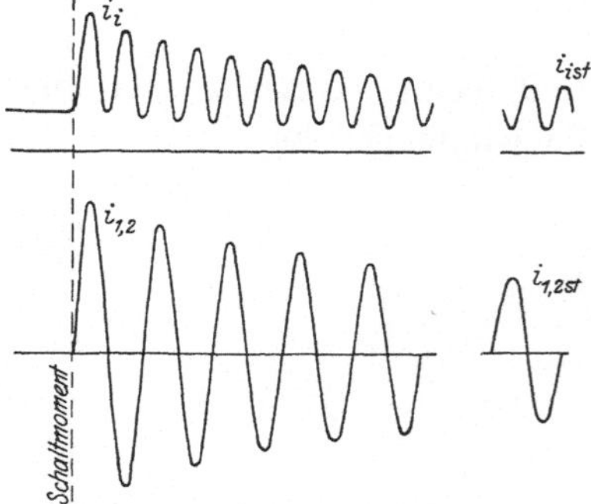

Abb. 111. Plötzlicher zweipoliger Kurzschluß eines Stromerzeugers mit Querfelddämpfung. $\left(\alpha = \dfrac{\pi}{2}.\right)$

Die Abb. 110 und 111 zeigen den mit Hilfe dieser Gleichungen gezeichneten Verlauf des plötzlichen Kurzschlusses eines Generators mit rund $30\,^{0}/_{0}$ Gesamtstreuung, die Abbildungen greifen die beiden Extremwerte $\alpha = 0$ und $\alpha = \dfrac{\pi}{2}$, zwischen welchen sich der Einschaltwinkel bewegen kann, heraus. Die Abbildungen zeigen in ihren Grundzügen dieselben Vorgänge, die wir beim plötzlichen zweipoligen Kurzschluß der Synchronmaschine ohne Dämpferwicklung kennen lernten, nur sind sämtliche Oberschwingungen mit Ausnahme der zweifachen Frequenz verschwunden und insbesondere besitzt der Statorstrom reinen Sinuscharakter.

Die uns vor allem interessierenden Höchstwerte des Erreger- und Statorstromes sind wieder:

$$i_{1\,max} = i_e \cdot \left(\frac{2}{\tau} - 1\right),$$
$$i_{1,2\,max} = i_e \cdot \frac{M}{L} \cdot \frac{2}{\tau} = J_{k0\,I} \cdot \frac{1+\tau}{\tau}, \tag{180}$$

die Dämpferwicklung vermag also auch hier die maximalen Stromstöße nicht ohne weiteres zu reduzieren, sie erhöht aber, wenn wir uns die bezüglichen Dämpfungsexponenten Gl. (59) und (177) ansehen, die zeitliche Dämpfung ganz erheblich. In diesem Sinne vermag also die Dämpferwicklung die Kurzschlußströme doch zu erniedrigen, besonders dann, wenn die Ohmschen Widerstände im Vergleich zur Streureaktanz nicht allzu klein sind.

Der Effektivwert des stationären Erregerstromes ergibt sich zu

$$i_{i\,st\,eff} = i_e \cdot \sqrt{1 + \frac{1}{2} \cdot \left(\frac{1-\tau}{1+\tau}\right)^2}, \tag{181}$$

er ist also wesentlich kleiner als bei der Synchronmaschine ohne Dämpferwicklung; überhaupt fallen hier im stationären Kurzschluß die Stromspitzen, die bei geringer Streuung ganz erhebliche Werte annehmen, fast vollständig weg.

Abb. 112 zeigt ein Oszillogramm des plötzlichen zweipoligen Kurzschlusses eines Turbogenerators von 7000 kW,

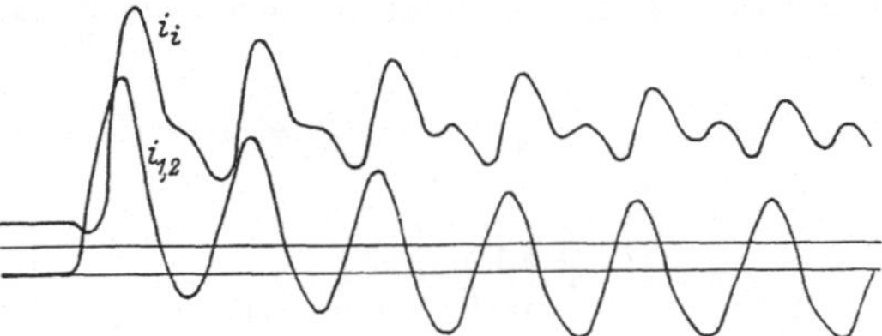

Abb. 112. Plötzlicher zweipoliger Kurzschluß eines Turbogenerators von 7000 kW.

6000 Volt, 50 $\sim$, 1500 Umdr./Min. Der Statorstrom besitzt dank der dämpfenden Wirkung der an ihren Enden durch Ringe verbundenen Nutenverschlußkeile reinen Sinuscharakter, und auch der Erregerstrom ist in interessanter Weise umgebildet worden, die zweifache Frequenz vermag sich nur schwer herauszuarbeiten. Dies erklärt sich dadurch, daß der Dämpferkäfig die Abwehr des inversen Drehfeldes fast ganz allein übernimmt.

Bei den meisten praktisch ausgeführten Maschinen, besonders solchen mit ausgeprägten Polen, ist das Kupfergewicht der Dämpferwicklung ganz erheblich geringer als das der Erregerwicklung, so daß die Voraussetzungen unserer Theorie bei diesen nicht erfüllt sind.

Nun bereitet aber der einphasige Kurzschluß einer Maschine mit unsymmetrisch bewickeltem Induktor der mathematischen Behandlung große Schwierigkeiten, so daß wir diesen Fall lieber experimentell

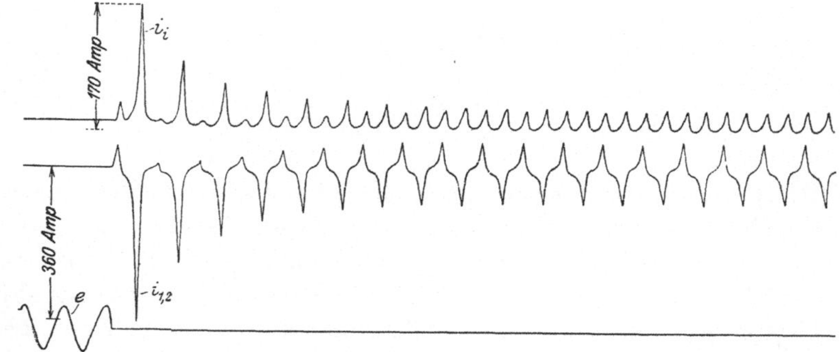

Abb. 113. Plötzlicher zweipoliger Kurzschluß der mit einer unvollkommenen Dämpferwicklung ausgestatteten Versuchsmaschine.

untersuchen wollen. Zu diesem Zwecke wurde bei der Seite 77 ff. beschriebenen asynchronen Versuchsmaschine durch Kurzschließen der dritten, bisher toten Induktorphase eine Querfelddämpfung geschaffen. Diese Dämpferwicklung besitzt nicht nur das halbe Kupfergewicht wie die Erregerwicklung, sondern sie erstreckt sich auch räumlich am Induktorumfang nur halb so weit als diese. Die Oszillogramme 113

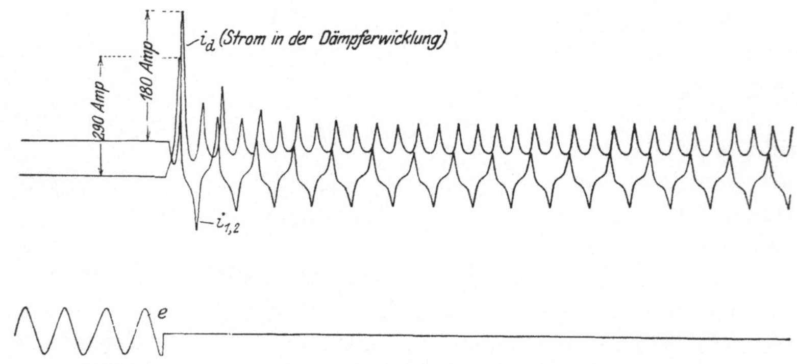

Abb. 114. Verlauf des Stromes in der Dämpferwicklung.

und 114 zeigen nun, daß diese Dämpferwicklung die Eigentümlichkeiten des einphasigen Kurzschlusses der Maschine ohne Querfelddämpfung nicht zu verwischen, sondern nur abzuschwächen vermochte. Man bemerkt vor allem die stärkere Dämpfung, unter deren Einfluß die Stromstöße im Anker stärker reduziert wurden, als eigentlich zu erwarten war.

Bei Aufnahme des Oszillogramms 115 war der Dämpferwicklung der 50 fache Eigenwiderstand vorgeschaltet worden, und man sieht, daß diese Maßnahme eine vorzügliche Schutzwirkung ergab. Obwohl

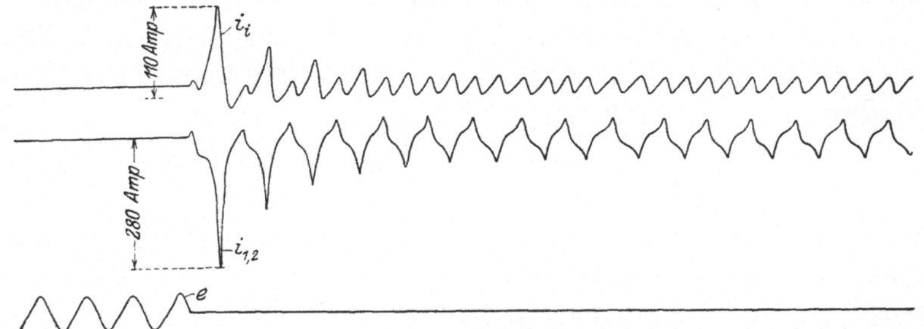

Abb. 115. Der Dämpferwicklung ist der 50 fache Eigenwiderstand vorgeschaltet.

das Oszillogramm einem recht ungünstigen Schaltmoment angehört, zeigt es sehr niedrige Kurzschlußströme. Auch sind die im stationären Kurzschluß sonst vorhandenen Stromspitzen im Anker- und im Erregerstrom zum größten Teil unterdrückt worden, wie denn überhaupt deren Kurvenform in interessanter Weise umgebildet wurde.

Die Spannungsgleichung für die nicht kurzgeschlossene Statorphase lautet:

$$e_3 = \frac{d}{dt}(i_i \cdot M \cdot \sin \omega \cdot t - i_d \cdot M \cdot \cos \omega \cdot t) \tag{182}$$

und hieraus folgt durch Einsetzen der Werte für i_i und i_d aus den Gl. (179):

$$e_3 = E_0 \cdot \frac{2 \cdot \tau + (1 - \tau) \cdot e^{-a_i \cdot t}}{1 + \tau} \cdot \cos(\omega \cdot t + \alpha). \tag{183}$$

Die wichtigste Aussage dieser Gleichung besteht darin, daß bei der Synchronmaschine mit Querfelddämpfung die Spannung an der offenen Statorphase auch während des plötzlichen zweipoligen Kurzschlusses ihre Sinusform unverändert beibehält und daß ihre Amplitude den Leerlaufswert nicht überschreitet. Die vollkommene Dämpferwicklung hat also sämtliche Überspannungserscheinungen an der offenen Statorphase vollständig unterdrückt.

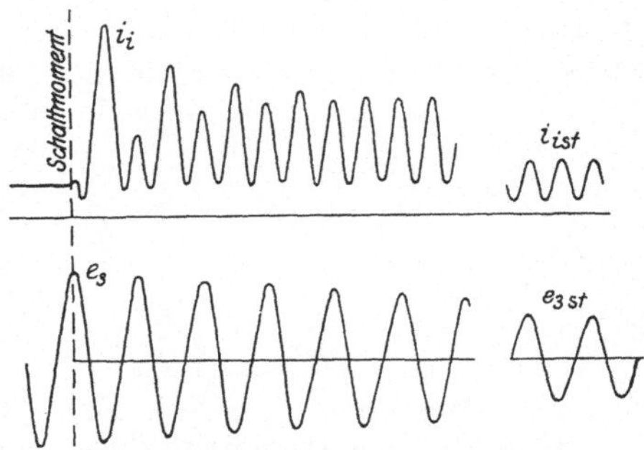

Abb. 116. Plötzlicher zweipoliger Kurzschluß eines Stromerzeugers mit Querfelddämpfung ($\bar{\alpha} = 0$). Verlauf der Spannung an der offenen Phase.

Dies zeigt die Abb. 116 sehr deutlich, welche für unser schon benütztes Beispiel den Verlauf der Spannung e_3 während des plötzlichen zweipoligen Kurzschlusses vor Augen führt. Die Spannung nimmt, von ihrem Leerlaufswert beginnend, stetig in dem Maße ab, in welchem das magnetische Feld der Maschine langsam abklingt und erreicht nach Eintreten stationärer Verhältnisse ihren Kurzschlußwert:

$$e_{3st} = E_0 \cdot \frac{2 \cdot \tau}{1 + \tau} \cdot \cos \omega \cdot t. \tag{184}$$

Das ist auch derselbe relative Wert, auf welchen das vor dem Kurzschluß vorhandene magnetische Feld der Maschine im stationären einphasigen Kurzschluß herabgesunken ist.

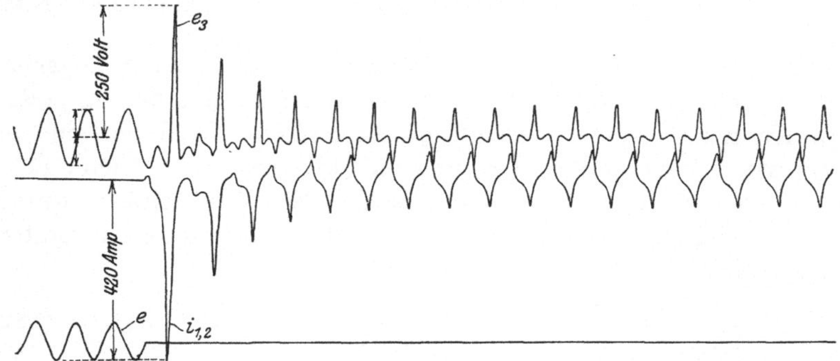

Abb. 117. Plötzlicher zweipoliger Kurzschluß der mit einer unvollkommenen Querfelddämpfung ausgestatteten Versuchsmaschine. Verlauf der Spannung an der offenen Phase.

Oszillogramm 117 wurde wieder an unserer mit einer unvollkommenen Dämpferwicklung ausgestatteten Versuchsmaschine aufgenommen. Die Spannung an der offenen Statorphase hat zwar, wie man sieht, ihre Kurvenform fast unverändert beibehalten, doch wurde ihre Höhe ganz bedeutend verringert. So überschreitet die Spannung z. B. im stationären Kurzschluß nicht ihren Leerlaufswert, während sie ihn bei fehlender Dämpferwicklung nicht unbeträchtlich übertraf.

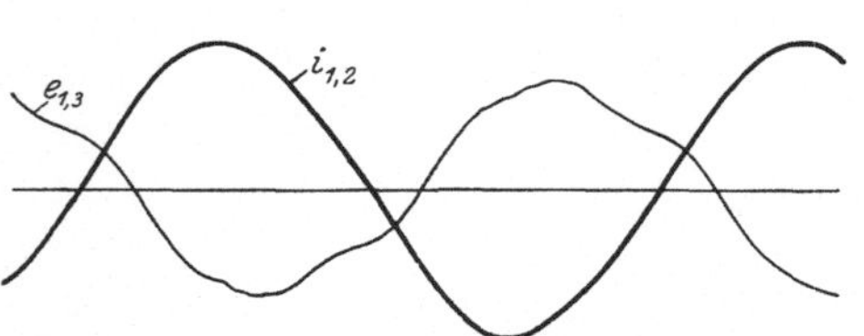

Abb. 118. Wie Abb. 107, jedoch besitzt der Generator eine Dämpferwicklung.

Daß eine nach Abb. 80 angeordnete „technische" Dämpferwicklung vollkommen zur Unterdrückung der Überspannungen des einphasigen Kurzschlusses genügt, zeigt Abb. 118, die dieselben Verhältnisse wie Abb. 107 darstellt. Der Generator besaß gleiche Größe und Bauart, wie der der Abb. 107 zugrunde liegende, er arbeitete auf das gleiche Netz, das also ebenfalls in Resonanz mit der dritten harmonischen lag, er besaß aber eine vorzügliche Querfelddämpfung, die denn auch ihre Wirkung nicht verfehlte. Man sieht, daß auch jeder Ansatz zu einer Spannungserhöhung verschwunden ist.

30. Das Verhalten von mehrphasigen Synchron- und Asynchronmaschinen bei zweipoligen Netzkurzschlüssen.

Das Verhalten von mehrphasigen Synchron- und Asynchromaschinen beim zweipoligen Kurzschluß ist im Vorhergehenden eingehend behandelt werden. Wir betrachteten dabei jedoch stets die Maschinen für sich allein ohne Rücksicht auf ihren Zusammenhang mit einem entweder von ihnen gespeisten oder sie speisenden elektrischen Netz. Aber gerade bei zweipoligen Netzkurzschlüssen, bei denen in Wirklichkeit die Maschine über die nicht kurzgeschlossene Phasen mit dem Netz verbunden bleibt, findet bei genügender Ergiebigkeit des Netzes eine sehr wesentliche Einwirkung desselben auf das Verhalten der kurzgeschlossenen Maschine statt, und die Art dieser Einwirkung soll im folgenden einer näheren Untersuchung unterzogen werden. Da die Grundzüge des Verlaufes des plötzlichen Kurzschlusses, für den in letzter Linie das in Freiheit gesetzte magnetische Feld der Maschine maßgebend ist, dabei erhalten bleiben, können wir uns auf die Betrachtung des stationären Kurzschlusses beschränken.

Den folgenden Betrachtungen legen wir eine Synchronmaschine mit symmetrischen Zweiphasenwicklungen auf Stator und Rotor zugrunde, die über eine Leitung an eine Zentrale von unendlich großer Ergiebigkeit angeschlossen sei. Zwischen zwei Phasenzuleitungen bestehe ein vollkommener Kurzschluß, so daß an dieser Stelle die Energiezufuhr von der Zentrale her vollständig unterbunden ist. Die betrachtete Anordnung wird durch die Abb. 119 dargestellt, der auch die verwendeten Bezeichnungen zu entnehmen sind. Ohmscher Widerstand

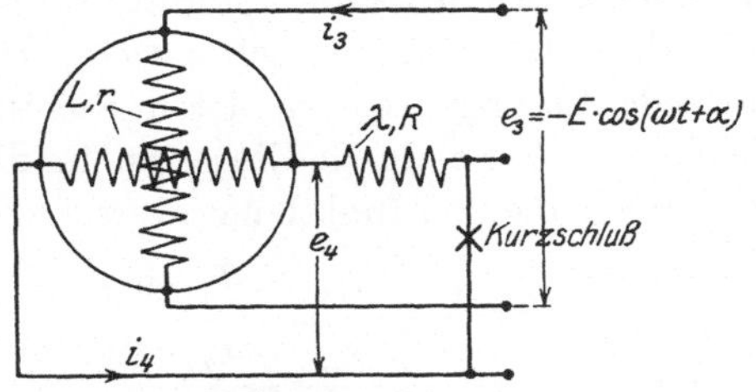

Abb. 119. Schaltungsschema des zweipoligen Netzkurzschlusses.

und Induktivität der Zuleitungen zwischen Zentrale und Maschine seien in der Statorwicklung enthalten. Um anzudeuten, daß, da der Kurzschluß im allgemeinen in beliebiger Entfernnng von der Maschine aus eintreten wird, die beiden Statorphasen also verschiedene Induktivität und Ohmschen Widerstand besitzen, nehmen wir, wie die Abbildung zeigt, im Kurzschlußkreis eine zusätzliche Induktivität λ und einen zusätzlichen Ohmschen Widerstand R an.

Das Verhalten des unseren Betrachtungen zugrunde liegenden Generators wird ganz allgemein durch die Differentialgleichungen (89) bzw. (103) festgelegt; in diese sind lediglich die speziellen Bedingungen des vorliegenden Problems einzuführen. Diese besagen nun, daß wir uns den beiden Statorwicklungen äußere Spannungen

bzw.

$$e_3 = - E \cdot \cos(\omega \cdot t + \alpha)$$

$$e_4 = - \lambda \cdot \frac{d i_4}{d t} - R \cdot i_4 \qquad (185)$$

angelegt zu denken haben, denen die auf der linken Seite der eben erwähnten Differentialgleichungen stehenden Spannungen das Gleichgewicht halten. Wenn wir die eben angeschriebenen Gleichungen in die Differentialgleichungen (103) einführen, so gehen diese über in:

$$L_r \cdot \frac{d i_1}{d t} + M \cdot \frac{d i_4 \cdot \sin \omega \cdot t}{d t} + M \cdot \frac{d i_3 \cdot \cos \omega \cdot t}{d t} + r_r \cdot i_1 = 0,$$

$$L_r \cdot \frac{d i_2}{d t} + M \cdot \frac{d i_4 \cdot \cos \omega \cdot t}{d t} - M \cdot \frac{d i_3 \cdot \sin \omega \cdot t}{d t} + r_r \cdot i_2 = 0,$$

$$L \cdot \frac{d i_3}{d t} - M \cdot \frac{d i_2 \cdot \sin \omega \cdot t}{d t} + M \cdot \frac{d i_1 \cdot \cos \omega \cdot t}{d t} + r_r \cdot i_3 = \qquad (186)$$

$$= - E \cdot \cos(\omega \cdot t + \alpha),$$

$$(L + \lambda) \cdot \frac{d i_4}{d t} + M \cdot \frac{d i_2 \cdot \cos \omega \cdot t}{d t} + M \cdot \frac{d i_1 \cdot \sin \omega \cdot t}{d t} +$$

$$+ (r + R) \cdot i_4 = 0.$$

Wie eingangs erwähnt, interessiert uns nur der stationäre Zustand, für den die eben angeschriebenen Differentialgleichungen folgende formale Lösung ergeben, deren Richtigkeit wir am besten daran erkennen, daß sie durch Einsetzen in die Differentialgleichungen (186) in diesen die Zeitfunktionen verschwinden lassen müssen.

$$i_{1\,st} = J_1 \cdot \sin(2 \cdot \omega \cdot t - \psi_1),$$

$$i_{2\,st} = J_2 \cdot \cos(2 \cdot \omega \cdot t - \psi_2) + i_e,$$

$$i_{3\,st} = J_3 \cdot \sin(\omega \cdot t - \psi_3), \qquad (187)$$

$$i_{4\,st} = J_4 \cdot \cos(\omega \cdot t - \psi_4).$$

Wenn wir nun die eben angeschriebenen Ausdrücke für die Ströme $i_1 \div i_4$ in die Differentialgleichungen (186) einführen, so ergeben sich Gleichungen, auf deren linker Seite die einzelnen Summanden Produkte zwischen Konstanten und den Faktoren $\cos 3 \cdot \omega \cdot t$,

$\sin 3 \cdot \omega \cdot t$, $\cos \omega \cdot t$ und $\sin \omega \cdot t$ sind, und deren rechte Seite mit einer Ausnahme gleich Null ist. Die linke Seite dieser Gleichungen kann aber nur dann identisch verschwinden, wenn die Summe aller mit $\cos 3 \cdot \omega \cdot t$, $\sin 3 \cdot \omega \cdot t$ usw. multiplizierten Glieder für sich verschwindet. Jede der 4 ursprünglichen Gleichungen zerfällt also wieder in 4 getrennte Bestimmungsgleichungen, in denen die Zeitfunktionen verschwunden sind. Wir erhalten also im ganzen 16 Bestimmungsgleichungen zur Berechnung der 8 Unbekannten $J_1 \div J_4$ und $\psi_1 \div \psi_4$; von diesen 16 Gleichungen sind jedoch immer je 2 identisch miteinander, so daß im ganzen nur 8 unabhängige Bestimmungsgleichungen für die 8 Unbekannten verbleiben. Aus diesen können die letzteren leicht mittels Determinanten berechnet werden.

Wir wollen den Gang der Rechnung, der genau dem im 20. Abschnitt zur Berechnung der Integrationskonstanten durchgeführten entspricht, und der infolgedessen nichts Neues bietet, hier nicht nochmals wiederholen. Wir teilen vielmehr gleich das Ergebnis der Ausrechnung mit, das folgendermaßen lautet:

Die Auflösung des Systems von 8 Gleichungen ergibt eine Hauptdeterminante

$$\varDelta = (\tau + \tau')^2 + a'^2 \cdot (1 + \tau)^2, \tag{188}$$

und folgende Unterdeterminanten;

$$\varDelta_1 = -i_e \cdot [\varkappa \cdot ((\tau' - \tau) \cdot (\tau' + \tau) + a'^2 \cdot (1 - \tau^2)) + \sin \alpha \cdot a' \cdot$$
$$\cdot (1 - \tau) \cdot (1 - \tau') - \cos \alpha \cdot ((1 - \tau) \cdot (\tau + \tau') +$$
$$+ a'^2 \cdot (1 - \tau^2))],$$

$$\varDelta_2 = -i_e \cdot [2 \cdot \varkappa \cdot a' \cdot \tau \cdot (1 - \tau') + \sin \alpha \cdot ((1 - \tau) \cdot (\tau + \tau') +$$
$$+ a'^2 \cdot (1 - \tau^2)) + \cos \alpha \cdot a' \cdot (1 - \tau) \cdot (1 - \tau')],$$

$$\varDelta_3 = \varDelta_1, \qquad \varDelta_4 = \varDelta_2,$$

$$\varDelta_5 = J_{k0} \cdot [2 \cdot \varkappa \cdot (\tau' \cdot (\tau + \tau') + a'^2 \cdot (1 + \tau)) +$$
$$+ \sin \alpha \cdot a' \cdot (1 - \tau) \cdot (1 - \tau') - \cos \alpha \cdot ((1 + \tau') \cdot (\tau + \tau') +$$
$$+ 2 \cdot a'^2 \cdot (1 + \tau))],$$

$$\varDelta_6 = J_{k0} \cdot [2 \cdot \varkappa \cdot a' \cdot \tau \cdot (1 - \tau') + \sin \alpha \cdot ((1 + \tau') \cdot (\tau + \tau') +$$
$$+ 2 \cdot a'^2 \cdot (1 + \tau)) + \cos \alpha \cdot a' \cdot (1 - \tau) \cdot (1 - \tau')],$$

$$\varDelta_7 = -J_{k0} \cdot \left[2 \cdot \varkappa \cdot \tau \cdot \frac{(1 - \tau') \cdot (\tau + \tau')}{1 - \tau} - \sin \alpha \cdot a' \cdot (1 + \tau) \cdot \right.$$
$$\left. \cdot (1 - \tau) + \cos \alpha \cdot (1 - \tau') \cdot (\tau + \tau') \right],$$

$$\varDelta_8 = J_{k0} \cdot \left[2 \cdot \varkappa \cdot \tau \cdot \frac{(1 + \tau) \cdot (1 - \tau')}{1 - \tau} + \sin \alpha \cdot (1 - \tau') \cdot (\tau + \tau') + \right.$$
$$\left. + \cos \alpha \cdot a' \cdot (1 + \tau) \cdot (1 - \tau') \right],$$

$$\tag{188a}$$

J_{k0} ist der zum Erregerstrom i_e gehörige stationäre Kurzschlußstrom der direkt an ihren Klemmen allpolig kurzgeschlossenen Maschine. In den eben angeschriebenen Gleichungen ist noch

$$\left.\begin{aligned}
a' &= \frac{r+R}{(L+\lambda)\cdot\omega}, \\[2mm]
\tau &= 1 - \frac{M^2}{L_1\cdot L_r}, \\[2mm]
\tau' &= 1 - \frac{M^2}{(L+\lambda)\cdot L_r}, \\[2mm]
\varkappa &= \frac{i_e\cdot M\cdot\omega}{E}.
\end{aligned}\right\} \tag{188b}$$

Mit Hilfe der Gl. (188) berechnen sich nun die Konstanten J und ψ auf Grund der Beziehungen

$$\left.\begin{aligned}
J_1 &= J_2 = \frac{\sqrt{\varDelta_1{}^2 + \varDelta_2{}^2}}{\varDelta}, \\[2mm]
J_3 &= \frac{\sqrt{\varDelta_5{}^2 + \varDelta_6{}^2}}{\varDelta}, \\[2mm]
J_4 &= \frac{\sqrt{\varDelta_7{}^2 + \varDelta_8{}^2}}{\varDelta}, \\[2mm]
\psi_1 &= \psi_2 = \operatorname{arctg}\frac{\varDelta_2}{\varDelta_1}, \\[2mm]
\psi_3 &= \operatorname{arctg}\frac{\varDelta_6}{\varDelta_5}, \\[2mm]
\psi_4 &= \operatorname{arctg}\frac{\varDelta_8}{\varDelta_7},
\end{aligned}\right\} \tag{189}$$

Der die Stellung des Polrades relativ zum Vektor der Netzspannung angebende Winkel α ist natürlich nicht unabhängig von dem den Erregungszustand unserer Maschine charakterisierenden Faktor $\varkappa$, denn je nach der Erregung wird das Polrad eine ganz bestimmte Stellung relativ zum Vektor der Netz-EMK einnehmen. Nehmen wir an, daß der Welle des Generators weder mechanische Leistung zugeführt, noch entnommen wird, so muß bei Vernachlässigung der Verluste folgende Gleichung bestehen:

$$E\cdot J_3\cdot\sin(\alpha+\psi_3) = (r+R)\cdot J_4{}^2,$$

oder

$$J_{k0}\cdot\varDelta\cdot(\varDelta_5\cdot\sin\alpha + \varDelta_6\cdot\cos\alpha) = \varkappa\cdot a'\cdot(\varDelta_7{}^2 + \varDelta_8{}^2), \tag{188c}$$

die α und $\varkappa$ in ihrer gegenseitigen Abhängigkeit festlegt.

In den Gleichungen (187), (188) und (189) besitzen wir nun, soweit wenigstens der mathematische Teil in Frage kommt, die vollständige Lösung des vorliegenden Problems. Die Gleichungen sind indes nicht gerade einfach, und daher wenig geeignet, uns einen schnellen Überblick über die auftretenden Erscheinungen zu geben. Es wird auch selten das Bedürfnis vorliegen, das Problem in voller Allgemeinheit zu betrachten, und wir wollen aus diesem Grunde die erhaltenen Gleichungen an Hand einiger wichtiger Spezialfälle interpretieren.

So wollen wir im folgenden eine Synchronmaschine mit einer vollkommenen Dämpferwicklung auf dem Induktor betrachten, die mit einer Phase über eine widerstandslose Leitung an einem Netz unendlicher Ergiebigkeit hängt, und deren andere Phase über eine reine Selbstinduktion λ kurzgeschlossen sei. Ferner vernachlässigen wir seiner geringen Größe wegen den Statorwiderstand r; den Rotorwiderstand setzten wir voraussetzungsgemäß von vornherein gleich Null. Unsere Annahmen kommen darauf hinaus, daß wir in den oben abgeleiteten Gleichungen $a' = 0$ setzen können, womit sich diese ganz außerordentlich vereinfachen. Und zwar ergibt sich zunächst aus Gl. (188c) $\alpha = 0$ und damit weiterhin, wenn wir sämtliche sich ergebenden Ausdrücke durch $(\tau + \tau')$ dividieren:

$$\Delta = \tau + \tau'$$

$$\Delta_1 = i_e \cdot [\varkappa \cdot (\tau - \tau') + 1 - \tau] = \triangle_3 \, ,$$

$$\Delta_2 = 0 = \Delta_4 = \Delta_6 \, ,$$

$$\Delta_5 = J_{k0} \cdot [2 \cdot \varkappa \cdot \tau' - 1 - \tau'] \, ,$$

$$\Delta_7 = - J_{k0} \cdot \left[2 \cdot \varkappa \cdot \tau \cdot \frac{1 - \tau'}{1 - \tau} + 1 - \tau' \right] ,$$

$$\Delta_8 = J_{k0} \cdot 2 \cdot \varkappa \cdot \tau \cdot \frac{(1 + \tau) \cdot (1 - \tau')}{(1 - \tau) \cdot (\tau + \tau')} .$$

Unter Beachtung der Gl. (189) erhalten wir damit nun endlich:

$$\left.
\begin{aligned}
J_1 &= J_2 = i_e \cdot \frac{1 + \varkappa \cdot (\tau - \tau') - \tau}{\tau + \tau'} , \\[2ex]
J_3 &= J_{k0} \cdot \frac{2 \cdot \varkappa \cdot \tau' - 1 - \tau'}{\tau + \tau'} , \\[2ex]
J_4 &= J_{k0} \frac{1 - \tau'}{\tau + \tau'} \sqrt{4 \cdot \varkappa^2 \cdot \tau^2 \cdot \frac{(1 + \tau)^2 + (\tau + \tau')^2}{(1 - \tau)^2 \cdot (\tau + \tau')^2} + \frac{4 \cdot \varkappa \cdot \tau}{1 - \tau} + 1} , \\[2ex]
\psi_1 &= \psi_2 = \varphi_3 = 0 , \\[2ex]
\psi_4 &= - \frac{2 \cdot \varkappa \cdot \tau \cdot (1 + \tau)}{(\tau + \tau') \cdot (2 \cdot \varkappa \cdot \tau + 1 - \tau)} .
\end{aligned}
\right\} \quad (190)$$

Diese Gleichungen lehren nun, daß die am Netz hängende, zweipolig kurzgeschlossene Synchronmaschine einen stationären Kurzschlußstrom besitzt, der wesentlich größer ist als der stationäre Kurzschlußstrom, der an ihren Klemmen für sich kurzgeschlossenen Maschine, und der von der Größenordnung des plötzlichen Kurzschlußstromes ist. Wir erkennen dies am besten, wenn wir in den erhaltenen Gleichungen $\tau' = \tau$ und $\varkappa = 1$ setzen, wenn wir also den einfachsten Fall betrachten, indem die auf die Netzspannung erregte Maschine direkt an ihren Klemmen zweipolig kurzgeschlossen wird. Es bilden sich dann folgende Ströme in der Maschine aus:

$$
\left.
\begin{aligned}
i_{1\,st} &= i_e \cdot \frac{1-\tau}{2\cdot\tau} \cdot \sin 2\cdot\omega\cdot t, \\[2ex]
i_{2\,st} &= i_e \cdot \frac{1-\tau}{2\cdot\tau} \cdot \cos 2\cdot\omega\cdot t, \\[2ex]
i_{3\,st} &= -J_{k0} \cdot \frac{1-\tau}{2\cdot\tau} \cdot \sin \omega\cdot t, \\[2ex]
i_{4\,st} &= J_{k0} \cdot \frac{1+\tau}{\sqrt{2}\cdot\tau} \cdot \cos\left(\omega\cdot t + \frac{\pi}{4}\right).
\end{aligned}
\right\}
\qquad (190\,\mathrm{a})
$$

Die Synchronmaschine entnimmt also dem Netz über die nicht kurzgeschlossene Phase einen stationären Überstrom, der etwas weniger als halb so groß ist wie das Wechselstromglied ihres plötzlichen Kurzschlußstromes; gleichzeitig entsendet die Maschine nach der Fehlerstelle hin einen stationären Kurzschlußtrom, der nicht viel kleiner ist, als das Wechselstromglied des Kurzschlußstromes. Überströme von ähnlicher Höhe fließen natürlich auch in den Induktorwicklungen der Maschine. Durch entsprechende Erregung des Generators lassen sich diese Ströme, wie die Gl. (190) lehren, entweder verkleinern, oder vergrößern; zusätzliche Widerstände im Kurzschlußkreis verkleinern natürlich den Kurzschlußstrom in jedem Falle.

Jedenfalls zeigen die vorstehenden Entwicklungen, daß bei zweipoligen Kurzschlüssen, sofern die nicht kurzgeschlossenen Phasen der Maschine in Verbindung mit dem Netz bleiben, und auf dieses weitere Stromerzeuger arbeiten, die Synchronmaschine sich ganz wesentlich ungünstiger verhält, als der Höhe des eigenen stationären Kurzschlußstromes der Maschine entspricht, und daß es infolgedessen von Wichtigkeit ist, sich in der Praxis von dieser Eigentümlichkeit der Maschine Rechenschaft zu geben.

Noch prägnanter als bei der Synchronmaschine zeigt sich der Einfluß der Verbindung mit den nicht kurzgeschlossenen Phasen des Netzes beim stationären zweipoligen Kurzschluß der Asynchronmaschine. Wir gelangen zu den ihr Verhalten beschreibenden

Gleichungen in einfachster Weise, indem wir in den Gl. (190) $\varkappa = 0$ setzen; das heißt nichts anderes, als daß wir zum Grenzfall der nicht erregten Synchronmaschine mit einer Mehrphasenwicklung auf dem Induktor übergehen. Der erwähnte Grenzübergang führt zu folgenden Gleichungen:

$$
\left.
\begin{aligned}
i_{1\,st} &= J_{0\,r} \cdot \frac{1 - \tau}{\tau + \tau'} \cdot \sin 2 \cdot \omega \cdot t, \\[2ex]
i_{2\,st} &= J_{0\,r} \cdot \frac{1 - \tau}{\tau + \tau'} \cdot \cos 2 \cdot \omega \cdot t, \\[2ex]
i_{3\,st} &= - J_0 \cdot \frac{1 + \tau'}{\tau + \tau'} \cdot \sin \omega \cdot t, \\[2ex]
i_{4\,st} &= J_0 \cdot \frac{1 - \tau'}{\tau + \tau'} \cdot \cos \omega \cdot t.
\end{aligned}
\right\}
\qquad (191)
$$

An Stelle des stationären Kurzschlußstromes J_{k0} ist der dieser Größe bei der Ansynchronmaschine äquivalente Leerlaufstrom J_0 eingeführt worden; $J_{0\,r}$ ist der Leerlaufstrom, der sich bei Erregung der Maschine vom Rotor aus ergeben würde. In den Gleichungen sind, um es nochmals zu erwähnen, sämtliche Ohmschen Widerstände vernachlässigt; auch der Kurzschlußkreis ist rein induktiv gedacht.

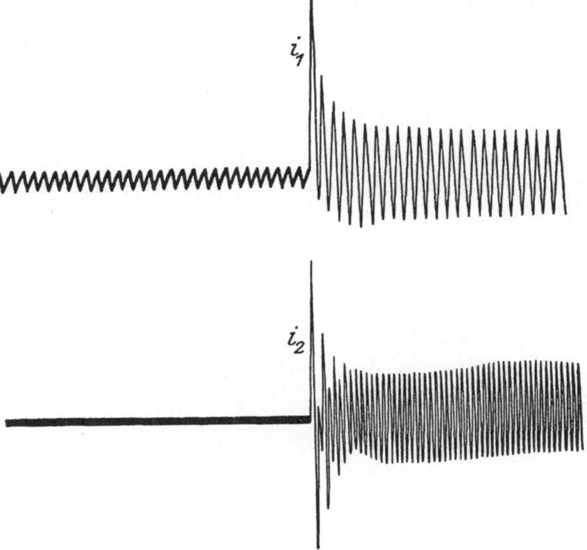

Abb. 120. Plötzlicher zweipoliger Kurzschluß eines an einem Drehstromnetz liegenden Asynchronmotors von 100 kW.

Die Gl. (191) zeigen, daß der am Netz liegende zweipolig kurzgeschlossene Asynchronmotor auch einen stationären Kurzschlußstrom besitzt, der bei Klemmenkurzschluß nicht ganz halb so groß ist wie jener Kurzschlußstrom. der sich einstellt, wenn der stillstehende Motor an die normale Netzspannung gelegt wird. Es ist also auch wie bei der Synchronmaschine, der stationäre Kurzschlußstrom etwas weniger als halb so groß wie das Wechselstromglied des plötzlichen Kurzschlußstromes. Abb. 120 zeigt ein an einem Asynchronmotor von 100 kW aufgenommenes Oszillogramm.

Wir gewinnen am besten einen Einblick in den inneren Zusammenhang der in der betrachteten Maschine sich abspielenden Vorgänge, indem wir uns Rechenschaft über Größe und Verlauf des in der Maschine vorhandenen resultierenden magnetischen Feldes geben. Dabei zerlegen wir das magnetische Feld am besten in zwei Komponenten, deren eine in der Achse der Erregerwicklung bzw. der Rotorphase 2, und deren andere senkrecht zu dieser, also in der Achse der Dämpferwicklung bzw. der Rotorphase 1 liegt. Wir erhalten dann, wenn wir die Stärke des magnetischen Feldes durch einen gedachten resultierenden Erregerstrom ausdrücken, das Feld in der erstgenannten Achse, indem wir zu dem in der Erregerwicklung fließenden Strom den den Längsfeldamperewindungen des Stators äquivalen Erregerstrom addieren. Den letzteren gewinnen wir, wenn wir uns den Stator mit der Winkelgeschwindigkeit ω synchron mit dem Polrad gedreht denken. Die Amperewindungen des Rotors und Stators befinden sich dann gegeneinander in Ruhe, und die Summenbildung ergibt:

$$i_m = i_2 + \frac{M}{L_r} \cdot [i_3 \cdot \sin(\omega \cdot t + \alpha) - i_4 \cdot \cos(\omega \cdot t + \alpha)].$$

In gleicher Weise erhält man den resultierenden Erregerstrom in der Achse des Querfeldes zu

$$i_q = i_1 - \frac{M}{L_r} \cdot [i_3 \cdot \cos(\omega \cdot t + \alpha) + i_4 \cdot \sin(\omega \cdot t + \alpha)].$$

Beschränken wir uns auf die Asynchronmaschine, so brauchen wir in die eben angeschriebenen Ausdrücke nur die Gl. (191) einzuführen und erhalten dann:

$$\left.\begin{aligned} i_m &= J_{0r} \cdot \frac{\tau'}{\tau + \tau'} \cdot \left[1 - \frac{\tau}{\tau'} \cdot \cos 2 \cdot \omega \cdot t\right], \\ i_q &= -J_{0r} \cdot \frac{\tau}{\tau + \tau'} \cdot \sin 2 \cdot \omega \cdot t. \end{aligned}\right\} \qquad (192)$$

Die vorstehenden Entwicklungen lassen erkennen, daß das Stator und Rotor unserer Maschine verkettende, gemeinsame magnetische Feld aus zwei Komponenten besteht, deren eine relativ zum Rotor in Ruhe ist, sich also synchron mit diesem dreht, während die andere sich relativ zu diesem mit seiner doppelten elektrischen Winkelgeschwindigkeit, und zwar in entgegengesetzter Richtung wie dieser dreht. In jenem speziellen Falle, wo die beiden Statorphasen gleiche Streufaktoren besitzen, also bei Klemmenkurzschluß, besitzen die erwähnten Feldkomponenten unter sich gleiche Höhe und sind halb so groß wie das in der leerlaufenden Maschine vorhandene magnetische Feld.

In welcher Weise die im betrachteten Motor sich abspielenden Vorgänge, vom energetischen Standpunkt aus gesehen, verlaufen, erkennen wir, wenn wir einen Ausdruck für das am Umfang des Rotors auftretende resultierende Drehmoment bilden.

Für dieses Drehmoment, das sich aus den Kontrasten der resultierenden Amperewindungen in der Achse der Rotorphase 1 mit den Längsamperewindungen des Stators bzw. den resultierenden Amperewindungen in der Achse der Rotorphase 2 mit den Queramperewindungen des Stators berechnet, können wir folgenden Ausdruck anschreiben:

$$D = \frac{D_{\text{norm}}}{J_{0r} J_{1/1}} \cdot [i_2 \cdot (i_3 \cdot \cos(\omega \cdot t + \alpha) + i_4 \cdot \sin(\omega \cdot t + \alpha)) +$$
$$+ i_1 \cdot (i_3 \cdot \sin(\omega \cdot t + \alpha) - i_4 \cdot \cos(\omega \cdot t + \alpha))].$$

Indem wir in diesem Ausdruck die Werte für die Ströms $i_1 \div i_4$ aus den Gleichungen (191) einführen, gewinnen wir leicht den folgenden einfachen Ausdruck für das resultierende Drehmoment am Umfang des Rotors:

$$D = D_{\text{norm}} \cdot \frac{J_0}{J_{1/1}} \cdot \frac{\tau' \cdot (1 - \tau)}{(\tau + \tau')^2} \cdot \sin 2 \cdot \omega \cdot t, \tag{193}$$

der erkennen läßt, daß am Umfang des Rotors ein mit der doppelten elektrischen Winkelgeschwindigkeit pulsierendes, seine Richtung periodisch wechselndes Drehmoment von recht erheblicher Stärke auftritt. Die Übertragung des Kurzschlußstromes von den gesunden auf die kurzgeschlossenen Phasen erfolgt also auf dem Umweg über die kinetische Energie des Rotors, indem zunächst die vom Netz entnommene magnetische Energie in mechanische Energie umgesetzt wird, die sich im Rotor aufspeichert und diesem eine kleine Beschleunigung erteilt, welch letztere jedoch schnell wieder einer Abbremsung Platz macht, wobei der Rotor die in ihm aufgespeicherte kinetische Energie in Form von magnetischer Energie an den Kurzschlußkreis verliert.

31. Die Unterbrechung des Kurzschlusses der Mehrphasen-Synchronmaschine.

Der allpolige Kurzschluß einer Dreiphasen-Synchronmaschine sei stationär geworden. In der Erregerwicklung fließt ein Gleichstrom i_e, die Ströme in den drei Phasen des Stators haben unter sich gleiche Amplitude und eine gegenseitige Phasenverschiebung von je 120°. (Abb. 121). Die Größe der Amplitude ist bekanntlich, wenn unter L nicht die totale Selbstinduktion einer, sondern von zwei in Reihe geschalteten Statorphasen verstanden wird,

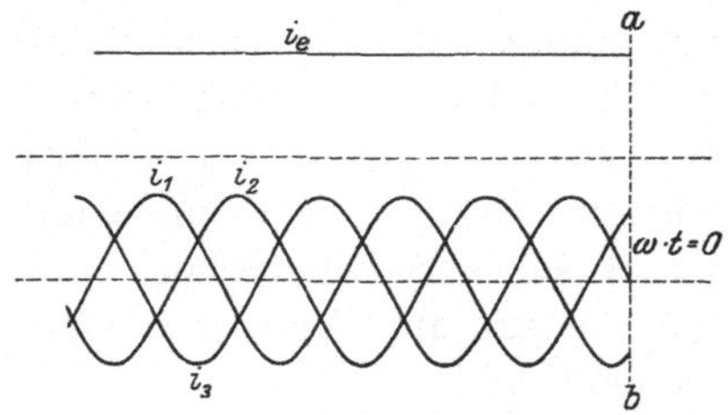

Abb. 121. Die Phasenströme im stationären dreipoligen Kurzschluß.

$$i_{1,\,2,\,3} = 1{,}15 \cdot \frac{M}{L} \cdot i_e.$$

Wir hatten bereits früher die Festsetzung getroffen, der Schalter möge den Strom ohne nennenswerten Lichtbogen und stets in dem Augenblicke unterbrechen, in welchem er betriebsmäßig durch Null geht. Ein Blick auf die Abb. 121 lehrt, daß dann zunächst einer der drei Phasenströme verschwinden wird, die beiden andern Ströme besitzen in diesem Augenblicke entgegengesetzt gleiche Richtung, und ihr absoluter Betrag ist gleich dem 0,866 fachen Amplitudinalwert, also gleich $\frac{M}{L} \cdot i_e$. Das heißt aber, daß der betrachtete Generator von diesem Augenblicke an als einphasig kurzgeschlossener Generator weiterläuft. Zum selben Ergebnis wären wir natürlich gekommen, wenn wir einen zweiphasig bewickelten Stator betrachtet hätten.

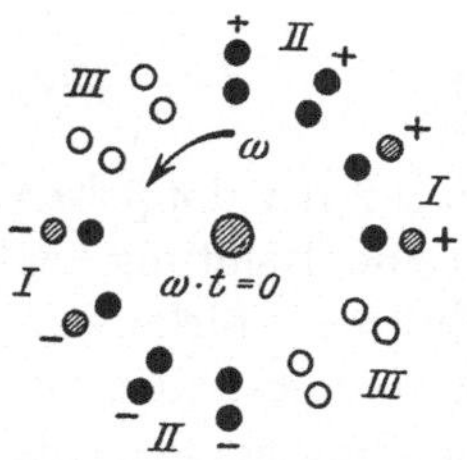

Die Unterbrechung beginne z. B. zu dem in der Abb. 121 durch die Senkrechte a — b bezeichneten Zeitpunkte, den wir als Ausgangspunkt für die Zeitzählung wählen. Der Strom i_3 ist erloschen. Zeichnen wir dann in die Abb. 122, die den bezeichneten Zeitpunkt festhält, die momentane Stromrichtung in den Nuten der Phasen I und II ein, so lehrt ein Vergleich mit der Abb. 44, daß beide vollkommen miteinander übereinstimmen. Vom Zeitpunkte $\omega \cdot t = 0$ ab wird somit das Verhalten unseres Drehstromgenerators durch die Differentialgleichungen (54) des 12. Abschnittes bestimmt.

Im vorliegenden Falle lauten unsere Anfangsbedingungen, wenn wir uns wieder der im 28. Abschnitt benutzten Bezeichnungen bedienen:

Abb. 122. Stromverteilung zur Zeit $t = 0$.

$$\left. \begin{aligned} i_i &= i_e, \\ i_1 = -\,i_2 = i_{1,2} &= -\frac{M}{L} \cdot i_e. \end{aligned} \right\} \qquad (194)$$

Diese sind in die Gl. (57) einzuführen. Wir gewinnen dann:

$$A_1 = A_2 = \frac{i_e}{2} \cdot \left[\sigma - \frac{1}{\sigma} - \sqrt{\sigma^2 - 1}\right]$$

und können folgende Gleichungen für den weiteren Verlauf der Ströme anschreiben, wenn wir, was wegen der kurzen Zeitdauer der Vorgänge ohne weiteres möglich ist, die Dämpfung vernachlässigen:

$$\left.\begin{aligned} i_i &= \frac{i_e}{2} \cdot \left(\sigma - \frac{1}{\sigma}\right) \cdot \left[\frac{1}{\sigma + \cos\omega \cdot t} + \frac{1}{\sigma - \cos\omega \cdot t}\right], \\ i_{1,2} &= \frac{M}{L_2} \cdot \frac{i_e}{2} \cdot \left(\sigma - \frac{1}{\sigma}\right) \cdot \left[\frac{1}{\sigma + \cos\omega \cdot t} - \frac{1}{\sigma - \cos\omega \cdot t}\right]. \end{aligned}\right\} \quad (195)$$

Wir kennen damit die Vorgänge im Erregerstromkreis, sowie in den Phasen I und II. Vom Zeitpunkt $\omega \cdot t = 0$ ab nehmen die beiden Phasenströme i_1 und i_2 entgegengesetzt gleichen Verlauf und sie erlöschen beim nächsten Durchgange durch Null, zur Zeit $\omega \cdot t = \frac{\pi}{2}$.

Die Spannungen e_1 und e_2 der Phasen I und II springen in jenem Augenblicke auf ihre durch die derzeitige Größe des Erregerstromes und die Stellung des Induktors bedingten Momentanwerte und nehmen weiterhin, im Verein mit der Spannung e_3 der Phase III, ihren betriebsmäßigen, sinuidalen Verlauf. Der Erregerstrom wird von seinem Anfangswerte i_e auf einen der Summe von Induktor- und Statorstreufeld im stationären Kurzschluß entsprechenden Betrag von

$$i_0 = i_e \cdot \left(1 - \frac{1}{\sigma^2}\right) = i_e \cdot \tau \tag{196}$$

heruntergedrückt und beginnt nun entsprechend der Gleichung

$$i_i = i_e \cdot \left[1 - \frac{e^{-\frac{r_i}{L_i} \cdot t}}{\sigma^2}\right] \tag{197}$$

langsam anzusteigen, im selben Maße die Statorspannungen erhöhend, die nach längerer Zeit, wenn der Erregerstrom bis auf seinen vorher eingestellten Wert angewachsen ist, wieder ihren Leerlaufswert erreichen.

Die im Zeitintervall $0 < \omega \cdot t < \frac{\pi}{2}$ in der Phase III sich abspielenden Vorgänge sind uns indessen noch unbekannt. Wir hatten im 28. Abschnitt folgende Induktionsgleichung für die Phase III aufgestellt:

$$-e_3 = M_3 \cdot \frac{d\,i_i \cdot \cos\left(\omega \cdot t + \frac{\pi}{2}\right)}{d\,t}, \tag{198}$$

in welche der für i_i gewonnene Wert aus Gl. (195) einzusetzen ist. Wir erhalten dann weiterhin:

$$e_3 = \frac{E_0}{2} \cdot \left(\sigma - \frac{1}{\sigma}\right) \cdot \left[\frac{\sigma \cdot \cos \omega \cdot t + 1}{(\sigma + \cos \omega \cdot t)^2} + \frac{\sigma \cdot \cos \omega \cdot t - 1}{(\sigma - \cos \omega \cdot t)^2}\right]. \quad (199)$$

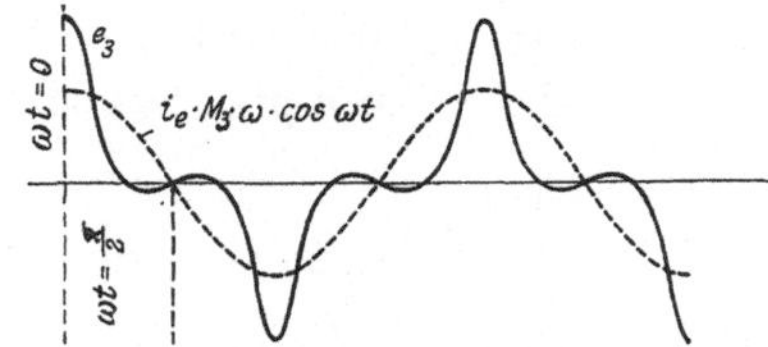

Abb. 123. Verlauf der Funktion (199).

Für beliebiges t würde diese Gleichung eine Funktion ergeben, welche die Abb. (123) darstellt ($\sigma = 1{,}25$), sie besitzt in den Punkten $\omega \cdot t = 0$, π, $2 \cdot \pi$, ... Maximalwerte. Diese ergeben sich aus Gl. (198), für $t = 0$ zu:

$$e_3 = - i_e \cdot M_3 \cdot \omega = - E_0.$$

Die Spannung der Phase III springt also im Augenblicke $\omega \cdot t = 0$ auf ihren Leerlaufsamplitudinalwert, verläuft bis zum Zeitpunkte $\omega \cdot t = \dfrac{\pi}{2}$ nach einer Funktion, welche die Abb. 123 darstellt, und geht dann stetig in ihre normale Sinusform über.

Abb. 124 veranschaulicht das Abschalten des stationären Kurzschlusses einer Dreiphasenmaschine mit $\sigma = 1{,}1$. Ein Vergleich mit

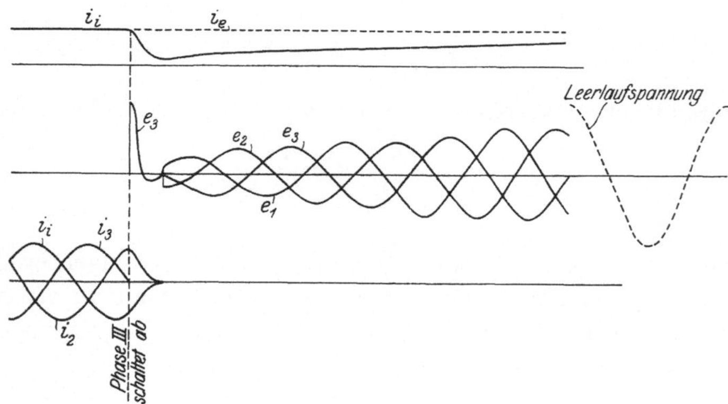

Abb. 124. Unterbrechung des dreipoligen stationären Kurzschlusses.

der Abb. 69, die das Abschalten des einphasigen Kurzschlusses unter denselben Verhältnissen zeigt, ist sehr interessant. Es fällt vor allem auf, daß beim dreipoligen Kurzschluß ein viel größerer Teil des ursprünglichen Feldes der Maschine vernichtet wurde als beim einphasigen Kurzschluß. Dies wird sofort klar, wenn wir uns daran erinnern, daß beim einphasigen Kurzschluß das Statorfeld ein Wechselfeld ist, das wir uns in zwei gegenläufige Drehfelder von je der halben Amplitude des Wechselfeldes zerlegt dachten. Von diesen kann sich aber nur das synchron mit dem Induktor umlaufende Teilfeld mit dem Erregerfelde zusammensetzen und dieses teilweise aufheben. Beim dreipoligen Kurzschluß stand hierzu das volle Statorfeld zur Verfügung. Interessant ist auch das Abfallen des Erregerstromes zur Zeit $\omega \cdot t = 0$, man sieht daran deutlich, wie mit dem Statorfeld gleichzeitig der von ihm aufgehobene Betrag des Hauptfeldes verschwindet.

Es steht von vornherein zu erwarten, daß die betrachteten Vorgänge sich beim Abschalten des noch nicht stationär gewordenen plötzlichen Kurzschlusses noch stärker ausprägen werden, insbesondere wird die

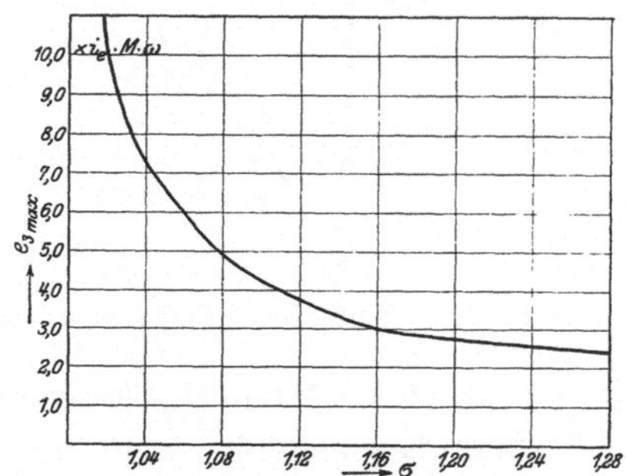

Abb. 125. Größtmögliche Höhe der Unterbrechungsüberspannung in Abhängigkeit von der Streuung.

Phase III noch ganz wesentlich höhere Spannungen annehmen. Hiervon möge die Abb. 125 einen Begriff geben. Dieselbe zeigt die bei gänzlicher Vernachlässigung der Dämpfung sich ergebenden größtmöglichen Werte von e_3 in Abhängigkeit von der Streuung. Dies sind natürlich theoretische Grenzwerte, die schon wegen der Wirbelströme im massiven Eisen des Induktors niemals erreicht werden.

Für die rechnerische Behandlung ist es am einfachsten, in die Anfangsbedingungen (194) von Fall zu Fall zu ermittelnde Koeffizienten in folgender Form einzuführen:

$$\left.\begin{aligned} i_i &= k_1 \cdot i_e, \\ i_{1,2} &= -k_2 \cdot \frac{M}{L} \cdot i_e. \end{aligned}\right\} \tag{200}$$

Man gewinnt dann für die Integrationskonstanten A_1 und A_2 folgende Ausdrücke:

$$\left.\begin{aligned} A_1 &= \frac{i_e}{2} \cdot \left[\left(k_1 - \frac{k_2}{\sigma}\right) \cdot (\sigma + 1) - \sqrt{\sigma^2 - 1}\right], \\ A_2 &= \frac{i_e}{2} \cdot \left[\left(k_1 + \frac{k_2}{\sigma}\right) \cdot (\sigma - 1) - \sqrt{\sigma^2 - 1}\right], \end{aligned}\right\} \tag{201}$$

die in die Gl. (57), (61) und (198) einzuführen sind. Es ist dann ein leichtes, den Abschaltvorgang weiterhin zu verfolgen.

Derselbe Generator, dessen plötzlichen Kurzschluß die Abb. 88 zeigt, werde nun in dem gezeichneten Augenblicke dreipolig abgeschaltet. Abb. 126 zeigt den Abschaltvorgang, und es fällt besonders

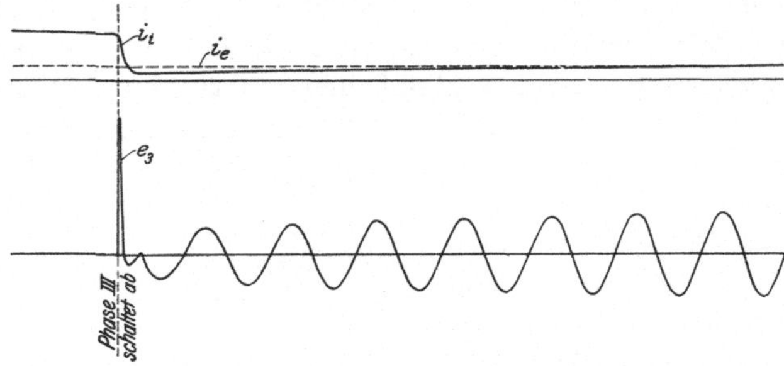

Abb. 126. Unterbrechung des unstationären dreipoligen Kurzschlusses.

die an der Phase III in die Erscheinung tretende Spannungsspitze auf. Daß diese Erscheinung nicht nur in der Theorie besteht, möge ein Beispiel aus der Praxis beweisen. Oszillogramm Abb. 127 zeigt den an einem 16poligen Wasserturbogenerator von 10000 kVA normaler Leistung aufgenommenen Abschaltvorgang. Die Ähnlichkeit zwischen den beiden Bildern ist unverkennbar, wenngleich auch, wie nicht

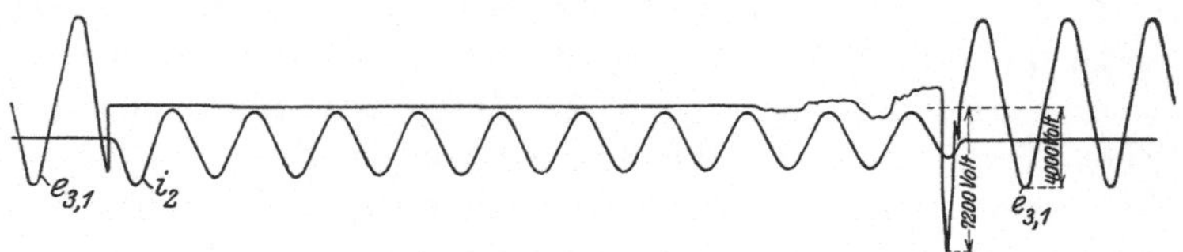

Abb. 127. Unterbrechung des unstationären dreipoligen Kurzschlusses
eines Stromerzeugers von 10000 kVA.

anders zu erwarten, die tatsächlich gemessene Überspannung hinter ihrem theoretischen Sollwert nicht unwesentlich zurückbleibt. Immerhin erreicht — das Oszillogramm zeigt die verkettete Spannung — die Spannungsspitze den dreifachen Betrag der Phasenspannung. Aus der fast völligen Gleichheit der verketteten Statorspannung vor und nach dem Kurzschluß ersieht man übrigens auch, wie langsam bei derartigen Maschinen das gemeinsame Feld abklingt. Bei dieser betreffenden Maschine z. B. waren 10 Sekunden nach Einschalten des Kurzschlusses die Ströme immer noch merklich unstationär.

Ganz abgesehen von der Überspannungsfrage bedeutet die betrachtete Erscheinung zweifellos im Interesse des Maschinenschalters eine Erschwerung des Abschaltvorganges, und da die Abschaltüberspannung um so niedriger ausfällt, je mehr sich die Unterbrechung im Gebiet des stationären Kurzschlusses vollzieht, gelangen wir hier zu denselben Schlußfolgerungen wie im 16. Abschnitt.

Ein gutes Schutzmittel gegen die betrachtete Überspannungserscheinung wird der Leser wohl schon in einer auf den Induktor aufgebrachten Dämpferwicklung vermuten, und daß diese Vermutung zu Recht besteht, sollen die folgenden Entwicklungen zeigen. Wir legen unseren Betrachtungen wieder eine Dreiphasenmaschine mit einer der Erregerwicklung gleichwertigen Dämpferwicklung zugrunde.

Wir können, da wir wieder zunächst vom stationären Zustande ausgehen, die Gl. (194) unverändert übernehmen und erhalten dann unter Berücksichtigung der Gl. (61), (175) und (176) folgende Werte für die Integrationskonstanten:

$$A_1 = - i_e \cdot \frac{1 - \tau}{1 + \tau},$$
$$A_2 = 0.$$

Damit können wir ohne weiteres die vom Momente der Unterbrechung der Phase III bis zum Erlöschen der übrigen Statorströme für sämtliche Ströme gültigen Gleichungen anschreiben:

$$\left.\begin{aligned}
i_i &= i_e \cdot \left[\frac{1 + \tau}{2} + \frac{1 - \tau}{2} \cdot \cos 2 \cdot \omega \cdot t\right], \\
i_d &= i_e \cdot \frac{1 - \tau}{2} \cdot \sin 2 \cdot \omega \cdot t, \\
i_{1,2} &= - i_e \cdot \frac{M}{L} \cdot \cos \omega \cdot t.
\end{aligned}\right\} \qquad (202)$$

Die zeitliche Dämpfung sowie die Schlupfgeschwindigkeit q wurde in diesen Gleichungen wegen der kurzen Dauer des betrachteten Zeitintervalls vernachlässigt.

Die beiden Phasenströme i_1 und i_2 erreichen die Nullinie zur Zeit $\omega \cdot t = \frac{\pi}{2}$ und erlöschen in jenem Augenblick. Der Erregerstrom hat zu jener Zeit seinen geringsten, dem Rest des im stationären Kurzschluß noch vorhandenen magnetischen Feldes entsprechenden Wert

$$i_0 = i_e \cdot \tau \qquad (203)$$

erreicht und beginnt nun nach Maßgabe der Gl. (197) wieder langsam anzuwachsen. Die Größe des im stationären dreipoligen Kurzschluß noch vorhandenen Restfeldes wird also, wie nicht anders zu erwarten, durch die Dämpferwicklung nicht beeinflußt und entspricht in seiner Höhe genau dem des Serientransformators.

Die Spannungsgleichung (182) der offenen Phase III geht durch Einsetzen der Werte aus Gl. (156) über in:

$$e_3 = E_0 \cdot \tau \cdot \cos \omega \cdot t. \qquad (204)$$

Diese Gleichung gibt uns die gewünschte Auskunft. Die Spannung e_3 springt im Augenblicke $\omega \cdot t = 0$, wie dies die im übrigen der Abb. 124 entsprechende Abb. 128 zeigt, auf ihren der derzeitigen Größe des gemeinsamen Feldes entsprechenden Amplitudinalwert,

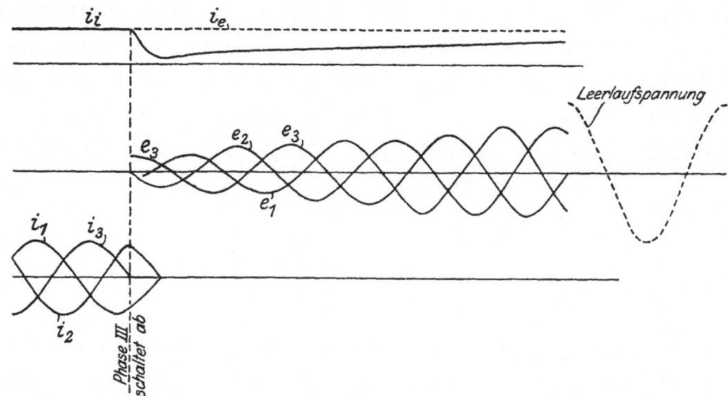

Abb. 128. Unterbrechung des dreiphasigen Kurzschlusses eines Stromerzeugers mit Querfelddämpfung.

irgendeine Überspannungserscheinung tritt also nicht auf. Was nun die Abschaltung des unstationären Kurzschlusses betrifft, so können wir nach den vorausgegangenen Entwicklungen auch ohne Rechnung sagen, daß die Spannung der zuerst unterbrechenden Statorphase höchstens (bei Vernachlässigung der Dämpfung) auf ihren Leerlaufswert ansteigen kann.

Wird der plötzliche Kurzschluß zu irgendeiner Zeit t' nach seinem Eintritt abgeschaltet, so springt die Statorspannung im Augenblicke der Unterbrechung auf einen Betrag

$$e_{3\,\text{max}} = E_0 \cdot \left(\tau + (1 - \tau) \cdot e^{-a_i \cdot t'}\right) \tag{205}$$

an, sie wird also um so niedriger ausfallen, je mehr die in der Maschine aufgespeicherte magnetische Energie im Laufe des Kurzschlusses bereits abgenommen hat.

VIII. Zusätze.

32. Ein-, zwei- und dreipoliger Kurzschluß.

Die heute praktisch überhaupt nur noch in Betracht kommende Mehrphasenmaschine ist die mit einem dreiphasig bewickelten Stator. Nun haben wir zwar den vorhergehenden Betrachtungen, soweit sie sich mit Mehrphasenmaschinen beschäftigen, fast ausnahmslos der Einfachheit halber zweiphasige Wicklungssysteme zugrunde gelegt. Soweit der Rotor in Frage kommt, entspricht dies ja auch der

praktischen Übung. Aber auch für den Stator ändert sich dadurch
prinzipiell nichts. Denn an sich vermag die Zweiphasenwicklung
genau so wie die Dreiphasenwicklung Drehfelder auszubilden. Für
den Verlauf des Ausgleichsvorganges an sich ist also die Phasenzahl
gleichgültig. Nur quantitativ ist insofern ein Unterschied, als bei
einem durch ein Zweiphasensystem erzeugten Drehfeld dessen Amplitude genau so hoch wie die der beiden Teilfelder ist. Bei einem
Dreiphasensystem dagegen hat das Drehfeld die 1,5fache Amplitude
wie die drei Teilfelder. Das gilt aber nicht nur für den Ausgleichsvorgang, sondern auch für den stationären Zustand. Insofern also
unsere Gleichungen, und darauf haben wir besonders geachtet, als
Bezugsgrößen den Leerlaufstrom, bzw. den stationären Kurzschlußstrom enthalten, gelten sie auch quantitativ ganz allgemein für
Wicklungssysteme beliebiger Phasenzahl.

Nun kann bei einer Dreiphasen-Synchronmaschine der Kurzschluß
verschiedene Formen annehmen, er kann zwischen drei, zwischen
zwei oder auch nur, bei geerdetem Nullpunkt, zwischen einer
Klemme und dem Nullpunkt erfolgen. Man wird sich fragen, welcher
Kurzschluß, soweit die Höhe des Überstromes in Betracht kommt,
gefährlicher ist, der drei-, zwei- oder einpolige.

Die Antwort auf diese Frage wird verschieden ausfallen, je nachdem es sich um den stationären oder um den plötzlichen Kurzschluß
handelt. Betrachten wir zunächst den stationären Kurzschluß, wobei
wir uns der Einfachheit halber auf die Maschine mit Querfelddämpfung beschränken. Die Amplitude des stationären dreipoligen
Kurzschlußstromes ist

$$i_{st3} = J_{k0} = i_e \cdot \frac{M}{1,5 \cdot L},$$

wo M der Koeffizient der gegenseitigen Induktion zwischen der Erregerwicklung und einer Phase der Statorwicklung und

$$L = L_{02} \cdot (1 + \tau_2)$$

der Selbstinduktionskoeffizient einer Phase der Statorwicklung ist.
Nun ist nach Gl. (49)

$$\frac{M}{L} = \frac{f_{a\,\omega_1} \cdot f_{1,2} \cdot z_1}{f_{a\,\omega_2} \cdot f_{2,1} \cdot z_2 \cdot (1 + \tau_2)} = \sim \frac{f_{a\,\omega_1} \cdot z_1}{f_{a\,\omega_2} \cdot z_2 \cdot (1 + \tau_2)},$$

und damit wird

$$i_{st3} = \frac{i_e}{1,5 \cdot f_{a\,\omega_2}} \cdot \frac{f_{a\,\omega_1} \cdot z_1}{z_2 \cdot (1 + \tau_2)},$$

oder, da bei einer Dreiphasenwicklung die Spulenbreite einer Phase 60^0

und damit der Amperewindungsfaktor $f_{a\,\omega_2} = 0{,}91$ ist,

$$i_{st\,3} = 0{,}733 \cdot i_e \cdot \frac{f_{a\,\omega_1} \cdot z_1}{z_2 \cdot (1 + \tau_2)}. \qquad (206\,\text{a})$$

Für den zweipoligen Kurzschlußstrom hatte sich folgende Amplitude ergeben:

$$\hat{i}_{st\,2} = J_{k\,0\,\mathrm{I}} = i_e \cdot \frac{M'}{L'} \cdot \frac{2}{1 + \tau},$$

wo M' und L' sich natürlich diesmal auf zwei in Reihe geschaltete Statorphasen beziehen. In

$$\frac{M'}{L'} = \sim \frac{f_{a\,\omega_1} \cdot z_1}{f_{a\,\omega_2}' \cdot z_2' \cdot (1 + \tau_2')}$$

ist nun mit großer Annäherung $\tau_2' = \tau_2$, ferner ist $z_2' = 2 \cdot z_2$ und endlich, da die zwei in Reihe geschalteten Statorphasen eine Spulenbreite von 120^0 besitzen, $f_{a\,\omega_2}' = 0{,}79$. Somit ergibt sich

$$i_{st\,2} = \frac{1{,}265}{1 + \tau} \cdot i_e \cdot \frac{f_{a\,\omega_1} \cdot z_1}{z_2 \cdot (1 + \tau_2)}. \qquad (206\,\text{b})$$

Für den einpoligen Kurzschluß endlich ergibt sich, da die Spulenbreite wieder 60^0 und die Windungszahl z_2 ist, eine Amplitude

$$i_{st\,1} = \frac{2{,}2}{1 + \tau} \cdot i_e \cdot \frac{f_{a\,\omega_1} \cdot z_1}{z_2 \cdot (1 + \tau_2)}. \qquad (206\,\text{c})$$

Legen wir einen totalen Streufaktor $\tau = 0{,}1$ zugrunde (Turbogenerator), so verhalten sich die Amplituden des stationären Kurzschlußstromes beim drei-, zwei- und einpoligen Kurzschluß wie $1 : 1{,}57 : 2{,}73$. Für einen totalen Streufaktor $\tau = 0{,}3$ (Langsamläufer) wird dieses Verhältnis $1 : 1{,}33 : 2{,}3$. Im Mittel verhalten sich also die stationären Kurzschlußströme wie $1 : 1{,}5 : 2{,}5$, und wir sehen, daß, soweit der stationäre Kurzschluß in Frage kommt, der einpolige Kurzschluß der weitaus gefährlichere ist. Wir sehen aber auch, daß bei durch Isolationsfehler hervorgerufenen Teilkurzschlüssen innerhalb der Wicklung, da der stationäre Kurzschlußstrom ziemlich umgekehrt proportional der betroffenen Windungszahl wächst, geradezu verheerende stationäre Fehlerströme fließen können.

Um den eben angestellten Vergleich auch auf den plötzlichen Kurzschluß auszudehnen, gehen wir von folgender Gleichung für den Höchstwert des plötzlichen Kurzschlußstromes aus, die jegliche Dämpfung vernachlässigt:

$$i_{\max} = \frac{2 \cdot E_0}{L \cdot \tau \cdot \omega}.$$

Wenn wir diese Gleichung zunächst auf den dreipoligen Kurzschluß anwenden, so haben wir in diese wiederum, wenn E_0 die Phasenspannung und $L \cdot \tau \cdot \omega$ die Streureaktanz einer für sich allein betrachteten Statorphase ist, den bekannten Faktor 1,5 einzuführen, und wir erhalten

$$i_{\max 3} = \frac{2 \cdot E_0}{1{,}5 \cdot L \cdot \tau \cdot \omega} = 1{,}33 \cdot \frac{E_0}{L \cdot \tau \cdot \omega} \, . \qquad (207\,\mathrm{a})$$

Beim zweipoligen Kurzschluß ist die im Kurzschlußkreis wirksame Spannung $1{,}73 \cdot E_0$. Bezüglich der Streureaktanz der zwei in Reihe geschalteten Statorphasen könnten wir vermuten, daß diese bei gleichbleibenden Streuungsverhältnissen entsprechend den Gl. (49) und (50) auf $3 \cdot L \cdot \tau \cdot \omega$ steigt. Sie steigt jedoch in Wirklichkeit nicht ganz auf diesen Wert, denn wegen der nun gerade mit der Erregerwicklung übereinstimmenden räumlichen Ausbreitung der kurzgeschlossenen Statorwicklung sinkt die doppelt verkettete Streuung und damit der Streufaktor τ. Wenn wir also für den zweipoligen Kurzschluß die Gleichung

$$i_{\max 2} = 1{,}15 \cdot \frac{E_0}{L \cdot \tau'' \cdot \omega} \qquad (207\,\mathrm{b})$$

anschreiben, so bedeutet dies nicht, daß beim zweipoligen Kurzschluß der maximale Stromstoß gegenüber dem dreipoligen Kurzschluß im Verhältnis $1 : 1{,}15$ kleiner ausfällt. Oszillographische Aufnahmen, sowohl an unserer des öfteren erwähnten Versuchsmaschine, wie auch an einer großen Zahl der verschiedensten Synchronmaschinen zeigten vielmehr, daß beim drei- und beim zweipoligen Kurzschluß genau dieselben Stromstöße auftreten. Die Streufaktoren τ und τ'' verhalten sich somit wie $1{,}15 : 1$, was übrigens auch eine direkte Messung an unserer Versuchsmaschine bestätigte.

Für den beim einpoligen Kurzschluß zu erwartenden maximalen Stromstoß können wir ohne weiteres die Gleichung

$$i_{\max 3} = 2 \cdot \frac{E_0}{L \cdot \tau' \cdot \omega} \qquad (207\,\mathrm{c})$$

anschreiben. Nun zeigten oszillographische Aufnahmen an einer großen Zahl der verschiedensten Synchronmaschinen, daß der beim plötzlichen einpoligen Kurzschluß auftretende maximale Stromstoß wiederum mit dem Stromstoß beim dreipoligen Kurzschluß übereinstimmt. Es verhält sich also gerade $\tau' : \tau$ wie $1{,}5 : 1$, und dies ist wiederum auf die doppelt verkettete Streuung zurückzuführen, die wegen der geringen Spulenbreite der kurzgeschlossenen Statorwicklung besonders groß ausfällt. Sie war beim zweipoligen Kurzschluß wegen der gleichen Spulenbreite von Erreger- und Statorwicklung am kleinsten und nahm beim dreipoligen Kurzschluß, da die drei stromdurchflossenen Statorphasen sich über 180^0 ausbreiten, wiederum zu.

Die Tatsache

$$i_{\mathrm{max}\,3} = i_{\mathrm{max}\,2} = i_{\mathrm{max}\,1} \qquad (208)$$

ist jedenfalls sehr bemerkenswert und beweist, daß die gegenseitige Induktivität zwischen den Wickelköpfen verschiedener Phasen, die eine Zunahme der Statorstreuung beim drei- und zweipoligen Kurzschluß gegenüber dem einpoligen Kurzschluß bewirken würde, nur sehr gering sein kann, bzw. in ihrer Wirkung durch die doppelt verkettete Streuung eliminiert wird. Man kann jedenfalls so rechnen, und wir werden später bei praktischen Rechnungen davon Gebrauch machen, als wenn beim plötzlichen Kurzschluß die drei Statorphasen sich nicht gegenseitig beeinflussen würden. Wir ordnen dann jeder Statorphase eine unverkettete Streureaktanz $L \cdot \tau \cdot \omega$ zu, in der natürlich die in Wirklichkeit doch bis zu einem gewissen Grade vorhandene Beeinflussung der anderen Phasen zum Ausdruck kommt und die infolgedessen nicht mit der der Gl. (207) zugrunde gelegten Streureaktanz verwechselt werden darf. Lediglich beim zweipoligen Kurzschluß erfährt diese fiktive unverkettete Streureaktanz eine Verminderung um $15^0/_0$.

In Abb. 129 ist von Rüdenberg für eine große Zahl von Maschinen das Verhältnis des einpoligen und zweipoligen Stoßkurzschlußstromes zum dreipoligen aufgetragen worden. Man sieht, daß der Mittelwert mit ausreichender Genauigkeit gleich 1 ist, und daß die Abweichungen höchstens $\pm 30^0/_0$ betragen. Da die Stromwerte aus Oszillogrammen entnommen wurden und infolge der Mitberücksichtigung des Gleichstromgliedes sehr vom Schaltmoment abhängen, so liegen in Anbetracht der nicht

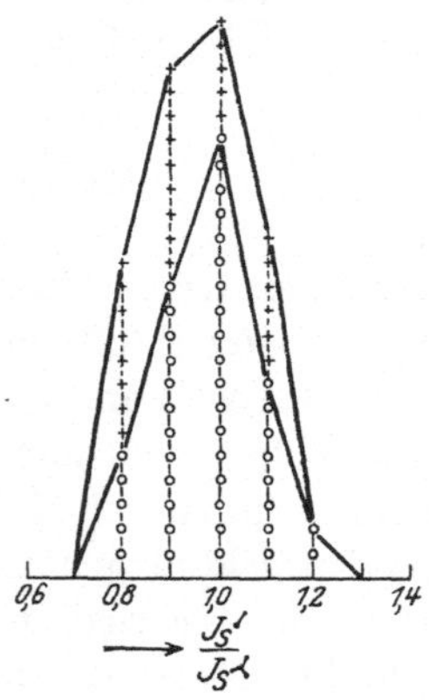

Abb. 129. Verhältnis des ein- und zweipoligen zum dreipoligen Stoßkurzschlußstrom.

allzu großen Genauigkeit oszillographischer Messungen die Abweichungen innerhalb der Meßgenauigkeit.

Aus der Abbildung ist zu schließen, daß auch bei Teilkurzschlüssen der Wicklung innerhalb des Generators, etwa bei Windungsschlüssen, die durch Überspannungen oder Isolationsdefekte entstehen, der plötzliche oder Stoßkurzschlußstrom nicht größer als bei Klemmenkurzschluß wird, während der Dauerkurzschlußstrom, wie wir sahen, mit der Abnahme der kurzgeschlossenen Windungszahl immer größer wird. Dies führt dazu, daß schließlich bei kleiner Windungszahl der Vorgang des plötzlichen Kurzschlusses völlig in den Hintergrund tritt.

33. Der Einfluß der Vorbelastung.

Es wird dem Leser gewiß aufgefallen sein, daß wir bei den zur Erläuterung der Theorie herangezogenen Beispielen immer möglichst einfache Grenzbedingungen gewählt haben. Stets war eines der beiden Systeme, Stator oder Rotor, vor Einsetzen oder nach Beendigung des Ausgleichsvorganges, stromlos. Die Wahl solch einfacher Grenzbedingungen entsprach jedoch nicht einem Zwang, insofern, als unsere Theorie bei verwickelteren Problemen versagt hätte, wir hatten uns diese Beschränkung vielmehr freiwillig auferlegt, um nicht das Wesentliche der behandelten Ausgleichsvorgänge durch unnötiges Beiwerk zu verschleiern. Daß die Hilfsmittel unserer Theorie auch noch beim Vorhandensein weniger einfacher Grenzbedingungen vollkommen ausreichen, wollen wir im folgenden gleich an einem für die Praxis sehr wichtigen Beispiel zeigen.

Wir hatten im 23. Abschnitt den Verlauf des plötzlichen allpoligen Kurzschlusses der Mehrphasensynchronmaschine mit Querfelddämpfung untersucht, waren dabei aber von einem besonders einfachen Anfangszustand ausgegangen; die Maschine war vor dem Eintritt des plötzlichen Kurzschlusses unbelastet. Wir wollen jetzt diese Voraussetzung fallen lassen, die Maschine sei, wie es in Wirklichkeit meist der Fall sein wird, zur Zeit des Kurzschlusses mit einem Strome J_B belastet gewesen.

Wir haben also die folgenden Gleichungen, die den Zustand der Maschine vor Eintritt des Kurzschlusses charakterisieren:

$$\left.\begin{aligned}
i_1 &= 0,\\
i_2 &= i_e,\\
i_3 &= J_B \cdot \cos(\omega \cdot t - \varphi_i),\\
i_4 &= -J_B \cdot \sin(\omega \cdot t - \varphi_i),
\end{aligned}\right\} \text{ für } t < 0. \qquad (209\,\text{a})$$

φ_i ist der innere Phasenverschiebungswinkel der Maschine, und zwar ist φ_i positiv zu nehmen für nacheilenden Strom, also induktive Belastung, und negativ für voreilenden Strom, also kapazitive Belastung. Der Einfacheit halber werden wir für die folgenden Rechnungen $\varphi = 90^0$ annehmen, die Maschine sei also rein induktiv bzw. rein kapazitiv belastet.

Im stationären Kurzschluß ist wieder

$$\left.\begin{aligned}
i_1 &= 0,\\
i_2 &= i_e,\\
i_3 &= J_k' \cdot \sin \omega \cdot t,\\
i_4 &= -J_k' \cdot \cos \omega \cdot t,
\end{aligned}\right\} \text{ für } t = \infty.$$

Die freien Ausgleichsströme haben somit den folgenden Anfangsbedingungen zu genügen:

$$\left.\begin{aligned}
i_{1f} &= 0, \\
i_{2f} &= 0, \\
i_{3f} &= 0, \\
i_{4f} &= J_k' \mp J_B,
\end{aligned}\right\} \quad \text{für } t = 0. \qquad (209\,\mathrm{c})$$

In den Gl. (108a) ist somit

$$J_1 = 0,$$

und

$$J_2 = \pm J_B - J_k'$$

zu setzen, und damit liefern die Gl. (110a) die folgenden Werte für die Integrationskonstanten:

$$\left.\begin{aligned}
A_1 &= - A_2 = \frac{L}{M} \cdot \frac{1-\tau'}{\tau'} \cdot (\pm J_B - J_k'), \\
A_3 &= - \frac{1}{\tau'} \cdot (\pm J_B - J_k'), \\
A_4 &= \frac{1-\tau'}{\tau'} \cdot (\pm J_B - J_k'), \\
\psi_1 &= \psi_2 = \psi_3 = \psi_4 = 0.
\end{aligned}\right\} \qquad (210)$$

Hierbei gilt das Pluszeichen vor J_B für induktive und das Minuszeichen für kapazitive Belastung. Indem wir die Symbole für den stationären Kurzschlußstrom und den totalen Streufaktor strichelten, deuteten wir an, daß der plötzliche Kurzschluß nicht unmittelbar an den Generatorklemmen zu erfolgen braucht, sondern daß vielmehr der Kurzschluß irgendwo draußen im Netz erfolgt sei und daß der äußere Kurzschlußkreis eine Selbstinduktion λ, aber keinen Ohmschen Widerstand enthalte. Der totale Streufaktor ist somit

$$\tau' = 1 - \frac{M^2}{L_r \cdot (L + \lambda)} = \frac{\tau + \dfrac{\lambda}{L}}{1 + \dfrac{\lambda}{L}}, \qquad (210\,\mathrm{a})$$

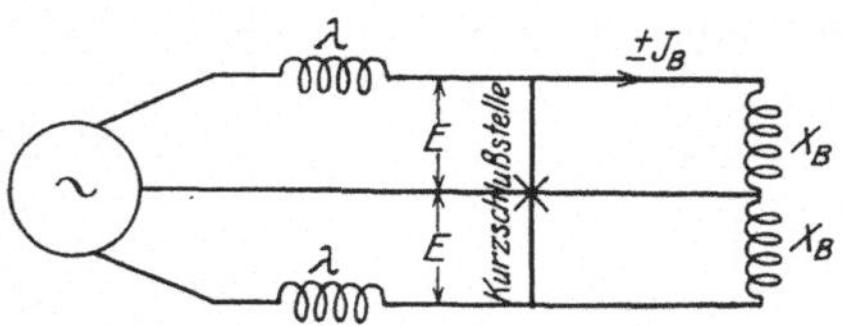

Abb. 130. Kurzschluß der vorbelasteten Maschine.

und der stationäre Kurzschlußstrom

$$J_k' = \frac{E_i}{(L + \lambda) \cdot \omega}. \qquad (210\,\mathrm{b})$$

Abb. 130 veranschaulicht die unseren Betrachtungen zugrunde liegende Anordnung.

Wir können die für die Integrationskonstanten erhaltenen Ausdrücke noch weiterhin umformen. Bedeutet nämlich X_B die der Be-

lastung des Generators vor Eintritt des Kurzschlusses äquivalente
Reaktanz, die nach Voraussetzung sowohl induktiv, als auch kapazitiv sein kann, so können wir auch schreiben:

$$\pm J_B = \frac{E_i}{(L+\lambda)\cdot\omega + X_B},$$

oder mit Rücksicht auf Gl. (210b):

$$\pm J_B = J_k' \cdot \frac{(L+\lambda)\cdot\omega}{(L+\lambda)\cdot\omega + X_B}. \tag{211}$$

Nun sei die Spannung an der Kurzschlußstelle vor Eintritt des
Kurzschlusses E, und es ist

$$E = \pm J_B \cdot X_B = J_k' \cdot \frac{(L+\lambda)\cdot\omega\cdot X_B}{(L+\lambda)\cdot\omega + X_B}. \tag{212}$$

Diese Spannung werde im Betrieb für jeden Belastungszustand des
Netzes konstant gehalten. Bei leerlaufender Maschine also würde
an der Kurzschlußstelle ebenfalls eine Spannung

$$E_0 = E \tag{213}$$

herrschen. Die Größe des stationären Kurzschlußstromes des vor
Eintritt des Kurzschlusses leerlaufenden Generators ist uns nach
Früherem bekannt, sie ist

$$J_k = \frac{E_0}{(L+\lambda)\cdot\omega}. \tag{214}$$

Hieraus folgt mit Rücksicht auf die Gl. (212) und (213)

$$J_k = J_k' \cdot \frac{X_B}{(L+\lambda)\cdot\omega + X_B}.$$

Andererseits läßt aber Gl. (211) erkennen, daß ebenfalls

$$J_k' \mp J_B = J_k' \cdot \frac{X_B}{(L+\lambda)\cdot\omega + X_B},$$

wir erhalten somit endlich

$$J_k' \mp J_B = J_k. \tag{215}$$

Beispielsweise verläuft der Kurzschlußstrom der Statorphase 2 nach
folgender Gleichung

$$i_4 = \frac{J_k}{\tau'} \cdot [e^{-a\cdot t} - (1-\tau')\cdot e^{-a_i\cdot t}\cdot\cos\omega\cdot t - \tau'\cdot\cos\omega\cdot t] -$$
$$- J_B\cdot\sin(\omega\cdot t - \varphi_i), \tag{216}$$

deren Aussage wir folgendermaßen in Worte kleiden können, wenn
wir sie mit der Gl. (116) der leerlaufenden Maschine vergleichen:

Der Kurzschlußstrom der vorbelasteten Synchronmaschine unterscheidet sich von dem der leerlaufenden Synchronmaschine nur dadurch, daß sich zu dem letzteren noch der normale, vor Eintritt des Kurzschlusses fließende Belastungsstrom addiert. Dabei ist die Spannung der leerlaufenden Maschine gleich der an der Kurzschlußstelle vor Eintritt des Kurzschlusses herrschenden Spannung anzunehmen.

Ist die Vorbelastung des Generators nicht, wie bisher angenommen, wattlos, ist also der Winkel φ_i kein rechter, so gilt die Gl. (216) trotzdem noch. Es ist dies unschwer einzusehen, denn letzten Endes wird die Amplitude der Ausgleichsströme durch die Stärke des bei Eintritt des Kurzschlusses in der Maschine vorhandenen gemeinsamen Feldes bestimmt. Dieses wird aber, ebenso wie die Amplitude des Kurzschlußstromes in Gl. (216) fast nur durch die mit diesem phasengleiche Komponente des Belastungsstromes J_B beeinflußt.

Der Vorbelastungsstrom addiert sich also mit seiner richtigen Phase zum Kurzschlußstrom. Im äußersten Falle, bei Netzbelastung mit reinem nacheilenden Blindstrom, addiert sich der Vorbelastungsstrom arithmetisch zum Generatorkurzschlußstrom und verstärkt den Stoßstrom etwa vom 15fachen Wert auf den 16fachen Wert des Normalstromes. Bei geringerer Phasenverschiebung und gar bei induktionsfreiem Vorbelastungsstrom ist die Vergrößerung des Stoßkurzschlußstromes fast unmerklich. Bei rein kapazitiver Vorbelastung subtrahiert sich der Vorbelastungsstrom arithmetisch vom Generatorkurzschlußstrom und schwächt diesen also.

Die Beeinflussung des Dauerkurzschlußstromes durch den Vorbelastungsstrom ist natürlich relativ viel größer.

Beim Kurzschluß von Synchron- und Asynchronmotoren liegen natürlich die Verhältnisse gerade umgekehrt, da hier der Belastungsstrom gegenüber Generatorbetrieb um 180^0 verschoben erscheint. Induktiver Strom schwächt also den Kurzschlußstrom von Motoren, während voreilender Belastungsstrom ihn verstärkt.

34. Der Einfluß der Eisensättigung.

Von den Annahmen, durch die wir uns anfänglich die Rechnung zu erleichtern suchten, wollen wir jetzt die folgenschwerste, nämlich die Voraussetzung eines ungesättigten magnetischen Kreises fallen lassen. Es fragt sich also, mit welchen Werten der Selbst- und Wechselinduktionskoeffizienten wir nunmehr in die Theorie eintreten müssen.

Man könnte zunächst daran denken, die Magnetisierungskurve, wie dies die Abb. 131 zeigt, durch eine Gerade zu ersetzen und statt des tatsächlichen Magnetisierungsstromes i_e mit einem reduzierten

Strome $i_e' = i_e \cdot \dfrac{i'}{i''}$ zu rechnen. Das Verhältnis $\dfrac{i'}{i''}$ wäre dann im Verlauf des Ausgleichsvorganges für jeden Sättigungszustand der Maschine neu zu bestimmen, was uns die Gl. (68), die prinzipiell ganz allgemeine Gültigkeit besitzt und die S. 124 u. 125 gepflogenen Betrachtungen ohne weiteres ermöglichen. Im übrigen wären dann die verschiedenen Induktionskoeffizienten auf den geradlinigen Teil der Magnetisierungskurve zu beziehen. In den beiden letzten der Gl. (117) u. a., in die bereits die Leerlaufspannung E_0 eingeführt wurde, ist die Eisensätti-

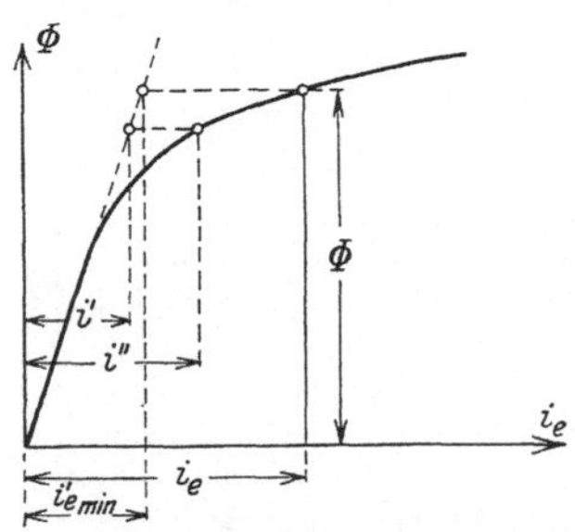

Abb. 131. Erstes Verfahren zur angenäherten Berücksichtigung der Eisensättigung.

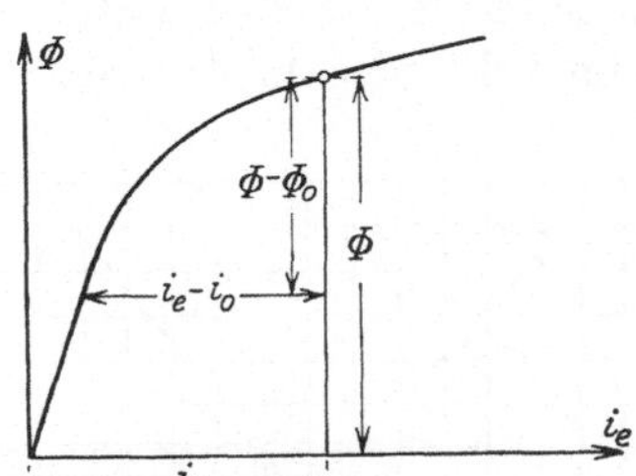

Abb. 132. Zweites Verfahren zur angenäherten Berücksichtigung der Eisensättigung.

gung, analog dem eben angegebenen Verfahren, bereits berücksichtigt, wenn nur E_0 der tatsächlichen Magnetisierungskurve der Maschine entnommen wird.

Genauer ist folgendes Verfahren von Dreyfus, bei welchem wir von der Abnahme des Hauptfeldes während der ersten Halbperiode ausgehen, deren Bestimmung uns die Gl. (67) bzw. (165), die ebenfalls allgemeine Gültigkeit besitzen, ermöglichen. Diese Feldänderung ist selbstverständlich für alle aus dem Hauptfelde abgeleiteten Koeffizienten maßgebend. Fanden wir also, daß der dem gemeinsamen Felde entsprechende Magnetisierungsstrom um einen Betrag $i_e - i_0$ zurückging, so können wir hieraus aus der Leerlaufcharakteristik (Abb. 132) einen Wert

$$L_{01} = \frac{\Phi - \Phi_0}{i_e - i_0} \cdot z_1 \cdot 10^{-8}$$

ableiten. Damit sind zugleich die Koeffizienten L_{02} und M gegeben, die aus dem vorigen durch Multiplikation mit dem Verhältnis der effektiven Windungszahlen folgen. Man wird bemerken. daß L_{01} viel kleiner ausfällt als der normale Betriebswert:

$$L_{01}' = \frac{\Phi}{i_e} \cdot z_1 \cdot 10^{-8};$$

trotzdem stellt L_{01} nur einen oberen Gegenwert dar, denn infolge der gleichzeitig auftretenden großen Streufelder sind die Zähne weit höher gesättigt als im normalen Betrieb. Sämtliche Streuungskoeffizienten τ_1, τ_2, τ sind jetzt natürlich auf den Selbstinduktionskoeffizienten L_{01} zu beziehen.

Es läßt sich denken, daß infolge der riesigen Streufelder im Kurzschluß in den Zähnen und den Polspitzen ganz kolossale Sättigungen auftreten. Aus diesem Grunde liegen die Streureaktanzen für die ersten Halbperioden nach Kurzschluß tiefer als bei normaler Belastung, obwohl für die Streufelder der Hauptsitz des magnetischen Widerstandes in den Luftstrecken liegt. Der maximale Kurzschlußstrom fällt also größer aus, als den Gl. (65) usw. entspricht.

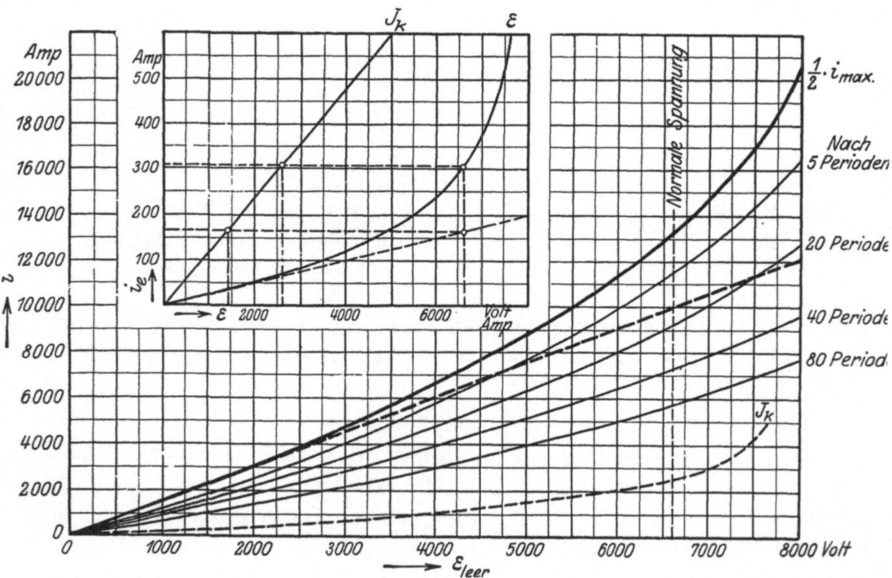

Abb. 133. Einfluß der Eisensättigung auf die Streuungsverhältnisse beim plötzlichen Kurzschluß.

Die eben besprochenen Verhältnisse lassen sich rechnerisch schwer fassen. Um dennoch dem Leser einen Begriff von der Größe der Änderung der Streureaktanzen zu geben, seien nachstehend einige, an einem 12 poligen Generator von 11 000 kVA gewonnene Versuchsergebnisse mitgeteilt. Der Generator, dessen in Effektivwerten aufgetragene Leerlauf- und Kurzschlußcharakteristik die Abb. 133 links oben zeigt, wurde bei allmählich gesteigerter Erregung plötzlichen Kurzschlüssen unterworfen. Die stark ausgezogene Kurve in der Abb. 133 zeigt nun, ebenfalls in Effektivwerten, die maximale Höhe des Wechselstromgliedes im Statorstrom in Abhängigkeit von der eingestellten Leerlaufspannung, also von der Höhe des vor dem Kurzschluß mit beiden Wicklungen verketteten magnetischen Feldes. Die Abhängigkeit müßte, wenn die Streureaktanzen durch die Sättigungserscheinungen nicht beeinflußt würden, nach dem oben Gesagten eine gerade Linie ergeben, die ebenfalls gestrichelt in die Abbildung eingezeichnet ist. Man sieht nun, daß die Höhe des plötzlichen Kurzschlußstromes stärker als proportional mit der Sättigung zunimmt; bei der normalen Spannung von 6600 Volt beträgt die Überschreitung des Sollwertes z. B. $30\,^0/_0$, bei 8000 Volt, welche Spannung der Volllasterregung entspricht, dagegen volle $75\,^0/_0$. Um diesen Betrag haben also die Streureaktanzen gegenüber dem ungesättigten Zustand abgenommen, sie betragen bei normaler Erregung $77\,^0/_0$ und bei Vollasterregung nur mehr $57\,^0/_0$ ihres ursprünglichen Wertes.

Wir haben unsere Betrachtungen auf das Wechselstromglied des Kurzschlußstromes beschränkt, weil die Höhe des Gleichstromgliedes zu sehr vom Schaltmoment abhängt und deshalb der Messung schwer zugänglich ist. Man kann häufig beobachten, daß bei sehr ungünstigen Schaltmomenten

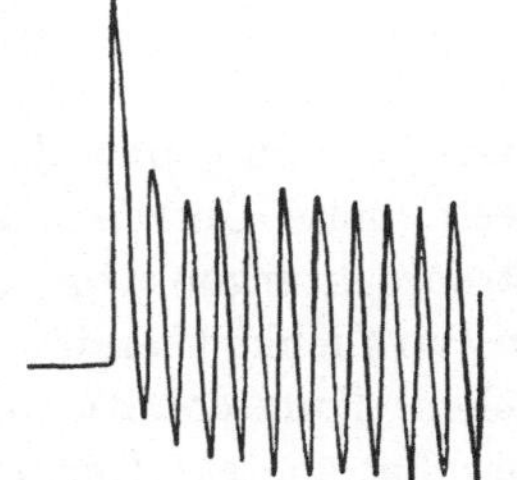

Abb. 134. Stoßkurzschlußstrom eines Generators von 11000 kVA.

gerade die erste Halbperiode extrem hohe Werte des plötzlichen Kurzschlußstromes ergibt, die noch wesentlich höher liegen, als nach der Abb. 133 zu vermuten wäre. Abb. 134 zeigt ein derartiges, an der vorliegenden Maschine aufgenommenes Oszillogramm.

Besonders stark sinken die Streureaktanzen beim plötzlichen Kurzschluß von Turbogeneratoren. Aus oszillographischen Aufnahmen an einer großen Anzahl von Maschinen konnte Verfasser ersehen, daß während der ersten Perioden in vielen Fällen die gesamte Streureaktanz der Maschine niedriger war als die aus dem Poitierschen Dreieck ermittelte Streureaktanz des Stators allein.

Die Abb. 133 zeigt auch die Höhe des Wechselstromgliedes nach 5, 20, 40 und 80 Perioden seit Beginn des Kurzschlusses. Man bemerkt, daß die Dämpfung im Anfang des Kurzschlusses besonders stark ist und daß sie stärker zugenommen hat, als der Abnahme der Streureaktanzen entspricht. Es ist dies, wie wir noch sehen werden, auf die Wirbelstrombildung im massiven Eisen zurückzuführen.

Es ist interessant zu sehen, wie weit das Verhalten des eben vorgeführten Generators im Einklang mit der Theorie steht.

Nach den üblichen Methoden berechnet sich die auf den stationären Kurzschlußstrom und ungesättigten Zustand bezogene Statorstreuung zu $7,6\,^0/_0$, die, da der Magnetisierungsstrom unter dem Ein-

fluß der Eisensättigung von 165 auf 310 Amp. wächst, nach der oben
angegebenen ersten Methode auf normale Sättigung bezogen, sich auf
$14\,^0/_0$ erhöht. Die Polstreuung bei Leerlauf berechnet sich ferner zu
$18\,^0/_0$, mithin ist der totale Blondelsche Streufaktor der Maschine

$$\tau = 1 - \frac{1}{1{,}14 \cdot 1{,}18} = 0{,}26\,,$$

und damit berechnet sich die Amplitude des Wechselstromgliedes des
plötzlichen Kurzschlußstromes, wenn wir wiederum Effektivwerte einführen, zu

$$J_{w\,\mathrm{eff}} = \frac{J_{k\,\mathrm{eff}}}{\tau} = \frac{2600}{0{,}26} = 10\,000 \text{ Amp. }_{\mathrm{eff}}\,.$$

Dies ist nun genau der Wert, den die in die Abb. 133 eingezeichnete
gestrichelte Gerade ergibt, und der sich einstellen würde, wenn die
Streureaktanzen von den Sättigungserscheinungen unberührt blieben.
In Wirklichkeit ergibt der Generator ein Wechselstromglied des plötzlichen Kurzschlußstromes von 13000 Amp., also um $30\,^0/_0$ mehr.
Der betrachtete Generator scheint sich in diesem Punkte besonders
ungünstig zu verhalten, bei normalen Maschinen beträgt im allgemeinen die Erhöhung des Stoßkurzschlußstromes durch die Eisensättigung nicht mehr als $10 \div 20\,^0/_0$.

Aus der Beziehung

$$L_i = \frac{z_i \cdot \Phi_i}{i_e} \cdot 10^{-8}$$

ergibt sich die Leerlaufinduktivität eines Poles des Induktors bei
normaler Sättigung zu 0,114 Henry, und da der auf einen Pol umgerechnete Ohmsche Widerstand des gesamten Erregerkreises
0,022 Ohm beträgt, errechnet sich die Zeitkonstante $\dfrac{L_i}{r_i}$ des Erregerkreises zu 5,2. Die Zeitkonstante der Statorwicklung ergibt sich auf
demselben Weg zu $\dfrac{L}{r} = 1{,}2$; beide Werte gelten für normale Sättigung. Die Theorie (wir denken uns die Wirbelströme im massiven
Eisen des Induktors in ihrer Wirkung durch eine Dämpferwicklung
vom gleichen Kupfergewicht wie die Erregerwicklung ersetzt) ergibt
nun folgende Gleichung für den Verlauf des plötzlichen Kurzschlußstromes

$$i = J_w \cdot e^{-\alpha \cdot t} - (J_w - J_k) \cdot e^{-\alpha_i \cdot t} \cdot \cos \omega \cdot t - J_k \cdot \cos \omega \cdot t\,,$$

wo

$$\alpha_i = \frac{r_i}{L_i \cdot \tau} \quad \text{und} \quad \alpha = \frac{r}{L \cdot \tau}\,.$$

Sehen wir zunächst vom Gleichstromglied ab und führen wir Effektivwerte ein, so mußte also in unserem Beispiel der plötzliche Kurzschlußstrom folgendes Gesetz befolgen:

$$i = 7400 \cdot e^{-a_i \cdot t} + 2600,$$

wo a_i infolge der allmählich abnehmenden Sättigung von anfänglich
1,3 allmählich auf 0,74 sinkt.

Der eben angegebene Anfangswert von a_i muß indes noch eine
Korrektur erfahren. Wir sahen nämlich, daß das Wechselstromglied
J_w entgegen der Theorie nicht 10000 Amp., sondern 13000 Amp. erreicht, in diesem Verhältnis sanken infolge der Eisensättigung also
die Streureaktanzen des Generators. Infolgedessen ist der Anfangswert der Dämpfungsfunktion a_i um 30 % auf 1,7 zu erhöhen.

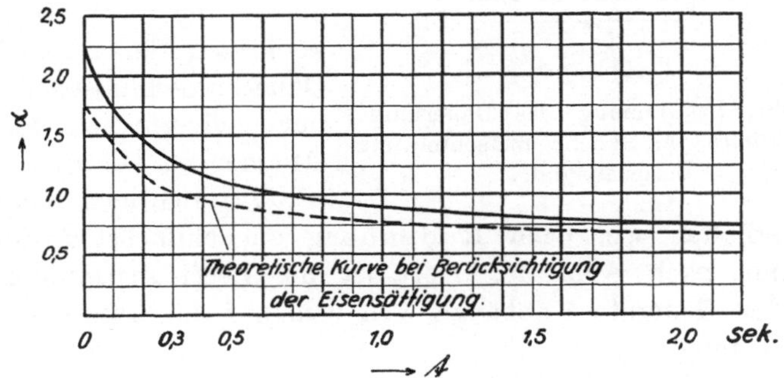

Abb. 135. Zeitlicher Verlauf der Dämpfungsfunktion a_i des gesättigten
Generators.

Abb. 135 zeigt den aus Abb. 133 ermittelten zeitlichen Verlauf
der Dämpfungsfunktion a_i, sie stimmt, wie man sieht, recht gut mit
dem vorausberechneten Wert überein und liegt nur im Anfang etwas
höher, was auf die stärkere Dämpfung der Wirbelströme im Induktor
zurückzuführen ist. Bei einer Maschine ohne Sättigung und Wirbelströme würde a_i den konstanten Wert 0,74 besitzen, welchem Wert
sich die tatsächliche Dämpfungsfunktion ja auch asymptotisch nähert.

Für das Gleichstromglied verlangt die Theorie im vorliegenden
Fall eine Höhe von $\sqrt{2} \cdot 13000 = 18500$ Amp. und eine Dämpfungskonstante $a = 7,3$. Die angegebene Stromstärke wird von unserer
Maschine bei normaler Sättigung nur wenig überschritten, das Oszillogramm Abb. 134 wurde bei einer Erregung des Generators auf
7600 Volt aufgenommen, dagegen besitzt a den außerordentlich hohen
konstanten Wert 30; diese Überschreitung des theoretischen Wertes
erklärt sich indes zwanglos durch die starke Wirbelstrombildung mit
ihren hohen Verlusten, die das Statorfeld im massiven Eisen des
Induktors hervorruft.

Der eben angestellte Vergleich zwischen Theorie und Praxis läßt jedenfalls erkennen, daß der Einfluß der Eisensättigung auf die Höhe des plötzlichen Kurzschlußstromes nur verhältnismäßig gering ist und nur den Charakter einer Korrektur besitzt. Anders verhält es sich jedoch mit dem Dauerkurzschlußstrom. Je nach den Verhältnissen des äußeren Stromkreises wird dessen Höhe nämlich so stark durch die Eisensättigung beeinflußt, daß wir uns mit diesem Punkte im Nachfolgenden des näheren beschäftigen müssen, wollen wir uns in die Lage versetzen, in konkreten Fällen die Höhe des Dauerkurzschlußstromes auch nur einigermaßen genau bestimmen zu können.

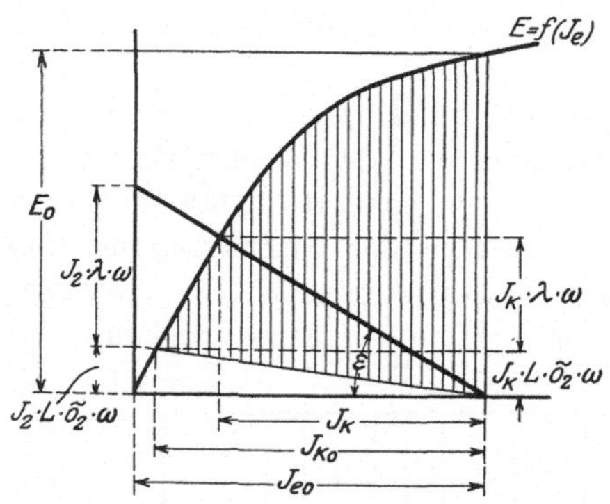

Abb. 136. Bestimmung des Dauerkurzschlußstromes der Synchronmaschine mit Eisensättigung.

Den richtigen Kurzschlußstrom erhalten wir nach Rüdenberg am einfachsten durch ein Diagramm nach Abb. 136. Dort ist die Leerlaufspannung E des speisenden Generators abhängig von dem auf die Statorseite mittels der Beziehung

$$J_e = i_e \cdot \frac{M}{L_{02}} = i_e \cdot \frac{f_{aw1} \cdot f_{1,2} \cdot z_1}{f_{aw2} \cdot f_{2,1} \cdot z_2} \qquad (217)$$

umgerechneten Magnetisierungsstrom aufgetragen. Die so erhaltene Leerlaufcharakteristik, die die bekannte gekrümmte Form jeder Generatorcharakteristik besitzt, stellt die bei jeder Magnetisierung des Generators in der Statorwicklung induzierte Spannung dar. Um den Kurzschlußstrom J_k durch den gesamten Kurzschlußkreis zu treiben, ist nun eine Spannung erforderlich, die ausreicht, um die Streuspannung in der Generatorwicklung und die Selbstinduktionsspannung im Außenkreis zu überwinden. Diese Kurzschlußspannung ist also, wenn wir zunächst den Ohmschen Widerstand vernachlässigen:

$$E_k = J_k \cdot (L \cdot \tau_2 \cdot \omega + \lambda \cdot \omega). \qquad (218)$$

Da Streuung und Selbstinduktion konstant sind, so wird der Zusammenhang von Kurzschlußstrom und treibender Spannung nach Gl. (218) durch eine gerade Linie dargestellt.

Der Kurzschlußstrom fließt durch die Statorwicklung des Generators und schwächt das Feld desselben. Er wirkt daher dem Erregerstrom entgegen, und zwar um ein Maß, das hauptsächlich durch das Windungsverhältnis von Stator und Induktor bestimmt wird. Wenn wir daher die durch Gl. (218) gegebene Kurzschlußcharakteristik des Netzes unter dem Winkel

$$\varepsilon = \operatorname{arctg}\left(L \cdot \tau_2 \cdot \omega + \lambda \cdot \omega\right) \tag{219}$$

rückwärts vom Magnetisierungsstrom auftragen, so erhalten wir für jeden Punkt desselben den restlichen, wirklich zur Feldbildung übrig bleibenden Wert der magnetisierenden Ströme. Da nun der Kurzschlußstrom nach Gl. (218) unter der Wirkung der im Diagramm aufgetragenen Generatorspannung

$$E = f(J_e) \tag{220}$$

zustande kommt, so daß für den stationären Zustand

$$E = E_k \tag{221}$$

ist, so wird der wirkliche Arbeitszustand des Generators durch den Schnittpunkt der beiden Charakteristiken dargestellt. Damit ergibt das Diagramm Abb. 136 sofort den wirklichen Kurzschlußstrom J_k und außerdem die wirkliche induzierte Spannung, von der ein Teil $J_k \cdot L \cdot \tau_2 \cdot \omega$ zur Überwindung der Streuspannung im Generator verbraucht wird, während der andere Teil $J_k \cdot \lambda \cdot \omega$ an den Generatorklemmen herrscht und den Strom durch den äußeren Kurzschlußkreis treibt.

Für verschiedene Lagen der Kurzschlußstelle im Netz und entsprechenden Blindwiderstand $\lambda \cdot \omega$ des Außenkreises kann man nach Gl. (219) mittels des vorgeführten Diagramms Abb. 136 die zugehörige Lage der Kurzschlußcharakteristik leicht finden, indem man den mit dem nach Gl. (227) reduzierten Erregerstrom J_e multiplizierten Blindwiderstand auf der Ordinatenachse aufträgt. Weit entfernte Kurzschlüsse ergeben großen Blindwiderstand und steile Charakteristik. Dabei wird der Kurzschlußstrom gering und die Klemmenspannung des Generators wird nur wenig kleiner als die Leerlaufspannung E_0. Bei Klemmenkurzschluß dagegen ist die äußere Selbstinduktion Null, der Strom wird durch die Induktivität des Generators allein begrenzt, und es ergibt sich die tiefste Lage der Kurzschlußcharakteristik und der größte Kurzschlußstrom J_{k0}. Da dieser Strom und die ihm zugehörige Streuspannung stets aus den Berechnungsdaten der Maschine bekannt sind, so liegt dadurch der Maßstab des Diagramms ohne weiteres fest und wir brauchen die Gl. (217) nicht erst auszuwerten.

Bei verschiedenartigen Kurzschlußlagen überstreicht die Kurzschlußcharakteristik den schraffierten Bereich des Diagramms, dessen

Breite stets die Größe des Kurzschlußstromes und dessen Höhe die restierende Klemmenspannung des Generators angibt.

Wenn die Ohmschen Widerstände im Kurzschlußkreis nicht mehr zu vernachlässigen sind, was besonders bei entfernt liegenden Kurzschlüssen der Fall ist, so kann man sie in dem vorgeführten Diagramm Abb. 103c in guter Annäherung mitberücksichtigen. Die Kurzschlußspannung ist dann gegeben durch

$$E_k = J_k \cdot \sqrt{(L \cdot \tau_2 \cdot \omega + \lambda \cdot \omega)^2 + R^2}\,, \qquad (218\,\text{a})$$

wo R den Ohmschen Widerstand des gesamten Kurzschlußkreises bedeutet. Strom und Spannung besitzen nunmehr eine geringere Phasenverschiebung

$$\varphi = \operatorname{arctg} \frac{(L \cdot \tau_2 + \lambda) \cdot \omega}{R}\,,$$

und im Generator wirkt jetzt nicht mehr der gesamte Kurzschlußstrom entmagnetisierend, sondern nur seine wattlose Komponente

$$J_{kb} = J_k \cdot \sin \varphi = J_k \cdot \frac{(L \cdot \tau_2 + \lambda) \cdot \omega}{\sqrt{(L \cdot \tau_2 + \lambda)^2 \cdot \omega^2 + R^2}}\,.$$

Die Neigung der Kurzschlußcharakteristik wird damit

$$\varepsilon = \operatorname{arctg} \frac{E_k}{J_{kb}} = \operatorname{arctg}\left(L \cdot \tau_2 \cdot \omega + \lambda \cdot \omega + \frac{R^2}{L \cdot \tau_2 \cdot \omega + \lambda \cdot \omega}\right). \quad (219\,\text{a})$$

Man erkennt daraus, daß die Kurzschlußcharakteristik auch bei Berücksichtigung des Ohmschen Widerstandes geradlinig bleibt, daß sie aber mit wachsendem Widerstand ein wenig gehoben wird. Erst für Ohmsche Leitungswiderstände, die in die Größenordnung des Blindwiderstandes von Netz und Generator kommen, ist der Einfluß erheblich, dagegen ist er für mäßige Widerstände von quadratisch kleiner Größe. Die stationären Kurzschlußströme werden also durch die Wirkung des Ohmschen Widerstandes im allgemeinen nur wenig verkleinert, was auch die früher abgeleiteten Gleichungen bestätigen.

Häufig erfolgt der Kurzschluß nicht zwischen allen drei Leitungen eines Drehstromnetzes, sondern nur zwischen zwei Leitungen, also zweipolig. Da die Rückwirkung des dann entstehenden einphasigen Kurzschlußstromes geringer ist — sie beträgt nur, wie wir sahen, den $1/\sqrt{3}$ ten Teil der dreiphasigen Rückwirkung — so stellt er sich größer ein, und zwar bei Klemmenkurzschluß auf den etwa 1,5 fachen Betrag des dreiphasigen Kurzschlußstromes. Bei einpoligem Kurzschluß zwischen einem Leiter und dem Nullpunkt des Drehstromgenerators ist die magnetische Rückwirkung noch geringer, sie ist nur noch $^1/_3$ der dreiphasigen, so daß der Klemmenkurzschlußstrom auf das etwa 2,5 fache anwächst.

Um bei beliebigen Lagen des Kurzschlusses die auftretenden Ströme zu ermitteln, muß man im Diagramm Abb. 136 den Strommaßstab entsprechend der Ankerrückwirkung im Verhältnis $1 : \sqrt{3} : 3$ ändern, je nachdem der Kurzschluß zwei- oder einpolig ist. Da die Neigung der Kurzschlußcharakteristik an sich, wie die Gl. (219) erkennen lassen, die gleiche bleibt — wir sehen vom Einfluß der geringen magnetischen Verkettung der Wickelköpfe ab und berücksichtigen beim zweipoligen Kurzschluß nur, daß die Spannungsabfälle in beiden Phasen sich algebraisch addieren —, im Diagramm aber der Spannungsmaßstab unverändert bleibt, so erscheint natürlich die Kurzschlußcharakteristik beim zwei- und einpoligen Kurzschluß in der nunmehrigen verzerrten Darstellung im Verhältnis $1 : 2 : 3$ stärker geneigt.

Wir wollen nunmehr noch das Verhalten des gesättigten vorbelasteten Generators im stationären Kurzschluß betrachten. Dann fließt im Generator nicht der Leerlauferregerstrom wie in Abb. 136, sondern ein wesentlich höherer Erregerstrom, der die Ankerrückwirkung des Belastungsstromes ausgleicht. Bei heutigen Maschinen ist diese meist so groß, daß sie den Erregerstrom vervielfacht.

Das für die entsprechend Abb. 130 vorbelastete Maschine gültige Diagramm wird durch die Abb. 137 dargestellt. Es unterscheidet sich von dem Diagramm Abb. 136 der leerlaufenden Maschine dadurch, daß auf der Abszissenachse der Erregerstrom für belasteten Zustand J_{eB} aufgetragen ist, der durch die bekannte Konstruktion des Potierschen Dreiecks gegeben ist.

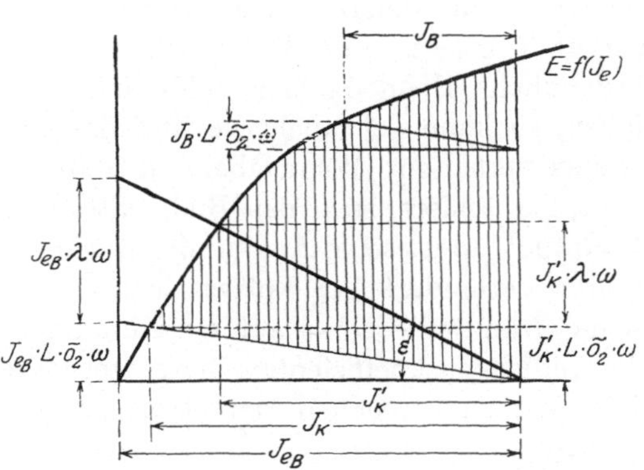

Abb. 137. Bestimmung des Dauerkurzschlußstromes der vorbelasteten Synchronmaschine mit Eisensättigung.

Das Diagramm setzt voraus, daß der Vorbelastungsstrom J_B rein induktiv ist, bei kapazitivem Strom müßte das Potiersche Dreieck herumgeklappt werden und würde einen entsprechend kleineren Erregerstrom ergeben. Rückwärts von dem entsprechend der Gl. (217) auf die Statorwicklung umgerechneten Erregerstrom ist weiterhin die Kurzschlußcharakteristik aufgetragen, die wiederum eine gerade Linie mit der durch Gl. (219) gegebenen Neigung gegen die Abszissenachse darstellt. Ihr Schnittpunkt mit

der Leerlaufcharakteristik ergibt wieder die wirkliche im Generator
erzeugte Spannung und den im Generator fließenden Strom.

Die schraffierte Fläche in Abb. 137 stellt nunmehr wieder durch
ihre Breite den tatsächlichen Kurzschlußstrom, und durch ihre Höhe
die Klemmenspannung des Generators beim Kurzschluß dar. Für
Klemmenkurzschluß bleibt nur der Blindwiderstand der Streuung
übrig, die Kurzschlußcharakteristik erhält dann ihre tiefste Lage und
läuft parallel der Hypotenuse des Potierschen Dreiecks in Abb. 137,
deren Neigung ja ebenfalls durch das Verhältnis von Streuspannung
zu Strom bestimmt ist. Durch dieses Dreieck, das für jeden Generator bekannt ist, kann ohne weitere Rechnung der Maßstab des
Kurzschlußstromes im Verhältnis zum Vorbelastungsstrom bestimmt
werden.

Bei einer Erregung entsprechend der normalen Belastung des
Generators liegt bei heutigen Generatoren der Klemmenkurzschlußstrom zwischen dem 1,5- und 3 fachen Werte des Normalstromes.

35. Der Einfluß des Polzwischenraumes.

Wir hatten unsern Betrachtungen über die Synchronmaschine ausschließlich die Bauart des Turbogenerators mit konstantem Luftspalt
zugrunde gelegt. Für die synchrone Drehfeldverkettung ist das unbedenklich. Denn da hier Feld- und Polachse praktisch zusammen-
fallen, so kann sich auch die Maschine mit ausgeprägten Polen nicht
anders verhalten. Wenn aber das Statorfeld über den Rotor hinweg-
läuft, so ändert sich das Bild. Steht das Feld gerade unter dem
Hauptpol, so ist seine Amplitude ein Maximum. Eine halbe Polteilung
weiter verhindert der Polzwischenraum seine freie Entfaltung und
seine Grundwelle sinkt auf ein Minimum. Man wird daher gut tun,
die Induktionskoeffizienten der Statorverkettung mit einem mittleren
Luftspalt zu berechnen, der etwas größer zu wählen ist als der geo-
metrische.

Bei massiven Polen sind indes diese Unterschiede längst nicht
so groß, als man vielleicht zuerst vermutet. Denn der massive Kreis,
durch den sich das Hauptfeld schließt, setzt einem Wechselfelde
einen ungleich größeren scheinbaren Widerstand entgegen als der
Polschuh, durch den sich das Querfeld ausgleicht. Ja, wenn man
lamellierte Polschnhe, aber massive Kerne verwendet, kann sich das
Verhältnis recht wohl umkehren.

36. Der Einfluß der Wirbelströme in Pol und Joch.

Den Einfluß der Wirbelströme durch ein analytisches Verfahren
zu berücksichtigen, ist eine zeitraubende und wenig lohnende Auf-

gabe. Am einfachsten wäre es noch, die Kurzschlußbahnen, die ein massiver magnetischer Kreis einem veränderlichen Wechselfelde darbietet, durch eine fingierte Kurzschlußwicklung zu ersetzen. Wenngleich diese Annahme nur eine grobe Annäherung darstellt, so sollen hier doch einige Ergebnisse, die Dreyfus für die kurzgeschlossene Drehstrom-Synchronmaschine gewann, und die auch für den einphasigen Kurzschluß gelten, kurz mitgeteilt werden.

Nehmen wir zunächst einmal an, die Wirbelströme kreisten nur um die Polachse, sie besäßen eine gewisse Streuung τ_w gegen den Stator und eine gewisse natürliche Zeitkonstante $\dfrac{L_w}{r_w}$. Wenn wir dann für den Induktor einen kombinierten Streuungskoeffizienten

$$\tau_{iw} = \frac{\tau_i \cdot \tau_w}{\tau_i + \tau_w}$$

bilden, so wird diese Größe nur wenig kleiner als τ_i sein, denn die Streuung der Wirbelströme muß sehr viel größer als τ_i angenommen werden. Aus demselben Grunde liegt auch der korrigierte Koeffizient der Gesamtstreuung

$$\tau = 1 - \frac{1}{(1 + \tau_{iw}) \cdot (1 + \tau')}$$

nur wenig unter dem gleichbezeichneten Wert, mit dem wir bisher operierten.

Nun läßt sich zeigen, daß unter den genannten Annahmen der Stromstoß im Stator nach derselben Formel wie früher, also zu

$$i_{4\,\mathrm{max}} = i_e \cdot \frac{M}{L} \cdot \frac{2}{\tau}$$

geschätzt werden kann. Daraus folgt, daß die Überströme im Stator durch die Wirbelströmung nur wenig vergrößert werden.

Ein gleiches gilt für die gesamten Rotoramperewindungen, doch ist jetzt zu beachten, daß der Erregerstrom durch den parallel geschalteten Erregerkreis jedenfalls reduziert wird, da sich der Amperewindungsstoß nunmehr auf zwei parallel geschaltete Stromkreise verteilt. Der Anteil der Wirbelströmung wird dabei um so größer ausfallen, je geringer ihre Streuung und je größer ihre Zeitkonstante ist. Beide werden jedoch durch Stromverdrängung und den hohen Ohmschen Widerstand des Eisens derart ungünstig beeinflußt, daß die Reduzierung des Erregerstromes nur gering sein kann.

Unter den gewählten Voraussetzungen wird die asynchrone Drehfeldverkettung durch die Wirbelströmung nur insofern beeinflußt, als τ verkleinert wird. Komplizierter liegen die Verhältnisse für die synchrone Verkettungsform. Hier haben wir nämlich entsprechend den zwei parallel geschalteten Kreisen mit zwei selbstständigen, verschieden gedämpften Schwingungen zu rechnen. Das ist auch der Hauptgrund, weshalb Autoren wie Diamant[1]), die aus oszillographischen Aufnahmen den Dämpfungsfaktor der synchronen Verkettungsform zu berechnen suchten, so stark veränderliche Werte fanden.

Ein Punkt darf ferner nicht unerwähnt bleiben, und das ist die Eigenschaft der Wirbelströmung, nicht nur in der Polachse, sondern auch im Polzwischenraum ein Feld auszubilden. In dieser Hinsicht ist also ihre Wirkung der einer Dämpferwicklung in der Achse des Querfeldes zu vergleichen. Daß eine solche die Höhe der Stromstöße im Stator und Induktor kaum zu beeinflussen vermag, haben wir an verschiedenen Beispielen gesehen. Wesentlich stärker beeinflußt wird, besonders beim einphasigen Kurzschluß, die Kurvenform der Ströme und vor allem der Verlauf der Spannung an der offenen Statorphase. Daß deren Unregelmäßigkeiten unter dem dämpfenden Einfluß der Wirbelströme fast vollständig verschwinden, ließ das Oszillogramm 104 deutlich erkennen.

37. Die Bestimmung der Streureaktanz.

Unsere Betrachtungen führten zu dem Ergebnis, daß die Höhe des plötzlichen Kurzschlußstromes von Synchron- und Asynchronmaschinen fast nur durch die Größe der Streuung bestimmt wird. Je größer die Streuinduktivität einer Maschine ist, um so niedriger werden die zu erwartenden Überströme und Überspannungen ausfallen, und zwar sind diese Größen durch ein lineares Gesetz miteinander verbunden. Um also das Verhalten einer Maschine beim plötzlichen Kurzschluß beurteilen zu können, ist die Kenntnis der Streuinduktivität in erster Linie erforderlich.

Wir besitzen also das größte Interesse an der Bestimmung der Streuinduktivität. Bei im Entwurf befindlichen Maschinen müssen wir uns auf die Vorausberechnung stützen. Die reine Statorstreuung einer Maschine kann für unsere Zwecke genügend genau berechnet werden. Jedes Lehrbuch gibt Formeln an, nach welchen die Nut-, Zahnkopf- und Stirnstreuung zu berechnen ist, und hinzu tritt bei Maschinen mit verteilter Wicklung auf dem Rotor (Induktionsmaschinen, Synchronmaschinen mit Walzenrotoren) noch die doppelt verkettete Streuung. Indem man die auf den stationären Kurzschlußstrom bzw. auf den Leerlaufstrom bezogene Streuspannung des Stators in Beziehung zur normalen Spannung der Maschine bringt, erhält

---

[1]) Proceedings of the A. J. E. E., September 1915.

man den Streuungskoeffizienten des Stators. Es sei nochmals darauf hingewiesen, daß wegen der starken Sättigung der Zähne im plötzlichen Kurzschluß die Gleichungen für die Nut- und Zahnkopfstreuung zu große Werte ergeben. In genau gleicher Weise kann man bei Asynchronmaschinen und Turbodynamos bei der Berechnung der Rotorstreuung vorgehen. Bei Maschinen mit ausgeprägten Polen kommt die Polstreuung im Leerlauf in Betracht, doch gilt hier, was für die Zähne gesagt wurde, in verstärktem Maße. Das Verhältnis des Streufeldes zum Gesamtleerlauffeld ergibt direkt den Streuungskoeffizienten des Polrades.

Bei der Nachrechnung des 11 000 kVA-Generators mit ausgeprägten Polen sahen wir, daß es gelang, den plötzlichen Kurzschlußstrom verhältnismäßig genau vorherzuberechnen, indem wir die Streuungskoeffizienten nach den üblichen Methoden berechneten. Zu dem sich ergebenden Stromwert muß dann allerdings noch ein Erfahrungszuschlag gemacht werden, der die Abnahme der Streureaktanzen infolge der Eisensättigung berücksichtigt, und der im vorliegenden Falle zwar $30^0/_0$ betrug, der im allgemeinen jedoch $10 \div 20^0/_0$ nicht übersteigen wird.

Man wird im allgemeinen sagen können, daß der Stoßkurzschlußstrom einer Maschine mit abnehmender Polzahl zunimmt, da für große Polteilungen und damit große Feldenergie pro Pol bei sonst gleichen Verhältnissen die relative Streuung kleiner wird. Andererseits wächst die Streuung mit zunehmendem Luftspalt, so daß also das Verhältnis $\dfrac{\text{Polteilung}}{\text{Luftspalt}}$ ein Maß für die Höhe des Stoßkurzschlußstromes ist. Damit hängt es auch zusammen, daß Maschinen mit niedrigen Periodenzahlen besonders hohe Kurzschlußströme ergeben, denn bei gleichbleibender Umdrehungszahl nimmt eben die Polzahl mit der Frequenz ab. Man muß sich vor dem Trugschluß hüten, daß die Periodenzahl an sich den Kurzschlußstrom beeinflußt, die Frequenz kommt in unsern Gleichungen für die Höhe des ersten Stromstoßes nicht vor. Im Gegenteil, eine niedrige Periodenzahl wirkt sogar günstig auf die Höhe des ersten Stromstoßes ein, insofern, als eine längere Zeit bis zur Erreichung der ersten Stromspitze vergeht und dadurch die zeitliche Dämpfung sich stärker bemerkbar macht.

Man hat es beim Entwurf einer Maschine natürlich in der Hand, ihre Streuinduktivität oberhalb einer gewissen unteren Grenze zu halten. Die heutige Praxis bevorzugt den Bau derartiger „weicher Maschinen" und folgt damit den Regeln des VDE, die bei Synchronmaschinen einen Stoßkurzschlußstrom zulassen, der mit dem Gleichstromglied zusammen höchstens das 15 fache des Normalstromes betragen darf. Es entspricht dies einer auf Normalstrom bezogenen Streureaktanz von etwa $10\,^0/_0$, und dies ist tatsächlich der Wert, den man für die meisten heutigen Maschinen annehmen kann. Man kann die Streuung bei im Entwurf befindlichen Maschinen entweder durch Verlängerung der Wickelköpfe der Stator- und Induktorspulen vergrößern, oder dadurch, daß man die Spulen sehr tief in die Nut einbettet. Im ersten Falle vergrößert man die Stirn-, im zweiten Falle die Nutenstreuung. Die letztgenannte Maßnahme erscheint bestechend, denn sie spart gegenüber der erstgenannten Kupfer; vermeidet die der sicheren Befestigung der langen Wickelköpfe entgegenstehenden Schwierigkeiten und ermöglicht ohne besondere Schwierigkeiten die Erzielung von Streureaktanzen bis zu $25\,^0/_0$. Man darf jedoch nicht vergessen, daß beim plötzlichen Kurzschluß gerade die Nutenstreuung wegen der Zahnsättigung stark zurückgeht und daß infolgedessen die für derartige Maschinen angegebenen hohen Streuinduktivitäten meist nur auf dem Papier stehen. Sehr günstige Streuungsverhältnisse ergeben im allgemeinen Typen mit großem Kupfergewicht bei gleichzeitiger Verminderung des aktiven Eisengewichtes.

Es ist natürlich das nächstliegende, den Stoßkurzschlußstrom einer fertig ausgeführten Maschine durch einen Kurzschlußversuch zu ermitteln, bei dem die auf ihre normale Spannung erregte Maschine an ihren Klemmen plötzlich kurzgeschlossen wird. Der Kurzschlußstrom ist dabei mittels des Oszillographen zu bestimmen und man wertet aus dem Oszillogramm entsprechend Abb. 138 am besten nur das Wechselstromglied des plötzlichen Kurzschlußstromes aus, da die Höhe des Gleichstromgliedes zu sehr vom Schaltmoment abhängt. Es genügt zu wissen, daß beim ungünstigsten Schaltmoment der größte Stromstoß etwa den 1,8fachen Betrag der Amplitude des Wechselstromgliedes J_w erreicht. Die Streureaktanz des Generators ist dann gleich $\dfrac{E_0}{J_w}$, wenn E_0 die Klemmenspannung des Generators vor dem Kurzschluß ist.

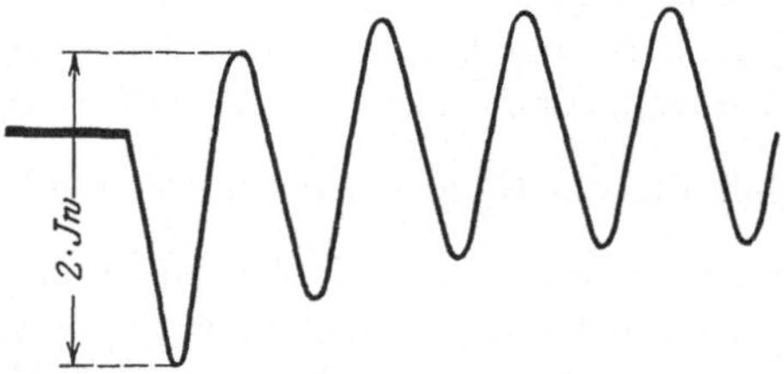

Abb. 138. Bestimmung der Höhe des Wechselstromgliedes.

Die eben erwähnte direkte Methode zur Bestimmung der Streureaktanz einer Maschine ist jedoch nicht ganz einfach auszuführen und man wird daher in den meisten Fällen nach anderen Methoden suchen müssen.

Bei Asynchronmaschinen ist die direkte Messung der Streureaktanz leicht auszuführen, und zwar entweder durch Bestimmung des Spannungsübersetzungsverhältnisses, das von der Rotorseite aus vorgenommen direkt $\dfrac{M}{L_r}$ und von der Statorseite aus $\dfrac{M}{L}$ ergibt, oder durch Messung der Reaktanz des stillstehenden und an den Schleifringen kurzgeschlossenen Motors. Der letztere Versuch ergibt direkt die gesuchte Streureaktanz.

Der letzt angegebene Weg zur direkten Messung der Streureaktanz erscheint zunächst bei Synchronmaschinen wegen des massiven Eisens im Induktor nicht gangbar. Man hat auch diese Messung bei Synchronmaschinen vielfach dadurch zu umgehen gesucht, daß man den

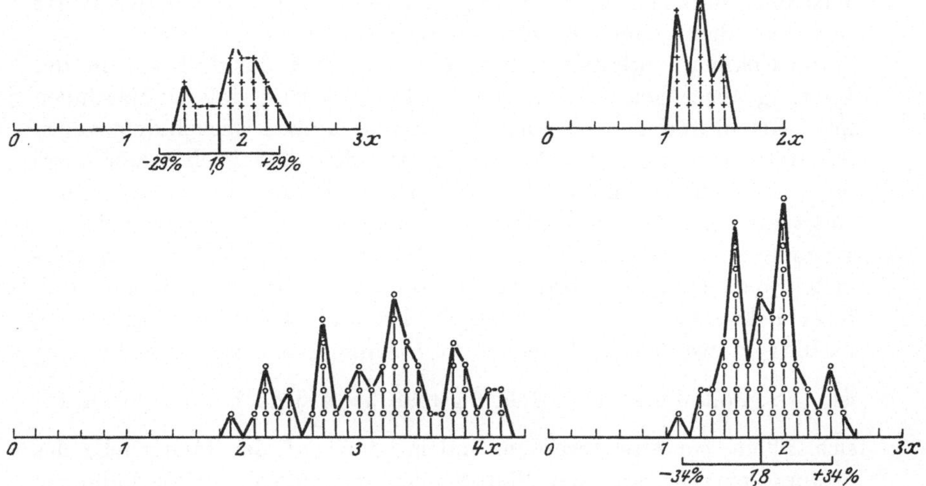

Abb. 139. Vergleich zwischen direkter und indirekter Bestimmung des Stoßkurzschlußstromes.

Induktor aus der Maschine herausnahm und dann die Reaktanz der Statorwicklung bestimmte. Man mißt dann allerdings außer den Streufeldern des Stators noch einen geringen Teil des Hauptfeldes mit. Bei Maschinen mit ausgeprägten Polen scheint diese Methode ungefähr die richtige Gesamtstreuung zu ergeben, wie nach Rüdenberg die beiden oberen der Abb. 139 erkennen lassen, die für eine große Zahl der verschiedensten Maschinen Häufigkeitswerte eines Koeffizienten x zeigen, der das Verhältnis des oszillographisch beim Kurzschlußversuch bestimmten Stoßkurzschlußstromes zu jenem Strom angibt, der sich unter Zugrundelegung der eben angegebenen Reaktanzmessung errechnet. Da die Rechnung zunächst nur das Wechselstromglied des plötzlichen Kurzschlußstromes ergibt, der oszillographisch bestimmte Stoßkurzschlußstrom jedoch auch das Gleichstromglied enthält, so muß nach Früherem x den Wert 1,8 besitzen. Die in Abb. 139 aufgetragenen Punkte gruppieren sich tatsächlich um diesen Wert, wenn, wie erwähnt, der Hauptfluß in der Bohrung des Ständers mitgemessen wird. Dies ist damit zu erklären, daß der mitgemessene, von Pol zu Pol durch die Luft verlaufende Hauptfluß gerade dem Streufeld des Induktors entspricht.

Bei Maschinen mit Walzenrotoren muß der bei herausgenommenem Induktor mitgemessene Anteil des Hauptfeldes in Abzug gebracht werden, wenn man annähernd die richtige Streureaktanz des Generators bestimmen will. Dies lassen die beiden unteren der Abb. 139 erkennen, die sich ebenfalls auf eine große Zahl der verschiedensten Maschinen beziehen, und die zeigen, daß die für x erhaltenen Werte sich nur dann um 1,8 gruppieren, wenn vom gesamten mit der Statorwicklung verketteten magnetischen Feld das Luftfeld in der Bohrung abgezogen wird. Dies erklärt sich daraus, daß bei Maschinen mit Walzenrotoren der flachen Nuten und kurzen Wickelköpfe wegen die Rotorstreuung nur sehr gering ist; dies ließ auch schon unsre im 15. Abschnitt mitgeteilte, an unsrer kleinen Versuchsmaschine vorgenommene Messung erkennen, die sogar eine negative Rotorstreuung ergab. Das Luftfeld in der Bohrung läßt sich ohne Schwierigkeiten berechnen, die erregenden Amperewindungen sind ohne weiteres bekannt, der magnetische Widerstand des Eisens kann vernachlässigt werden, und der in die Rechnung einzusetzende Luftweg ist $\dfrac{1}{\pi} \times$ Polteilung. Das Bohrungsfeld kann jedoch auch leicht für sich allein gemessen werden, indem man auf der Innenfläche des Stators koaxial mit den Statorspulen verlaufende Hilfswindungen befestigt, deren Längsseiten auf die Mitte der Nuten und deren Stirnseiten auf dem Rand des Statoreisenkörpers verlaufen.

Es ist neuerdings vorgeschlagen worden, die Streureaktanz von Synchronmaschinen genau wie bei Asynchronmaschinen durch Beschickung des Stators bei stillstehendem und kurzgeschlossenem Rotor mit Drehstrom direkt zu bestimmen. Bei Maschinen mit Walzenrotoren erscheint mir dieser Weg ohne weiteres gangbar. Denn da das Rotorstreufeld an sich nur geringfügig ist, sind Fälschungen der Rotorstreuung durch die Wirbelströme im massiven Eisen nur von geringem Einfluß auf das Gesamtergebnis der Messung. Bei Maschinen mit ausgeprägten Polen ist eine Fälschung des Meßergebnisses durch den Polzwischenraum zu befürchten. Man kann diese Schwierigkeit indes dadurch umgehen, daß man eine einphasige Messung von zwei hintereinandergeschalteten Statorphasen vornimmt, wobei der Induktor so zu drehen ist, daß seine Achse mit der der zwei hintereinandergeschalteten Statorphasen zusammenfällt. Man hat dann die beim plötzlichen zweipoligen Kurzschluß gegebenen Streuungsverhältnisse und wir wissen aber aus Früherem, daß beim zwei- und beim dreipoligen Kurzschluß der gleiche Stoßkurzschlußstrom zu erwarten ist.

Zur Bestimmung des Streufaktors einer Synchronmaschine kann endlich noch das Verhältnis des dreipoligen zum zweipoligen stationären Kurzschlußstrom verwendet werden. Nach den Gl. 206a und 206b hatten wir nämlich:

$$i_{st3} = 0{,}733 \cdot i_e \cdot \frac{f_{aw1} \cdot z_1}{z_2 \cdot (1 + \tau_2)} \, ,$$

bzw.

$$i_{st2} = \frac{1{,}265}{1 + \tau} \cdot i_e \cdot \frac{f_{aw1} \cdot z_1}{z_2 \cdot (1 + \tau_2)} \, ;$$

und das Verhältnis beider ergibt

$$\tau = 1{,}73 \cdot \frac{i_{st3}}{i_{st2}} - 1 \, . \tag{222}$$

Wenn Gl. 206b auch nur für eine Maschine mit vollkommener Dämpferwicklung auf dem Induktor gilt, so ist doch zu berücksichtigen, daß Maschinen mit Walzenrotoren ihres Dämpferkäfigs wegen dieser Voraussetzung recht nahe kommen, während bei Maschinen mit ausgeprägten Polen die Wirbelströme im massiven Eisen ebenfalls im Sinne einer Dämpferwicklung wirken.

IX. Die Kollektormaschinen.

38. Allgemeines.

Die Kollektormaschinen unterscheiden sich in wesentlichen Punkten von den bisher betrachteten Wechselstromerzeugern. Ein Kollektoranker besitzt keine bestimmte Wicklungsachse, es liegt ferner im Wesen des Kollektors, daß die elektrische Achse, unbekümmert um die Drehung des Ankers im Raume stillsteht und in ihrer Richtung mit der Bürstenachse zusammenfällt. Im Gegensatz hierzu dreht sich bei den kollektorlosen Maschinen die elektrische Achse ebenso wie die Wicklungsachse synchron mit der absoluten oder relativen Geschwindigkeit des Ankers.

Diese unterscheidenden Merkmale der beiden betrachteten Maschinenarten bedingen natürlich entsprechende Unterschiede in ihrem elektrischen Verhalten. Während bei den kollektorlosen Maschinen der Koeffizient der gegenseitigen Induktion zwischen Stator und Induktor ein harmonisches Gesetz befolgte, ist bei den Kollektormaschinen der Koeffizient der gegenseitigen Induktion zwischen Erreger- und Ankerwicklung, wenn wir von den Sättigungserscheinungen des Eisens absehen, eine konstante Größe und nur von den geometrischen Abmessungen der Wicklungen und von der Bürstenstellung abhängig, unabhängig dagegen von der Drehung des Ankers. Diese letztere bewirkt in diesem lediglich das Auftreten einer Rotationsspannung, die — bei Vernachlässigung der Sättigungserscheinungen — mit dem Erregerstrom durch ein lineares Gesetz verknüpft ist, ebenso mit der Drehzahl. Dieser, den Zusammenhang zwischen Rotationsspannung und Erregerstrom angebende Koeffizient besitzt somit die Dimension eines Ohmschen Widerstandes, er kann allerdings auch negative Werte annehmen. Dabei ist natürlich, wie bisher stets, Konstanz der Drehzahl vorausgesetzt.

Gerade diese letztere Eigenschaft, nämlich die Fähigkeit des Koeffizienten der Rotationsspannung, auch negative Werte annehmen zu können, bedingt eine ganz besondere Eigentümlichkeit im Verhalten der Kollektormaschinen, die diese vor allen kollektorlosen Maschinen auszeichnet. Kollektormaschinen besitzen nämlich die Fähigkeit der Selbsterregung, d. h. sie vermögen, wenn die sonstigen äußeren Bedingungen günstig liegen, irgendwelche Schwingungsvorgänge aus kleinen Anfängen zu bedeutenden Amplituden zu entwickeln, wir haben also hier, im Gegensatz zu den kollektorlosen Maschinen, auch Ausgleichsvorgänge mit zeitlich wachsender Amplitude zu erwarten. Daß hierdurch wiederum besondere Formen des Verlaufes magnetischer Ausgleichsvorgänge bedingt werden, sollen uns einige Beispiele sogleich zeigen.

39. Der plötzliche Kurzschluß der Gleichstrom-Hauptschlußmaschine.

Gleichstrommaschinen werden heute fast nur noch mit Wendepolen ausgeführt, die Bürsten stehen also in der neutralen Zone, d. h. senkrecht zur Achse der Erregerwicklung, und jede induktive Beeinflussung zwischen Anker- und Erregerwicklung fällt fort. Die Gleichung einer kurzgeschlossenen Gleichstrom-Hauptschlußmaschine läßt sich also, wie ein Blick auf Abb. 140 lehrt, schreiben:

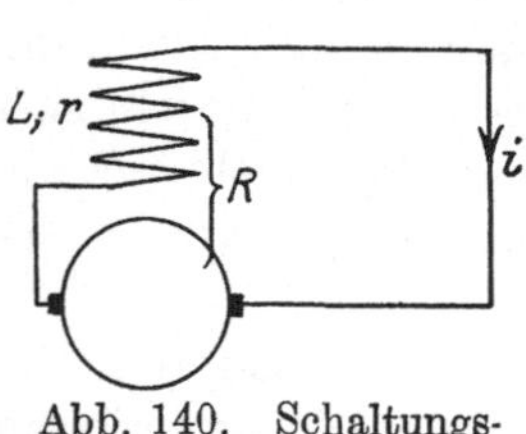

Abb. 140. Schaltungsschema der Hauptschlußmaschine.

$$L \cdot \frac{di}{dt} + r \cdot i \pm R \cdot i = 0.$$

L ist der Selbstinduktionskoeffizient des gesamten Stromkreises, r dessen Ohmscher Widerstand, R ist der Koeffizient der Rotationsspannung und $R \cdot i$ somit die im Anker induzierte EMK. Bei einer Hauptschlußmaschine ist bekanntlich die Drehrichtung für Motor- und Generatorbetrieb verschieden, aus diesem Grunde wechselt auch das Vorzeichen von R, und zwar gilt das Pluszeichen für Motorbetrieb, das Minuszeichen für Generatorbetrieb.

Gl. (223) hat folgende Lösung:

$$i = A \cdot e^{\mp \frac{R-r}{L} \cdot t} , \qquad (224)$$

wobei die Integrationskonstante A dem im Augenblicke des Kurzschlusses fließenden Strome entspricht. War die Maschine im Augenblicke des Kurzschlusses stromlos, so entspricht A dem durch die Remanenzspannung erzeugten Strom, wobei allerdings zu berücksichtigen ist, daß der Remanenzstrom nicht sofort, sondern allmählich, entsprechend der Zeitkonstante des Stromkreises, auf seinen Endwert ansteigt.

Denken wir uns zunächst folgenden Fall. Ein Hauptschlußmotor, der an einem Gleichstromnetz liegt, werde zur Zeit $t = 0$ an seinen Klemmen plötzlich kurzgeschlossen und wir wollen nun wissen, welchen Verlauf von diesem Zeitpunkt an der Motorstrom nimmt.

Zweifellos gehorcht der Strom folgendem Gesetz:

$$i = i_0 \cdot e^{-\frac{R+r}{L} \cdot t} , \qquad (224\,\mathrm{a})$$

wo i_0 der zur Zeit $t = 0$ vom Motor aufgenommene Strom ist. Der Motorstrom sinkt also nach einem Exponentialgesetz auf Null, wie dies die Abb. 141 für einen Motor von 150 kW, 1000 Volt, 1500 Umdr./Min. mit

$$r = 0{,}22 \text{ Ohm},$$
$$R = 6{,}7 \;\; \text{Ohm}$$

und

$$L = 0{,}16 \text{ Henry}$$

zeigt.

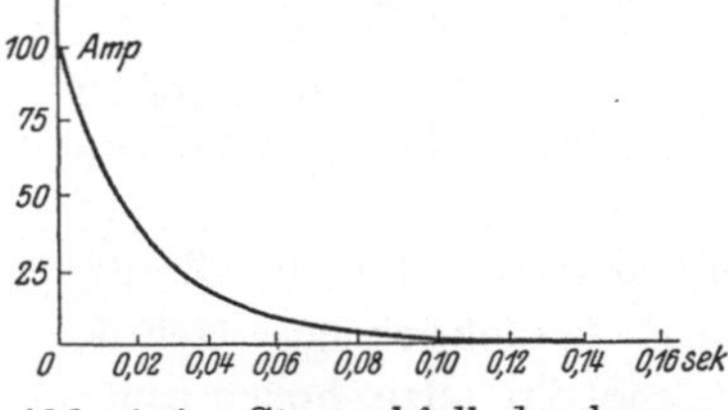

Abb. 141. Stromabfall des kurzgeschlossenen Hauptschlußmotors.

Dieselbe Maschine laufe als Generator. Der sich ausbildende Kurzschlußstrom gehorcht in diesem Falle folgender Gleichung:

$$i = i_0 \cdot e^{\frac{R-r}{L} \cdot t} \qquad (224\,\mathrm{b})$$

Bei praktisch ausgeführten Maschinen ist im Kurzschluß stets:

$$R > r, \qquad (225)$$

der Exponent in Gl. (224 b) wird also positiv, und die Gleichung ergibt einen zeitlich anwachsenden Strom. Der Ansatz (225) enthält somit die Bedingung für Selbsterregung des Generators.

Abb. 142 zeigt das Anwachsen des Stromes für unser vorher betrachtetes Beispiel; es ist vorausgesetzt, daß den Anker zur Zeit $t = 0$ ein Remanenzstrom von $5\,^0/_0$ des Vollaststromes durchfloß. Der Ausgleichsvorgang besteht diesmal im Aufbau eines magnetischen Feldes, die hierzu nötige Energie wird der Maschine auf mechanischem Wege zugeführt. Im Gegensatz hierzu handelte es sich im vorhergehenden Falle um ein Verschwinden magnetischer Feldenergie, die teils in den Ohmschen Widerständen in Wärme umgewandelt, teils an die Welle des Motors als nutzbare mechanische Leistung abgegeben wurde; beide Anteile verhalten sich in ihrer Größe wie $r : R$.

Es muß uns auffallen, daß die Gl. (224) einen bis ins Unendliche anwachsenden Kurzschlußstrom ergibt, obwohl uns die Erfahrung sagt, daß dies ganz bestimmt nicht der Fall ist. Dieser Widerspruch zwischen Theorie und Praxis klärt sich aber sofort auf, wenn wir

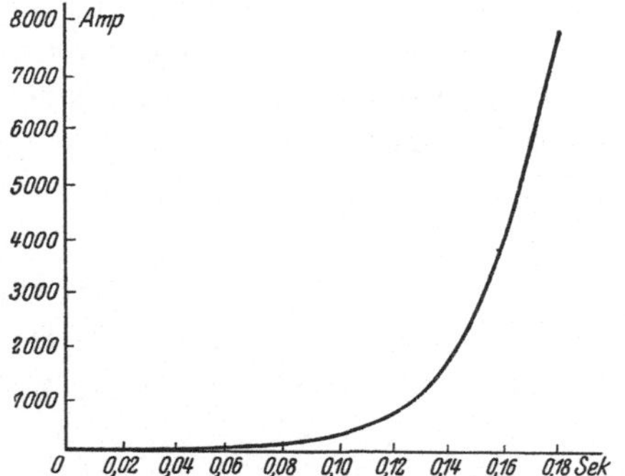

Abb. 142. Stromanstieg des kurzgeschlossenen Hauptschlußgenerators.

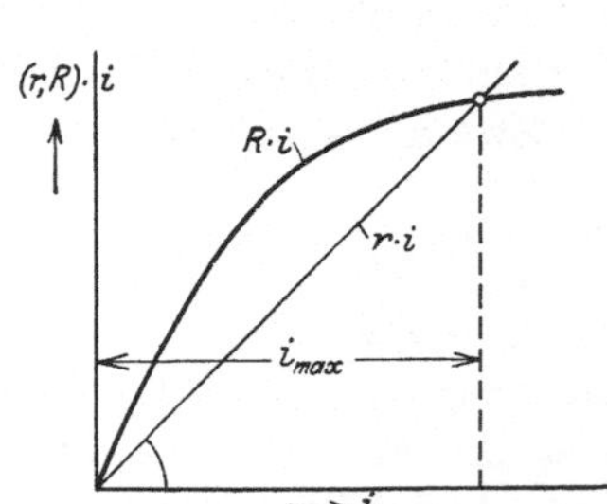

Abb. 143. Ermittlung des maximalen Kurzschlußstromes.

uns erinnern, daß die Gl. (223) die Sättigungserscheinungen des Eisens nicht berücksichtigt. Gerade die Sättigung des Eisens ist es aber, welche ein allzu hohes Anwachsen des Kurzschlußstromes hintanhält. Dies wird uns bei Betrachtung der Abb. 143 sofort klar.

Der Ohmsche Widerstand ist eine konstante Größe; zeichnen wir also den Ohmschen Spannungsabfall als Funktion des Stromes in ein Koordinatensystem ein, so erhalten wir eine Gerade mit einem Neigungswinkel, dessen Tangente dem Ohmschen Widerstande gleich ist. Dahingegen ergibt die im Anker induzierte EMK $R \cdot i$ infolge der Eisensättigung eine Kurve, die in ihrer Form der Magnetisierungskurve unserer Maschine entspricht und die ebenfalls in das Koordinatensystem der Abb. 143 eingezeichnet ist. Beide Kurven schneiden sich, und zwar ist vor dem Schnittpunkte

$$R > r,$$

hingegen hinter dem Schnittpunkte

$$R < r.$$

Nun ergab die Gl. (224 b), daß der Strom in unserer Maschine nur so lange ansteigen kann, als die Ungleichung (225) erfüllt ist, d. h. der Schnittpunkt der Kurven $r \cdot i$ und $R \cdot i$ muß den höchstmöglichen Kurzschlußstrom ergeben, denn in diesem ist

$$R = r$$

und das System somit im Gleichgewicht.

Der Verlauf des plötzlichen Kurzschlusses der Gleichstrom-Hauptschlußmaschine wird also durch die Sättigung des Eisens in ausschlaggebender Weise beeinflußt, und wollen wir ein auch nur annähernd richtiges Bild über den zeitlichen Verlauf des Kurzschlußstromes erhalten, so müssen wir in der Differentialgleichung des vorliegenden Problems unbedingt den Einfluß der Eisensättigung berücksichtigen.

Unsere nächste Aufgabe muß sein, eine analytische Funktion aufzufinden, welche nicht nur die Magnetisierungskurve einer gegebenen Maschine genügend genau wiederzugeben gestattet, sondern auch eine Integration der vorgelegten Differentialgleichung ermöglicht. Wir wählen hierzu den Ansatz:

$$i = \frac{z_e}{L_1} \cdot \Phi + \frac{z_e}{L_2} \cdot \Phi^5. \tag{226}$$

Hierin sind z_e die effektive Windungszahl der Erregerwicklung, Φ der dieselbe durchsetzende Kraftlinienfluß und $L_{1,2}$ willkürliche Konstanten. Wir können durch geeignete Wahl dieser Konstanten die angeschriebene Funktion zwingen, außer dem Nullpunkt noch zwei vorgegebene Punkte der Magnetisierungskurve zu durchlaufen. Zweckmäßig setzt man L_1 gleich dem dem unteren, geradlinigen Teil der Magnetisierungskurve entsprechenden Selbstinduktionskoeffizienten der Erregerwicklung und bestimmt L_2 so, daß die gewählte Funktion den Schnittpunkt der $R \cdot i$-Kurve mit der Widerstandsgeraden (Abb. 143) durchläuft. Dies ist leicht möglich, denn der Kraftlinienfluß Φ und die induzierte EMK $R \cdot i$ unterscheiden sich nur durch einen konstanten Faktor, der aus den Daten einer gegebenen Maschine ohne weiteres zu ermitteln ist.

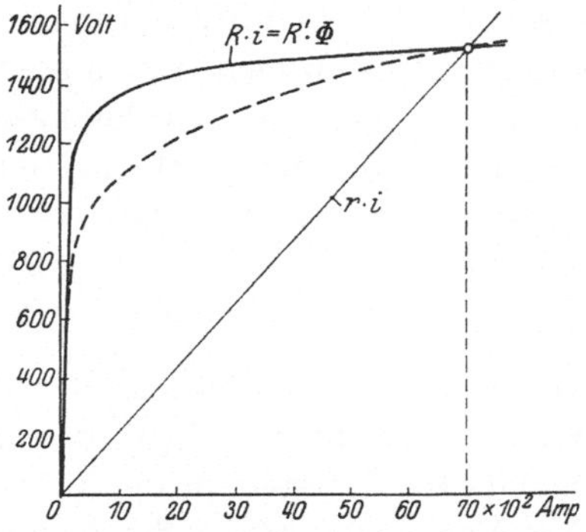

Abb. 144. Zeichnerische Bestimmung des maximalen Kurzschlußstromes einer Hauptschlußmaschine von 150 kW.

15*

Abb. 144 zeigt die Magnetisierungskurve unserer schon öfter als Beispiel benützten Maschine von 150 kW und 1000 Volt. Die Maschine besitzt zwei Pole, eine Windungszahl pro Polpaar von $z_e = 108$ und einen der Spannung von 1000 Volt entsprechenden nützlichen Kraftlinienfluß von $\Phi = 0{,}18 \cdot 10^8$ cgs. Diese Angaben, sowie der in die Abb. 144 eingezeichnete Schnittpunkt mit der $r \cdot i$-Geraden genügen zur Bestimmung der Konstanten L_1 und L_2, und es ergibt sich:

$$i = 4{,}6 \cdot 10^2 \cdot \Phi + 4{,}9 \cdot 10^6 \cdot \Phi^5.$$

Zur Erzielung einer kürzeren Schreibweise ist Φ des Faktors 10^8 entkleidet worden. Damit errechnet sich nämlich:

$$L_1 = 3{,}92 \cdot 10^{-2},$$
$$L_2 = 3{,}68 \cdot 10^{-6},$$

ferner

$$R' = \frac{E}{\Phi} = \frac{1000}{0{,}18} = 5550,$$

endlich war

$$r = 0{,}037.$$

Die berechnete Magnetisierungskurve ist gestrichelt in die Abb. 144 eingezeichnet, die Übereinstimmung mit der tatsächlichen Kurve ist, wie man sieht, nicht besonders gut. Es möge aber betont werden, daß es uns weniger auf quantitative Genauigkeit ankommt, als vielmehr darauf, ein Bild über den prinzipiellen Verlauf des Kurzschlußvorganges zu erhalten, und dazu reicht die erzielte Genauigkeit vollständig aus. Es bietet keine besonderen Schwierigkeiten, den Ansatz (226) durch Einführung noch höherer Potenzen von Φ zu verbessern, doch wollen wir hierauf zugunsten größerer Klarheit und Kürze der folgenden Rechnungen verzichten.

Die Spannungsgleichung der kurzgeschlossenen Hauptschlußmaschine lautet nun, wenn wir Motorbetrieb ausschließen:

$$(z_e + z_a') \cdot \frac{d\Phi}{dt} + r \cdot i - R' \cdot \Phi = 0. \tag{227}$$

Diese Gleichung enthält in der Hauptsache zwei Vernachlässigungen. Wir berücksichtigen nicht den Einfluß der Ankerrückwirkung, der hier, da die Bürsten in der neutralen Zone stehen sollen, lediglich in einer Verschiebung der Sättigungsverhältnisse besteht. Das läßt sich aber leicht umgehen, indem man die der Rechnung zugrundeliegende Magnetisierungskurve an der kurzgeschlossenen Maschine aufnimmt, sie enthält dann bereits den Einfluß der Ankerrückwirkung. Ferner berücksichtigt die Gl. (227) nicht, daß das vom Anker erzeugte Feld andere magnetische Widerstände vorfindet als das Erregerfeld. Da aber das Ankerfeld niedrig ist im Vergleich zum Hauptfeld, will das nicht viel besagen. Daß Anker- und Erregerfeld nicht in ihrer absoluten Höhe übereinstimmen, läßt sich ja leicht durch Einführung einer reduzierten Ankerwindungszahl $z_a{}'$ an Stelle der tatsächlichen effektiven Windungszahl z_a berücksichtigen. Zu erwähnen wäre schließlich noch die Vernachlässigung des Streufeldes der Erregerwicklung.

Die angeschriebene Differentialgleichung geht mit Berücksichtigung der Gl. (226) über in:

$$\frac{d\Phi}{dt} + \frac{z_e}{z_e + z_a{}'} \cdot \left[\left(\frac{r}{L_1} - \frac{R'}{z_e}\right) \cdot \Phi + \frac{r}{L_2} \cdot \Phi^5\right], \qquad (227\,\mathrm{a})$$

woraus durch Trennung der Variabeln folgt:

$$dt = \frac{z_e + z_a{}'}{z_e} \cdot \frac{d\Phi}{\left(\dfrac{R'}{z_e} - \dfrac{r}{L_1}\right) \cdot \Phi - \dfrac{r}{L_2} \cdot \Phi^5}.$$

In dieser Form läßt sich die Gleichung direkt integrieren; das Ergebnis lautet:

$$t = \frac{z_e + z_a{}'}{R' - z_e \cdot \dfrac{r}{L_1}} \cdot \left[\ln \Phi - \frac{1}{4} \cdot \ln\left\{\left(\frac{R'}{z_e} - \frac{r}{L_1}\right) - \frac{r}{L_2} \cdot \Phi^4\right\}\right] + A. \quad (228)$$

Man könnte das Ergebnis auch umformen in:

$$\frac{\Phi}{\sqrt[4]{\left(\dfrac{R'}{z_e} - \dfrac{r}{L_1}\right) - \dfrac{r}{L_2} \cdot \Phi^4}} = A' \cdot e^{\frac{\frac{R'}{z_e} - \frac{r}{L_1}}{1 + \frac{z_a{}'}{z_e}} \cdot t}, \qquad (228\,\mathrm{a})$$

doch eignet sich der vorher angeschriebene Ausdruck besser zur numerischen Auswertung.

Die Integrationskonstante A ist wieder mit Hilfe des Anfangszustandes zu bestimmen. Zunächst bemerken wir, daß die Gl. (228) nur so lange reelle Werte für die Zeit t liefert, als die unter dem zweiten Logarithmus stehende Klammer positive Werte ergibt, das Verschwinden der Klammer ist also ein Kriterium für die Höhe der im Kurzschluß erreichten größten Sättigung. Da die Gl. (228) nicht die geeignete Form besitzt, um uns ohne weiteres einen Überblick über das Verhalten der kurzgeschlossenen Gleichstrom-Hauptschlußmaschine zu verschaffen, wollen wir unsere Betrachtung an einem speziellen Beispiel fortsetzen.

Wir wählen hierzu unsere alte Maschine, deren Magnetisierungskurve die Abb. 144 zeigt. Mit den uns bereits bekannten Werten und $z_a{}' = 51$ folgt:

$$t = 0{,}029 \cdot [\ln \Phi - \tfrac{1}{4} \cdot \ln (53 - (10 \cdot \Phi)^4)] + A.$$

Die Integrationskonstante ergibt sich aus der Forderung, daß zur Zeit $t = 0$ bereits ein Remanenzfluß $\Phi_0 = 0{,}05 \cdot \Phi_{\text{norm}}$ vorhanden sei, zu:

$$A = 0{,}029 \cdot \left[\tfrac{1}{4} \cdot \ln\left(53 - (10 \cdot \Phi_0)^4 - \ln \Phi_0\right)\right] = 0{,}18.$$

Abb. 145 zeigt zunächst das mit Hilfe der eben angeschriebenen Gleichungen gezeichnete Anwachsen des Kraftlinienstromes bzw. der im Anker induzierten EMK mit zunehmender Zeit. Es ist mit Hilfe der Magnetisierungskurve ein leichtes, hieraus die Kurve für das zeitliche Ansteigen des Kurzschlußstromes zu ermitteln, sein Verlauf ist, wie die Abbildung zeigt, sehr charakteristisch. Zum leichteren Vergleich wurde nochmals der unter Vernachlässigung der Eisensättigung berechnete Kurzschlußstrom eingezeichnet.

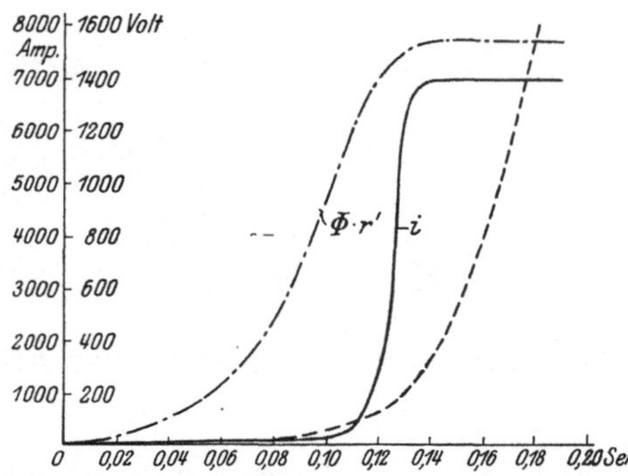

Abb. 145. Zeitlicher Verlauf des Kurzschlußstromes bei Berücksichtigung der Eisensättigung.

Wie man sieht, steigt der Kurzschlußstrom erst noch langsamer an, als selbst die letzterwähnte, gestrichelte Kurve angibt. Dies kommt daher, daß, solange die Maschine im geradlinigen Teil der Magnetisierungskurve arbeitet, ihre Induktivität noch größer ist als die der normalen Sättigung entsprechende Betriebsinduktivität, die der gestrichelten Kurve zugrunde gelegt wurde. Sobald aber das Knie der Magnetisierungskurve erreicht wird, beginnt der Strom schnell anzusteigen, um dann ziemlich unvermittelt auf seinem Endwert stehen zu bleiben. Dieser letztere ist sehr hoch, und gewaltig ist vor allem das am Umfang des Ankers wirkende bremsende Drehmoment. Es besitzt im vorliegenden Falle nicht weniger als den 72fachen normalen Wert.

In Wirklichkeit liegen natürlich die Verhältnisse so, daß der Anker bereits vor Erreichung des Strommaximums stark abgebremst sein wird, so daß der errechnete Kurzschlußstrom auch nicht annähernd erreicht wird, ganz abgesehen von dem bereits viel früher zu erwartenden Überschlagen des Kollektors. Vom Augenblicke des Auftretens von Rundfeuer am Kollektor an ist ein weiteres Ansteigen des Kurzschlußstromes ausgeschlossen.

40. Das Verhalten des Hauptschlußmotors mit überbrückter Feldwicklung bei Netzkurzschlüssen.

Straßenbahnmotoren werden zum Zwecke der Tourenregulierung häufig mit Parallelwiderständen zur Erregerwicklung ausgerüstet. Da hat nun die Erfahrung gezeigt, daß derart überbrückte Motoren bei Netzkurzschlüssen zu Kollektorüberschlägen neigen, obwohl doch, wie wir sahen, der gewöhnliche Hauptschlußmotor bei Kurzschlüssen keinerlei Stromerhöhung zeigt. Der parallel zur Feldwicklung liegende Widerstand muß also das Verhalten des Hauptschlußmotors gegenüber Kurzschlüssen von Grund auf ändern, was, wie die folgenden Entwicklungen zeigen werden, in der Tat zutrifft.

Wir können diesmal den Einfluß der Eisensättigung vernachlässigen, da, wie vorweggenommen werden soll, das Hauptfeld im Verlaufe des Ausgleichsvorganges seinen normalen Betriebswert nicht überschreitet. Damit entfällt auch die Berücksichtigung der Ankerrückwirkung. Es soll aber nicht gesagt werden, daß eine Berücksichtigung des Einflusses der Eisensättigung nach den im 34. Abschnitt angegebenen Regeln nicht möglich wäre.

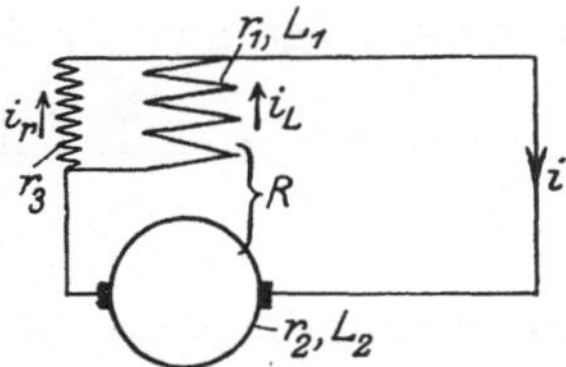

Abb. 146. Hauptschlußmotor mit überbrückter Feldwicklung.

Abb. 146 zeigt das unseren Betrachtungen zugrunde liegende Schaltungsschema. Es bedeuten r_1 und L_1 bzw. r_2 und L_2 Ohmschen Widerstand und Selbstinduktion der Erregerwicklung bzw. des Ankers, r_3 den Ohmschen Widerstand des Parallelwiderstandes, ferner i_r den in ihm fließenden Strom, i_L den Strom in der Erregerwicklung und endlich i den Strom im Anker. Damit schreiben wir die Spannungsgleichung unserer Maschine:

$$L_1 \cdot \frac{d\,i_L}{d\,t} + r_1 \cdot i_L + L_2 \cdot \frac{d\,i}{d\,t} + r_2 \cdot i + R \cdot i_L = 0. \qquad (229)$$

Nun ist aber

$$L_1 \cdot \frac{d\,i_L}{d\,t} + r_1 \cdot i_L = r_3 \cdot i_r$$

und

$$i = i_L + i_R,$$

woraus

$$i = \frac{L_1}{r_3} \cdot \frac{d\,i_L}{d\,t} + \frac{r_1 + r_3}{r_3} \cdot i_L. \qquad (230)$$

Setzen wir hieraus den Wert für i in die Gl. (229) ein, so ergibt sich eine lineare Differentialgleichung zweiter Ordnung für den Erregerstrom i_L, die folgendermaßen lautet:

$$\frac{d^2 i_L}{dt^2} + \frac{d i_L}{dt} \cdot \left(\frac{r_1 + r_3}{L_1} + \frac{r_2 + r_3}{L_2}\right) +$$

$$+ i_L \cdot \left(\frac{r_1 \cdot r_2}{L_1 \cdot L_2} + \frac{r_1 \cdot r_3}{L_1 \cdot L_2} + \frac{r_2 \cdot r_3}{L_1 \cdot L_2} + \frac{R \cdot r_3}{L_1 \cdot L_2}\right) = 0. \qquad (231)$$

Die Differentialgleichung hat folgendes allgemeine Integral:

$$i_L = A_1' \cdot e^{a_1 \cdot t} + A_2' \cdot e^{a_2 \cdot t}, \qquad (232\,\mathrm{a})$$

wo

$$a_{1,2} = -\left(\frac{r_1 + r_3}{2 \cdot L_1} + \frac{r_2 + r_3}{2 \cdot L_2}\right) \pm$$

$$\pm \sqrt{\left(\frac{r_1 + r_3}{2 \cdot L_1} + \frac{r_2 + r_3}{2 \cdot L_2}\right)^2 - \frac{r_3 \cdot (r_1 + r_2 + R) + r_1 \cdot r_2}{L_1 \cdot L_2}}. \qquad (232\,\mathrm{b})$$

Hieraus folgt nun endlich mit Hilfe der Gl. (230):

$$i = \left(\frac{L_1}{r_3} \cdot a_1 + \frac{r_1 + r_3}{r_3}\right) \cdot A_1' \cdot e^{a_1 \cdot t} + \left(\frac{L_1}{r_3} \cdot a_2 + \frac{r_1 + r_3}{r_3}\right) \cdot A_2' \cdot e^{a_2 \cdot t}$$

$$= A_1 \cdot e^{a_1 \cdot t} + A_2 \cdot e^{a_2 \cdot t}. \qquad (233)$$

Im Augenblicke des Kurzschlusses werde dem Motor ein Strom i_0 zugeführt, wir haben also:

$$\left.\begin{array}{l} i = i_0 \\[2mm] i_L = i_0 \cdot \dfrac{r_3}{r_1 + r_3} \end{array}\right\} \quad \text{für } t = 0. \qquad (234)$$

Durch Einsetzen der Werte für i und i_L aus den Gl. (232) und (233) ergibt sich hiermit:

$$\left.\begin{array}{l} A_1 = -\,i_0 \cdot \left(\dfrac{L_1}{r_1 + r_3} \cdot \dfrac{a_1 \cdot a_2}{a_1 - a_2} + \dfrac{a_2}{a_1 - a_2}\right), \\[4mm] A_2 = i_0 \cdot \left(\dfrac{L_1}{r_1 + r_3} \cdot \dfrac{a_1 \cdot a_2}{a_1 - a_2} + \dfrac{a_1}{a_1 - a_2}\right). \end{array}\right\} \qquad (235)$$

Es ist bemerkenswert, daß die Exponenten a_1 und a_2 bei genügender Größe von R komplex werden können, und wir wissen, daß der betrachtete Ausgleichsvorgang in diesem Falle periodischen Charakter annimmt. Wir schreiben in diesem Falle

$$\left.\begin{array}{l} a_{1,2} = -\,\alpha \pm j \cdot \nu, \\ \text{wo} \\[2mm] \alpha = \dfrac{r_1 + r_3}{2 L_1} + \dfrac{r_2 + r_3}{2 \cdot L_2}, \\[4mm] \nu = \sqrt{\dfrac{r_3 \cdot (r_1 + r_2 + R) + r_1 \cdot r_2}{L_1 \cdot L_2} - \left(\dfrac{r_1 + r_3}{2 \cdot L_1} + \dfrac{r_2 + r_3}{2 \cdot L_2}\right)^2}, \\[4mm] j = \sqrt{-1}, \end{array}\right\} \qquad (236)$$

und erhalten weiterhin:

$$i = e^{-\alpha \cdot t} \cdot [(A_1 + A_2) \cdot \cos \nu \cdot t + j \cdot (A_1 - A_2) \cdot \sin \nu \cdot t].$$

Nun ist aber

$$A_1 + A_2 = i_0,$$

$$A_1 - A_2 = -\frac{i_0}{j} \cdot \left[\frac{r_3 \cdot (r_1 + r_2 + R) + r_1 \cdot r_2}{\nu \cdot L_2 \cdot (r_1 + r_3)} + \frac{\alpha}{\nu} \right],$$

und es wird somit:

$$i = e^{-\alpha \cdot t} \cdot \left[i_0 \cdot \cos \nu \cdot t - i_0 \cdot \left(\frac{r_3 \cdot (r_1 + r_2 + R) + r_1 \cdot r_2}{\nu \cdot L_2 \cdot (r_1 + r_3)} + \frac{\alpha}{\nu} \right) \cdot \sin \nu \cdot t \right]. \quad (237)$$

Abb. 147 zeigt die Auswertung dieser Gleichung für unser schon mehrfach benutztes Beispiel, wobei

$$r_3 = 3 \cdot r_1$$

angenommen wurde.

Wir haben uns den Verlauf des Ausgleichsvorganges folgendermaßen vorzustellen. Im Augenblicke des Kurzschlusses hört jede

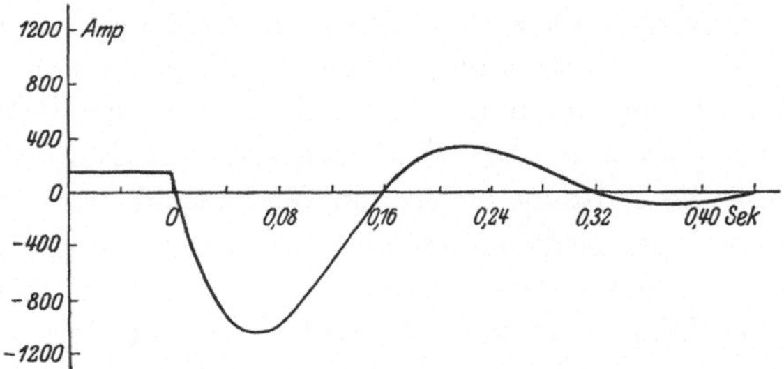

Abb. 147. Kurzschlußstrom eines Hauptschlußmotors mit überbrückter Feldwicklung. (Periodischer Verlauf.)

Stromzufuhr von außen auf. Nun hat aber der Strom in der Erregerwicklung wegen der im magnetischen Felde aufgespeicherten Energie das Bestreben, in seiner alten Stärke und Richtung weiterzufließen, wobei ihm der Parallelwiderstand r_3 einen willkommenen Weg bietet. Das Erregerfeld wird also zunächst noch aufrecht erhalten, klingt aber wegen der Stromwärmeverluste allmählich ab. Die im Anker induzierte EMK ist der von außen aufgedrückten Spannung entgegengerichtet, bleibt diese letztere weg, so wird der im Anker fließende Strom seine Richtung zu ändern suchen, was ihm wegen seiner verhältnismäßig geringen Selbstinduktion rasch gelingt. Auch der Ankerstrom schließt sich über den Widerstand r_3, so daß dieser die Summe von Anker- und Feldstrom führt. Der betrachtete Ausgleichsvorgang besteht also im wesentlichen in einem Kurzschluß des Ankers auf den

Widerstand r_3; in dem Maße, in welchem das Erregerfeld abnimmt, erlischt auch der Kurzschlußstrom.

Den Parallelwiderstand r_3 durchfließt der gesamte Kurzschlußstrom, von ihm wird somit ein ziemlich hoher Spannungsabfall erzeugt, der dem ursprünglichen Erregerstrome entgegenarbeitet und ihn nicht nur zu unterdrücken, sondern ihm entgegengesetzte Richtung vorzuschreiben und so das Feld umzukehren sucht. Gelingt ihm das, was bei genügender Selbstinduktion des Ankers der Fall ist, so nimmt der Ausgleichsvorgang den aus der Abb. 147 ersichtlichen periodischen Verlauf.

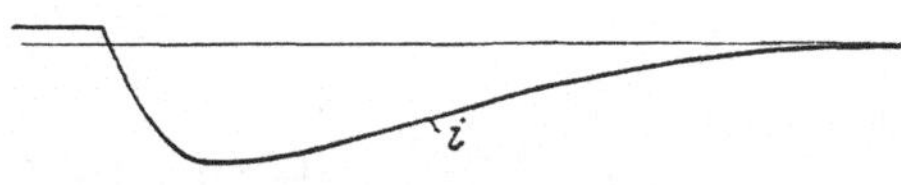

Abb. 148. Kurzschlußstrom eines Hauptschlußmotors mit überbrückter Feldwicklung. (Aperiodischer Verlauf.)

Daß der Ausgleichsvorgang auch aperiodisch verlaufen kann, zeigt das an einer Gleichstrommaschine von 100 kW ($r_3 = 2 \cdot r_1$) aufgenommene Oszillogramm Abb. 148. Die Wirbelströme im massiven Eisen werden dem Auftreten eines Wechselstromes in der Erregerwicklung ohnehin nicht förderlich sein.

Es möge übrigens darauf hingewiesen werden, daß sich die betrachteten Überstromerscheinungen durch Einbau einer passend abgestimmten Drosselspule in den Stromkreis des Parallelwiderstandes vollständig vermeiden lassen. Und zwar ist ihre Induktivität so zu bemessen, daß die Zeitkonstanten von Widerstandskreis und Erregerkreis gleich werden, jedoch ist die Schutzanordnung selbst gegen verhältnismäßig starke Abweichungen der Schutzinduktivität vom theoretisch richtigen Wert nicht besonders empfindlich.

41. Die allgemeinen Differentialgleichungen der Kollektormaschine und ihre Lösung.

Wir haben im Vorhergehenden eine besonders einfache Maschinengattung betrachtet, die nur aus einem einzigen elektrischen Strombreis bestand; immerhin konnten wir bereits an ihr interessante Eigenschaften feststellen, die nur den Kollektormaschinen eigentümlich sind.

Im allgemeinen wird nun eine Kollektormaschine mindestens zwei getrennte Stromkreise besitzen, die sich nicht nur durch den rotierenden Anker, sondern auch durch gegenseitige Induktion beeinflussen. Wie wir sehen werden, bedingt diese allgemeinere Anordnung weitere Erscheinungsformen magnetischer Ausgleichsvorgänge.

Die Spannungsgleichungen zweier, nach Abb. 149 geschalteter Stromkreise lauten:

$$\left.\begin{aligned} L_1 \cdot \frac{di_1}{dt} + r_1 \cdot i_1 + M \frac{di_2}{dt} &= 0 \\[2mm] L_2 \cdot \frac{di_2}{dt} + r_2 \cdot i_2 + M \cdot \frac{di_1}{dt} \pm R \cdot i_1 &= 0 \, . \end{aligned}\right\} \quad (238)$$

Hierin bedeutet i_1 den Strom in der Erregerwicklung, i_2 den im Stromkreis des Ankers, M ist der Koeffizient der gegenseitigen Induktion zwischen beiden Stromkreisen. Für Generatorbetrieb ist bei Maschinen mit Reihenschlußcharakteristik R positiv, für Motorbetrieb negativ zu nehmen, bei Maschinen mit Nebenschlußcharakteristik ist R stets positiv.

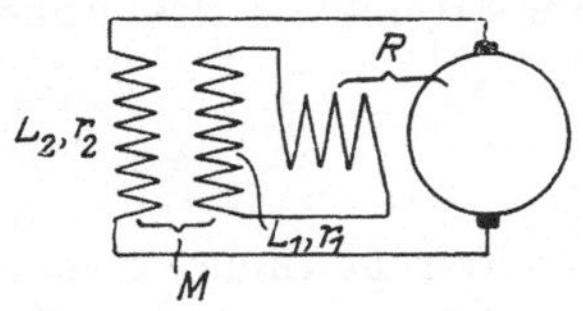

Abb. 149. Allgemeines Schaltungsschema der Kollektormaschine.

Die beiden simultanen Differentialgleichungen lassen sich durch Differentiation nach t und einige naheliegende Umformungen auf eine einzige Differentialgleichung zweiter Ordnung zurückführen, die sowohl für i_1 als auch für i_2 gilt. Die neue Gleichung lautet:

$$(L_1 \cdot L_2 - M^2) \cdot \frac{d^2 i}{dt^2} + (L_1 \cdot r_2 + L_2 \cdot r_1 \mp M \cdot R) \cdot \frac{di}{dt} + r_1 \cdot r_2 \cdot i = 0 \, .$$

Setzen wir weiterhin

$$1 - \frac{M^2}{L_1 \cdot L_2} = \tau \, , \qquad (239)$$

womit wir den Streuungskoeffizienten unserer Maschine bezeichnen, so erhalten wir die Differentialgleichung unseres Problems in folgender Form:

$$\frac{d^2 i}{dt^2} + \frac{1}{\tau} \cdot \left(\frac{r_1}{L_1} + \frac{r_2}{L_2} \mp \frac{R}{M} \cdot (1 - \tau) \right) \cdot \frac{di}{dt} + \frac{1}{\tau} \cdot \frac{r_1 \cdot r_2}{L_1 \cdot L_2} \cdot i = 0 \, . \quad (240)$$

Sie besitzt folgende Lösung:

$$i = A_1 \cdot e^{a_1 \cdot t} + A_2 \cdot e^{a_2 \cdot t} \, , \qquad (241\,\mathrm{a})$$

wobei $a_{1,2}$ sich aus der charakteristischen Gleichung:

$$a^2 + a \cdot \frac{1}{\tau} \cdot \left(\frac{r_1}{L_1} + \frac{r_2}{L_2} \mp \frac{R}{M} \cdot (1 - \tau) \right) + \frac{1}{\tau} \cdot \frac{r_1 \cdot r_2}{L_1 \cdot L_2} = 0$$

zu

$$\left.\begin{aligned} a_{1,2} = &- \left(\frac{r_1}{2 \cdot L_1 \cdot \tau} + \frac{r_2}{2 \cdot L_2 \cdot \tau} \mp \frac{R}{2 \cdot M \cdot \tau} \cdot (1 - \tau) \right) \pm \\[2mm] &\pm \sqrt{ \left(\frac{r_1}{2 \cdot L_1 \cdot \tau} + \frac{r_2}{2 \cdot L_2 \cdot \tau} \mp \frac{R \cdot (1 - \tau)}{2 \cdot M \cdot \tau} \right)^2 - \tau \cdot \frac{r_1 \cdot r_2}{L_1 \cdot \tau \cdot L_2 \cdot \tau} } \end{aligned}\right\} \quad (241\,\mathrm{b})$$

bestimmt. Wir können für jeden der Ströme i_1 und i_2 somit folgende Gleichung anschreiben:

$$\left.\begin{aligned} i_1 &= A_1' \cdot e^{a_1 \cdot t} + A_2' \cdot e^{a_2 \cdot t}, \\ i_2 &= A_1 \cdot e^{a_1 \cdot t} + A_2 \cdot e^{a_2 \cdot t}. \end{aligned}\right\} \qquad (241\,\mathrm{c})$$

Zur Bestimmung der Integrationskonstanten nehmen wir ganz allgemein an, zur Zeit $t = 0$ fließe in der Erregerwicklung ein Strom i, im Stromkreis des Ankers ein Strom J. Wir haben also:

$$\left.\begin{aligned} i_1 &= i \\ i_2 &= J \end{aligned}\right\} \quad \text{für } t = 0. \qquad (242)$$

Wir gewinnen zwei weitere Bestimmungsgleichungen für die Integrationskonstanten, indem wir die Werte für i_1 und i_2 aus Gl. (249 c) und die Gl. (238) einführen und dann $t = 0$ setzen. Dies ergibt:

$$\left.\begin{aligned} & L_1 \cdot A_1' \cdot a_1 + L_1 \cdot A_2' \cdot a_2 + r_1 \cdot A_1' + r_1 \cdot A_2' + M \cdot A_1 \cdot a_1 + M \cdot A_2 \cdot a_2 = 0 \\ & L_2 \cdot A_1 \cdot a_1 + L_2 \cdot A_2 \cdot a_2 + r_2 \cdot A_1 + r_2 \cdot A_2 + M \cdot A_1' \cdot a_1 + \\ & \qquad\qquad + M \cdot A_2' \cdot a_2 \pm R \cdot A_1' \pm R \cdot A_2' = 0. \end{aligned}\right\} (243\,\mathrm{a})$$

Aus Gl. (242) folgt ferner durch Einsetzen der Werte für i_1 und i_2:

$$\left.\begin{aligned} A_1' + A_2' &= i \\ A_1 + A_2 &= J. \end{aligned}\right\} \qquad (243\,\mathrm{b})$$

Die Gl. (243) sind hinreichend zur Bestimmung sämtlicher Konstanten, das Ergebnis der Ausrechnung lautet:

$$\left.\begin{aligned} A_1' &= \frac{J}{(a_1 - a_2) \cdot \tau} \cdot \frac{M}{L_1} \cdot \frac{r_2}{L_2} + \frac{i}{(a_1 - a_2) \cdot \tau} \cdot \left(\pm \frac{R}{M} \cdot (1 - \tau) - \frac{r_1}{L_1} - a_2 \cdot \tau \right), \\[2mm] A_2' &= -\frac{J}{(a_1 - a_2) \cdot \tau} \cdot \frac{M}{L_1} \cdot \frac{r_2}{L_2} - \frac{i}{(a_1 - a_2) \cdot \tau} \cdot \left(\pm \frac{R}{M} \cdot (1 - \tau) - \frac{r_1}{L_1} - a_1 \cdot \tau \right), \\[2mm] A_1 &= -\frac{J}{(a_1 - a_2) \cdot \tau} \cdot \left(\frac{r_2}{L_2} + a_2 \cdot \tau \right) + \frac{i}{(a_1 - a_2) \cdot \tau} \cdot \left(\frac{M}{L_2} \cdot \frac{r_1}{L_1} \mp \frac{R}{L_2} \right), \\[2mm] A_2 &= \frac{J}{(a_1 - a_2) \cdot \tau} \cdot \left(\frac{r_2}{L_2} + a_1 \cdot \tau \right) - \frac{i}{(a_1 - a_2) \cdot \tau} \cdot \left(\frac{M}{L_2} \cdot \frac{r_1}{L_1} \mp \frac{R}{L_2} \right). \end{aligned}\right\} (244)$$

Damit könnten wir den Gang der allgemeinen Rechnung beschließen. Wir wollen aber, bevor wir zu speziellen Beispielen übergehen, beachten, daß die Dämpfungsexponenten a_1 und a_2, wie die Gl. (241 b) erkennen läßt, bei positivem R auch komplex werden können. Das heißt, wie wir wissen, daß unser System auch zu Eigenschwingungen mit periodischem Charakter befähigt ist. Um eine für diesen Fall übersichtlichere Schreibweise zu erhalten, setzen wir

$$a_{1,2} = -\alpha \pm j \cdot \nu \qquad (245)$$

und können dann folgende Gleichungen für die Ströme anschreiben:

$$\left.\begin{aligned}
i_1 &= e^{-\alpha \cdot t} \cdot [(A_1' + A_2') \cdot \cos \nu \cdot t + j \cdot (A_1' - A_2') \cdot \sin \nu \cdot t], \\
i_2 &= e^{-\alpha \cdot t} \cdot [(A_1 + A_2) \cdot \cos \nu \cdot t + j \cdot (A_1 - A_2) \cdot \sin \nu \cdot t],
\end{aligned}\right\} \quad (246\,\mathrm{a})$$

wo

$$\left.\begin{aligned}
A_1' + A_2' &= i, \\
j \cdot (A_1' - A_2') &= \frac{J}{\nu} \cdot \frac{M}{L_1} \cdot \frac{r_2}{L_2 \cdot \tau} + \frac{i}{\nu} \cdot \left(\frac{R}{M \cdot \tau} \cdot (1 - \tau) - \frac{r_1}{L_1 \cdot \tau} + \alpha\right), \\
A_1 + A_2 &= J, \\
j \cdot (A_1 - A_2) &= -\frac{J}{\nu} \cdot \left(\frac{r_2}{L_2 \cdot \tau} - \alpha\right) - \frac{i}{\nu} \cdot \frac{M}{L_2} \cdot \left(\frac{R}{M \cdot \tau} - \frac{r_1}{L_1 \cdot \tau}\right),
\end{aligned}\right\} \quad (246\,\mathrm{b})$$

und

$$\left.\begin{aligned}
\alpha &= \frac{r_1}{2 \cdot L_1 \cdot \tau} + \frac{r_2}{2 \cdot L_2 \cdot \tau} - \frac{R}{2 \cdot M \cdot \tau} \cdot (1 - \tau), \\
\nu &= \sqrt{\tau \cdot \frac{r_1 \cdot r_2}{L_1 \cdot \tau \cdot L_2 \cdot \tau} - \left(\frac{r_1}{2 \cdot L_1 \cdot \tau} + \frac{r_2}{2 \cdot L_2 \cdot \tau} - \frac{R}{2 \cdot M \cdot \tau} \cdot (1 - \tau)\right)^2}.
\end{aligned}\right\} \quad (246\,\mathrm{c})$$

42. Der plötzliche Kurzschluß der Gleichstrom-Nebenschlußmaschine.

Wir denken uns eine nach Abb. 150 geschaltete Nebenschluß-maschine, die zur Zeit $t = 0$ plötzlich kurzgeschlossen werde. Die Maschine habe sich vor dem Kurzschluß im Leerlaufzustand befunden und sei mit einem Strome i_0 erregt gewesen, wir haben also von folgendem Anfangszustand auszugehen:

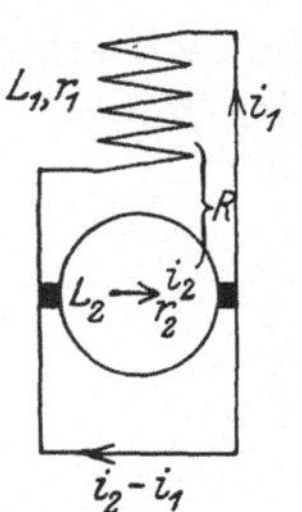

Abb. 150.
Schaltungs-schema der Nebenschluß-maschine.

$$i = J = i_0, \qquad (247)$$

der in die Gl. (244) einzuführen ist. Diese ergeben, wenn wir weiterhin bedenken, daß wegen der Stellung der Bürsten in der neutralen Zone die gegenseitige Induktion zwischen Erreger- und Ankerwicklung gleich Null und damit $\tau = 1$ ist:

$$\left.\begin{aligned}
A_1' &= -\frac{i_0}{a_1 - a_2} \cdot \left(\frac{r_1}{L_1} + a_2\right), \\
A_2' &= \frac{i_0}{a_1 - a_2} \cdot \left(\frac{r_1}{L_1} + a_1\right), \\
A_1 &= -\frac{i_0}{a_1 - a_2} \cdot \left(\frac{R}{L_2} + \frac{r_2}{L_2} + a_2\right), \\
A_2 &= \frac{i_0}{a_1 - a_2} \cdot \left(\frac{R}{L_2} + \frac{r_2}{L_2} + a_1\right),
\end{aligned}\right\} \quad (248\,\mathrm{a})$$

ferner wird unter der angegebenen Voraussetzung:

$$a_{1,2} = -\left(\frac{r_1}{2\cdot L_1} + \frac{r_2}{2\cdot L_2}\right) \pm \sqrt{\left(\frac{r_1}{2\cdot L_1} + \frac{r_2}{2\cdot L_2}\right)^2 - \frac{r_1\cdot r_2}{L_1\cdot L_2}}. \quad (248\,\mathrm{b})$$

Die Gl. (248) lassen sich noch wesentlich vereinfachen. Bei praktisch ausgeführten Maschinen ist nämlich das zweite Glied unter der Wurzel der zuletzt angeschriebenen Gleichung stets klein gegenüber dem ersten. So lange dies nun zutrifft, ergibt sich mit guter Annäherung:

$$a_1 = -\frac{r_1}{L_1},$$

$$a_2 = -\frac{r_2}{L_2},$$

$$A_1' = i_0,$$

$$A_2' = 0,$$

$$A_1 = -i_0 \cdot \frac{R}{r_2 - r_1 \cdot \dfrac{L_2}{L_1}} = \sim -i_0 \cdot \frac{R}{r_2},$$

$$A_2 = i_0 \cdot \left(1 + \frac{R}{r_2 - r_1 \cdot \dfrac{L_2}{L_1}}\right) = \sim i_0 \cdot \left(1 + \frac{R}{r_2}\right),$$

und wir erhalten die Gleichungen für die Ströme i_1 und i_2 in folgender Form:

$$\left. \begin{aligned} i_1 &= i_0 \cdot e^{-\frac{r_1}{L_1}\cdot t}, \\[1ex] i_2 &= -i_0 \cdot \frac{R}{r_2} \cdot e^{-\frac{r_1}{L_1}\cdot t}, \\[1ex] &\quad + i_0 \cdot \left(1 + \frac{R}{r_2}\right) \cdot e^{-\frac{r_2}{L_2}\cdot t}. \end{aligned} \right\} \quad (249)$$

Diese Gleichungen beschreiben die beim plötzlichen Kurzschluß der Nebenschlußmaschine sich abspielenden Ausgleichsvorgänge sehr anschaulich. Im Augenblicke des Kurzschlusses beginnt, da die Spannung plötzlich wegbleibt, der Erregerstrom und mit ihm das magnetische Feld langsam abzufallen, um nach einiger Zeit zu verschwinden.

Der Ankerstrom steigt, da bei praktisch ausgeführten Maschinen $\dfrac{r_2}{L_2}$ groß gegenüber $\dfrac{r_1}{L_1}$, zunächst ziemlich rasch an, erreicht bald sein Maximum und fällt dann, im selben Maße, in welchem das magnetische Feld der Maschine erlischt, langsam ab. Es handelt sich eben um einen Kurzschluß des Ohmschen Widerstand und Selbstinduktion besitzenden Ankers auf eine nach einer Exponentialfunktion absterbende Spannung.

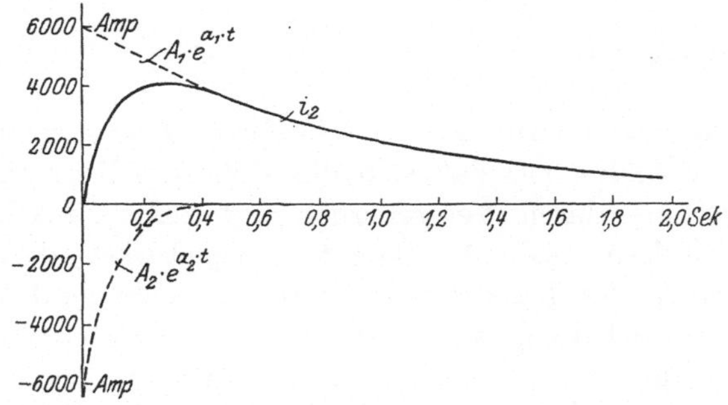

Abb. 151. Zeitlicher Verlauf des Kurzschlußstromes einer Nebenschlußmaschine von 150 kW.

Abb. 151 zeigt den Verlauf des Kurzschlußstromes einer Dynamo von 150 kW, 1000 Volt, 150 Amp., 1500 Umdr./Min. Die wichtigsten Daten der Maschine waren:

$$r_1 = 580 \text{ Ohm,}$$
$$r_2 = 0{,}16 \quad \text{\textquotedbl}$$
$$R = 625 \quad \text{\textquotedbl}$$
$$L_1 = 1140 \text{ Henry,}$$
$$L_2 = 0{,}03 \quad \text{\textquotedbl} \quad .$$

Wie wir sehen, bleibt der Kurzschlußstrom wesentlich unter dem Wert, den die Maschine erreichen würde, wenn wir sie uns als Hauptschlußmaschine gewickelt denken.

Wir hatten für den Ankerstrom gefunden:

$$i_2 = A_1 \cdot e^{a_1 \cdot t} + A_2 \cdot e^{a_2 \cdot t}. \tag{241c}$$

Der Zeitpunkt, in welchem er sein Maximum erreicht, ergibt sich als Lösung der Gleichung

$$\frac{d i_2}{d t} = 0$$

zu

$$t = \ln\left(-\frac{A_2 \cdot a_2}{A_1 \cdot a_1}\right)^{\frac{1}{a_1 - a_2}}. \tag{250}$$

Indem wir diesen Wert in die Gl. (241c) einführen, errechnen wir den Höchstwert des Kurzschlußstromes zu:

$$i_{2\,\text{max}} = A_1 \cdot \left(-\frac{A_2 \cdot a_2}{A_1 \cdot a_1}\right)^{\frac{a_1}{a_1 - a_2}} + A_2 \cdot \left(-\frac{A_2 \cdot a_2}{A_1 \cdot a_1}\right)^{\frac{a_2}{a_1 - a_2}}, \tag{251}$$

oder, wenn wir uns der Näherungswerte (248c) bedienen:

$$i_{2\,max} = i_0 \cdot \frac{R}{r_2} \cdot \left[- \frac{r_2 \cdot L_1}{L_2 \cdot r_1} \frac{\frac{r_1}{L_1}}{\frac{r_1}{L_1} - \frac{r_2}{L_2}} + \frac{r_2 \cdot L_1}{L_2 \cdot r_1} \frac{\frac{r_2}{L_2}}{\frac{r_1}{L_1} - \frac{r_2}{L_2}} \right] \qquad (251\,a)$$

Wenn wir uns die zuletzt angeschriebene Gleichung etwas näher betrachten, so finden wir, daß sich die Höhe des Kurzschlußstromes unserer Maschine durch Vergrößerung der Selbstinduktion L_2 des Ankers vermindern läßt. Man könnte beispielsweise daran denken, zur Begrenzung des Kurzschlußstromes eine Schutzinduktivität vor den Anker zu schalten, wie dies bei den Wechselstromerzeugern üblich ist. Leider ist, wie gleich gezeigt werden soll, von einer solchen Schutzmaßnahme nicht viel zu erhoffen.

Denken wir uns etwa der unserem Beispiel vorausgesetzten Maschine eine Drosselspule von der Induktivität des Ankers vorgeschaltet. Dann sinkt der Kurschlußstrom von 4100 auf 3300 Amp., besitzt also immer noch eine mit Rücksicht auf zu erwartendes Rundfeuer ganz unzulässige Höhe, obwohl eine für einen Betriebsstrom von 150 Amp. bemessene eisenlose Drosselspule von 3,0 M-Henry bereits ein sehr kostspieliger Apparat ist. Es ist eben zu bedenken, daß Gl. (251a) die Leerlaufinduktivität des Ankers enthält, während bei den Wechselstromerzeugern die Streuinduktivität maßgebend für die Höhe des Überstromes war.

Es ist noch ein anderes Mittel zur Begrenzung der Kurzschlußströme von Gleichstromgeneratoren und damit zur Vermeidung der im Betriebe sehr lästigen Kollektorüberschläge vorgeschlagen worden. Man legt in den Stromkreis des Ankers einen Schalter mit Maximalauslösung, der auf möglichst kurze Auslösezeit eingestellt wird. Gleichzeitig schaltet man dem Anker eine Drosselspule vor, die den Stromanstieg im Falle eines Kurzschlusses so stark verlangsamen soll, daß der Schalter bereits lange vor Erreichung des Strommaximums unterbricht. Aber auch dieses Schutzmittel erscheint, solange Schalter mit normalen Auslösezeiten verwendet werden, wenig aussichtsvoll, da es Drosselspulen von solcher Größe erfordert, daß sie sich praktisch nicht mehr ausführen lassen. Schalten wir beispielsweise unserer Maschine einen Schalter vor, der 0,1 Sekunden nach Eintritt des Kurzschlusses diesen wieder unterbricht. Der Kurzschlußstrom hat bis zu diesem Zeitpunkt eine Höhe von 2500 Amp. erreicht, dieser Wert läßt sich durch Verdoppelung der Induktivität des Ankers auf 1400 Amp. herunterdrücken. Aber auch das ist noch ein Wert, der unbedingt zum Überschlagen des Kollektors führen muß und somit unzulässig ist. Befriedigende Verhältnisse sind nur mit den in den letzten Jahren entwickelten Schnellschaltern zu erwarten, deren Auslösezeit die Größenordnung von 0,01 Sekunden besitzt.

Ein weiteres Schutzmittel wäre, wie Gl. (251 a) erkennen läßt, die Vergrößerung des Ohmschen Widerstandes r_1 der Erregerwicklung. Man würde hierdurch allerdings den Wirkungsgrad der Maschine etwas verschlechtern.

Man kann im allgemeinen sagen, daß Kurzschlüsse in Gleichstromnetzen lange nicht die große Rolle spielen wie in Wechselstromnetzen. Das ist auf verschiedene Ursachen zurückzuführen. So haben wir gesehen, daß beim plötzlichen Kurzschluß von Gleichstrommaschinen gewaltige, bremsende Drehmomente auftreten, und da eine verhältnismäßig lange Zeit bis zur Erreichung des Strommaximums vergeht, im Gegensatz zu den Erscheinungen bei den kollektorlosen Maschinen, resultiert ein starker Abfall der Drehzahl und damit des ihr annähernd proportionalen Kurzschlußstromes. Ferner haben Gleichstrommaschinen eine im Vergleich zu Wechselstrommaschinen geringe Spannung, so daß der Widerstand der zwischen Maschine und Kurzschlußstelle liegenden Leistungen die Höhe des Kurzschlußstromes verhältnismäßig stark beeinflußt.

Durch Bildung des Ausdrucks

$$\int\limits_{0}^{\infty} i_2{}^2 \cdot r_2 \cdot dt$$

erhalten wir die gesamte im Verlaufe des Ausgleichsvorganges im Anker in Wärme umgesetzte elektrische Arbeit, die weitaus zum größten Teil von der in den rotierenden Teilen aufgespeicherten kinetischen Energie

$$\frac{\Theta}{2} \cdot \omega^2$$

gedeckt werden muß. Unter der Voraussetzung, daß sich die Drehzahl des Ankers während des Kurzschlußvorganges nicht ändert, verbraucht die unserem Beispiel zugrunde gelegte Maschine zur Deckung der Stromwärmeverluste eine Arbeitsmenge von $0{,}52 \cdot 10^6$ mkg. Nehmen wir an, daß der Anker ein Schwungmoment $(G \cdot D^2)$ von $500 \text{ kg} \times \text{m}^2$ besitzt, so steht diesem Verbrauch eine kinetische Energie von nur $0{,}15 \cdot 10^6$ mkg gegenüber, der Anker muß also in kürzester Zeit zum Stillstand kommen.

Wir ersehen daraus, daß unsere an Gleichstrommaschinen unter Voraussetzung konstanter Drehzahl durchgeführten Rechnungen nur orientierenden Charakter besitzen können, eine quantitative Übereinstimmung mit der Wirklichkeit, wie wir sie etwa bei den Wechselstromerzeugern erreichten, ist ausgeschlossen. Unsere Gleichungen ergeben vielmehr zu hohe Kurzschlußströme und vor allem ein verzerrtes Bild von ihrem zeitlichen Verlauf, sie gestatten uns jedoch einen für unsere Zwecke genügend genauen Einblick in die Natur der betrachteten Ausgleichsvorgänge.

43. Grobschalten von Gleichstrommotoren.

Das allgemein übliche Verfahren, Gleichstrommotoren in Gang zu setzen, besteht darin, den Anlaufstrom durch veränderliche Vorschaltwiderstände (Anlasser) oder, bei Leonard-Antrieben, durch eine veränderliche Anlaßspannung auf ein bestimmtes Maß zu begrenzen. Je nach der Maschinengröße und Betriebsart schwankt der Wert des Anlaufstromes zwischen dem Leerlauf- und dem 2,5 fachen Normalstrom. Daß die beschriebene Methode lange Zeit ausnahmslos als Regel galt, hatte wohl seinen Grund nur darin, daß man sich vor der Gefahr des Kurzschlusses fürchtete, indem man ohne weiteres voraussetzte, daß beim Einschalten mit voller Spannung ohne Widerstände der Anlaufstrom tatsächlich $= \dfrac{E}{r_2}$ sein würde, wo E die Einschaltspannung und r_2 der Ohmsche Widerstand des Ankerkreises sind. Da nun r, namentlich bei großen Maschinen, sehr klein ist — der Ohmsche Spannungsabfall liegt beim normalen Strom zwischen 10 und 5 % —, so ist der theoretisch mögliche Grenzwert des Anlaufstromes in der Tat gleich dem 10—20 fachen Normalstrom. Allerdings nur bei ruhendem Anker, was anscheinend immer stillschweigend vorausgesetzt wurde. Daß hiermit eine unzulässige Verkennung der wirklichen Verhältnisse begangen wurde, zeigen uns schon die Betrachtungen am Schluß des letzten Abschnittes. Es leuchtet dies auch sofort ein, wenn man überlegt, daß einmal die Selbstinduktion den Einschaltstrom nur allmählich anwachsen läßt und daß ferner das große Anlaufmoment, das dem Ankerstrom bei reinen, fremderregten Nebenschlußmotoren — nur auf solche beziehen sich die Betrachtungen dieses Abschnittes — proportional ist, eine große Beschleunigung des Ankers und ein schnelles Anwachsen der Gegenspannung e hervorruft. Offenbar müssen sich bestimmte Beziehungen zwischen Selbstinduktionskoeffizient L_2, Widerstand r_2 und Trägheitsmoment Θ des Motorankers auffinden lassen, aus denen man die Gesetze des Anlaufmotors ermitteln kann.

Da wir der analytischen Behandlung einen fremderregten Motor mit reiner Nebenschlußwicklung zugrunde legen, so können wir zunächst die elektrischen Differentialgleichungen (238) wesentlich vereinfachen. Der Koeffizient der gegenseitigen Induktion M verschwindet nämlich, ferner ist $i_1 = \text{konst.}$ und damit erübrigt sich die erste der beiden Gleichungen überhaupt. Hingegen ist der Koeffizient der

Rotationsspannung R nun keine Konstante mehr, denn wir müssen nunmehr die minutliche Umdrehungszahl des Motors n und damit dessen Winkelgeschwindigkeit

$$\omega = \frac{2 \cdot \pi \cdot n}{60}$$

als Funktion der Zeit auffassen. $R \cdot i_1$ ist die Gegen-EMK des Ankers, für die wir folgende Beziehung anschreiben:

$$e = k \cdot \omega,$$

wo k eine konstante Größe ist. Damit geht nun die zweite der Differentialgl. (238) über in

$$L_2 \cdot \frac{d i_2}{d t} + r_2 \cdot i_2 + k \cdot \omega = E. \qquad (252\,\mathrm{a})$$

Hierzu kommt nun noch eine weitere Gleichung

$$\Theta \cdot \frac{d \omega}{d t} = \frac{e \cdot i_2}{9,81 \cdot \omega}, \qquad (252\,\mathrm{b})$$

die aussagt, daß die dem Anker zugeführte nutzbare elektrische Energie zur Beschleunigung der rotierenden Massen aufgewendet wird. Gl. (252b) setzt voraus, daß der betrachtete Motor in leerlaufendem Zustande, also unbelastet eingeschaltet wird.

Die Gl. (252) sind die Grundgleichungen unseres Problems, sie lassen sich durch Differentiation und Eliminierung von ω und $\dfrac{d \omega}{d t}$ bzw. von i_2 und $\dfrac{d i_2}{d t}$ in zwei lineare Differentialgleichungen zweiter Ordnung mit konstanten Koeffizienten überführen, die folgendermaßen lauten:

$$\left.\begin{aligned}
\frac{d^2 i_2}{d t^2} + \frac{r_2}{L_2} \cdot \frac{d i_2}{d t} + \frac{k^2}{9,81 \cdot \Theta \cdot L_2} \cdot i_2 &= 0, \\[2mm]
\frac{d^2 \omega}{d t^2} + \frac{r_2}{L_2} \cdot \frac{d \omega}{d t} + \frac{k^2}{9,81 \cdot \Theta \cdot L_2} \cdot (\omega - \omega_0) &= 0.
\end{aligned}\right\} \qquad (253)$$

Hierin ist ω_0 die Winkelgeschwindigkeit des an der Spannung E liegenden leerlaufenden Motors, also der Beharrungswert, dem die Winkelgeschwindigkeit ω zustrebt. Es ist übrigens, da im Leerlauf $e_0 = E$,

$$k = \frac{E}{\omega_0}. \qquad (253\,\mathrm{a})$$

Setzen wir ferner noch

$$J_k = \frac{E}{r}, \qquad (253\,\mathrm{b})$$

wo also J_k die Stromstärke ist, die sich bei stillstehendem Anker einstellen würde, und endlich noch

$$\varepsilon = \frac{9{,}81 \cdot \Theta \cdot r_2}{k^2} = \frac{9{,}81 \cdot \Theta \cdot \omega_0{}^2}{E \cdot J_k}, \qquad (253\,\mathrm{c})$$

so haben die Differentialgleichungen (253) unter Beachtung der Anfangsbedingungen, wonach

$$\left.\begin{array}{ll} i_2 = 0, & \omega = 0, \\[2mm] \dfrac{di_2}{dt} = \dfrac{E}{L_2}, & \dfrac{d\omega}{dt} = 0, \end{array}\right\} \text{ für } t = 0, \qquad (254)$$

folgende Lösung:

$$i_2 = \frac{J_k}{\varrho} \cdot \left(e^{a_1 \cdot t} - e^{a_2 \cdot t}\right), \qquad (255\,\mathrm{a})$$

bzw.

$$i_2 = 2 \cdot \frac{J_k}{j \cdot \varrho} \cdot e^{-\frac{r_2}{2 \cdot L_2} \cdot t} \cdot \sin \nu \cdot t, \qquad (256\,\mathrm{a})$$

und

$$\omega = \omega_0 \cdot \left(1 + \frac{a_2}{a_1 - a_2} \cdot e^{a_1 \cdot t} - \frac{a_1}{a_1 - a_2} \cdot e^{a_2 \cdot t}\right), \qquad (255\,\mathrm{b})$$

bzw.

$$\omega = \omega_0 \cdot \left(1 - e^{-\frac{r_2}{2 \cdot L_2} \cdot t} \cdot \left(\frac{1}{j \cdot \varrho} \cdot \sin \nu \cdot t + \cos \nu \cdot t\right)\right), \qquad (256\,\mathrm{b})$$

mit

$$\left.\begin{array}{l} \varrho = \sqrt{1 - \dfrac{4 \cdot L_2}{r_2 \cdot \varepsilon}}, \\[4mm] a_{1,\,2} = -\dfrac{r_2}{2 \cdot L_2} \pm \dfrac{r_2}{2 \cdot L_2} \cdot \sqrt{1 - \dfrac{4 \cdot L_2}{r_2 \cdot \varepsilon}}, \\[4mm] \nu = \dfrac{1}{2} \cdot \sqrt{-\left(\dfrac{r_2}{L_2}\right)^2 + \dfrac{4 \cdot r_2}{L_2 \cdot \varepsilon}}. \end{array}\right\} \qquad (257)$$

Damit ist unsere Aufgabe, den zeitlichen Verlauf des Stromes und der Winkelgeschwindigkeit bei plötzlichem Einschalten des betrachteten Motors zu bestimmen, gelöst. Wir wollen unsere weiteren Betrachtungen an einem von Trettin gewählten Zahlenbeispiel fortführen, dem folgende Tatsachen zugrunde gelegt sind.

Ein mit zusätzlichen Schwungmassen gekuppelter Nebenschlußmotor mit Kompensationswicklung (nur solche Motoren kommen für „Grobschalten" in Frage) für 250 kW und 350 Umdrehungen werde plötzlich an eine Spannungsquelle mit 120 Volt gelegt. Der vor dem

Einschalten stillstehende Motor, dessen normale Spannung 210 Volt und dessen normale Stromstärke 1120 Amp. ist, sei untererregt, so daß im Beharrungszustand bei 110 Volt $\omega_0 = 19{,}3$. Ferner sei $L_2 = 0{,}000\,77$ Henry, $r_2 = 0{,}025$ Ohm, und das gesamte Schwungmoment $G \times D^2 = 855$ kg $\times$ m² entsprechend einem Trägheitsmoment

$$\Theta = \frac{G \times D^2}{4 \cdot 9{,}81} = 21{,}8 \text{ mkg} \times \text{sec}^2.$$

L_2 und r_2 beziehen sich auf den gesamten Stromkreis, so daß wir uns die Stromquelle widerstandsfrei vorstellen können.

Die angegebenen Zahlenwerte liefern nun

$$\frac{L_2}{r_2} = \frac{0{,}000\,77}{0{,}025} = 0{,}0308 \text{ sec}^{-1}, \qquad J_k = \frac{110}{0{,}025} = 4400 \text{ Amp.},$$

$$\varepsilon = \frac{9{,}81 \cdot 21{,}8 \cdot 19{,}3^2}{110 \cdot 4400} = 0{,}165 \text{ sec}^{-1}, \qquad \varrho = 0{,}507,$$

$$a_1 = -8, \qquad\qquad a_2 = -24{,}4,$$

und damit ergibt sich folgende Gleichung für den von unserer Maschine aufgenommenen Strom:

$$i_2 = 8700 \cdot \left(e^{-8 \cdot t} - e^{-24{,}4 \cdot t}\right).$$

Der höchste Stromstoß ergibt sich aus der Bedingung $\dfrac{di_2}{dt} = 0$ für

$$t' = \frac{\ln \dfrac{a_2}{a_1}}{0{,}434 \cdot (a_2 - a_1)} = 0{,}07 \text{ sec}$$

$$i_{2\,\text{max}} = 8700 \cdot 0{,}39 = 3400 \text{ Amp.},$$

der bei stillstehendem Anker sich ergebende Kurzschlußstrom von 4400 Amp. wird also infolge des erhaltenen großen Trägheitsmomentes der rotierenden Massen nur verhältnismäßig wenig unterschritten.

In Abb. 152 ist der Verlauf der Stromkurve dargestellt; die gestrichelte Kurve zeigt die unter den der Rechnung zugrunde liegenden Verhältnissen an dem betrachteten Motor experimentell aufgenommene Stromkurve und läßt die verhältnismäßig

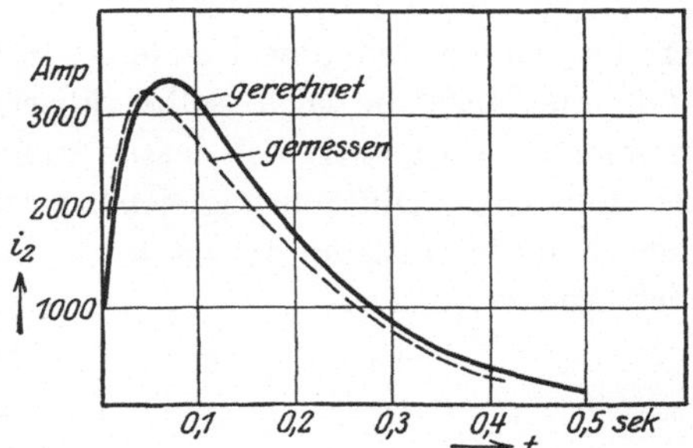

Abb. 152. Einschaltstrom bei widerstandslosem Einschalten eines Gleichstrommotors von 250 kW.

gute Übereinstimmung zwischen Rechnung und Versuch erkennen. Die Abbildung zeigt aber auch, daß der Einschaltstromstoß nur von sehr kurzer Dauer ist, daß also der Anker sehr schnell beschleunigt wird.

44. Der plötzliche Kurzschluß der Gleichstrom-Nebenschlußmaschine mit endlichem Trägheitsmoment.

Wir haben im Vorhergehenden den Kurzschlußstrom der Gleichstrom-Nebenschlußmaschine unter der Annahme konstanter Umdrehungszahl des Ankers berechnet. Die Rechnung führte zu ganz gewaltigen Kurzschlußströmen, ließ aber auch erkennen, daß wir mit der Festlegung der Umdrehungszahl einen Idealfall schufen, von dem die wirkliche Maschine mit endlichem Trägheitsmoment der umlaufenden Massen recht weit entfernt ist. Wie die selbsterregte Gleichstrom-Nebenschlußmaschine sich beim plötzlichen Kurzschluß in Wirklichkeit verhält, soll im folgenden das Ziel unserer Betrachtungen sein.

Der mathematische Teil unserer Aufgabe ist dem des vorigen Abschnittes eng verwandt. Da wir wieder eine Maschine mit reiner Nebenschlußwicklung voraussetzen, so daß also $M = 0$ ist, können wir die Differentialgleichung (252) unverändert übernehmen, nur ist die linke Seite der Gl. (252 a) gleich Null zu setzen. Dagegen ist die Beziehung für die im Anker induzierte EMK, da nunmehr der Erregerstrom i_1 keine Konstante mehr ist, wie folgt zu ändern:

$$e = k \cdot \frac{i_1}{i_{10}} \cdot \omega , \qquad (258\,\mathrm{a})$$

wo i_{10} der Erregerstrom kurz vor Eintritt des Kurzschlusses ist, während sich i_1 aus der ersten der Gl. (238) für $M = 0$ zu

$$i_1 = i_{10} \cdot e^{-\frac{r_1}{L_1} \cdot 1} \qquad (258\,\mathrm{b})$$

ergibt. Unter den obwaltenden Umständen und der Voraussetzung, daß die Maschine sich selbst überlassen, also nicht fremden Drehmomenten ausgesetzt sei, lassen sich die Differentialgleichungen (252) zu folgender Differentialgleichung zusammenziehen, die sowohl für den Kurzschlußstrom i_2 als auch für die Winkelgeschwindigkeit ω des Ankers gilt:

$$\frac{d^2 x}{d t^2} + \frac{r_2}{L_2} \cdot \frac{d x}{d t} + \frac{k^2 \cdot i_1^{\,2}}{9{,}81 \cdot \Theta \cdot L_2 \cdot i_{01}^{\,2}} \cdot x = 0 . \qquad (259)$$

Bei Herleitung dieser Gleichung wurde der Erregerstrom i_1 als konstante Größe behandelt. Der dadurch begangene Fehler ist nur geringfügig, da, wie wir noch sehen werden, die zeitliche Änderung von i_1 gegenüber der von i_2 und ω nur sehr langsam erfolgt. Wir wollen i_1 auch weiterhin als Konstante behandeln und folgerichtig Gl. (259) entsprechend den für lineare Differentialgleichungen mit konstanten Koeffizienten geltenden Regeln auflösen. Zu diesem Zweck wollen wir zunächst die Anfangsbedingungen festlegen, die folgendermaßen lauten, wenn wir den im Anker fließenden Erregerstrom vernachlässigen:

$$\left. \begin{array}{ll} i_2 = 0, & \omega = \omega_0, \\[2mm] \dfrac{d\,i_2}{d\,t} = \dfrac{E}{L_2}, & \dfrac{d\,\omega}{d\,t} = 0, \end{array} \right\} \quad \text{für} \ \ t = 0. \tag{260}$$

$E = e_0$ ist die Leerlaufspannung der Maschine vor Eintritt des Kurzschlusses. Mit den angeschriebenen Anfangsbedingungen ergibt die Differentialgleichung (259) folgenden Verlauf des Kurzschlußstromes und der Winkelgeschwindigkeit:

$$i_2 = \frac{J_k}{\varrho} \cdot \left(e^{a_1 \cdot t} - e^{a_2 \cdot t} \right), \tag{261a}$$

bzw.

$$i_2 = 2 \cdot \frac{J_k}{j \cdot \varrho} \cdot e^{-\frac{r_2}{2 \cdot L_2} \cdot t} \cdot \sin \nu \cdot t, \tag{262a}$$

und

$$\omega = \omega_0 \cdot \left(\frac{a_2}{a_2 - a_1} \cdot e^{a_1 \cdot t} - \frac{a_1}{a_2 - a_1} \cdot e^{a_2 \cdot t} \right), \tag{261b}$$

bzw.

$$\omega = \omega_0 \cdot e^{-\frac{r_2}{2 \cdot L_2} \cdot t} \cdot \cos \nu \cdot t, \tag{262b}$$

mit

$$\left. \begin{array}{l} \varrho = \sqrt{1 - \dfrac{4 \cdot L_2}{r_2 \cdot \varepsilon}}, \\[5mm] a_{1,\,2} = - \dfrac{r_2}{2 \cdot L_2} \pm \dfrac{r_2}{2 \cdot L_2} \cdot \sqrt{1 - \dfrac{4 \cdot L_2}{r_2 \cdot \varepsilon}}, \\[5mm] \nu = \tfrac{1}{2} \cdot \sqrt{ - \left(\dfrac{r_2}{L_2} \right)^2 + \dfrac{4 \cdot r_2}{L_2 \cdot \varepsilon}}, \\[5mm] \varepsilon = \dfrac{9{,}81 \cdot \Theta \cdot \omega_0{}^2 \cdot i_{01}{}^2}{E \cdot J_k \cdot i_1{}^2}. \end{array} \right\} \tag{263}$$

Wir wollen auch hier wieder die Aussage der gewonnenen Gleichungen an Hand eines Zahlenbeispieles verfolgen. Und zwar wollen wir des Vergleiches wegen dasselbe Beispiel wählen, das der Abb. 151 zugrunde gelegt war. Der Anker des Motors besitze jedoch diesmal ein endliches Trägheitsmoment, er sei durch zusätzliche Schwungmassen derart belastet, daß sich ein gesamtes $G \times D^2$ von $500 \ \text{kg} \times \text{m}^2$ ergebe. Die übrigen Daten des Beispieles waren:

$$r_1 = 580 \text{ Ohm}$$
$$r_2 = 0,16 \quad \text{„}$$
$$k = \frac{E}{\omega_0} = \frac{1000}{156} = 6,4$$
$$L_1 = 1140 \text{ Henry},$$
$$L_2 = 0,03 \quad \text{„}$$
$$\Theta = 12,75 \text{ mkg} \times \sec^2 .$$

Mit diesen Angaben errechnet sich nun

$$\frac{L_1}{r_1} = 2,0 , \qquad \frac{L_2}{r_2} = 0,19 . \qquad J_k = 6250 \text{ Amp.},$$
$$\varepsilon = 0,49 , \qquad \varrho = j \cdot 0,73 , \qquad \nu = 1,95 ,$$

wenn wir der Übersichtlichkeit halber das zeitliche Abklingen des, wie man sieht, verhältnismäßig schwach gedämpften Erregerstromes zunächst übersehen, bzw. Fremderregung voraussetzen. Mit diesen Koeffizienten erhalten wir nun folgende Gleichungen für den Verlauf des Kurzschlußstromes und der Winkelgeschwindigkeit:

$$i_2 = 17\,000 \cdot e^{-2,66 \cdot t} \cdot \sin 1,95 \cdot t ,$$

$$\omega = 156 \cdot e^{-2,66 \cdot t} \cdot \cos 1,95 \cdot t .$$

Der Kurzschlußvorgang verläuft also in Form einer Schwingung, die zeitliche Dämpfung ist jedoch so groß, daß diese praktisch nicht zur Auswirkung kommt, daß vielmehr der ganze Vorgang bereits

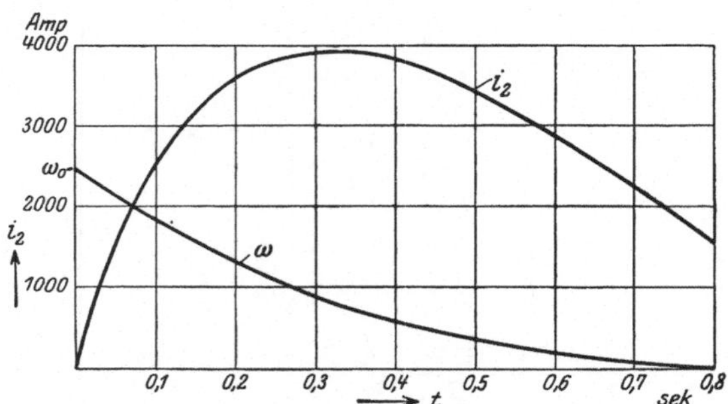

Abb. 153. Verlauf des plötzlichen Kurzschlusses einer Gleichstrom-Nebenschlußmaschine mit endlichem Trägheitsmoment.

nach der ersten Halbwelle der Schwingung erlischt. Die Abb. 153 läßt dies wenigstens für die Winkelgeschwindigkeit erkennen. Bei der Abbildung wurde das zeitliche Abklingen des Erregerstroms berücksichtigt, das sich in einer geringen Vergrößerung der zeitlichen Dämpfung des ganzen Vorganges äußert.

Die Abb. 153 läßt nun erkennen, daß der Kurzschlußstrom fast dieselbe Höhe wie bei der Maschine mit unendlich großem Trägheitsmoment erreicht, nur der zeitliche Verlauf erscheint stark beeinflußt und wir bemerken ein wesentlich schnelleres Erlöschen des Kurzschlußvorganges. Dies ist, wie die Abbildung zeigt, auf das schnelle Abfallen der Umdrehungszahl des Ankers zurückzuführen, der bereits nach 0,8 Sekunden bis zum Stillstand abgebremst ist.

45. Der Repulsionsmotor.

Wir lernen in diesem Abschnitt zum erstenmal eine Maschinengattung kennen, welche zur Ausbildung selbsterregter, periodischer Schwingungen befähigt ist, nämlich die der Wechselstrom-Kollektormaschinen. Einer ihrer einfachsten Vertreter, an dem sich diese Schwingungsphänomene verfolgen lassen, ist der Repulsionsmotor, auf ihn wollen wir denn auch unsere Betrachtungen beschränken.

Abb. 154 zeigt schematisch das Schaltungsschema eines Repulsionsmotors. Die Bürsten stehen für gewöhnlich nahezu in der Achse der Erregerwicklung, den Winkel, den die Bürstenachse mit dieser einschließt, wollen wir mit ε bezeichnen. ε ist also für gewöhnlich klein, im Gegensatz zu den Verhältnissen bei den Gleichstrommaschinen,

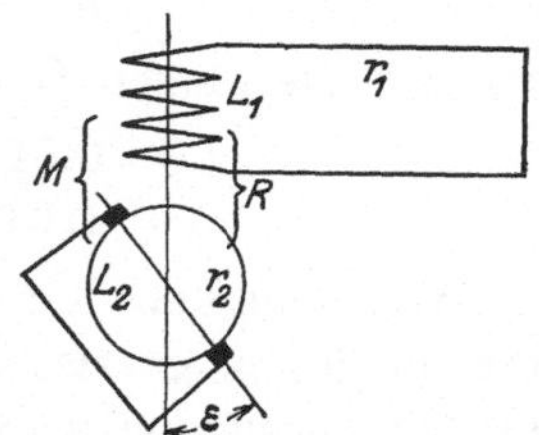

Abb. 154. Schaltungsschema des Repulsionsmotors.

wo ε annähernd 90^0 beträgt. Wir können aus diesem Grunde die gegenseitige Induktion zwischen Erreger- und Ankerwicklung nicht mehr vernachlässigen und müssen daher auf die allgemeinen Gleichungen (241) und (244) zurückgreifen. Ferner hat der Repulsionsmotor Reihenschlußcharakteristik, so daß wir unterscheiden müssen zwischen Motorbetrieb und Generator-(Brems-)betrieb.

Wir betrachten zunächst einen im Betriebe befindlichen Repulsionsmotor, der zu irgendeiner Zeit $(t = 0)$ plötzlich kurzgeschlossen werde und sich weiterhin selbst überlassen bleibe. In der Erreger- oder Arbeitswicklung fließe zu dieser Zeit ein Strom i_0, während die Ankerwicklung gerade stromlos sei.

Konnten wir bei der Behandlung der Gleichstrom-Nebenschlußmaschine in Gl. (241b) das zweite Glied unter der Wurzel vernachlässigen, so können wir dies hier, da R gegenüber den Widerständen relativ groß ist, mit noch viel größerer Berechtigung. Damit ergeben sich, wie eine einfache Rechnung zeigt, die folgenden übersichtlicheren Ausdrücke:

$$a_1 = -\frac{r_1}{L_1 \cdot \tau},$$

$$a_2 = -\left(\frac{r_2}{L_2 \cdot \tau} + \frac{R}{M \cdot \tau} \cdot (1 - \tau)\right),$$

$$i_1 = \frac{i_0}{1 - \tau + \frac{M}{L_2} \cdot \frac{r_2}{R}} \cdot \left[\frac{M}{L_2} \cdot \frac{r_2}{R} \cdot e^{a_1 \cdot t} + (1 - \tau) \cdot e^{a_2 \cdot t}\right],$$

$$i_2 = \frac{i_0}{1 - \tau + \frac{M}{L_2} \cdot \frac{r_2}{R}} \cdot \frac{M}{L_2} \cdot \left[e^{a_1 \cdot t} - e^{a_2 \cdot t}\right]. \tag{264}$$

Für einen Repulsionsmotor von 150 kW, 1000 Volt, $16\,{}^2/_3$ Perioden, 1500 Umdr./Min. mit

$$\begin{aligned} r_1 &= 0,066, & r_2 &= 0,156 \\ L_1 &= 0,132, & L_2 &= 0,031 \\ R &= 0,35, & \tau &= 0.2 \end{aligned}$$

ergeben die obigen Gleichungen z. B.:

$$i_1 = 0,61 \cdot i_0 \cdot \left[0,83 \cdot e^{-2,5 \cdot t} + 0,8 \cdot e^{-50 \cdot t}\right],$$
$$i_2 = 1,13 \cdot i_0 \cdot \left[e^{-2,5 \cdot t} - e^{-50 \cdot t}\right].$$

Wir bemerken, ähnlich wie bei der Hauptschlußmaschine, ein Erlöschen des magnetischen Feldes, ohne daß damit Überstromerscheinungen verbunden wären. Der Erregerstrom fällt beim Repulsionsmotor anfangs sehr schnell, dann verhältnismäßig langsam ab, umgekehrt steigt der Ankerstrom sehr schnell an, um nach Erreichung des Höchstwertes mit dem Erregersrom zusammen zu erlöschen. Der Erregerkreis gibt eben einen Teil seiner magnetischen Energie an den Anker ab, und das beiden Systemen gemeinsame magnetische Feld erlischt dann nach Maßgabe der Zeitkonstante der Erregerwicklung. Eine derartige direkte Übertragung magnetischer Energie von einem System ins andere war bei den Gleichstrommaschinen, da jede gegenseitige Induktion fehlte, nicht möglich; diese bedurften stets einer weiteren Energiequelle, nämlich der in den rotierenden Massen aufgespeicherten kinetischen Energie.

Unser Repulsionsmotor werde nun in umgekehrter Richtung als Generator angetrieben, d. h. mathematisch gesprochen, wir ändern in den Gl. (241) und (244) das Vorzeichen von R. Da fällt uns nun vor allem auf, daß die Exponenten a_1 und a_2 positiv werden können, der Repulsionsgenerator also selbsterregter Schwingungen fähig ist. Die Bedingung für Selbsterregung lautet:

$$\frac{R}{M} \cdot (1 - \tau) > \frac{r_1}{L_1} + \frac{r_2}{L_2},$$

oder auch:

$$R \cdot i > \left(\frac{L_2}{M} \cdot r_1 + \frac{L_1}{M} \cdot r_2 \right) \cdot i \, .$$

Die letzte Ungleichung läßt sich noch etwas umformen. Setzen wir

$$\left. \begin{aligned} L_1 &= L_{01} \cdot (1 + \tau_1), \\ L_2 &= L_{02} \cdot (1 + \tau_2), \end{aligned} \right\} \tag{265}$$

wo τ_1 und τ_2 die Streuungskoeffizienten der primären, bzw. der sekundären Wicklung allein bedeuten; bezeichnen wir ferner mit z_1 die primäre und z_2 die sekundäre Windungszahl, so können wir die Bedingung für Selbsterregung auch schreiben:

$$R \cdot i > \left(\frac{z_2}{z_1} \cdot r_1 \cdot (1 + \tau_2) + \frac{z_1}{z_2} \cdot r_2 \cdot (1 + \tau_1) \right) \cdot i \, . \tag{266}$$

Hierin bedeutet nun $R \cdot i$ die im Anker durch Rotation erzeugte EMK, deren Abhängigkeit vom Strom für jede Maschine als Leerlaufcharakteristik bekannt ist und in Abb. 155 in ein Koordinatensystem eingetragen wurde. Die rechte Seite der Ungleichung (266) ergibt die Ohmschen Spannungsabfälle und ist in Abb. 155 ebenfalls als Widerstandsgerade eingetragen. Selbsterregung tritt also ein, sobald die Neigung der Widerstandsgeraden kleiner ist als die anfängliche Neigung der Leerlaufcharakteristik.

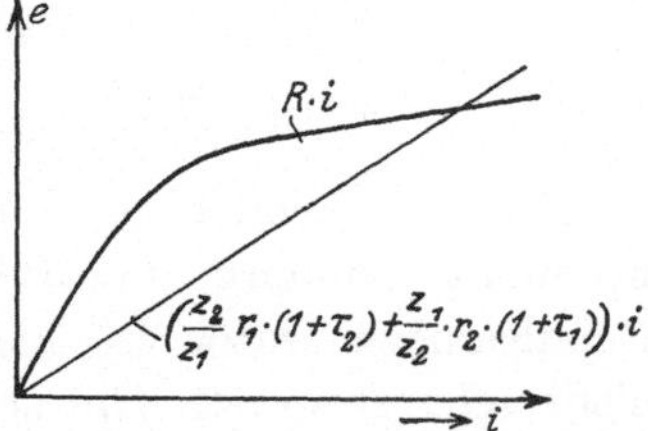

Abb. 155. Ermittlung des maximalen Kurzschlußstromes eines Repulsionsgenerators.

Hat die Maschine sich einmal erregt, so steigt der Strom an und mit ihm die Sättigung des Eisens, die $R \cdot i$-Kurve neigt sich der Abszissenachse zu und gelangt schließlich zum Schnitt mit der Widerstandsgeraden. Der durch diesen Schnittpunkt gegebene Strom entspricht dem allein möglichen stationären Betriebszustand der Maschine, gekennzeichnet durch die Bedingung:

$$\frac{R}{M} \cdot (1 - \tau) = \frac{r_1}{L_1} + \frac{r_2}{L_2} \, . \tag{267}$$

Wie nun ein Blick auf die Gl. (249b) lehrt, wird in diesem Falle die Wurzel stets imaginär, der Repulsionsgenerator gibt also Wechselstrom ab, dessen Frequenz sich aus Gl. (246c) unter Beachtung der Bedingung (267) zu

$$\nu = \sqrt{\frac{r_1 \cdot r_2}{L_1 \cdot L_2 \cdot \tau}} \tag{268}$$

ergibt, es ist dies die Eigenfrequenz des Repulsionsgenerators. Diese ist nur von den Zeitkonstanten beider Wicklungen, der Streuung zwischen Stator und Rotor und, wie wir gleich sehen werden, vom Bürstenwinkel ε abhängig. Wir können nämlich, wie Abb. 154 zeigt, schreiben:

$$R = R_0 \cdot \sin \varepsilon, \ \left. \right\} \qquad (269)$$
$$M = M_0 \cdot \cos \varepsilon, \ \left. \right\}$$

wo R_0 und M_0 die der Bürstenstellung $\varepsilon = \dfrac{\pi}{2}$ bzw. $\varepsilon = 0$ entsprechenden Werte der Koeffizienten der Rotationsspannung und der gegenseitigen Induktion sind. Wir können dann weiterhin schreiben:

$$\tau = \sin^2 \varepsilon + \tau_0 \cdot \cos^2 \varepsilon$$

und Gl. (268) geht über in:

$$v = \sqrt{\frac{r_1 \cdot r_2}{L_1 \cdot L_2 \cdot (\sin^2 \varepsilon + \tau_0 \cdot \cos^2 \varepsilon)}} \, . \qquad (268\,\mathrm{a})$$

Ferner ändert sich die Bedingung für Selbsterregung in:

$$\sin 2\,\varepsilon \cdot \frac{R_0 \cdot (1 - \tau_0)}{4 \cdot M_0} > \frac{r_1}{L_1} + \frac{r_2}{L_2} \, . \qquad (266\,\mathrm{a})$$

Durch Verschiebung der Bürsten ändert sich somit nicht nur die Frequenz, sondern gleichzeitig auch die Stärke der Erregung, der Repulsionsgenerator ist also zur Abgabe nutzbaren Wechselstromes nicht sehr geeignet. Die stärkste Selbsterregung tritt ein, wenn die Bürstenachse mit der Achse der Erregerwicklung einen Winkel von 45^0 einschließt.

Kehren wir zurück zu den freien Ausgleichsvorgängen. Da jeder Ausgleichsvorgang, sofern es sich um Selbterregung handelt, der Bedingung (267) zustrebt, wenn wir ferner bei gedämpften Schwingungen die Fälle ausschließen, in welchen die Maschine sich sehr weit von dieser Bedingung entfernt, wenn also die Gl. (246) Gültigkeit besitzen, so lassen sich die Ausdrücke für die Ausgleichsströme unter Berücksichtigung der Gl. (267) sehr vereinfachen:

$$i_1 = e^{-a \cdot} \cdot i_0 \cdot \left[\cos v \cdot t + \left(\sqrt{\frac{R^2 \cdot (1 - \tau)}{r_1 \cdot r_2 \cdot \tau}} - \sqrt{\frac{r_1 \cdot L_2}{L_1 \cdot r_2 \cdot \tau}} \right) \cdot \sin v \cdot t \right], \ \left. \right\}$$
$$\left. \right\} \quad (270)$$
$$i_2 = - e^{-a \cdot t} \cdot i_0 \cdot \frac{M}{L_2} \cdot \left(\sqrt{\frac{R^2}{r_1 \cdot r_2 \cdot (1 - \tau) \cdot \tau}} - \sqrt{\frac{r_1 \cdot L_2}{L_1 \cdot r_2 \cdot \tau}} \right) \cdot \sin v \cdot t \, . \ \left. \right\}$$

Behalten wir unser beim Repulsionsmotor gewähltes Beispiel bei, so ergeben die eben angeschriebenen Gleichungen:

$$i_1 = e^{-0{,}75 \cdot t} \cdot i_0 \cdot [\cos 3{,}2 \cdot t + 6{,}15 \cdot \sin 3{,}2 \cdot t],$$
$$i_2 = - e^{-0{,}75 \cdot t} \cdot i_0 \cdot 13{,}5 \cdot \sin 3{,}2 \cdot t,$$

die Ströme erreichen also im Verlauf des Ausgleichsvorganges, obwohl
derselbe zeitlich gedämpft ist, immerhin den 4 fachen Anfangswert.

Verdrehen wir nun die Bürsten um einen kleinen Winkel weiter,
so daß

$$R = 0{,}4\,,$$

so ergeben die Gl. (270):

$$i_1 = e^{0{,}85 \cdot t} \cdot i_0 \cdot [\cos 3{,}2 \cdot t + 7{,}1 \cdot \sin 3{,}2 \cdot t]\,,$$
$$i_2 = -\, e^{0{,}85 \cdot t} \cdot i_0 \cdot 15{,}8 \cdot \sin 3{,}2 \cdot t\,,$$

der Generator erregt sich also selbst bis zu einem Endwerte, der
lediglich durch die Sättigungsverhältnisse bestimmt wird.

Verdrehen wir die Bürsten noch weiter, so daß R ungefähr auf
den doppelten Wert steigt, so wird die Wurzel in Gl. (241b) wieder
reell, es tritt also zunächst Selbsterregung mit Gleichstrom ein. Mit
wachsender Eisensättigung wird aber R wieder kleiner und die Wurzel
schließlich wieder imaginär, der vom Generator abgegebene Gleichstrom geht allmählich in Wechselstrom über.

Wenn wir uns nun fragen, wie der im Repulsionsgenerator sich
abspielende Schwingungsvorgang, vom energetischen Standpunkt aus
betrachtet, verläuft, so kann die Antwort keinen Augenblick zweifelhaft sein. Denn, wie die Gl. (270) lehren, fallen die Maxima magnetischer Energien im Stator und Rotor nahezu zeitlich zusammen,
so daß es sich etwa keinesfalls nur um ein Pendeln der magnetischen
Energie zwischen zwei gleichartigen Reservoiren, nämlich dem Felde
des Stators und dem des Rotors, handeln kann. Vielmehr pendelt
die Energie zwischen zwei verschiedenen Formen, zwischen kinetischer
und magnetischer Energie. Während der ersten Viertelperiode des
Stromanstieges wird dem rotierenden Anker kinetische Energie entzogen, er wird abgebremst. Hat der Strom in beiden Systemen sein
Maximum erreicht und beginnt er wieder zu fallen, so nimmt auch
die während der ersten Viertelperiode im Generator aufgespeicherte
magnetische Energie wieder ab, sie setzt sich wieder in kinetische
Energie um, beschleunigt also den Anker. Insofern ist das Energie-
spiel ähnlich, wie wir z. B. bei der Synchronmaschine kennen lernten.
Beide Vorgänge unterscheiden sich aber doch in einem wesentlichen
Punkt voneinander. Während bei der Synchronmaschine der Schwingungsvorgang gedämpft war, verläuft er im vorliegenden Falle zeitlich ungedämpft. Dies ist stets dann der Fall, wenn der vom Anker der
kinetischen Energie entzogene und durch Transformation teilweise auf
den Stator übertragene Energieanteil mindestens gleich oder größer
ist, als der im Ohmschen Widerstand des Stators verzehrte Energiebetrag. Also nur solange Stator und Rotor gegenseitige Induktion
besitzen, ist die Kollektormaschine zur Ausbildung ungedämpfter
Schwingungen befähigt.

X. Größe und Verlauf des Kurzschlußstromes in Hochspannungsnetzen.

46. Art und Eigenschaften der Stromquellen.

Tritt in einem elektrischen Verteilungsnetz ein Kurzschluß ein, so fließen der Kurzschlußstelle von allen möglichen Seiten Ströme zu, die eine unter Umständen gefährliche Höhe erreichen können. Dabei richtet sich die Größe dieser Kurzschlußströme nach dem Widerstand der Strombahnen und nach den Eigenschaften der die Kurzschlußstelle speisenden Stromquellen. Weitaus die ergiebigsten Stromquellen sind Synchron- und gegebenenfalls Asynchronmaschinen, und es dürfte zum leichteren Verständnis des Nachfolgenden nützlich sein, nochmals kurz das aus früheren Abschnitten über den Vorgang des plötzlichen Kurzschlusses dieser Maschinen Bekannte zu wiederholen:

Wird eine Wechselstrommaschine plötzlich kurzgeschlossen, so setzt bekanntlich mit gewaltigen Stromstößen ein magnetischer Ausgleichsvorgang ein, der die Maschine aus dem ursprünglichen Betriebszustand in den neuen Zustand des stationären Kurzschlusses überführt. Der plötzliche Kurzschlußstrom klingt in dem Maße ab, in dem das magnetische Feld verschwindet und nach beendetem Ausgleichsvorgang, der bei großen Maschinen mehrere Sekunden in Anspruch nimmt, fließt im Stator der Synchronmaschine der stationäre Kurzschlußstrom, während die Asynchronmaschine stromlos geworden ist. Das ursprüngliche magnetische Feld nimmt um so langsamer ab, je größer die Zeitkonstante der mit ihm verketteten Erregerwicklung ist, und daher kommt es, daß deren Eigenschaften in erster Linie maßgebend für die Dauer des plötzlichen Kurzschlußstromes sind, indem sie die Abklinggeschwindigkeit des sogen. Wechselstromgliedes bestimmen. Dagegen hängt die Lebensdauer des Gleichstromgliedes in erster Linie von der Zeitkonstante der Statorwicklung ab.

Auf Grund der entwickelten Vorstellungen lassen sich Höhe und Verlauf der Überströme ohne weiteres angeben. Der plötzliche oder Stoß-Kurzschlußstrom ist einerseits durch die Höhe des vor seinem Eintritt vorhandenen magnetischen Feldes und andererseits durch die Streureaktanz der Maschine, und zwar von Stator- und Induktorwicklung zusammen, gegeben. Man erhält also seinen zahlenmäßigen Wert, indem man die Klemmspannung des Stators durch dessen auch die Streuung des Induktors berücksichtigende Streureaktanz dividiert. Hierzu tritt, je nach dem Schaltmoment, noch ein Gleichstromglied, das im Höchstfalle theoretisch die Höhe der Amplitude des Wechselstromgliedes besitzt, praktisch jedoch wegen der zeitlichen Dämpfung, die durch das Wechselstromglied gegebene Stromstärke höchstens um $80\,^0/_0$ zu erhöhen vermag. Es besitzt im allgemeinen eine gegenüber dem Wechselstromglied nur sehr kurze Lebensdauer. Der stationäre Kurzschlußstrom ergibt sich durch Division der Leerlauf- bzw. synchronen Reaktanz des Stators in dessen Leerlaufspannung. Der stationäre Kurzschlußstrom würde also auch fließen, wenn man die synchron angetriebene unerregte Maschine an die normale Netzspannung legen würde, und man sieht hieraus, daß der stationäre Kurzschlußstrom für die Synchronmaschine dieselbe Bedeutung hat, wie der Leerlaufstrom für die Asynchronmaschine. Der plötzliche Kurzschlußstrom klingt theoretisch nach einer Exponentialfunktion ab. Die Dämpfungskonstante ist gleich dem reziproken Wert der mit dem Streufaktor des Generators multiplizierten Zeitkonstante der Erregerwicklung. Seiner Definition nach ist der eben erwähnte Streufaktor gleich der Kurzschlußinduktivität der Statorwicklung, dividiert durch deren Leerlaufinduktivität oder gleich dem stationären, dividiert durch den plötzlichen Kurzschlußstrom.

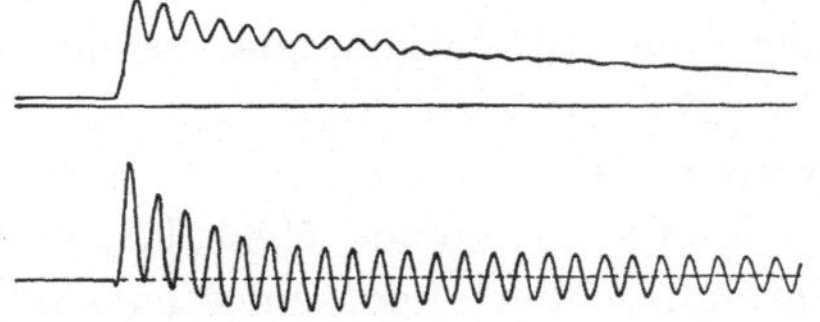

Abb. 156. Plötzlicher Kurzschlußstrom eines Turbogenerators.

Abb. 156, die den plötzlichen Kurzschlußstrom eines Turbogenerators von 12 500 kVA, 5000 Volt und 50 Perioden zeigt — die obere Kurve gibt den Induktorstrom, die untere den Statorstrom —, läßt erkennen, daß das Gleichstromglied bereits nach 5 Perioden verschwunden ist, während das Wechselstromglied erst nach 4 bis 5 Sek. seinen stationären Wert erreicht. Gewaltig ist die Höhe des plötzlichen Kurzschlußstromes. Der Statorstrom steigt auf einen effektiven Wert von 32 000 Amp., wovon auf das Wechselstromglied etwas mehr als 16 000 Amp. entfallen. Der Kurzschlußstrom erreicht also den 23 fachen Wert des Vollaststromes. Man sieht ferner, daß in der Erregerwicklung, wie nach der Theorie nicht anders zu erwarten, Überströme von derselben relativen Höhe, wie in der Statorwicklung, auftreten.

Abb. 156 läßt erkennen, daß man den Verlauf des Kurzschlußstromes einer Synchronmaschine im großen und ganzen folgendermaßen analytisch formulieren kann:

$$i = J_a \cdot e^{-a \cdot t} - (J_a - J_{st}) \cdot e^{-a_i \cdot t} \cdot \cos(\omega \cdot t + \varphi_a)$$
$$- J_{st} \cdot \cos(\omega \cdot t + \varphi_{st}) \tag{271}$$

In dieser Gleichung ist J_a die Amplitude des Wechselstromgliedes des Stoßkurzschlußstromes der Maschine, J_{st} die Amplitude des stationären oder Dauerkurzschlußstromes, a_i ist der Dämpfungsexponent des sogenannten Wechselstromgliedes, a derjenige des sogenannten Gleichstromgliedes des plötzlichen Kurzschlußstromes. Wie bereits erwähnt, ist in der Regel a wesentlich größer als a_i.

Bei modernen größeren Maschinen erreicht der plötzliche Kurzschlußstrom, einschließlich des Gleichstromgliedes, etwa den 15- bis 18fachen Wert des Vollaststromes, während der stationäre Kurzschlußstrom bei Vollasterregung ($\cos \varphi = 0{,}8$) den 2fachen Wert des Vollaststromes bei Turbogeneratoren und den 4fachen Wert des Vollaststromes bei Maschinen mit ausgeprägten Polen erreicht.

Etwas anders verhält sich die Asynchronmaschine. Auch bei ihr spielt sich der plötzliche Kurzschluß mit einer Heftigkeit ab, die der des plötzlichen Kurzschlußes der Synchronmaschine nicht im geringsten nachsteht. Die Asynchronmaschine entmagnetisiert sich jedoch vollständig, so daß sie nach dem Verschwinden des plötzlichen Kurzschlußstromes stromlos geworden ist. Bei ihr ist also der Kurzschluß nur eine vorübergehende Erscheinung, in der eben angeschriebenen Gl. (271) ist also, wenn sie auf die Asynchronmaschine angewendet werden soll, $J_{st} = 0$ zu setzen.

Wenn in einem Mehrphasennetz, an das Synchron- und Asynchronmaschinen angeschlossen sind, zwischen zwei Phasen ein Kurzschluß eintritt, so entsteht zunächst in den verschiedenen Maschinen der im vorhergehenden betrachtete plötzliche Kurzschlußstrom, der bei Asynchronmaschinen, wenn es sich um einen dreipoligen Kurzschluß handelt, auf Null absinkt. Bei dem jetzt betrachteten zweipoligen Kurzschluß ist für den stationären Wert des Kurzschlußstromes die Sachlage jedoch insofern wesentlich anders, als infolge der bekannten Rückwirkung der kurzgeschlossenen auf die an der Netzspannung liegenden gesunden Phasen die Asynchronmaschine sozusagen als Phasenumformer arbeitet und einen stationären Kurzschlußstrom nach der Fehlerstelle hin entsendet, den sie über die gesunden Netzphasen von im Netz vorhandenen Synchronmaschinen, insbesondere von der Zentrale her bezieht. Die Höhe des stationären Kurzschlußstromes in der gesunden Phase bzw. in den kurzgeschlossenen Phasen eines Dreiphasen-Motors ist durch die Gl. (272a) und (272b) gegeben, worin

J_a den effektiven Wert des Wechselstromgliedes des Stoßkurzschlußstromes des betrachteten Motors,

τ dessen Streufaktor und

τ' den Streufaktor der kurzgeschlossenen Phase, einschließlich der Impedanzen im Kurzschlußkreis bedeutet.

$$J_{3\,st} = J_a \cdot \frac{1 + \tau'}{1 + \dfrac{\tau'}{\tau}}, \qquad (272\,\mathrm{a})$$

$$J_{1,2st} = 0,87 \cdot J_a \cdot \frac{1 - \tau'}{1 + \frac{\tau'}{\tau}}. \tag{272b}$$

Bei Kurzschluß direkt an den Klemmen und kleiner Streuung ist also im betrachteten Falle der stationäre einphasige Kurzschlußstrom des Asynchronmotors annähernd halb so groß wie das Wechselstromglied des plötzlichen Kurzschlußstromes, wenn angenommen wird, daß die Ergiebigkeit der Zentrale so groß und der Spannungsabfall in den Zuleitungen so klein ist, daß an den gesunden Phasen die normale Klemmenspannung erhalten bleibt.

47. Berechnung des dreipoligen Kurzschlußstromes beliebig gestalteter Netze.

Bei einem an irgendeiner Stelle eines elektrischen Leitungsnetzes auftretenden Kurzschluß fließt der Kurzschlußstelle, wie bereits erwähnt, der Strom von sämtlichen im Netz verteilten Stromerzeugern zu. An der Fehlerstelle fließt also ein Kurzschlußstrom, dessen zeitlicher Verlauf durch die Gl. (271) wiedergegeben wird. Wir sahen, daß bereits bei Klemmenkurzschluß der Maschine das in der eben erwähnten Gleichung enthaltene Gleichstromglied sehr schnell verschwindet. Noch viel mehr ist dies der Fall bei einem Kurzschluß irgendwo im Netz, denn die früheren theoretischen Untersuchungen zeigten uns, daß die Dämpfung des Gleichstromgliedes in erster Linie von den Widerständen im Stromkreis des Stators abhängt. Wir begehen also im allgemeinen keinen großen Fehler, wenn wir das Gleichstromglied von vornherein aus dem Kreis unserer Betrachtungen ausschließen. Wenn wir ferner, wie wir dies in der Praxis gewöhnt sind, Effektivwerte einführen, so gelangen wir zu folgender einfachen Gleichung für den an der Fehlerstelle fließenden Kurzschlußstrom

$$i = (J_a - J_{st}) \cdot e^{-a_i \cdot t} + J_{st}. \tag{273}$$

Dabei berechnet sich der Anfangswert des auftretenden plötzlichen oder Stoß-Kurzschlußstromes angenähert nach der Gleichung

$$J_a = \frac{E}{\sqrt{[(L \cdot \tau + \lambda) \cdot \omega]^2 + R^2}} \,\widehat{=}\, J_B, \tag{273a}$$

worin bedeutet:

E den Effektivwert der Phasenspannung am Ort des Kurzschlusses vor seinem Eintritt,

$\omega \cdot L \cdot \tau$ die Streureaktanz der Maschine pro Phase,

$\omega \cdot \lambda$ die Reaktanz der gesamten vom Kurzschlußstrom durchflossenen Strombahn pro Phase von den Maschinen bis zur Kurzschlußstelle,

R den Widerstand derselben Strombahn pro Phase, jedoch einschl. Maschinen,

J_b den Effektivwert des Belastungsstromes am Ort des Kurzschlusses vor Eintritt des Kurzschlusses.

Der Belastungsstrom ist zu der durch die eben angeschriebene Gleichung gegebenen Anfangsstromstärke des plötzlichen Kurzschlußstromes geometrisch zu addieren. Der eben erwähnte Anfangswert stellt das sogenannte Wechselstromglied des plötzlichen Kurzschlußstromes in Effektivwerten dar und es kann, je nach dem Schaltmoment, zu demselben das bekannte Gleichstromglied hinzutreten, dessen Amplitude, je nach der Entfernung der Kurzschlußstelle von den Maschinen, zwischen den Grenzen 0,8 und 0 liegt, wobei sich ihr Verhältniswert auf die Anfangsamplitude des Wechselstromgliedes bezieht.

Als speisende Maschinen sind für den plötzlichen Kurzschlußstrom praktisch anzusehen:

alle Synchrongeneratoren und -motoren;

alle Einankerumformer;

Asynchronmotoren über 1000 kW.

Der plötzliche Kurzschlußstrom sinkt in einigen Sekunden auf einen stationären Betrag herab, den man als Dauerkurzschlußstrom bezeichnet. Sein Effektivwert kann angenähert nach der Gleichung

$$J_{st} = \frac{\varkappa \cdot E_0}{\sqrt{[(L + \lambda) \cdot \omega]^2 + R^2}} \qquad (273\,\mathrm{b})$$

berechnet werden, worin bedeutet:

E_0 den Effektivwert der der eingestellten Erregerstromstärke entsprechenden Leerlaufspannung der Maschine pro Phase[1]),

$\omega \cdot L$ die sogenannte synchrone Reaktanz der Maschine, enthaltend die Streuung und Ankerrückwirkung,

$\varkappa$ einen Koeffizienten, der den Einfluß der Eisensättigung berücksichtigt.

Als speisende Maschinen für den Dauerkurzschlußstrom gelten:

alle Synchrongeneratoren,

Synchronmotoren und Einankerumformer nur dann, wenn sie weiter angetrieben werden.

Zur Bestimmung des Koeffizienten $\varkappa$ wollen wir kurz nochmals auf Bekanntes zurückkommen.

Der Dauerkurzschlußstrom der gesättigten Synchronmaschine kann in einfacher Weise mittels eines Diagramms nach Abb. 157a bestimmt

---

[1]) Gegebenenfalls die unter dem Einfluß selbsttätiger Schnellregler sich einstellende Leerlaufspannung der Maschine.

werden. Dort ist die Leerlaufspannung E des speisenden Generators abhängig von seinem Magnetisierungsstrom aufgetragen. E_0 sei die dem derzeitigen Erregerstrom i_{eo} entsprechende Leerlaufspannung. Rückwärts vom Magnetisierungsstrom i_{eo} ist die Kurzschlußcharakteristik des Netzes unter dem Winkel

$$\varepsilon = \operatorname{arctg}\left(L \cdot \tau_2 \cdot \omega + \lambda \cdot \omega + \frac{R^2}{L \cdot \tau_2 \cdot \omega + \lambda \cdot \omega}\right)$$

aufgetragen. Der Schnittpunkt beider ergibt den gesuchten Dauerkurzschlußstrom J_{st}.

Wenn wir zunächst vom Koeffizienten $\varkappa$ absehen, setzt die Gl. (273b) eine ungesättigte Maschine voraus, deren Leerlaufcharak-

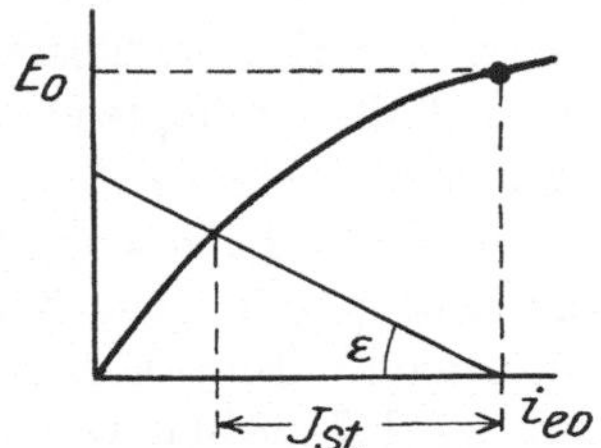

Abb. 157a. Bestimmung des Dauerkurzschlusses der gesättigten Maschine.

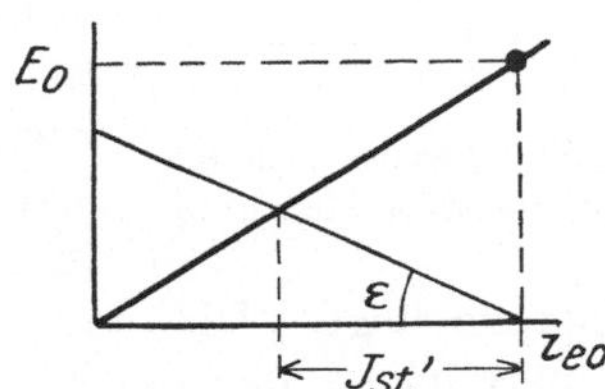

Abb. 157b. Bestimmung des Dauerkurzschlußstromes der ungesättigten Maschine.

teristik also eine vom Nullpunkt durch E_0 gelegte Gerade ist, wie dies die Abb. 157b zeigt. Der Schnittpunkt dieser Geraden mit der Kurzschlußcharakteristik ergibt den Dauerkurzschlußstrom J'_{st} der ungesättigten Maschine, wie er auch aus (Gl. 273b) für $\varkappa = 1$ folgen würde. Der Koeffizient $\varkappa$ ergibt sich also als das Verhältnis

$$\varkappa = \frac{J_{st}}{J'_{st}}, \qquad (273\,\mathrm{c})$$

und ist folgendermaßen zu bestimmen:

In die Leerlaufcharakteristik der Maschine ist der der jeweiligen Erregung entsprechende Wert E_0 der Leerlaufspannung einzutragen. Zur Bestimmung des Strommaßstabes ist ferner von der Leerlaufcharakteristik, wie Abb. 158 zeigt, die aus der Maschinenrechnung bekannte Statorstreuspannung $J_k \cdot L \cdot \tau_2 \cdot \omega$

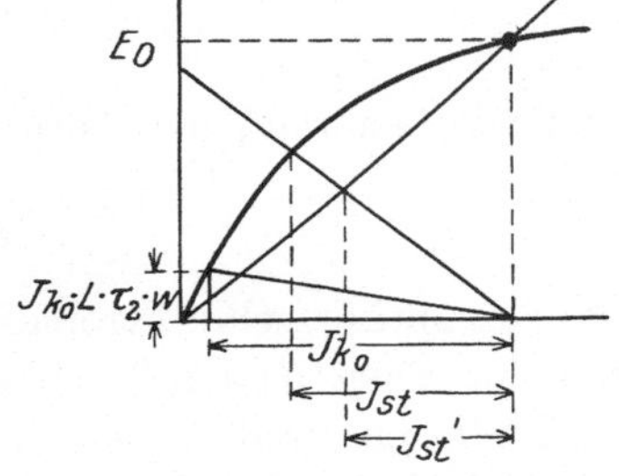

Abb. 158. Bestimmung des Koeffizienten $\varkappa$.

abzutragen, worauf zwei durch $J_k \cdot L \cdot \tau_2 \cdot \omega$ und E_0 gelegte Lote auf der Abszissenachse den aus der Maschinenrechnung zahlenmäßig bekannten, zu E_0 gehörigen Klemmen-Dauerkurzschlußstrom J_{ko} abschneiden, womit nunmehr der Strommaßstab festgelegt ist. Durch den Nullpunkt und E_0 wird ferner eine Gerade gezogen, und endlich wird auf der Abszissenachse der aus Gl. (273b) mit $\varkappa = 1$ berechnete Dauerkurzschlußstrom J'_{st} abgetragen. Durch Heraufloten auf die ideelle geradlinige Leerlaufcharakteristik wird ein Punkt gewonnen, der die Neigung (tg ε) der Kurzschlußcharakteristik festlegt, die ihrerseits auf der tatsächlichen Leerlaufcharakteristik den wahren Dauerkurzschlußstrom J_{st} abschneidet.

Der dargelegte Rechnungsgang gilt für beliebig vorbelastete Maschinen, wenn nur in diesen der der Vorbelastung entsprechende Erreger- bzw. Dauerkurzschlußstrom eingeführt wird. Liegt die Belastung, wie beispielsweise Abb. 130 zugrunde gelegt, hinter der Kurzschlußstelle, so ist damit ihr Einfluß erschöpfend berücksichtigt. Dagegen verschieben sich die Verhältnisse etwas, wenn die Belastung, wie in Abb. 159 dargestellt, parallel zur Kurz-

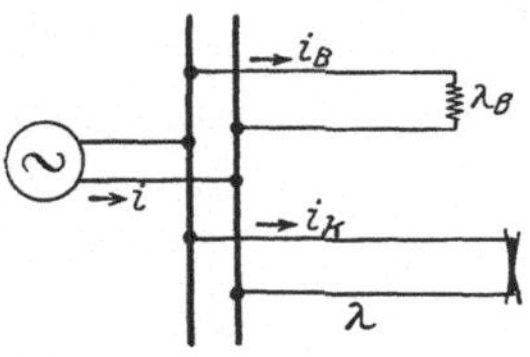

Abb. 159. Zweites Schema der vorbelasteten Maschine.

schlußstelle liegt. Die der Belastung inäquivalente Impedanz liegt dann parallel zu der des Kurzschlußkreises, so daß dessen resultierende Impedanz sich auf einen Wert

$$X = \frac{\lambda \cdot \lambda_B}{\lambda + \lambda_B} \cdot \omega$$

verkleinert, wenn wir der Einfachheit halber Kurzschluß- und Belastungskreis rein induktiv voraussetzen. Der von der Maschine gelieferte Kurzschlußstrom i vergrößert sich also etwas. Der nach der Kurzschlußstelle fließende Strom verringert sich dagegen, da nach dieser nur ein Anteil

$$i_k = i \cdot \frac{\lambda}{\lambda_B + \lambda}$$

hinfließt, während der übrige Teil

$$i_B = i \cdot \frac{\lambda_B}{\lambda_B + \lambda}$$

des Gesamtkurzschlußstromes auch während des Kurzschlusses weiterhin der Belastung zufließt.

In seiner praktischen Auswirkung ist indes der eben skizzierte Einfluß der parallel liegenden Belastung nicht allzu groß. Dazu kommt noch, daß sich für die Belastung nur sehr schwer eine Ersatz-Impedanz definieren läßt. Denn Motoren, um die es sich meist handelt, stellen wegen der während des Kurzschlusses abfallenden Tourenzahl eine recht variable Impedanz vor. Dazu kommt, daß sie im Anfang des Kurzschlusses und bei zweipoligen Kurzschlüssen während des ganzen Kurzschlusses selbst Strom nach der Fehlerstelle liefern. Ihre Wirkung dreht sich also grade um. Es ist also am einfachsten und dabei von verhältnismäßig geringem Einfluß auf die Genauigkeit des Ergebnisses, wenn man den eben erörterten Einfluß der parallel liegenden Belastung ganz vernachlässigt.

Das Abklingen des plötzlichen Kurzschlußstromes auf den Dauerkurzschlußstrom erfolgt theoretisch nach einer e-Funktion, praktisch jedoch wegen Sättigungserscheinungen und Wirbelstrombildung nach

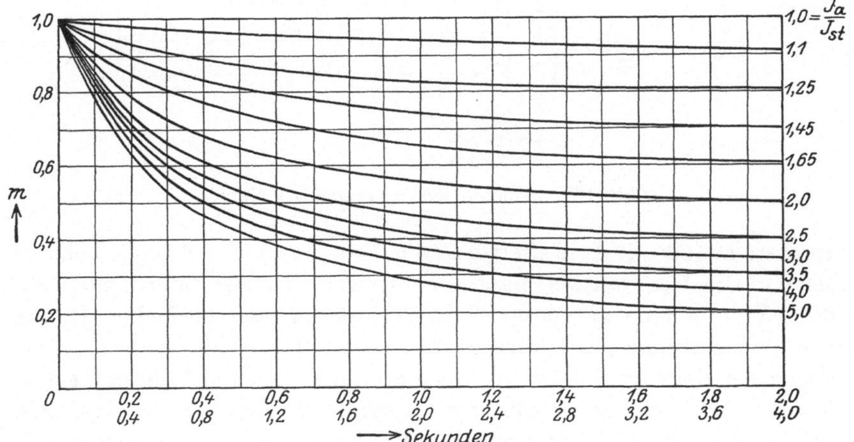

Abb. 160. Zeitliches Abklingen des plötzlichen Kurzschlußstromes.

Kurven, die man am besten experimentell bestimmt. Abb. 160 zeigt eine derartige nach amerikanischen Angaben berechnete Kurvenschar, die Mittelwerte aus einer großen Zahl an den verschiedensten Maschinen vorgenommener Messungen darstellt; die Maschinen waren zur Zeit des Kurzschlusses mit $\cos \varphi = 0,8$ voll belastet und hatten keinen Schnellregler, dessen Wirkung in einer bereits nach 0,5 Sek. einsetzenden, nicht unbeträchtlichen Erhöhung des stationären Kurzschlußstromes besteht. Die einzelnen Kurven unterscheiden sich durch verschiedene Werte des Verhältnisses des plötzlichen Kurzschlußstromes an der Fehlerstelle zum stationären Kurzschlußstrom dortselbst, und man erhält den Wert des in irgendeinem Zeitpunkte fließenden Kurzschlußstromes, indem man den Anfangswert desselben mit dem durch die Kurven gegebenen Koeffizienten m multipliziert. Das Gleichstromglied des plötzlichen Kurzschlußstromes ist in diesen Kurven nicht berücksichtigt, da es einmal sehr schnell verschwindet und da ferner seine Höhe zu sehr vom Schaltmoment und von den zufälligen Verhältnissen des äußeren Stromkreises abhängt. Die obere Zahlenreihe unter der Abszissenachse bezieht sich auf dreipoligen, die untere Zahlenreihe auf zwei- und einpoligen Kurzschluß.

Wir wollen die soeben niedergelegten Regeln zur Berechnung des Kurzschlußstromes zunächst einmal auf ein einfaches Beispiel anwenden. Dem Beispiel sei ein elektrisches Verteilungsnetz nach Abb. 161 zugrunde gelegt. In der Zentrale seien zwei Turbogene-

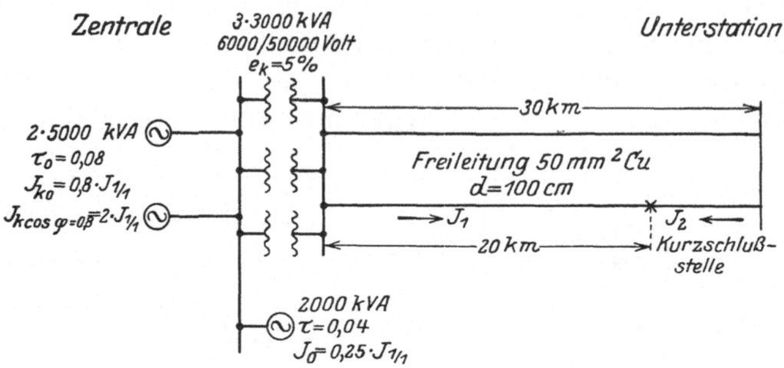

Abb. 161. Schema des untersuchten Netzes.

ratoren à 5000 kVA in Betrieb, die mit $\cos\varphi = 0,8$ voll belastet seien. Die Generatoren haben bei normaler Leerlauferregung auf 6000 Volt einen stationären Kurzschlußstrom vom 0,8fachen Betrag des Vollaststromes, auf diesen stationären Kurzschlußstrom J_{k0} bezogen sei der Streufaktor der Generatoren 0,08. Bei Vollasterregung ($\cos\varphi = 0,8$) sei der stationäre Kurzschlußstrom der Generatoren gleich dem 2fachen Vollaststrom. Direkt an die Generator-Sammelschienen sei ein ebenfalls vollbelasteter Asynchronmotor von 2000 kVA ·angeschlossen, dessen Streufaktor auf den $^1/_4$ des Vollaststromes betragenden Magnetisierungsstrom bezogen 0,04 sei. Außerdem liegen an den Generator-Sammelschienen 3 Transformatoren à 3000 kVA, 6000/50000 Volt mit einer auf den Vollaststrom bezogenen Kurzschlußspannung von $5^0/_0$. Von den 50000 Volt-Sammelschienen endlich gehe eine 30 km lange Doppelleitung weg, die den Rest der von den Generatoren erzeugten Leistung fortleitet. Die Leitungen bestehen aus Kupferseil von 50 mm² Querschnitt mit einem gegenseitigen Abstand der Leiter von 1 m. Auf einer der parallelen Leitungen trete in 20 km Entfernung von der Zentrale plötzlich ein dreipoliger Kurzschluß auf und unsere Aufgabe besteht darin, den plötzlichen und Dauerkurzschlußstrom, sowie deren Verteilung auf die beiden parallelen Leitungen zu errechnen.

Es ist bei derartigen Aufgaben immer zweckmäßig, sämtliche Ströme auf eine einheitliche Spannung zu beziehen, wobei man am besten die Spannung desjenigen Systems wählt, in dem der Kurzschluß eintritt. Wir wollen in unserem Beispiel daher sämtliche Ströme auf eine Spannung von 50000 Volt beziehen. Ferner beziehen wir die Spannung, sowie sämtliche Reaktanzen und Widerstände auf eine Phase. Wir fassen die beiden Generatoren, da sie gleiche Eigenschaften haben und direkt an den gleichen Sammelschienen liegen, zu einer Maschine zusammen und berechnen für sie einen Volllaststrom von 115 Amp. Ihr Dauerkurzschlußstrom bei normaler Leerlauferregung beträgt demgemäß $0,8 \times 115 = 92$ Amp. und hieraus berechnet sich die Streureaktanz der Generatoren zu

$$\omega \cdot L \cdot \tau_G = \frac{29\,000}{92 \cdot \dfrac{100}{8}} = 25 \text{ Ohm} \,.$$

Der Asynchronmotor hat einen Volllaststrom von 23 Amp., einen Magnetisierungsstrom von 5,75 Amp. und damit eine Streureaktanz

$$\omega \cdot L \cdot \tau_M = \frac{29\,000}{5,75 \cdot \dfrac{100}{4}} = 200 \text{ Ohm} \,.$$

Die Streureaktanz der 3 parallel geschalteten Transformatoren endlich errechnet sich aus ihrem Volllaststrom von 104 Amp. und ihrer Kurzschlußspannung von $5^0/_0$ zu

$$\omega \cdot \lambda_T = \frac{29\,000 \cdot \dfrac{5}{100}}{104} = 14,4 \text{ Ohm} \,.$$

Die Freileitung hat bei den angenommenen Abmessungen eine kilometrische Reaktanz von 0,7 Ohm je Phase; ebenso groß ist dem Zahlenwert nach der Ohmsche Widerstand. Da der Kurzschlußstrom sich über die beiden parallelen Leitungsstränge entsprechend ihrer Impedanz verteilt, errechnet sich für die Kurzschlußbahn, soweit die Freileitung in Frage kommt, eine Reaktanz

$$\omega \cdot \lambda_L = 0,7 \cdot \frac{20 \cdot 40}{20 + 40} = 9,3 \text{ Ohm} \,.$$

Ebenso groß ist der Ohmsche Widerstand, wir haben also

$$R = 9,3 \text{ Ohm} \,.$$

Wir wissen, daß an der Lieferung des Stoßkurzschlußstromes sich auch der Asynchronmotor beteiligt. Wir müssen also für seine Berechnung die Streureaktanzen der Generatoren und des Motors als parallel geschaltet betrachten und errechnen damit eine resultierende Streureaktanz der Kurzschlußstromerzeuger von

$$\omega \cdot L \cdot \tau = \frac{25 \cdot 200}{25 + 200} = 22 \text{ Ohm} \,.$$

Die Reaktanz der Kurzschlußbahn ergibt sich als die Summe der Reaktanzen der Transformatoren und Leitungen zu

$$\omega \cdot \lambda = 14,4 + 9,3 = 23,7 \text{ Ohm} \,.$$

Endlich beträgt der Ohmsche Widerstand des Kurzschlußkreises, wenn wir den Widerstand der Maschinen und Transformatoren vernachlässigen,

$$R = 9,3 \text{ Ohm}.$$

Mit den eben angeschriebenen Werten berechnet sich nun nach Gl. (273a) der Anfangswert des Stoßkurzschlußstromes, wobei wir noch den von der Doppelleitung vor dem Kurzschluß übertragenen Belastungsstrom unter dem richtigen Winkel addieren müssen.

Entsprechend einer übertragenen Leistung von 8000 kVA betrug der Belastungsstrom $J_B = 95$ Amp. Die Phasenverschiebung des Belastungsstromes betrug entsprechend dem Leistungsfaktor von $\cos \varphi = 0,8$ 36°. Die Phasenverschiebung im Kurzschlußkreis beträgt bei einer gesamten Reaktanz von $22 + 23,7 = 45,7$ Ohm und einem gesamten Ohmschen Widerstand von 9,3 Ohm 11°. Damit errechnen wir aber folgenden Anfangswert des Stoßkurzschlußstromes

$$J_a = \frac{29\,000}{\sqrt{45,7^2 + 9,5^2}} + 95 \cdot \cos 25° = 710 \text{ Amp}.$$

Dieser Stoßkurzschlußtrom verteilt sich über die beiden Leitungsstränge im umgekehrten Verhältnis ihrer Impedanzen und es fließt somit von der Zentrale aus in die fehlerhafte Leitung ein Strom

$$J_{a1} = 710 \cdot \frac{40}{60} = 475 \text{ Amp}.$$

und in die gesunde Leitung ein Strom

$$J_{a2} = 710 \cdot \frac{20}{60} = 235 \text{ Amp}.$$

Abb. 162 zeigt die Leerlaufcharakteristik der in der Zentrale stehenden Generatoren, die eingetragenen Ströme sind auf beide parallel geschalteten Generatoren bezogen, wir rechnen also so, als wenn nur ein Generator von 10 000 kVA vorhanden wäre. Der stationäre Kurzschlußtrom bei Vollasterregung ist, wie wir wissen, 230 Amp. Bei Turbogeneratoren, um die es sich im vorliegenden Falle handelt,

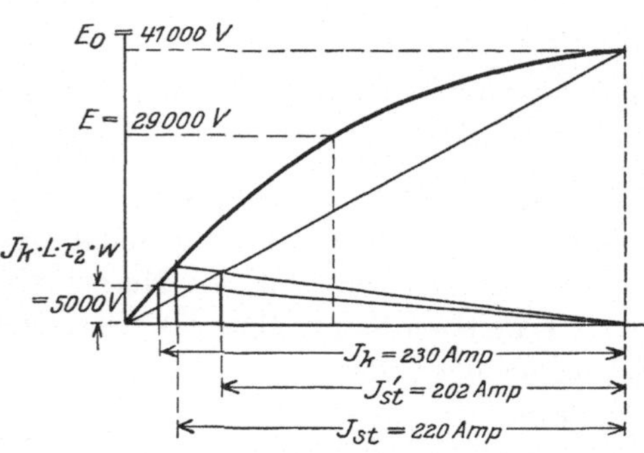

Abb. 162. Berücksichtigung der Eisensättigung.

ist die Induktorstreuung im allgemeinen zu vernachlässigen, so daß die Statorstreuung gleich der gesamten Streuung des Generators gesetzt werden kann. Bei 230 Amp. beträgt also die Statorstreuspannung $J_k \cdot L \cdot \tau_2 \cdot \omega = 5000$ Volt. Mit diesem Betrag gehen wir, wie in Abb. 162 zu sehen, in die Leerlaufcharakteristik ein und schneiden zwischen dieser Spannung und der bei Vollasterregung sich einstellenden Leerlaufspannung von $E_0 = 41000$ Volt auf der Abszissenachse den stationären Kurzschlußstrom $J_k = 230$ Amp. ab. Dadurch liegt der Strommaßstab fest. Aus der synchronen Reaktanz der Generatoren

$$\omega \cdot L = \frac{41\,000}{230} = 178 \text{ Ohm}$$

errechnet sich für den vorliegenden Fall der stationäre Kurzschlußstrom für ungesättigte Maschinen zu

$$J_{st'} = \frac{41\,000}{\sqrt{(178 + 23,7)^2 + 9,3^2}} = 202 \text{ Amp.}$$

Diesen Strom tragen wir von rückwärts auf der Abszissenachse des Diagramms Abb. 162 auf, loten auf die geradlinige Leerlaufcharakteristik der ungesättigten Maschine und ziehen, wie die Abbildung erkennen läßt, durch den Schnittpunkt einen Strahl, der auf der tatsächlichen Magnetisierungskurve der gesättigten Maschine den gesuchten Dauerkurzschlußstrom von

$$J_{st} = 220 \text{ Amp.}$$

abschneidet, der sich wieder im selben Verhältnis wie der Stoßkurzschlußstrom auf die beiden Leitungszweige verteilt[1]).

Für die Kurzschlußstelle ergibt sich ein Verhältnis

$$\frac{J_a}{J_{st}} = \frac{728}{220} = 3,3 \ .$$

Das zeitliche Abklingen des Stoßkurzschlußstromes auf seinen stationären Wert ist also durch die drittletzte Kurve der Abb. 160 gegeben. Für 0,5 Sek. ergibt die Kurve beispielsweise $m = 0,5$, was bedeutet, daß eine halbe Sekunde nach Eintritt des Kurzschlusses der Kurzschlußstrom auf $i = 728 \cdot 0,5 = 364$ Amp. abgeklungen ist.

Es sei nochmals daran erinnert, daß im errechneten Stoßkurzschlußstrom von 728 Amp. das Gleichstromglied noch nicht enthalten ist.

In praktischen Fällen liegen die Verhältnisse selten so einfach, wie sie dem eben durchgerechneten Beispiele zugrunde gelegt waren. Häufig sind die Netze stärker vermascht, und ferner sind in vielen

---

[1]) Der während des stationären Kurzschlusses vom Asynchronmotor aufgenommene Strom wurde hierbei vernachlässigt, er subtrahiert sich in Wirklichkeit von dem eben errechneten Dauerkurzschlußstrom.

Fällen mehrere Zentralen vorhanden, die irgendwie im Netze verteilt sind. Bei der Untersuchung derartiger komplizierter Fälle kann folgendermaßen vorgegangen werden:

Wir vernachlässigen zunächst in den Gl. (273) J_B und R und setzen

$$\omega \cdot L \cdot \tau = X_a,$$
$$\omega \cdot L = X_{st},$$
$$\omega \cdot \lambda = X_L.$$

Nunmehr können wir die Gl. (273) einfacher in folgender Form schreiben:

$$E = J_a \cdot (X_a + X_L),$$
$$E_0 = J_{st} \cdot (X_{st} + X_L).$$

Diese Gleichungen sind auf jede von irgendeiner Stromquelle zur Kurzschlußstelle führende Masche des zu untersuchenden Netzes anzuwenden. Wird ferner für jeden Knotenpunkt des Netzes die Kirchhoffsche Regel aufgestellt, die besagt, daß für jeden Knotenpunkt die Summe sämtlicher Ströme Null sein muß, so ergeben sich für die gesuchten Ströme ebensoviel lineare Gleichungen als Unbekannte vorhanden sind. Es ist also prinzipiell immer möglich, für irgendein Netz die Stromverteilung im Kurzschluß zu bestimmen.

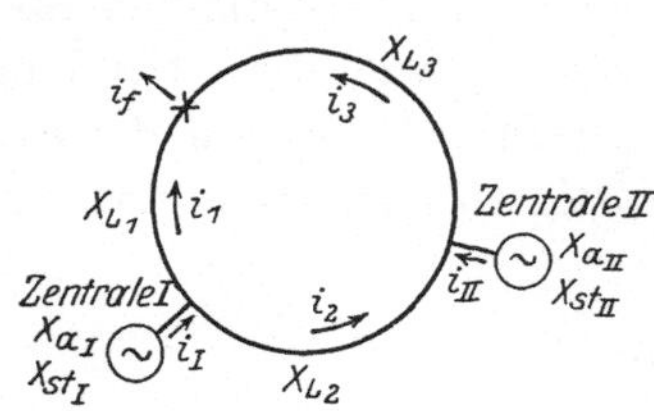

Abb. 163. Von 2 Zentralen gespeistes Ringnetz.

Betrachten wir beispielsweise das durch die Abb. 163 gegebene einfache Ringnetz, das von 2 Zentralen gespeist wird. An der gezeichneten Stelle sei ein dreipoliger Kurzschluß eingetreten. Dann ergeben sich mit den in die Abbildung eingetragenen Bezeichnungen die folgenden Gleichungen für den Stoß- bzw. Dauerkurzschlußstrom

$$E = i_{I\,a} \cdot X_{a\,I} + i_{1\,a} \cdot X_{L1},$$
$$E = i_{II\,a} \cdot X_{a\,II} + i_{3\,a} \cdot X_{L3},$$
$$E = i_{I\,a} \cdot X_{a\,I} + i_{2\,a} \cdot X_{L2} + i_{3\,a} \cdot X_{L3}$$

bzw.

$$E_0 = i_{I\,st} \cdot X_{st1} + i_{1\,st} \cdot X_{L1},$$
$$E_0 = i_{II\,st} \cdot X_{st\,II} + i_{3\,st} \cdot X_{L3},$$
$$E_0 = i_{I\,st} \cdot X_{st\,I} + i_{2\,st} \cdot X_{L2} + i_{3\,st} \cdot X_{L3}.$$

Ferner ergibt die Kirchhoffsche Regel für die 3 Knotenpunkte

$$i_1 + i_2 = i_I,$$
$$i_3 - i_2 = i_{II},$$
$$i_1 + i_3 = i_f.$$

Durch Kombination des ersten bzw. zweiten Gleichungssystems mit dem dritten Gleichungssystem lassen sich dann die Stoß- bzw. Dauerkurzschlußströme berechnen.

In derselben Weise kann vorgegangen werden, wenn der Ohmsche Widerstand nicht mehr vernachlässigt wird, natürlich fallen die Rechnungen entsprechend umständlicher aus. Es bietet ebenfalls keine prinzipiellen Schwierigkeiten, ähnlich, wie vorher gezeigt, den Belastungsstrom und die Eisensättigung zu berücksichtigen.

Man sieht jedoch schon, daß die eben skizzierte allgemeine Methode, wenn sie auf komplizierte Netze angewendet werden soll, zu geradezu uferlosen Rechnungen führt. Infolgedessen soll nachstehend eine Näherungsmethode mitgeteilt werden, die auch in den kompliziertesten Fällen mit verhältnismäßig wenig Rechenarbeit und praktisch genügender Genauigkeit zum Ziel führt.

Die Methode, die von ·der Leitungsberechnung her im Prinzip bekannt ist, beruht darauf, daß das kurzgeschlossene Netz für jede Speisestelle unter Vernachlässigung der anderen Speisestellen getrennt durchgerechnet wird. Die für jeden einzelnen Fall in den verschiedenen Leitungen ermittelten Ströme werden addiert, und es ergibt sich dann ein Bild der Stromverteilung im kurzgeschlossenen Netz, das das Verhältnis der Ströme zueinander annähernd richtig wiedergibt. Um noch den Maßstab zur Ermittlung der absoluten Höhe der Ströme zu finden, braucht man lediglich für irgendeine Masche des Netzes den gesamten Spannungsverbrauch zu berechnen, der gleich der in dieser Masche wirksamen EMK sein muß. Die Methode wird bei der Anwendung auf ein Beispiel sofort klar werden.

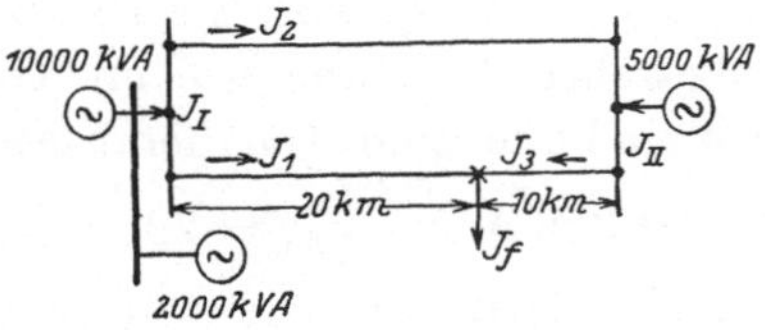

Abb. 164. Zweites Zahlenbeispiel.

Wir gehen wiederum von dem durch die Abb. 161 gegebenen Beispiel aus, und nehmen nur noch an, daß an die Sammelschienen der Unterstation über einen Transformator gleicher Leistung ein mit $\cos \varphi = 0{,}8$ vollbelasteter Generator von 5000 kVA angeschlossen sei. Generator und Transformator mögen dieselben Eigenschaften besitzen, wie die Generatoren und Transformatoren der Zentrale. Abb. 164 zeigt das neue Schaltbild in vereinfachter Form.

Wir nehmen nun in Anwendung der eben beschriebenen Methode zunächst an, daß nur die Zentrale auf den Kurzschluß arbeite und daß der 5000 kVA-Generator von den Sammelschienen der Unterstation abgetrennt wäre. Die sich in diesem Falle ergebenden Kurzschlußströme haben wir bereits früher ermittelt, wir hatten für den Stoßkurzschlußstrom

$$J'_{I_a} = 710 \text{ Amp.} \quad J'_{1_a} = 475 \text{ Amp.} \quad J'_{2_a} = 235 \text{ Amp.} \quad J'_{3_a} = 235 \text{ Amp.}$$

und für den Dauerkurzschlußstrom der ungesättigten Maschine

$$J'_{I_{st}} = 200 \text{ Amp.} \quad J'_{1_{st}} = 133 \text{ Amp.} \quad J'_{2_{st}} = 67 \text{ Amp.} \quad J'_{3_{st}} = 67 \text{ Amp}$$

Nun nehmen wir an, die Zentrale sei außer Betrieb und der Kurzschluß werde nur von dem 5000 kVA-Generator der Unterstation gespeist. Die während des Kurzschlusses fließenden Belastungsströme wollen wir wiederum vernachlässigen.

Nunmehr ist die Streureaktanz des Generators

$$\omega \cdot L \cdot \tau_G = 50 \text{ Ohm},$$

seine synchrone Reaktanz

$$\omega \cdot L = 356 \text{ Ohm},$$

die Streureaktanz des Transformators

$$\omega \cdot \lambda_T = 26 \text{ Ohm},$$

die Reaktanz des Leitungsnetzes

$$\omega \cdot \lambda_L = 0{,}7 \cdot \frac{10 \cdot 50}{10 + 50} = 6{,}0 \text{ Ohm},$$

und endlich dessen Ohmscher Widerstand

$$R = 6{,}0 \text{ Ohm}.$$

Hieraus berechnet sich der Stoßkurzschlußstrom, wenn wir den Belastungsstrom J_B vor Eintritt des Kurzschlusses, der in der Leitung umgekehrte Richtung wie im Transformator hat, und dessen Einfluß sich dadurch zum Teil heraushebt, vernachlässigen, zu

$$J''_{II_a} = 350 \text{ Amp.} \quad J''_{3_a} = 290 \text{ Amp.} \quad J''_{2_a} = -60 \text{ Amp.} \quad J''_{1_a} = 60 \text{ Amp.}$$

und der Dauerkurzschlußstrom der ungesättigten Maschine zu

$$J''_{II_{st}} = 105 \text{ Amp.} \quad J''_{3_{st}} = 88 \text{ Amp.} \quad J''_{2_{st}} = -17 \text{ Amp.} \quad J''_{1_{st}} = 17 \text{ Amp.}$$

Addieren wir nun die in beiden Fällen erhaltenen Stoßkurzschlußströme, so ergibt sich folgende resultierende Stromverteilung:

$$J'''_{I_a} = 710 \text{ Amp.} \quad J'''_{II_a} = 350 \text{ Amp.} \quad J'''_{1_a} = 475 + 60 = 535 \text{ Amp.}$$

$$J'''_{2_a} = 235 - 60 = 175 \text{ Amp.} \quad J'''_{3_a} = 235 + 290 = 525 \text{ Amp.}$$

Die angeschriebenen Stromwerte stimmen zwar, soweit ihr gegenseitiges Verhältnis zueinander in Frage kommt, sie sind aber ihrem absoluten Wert nach zu hoch. Wir erkennen dies, wenn wir beispielsweise die Spannungsgleichung für die Masche anschreiben, die vom 5000 kVA-Generator der Unterstation über das 10 km lange Leitungsstück zur Kurzschlußstelle führt. Diese lautet:

$$E_{II} = \sqrt{[J'''_{II_a} \cdot (50 + 26) + J'''_{3_a} \cdot 7]^2 + [J'''_{3_a} \cdot 7]^2} = 30\,300 \text{ Volt.}$$

Nun beträgt aber die für den Stoßkurzschlußstrom zur Verfügung stehende Spannung nur $E = 29\,000$ Volt, also müssen sämtliche errechneten Ströme im Verhältnis $\dfrac{29}{30,3}$ verkleinert werden und wir erhalten so die tatsächlichen Stoßkurzschlußströme zu

$$J_{Ia} = 680\ \text{Amp.}, \quad J_{IIa} = 335\ \text{Amp.}, \quad J_{1a} = 510\ \text{Amp.}, \quad J_{2a} = 170\ \text{Amp.},$$
$$J_{3a} = 500\ \text{Amp.};$$

der an der Fehlerstelle fließende gesamte Stoßkurzschlußstrom ist endlich

$$J_a = J_{Ia} + J_{IIa} = 1015\ \text{Amp.}$$

In genau gleicher Weise ist bei der Berechnung der Dauerkurzschlußströme vorzugehen, und zwar rechnen wir zunächst mit ungesättigten Maschinen.   Durch Addition erhalten wir

$$J_{Ist}''' = 200\ \text{Amp.}, \quad J_{IIst}''' = 105\ \text{Amp.}, \quad J_{1st}''' = 133 + 17 = 150\ \text{Amp.},$$
$$J_{2st}''' = 67 - 17 = 50\ \text{Amp.}, \quad J_{3st}''' = 67 + 88 = 155\ \text{Amp.}$$

Die Spannungsgleichung für eine Masche lautet wieder, wenn wir den Ohmschen Widerstand vernachlässigen:

$$E_{II0} = J_{IIst}''' \cdot (356 + 26) + J_{3st}''' \cdot 7 = 41\,300\ \text{Volt}.$$

Da die EMK in dieser Masche $E = 41\,000$ Volt beträgt, ist eine Korrektur der Ströme nicht erforderlich.   Die errechneten Ströme beziehen sich aber auf ungesättigte Maschinen.   Die Berücksichtigung der Sättigung hat für beide Ströme an Hand der Abb. 162 in der gleichen Weise zu erfolgen, wie dies bei unserem ersten Beispiel bereits geschah.   Es ergibt sich, daß beide Ströme um etwa $10^0/_0$ zu vergrößern sind und wir erhalten so endlich für unser Netz die tatsächliche Stromverteilung im stationären Kurzschluß zu

$$J_{Ist} = 220\ \text{Amp.}, \quad J_{IIst} = 115\ \text{Amp.}, \quad J_{1st} = 165\ \text{Amp.},$$
$$J_{2st} = 55\ \text{Amp.}, \quad J_{3st} = 170\ \text{Amp.},$$

und der stationäre Kurzschlußstrom an der Fehlerstelle endlich ist

$$J_{st} = 220 + 115 = 335\ \text{Amp.}$$

Hätte das Diagramm Abb. 162 einen abweichenden Einfluß der Eisensättigung für die beiden Ströme J_{Ist} und J_{IIst} ergeben, so hätten wir hieraus den Mittelwert zur Richtigstellung der für den stationären Kurzschluß ermittelten Stromverteilung gebildet.

Für den an der Fehlerstelle fließenden Kurzschlußstrom ergibt sich ein Verhältnis $\dfrac{J_a}{J_{st}} = 3$, was, wie später noch gezeigt wird, besagt, daß das zeitliche Abklingen des plötzlichen Kurzschlußstromes durch die viertletzte Kurve der Abb. 160 wiedergegeben wird.   Das zeitliche Abklingen des Kurzschlußstromes bei mehreren, im Netz beliebig verteilten Maschinen erfolgt nämlich, um es vorweg zu nehmen, nach einer gemeinsamen Kurve, für die bei gegebenen Eigenschaften der Maschinen nur das Verhältnis $\dfrac{J_a}{J_{st}}$ maßgebend ist. Voraussetzung hierbei ist allerdings, daß sämtliche Maschinen gleiche Zeitkonstante des Erregerkreises besitzen.

Die eben vorgeführte Näherungsmethode zur Berechnung des Kurzschlußstromes in irgendeinem Netz läßt sich leicht auf die erzielte Genauigkeit hin kontrollieren. Offenbar ist unsere Rechnung dann richtig gewesen, wenn die mit Hilfe der berechneten Ströme für irgendeine Masche des Netzes ermittelten Spannungsabfälle in ihrer Gesamtheit gleich der in dieser Masche wirksamen EMK sind. Für eine Masche haben wir in unserem Beispiel diese Rechnung bereits durchgeführt und sie zur Bestimmung des Strommaßstabes benutzt. Für den aus den beiden Strängen der Doppelleitung bestehenden in sich geschlossenen Leitungszug ist die Summe aller Spannungsabfälle gleich Null, denn auf Grund dieser Tatsache wurde ja in jedem einzelnen Falle die Verteilung des Kurzschlußstromes auf die beiden Stränge der Doppelleitung berechnet. Für unser Beispiel verbleibt also nur noch die Kontrolle einer weiteren Masche und wir wählen hierzu die Masche, die aus der Zentrale und dem kürzeren zur Kurzschlußstelle führenden Leitungsstück besteht. Für den Stoßkurzschlußstrom muß beispielsweise folgende Gleichung gelten:

$$J_{Ia} \cdot 36{,}4 + J_{1a} \cdot 14 = 29\,000 \,\widehat{+}\, J_B \cdot 21{,}4 \,,$$

oder

$$680 \cdot 36{,}4 + 510 \cdot 14 = 29\,000 + 87 \cdot 21{,}4 \,,$$

woraus

$$31\,900 = 30\,900 \,,$$

und man sieht, daß der Kurzschlußstrom der Zentrale um höchstens $3\,^0/_0$ zu groß erhalten wurde.

Für den Dauerkurzschlußstrom ergibt sich ferner

$$J_{Ist} \cdot 192{,}4 + J_{1st} \cdot 14 = 41\,000$$

oder

$$40\,600 = 41\,000 \,,$$

woraus folgt, daß der für die Zentrale errechnete stationäre Kurzschlußstrom höchstens mit einem Fehler von $1\,^0/_0$ behaftet ist. Die Fehler unserer Näherungsmethode liegen also innerhalb der Genauigkeit des Rechenschiebers.

48. Berechnung des zwei- und einpoligen Kurzschlußstromes.

Wir wissen, daß beim plötzlichen zwei- und einpoligen Klemmenkurzschluß einer Synchron- oder Asynchronmaschine der Stoßkurzschlußstrom die gleiche Höhe wie beim dreipoligen Kurzschluß erreicht. Dahingegen fällt der Dauerkurzschlußstrom größer aus; er verhält sich beim drei- bzw. zwei- bzw. einpoligen Klemmenkurzschluß der Synchronmaschine wie $1 : \dfrac{\sqrt{3}}{1+\tau} : \dfrac{3}{1+\tau}$, wo τ den Streufaktor der Maschine bedeutet. Der Stoßkurzschlußstrom klingt beim zwei- und einpoligen Kurzschluß nur halb so schnell wie beim dreipoligen Kurzschluß auf seinen Dauerwert ab. Dabei verstehen wir, um nochmals die Begriffe klarzustellen, unter dreipoligem Kurzschluß beispielsweise einen Kurzschluß zwischen allen 3 Drähten einer Drehstromleitung, unter zweipoligem Kurzschluß einen Kurzschluß zwischen 2 Drähten und endlich unter einpoligem Kurzschluß einen Kurzschluß zwischen einem Draht und Erde, wobei natürlich widerstandslose Erdung des Netznullpunktes vorausgesetzt ist.

Wenn wir sonach die Stromverteilung in irgendeinem Netz beim zwei- oder einpoligen Kurzschluß berechnen wollen, so können wir nach dem eben Gesagten in genau derselben Weise vorgehen, wie wir dies im vorhergehenden Abschnitt beim dreipoligen Kurzschluß sahen. Die Gl. (273) für den zeitlichen Verlauf und die Größe des Kurzschlußstromes können wir fast unverändert übernehmen, wir müssen nur berücksichtigen, daß infolge der nur halb so schnellen Abklingdauer der Faktor a_i in Gl. (273) zu halbieren ist und daß, wenn $\omega \cdot L$ die auf dreipoligen Klemmenkurzschluß bezogene synchrone Reaktanz der Maschine ist, in Gl. (273 b) für die Berechnung des Dauerkurzschlußstromes beim zweipoligen Kurzschluß im Nenner ein Wert

$$\omega \cdot L_{II} = \frac{1+\tau}{2} \cdot \omega \cdot L \qquad (274\,\text{a})$$

und im Zähler die halbe verkettete Spannung, und beim einpoligen Kurzschluß im Nenner ein Wert

$$\omega \cdot L_{I} = \frac{1+\tau}{3} \cdot \omega \cdot L \qquad (274\,\text{b})$$

und im Zähler die Phasenspannung einzuführen ist. Die Ermittlung des die Eisensättigung berücksichtigenden Koeffizienten $\varkappa$ der Gl. (273 b) erfolgt in ganz gleicher Weise, wie dies beim dreipoligen Kurzschluß geschehen würde, nur verändert sich, wie wir schon früher sahen, der Strommaßstab im Verhältnis der stationären Klemmenkurzschlußströme beim zwei- bzw. einpoligen Kurzschluß, während sich die Neigung der Kurzschlußcharakteristik verdoppelt bzw. verdreifacht.

Den Momentanwert des Kurzschlußstromes zu irgendeiner Zeit berechnen wir nun wiederum zweckmäßig nicht mittels der Gl. (273), sondern wir benutzen hierzu besser eine an praktisch ausgeführten Maschinen bestimmte Kurvenschar, und zwar können wir uns hierbei wiederum der Abb. 160 bedienen, wenn wir nur für den zwei- und einpoligen Kurzschluß die Zeitwerte der Abszissenachse verdoppeln. Die entsprechenden Zahlen sind der Bequemlichkeit halber bereits in die Abb. 160 eingetragen worden.

Bei der Berechnung des Kurzschlußstromes beim zwei- oder einpoligen Kurzschluß an irgendeiner Stelle eines zu untersuchenden Netzes können wir nun unter Beachtung der Gl. (274) nach den Regeln verfahren, die im vorhergehenden Abschnitt abgeleitet worden sind, so daß wir die Rechnung an dieser Stelle nicht nochmals zu

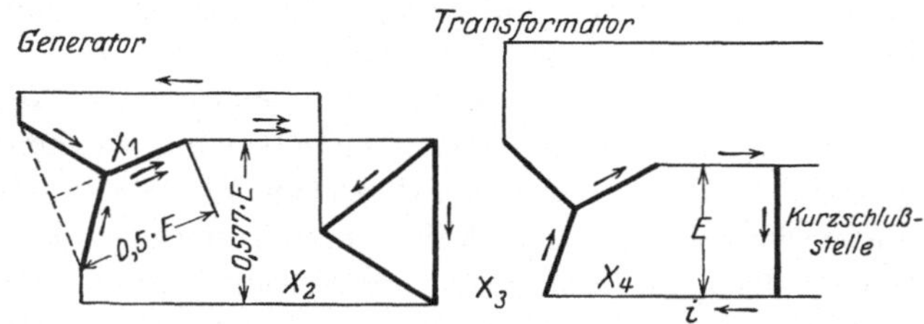

Abb. 165. Zweipoliger Kurzschluß beim $\Delta/\curlywedge$-geschalteten Transformator.

wiederholen brauchen. Wir wollen lediglich noch einige interessante Spezialfälle betrachten, die sich durch die Verkettung von Netzteilen durch die Wicklungssysteme von Transformatoren ergeben. Derartige Betrachtungen konnten wir uns beim dreipoligen Kurzschluß schenken, da dort die Wirkung der Transformatoren, ganz gleich, welcher Schaltung sie sind, lediglich in einer Vergrößerung der Impedanz der Kurzschlußbahnen besteht.

Nach Abb. 165 arbeitet ein in Stern geschalteter Generator über einen in Dreieck/Stern geschalteten Transformator auf ein Hochspannungsnetz, in dem an der gezeichneten Stelle ein zweipoliger Kurzschluß besteht. Der Einfachheit halber nehmen wir an, daß das Übersetzungsverhältnis des Transformators pro Schenkel 1 : 1 sei, d. h. jeder Schenkel des Transformators trage auf der Ober- und Unterspannungsseite dieselbe Windungszahl. Daß bei von 1 abweichendem Übersetzungsverhältnis sämtliche Reaktanzen durch Multiplikation mit dem Quadrat des Übersetzungsverhältnisses auf eine Spannung zu beziehen sind, wurde bereits im vorigen Abschnitt gesagt. Sei sonach die verkettete Spannung des Oberspannungssystems in

Abb. 165 E, so ist die verkettete Spannung des Unterspannungssystems $0{,}577 \cdot E$. Bezeichnen wir nun mit x_1 die Reaktanz einer Phase des Generators, wobei wir, je nachdem ob es sich um die Berechnung des Stoß- oder des Dauerkurzschlußstromes handelt, die Streu- oder die synchrone Reaktanz einzusetzen haben, mit x_2 die Reaktanz einer Phase der Zuleitung vom Generator zum Transformator, mit x_3 die Reaktanz einer Phase des Transformators und endlich mit x_4 die Reaktanz einer Phase der Kurzschlußbahn zwischen Transformatorklemmen und Kurzschlußstelle, so können wir, wenn wir der Einfachheit halber die Ohmschen Widerstände vernachlässigen, folgende Spannungsgleichung an Hand der in die Abb. 165 eingezeichneten Stromverteilung anschreiben

$$0{,}5 \cdot E = i \cdot [2 \cdot (1.5 \cdot x_1 + 1{,}5 \cdot x_2) + x_3 + x_4].$$

Dabei betrachten wir die 2 nur vom einfachen Strom durchflossenen Phasen des Generators als parallel geschaltet und berücksichtigen, daß dann die nur in einer Achse wirkende Spannung des Generators den 0,87 fachen Wert seiner verketteten Spannung besitzt. Aus der angegebenen Beziehung berechnet sich der gesuchte Kurzschlußstrom i zu

$$i = \frac{0{,}5 \cdot E}{3 \cdot x_1 + 3 \cdot x_2 + x_3 + x_4}. \qquad (275)$$

Wenn wir zum Vergleich annehmen, der Transformator besäße im vorliegenden Fall Stern/Sternschaltung, so müssen wir natürlich, um auf vergleichbare Verhältnisse zu kommen, dem Generator die $\sqrt{3}$-fache Windungszahl geben. Die verkettete Generatorspannung beträgt dann ebenfalls E, die Generatorreaktanz ist auf den dreifachen Wert, also auf $3\,x_1$ gestiegen. Das gleiche müssen wir im allgemeinen für die Reaktanz x_2 der Zuleitung, die wir uns beispielsweise aus einer Schutzreaktanz bestehend denken können, annehmen. Wenn wir dann die Gleichung für den Kurzschlußstrom anschreiben, der bei einem zweipoligen Kurzschluß auf der Hochspannungsseite fließen würde, so kommen wir zu einem der Gl. (275) genau gleichem Ausdruck, d. h. also, der zweipolige Kurzschlußstrom auf der Hochspannungsseite eines Transformators hat die gleiche Höhe, ganz gleich, ob es sich um einen Stern/Stern- oder Dreieck/Stern-geschalteten Transformator handelt.

Abb. 166 gibt einen dem vorhergehenden ähnlichen Fall wieder, nur ist der Kurzschluß auf der Hochspannungsseite einpolig. An Hand der eingezeichneten Stromverteilung können wir mit den gleichen Bezeichnungen wie vorher folgende Spannungsgleichung anschreiben

$$0{,}577 \cdot E = i \cdot [2\,x_1 + 2\,x_2 + x_3 + x_4],$$

woraus sich der Kurzschlußstrom zu

$$i = \frac{0{,}577 \cdot E}{2\,x_1 + 2\,x_2 + x_3 + x_4} \qquad (276)$$

ergibt.

Einen interessanten Fall zeigt Abb. 167, der sich von dem eben betrachteten Fall nur dadurch unterscheidet, daß der Transformator nicht Dreieck/Stern-, sondern Stern/Sternschaltung besitzt. Wenn man

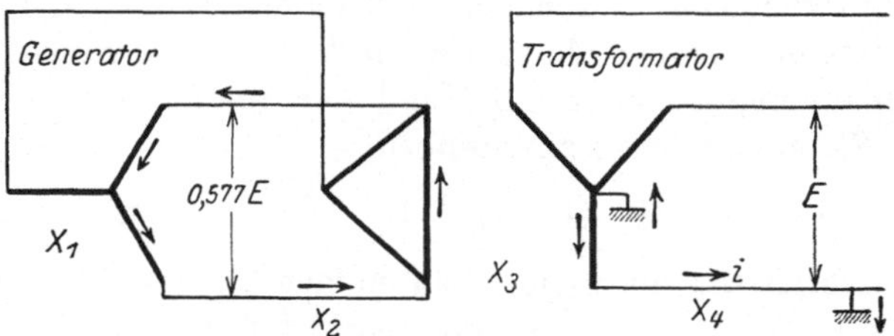

Abb. 166. Einpoliger Kurzschluß beim Δ/λ-geschalteten Transformator.

die in Abb. 167 eingezeichnete Stromverteilung betrachtet, so fällt auf, daß in allen 3 Schenkeln des Transformators eine gleichgerichtete nicht ausgeglichene Amperewindungszahl $1/3 \cdot z \cdot i$ wirksam ist und einen in allen 3 Schenkeln gleichsinnig und gleichphasig ver-

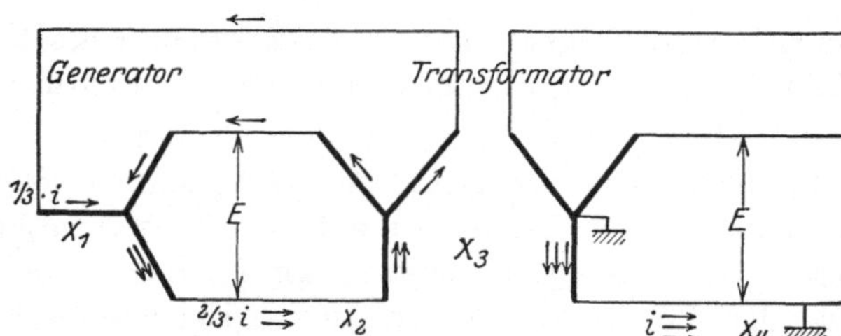

Abb. 167. Einpoliger Kurzschluß beim λ/λ-geschalteten Transformator.

laufenden von Joch zu Joch zum Teil durch die Luft, zum Teil durch Eisenkonstruktionsteile sich schließenden Streufluß erzeugt. Dieser Streufluß ruft selbstverständlich ebenfalls einen Spannungsabfall hervor, und wir haben demgemäß eine diesem entsprechende weitere Reaktanz x_3' in die Rechnung einzufügen. Diese Jochstreureaktanz bestimmt man experimentell, indem man bei offener Oberspannungswicklung durch die 3 parallel geschalteten Unterspannungswicklungen des Drehstrom-Transformators den Vollaststrom schickt und dabei den Spannungsabfall in diesen Wicklungen bestimmt. Die so gemessene Streuspannung beträgt bei praktisch ausgeführten Transformatoren etwa $20\,^0/_0$ der normalen Spannung. Wir können nun folgende Spannungsgleichung zur Berechnung des Kurzschlußstromes anschreiben

$$0{,}87 \cdot E = i \cdot [2/3 \cdot (1{,}5\,x_1 + 1{,}5\,x_2) + 2/3 \cdot x_3 + x_3' + x_4],$$

woraus sich

$$i = \frac{0{,}87 \cdot E}{x_1 + x_2 + 2/3\,x_3 + x_3' + x_4} \tag{277}$$

ergibt.

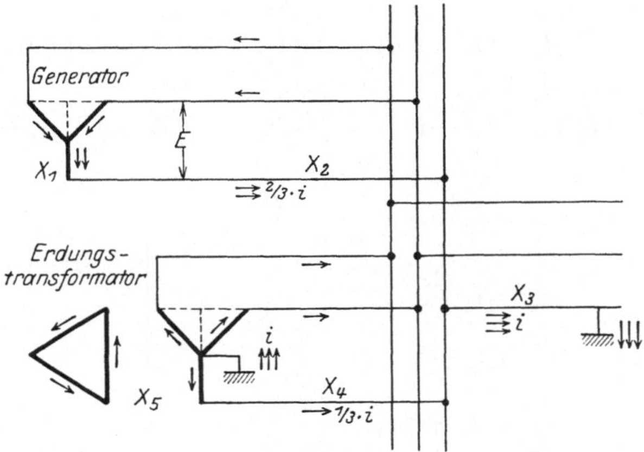

Abb. 168. Einpoliger Kurzschluß über einen $\Delta/\curlyvee$-geschalteten Erdungstransformator.

Den typischen Fall eines über einen besonderen Erdungstransformator geerdeten Netzes zeigt Abb. 168. Die eingezeichnete Stromverteilung ergibt unmittelbar folgende Spannungsgleichung:

$$0{,}577 \cdot E = \tfrac{2}{3} \cdot i \cdot (1/2\,x_4 + 1/2\,x_5) + \tfrac{2}{3} \cdot i \cdot (1{,}5\,x_1 + 1{,}5\,x_2) + i \cdot x_3,$$

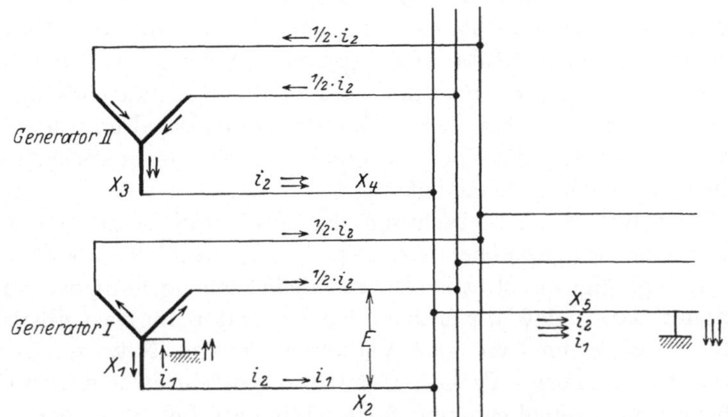

Abb. 169. Einpoliger Kurzschluß über einen $\curlyvee$-geschalteten Generator.

woraus sich der Kurzschlußstrom zu

$$i = \frac{0{,}577 \cdot E}{x_1 + x_2 + x_3 + 1/3 \cdot (x_4 + x_5)} \qquad (278)$$

berechnet.

Zum Schluß wollen wir noch das durch Abb. 169 gegebene Beispiel betrachten, in dem es sich um 2 auf ein Hochspannungsnetz direkt arbeitende Generatoren handelt, von denen nur einer im Nullpunkt starr geerdet ist. Bei einem im Netz auftretenden Erdschluß können wir nun folgende 2 Spannungsgleichungen anschreiben

$$0{,}577 \cdot E = i_1 \cdot (x_1 + x_2) + (i_1 + i_2) \cdot x_5\,,$$
$$0{,}577 \cdot E = i_2 \cdot (1/2 \cdot x_1 + 1/2 \cdot x_2 + 1{,}5 \cdot x_3 + 1{,}5 \cdot x_4) + (i_1 + i_2) \cdot x_5\,,$$

woraus

$$\left.\begin{aligned} i_1 &= 0{,}577 \cdot E \cdot \frac{B}{B \cdot C + 2 \cdot A \cdot x_5}\,, \\[2mm] i_2 &= i_1 \cdot \frac{2 \cdot A}{B}\,. \\[2mm] i_f &= i_1 + i_2 \end{aligned}\right\} \qquad (279)$$

mit

$$\left.\begin{aligned} A &= x_1 + x_2\,, \\ B &= x_1 + x_2 + 3 \cdot x_3 + 3 \cdot x_4\,, \\ C &= x_1 + x_2 + x_5\,. \end{aligned}\right\} \qquad (279\,\mathrm{a})$$

Es bietet natürlich gar keine Schwierigkeiten, in den Gl. (275) bis (279) den Ohmschen Widerstand zu berücksichtigen. Dieser multipliziert sich in den verschiedenen Ausdrücken mit denselben Zahlenfaktoren wie die Reaktanzen und addiert sich senkrecht zu ihnen. Es bietet ebenfalls keine Schwierigkeiten, bei der Berechnung des Dauerkurzschlußstromes die Eisensättigung des Generators zu berücksichtigen und man braucht zu diesem Zwecke nur die aus den Gleichungen resultierende Reaktanz der gesamten Bahnen des Kurzschlußstromes in die Generatorreaktanz und in die Reaktanz des übrigen Netzes zu zerlegen. Bei unmittelbarer Parallelschaltung mehrerer Generatoren werden dieselben natürlich wie ein Generator von entsprechender Leistung behandelt.

Bei der bisherigen Betrachtung des zwei- und einpoligen Kurzschlusses haben wir gegenüber dem dreipoligen Kurzschluß nur verhältnismäßig geringfügige quantitative Unterschiede kennengelernt, das kommt jedoch nur daher, daß wir bisher den Generator für sich allein betrachteten, ohne uns um das Verhalten der im Netz zerstreuten Motoren zu kümmern. Frühere Betrachtungen lehrten uns, daß diese sich bei einem zweipoligen und folgerichtig natürlich auch bei einem einpoligen Netzkurzschluß durchaus nicht passiv verhalten, sondern

infolge der Rückwirkung der kurzgeschlossenen auf die gesunden
Phasen sich ebenfalls an der Stromlieferung nach der Kurzschlußstelle hin beteiligen, indem sie ihrerseits über die gesunden Phasen
dem Netz einen entsprechenden Strom
entnehmen. Beschränken wir unsere
Betrachtungen auf den praktisch in
erster Linie interessierenden zweipoligen
Kurzschluß, so ergibt sich für die Statorwicklung eines derartigen Motors ein
Stromverlauf entsprechend Abb. 170. Der
Motor entnimmt dem Netz über seine
gesunde Phase 3 einen Strom i_3, der
über die beiden kurzgeschlossenen Phasen 1 und 2 wieder zur Stromquelle
zurückfließt. In den kurzgeschlossenen
Phasen kreist außerdem ein Kurzschluß-

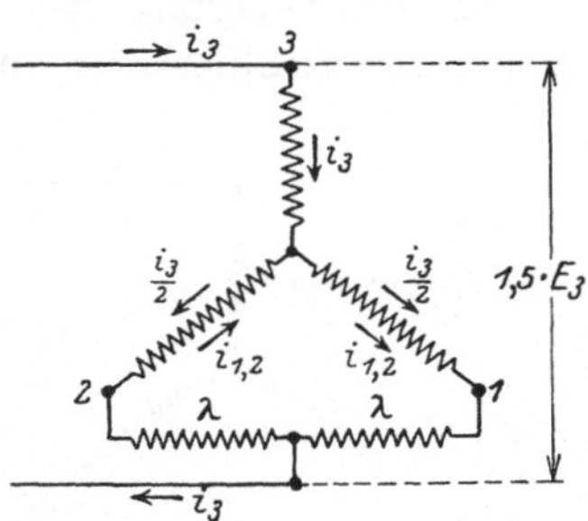

Abb. 170. Stromverlauf im Asynchronmotor beim zweipoligen
Netzkurzschluß.

strom $i_{1,2}$, der sich den beiden Teilströmen $1/2 \cdot i_3$ überlagert. Die
Kurzschlußbahn enthält zusätzliche Reaktanzen λ, die für die kurzgeschlossenen Phasen den normalen Streufaktor τ des Motors auf τ'
erhöhen. Natürlich erhöhen diese zusätzlichen Reaktanzen, da sie auch
von dem dem Netz entnommenen Strom i_3 durchflossen werden, den
Streufaktor der Phase 3 des Motors doch denken wir uns diesen Beitrag,
der, da er nur mit $\frac{1}{3} \cdot \lambda$ zur Geltung kommt, meist im Vergleich zur
Kurzschlußreaktanz des Motors gering sein wird, bereits im Streu-
faktor τ enthalten. Zwischen der Klemme 3 des Motors und der
Kurzschlußstelle wirkt eine Spannung, die, wie wir noch sehen werden,
gleich der 1,5fachen Spannung e_3 der nicht kurzgeschlossenen Phase
des Generators ist. Auf die Phase 3 des betrachteten Motors entfällt
also wegen der mit dieser in Reihe geschalteten, für den Strom i_3
als parallel geschaltet zu betrachtenden Phasen 1 und 2 gerade die
Phasenspannung e_3. Wenn wir nun für diese Spannung das Zeitgesetz

$$e_3 = E_3 \cdot \cos \omega \cdot t$$

anschreiben, so erhalten wir nach Früherem folgende Gleichungen für
den vom Motor aufgenommenen und von ihm abgegebenen Strom,
wenn wir den eigenen Stoßkurzschlußstrom des Motors seines schnellen
Absterbens wegen vernachlässigen,

$$i_3 = J_a \cdot \frac{1 + \tau'}{1 + \frac{\tau'}{\tau}} \cdot \sin \omega \cdot t, \tag{280a}$$

$$i_{1,2} = 0{,}87 \cdot J_a \cdot \frac{1 - \tau'}{1 + \frac{\tau'}{\tau}} \cdot \cos \omega \, t. \tag{280b}$$

Hierin ist J_a derjenige Strom, den der stillstehende dreiphasig kurzgeschlossene Motor aufnehmen würde, wenn er an Drehstrom mit der Phasenspannung E_3 gelegt werden würde.

Die Überlagerung der Kurzschlußströme des Motors mit dem eigenen Kurzschlußstrom des den Motor speisenden Generators zeigt

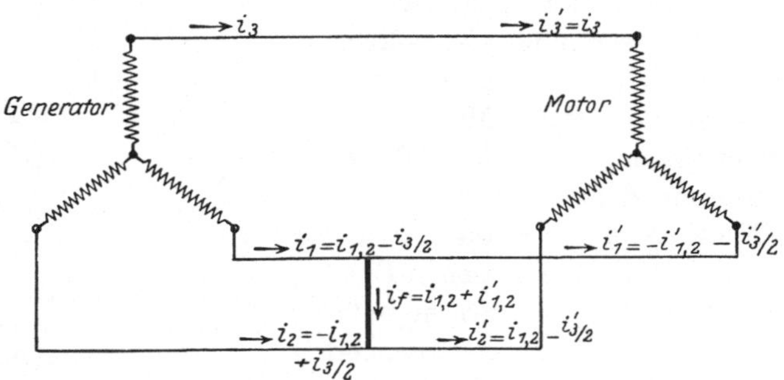

Abb. 171. Stromverlauf im zweipolig kurzgeschlossenen Netz.

an einem einfachen Beispiel Abb. 171. Ein Generator speist über eine Einfachleitung einen Motor und zwischen beiden ist die Leitung zwischen 2 Drähten kurzgeschlossen. Die Ströme sind durch Pfeile

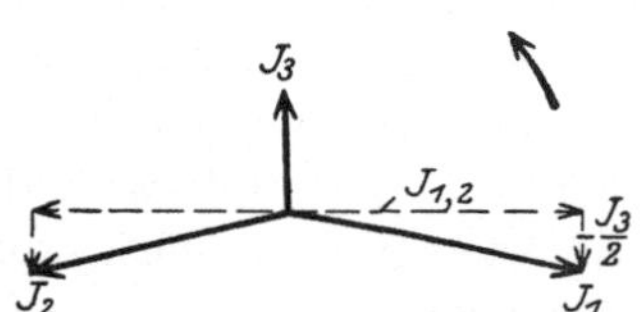

Abb. 172. Vektordiagramm der Generatorströme.

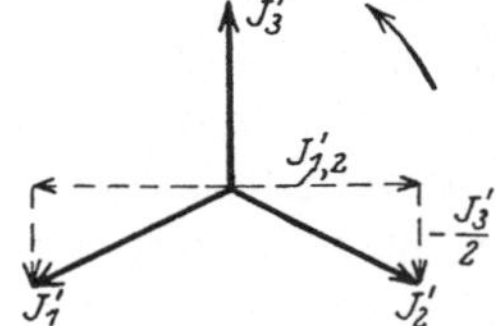

Abb. 173. Vektordiagramm der Motorströme.

in der Abbildung angedeutet; die Abb. 172 und 173 zeigen für einen Schnitt durch die Leitungen vor bzw. hinter der Kurzschlußstelle die Vektordiagramme der Leiterströme, wobei für die Vektordiagramme der Einfachheit halber $\tau' = \tau$ angenommen wurde. Es fällt vor allem auf, daß der Drehsinn der Motorströme dem der Generatorströme entgegengesetzt ist.

Wir sind bisher noch die Angabe der Höhe der Spannung E_3 in den Gl. (280a) und (280b) schuldig geblieben. Wir wollen dies um so mehr gleich nachholen, als gerade die Betrachtung der Spannungsverhältnisse des Netzes beim zweipoligen Kurzschluß von besonderem Interesse ist.

Die Spannung der nicht kurzgeschlossenen Phase des Generators fällt bei plötzlichem Eintritt eines zweipoligen Kurzschlusses von ihrem

Leerlaufswert entsprechend der Gleichung

$$e_3 = E_0 \cdot \frac{2 \cdot \tau + (1 - \tau) \cdot e^{-\,{}^{1}/_{2} \cdot a_i \cdot t}}{1 + \tau} \cdot \cos \omega \cdot t \qquad (281)$$

von dem Anfangswert

$$e_{3\,t\,=\,0} = E_0 \cdot \cos \omega \cdot t \qquad (281\,\mathrm{a})$$

auf einen Endwert

$$e_{3\,t\,=\,\infty} = E_0 \cdot \frac{2 \cdot \tau}{1 + \tau} \cdot \cos \omega t \qquad (281\,\mathrm{b})$$

ab. Das Vektordiagramm der 3 Phasenspannungen des Netzes während des zweipoligen Kurzschlusses zeigt Abb. 174. Der zweipolige Kurzschluß trifft zunächst nur unmittelbar die verkettete Spannung zwischen den beiden kurzgeschlossenen Phasen, die bei einem vollkommenen Klemmen-Kurzschluß am Generator auf Null zurückgeht. Dabei bewegen sich die Endpunkte der den Phasenspannungen der kurzgeschlossenen Phasen entsprechenden Vektoren auf der Verbindungslinie zwischen den Enden der Vektoren der Leerlaufspannung. Sie fallen bei sattem Kurzschluß in Richtung der Spannung der nicht kurzgeschlossenen Phase zusammen und besitzen bei entgegen-

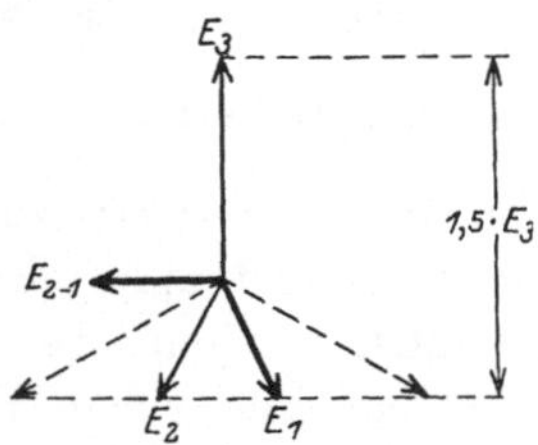

Abb. 174. Spannungs-
diagramm des zweipolig kurzgeschlossenen Netzes.

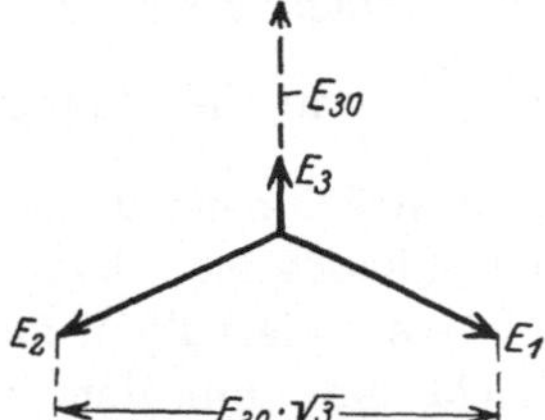

Abb. 175. Spannungs-
diagramm des einpolig kurzgeschlossenen Netzes.

gesetzter Richtung nur die halbe Höhe wie diese. Die Spannung zwischen den kurzgeschlossenen Klemmen und der offenen Klemme des Generators ist also gleich dem 1,5 fachen Wert der Spannung der nicht kurzgeschlossenen Phase. Das Vektordiagramm Abb. 174 läßt sich natürlich auch für jede Stelle der kurzgeschlossenen Leitung zeichnen und an der Kurzschlußstelle selbst fallen die Vektoren der kurzgeschlossenen Phasen zusammen, während ihre Endpunkte für den Generator auf der bewußten Verbindungslinie eine Strecke abschneiden, die gleich ist der zwischen den kurzgeschlossenen Klemmen verbleibenden restlichen Spannung. Die Länge E_3 des Vektors der Phasenspannung der nicht kurzgeschlossenen Phase wird, wie wir wissen, für einen beliebigen Zeitpunkt nach Eintritt des Kurzschlusses durch die Gl. (281) festgelegt.

Beim einpoligen Kurzschluß eines Drehstrom-Netzes gelten die Gl. (281) in gleicher Weise für die Spannung der beiden nicht kurzgeschlossenen Phasen, die einen Winkel von 120^0 miteinander einschließen. Die Höhe der Spannung der kurzgeschlossenen Phase, deren Lage im Vektordiagramm, wie Abb. 175 zeigt, sich gleichfalls gegenüber dem Leerlaufszustand nicht ändert, ist lediglich durch die Impedanz der äußeren Kurzschlußbahn und durch den Kurzschlußstrom festgelegt.

Die eben angestellten Betrachtungen über Höhe und Verlauf der Spannung der nicht kurzgeschlossenen Phasen beim ein- und zweipoligen Kurzschluß setzen natürlich Maschinen mit einer vollkommenen Dämpferwicklung auf dem Induktor voraus. Daß beim Fehlen der Dämpferwicklung ganz andere Verhältnisse eintreten können und sehr erhebliche Überspannungen möglich sind, haben frühere Betrachtungen gezeigt.

Unsere eben angestellten Betrachtungen setzten ungesättigte Maschinen voraus. Die Berücksichtigung der Eisensättigung kann in sehr einfacher Weise dadurch erfolgen, daß man, um beispielsweise die Höhe der im stationären Kurzschluß sich einstellenden Spannung der nicht kurzgeschlossenen Phase zu erhalten, mit einem Magnetisierungsstrom $i_e \cdot \dfrac{2 \cdot \tau}{1 + \tau}$ in die Magnetisierungskurve des Generators eingeht, wo i_e der tatsächliche Magnetisierungsstrom des Generators zur Zeit des Kurzschlusses ist. Um die Spannung zu irgend einer Zeit des Kurzschlusses zu erhalten, zu der er noch nicht stationär geworden ist, braucht man nur den Magnetisierungsstrom mit einem Faktor zu multiplizieren, der durch den Bruch der Gl. (281) gegeben ist.

Nun können wir zur Betrachtung der Stromverhältnisse zurückkehren. Nach Gl. (280a) hat der vom Motor bei zweipoligem Netzkurzschluß aufgenommene Strom eine Amplitude

$$J_3 = J_a \cdot \frac{1 + \tau'_M}{1 + \dfrac{\tau'_M}{\tau_M}},$$

wo τ_M bzw. τ'_M Streufaktoren sind, die sich auf den Motor bzw. Motor plus Kurzschlußkreis beziehen. Hiernach berechnet sich die äquivalente Kurzschlußreaktanz des Motors je Phase zu

$$x_M = \omega \cdot L_M \cdot \tau_M \cdot \frac{J_a}{J_3} = \frac{\omega \cdot L_M \cdot (\tau_M + \tau'_M)}{1 + \tau_M}. \tag{283}$$

Hierzu tritt im allgemeinen die Reaktanz x_L der Zuleitung zwischen Generator und Motor und endlich, wenn wir der Einfachheit halber die Statorstreuung des Generators mit seiner Gesamtstreuung identifizieren, die Streureaktanz x_{Ga} des Generators. Auf diesen Kreis wirkt die Spannung E_3 der nicht kurzgeschlossenen Generatorphase und es wird sonach im allgemeinen Falle beim zweipoligen, Netzkurzschluß folgender Strom vom Motor aufgenommen

$$J_3 = \frac{E_3}{x_M + x_L + x_{Ga}}, \tag{284a}$$

während im Kurzschlußkreis des Motors ein Strom

$$J_{1,2} = 0,87 \cdot J_3 \cdot \frac{1 - \tau'_M}{1 + \tau'_M} \tag{284b}$$

pulsiert.

Nach Gl. (281a) und (284a) ist bei einem im Netz auftretenden plötzlichen zweipoligen Kurzschluß der Anfangswert des vom Motor aufgenommenen Stromes

$$J_{3a} = \frac{E}{x_M + x_L + x_{Ga}}, \tag{285a}$$

wo E die Klemmenspannung einer Phase des Generators vor Eintritt des Kurzschlusses ist. Von diesem Betrag fällt er nach dem durch Gl. (281) gegebenen Gesetz allmählich auf einen stationären Wert

$$J_{3st} = \frac{2 \cdot \tau'_G}{1 + \tau'_G} \cdot \frac{E_0}{x_M + x_L + x_{Ga}} \tag{285b}$$

E_0 ist die Leerlaufspannung, τ_G der Streufaktor des Generators, der die Reaktanz der Strombahn zwischen Generator und Kurzschlußstelle enthält.

Bekanntlich ist

$$\left. \begin{aligned} \tau'_M &= \frac{\tau_M + \dfrac{\lambda_M}{L_M}}{1 + \dfrac{\lambda_M}{L_M}} \\[2em] \tau'_G &= \frac{\tau_G + \dfrac{\lambda_G}{L_G}}{1 + \dfrac{\lambda_G}{L_G}} \end{aligned} \right\} \tag{285c}$$

und entsprechend

τ_M und τ_G sind die Streufaktoren des Motors bzw. Generators, L_M bzw. L_G deren Leerlaufinduktivitäten; ferner ist natürlich

$$(\lambda_M + \lambda_G) \cdot \omega = x_L.$$

In der Regel wird es sich nicht um einen einzelnen Motor, sondern um eine große Zahl von Motoren handeln, die regellos im Netz verstreut sind; man wird in diesem Falle dann so rechnen, als wenn man einen einzigen Motor mit einer Leistung gleich der Summe der Leistungen der einzelnen Motoren hätte, dessen Standpunkt man in einer mittleren Entfernung von der Zentrale annimmt.

Wir sind nun so weit, daß wir uns an Hand eines praktischen Beispiels Rechenschaft über die Bedeutung des bei zweipoligen Netzkurzschlüssen von den Motoren gelieferten stationären Kurzschlußstromes geben können.

Ein Drehstromgenerator von 10000 kVA und 10000 Volt verketteter Spannung arbeite über eine Freileitung von 2 km Länge auf eine Unterstation, an der außer anderem Asynchronmotoren mit einer

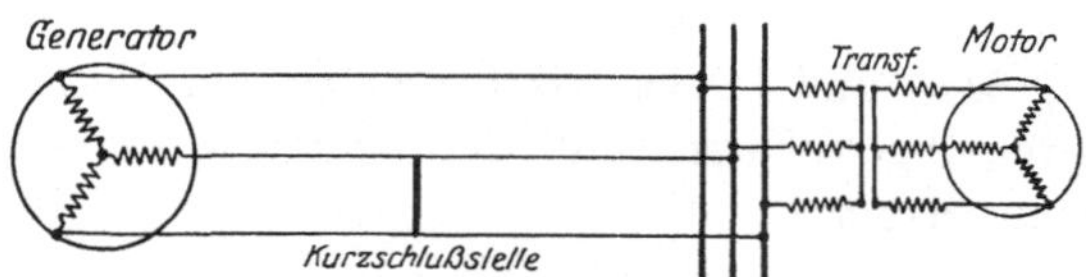

Abb. 176. Schema des zweipoligen Netzkurzschlusses.

Gesamtleistung von 5000 kVA angeschlossen sind. Mitten auf der Leitung, also in je 1 km Abstand von Zentrale und Unterstation, trete plötzlich ein zweipoliger Kurzschluß ein (Abb. 176).

Der Generator sei mit $\cos \varphi = 0,8$ etwa zur Hälfte belastet und benötigt, um dabei die normale Spannung halten zu können, den 1,5fachen Leerlauferregerstrom. Er entwickelt bei normaler Leerlauferregung einen stationären dreiphasigen Kurzschlußstrom vom 0,8fachen Betrag seines Vollaststromes von 580 Amp.; auf diesen stationären Kurzschlußstrom J_{k0} bezogen sei der Streufaktor des Generators $\tau_G = 0,08$. Die Freileitung habe eine Impedanz von 0,5 Ohm je km und Phase; ihren Ohmschen Widerstand vernachlässigen wir der Einfachheit halber. Die Motoren besitzen im Durchschnitt einen auf den Leerlaufstrom bezogenen Streufaktor $\tau_M = 0,06$, wobei der Leerlaufstrom $^1/_3$ des Vollaststromes betragen möge, der sich für sämtliche Motoren zu 290 Amp. errechnet. Endlich besitze der vor den Motoren liegende Transformator je Phase eine Streureaktanz von 1,0 Ohm.

Mit Hilfe der obigen, das vorliegende Beispiel charakterisierenden Angaben berechnen sich nun

$$\omega \cdot \lambda_M = 1,0 + 0,5 = 1,5 \text{ Ohm}, \qquad \omega \cdot \lambda_G = 0,5 \text{ Ohm},$$

$$\omega \cdot L_G = \frac{5800}{0,8 \cdot 580} = 12,5 \text{ Ohm}, \qquad \omega \cdot L_M = \frac{5800}{^1/_3 \cdot 290} = 67 \text{ Ohm},$$

$$\tau'_M = \frac{0,06 + \dfrac{1,5}{67}}{1 + \dfrac{1,5}{67}} = 0,08, \qquad \tau'_G = \frac{0,08 + \dfrac{1,5}{12,5}}{1 + \dfrac{0,5}{12,5}} = 0,195,$$

$$x_M = \frac{67 \cdot (0{,}06 + 0{,}08)}{1 + 0{,}08} = 8{,}7 \, \text{Ohm}, \qquad x_L = 1{,}0 + 1{,}0 = 2{,}0 \, \text{Ohm},$$

$$x_{Ga} = 12{,}5 \cdot 0{,}08 = 1{,}0 \, \text{Ohm}.$$

$$J_{3a} = \frac{5800}{8{,}7 + 2{,}0 + 1{,}0} = 500 \, \text{Amp.},$$

$$J_{1,2a} = 0{,}87 \cdot 500 \cdot \frac{1 - 0{,}08}{1 + 0{,}08} = 370 \, \text{Amp.},$$

$$J_{3st} = \frac{2 \cdot 0{,}195}{1 + 0{,}195} \cdot \frac{1{,}2 \cdot 5800}{8{,}7 + 2{,}0 + 1{,}0} = 140 \, \text{Amp.},$$

$$J_{1,2st} = 0{,}87 \cdot 140 \cdot \frac{1 - 0{,}08}{1 + 0{,}08} = 105 \, \text{Amp.}$$

Wir sehen also, daß der von den kurzgeschlossenen Phasen der Motoren abgegebene Kurzschlußstrom im Verlauf des plötzlichen Kurzschlusses von anfänglich 370 Amp. auf 105 Amp. abfällt. Den eigenen Stoßkurzschlußstrom der Motoren haben wir dabei seines schnellen Absterbens wegen vernachlässigt. Demgegenüber ist der eigene Stoßkurzschlußstrom des Generators

$$J_a = \frac{5000}{\dfrac{0{,}02}{1{,}15} \cdot 12{,}5 + 0{,}5} = 3700 \, \text{Amp.},$$

der allmählich auf einen stationären Wert

$$J_{st} = \frac{1{,}2 \cdot 5000}{12{,}5 \cdot \dfrac{1 + 0{,}195}{2} + 0{,}5} = 800 \, \text{Amp.}$$

abfällt.

Zu diesem Kurzschlußstrom des Generators addiert sich also an der Fehlerstelle der Kurzschlußstrom der Motoren, der aber, wie wir sehen, trotzdem die Motoren die halbe Gesamtleistung des Generators besitzen, nur etwa $10^0/_0$ des Generatorkurzschlußstromes beträgt. Dabei haben wir unserer Rechnung durchaus keine anormalen Verhältnisse zugrunde gelegt. Man wird also bei Kurzschlußstromberechnungen im allgemeinen keinen groben Fehler begehen, wenn man die Rückwirkungen der Asynchronmotoren aufs Netz beim zweipoligen Kurzschluß außer Betracht läßt.

Wegen ihrer großen Bedeutung bei verschiedenen Fragen des Überstromschutzes verdienen die Spannungsverhältnisse beim zweipoligen Kurzschluß noch eine weitere kurze Betrachtung. Abb. 177 zeigt das Diagramm der Phasen- und der verketteten Spannungen beim dreipoligen Kurzschluß. Die letzteren schließen mit den Phasenspannungen einen Winkel von 30^0 ein. Dieser Winkel bleibt beim dreipoligen Kurzschluß, wie er auch gestaltet sein möge, immer konstant. Der Kurzschlußstrom wird in seiner Phasenlage einmal durch die Reaktanz und den Ohmschen Widerstand der Kurzschlußbahn und dann durch die Winkellage der Phasenspannung im Diagramm festgelegt. Des konstanten

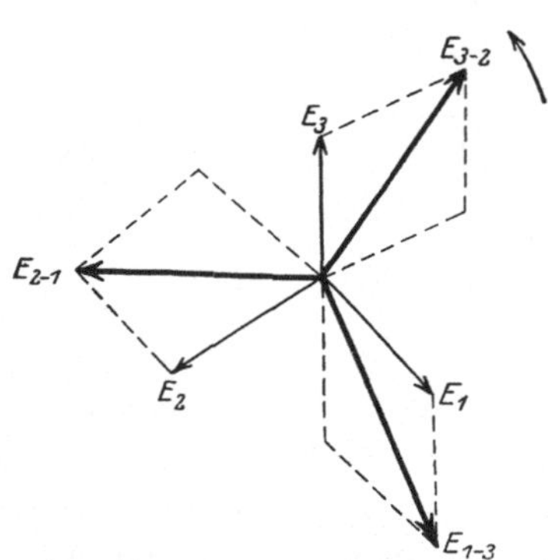

Abb. 177. Spannungsdiagramm beim dreipoligen Kurzschluß.

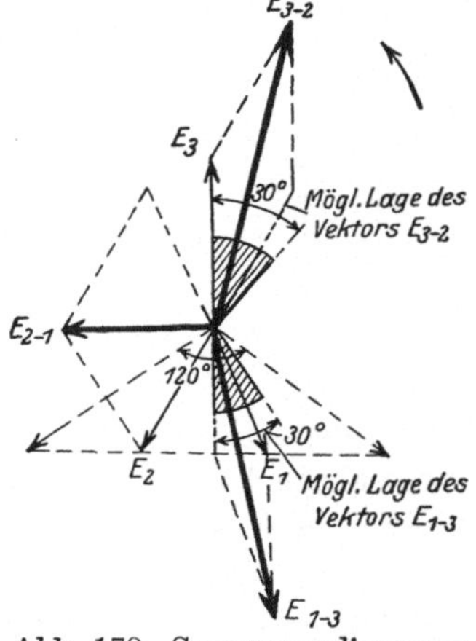

Abb. 178. Spannungsdiagramm beim zweipoligen Kurzschluß.

Winkels zwischen Phasen- und verketteten Spannungen wegen ist damit auch die Lage des Kurzschlußstromes relativ zu den verketteten Spannungen ein für allemal gegeben.

Anders ist es beim zweipoligen Kurzschluß; Abb. 174 lehrte uns, daß die Spannungsvektoren der beiden kurzgeschlossenen Phasen zusammenschwenken, wobei sie je nach der Intensität des Kurzschlusses einen Winkel miteinander einschließen können, der zwischen 120^0 und 0^0 variiert. Damit ist aber auch gesagt, daß die verketteten Spannungen beim zweipoligen Kurzschluß ihre Winkellage zueinander ändern, und über die Größe dieser Winkeländerung gibt uns das Diagramm Abb. 178 Auskunft, das erkennen läßt, daß die verketteten Spannungen zwischen der nicht kurzgeschlossenen und der kurzgeschlossenen Phase ihre Winkellage relativ zur verketteten Spannung der beiden kurzgeschlossenen Phasen um 30^0 ändern können. Die verkettete Spannung zwischen den beiden kurzgeschlossenen Phasen behält ihre Winkellage in jedem Falle unverändert bei, und durch diese verkettete Spannung ist auch die Winkellage des Kurzschlußstromes eindeutig bestimmt. Wir sehen daraus, daß die Winkellage zwischen dem zweipoligen Kurzschlußstrom und den verketteten Spannungen der nicht kurzgeschlossenen Klemmen nicht nur durch das Verhältnis von Reaktanz und Ohmschem Widerstand des Kurzschlußkreises, sondern auch durch ihre absolute Höhe beeinflußt wird; dies war beim dreipoligen Kurzschluß nicht der Fall.

Zur Messung der Spannung in Hochspannungsnetzen werden in der Regel Spannungswandler, deren Wicklungen auf der Hoch- und Niederspannungsseite Sternschaltung besitzen, benutzt. Bei derartigen Wandlern können auf der Niederspannungsseite in jedem Falle die Spannungen der verschiedenen Phasen der Hochspannungsseite ihrer Höhe und Winkellage nach richtig entnommen werden. Dies trifft jedoch nicht für Transformatoren zu, die beispielsweise auf der Hochspannungsseite Stern- und auf der Niederspannungsseite Dreieckschaltung besitzen, wie Abb. 179 dies zeigt. Im Hochspannungsnetz herrsche gerade ein zweipoliger Kurzschluß, für den das rechts neben der Hochspannungswicklung gezeichnete Diagramm die verkettete Spannung zeigt. An der Niederspannungswicklung des Transfor-

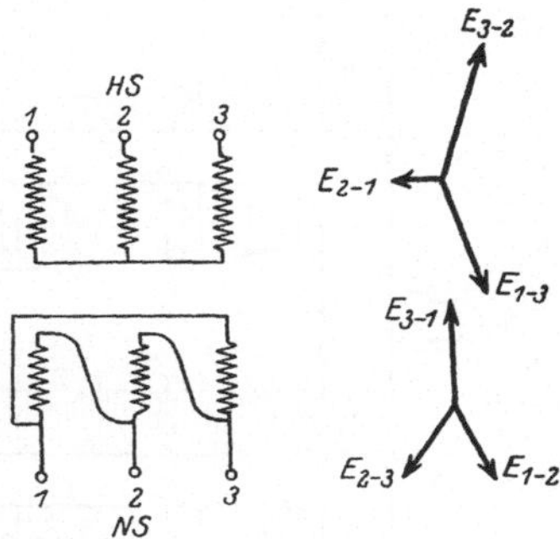
Abb. 179. Transformierung der Spannungen durch einen λ/Δ-geschalteten Transformator.

mators wird man dahingegen 3 hiervon verschiedene Spannungen messen, die in ihrer Größe und Winkellage durch das rechts neben der Dreieckwicklung gezeichnete Diagramm gegeben sind; das kommt daher, daß man zwischen den Klemmen der in Dreieck geschalteten Transformatorseite eben nicht die verketteten Spannungen des Hochspannungsnetzes, sondern die Phasenspannungen mißt.

49. Strom- und Spannungsverteilung beim Doppelerdschluß.

Hauptsächlich in Freileitungsnetzen tritt häufig eine Form der zweipoligen Kurzschlusses auf, die, rein äußerlich betrachtet wenigstens, ein gegenüber den bisher betrachteten Fällen völlig verändertes Bild darbietet. Es ist dies der sogenannte Doppelerdschluß, der meistens folgendermaßen entsteht:

Auf einer von mehreren von einer Zentrale ausgehenden Leitungen entsteht etwa durch Durchschlag eines Isolators ein Erdschluß; dadurch nehmen die nicht erdgeschlossenen Phasen des ganzen Netzes plötzlich die verkettete Spannung gegen Erde an. Ist nun irgendwo im Netz auf einer dieser Phasen eine schwache Stelle — etwa ein teilweise beschädigter Isolator —, so kann an dieser leicht ein Überschlag erfolgen. Das Netz ist somit jetzt an zwei verschiedenen Stellen auf verschiedene Phasen geerdet, d. h. kurzgeschlossen, wobei der Kurzschlußkreis sich über die Erde als Rückleitung schließt. Das sich für die Strom- und Spannungsverteilung hierdurch ergebende Bild wird durch die der Einfachheit halber zweipolig gezeichnete Abbildung 180 wiedergegeben. Die eingezeichneten Pfeile deuten den Verlauf des Kurzschlußstromes an, während die eingetragene Schraffur die Verteilung der Spannung gegen Erde darstellt. An der Erdschluß-

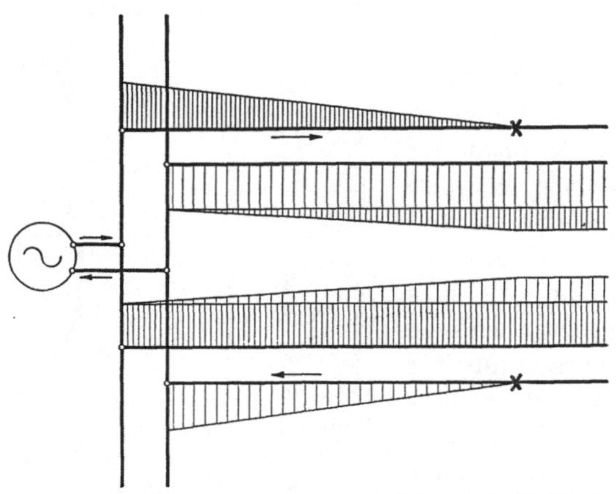

Abb. 180. Strom und Spannung bei Doppelerdschluß.

stelle ist beispielsweise die Spannung des unteren Drahtes der unteren Leitung Null; sie wächst entsprechend dem Ohmschen Gesetz allmählich nach der Zentrale hin und nimmt dort einen bestimmten Wert an, der der Sammelschiene und auch dem an diese angeschlossenen Draht der oberen Leitung aufgezwungen wird. Genau so verhält es sich mit dem oberen Draht der oberen Leitung, und man erkennt zunächst, daß den beiden nicht erdgeschlossenen Leitungsdrähten eine über ihre Länge gleichbleibende Spannung gegen Erde aufgezwungen wird. Nun ist aber noch zu berücksichtigen, daß der vom Kurzschlußstrom durchflossene Draht jeder Leitung den nicht erdgeschlossenen Draht induziert und auf diesem eine von der Zentrale aus linear ansteigende Spannung erzeugt. Diese Spannung ist ebenfalls in die Abb. 180 eingetragen und durch dem erdgeschlossenen Draht der zugehörigen Leitung entsprechende Schraffur gekennzeichnet. Während für die Höhe der vom Kurzschlußstrom auf seinem eigenen Draht erzeugten Spannung außer dem Ohmschen Widerstand die Selbstinduktion der aus Draht und Erde gebildeten Schleife maßgebend ist, ist für die auf dem Nachbardraht induzierte Spannung die gegenseitige Induktion zwischen den 2 Drähten ein und derselben Leitung maßgebend.

Dafür, daß wir Strom- und Spannungsverteilung beim Doppelerdschluß zahlenmäßig bestimmen können, ist Voraussetzung, daß wir darüber unterrichtet sind, wie sich der in der Erde zurückfließende Strom in dieser ausbreitet, um daraus die in die Rechnung eingehenden Koeffizienten der Selbst- und gegenseitigen Induktion der Schleife Draht-Erde ableiten zu können. Daß die Ausbreitung des Stromes in der Erde anders als bei Gleichstrom erfolgen muß, liegt auf der Hand. Bei Gleichstrom würde der Strom direkt in der Erde von einer zur anderen Erdschlußstelle fließen und dabei den unter Berücksichtigung der Leitfähigkeit der Erdschichten kürzesten Weg wählen. Das ist bei Wechselstrom nicht möglich, denn je weiter der Rückstrom in der Erde sich von der Drahtleitung entfernt, um so mehr wächst die Selbstinduktion und damit der induktive Spannungsabfall. Da aber nur eine bestimmte, für die einzelnen Stromfäden gleiche Spannung zur Verfügung steht, folgt daraus, daß bei Wechselstrom die einzelnen Stromfäden in der Erde sich unterhalb der Hochspan-

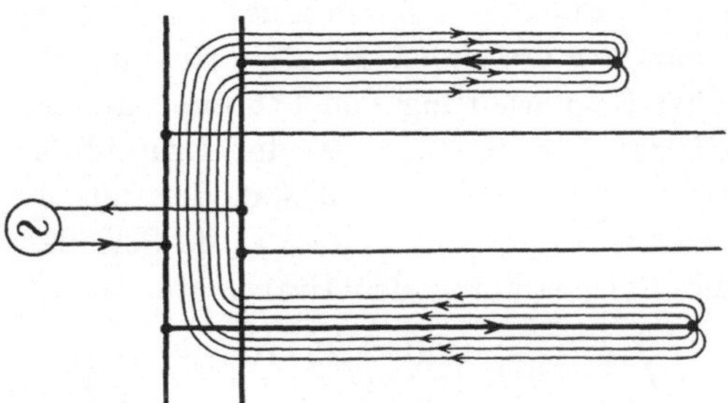

Abb. 181. Verlauf der Erdströme unter dem Leitungszug.

nungsleitung zusammenziehen und der Trasse dieser Leitung folgen, wie genauere von Mayr ausgeführte Rechnungen zeigen, und wie Abb. 181 dies erkennen läßt. Dabei ist die Stromdichte direkt unter der Leitung am größten und fällt nach beiden Seiten hin entsprechend Abb. 182 nach einer Exponentialfunktion ab, und es fließen etwa $95\,^0/_0$ des gesamten Erdstromes innerhalb eines Bandes, welches sich ca. 4 km rechts und links der Leitung erstreckt. Diese Zahl gilt für

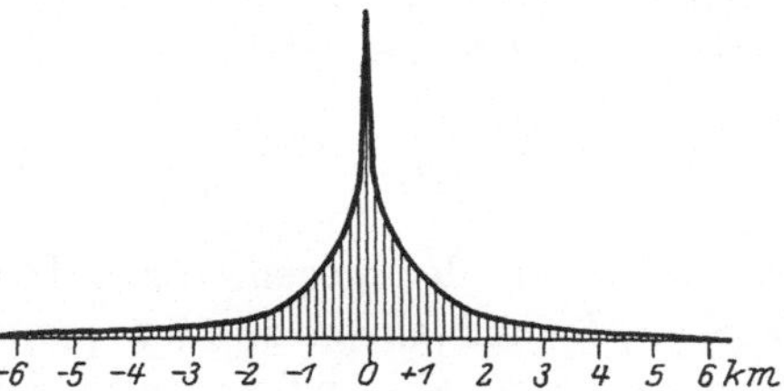

Abb. 182. Stromdichte in der Erde.

50 Perioden und mittlere Leitfähigkeit der Erde; bei niedrigeren Periodenzahlen bzw. schlechter Leitfähigkeit verbreitert sich das Band proportional diesen letzteren, während es sich bei höheren Periodenzahlen bzw. guter Leitfähigkeit entsprechend verschmälert. Der Strom findet in der Erde einen Ohmschen Widerstand

$$R_e = \omega \cdot \pi \cdot 10^{-4}\ \text{Ohm/km} \tag{286}$$

vor. Es ist auffällig, daß dieser Widerstand unabhängig von der Leitfähigkeit des Erdbodens ist, was sich daraus erklärt, daß eben bei schlechterer Leitfähigkeit der Strom sich entsprechend ausbreitet und sich dadurch einen größeren Leitungsquerschnitt schafft. Die oben angegebenen Zahlen für die Breite des Strombandes bezogen sich auf eine mittlere spezifische Leitfähigkeit von 10^{-13} cgs-Einheiten (nasser Sand). Zu diesem Widerstand, der proportional der Leitungslänge ist, kommt noch ein von der Leitungslänge unabhängiger Betrag, nämlich der Übergangswiderstand an der Erdschlußstelle; dieser beträgt je nach Güte der Erdung 1 bis 10 Ohm und entspricht bekanntlich dem sogenannten Erdwiderstand bei Gleichstrom. Für eine 100 km lange Leitung und 50 Perioden ergibt Gl. (286) einen Widerstandswert $R = 10$ Ohm (das ist etwa der Widerstand einer Kupferleitung von 175 mm² Querschnitt). Hierzu tritt noch der Übergangswiderstand an der Erdschlußstelle.

Für die Selbstinduktion der aus Leitung und Erde gebildeten Schleife ergibt sich, wenn ν die Periodenzahl, r der Seilradius und μ die Permeabilität des Drahtmaterials ist,

$$L_e = \left[2 \cdot \ln\left(\frac{50}{\nu} \cdot \frac{1{,}25 \cdot 10^5}{r}\right) - 1{,}154 + \frac{\mu}{2}\right] \cdot 10^{-4} \, \text{Henry/km} . \qquad (287)$$

Der unter dem Logarithmus stehende Zahlenfaktor enthält die Leitfähigkeit der Erde, für die der oben angegebene mittlere Wert eingesetzt ist. Da die Leitfähigkeit sich nur verhältnismäßig wenig ändert und da sie unter dem Logarithmus vorkommt, ist ihr Einfluß auf die Selbstinduktion nur sehr gering.

Bekanntlich ist der Selbstinduktions-Koeffizient einer aus zwei Drähten mit dem gegenseitigen Abstand d gebildeten Schleife

$$L = \left[4 \cdot \ln\frac{d}{r} + \mu\right] \cdot 10^{-3} \, \text{Henry/km} . \qquad (288)$$

Der Koeffizient der gegenseitigen Induktion zwischen der Schleife, Draht—Erde und einem zweiten parallel verlaufenden Draht, wobei der gegenseitige Abstand zwischen den zwei Drähten d nicht mehr als 12,5 m betragen darf, ist

$$M = \sqrt{\pi^2 + \left[2 \cdot \ln\left(\frac{50}{\gamma} \cdot \frac{1{,}25 \cdot 10^5}{d}\right) - 1{,}154\right]^2} \cdot 10^{-4} \, \text{Henry/km.} \quad (289)$$

Dabei liegt der dem ersten Glied unter der Wurzel entsprechende Anteil der induzierten Spannung in Phase mit dem induzierenden Strom, während der dem zweiten Glied entsprechende Anteil diesem um 90° nacheilt.

Für eine Freileitung mit einem Kupferquerschnitt von 95 mm² und einem gegenseitigen Abstand der Seile von 150 cm ergibt sich beispielsweise der Ohmsche Widerstand der Schleife Draht—Erde zu 0,3 Ohm/km, während sich der Ohmsche Widerstand einer aus zwei Drähten gebildeten Schleife zu 0,4 Ohm/km ergibt. Der SelbstinduktionsKoeffizient der Schleife Draht—Erde errechnet sich im vorliegenden Falle zu 2,37 M—Henry/km, dagegen der Selbstinduktions-Koeffizient der aus zwei Drähten gebildeten Schleife zu 2,4 M—Henry/km. Der Koeffizient der gegenseitigen Induktion endlich zwischen der Schleife

Draht—Erde und einem zweiten Draht der Freileitung errechnet sich zu 1,25 M—Henry/km. Das Ergebnis der Rechnung ist insofern sehr interessant, als es zeigt, daß bei Berücksichtigung des Übergangswiderstandes an der Erdschlußstelle die Schleife Draht—Erde fast genau denselben Ohmschen Widerstand und die gleiche Eigeninduktivität besitzt, wie die aus zwei Drähten der Leitung gebildete Schleife. Die Gegeninduktivität auf einen zweiten Draht der Leitung ist etwa halb so groß wie die Eigeninduktivität der Schleife.

Wir hatten bereits darauf hingewiesen, daß der Doppelerdschluß in seinem Wesen nichts anderes ist als ein zweipoliger Kurzschluß. Demgemäß ist bei der rechnerischen Bestimmung des Kurzschlußstromes beim Doppelerdschluß genau so zu verfahren, wie dies beim zweipoligen Kurzschluß gezeigt worden ist. Nur wird man entsprechend der Eigenart des Problems zweckmäßig bei der Rechnung so vorgehen, daß man die zwei Phasen des Netzes getrennt für sich behandelt. Die Verteilung des Stromes in jeder einzelnen Phase des Netzes erfolgt nach den Gesetzen, die wir bereits kennen gelernt haben und die Rechnung kann sich sehr eng an das Bekannte anschließen, da ja stets die vorgeführten Rechnungen auf eine Netzphase bezogen wurden. Man erhält den richtigen Kurzschlußstrom, indem man, nachdem für jede Phase der resultierende Widerstand sämtlicher Strombahnen bestimmt wurde, den Widerstand beider Phasen addiert. Dies ist dann der äußere Widerstand, mit dessen Hälfte in die Gleichungen des zweipoligen Kurzschlusses einzugehen ist.

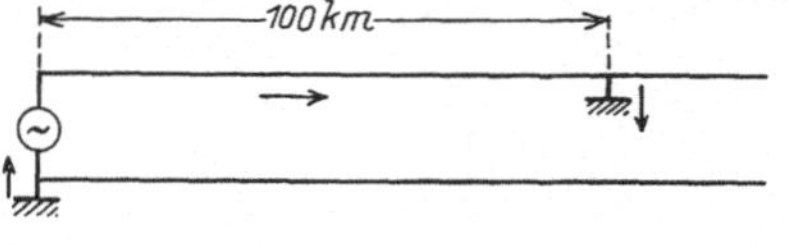

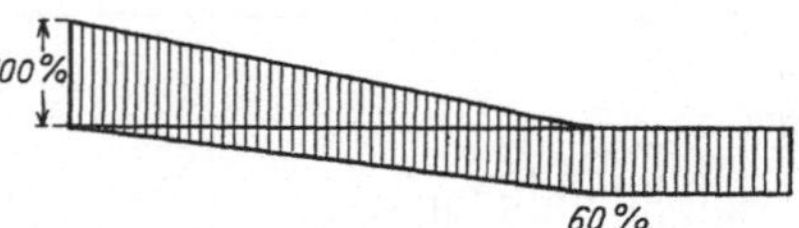

Abb. 183. Einpoliger Kurzschluß auf einer Stichleitung.

Nachstehend seien einige prägnante Beispiele in bildlicher Darstellung gegeben, die ohne weiteres den Gang der Rechnung erkennen lassen.

Abb. 183, die, wie auch die folgenden Abbildungen, maßstäblich gezeichnet ist, zeigt eine einfache von einer Zentrale gespeiste Stichleitung. Eine Phase der Leitung ist in der Zentrale geerdet, die andere weiter draußen im Netz. Die Leistung der Zentrale sei so groß, daß sie an ihren Sammelschienen auch während des Kurzschlusses ihre volle Spannung aufrechterhält. Die schraffierte Fläche über der Nullinie zeigt die Spannung gegen Erde des oberen Drahtes der Leitung an. Die schraffierte Fläche unter der Nullinie gibt die Spannung des unteren in der Zentrale geerdeten Drahtes der Freileitung an. Die Gesamthöhe der schraffierten Fläche gibt die ver-

kettete Spannung zwischen den zwei Drähten der Leitung wieder.
Die Höhe des Kurzschlußstromes ergibt sich im vorliegenden Falle
sehr einfach als der Quotient der verketteten Netzspannung und
der Impedanz der aus
dem einen erdgeschlos-
senen Draht und der
Erde als Rückleitung
gebildeten Schleife.
Dem vorliegenden und
den folgenden Bei-
spielen ist zugrunde
gelegt, daß der Koef-
fizient der gegensei-
tigen Induktion zwi-
schen den zwei Dräh-
ten der Leitung $60^0/_0$
des Koeffizienten der
Selbstinduktion der

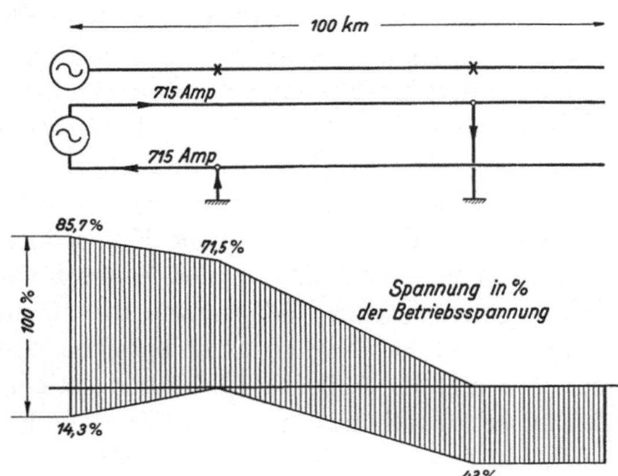

Abb. 184. Doppelerdschluß in einer Stichleitung.

Schleife Draht-Erde beträgt. Wie Abb. 183 erkennen läßt, beträgt
dementsprechend die Höhe der auf der nicht stromdurchflossenen Leitung induzierten Span-
nung $60^0/_0$ der norma-
len Netzspannung; sie
steigt stetig von der
Zentrale aus bis zur
zweiten Erdschluß-
stelle an und von da
ab bleibt natürlich die
Spannung des indu-
zierten Drahtes, da
nun beide Drähte,
stromlos geworden
sind, konstant. Im üb-
rigen wurde dem vor-
liegenden und den fol-
genden Beispielen eine

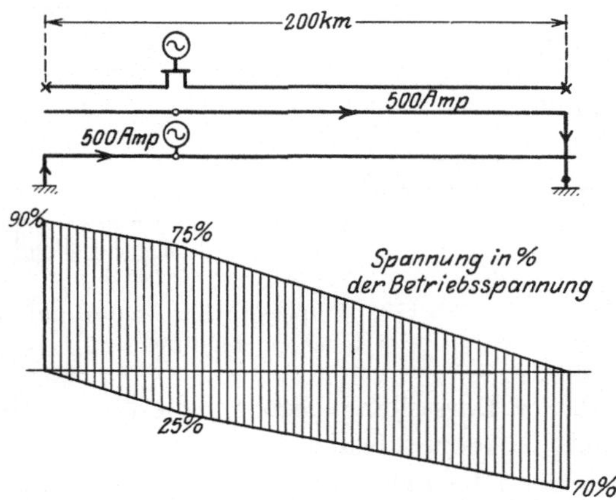

Abb. 185. Doppelerdschluß in 2 Stichleitungen.

Betriebsspannung von 100 kV zugrunde gelegt, ferner 120 mm² Draht-
querschnitt und 3,5 m Drahtabstand.

Wir setzen stets voraus, daß das Netz unbelastet sei, so daß
also die Spannung im induzierten Draht sich voll ausbilden kann.
Bei im Netz vorhandener Belastung wird natürlich die induzierte
Spannung einen über die Belastung sich ausgleichenden Strom hervor-
rufen, der jedoch eine im Vergleich zum Kurzschlußstrom geringe

Höhe besitzt. Wir wollen aus diesem Grunde die Berücksichtigung der Belastung, die natürlich prinzipiell nicht schwierig wäre, unterlassen und müssen uns nur darüber klar sein, daß die Höhe der induzierten Spannung unter dem Einfluß der Belastung etwas zurückgehen wird.

Die Abb. 183 deckt übrigens auch den Fall eines Netzes mit in der Zentrale geerdetem Nullpunkt, in dem draußen ein Erdschluß auftritt.

Die Abb. 184, 185 und 186 zeigen einige weitere Beispiele und

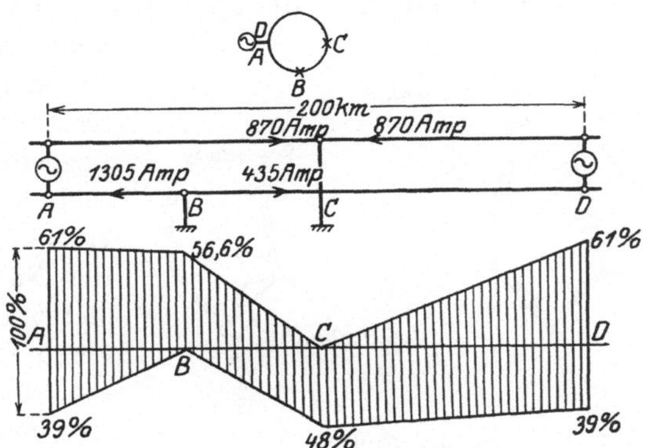

Abb. 186. Doppelerdschluß in einer Ringleitung.

zwar einmal Doppelerdschluß an verschieden weit entfernten Stellen einer einzelnen von einer Zentrale ausgehenden Stichleitung, dann Doppelerdschluß in verschiedenen Phasen zweier von einer Zentrale ausgehenden Stichleitungen und endlich Doppelerdschluß auf einer Ringleitung. Die Abbildungen sind nach dem Gesagten ohne weitere Erläuterung verständlich.

Wie wenig übrigens eine recht erhebliche Belastung Strom- und Spannungsverteilung beim Doppelerdschluß beeinflußt, zeigt ein Vergleich zwischen Abb. 184 und 187.

Wir wollen zum Schluß noch das Vektor-

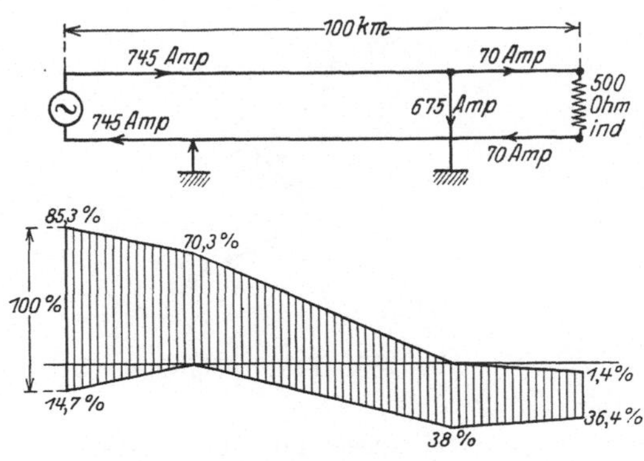

Abb. 187. Doppelerdschluß in einer belasteten Stichleitung.

diagramm der Spannungen und Ströme eines unter Doppelerdschluß stehenden Drehstromnetzes darstellen. Wir knüpfen unsere Betrachtungen gleich an ein bestimmtes Beispiel an und wählen hierzu das durch die Abb. 188 dargestellte Netz. Es wird, wie dargestellt, von drei Zentralen gespeist und besitzt gleichzeitig an den Leitungsdrähten der Phase u und der Phase v an den gezeichneten Stellen Erdschluß. Des leichteren Verständnisses halber sind in Abb. 188 Phase u und

Phase v des Netzes getrennt nebeneinander gezeichnet. Die erwähnte Abbildung zeigt gleichzeitig die Stromveihältnisse in den Phasen u und v des Netzes während des Doppelerdschlusses. Der Strom fließt von jeder Zentrale über die Phase u zur Erdschlußstelle und von dort über die Erdschlußstelle der Phase v, über diese wieder zu den Zentralen zurück. Im vorliegenden Falle, wo beide Erdschlußstellen örtlich weit voneinander entfernt sind, wird in der Nähe jeder der Erdschlußstellen der erdgeschlossene Draht einen viel größeren Strom führen, als die gesunden Drähte der gleichen Leitung, da, wie wir dies bei der Betrachtung des Kurzschlusses bereits gesehen, der Strom von den Zentralen zur Fehlerstelle hin an jedem Knotenpunkt anwächst. Vernachlässigen wir den Strom der gesunden Drähte vollständig, so können wir folgende Diagramme für die Strom- und

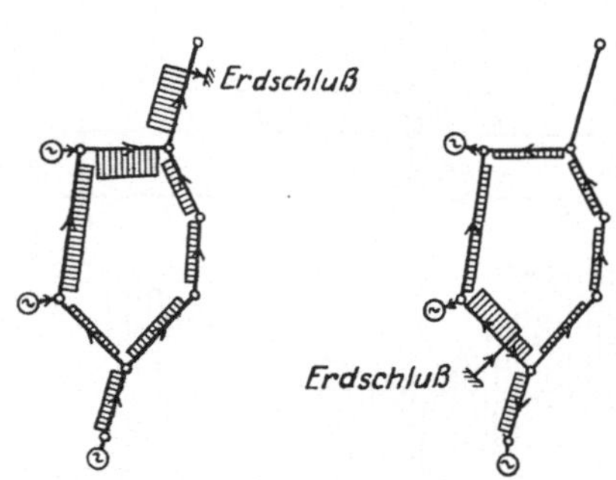

Abb. 188. Stromverteilung bei Doppelerdschluß.

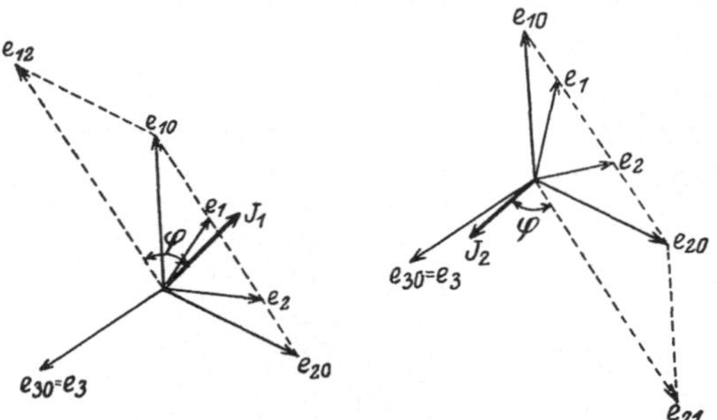

Abb. 189. Vektordiagramme bei Doppelerdschluß.

Spannungsverhältnisse an den Erdschlußstellen zeichnen. In dem Diagramm Abb. 189, in der links die Verhältnisse an der Erdschlußstelle der Phase u, rechts die Verhältnisse an der Erdschlußstelle der Phase v gezeichnet sind, bedeuten:

e_{10}, e_{20} und e_{30} die in den Phasenwicklungen $u\,v\,w$ der Generatoren wirkenden EMKe,

e_1, e_2 und e_3 die tatsächlichen Sternspannungen in dem betrachteten Leiterquerschnitt,

J_1 und J_2 die Kurzschlußströme in den erdgeschlossenen Leitungsdrähten der Phase u bzw. v.

Die Spannung e_3 der von der Störung nicht betroffenen Phase w ist, da wir von jeder Belastung des Netzes absehen, identisch mit e_{30}. Im linken Diagramm weicht naturgemäß die Spannung e_1, im rechten Diagramm die Spannung e_2 am stärksten von der ursprünglichen EMK ab. Der Strom J_1 (Phase u) eilt um den Winkel φ (etwa 60 bis 90^0) der EMK $e_{120} = e_{10} - e_{20}$ nach. e_1 ist für die Phase u gleichzeitig die Spannung des Netznullpunktes gegen Erde, während für die Phase $v\,e_2$ die Nullpunktspannung gegen Erde ist. Die Ströme J_1 und J_2 sind selbstverständlich um 180^0 gegeneinander verschoben.

Man wird sich, vom Standpunkte des Praktikers aus betrachtet, fragen, in welchem Falle die höchsten Überströme zu erwarten sein werden; beim drei-, zwei-, einpoligen Netzkurzschluß bzw. beim Doppelerdschluß. Wie die Verhältnisse liegen, wenn der Kurzschluß direkt an den Klemmen der Generatoren erfolgt, wissen wir bereits aus früheren Betrachtungen. In diesem Falle ist der Stoßkurzschlußstrom unabhängig von der Art des Kurzschlusses, während der Dauer-Kurzschlußstrom beim einpoligen Kurzschluß am größten wird. Bei Netz-Kurzschlüssen braucht nicht unbedingt das Gleiche zuzutreffen, denn dort kommt zur Reaktanz der Generatoren die in

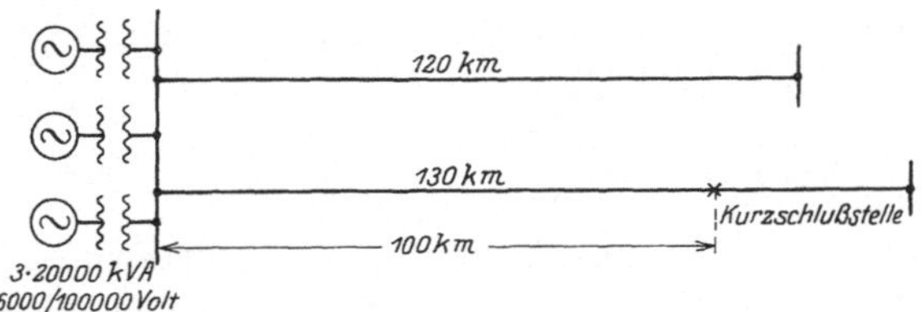

Abb. 190. Schaltungsschema des Netzes.

vielen Fällen vielfach größere Reaktanz des äußeren Stromkreises; bei Netzkurzschlüssen wird sich sonach die Höhe des Kurzschlußstromes in erster Linie nach der im Kurzschlußkreis wirkenden EMK richten und wir sehen schon, daß mndestens der einpolige Netz-Kurzschluß gegenüber dem Klemmenkurzschluß ein verändertes Bild zeigen wird. Wir übersehen die Verhältnisse am besten an Hand eines mittleren, praktische Verhältnisse wiedergebenden Beispiels, das durch die Abb. 190 dargestellt wird.

3 Drehstrom-Generatoren à 20000 kVA, 50 Perioden arbeiten über Transformatoren gleicher Leistung mit einem Übersetzungsverhältnis 6000/100000 Volt auf ein Sammelschienensystem, von dem wir 2 abgehende Freileitungen mit einer Länge von je 120 bzw. 130 km betrachten. Die Generatoren — es handelt sich um schnell laufende Turbogeneratoren — geben bei normaler Leerlauferregung einen stationären dreipoligen Kurzschlußstrom von der Größe des

Vollaststromes. Auf diesen Strom bezogen sei ihre Streureaktanz $10^0/_0$ Ebensoviel, also auch $10^0/_0$, beträgt die Kurzschlußspannung der Transformatoren. Die Freileitungen haben 120 mm² Kupferquerschnitt, einen Phasenabstand von 3 m und einen Drahtdurchmesser von 16 mm. Der Einfachheit halber nehmen wir an, die Drähte einer Leitung seien im gleichseitigen Dreieck geführt. Beide Freileitungen seien vor dem Kurzschluß mit je einem Strom von 175 Amp. belastet gewesen. Der Einfachheit halber nehmen wir ferner an, der Strom habe dieselbe Phasenverschiebung besessen, wie der nachher fließende Kurzschlußstrom. Die Generatoren der Zentrale, die so erregt waren daß an der Kurzschlußstelle vor Eintritt des Kurzschlusses eine verkettete Spannung von 100 000 Volt herrschte, mögen bei dieser Erregung einen dreipoligen Dauerkurzschlußstrom vom doppelten Betrage des Vollaststromes abgeben. Der Einfachheit halber sehen wir endlich bei unseren nachfolgenden Rechnungen von dem von der Belastung während des Kurzschlusses aufgenommenen Strom, der das Ergebnis doch nur wenig zu beeinflussen vermag, ab.

Wir betrachten zunächst einen dreipoligen Kurzschluß, der au einer der beiden Leitungen plötzlich in 100 km Entfernung von der Zentrale eingetreten sei. Mit den gewählten Annahmen berechne sich die Streureaktanz der parallellaufenden Generatoren, deren Volllaststrom 350 Amp. beträgt, zu

$$L \cdot \tau_G \cdot \omega = \frac{58\,000 \cdot 0,1}{350} = 17,5 \text{ Ohm/Phase.}$$

Ebenso groß ist die Streureaktanz $L_T \cdot \omega$ der Transformatoren. Die synchrone Reaktanz der Generatoren für dreipoligen Kurzschluß beträgt, wenn sich bei der angenommenen Vollasterregung eine Leerlaufspannung der Generatoren von 77 00o Volt/Phase einstellt,

$$L \cdot \omega = \frac{77\,000}{2 \cdot 350} = 110 \text{ Ohm.}$$

Die Freileitung besitzt für 100 km Länge, auf eine Phase bezogen, eine Drehstromreaktanz

$$L_L \cdot \omega = 100 \cdot 314 \cdot \left(0,5 + 2 \cdot \ln\frac{300}{0,8}\right) = 40 \text{ Ohm.}$$

Der Ohmsche Widerstand der Freileitung je Phase ergibt sich zu

$$R = \frac{100\,000}{57 \cdot 120} = 15 \text{ Ohm.}$$

Damit berechnet sich nun für die angenommene Kurzschlußstelle der dreipolige Stoßkurzschlußstrom zu

$$J_{a\,III} = \frac{58\,000}{\sqrt{(17,5 + 17,5 + 40)^2 + 15^2}} + 175 = 945 \text{ Amp.}$$

Ferner ergibt sich der 3 polige Dauerkurzschlußstrom zu

$$J'_{st\,III} = \frac{77\,000}{\sqrt{(110 + 17,5 + 40)^2 + 15^2}} = 460 \text{ Amp.}$$

Dieser Wert ist noch mit Rücksicht auf die Eisensättigung der Generatoren zu korrigieren und wir haben zu dem Zweck in Abb. 191 die Magnetisierungskurve der Generatoren aufgetragen, in die zunächst das Dreieck des dreipoligen Dauerkurzschlußstromes zur Ermittlung des Strommaßstabes eingezeichnet wurde. Die Höhe dieses Dreiecks ergibt sich mit dem Klemmen-Dauerkurzschlußstrom von 700 Amp. und der Statorstreuung des Generators von $10^0/_0$, die wir mit genügender Genauigkeit gleich seiner Gesamtstreuung annehmen können, zu

$$700 \cdot 17,5 = 12\,000 \text{ Volt.}$$

Aus dem Diagramm ergibt sich dann der richtige dreipolige Kurzschlußstrom zu

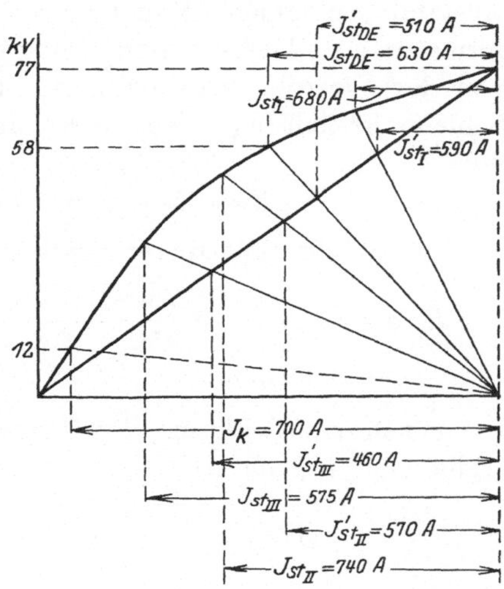

Abb. 191. Berücksichtigung der Eisensättigung.

$$J_{st\,III} = 575 \text{ Amp.}$$

Die synchrone Reaktanz der Generatoren für zweipoligen Kurzschluß beträgt

$$L \cdot \omega_{II} = \frac{1 + \tau}{2} \cdot L \cdot \omega = \frac{1,1}{2} \cdot 110 = 60 \text{ Ohm.}$$

Wir berechnen zunächst, wenn wir wiederum die Fehlerstelle 100 km von der Zentrale entfernt annehmen, einen zweipoligen Stoßkurzschlußstrom von

$$J_{a\,II} = \frac{0,87 \cdot 58\,000}{\sqrt{\left(\dfrac{17,5}{1,15} + 17,5 + 40\right)^2 + 15^2}} + 175 = 875 \text{ Amp.}$$

Der zweipolige Dauerkurzschlußstrom berechnet sich zu

$$J'_{st\,II} = \frac{0,87 \cdot 77\,000}{\sqrt{(60 + 17,5 + 40)^2 + 15^2}} = 570 \text{ Amp.,}$$

welcher Wert sich unter Berücksichtigung der Eisensättigung an Hand des Diagramms Abb. 191 auf

$$J_{st\,II} = 740 \text{ Amp.}$$

erhöht. Eigentlich hätte bei der Korrektur des Dauerkurzschlußstromes der Spannungsmaßstab im Verhältnis $1:1,15$ verkleinert werden sollen, doch haben wir des kleinen Fehlers wegen davon Abstand genommen. Nun nehmen wir an, der Nullpunkt der Transformatoren sei hochspannungsseitig geerdet und in 100 km Entfernung von der Zentrale trete auf einem Draht ein Erdschluß auf. Für die Schleife Freileitung—Erde errechnet sich ein Ohmscher Widerstand von

$$R = 15 + \omega \cdot \pi \cdot 100 \cdot 10^{-4} = 25 \text{ Ohm.}$$

Die Induktivität dieser Schleife berechnet sich ferner zu

$$L_e \cdot \omega = 314 \cdot \left[2 \cdot \ln \left(\frac{50}{50} \cdot \frac{1,25 \cdot 10^5}{0,8} \right) - 1,154 + 1/2 \right] \cdot 100 \cdot 10^{-4}$$
$$= 71 \text{ Ohm.}$$

Die synchrone Reaktanz der Generatoren für einpoligen Kurzschluß ergibt sich endlich zu

$$\omega \cdot L_I = \frac{1 + \tau}{3} \cdot \omega \cdot L = \frac{1,1}{3} \cdot 110 = 40 \text{ Ohm.}$$

Mit diesen Werten erhalten wir einen Stoßkurzschlußstrom

$$J_{a\,I} = \frac{58\,000}{\sqrt{(17,5 + 17,5 + 71)^2 + 25^2}} + 175 = 700 \text{ Amp.}$$

Der einpolige Dauerkurzschlußstrom ergibt sich ferner zu

$$J'_{st\,I} = \frac{77\,000}{\sqrt{(40 + 17,5 + 71)^2 + 25^2}} = 590 \text{ Amp.,}$$

welcher Wert sich unter Berücksichtigung der Eisensättigung auf

$$J_{st\,I} = 680 \text{ Amp.}$$

erhöht.

Zum Schluß wollen wir noch einen Doppelerdschluß betrachten, also Erdschluß in verschiedenen Phasen der beiden Leitungen, und zwar sei die eine Erdschlußstelle 100 km, die andere Erdschlußstelle 50 km von der Zentrale entfernt. Die gesamte Länge der aus Leitung und Erde gebildeten Schleife beträgt 150 km, und demgemäß besitzt diese Schleife einen gesamten Ohmschen Widerstand von

$$R = 1,5 \cdot 25 = 37,5 \text{ Ohm}$$

und eine Reaktanz von

$$L_e \cdot \omega = 1,5 \cdot 71 = 106 \text{ Ohm.}$$

Hierzu tritt dann noch die Streureaktanz zweier Phasen der Transformatoren und Generatoren, und auf diesen ganzen Kreis wirkt die verkettete Spannung. Wir errechnen somit für den angenommenen Doppelerdschluß einen Stoßkurzschlußstrom

$$J_{aDE} = \frac{100\,000}{\sqrt{\left(\dfrac{35}{1,15} + 35 + 106\right)^2 + 37,5^2}} + 175 = 750 \text{ Amp.}$$

Der Dauerkurzschlußstrom ergibt sich zu

$$J_{stDE'} = \frac{133\,000}{\sqrt{(120 + 35 + 106)^2 + 37,5^2}} = 510 \text{ Amp.,}$$

welcher Wert sich unter dem Einfluß der Eisensättigung auf

$$J_{stDE} = 630 \text{ Amp.}$$

erhöht.

Als Ergebnis des betrachteten Beispiels ist besonders bemerkenswert, daß der höchste plötzliche Kurzschlußstrom beim dreipoligen Kurzschluß, der höchste Dauerkurzschlußstrom aber beim zweipoligen Kurzschluß auftritt. Ferner stehen die beim Doppelerdschluß fließenden Kurzschlußströme den beim reinen Kurzschluß berechneten nur wenig nach.

50. Experimentelle Ermittlung des Kurzschlußstromes an Hand eines Netzmodelles.

Wenn im 47. Abschnitt auch eine verhältnismäßig einfache Methode zur Berechnung des Kurzschlußstromes beliebig gestalteter Netze entwickelt wurde, so ist immerhin die Bestimmung des Kurzschlußstromes bei von mehreren Zentralen gespeisten stark vermaschten Netzen mit einer sehr erheblichen Rechenarbeit verbunden. Es ist infolgedessen zu verstehen, daß man danach suchte, die Rechenarbeit überhaupt zu umgehen, und es ließ sich in der Tat eine Methode finden, die gestattet, mit Hilfe einer einfachen Messung den gesuchten Kurzschlußstrom, sowie seine Verteilung über das Netz zu bestimmen. Die Methode besteht darin, daß man im Laboratorium ein Modell des zu untersuchenden Netzes aufbaut.

Die Berechtigung zu diesem Vorgehen können wir den Gl. (273) entnehmen, die in der gewählten Schreibweise eine für uns wichtige Aussage enthalten. Wir können uns den Kurzschlußkreis als einen gewöhnlichen Stromkreis vorstellen, der außer der Impedanz des äußeren Stromkreises die synchrone bzw. die Streureaktanz der Statorwicklung enthält und in dem als treibende EMK die Leerlauf- bzw. die Klemmenspannung des Generators wirksam ist. Man kann die Höhe des Stromes in einem derartigen Kreis außer durch Rechnung natürlich auch durch Messung bestimmen und man braucht sich zu dem Zweck den Kurzschlußkreis nur mit Hilfe passender Induktivitäten und Ohmscher Widerstände in kleinem Maßstabe aufzubauen, worauf man durch Anlegen an eine passende Spannung die Höhe des gesuchten Kurzschlußstromes direkt mißt.

Man kann sich die Sache noch weiter vereinfachen. In weitaus den meisten Fällen ist nämlich der Ohmsche Widerstand gegenüber den induktiven Widerständen so geringfügig, daß er, wie noch an einem Beispiel gezeigt werden soll, unbedenklich vernachlässigt werden kann. Man geht dann zweckmäßig noch einen Schritt weiter und baut den Stromkreis statt aus induktiven aus bezüglich der Ohmzahl übereinstimmenden Ohmschen Widerständen auf und hat so außer dem Vorteil des bequemeren Aufbaues noch den, daß die Messung mit Gleichstrom ausgeführt werden kann.

Die eben beschriebene Methode der direkten Messung der Kurzschlußströme wird dem Leser zunächst als Spielerei erscheinen, und diese Auffassung wäre gewiß gerechtfertigt, solange es sich nur um den eben beschriebenen einfachen Stromkreis handeln würde. Die Bedeutung der vorgeschlagenen Meßmethode erkennt man nämlich erst, wenn man es mit komplizierten elektrischen Verteilungsanlagen zu tun bekommt. Man stelle sich ein Netz mit verwickelter Linienführung vor, das an verschiedenen Stellen von etwa einem halben Dutzend Zentralen gespeist und dem an allen möglichen Stellen Energie entnommen wird. In diesem Falle läßt sich gewiß durch passende Anwendung der Gl. (273), die bei einem Kurzschluß an irgendeiner Stelle sich einstellende Strom- und Spannungsverteilung berechnen, ähnlich, wie wir es bei den allerdings wesentlich einfacheren, vorangegangenen Beispielen kennen lernten; indes dürfte ohne weiteres einleuchten, daß im vorliegenden Fall die Ausrechnung sich recht zeitraubend gestalten würde. Baut man sich dagegen das Netz maßstabgetreu einpolig aus Wiederstandsdrähten auf und ersetzt die Generatoren, Transformatoren und Stromverbraucher[1]) ebenfalls durch passende Widerstände, wobei die die Stromerzeuger ersetzenden Widerstände mit dem einen Pol der Batterie verbunden werden, während man die Kurzschlußstelle mit dem anderen Pol der Batterie verbindet, so sind Strom- und Spannungsverteilung in einfachster Weise der Messung zugänglich. Und zwar mißt man den stationären bzw. den plötzlichen Kurzschlußstrom, je nachdem der den Generator ersetzende Widerstand mit einem dessen synchroner bzw. dessen

---

[1]) Im Kurzschlußfalle ist die Rückwirkung der Asynchronmotoren auf das Netz, wie wir gesehen, nur verhältnismäßig geringfügig. Wir können sie im Modell also durch Belastungswiderstände ersetzen.

Kurzschlußreaktanz entsprechenden Wert an einen der Leerlauf- bzw. Klemmenspannung des Generators proportionalen Wert der Batteriespannung gelegt wird.

Der bei einem plötzlich auftretenden Kurzschluß einsetzende Strom sinkt von seinem durch die Gl. (273a) gegebenen Höchstwert allmählich auf seinen stationären Wert entsprechend der Gl. (273). Bei Anwesenheit mehrerer Stromerzeuger im Netz klingt der plötzliche Kurzschlußstrom infolge der elektrischen Verkuppelung im großen ganzen nach einem einheitlichen Gesetz ab, das man durch die Bildung des Mittelwertes der Dämpfungskonstanten der nach ihrem elektrischen Beharrungsvermögen anteiligen Stromerzeuger erhält.

Für diese mittlere Dämpfungskonstante wollen wir nachstehend unter Vernachlässigung der Vorbelastung ein einfaches Gesetz ableiten, das selbst in den verwickeltsten Fällen, wenn auch nur näherungsweise, allgemeine Gültigkeit besitzt.

Der Erregerstrom der plötzlich kurzgeschlossenen Generatoren befolgt ein der Gl. (273) ganz ähnliches Gesetz, nämlich

$$i_i = i_e \cdot \left[\frac{1 - \tau'}{\tau'} \cdot e^{-a_i \cdot t} + 1 \right], \tag{290}$$

wo i_e der eingestellte Erregerstrom ist. Das in dieser Gleichung enthaltene unstationäre Stromglied kann als der Magnetisierungsstrom des im Verlaufe des plötzlichen Kurzschlusses vernichteten Anteiles des Induktorfeldes aufgefaßt werden; wir können somit folgende Beziehung anschreiben:

$$\int\limits_0^\infty r_i \cdot i_e \cdot \frac{1 - \tau'}{\tau'} \cdot e^{-a_i \cdot t} = i_e \cdot L_i \cdot (1 - \tau'). \tag{291}$$

Sind nun in dem zu untersuchenden Netz n Generatoren vorhanden, die beliebig verteilt sein mögen, so geht die Gl. (291) über in

$$\sum\limits_{\nu=1}^{\nu=n} r_{i\nu} \cdot i_{e\nu} \cdot \frac{1 - \tau_\nu'}{\tau_\nu'} \cdot \int\limits_0^\infty e^{-a_i \cdot t} = \sum\limits_{\nu=1}^{\nu=n} i_{e\nu} \cdot L_{i\nu} \cdot (1 - \tau_\nu'). \tag{291a}$$

Hieraus errechnet sich die mittlere Dämpfungskonstante zu

$$a_i = \frac{\sum\limits_1^n r_{i\nu} \cdot i_{e\nu} \cdot \dfrac{1 - \tau_\nu'}{\tau_\nu'}}{\sum\limits_1^n L_{i\nu} \cdot i_{e\nu} \cdot (1 - \tau_\nu')},$$

oder, da

$$i_e = J_{st} \cdot \frac{M}{L_i} \cdot \frac{1}{1 - \tau'},$$

$$a_i = \frac{\sum\limits_1^n M_\nu \cdot \dfrac{r_\nu}{L_\nu} \cdot J_{a\nu}}{\sum\limits_1^n M_\nu \cdot J_{st\nu}}. \tag{292}$$

In den angeschriebenen Gleichungen ist, um nochmals daran zu erinnern, τ' der Streufaktor des Generators einschließlich des äußeren Stromkreises, r_i der Ohmsche Widerstand des Erregerstromkreises, L_i der Selbstinduktionskoeffizient des Erregerstromkreises, M der Koeffizient der gegenseitigen Induktion zwischen Erreger- und Statorwicklung, J_a der Anfangswert und J_{st} der Endwert des plötzlichen Kurzschlußstromes. Der Ohmsche Widerstand des äußeren Stromkreises wurde der Einfachheit halber vernachlässigt. Den Streufaktor τ' definieren wir am einfachsten als Quotient des Anfangswertes und des Endwertes des plötzlichen Kurzschlußstromes.

Die Gl. (292) läßt sich noch weiterhin vereinfachen. Zunächst wollen wir annehmen, daß lauter gleiche Maschinen im Netz arbeiten mögen, die also gleiche Zeitkonstanten $\dfrac{L}{r}$ und gleiche Gegen-Induktivitäten M besitzen mögen. Gl. (292) geht damit über in

$$a_i = \frac{r}{L} \cdot \frac{J_{fa}}{J_{fst}}, \tag{293}$$

wo
$$J_{fa} = \sum_1^n J_{a\nu} \quad \text{der Anfangswert}$$

und
$$J_{fst} = \sum_1^n J_{st\nu}$$

der auf ungesättigten Zustand der leerlaufenden Maschinen bezogene Endwert des an der Kurzschlußstelle fließenden gesamten Kurzschlußstromes ist. Für die Schnelligkeit des zeitlichen Abklingens des plötzlichen Kurzschlußstromes ist also außer der Zeitkonstante der Erregerwicklung der Maschinen nur das Verhältnis des Stoß- zum Dauerkurzschlußstrom an der Fehlerstelle maßgebend. Wir können also ohne weitere Rechnung das Abklingen des Kurzschlußstromes an Hand der durch die Abb. 160 gegebenen Kurvenschar verfolgen. Da die Kurven Mittelwerte darstellen, die sich auf die verschiedensten Maschinen beziehen, so gilt Abb. 160 auch für Netze, die an beliebigen Stellen mit beliebigen Maschinen gespeist werden.

Für die sofort nach der Unterbrechung an den Schalterkontakten sich einstellende Spannung ergibt sich endlich

$$E = E \cdot \left[\left(1 - \frac{J_{fst}}{J_{fa}} \right) \cdot e^{-a_i \cdot T} + \frac{J_{fst}}{J_{fa}} \right]; \tag{294}$$

T bedeutet hierin die seit Eintritt des Kurzschlusses verflossene Zeit. Natürlich kann auch hier der durch die eckige Klammer gegebene Wert direkt der Kurvenschar Abb. 160 entnommen werden, und zwar ist die eckige Klammer ihrem Zahlenwert nach identisch mit dem Faktor m der Abb. 160.

Der Leser ersieht aus Vorstehendem, daß an unserem Modell nicht nur der Stoß- und Dauerkurzschlußstrom, sondern auch die zeitliche Dämpfung und die Höhe der nach der Unterbrechung erscheinenden Spannung, also sämtliche nur irgendwie interessierenden Größen der Messuug zugänglich sind.

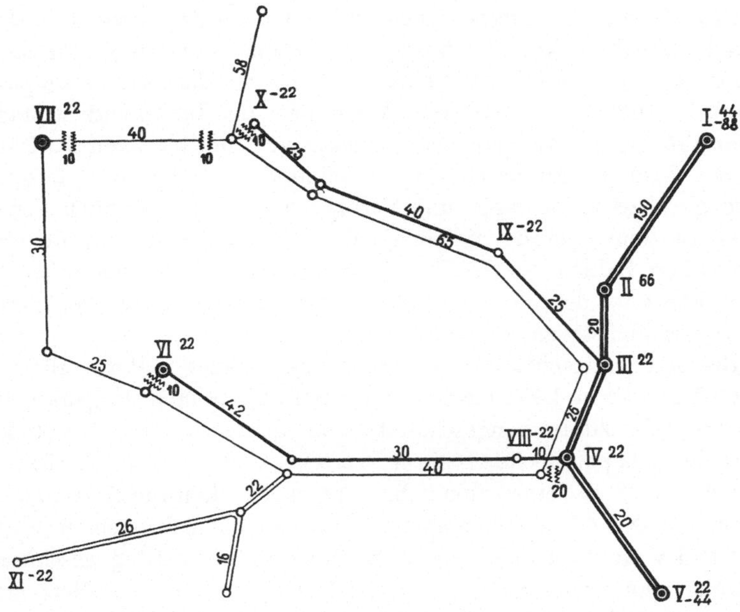

Abb. 192. Schema des durch das Modell nachzubildenden Netzes.

Die Vernachlässigung der Eisensättigung der Generatoren ist, wie wir wissen, bei der Bestimmung des Dauerkurzschlußstromes unzulässig. Die Berücksichtigung der Eisensättigung kann aber in genau derselben Weise erfolgen, wie wir dies bei der Berechnung des Dauerkurzschlußstromes gesehen haben. Genau wie dort können wir den unter Voraussetzung ungesättigter Maschinen erhaltenen Strom durch Multiplikationen mit dem nach Abb. 159 bestimmten Koeffizienten $\varkappa$ auf gesättigte Maschinen umrechnen.

Ein der Praxis entnommenes Beispiel soll uns die betrachteten Verhältnisse nochmals besonders veranschaulichen. Abb. 192 zeigt den Plan eines elektrischen Netzes, das zur Versorgung eines größeren

Landstriches mit elektrischer Energie dienen soll; die Fortleitung des Stromes geschieht im wesentlichen mit 2 Spannungen, mit einem System von 110 kV und von 60 kV-Leitungen. Das 110 kV-System ist das primäre, in ihm sind 6 von den zusammenarbeitenden 7 Stromerzeugungsanlagen I bis VII vereinigt, und es stützt sich in erster Linie auf das Großkraftwerk II mit einer betriebsmäßigen Sammelschienenleistung von 66000 kVA. Das 60 kV-Netz ist an 3 Stellen mit dem 110 kV-Netz durch Transformatoren von 11000 kVA (VI und X) bzw. 22000 kVA (IV) gekuppelt, ferner wird es vom Kraftwerk VII vorläufig über eine 50 kV-Leitung und je einen Transformator von 10000 kVA ($e_k = 5\,^0/_0$) gespeist.

Die auf den Leitungsstrecken stehenden Zahlen bedeuten deren einfache Länge in km, die hinter die Stationsnummern geschriebenen Zahlen geben entweder die normale Leistung der Stromerzeugungsanlage in 1000 kVA bzw. den Verbrauch der betreffenden Station, durch die gleiche Einheit ausgedrückt, an; im letzteren Fall steht vor der Zahl ein Minuszeichen. So sind Station I und V beispielsweise gleichzeitig Erzeuger und Verbraucher. Der Verbrauch der einzelnen Stationen wurde ziemlich willkürlich angenommen, da einerseits nähere Zahlen bei der Projektierung noch nicht feststanden, und da andererseits der Einfluß der normalen Belastung auf den Verlauf der Kurzschlußströme nicht allzu groß ist.

Bei einer Betrachtung des vorliegenden Netzes fällt vor allem die ganz beträchtliche Leistungskonzentration auf, es sind im ganzen etwa 220000 kVA zusammengeschaltet, von denen allein 176000 kVA längs der Doppelstrecke I bis V verteilt sind. Ferner besitzt das betrachtete Netz eine ziemlich verwickelte Leitungsführung; das 60000 Volt-Netz besteht im späteren Ausbau aus 2 Ringen, und auch das 110 kV-Netz ist über das 60 kV-Netz zu einem Ring geschlossen. Bedenkt man ferner noch die große Anzahl der auf das Netz arbeitenden Zentralen und endlich die späteren Ausbaumöglichkeiten, so folgt, daß die Überstromfrage mit besonderer Aufmerksamkeit studiert werden muß.

Das betrachtete Netz wird ausschließlich von Dampfzentralen gespeist, in denen nur Turbogeneratoren großer Leistung laufen, und zwar ist eine Type von 22000 kVA normaler Leistung vorherrschend (Zentrale I und II). Da nun von einer bestimmten Leistung ab Turbogeneratoren im allgemeinen nur wenig in ihren Eigenschaften voneinander abweichen, können wir im folgenden mit dieser Type allein rechnen; wir nehmen ferner an, daß jeder Generator getrennt auf einen Transformator gleicher Leistung arbeitet, der dessen Spannung sofort von 6,6 auf 110 k-Volt erhöht.

Abb. 193 zeigt eine auf die Oberspannung umgerechnete Leerlaufcharakteristik des Generators, in die Abbildung ist ferner der dreipolige und der zweipolige stationäre Kurzschlußstrom eingetragen. Die Leerlaufkurve besitzt zwei ausgezeichnete Punkte, die normale Phasen-

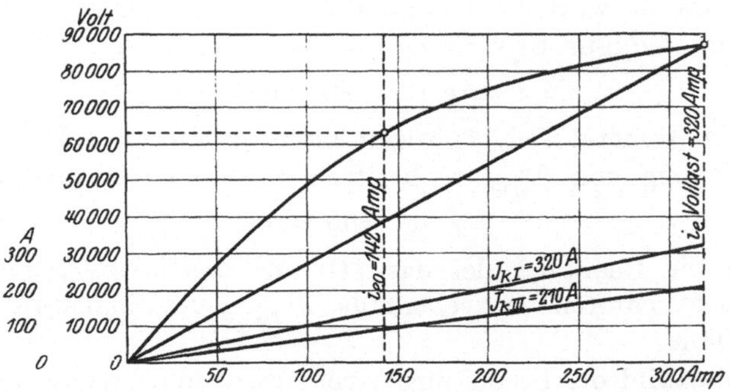

Abb. 193. Charakteristische Kurven der das Netz speisenden Maschinen.

spannung von 63,5 kV und die der Vollasterregung von 320 Amp. entsprechende Leerspannung von 87 kV. Zur letzteren Erregung gehört ein stationärer dreipoliger Kurzschlußstrom von 210 Amp. und ein zweipoliger Kurzschlußstrom von 320 Amp.

Ferner ist

$$J_a = 10 \cdot J_k \,.$$

Mit Hilfe dieser Angaben folgt

$$L \cdot \omega = \frac{E_0}{J_k} = 400 \text{ Ohm} \,,$$

ferner

$$\tau = \frac{J_k}{J_a} = 0{,}1 \,.$$

Aus der bekannten Beziehung

$$\frac{J_{kII}}{J_{kIII}} = \frac{\sqrt{3}}{1+\tau} = \frac{320}{210}$$

folgt dagegen für den stationären Kurzschluß

$$\tau = 0{,}13 \,,$$

man sieht also den Einfluß der Eisensättigung.

Die Maschinenrechnung ergab:

$$\tau_1 = 0{,}13 \,,$$

dieser Wert stimmt somit mit dem für die Totalstreuung gefundenen überein, was natürlich nicht streng zutreffen kann. Immerhin ist zu bedenken, daß im Kurzschluß der aus den Nutenverschlußkeilen bestehende und sehr kräftig gehaltene Dämpferkäfig des Induktors fast ganz die Vertretung der Erregerwicklung übernimmt, und daß bei der sehr geringen Streuung eines solchen Dämpferkäfigs der totale und der Stator-Streuungskoeffizient nur wenig voneinander abweichen können. Damit wird die Kurzschlußreaktanz, wenn wir zur Sicherheit mit dem ungünstigeren Werte $\tau = 0{,}1$ rechnen,

$$L \cdot \omega \cdot \tau = 40 \text{ Ohm}.$$

Die zu den Generatoren gehörigen Transformatoren haben ein Kurzschlußspannung von $9\,^0/_0$, sie besitzen somit eine Reaktanz

$$L_T \cdot \omega = 50 \text{ Ohm},$$

ferner ist die Reaktanz der das 110 und das 60 kV-Netz kuppelnden Transformatoren mit ebenfalls $9\,^0/_0$ Kurzschlußspannung 100 bzw. 50 Ohm.

Das Maßtbild der Freileitungen beider Spannungssysteme ist genau das gleiche, beide Leitungen haben einen Querschnitt von 125 mm^2 bei 3 m Abstand zwischen den Phasen, das Material ist Aluminium. Damit berechnet sich der induktive Widerstand der Leitungen zu

$$L_L \cdot \omega = 40 \text{ Ohm für die Phase und } 100 \text{ km},$$

und der Ohmsche Widerstand zu

$$R_L = 25 \text{ Ohm für die Phase und } 100 \text{ km}.$$

Die gleichen Werte der 60 kV-Leitungen sind natürlich durch Multiplikation mit dem Faktor $\left(\tfrac{110}{60}\right)^2$ auf 110 kV zu beziehen.

Der Ohmsche Widerstand erhöht die Impedanz der Leitungen um $17\,^0/_0$; nun ist aber zu bedenken, daß zur Induktivität der Freileitungen noch die der Transformatoren und Generatoren kommt. Nehmen wir an, ein 22000 kVA-Generator arbeite über seinen Transformator auf eine 100 km lange Leitung. Dann beträgt die gesamte Reaktanz 420 bzw. 130 Ohm, während dem ein Ohmscher Widerstand von nur 25 Ohm gegenübersteht. Der Ohmsche Widerstand verringert somit den plötzlichen Kurzschlußstrom um 2, den stationären Kurzschlußstrom dagegen nur um $0{,}2\,^0/_0$, er kann somit unbedenklich vernachlässigt werden.

Wie bereits erwähnt, nehmen wir die Generatoren als voll belastet an, und es gilt nun noch, diese Belastung in unserem Modell durch äquivalente Ohmsche Widerstände zu ersetzen. Zu dem Zweck ist nun zunächst die tatsächliche Last durch eine fingierte rein induktive Belastung zu ersetzen, die im Generator den gleichen Spannungsabfall $E_0 - E$ wie diese hervorbringt. Diese ergibt sich nun aus der Beziehung

$$L_B \cdot \omega = \frac{E}{E_0 - E} \cdot L \cdot \omega \qquad (295)$$

für jeden Generator zu 1100 Ohm.

Wir sind nun so weit, daß wir das durch die Abb. 194 wiedergegebene Modell des betrachteten elektrischen Verteilungsnetzes aufbauen können; die Abbildung bedarf nach dem Gesagten wohl keiner besonderen Erläuterung mehr. Die eingeschriebenen Zahlen bedeuten Ohmwerte, und zwar sind der Bequemlichkeit halber sämtliche errechneten Widerstandswerte auf den 10. Teil reduziert. Die die Generatoren und zugehörigen Transformatoren abbildenden Widerstände

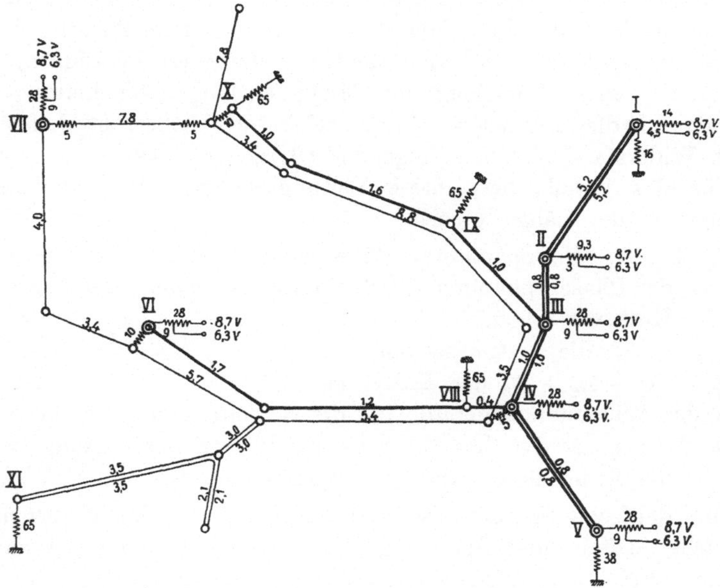

Abb. 194. Modell des zu untersuchenden Netzes.

wurden zusammengefaßt; je nachdem der ganze Widerstand an 8,7 oder ein entsprechender Teil desselben an 6,35 Volt gelegt wird, kann der stationäre Kurzschlußstrom oder das Wechselstromglied des plötzlichen Kurzschlußstromes in Amp. $\times 10^3$ gemessen werden.

Mit den in die Abb. 194 eingetragenen Widerstandswerten mißt man zunächst den Stoß- und Dauerkurzschlußstrom des 3 poligen Kurzschlusses. Um die Ströme des zweipoligen Kurzschlusses zu erhalten, braucht man lediglich die die Streureaktanz wiedergebenden Widerstände im Verhältnis 1:1,15, dagegen die die synchrone Reaktanz der Generatoren wiedergebenden Widerstände im Verhältnis

$$1 : \frac{2}{1+\tau} = 1 : 1,82$$

zu verkleinern und gleichzeitig die Spannung im Verhältnis 1:1,15 zu erniedrigen.

Ist schon die Berechnung der Strom- und Spannungsverhältnisse eines Netzes bei Kurzschluß nicht einfach, und daher die Zuhilfenahme eines Netzmodelles erwünscht, so trifft das noch viel mehr beim Doppelerdschluß zu, wo die Verhältnisse noch wesentlich verwickelter liegen. Man wird deshalb das im Vorhergehenden entwickelte Netzmodell so ausgestalten, daß es auch für den Fall des Doppelerdschlusses Strom und Spannung im Netz durch Messung bequem zu ermitteln gestattet. Da bei Doppelerdschluß wegen der verschiedenen Lage der Erdschlußstellen im Netz jeder Phase für sich betrachtet werden muß, wird man von vornherein genötigt sein, vom 1 poligen Aufbau des Modells abzugehen und mindestens zwei Phasen zu verlegen. Um auch den Erdboden richtig wiedergeben zu können, wird man nach einem Vorschlag von Mayr entlang jeder Leitung eine besondere Erdleitung legen, durch welche der Erdstrom fließt und deren Widerstand sich aus folgender Überlegung ergibt:

Für das jeweils betrachtete Leitungselement einer Drehstromleitung von der Länge 1 seien

$\mathfrak{E}_1$, $\mathfrak{E}_2$, $\mathfrak{E}_3$ die Spannungsabfälle jeder Phase, wobei wir unter der Phasenspannung die Spannung zwischen jeder Phase und Erde verstehen,

$\mathfrak{J}_1$, $\mathfrak{J}_2$, $\mathfrak{J}_3$ die Leitungsströme,

$\mathfrak{J}_0 = \mathfrak{J}_1 + \mathfrak{J}_2 + \mathfrak{J}_3$ der Erdstrom,

$\mathfrak{R}$ der Widerstandsoperator für die Schleife Draht—Erde,

$\mathfrak{M}$ die gegenseitige Impedanz zweier Phasen der Leitung, wobei die Erde als Rückleitung angenommen ist.

Die deutsche Schreibweise soll anzeigen, daß im Vorliegenden sämtliche Ströme und Spannungen als gerichtete Vektoren zu betrachten sind.

Für $\mathfrak{E}_1$, $\mathfrak{E}_2$ und $\mathfrak{E}_3$ ergeben sich dann folgende 3 Gleichungen:

$$\left. \begin{array}{l} \mathfrak{E}_1 = \mathfrak{J}_1 \cdot \mathfrak{R} + \mathfrak{J}_2 \cdot \mathfrak{M} + \mathfrak{J}_3 \cdot \mathfrak{M} \\ \mathfrak{E}_2 = \mathfrak{J}_1 \cdot \mathfrak{M} + \mathfrak{J}_2 \cdot \mathfrak{R} + \mathfrak{J}_3 \cdot \mathfrak{M} \\ \mathfrak{E}_3 = \mathfrak{J}_1 \cdot \mathfrak{M} + \mathfrak{J}_2 \cdot \mathfrak{M} + \mathfrak{J}_3 \cdot \mathfrak{R} \end{array} \right\} \qquad (296)$$

Durch Subtraktionen erhält man für den Spannungsabfall zwischen zwei Phasen, z. B. in den Phasen 1 und 2

$$\mathfrak{E}_1 - \mathfrak{E}_2 = (\mathfrak{J}_1 - \mathfrak{J}_2) \cdot (\mathfrak{R} - \mathfrak{M}) = (\mathfrak{J}_1 - \mathfrak{J}_2) \cdot \mathfrak{r}. \qquad (297)$$

Dabei ist

$$\mathfrak{r} = \mathfrak{R} - \mathfrak{M} \qquad (298)$$

die Impedanz einer Phase der Leitung, welche man erhält, indem man die Impedanz einer aus zwei Phasen der Leitung bestehenden Schleife halbiert. Man sieht dies ohne weiteres, wenn man z. B. einen zweipoligen Kurzschluß betrachtet, bei welchem $\mathfrak{J}_2 = -\mathfrak{J}_1$ zu setzen ist. Man hat dann

$$\mathfrak{E}_1 - \mathfrak{E}_2 = \mathfrak{J}_1 \cdot 2\,\mathfrak{r}.$$

Setzt man nun die so gefundene Beziehung

$$\Re = \mathfrak{M} + \mathfrak{r}$$

in die erste der Gl. (296) ein, so erhält man

$$\mathfrak{E}_1 = \mathfrak{J}_1 \cdot (\mathfrak{M} + \mathfrak{r}) + \mathfrak{J}_2 \cdot \mathfrak{M} + \mathfrak{J}_3 \cdot \mathfrak{M}$$

oder

$$\mathfrak{E}_1 = \mathfrak{J}_1 \cdot \mathfrak{r} + \mathfrak{J}_0 \cdot \mathfrak{M}. \tag{299}$$

Geben wir also den Phasen unseres Netzmodells die Impedanz $\mathfrak{r}$, während die Erdleitung die Impedanz $\mathfrak{M}$ erhält, so wird die zwischen Erdleitung und Phase gemessene Spannung jeweils der wirklichen Phasenspannung entsprechen. Nach Gl. (297) wird dann auch die verkettete Spannung sowohl im Kurzschluß als auch im Doppelerdschluß richtig wiedergegeben. Wir haben damit gezeigt, daß sich für die Erde ein Ersatzleiter angeben läßt, der zusammen mit den Phasen eine richtige Wiedergabe des Spannungsabfalles der Leitungen ermöglicht. Daß ja auch in Wirklichkeit der Strom in der Erde unterhalb der Leitungen in einem verhältnismäßig schmalen Bande fließt und in diesem Bande der Leitungstrasse folgt, haben wir bereits gesehen. Rein physikalisch betrachtet ist also der Ersatz der Erde durch einen gestreckten Leiter ohne weiteres zulässig.

Es bliebe noch zu beweisen, daß bei unserem Modell bei einem Doppelerdschluß der Strom sich, falls es sich um ein vermaschtes Netz handelt, genau so im Ersatzleiter verteilt, wie in Wirklichkeit in der Erde, d. h. also, daß der Strom, der in einem Leitungsdraht zur Fehlerstelle abfließt, auch wieder in dem entsprechenden Erddraht zurückfließt. Die Beweisführung wollen wir hier übergehen; es ergibt sich, daß in unserem Modell der Strom sich im Ersatzleiter dann richtig verteilt, wenn Leiterabstände und Leiterquerschnitte im Netz nicht allzu stark variieren, eine Voraussetzuug, die meist erfüllt sein wird. Aber auch wenn diese Voraussetzung nicht erfüllt ist, ist die sich ergebende Abweichung von der Wirklichkeit nur verhältnismäßig geringfügig.

Für normale Freileitungen ist mit großer Annäherung, wie ja auch schon unsere Zahlenbeispiele zeigten,

$$\mathfrak{M} = \mathfrak{r}.$$

Wir können somit beispielsweise unser durch die Abb. 194 wiedergegebenes Modell in einfachster Weise auch für die Untersuchung des Doppelerdschlusses erweitern, indem wir es zunächst zweipolig aufbauen und dementsprechend eine Spannung von $\sqrt{3} \cdot 8{,}7$ bzw. $\sqrt{3} \cdot 6{,}3$ Volt wählen. Außerdem müssen wir eine dritte Leitung ziehen, die den Phasenleitungen parallel läuft und denselben Widerstand wie diese hat. Diese dritte Leitung, die die Erde ersetzt, wird nicht an die

Spannungsquelle angeschlossen; sie ist an Stellen, an denen Netzteile elektrisch getrennt und nur durch Transformatoren gekuppelt sind, zu unterbrechen, um die elektrische Trennung der Netzteile im Modell richtig wiederzugeben. Für jede Zentrale ist eine besondere Spannungsquelle vorzusehen, beispielsweise eine kleine Akkumulatorenbatterie, die von den anderen Spannungsquellen isoliert sein muß. Der die

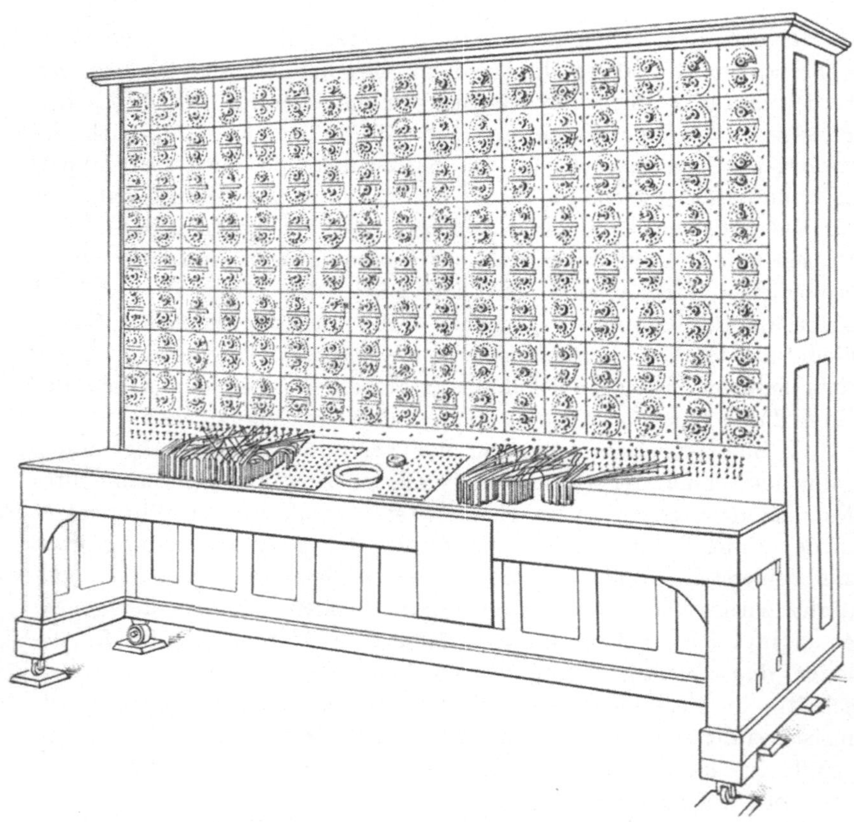

Abb. 195. Kurzschlußberechnungsschrank.

synchrone Reaktanz der Generatoren ersetzende Widerstand ist natürlich gegenüber dem für die Untersuchung des dreipoligen Kurzschlusses bestimmten Wert im Verhältnis $\dfrac{2}{1+\tau}$ zu verkleinern. Wenn wir nun an den Erdschlußstellen die einzelnen Phasen mit dem dritten die Erde ersetzenden Leiter verbinden, so gibt unser Modell Strom- und Spannungsverteilung des Netzes im Doppelerdschluß richtig wieder, und zwar erhält man den Stoß- bzw. den Dauerkurzschlußstrom je nachdem, ob man den die Streureaktanz der Generatoren darstellenden Widerstandswert, der übrigens gegenüber dem dreipoligen Kurzschluß im Verhältnis 1 : 1,15 zu verkleinern ist, an 11 Volt bzw. den die synchrone Reaktanz darstellenden Widerstandswert an 15 Volt legt. Schließt man zwei Phasen des nunmehr zweipoligen Netzmodells miteinander kurz, so erhält man die Strom- und Spannungsverteilung des zweipoligen Kurzschlusses. Um die Verhältnisse des dreipoligen Kurschlusses wiederzugeben, braucht man an den Stromquellen lediglich 6,3 bzw. 8,7 Volt abzuzapfen und von dort aus eine kräftige Leitung nach der Fehlerstelle hin zu führen, wo diese mit einer der beiden Phasenleitungen zu verbinden ist.

Modelle zur Bestimmung der Kurzschlußströme ausgedehnter Netze sind speziell in Amerika vielfach in Gebrauch. Abb. 195 zeigt einen derartigen von der GEC an die Brooklyn Edison Co. gelieferten Kurzschlußberechnungsschrank.

51. Ausgleichsvorgänge bei der Unterbrechung des Kurzschlusses.

Wird der Kurzschlußstrom einer synchronen Maschine durch den zugehörigen Schalter wieder unterbrochen, so stellt sich an ihren Klemmen nicht sofort wieder die alte Spannung ein, denn ein Teil des magnetischen Feldes der Maschine wurde im Verlauf des plötzlichen Kurzschlusses vernichtet. Die an den Klemmen erscheinende Spannung entspricht vielmehr dem der Maschine verbliebenen Rest des magnetischen Feldes, und nur allmählich in dem Maße, in welchem die Erregermaschine dem Induktor seine verlorene magnetische Energie wieder zuführt, erreicht die Klemmenspannung wieder ihren ursprünglichen Wert. Die Höhe der sofort nach der Unterbrechung sich an den Klemmen einstellenden Spannung ist, wenn die Abschaltung nach Erreichung des stationären dreipoligen Kurzschlußstromes erfolgte, gleich der Spannung vor Eintritt des Kurzschlusses multipliziert mit dem Streufaktor der Maschine. Von diesem Wert aus steigt die Spannung nach Maßgabe der Zeitkonstante des Erregerkreises allmählich wieder auf ihren ursprünglichen Wert ensprechend der folgenden Gleichung:

$$e = E_0 \cdot [1 + (\tau' - 1) \cdot e^{-a_i \cdot \tau' \cdot t}]. \tag{300}$$

Diese Gleichung bezieht sich auf Abschaltung des dreipoligen Kurzschlusses, bei Abschaltung des zwei- und einpoligen Kurzschlusses ergibt sich folgender Spannungsverlauf:

$$e = E_0 \cdot \left[1 + \left(\frac{2 \cdot \tau'}{1 + \tau'} - 1\right) \cdot e^{-a_i \cdot \tau' \cdot t}\right]. \tag{301}$$

In den angeschriebenen Gleichungen ist E_0 die Spannung vor Eintritt des Kurzschlusses, τ' der sich auf den gesamten Kurzschlußkreis beziehende Streufaktor und

$$a_i \cdot \tau' = \frac{r_i}{L_i}$$

die reziproke Zeitkonstante des Erregerkreises.

War, wie den Gl. (300) und (301) zugrundegelegt, der Kurzschluß vor seiner Abschaltung noch nicht stationär geworden, so hat die nach der Unterbrechung an den Generatorklemmen sich sofort einstellende Spannung einen Wert, der sich sowohl beim drei-, beim zwei- und auch beim einpoligen Kurzschluß aus der Beziehung

$$e_0 = E_0 \cdot \frac{J}{J_a} \tag{302}$$

ergibt, wo J_a der Anfangswert des Kurzschlußstromes an der Fehlerstelle und J dessen Wert unmittelbar vor der Abschaltung ist.

Im Moment der Unterbrechung des Kurzschlusses springt die Spannung an den Generatorklemmen, soweit man aus aufgenommenen Oszillogrammen ersehen kann, ganz unvermittelt auf ihren Scheitelwert, um von da ab weiterhin ihren normalen sinusförmigen Verlauf zu nehmen. Beim Abschalten des dreipoligen Kurzschlusses spielt sich dieser Vorgang zunächst in einer Phase ab, die beiden anderen Phasen bleiben noch während einer Viertelperiode kurzgeschlossen, bis auch in ihnen der Strom betriebsmäßig durch Null geht und erlischt. In diesem Moment springt auch in diesen beiden Phasen die Spannung auf ihren Amplitudenwert.

Die Maschinenspannung springt also nach der Unterbrechung in allen 3 Phasen nacheinander auf ihren Scheitelwert, und für die im Netz verteilten Transformatoren, Motoren und Apparate, die während des Kurzschlusses mehr oder weniger spannungslos waren, ist also der Vorgang so, als wenn sie nach der Unterbrechung des Kurzschlusses plötzlich wieder an Spannung gelegt würden, wobei der Schaltmoment stets so liegt, daß die Einschaltung im Spannungsmaximum erfolgt. Einschaltstromstöße treten aber, wie wir aus Früherem wissen, bei diesem Schaltmoment nicht auf und das Netz wird somit ohne Stöße vom Kurzschlußzustand wiederum in den Betriebszustand übergeführt. Diese Behauptung gilt indes mit einer Einschränkung:

Sinkt beim Kurzschluß die Spannung in allen Phasen stark ab, handelt es sich also um einen dreipoligen Kurzschluß in der Nähe der Zentrale, so werden die im Netz laufenden Motoren, sofern der Kurzschluß lange genug dauert, in ihrer Umdrehungszahl nennenswert abfallen. Beim Abschalten des Kurzschlusses und Wieder-

erscheinen der Netzspannung werden also die Motoren zunächst
wieder auf ihre richtige Umdrehungszahl gebracht werden müssen,
was nicht ohne eine Vergrößerung der Stromaufnahme von ihrer
Seite aus abgeht. Sind die Motoren sehr stark in ihrer Umdrehungszahl abgefallen, so kann der von ihnen dem Netz entnommene Strom
so groß werden, daß das Wiederingangkommen des Netzes gefährdet
wird. Zum mindesten besteht die Gefahr einer derartig hohen Stromaufnahme der Motoren, daß ihre Sicherungen bzw. Überstromschalter
zum Auslösen kommen. Bekanntlich versieht man, um dies zu verhindern, die Motoren mit einer sogenannten Nullspannungsauslösung,

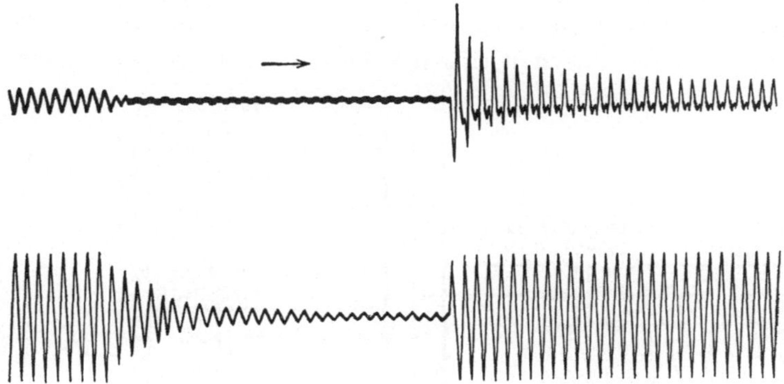

Abb. 196. Ab- und Zuschalten eines Netzteiles.

die bei starkem Absinken der Spannung für ihre Abschaltung sorgt.
Immerhin bedeutet auch dies für die von den betreffenden Motoren
versorgten Betriebe eine unangenehme Störung und man wird aus
diesem Grunde lieber dafür sorgen, daß sich Kurzschlüsse in Netzen
in ihren Folgeerscheinungen nicht so weit auswachsen, daß es zu
den erwähnten Störungen kommt. Dies ist aber nur in der Weise
möglich, daß man für eine genügend schnelle Abschaltung im Netz
aufgetretener Kurzschlüsse sorgt.

Wie lange ein Kurzschluß in einem Netz bestehen bleiben darf,
ohne den Betrieb desselben zu gefährden, läßt sich nicht auf Grund
theoretischer Überlegungen angeben. Es hängt dies ganz von den
Belastungsverhältnissen der im Netz verteilten Motoren ab und man
wird aus diesem Grunde nur das Experiment entscheiden lassen
können.

Nachstehend sollen aus diesem Grunde einige Versuchsergebnisse
mitgeteilt werden:

Um zunächst den Unterschied vor Augen zu führen, ist in Abb 196
ein sehr interessantes Oszillogramm wiedergegeben, das Herr Ober-

ingenieur Stapff im Kabelnetz des EW Amsterdam aufgenommen hat. Herr Stapff schaltete mitten im Betrieb einen Teil des Netzes ab, an dem Transformatoren mit einer Gesamtleistung von 2000 kVA und Motoren mit einer gesamten zur Zeit des Versuches dem Netz entnommenen Leistung von ca. 1000 kW lagen. Nach 0,6 Sek. wurde der Netzteil plötzlich wiederum zugeschaltet. Der obere Kurvenzug des Oszillogramms zeigt den von dem betroffenen Netzteil aufgenommenen Strom, der untere Kurvenzug seine Spannung. Es ist interessant zu sehen, wie die Motoren vermöge der in ihnen aufgespeicherten magnetischen Energie die Spannung des Netzteiles nur allmählich absinken lassen. Der beim Wiederzuschalten auftretende Stromstoß ist beträchtlich, man erkennt aber aus der Kurvenform und dem unsymmetrischen Verlauf, daß es sich dabei fast

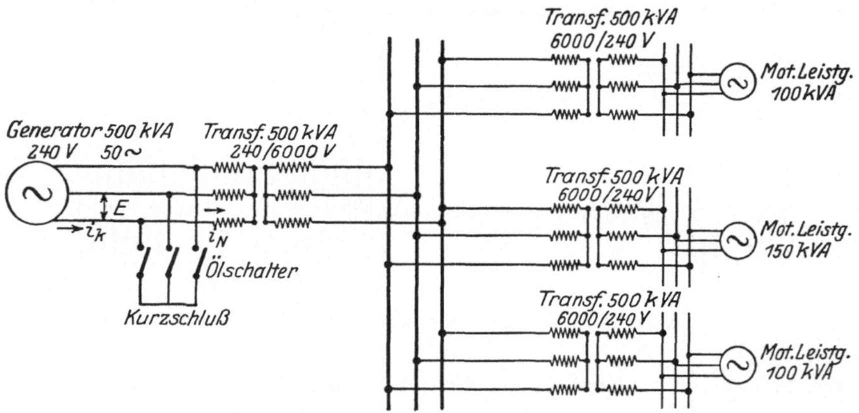

Abb. 197. Schema der Kurzschlußversuche.

ausschließlich um Magnetisierungsstromstöße der Transformatoren und Motoren handelt. Da, wie das Oszillogramm zeigt, gerade in dem Augenblick geschaltet wurde, wo die Spannung die Nullinie passiert, ist das Auftreten dieser Stromstöße durchaus zu erwarten gewesen. Daß derartige Stromstöße nicht auftreten werden, wenn nach Abschaltung eines Kurzschlusses die Netzspannung plötzlich wieder erscheint, wurde bereits erörtert und die Erörterungen werden durch die folgenden Oszillogramme bestätigt, die sich auf Versuche beziehen, die im Netz einer mittleren Fabrik vorgenommen wurden.

Die Anordnung der nunmehr zu beschreibenden Versuche zeigt Schaltungsschema Abb. 197. Ein Turbogenerator von 500 kVA mit einer verketteten Spannung von 240 Volt arbeitet über einen Transformator gleicher Leistung auf die 6000 Volt-Sammelschienen des Fabriknetzes. An diese Sammelschienen sind über Kabel von einigen hundert Meter Länge 3 Transformatoren à 500 kVA angeschlossen, die ihrerseits Unterverteilungsanlagen speisen, deren Belastung in der Hauptsache aus asynchronen Motoren mit einer Einzelleistung von $2 \div 10$ kW besteht. Die Motoren, die zur Zeit der

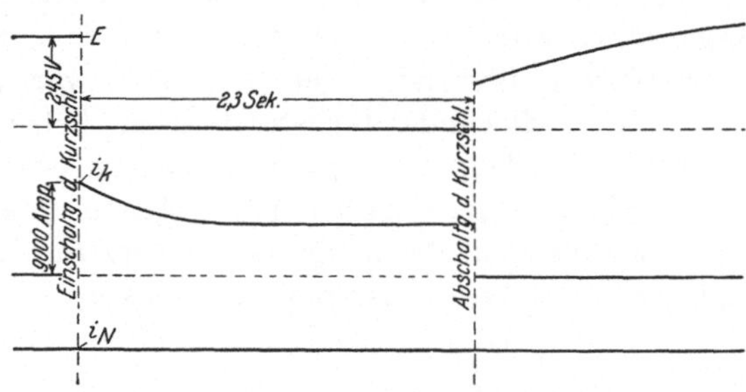

Abb. 198. Kurzschluß des leerlaufenden Generators.

Versuche eine Gesamtleistung von 350 kVA besaßen, treiben größtenteils Werkzeugmaschinen, aber auch Ventilatoren, Pumpen usw. an. Es handelt sich also um einen typischen Industriebetrieb. Die Kurzschlußversuche wurden so vorgenommen, daß der Generator direkt an seinen Klemmen während des normalen Betriebes dreipolig bzw. zweipolig mittels eines Ölschalters plötzlich kurzgeschlossen wurde. Nach einer gewissen Zeit wurde der Kurzschluß wieder geöffnet. Sämtliche im Netz verteilten Nullspannungsauslösungen waren, um unerwünschte Abschaltungen zu vermeiden, abgeklemmt worden. Von den nachstehend gebrachten Oszillogrammen zeigt die obere Kurve den Kurzschlußstrom des Generators, die mittlere Kurve seine verkettete Spannung zwischen den kurzgeschlossenen Pha-

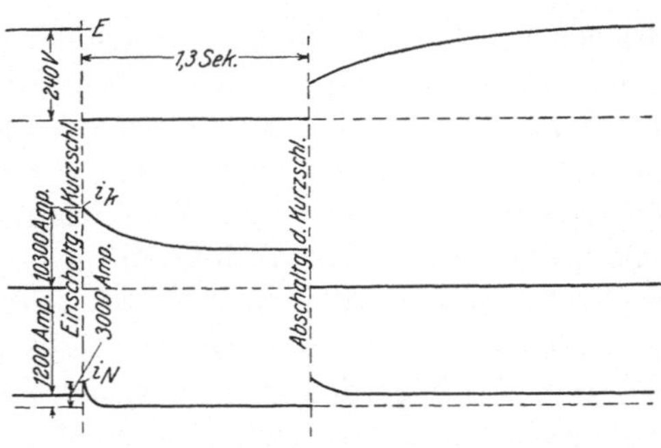

Abb. 199. Dreipoliger Netz-Kurzschluß.

sen und die untere Kurve den vom Netz aufgenommenen Strom. Der Deutlichkeit halber wurde nur der Umriß der vom Oszillographen geschriebenen Kurven wiedergegeben.

Oszillogramm Abb. 198 zeigt zunächst den plötzlichen dreipoligen Kurzschlußstrom des auf seine normale Spannung erregten leerlaufenden Generators. Der Kurzschlußstrom, der auf einen Höchstwert von 10000 Amp., d. i. also der 8 fache Wert des Vollaststromes, ansteigt, klingt infolge der geringen Maschinengröße verhältnismäßig schnell ab. Nach 2,3 Sekunden wurde der Kurzschluß abgeschaltet, man sieht, wie die Spannung verhältnismäßig langsam wieder auf ihren ursprünglichen Wert anwächst.

Abb. 199 zeigt die Wiederholung desselben Versuches, jedoch bei belastetem Generator, wobei die Belastung aus dem in Abb. 197 dargestellten Fabriknetz bestand. Der Generator war gerade voll belastet, der ins Netz fließende Belastungsstrom betrug vor dem Kurzschluß gerade 1200 Amp.; der Leistungsfaktor des Netzes war, wie dies bei derartigen Netzen üblich ist, etwa cos $\varphi = 0,4$. Man sieht, daß der Stoßkurzschlußstrom des Generators nur wenig höher als bei Leerlauf ist. Interessant ist dagegen, daß auch die Motoren

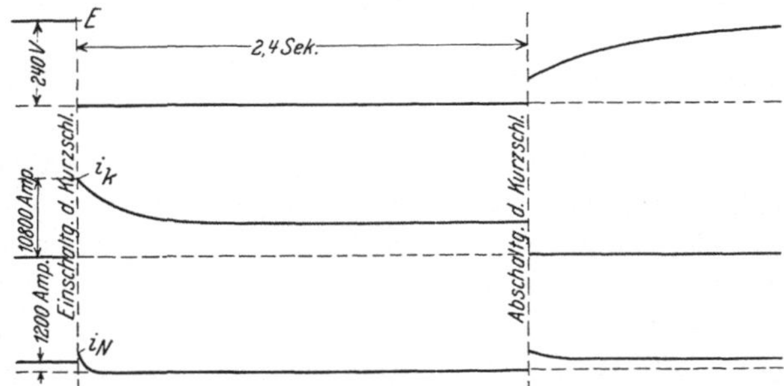

Abb. 200. Dreipoliger Netz-Kurzschluß.

des Netzes einen allerdings sehr schnell abklingenden Stoßkurzschlußstrom von 3500 Amp. nach der Kurzschlußstelle hinschicken. Nach 1,3 Sekunden wurde der Kurzschluß wieder abgeschaltet. Das Netz nimmt zwar während der ersten Perioden einen etwas größeren Strom auf, der offenbar zur Beschleunigung der in der Umdrehungszahl etwas abgefallenen Motoren gedient hat. Einschaltstromstöße nach Art des Oszillogramms Abb. 196 sind aber trotz der Größe der Transformatorenleistung keinesfalls zu erkennen.

Abb. 200 zeigt denselben Vorgang, jedoch erfolgt die Abschaltung des Kurzschlusses erst nach 2,7 Sekunden, während sie bei Abb. 201 erst nach 4 Sekunden erfolgte. Das sich ergebende Bild ist in allen Fällen das gleiche. Der nach Abschaltung des Kurzschlusses vom Netz aufgenommene Strom bewegt sich auch bei der langen Kurzschlußdauer in sehr mäßigen Grenzen, was zum Teil daher rühren mag, daß mit den Motoren auch der Generator während des Kurzschlusses ein gewisses Abfallen der Umdrehungszahl erlitten hat. Beobachtungen des Tachometers ergaben, daß die Umdrehungszahl des Generators, die normal 1500 beträgt, während des Kurzschlusses um etwa 150 sich erniedrigte. Ähnliche Verhältnisse sind jedoch auch in anderen Netzen gegeben und die Versuche lassen aus diesem

Grunde den Schluß ziehen, daß eine Kurzschlußdauer von 4 Sekunden
für normale Netze noch durchaus zu ertragen ist. Voraussetzung
ist natürlich, worauf später noch besonders zurückgekommen wird,

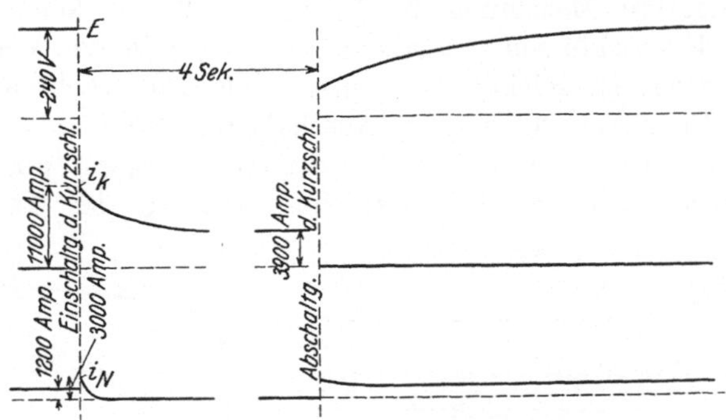

Abb. 201. Dreipoliger Netz-Kurzschluß.

daß die einzelnen Teile des Netzes auch in anderer Beziehung einen
Kurzschluß von dieser Dauer vertragen können.

Abb. 202 zeigt die bei einem zweipoligen Kurzschluß sich einstellenden Strom- und Spannungsverhältnisse des untersuchten Netzes.
Es ist interessant zu sehen, daß die asynchronen Motoren während
des Kurzschlusses auch ihrerseits die Kurzschlußstelle beliefern, man

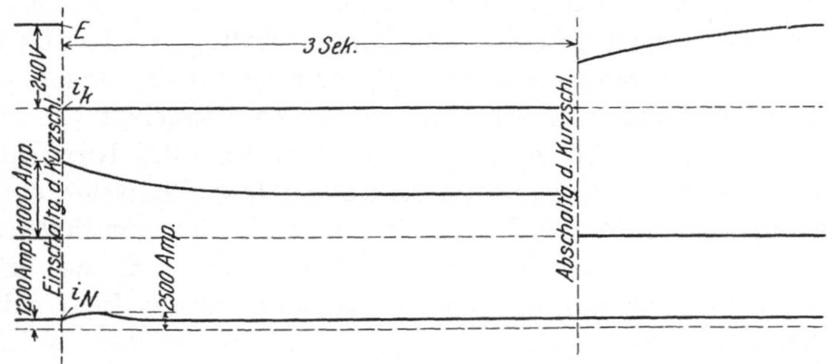

Abb. 202. Zweipoliger Netz-Kurzschluß.

sieht aber auch, daß dieser Beitrag im Vergleich zum eigenen Kurzschlußstrom des Generators nur verhältnismäßig geringfügig ist. Es
steht dies durchaus im Einklang mit unseren früheren theoretischen
Betrachtungen. Obwohl der Kurzschluß 3 Sekunden lang bestand,
erfolgte nach seiner Abschaltung der Übergang zum normalen Netz-
betrieb ohne erkennbare Überströme, was ja auch schließlich zu
erwarten war, da beim zweipoligen Kurzschluß nur eine der 3 verketteten Spannungen des Drehstromsystems verschwindet.

Abb. 203 endlich zeigt denselben Vorgang nochmals, jedoch wurde statt der Spannung der kurzgeschlossenen Phasen die Spannung zwischen 2 nicht kurzgeschlossenen Phasen aufgenommen.

Sind mehrere Maschinen im Netz verteilt, so können sie bei dreipoligen Kurzschlüssen, vor allem, wenn diese in den Verbindungs-Leitungen zwischen solchen Maschinen eintreten, leicht außer Tritt kommen. Erscheint dann nach Abschaltung des Kurzschlusses die Spannung wieder, dann spielt sich derselbe Vorgang ab, als wenn man die Maschinen mit ihrer bei Unterbrechung des Knrzschlusses

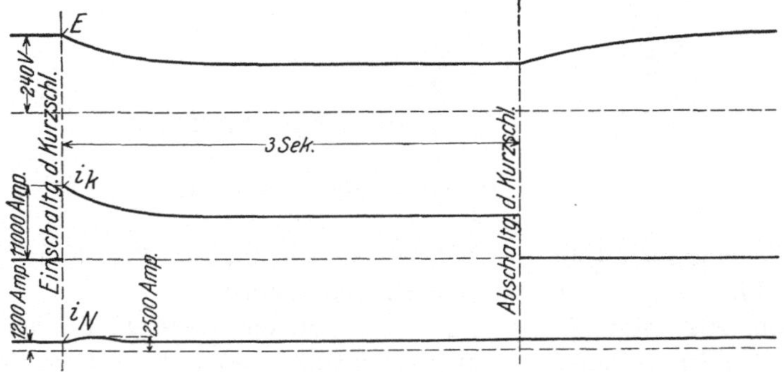

Abb. 203. Zweipoliger Netz-Kurzschluß.

noch vorhandenen inneren EMK unter dem zu dieser Zeit vorhandenen Fehlwinkel plötzlich aufeinanderschalten würde. Es spielt sich dann ein Ausgleichsvorgang ab, genau wie wir ihn schon früher beim Parallelschalten von Synchronmaschinen betrachtet haben.

Es spielt sich also nach der Unterbrechung des Kurzschlusses zwischen den im Netz verteilten Maschinen bzw. Zentralen ein Ausgleichsvorgang ab, der die Maschinen wieder in den vor Eintritt des Kurzschlusses vorhandenen Zustand des Synchronismus zu bringen sucht; die Polräder der Maschinen, die während des Kurzschlusses auseinandergelaufen waren, werden also wieder in ihre synchrone Lage zurückgedreht, und zwar verläuft dieser Vorgang, wenn die Summe der im Kurzschlußkreis vorhandenen Ohmschen Widerstände kleiner als die Summe sämtlicher Reaktanzen einschließlich der synchronen Reaktanz der Generatoren ist, und wenn die Maschinen eine kräftige Dämpferwicklung besitzen, aperiodisch. Bezeichnet α_0 den Winkel, um den die Polräder im Moment der Abschaltung des Kurzschlusses gegen ihre synchrone Lage ($\alpha = 0$) verdreht sind, α den Augenblickswert dieses Winkels im Verlauf des Wiedereintrittkommens, so verläuft dieses nach folgender Gleichung

$$\alpha = \alpha_0 \cdot e^{-a_i \cdot t}, \tag{303}$$

wobei diese Gleichung streng genommen nur für kleine Winkel gilt, praktisch genommen bei Winkeln bis 60^0 noch genau und bei Winkeln bis 120^0 noch mit für unsere Zwecke genügender Genauigkeit. Wird die Winkeldifferenz zwischen den Polrädern noch größer, so verlangsamt sich die durch die Gl. (303) gegebene Bewegung. a_i ist übrigens wiederum die Kurzschlußzeitkonstante der Erregerwicklung der betrachteten Generatoren. Dieses Wiederintrittkommen der Maschinen erfolgt unter Vermittlung eines zwischen den Maschinen verlaufenden Ausgleichstromes, für den sich folgende Gleichung anschreiben läßt:

$$i = 2 \cdot \sin\frac{\alpha}{2} \cdot \left[(J_a - J_{st}) \cdot e^{-a_i \cdot t} + J_{st} \right], \qquad (304)$$

die, wenn wir uns auf kleine Winkel α beschränken, wie folgt einfacher lautet:

$$i = \frac{\alpha}{60} \cdot \left[(J_a - J_{st}) \cdot e^{-2 \cdot a_i \cdot t} + J_{st} \cdot e^{-a_i \cdot t} \right]. \qquad (304\,\text{a})$$

In den eben angeschriebenen Gleichungen ist J_a das Wechselstromglied des Stoßkurzschlußstromes und J_{st} der Dauerkurzschlußstrom, der sich in den betrachteten Maschinen einstellen würde, wenn sie auf eine Spannung erregt würden, die der bei Unterbrechung des Kurzschlusses in den Maschinen induzierten EMK entspricht. Man sieht, daß die zwischen den Maschinen hin- und herwogenden Ausgleichsströme eine recht gefährliche Höhe annehmen können.

Der ganze das Wiederintrittkommen der Maschinen vermittelnde Ausgleichsvorgang spielt sich mit einer Geschwindigkeit ab, die durch die Kurzschlußzeitkonstante der Erregerwicklung der Generatoren gegeben ist. Der Wiederanstieg der Spannung der Maschinen auf ihren ursprünglichen vor Eintritt des Kurzschlusses vorhandenen Wert erfolgt relativ langsam, denn hierfür ist, wie wir sahen, die Leerlaufzeitkonstante der Erregerwicklung maßgebend. Wir können somit bei Betrachtung des Wiederintrittkommens der Maschinen das Wiederansteigen der Spannung zunächst vernachlässigen und uns den Vorgang so vorstellen, als wenn, nachdem die Maschinen in Tritt gekommen sind, die Spannung beginnt, langsam wieder auf ihren ursprünglichen Wert entsprechend der Gl. (300) anzusteigen.

Es soll nicht verhehlt werden, daß, wenn im Verlauf des Kurzschlusses die Spannung der Maschinen stark abgefallen ist, das synchronisierende Moment sehr klein wird. Infolgedessen sind Unregelmäßigkeiten der Regulatoren der Abtriebsmaschinen in diesem Falle unter Umständen von großem Einfluß auf das Einschwingen in die synchrone Lage, und es kann wohl der Fall eintreten, daß schlecht gedämpfte Regulatoren das Wiedereintrittkommen verzögern oder gar ungedämpfte Schwingungen der Polräder anregen, die schließlich zu einem völligen Außertrittfallen der Maschinen und damit zu einem Zusammenbrechen des Betriebes führen.

Noch mehr gilt das eben Gesagte für Maschinen ohne eine besondere Querfelddämpfung. Derartige Maschinen neigen an sich leicht zum Pendeln, und bei ihnen wird das Einschwingen in die synchrone Lage auch ohne den Einfluß schlecht gedämpfter Regulatoren nicht immer aperiodisch erfolgen. Aber auch wenn dies der Fall ist, bewegen sie sich schneller in die synchrone Lage, als dies Gl. (303) annahm und man wird infolgedessen gut tun, bei allgemeinen Betrachtungen der Gl. (303) keine allzugroße zahlenmäßige Bedeutung beizulegen.

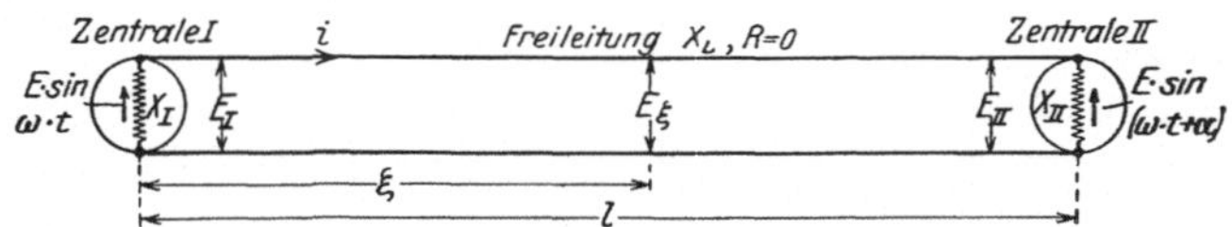

Abb. 204. Schema der außer Tritt gekommenen Zentralen.

Interessant und für die Beurteilung der Arbeitsweise gewisser Selektivschutzeinrichtungen auch wichtig ist die Betrachtung der Spannungs- und Stromverhältnisse auf der 2 Zentralen verbindenden Leitung. Wir halten uns im folgenden an Abb. 204, die 2 Zentralen darstellt, deren Maschinen um einen Winkel α gegen die synchrone Lage verdreht sind. Demgemäß ist die in den Maschinen der Zentrale I induzierte EMK $E \cdot \sin \omega \cdot t$, dagegen die EMK der Zentrale II, deren Maschinen denen der Zentrale I um den Winkel α voreilen, $E \cdot \sin (\omega \cdot t + \alpha)$. Die Maschinen der Zentrale I besitzen je Phase eine Reaktanz x_I, die der Zentrale II eine Reaktanz x_{II}, während die die Zentralen verbindende Freileitung von der Länge l eine Reaktanz x_L je Phase besitzt. Den Ohmschen Widerstand wollen wir der Einfachheit halber vernachlässigen. Es interessiert uns nun zu wissen, welche Größe und Phasenlage Strom und Spannung auf der Verbindungsleitung besitzen.

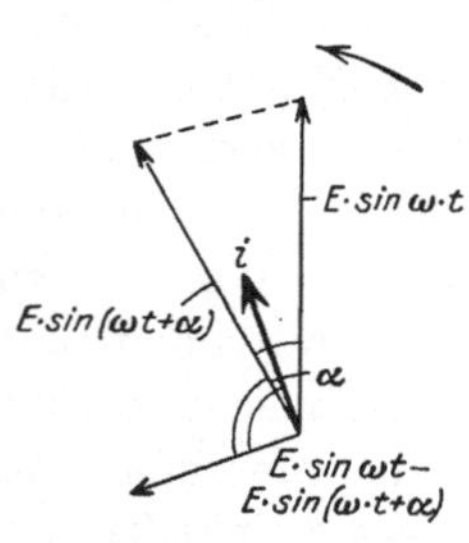

Abb. 205. Vektordiagramm der Kuppelleitung.

Einen ersten Anhaltspunkt hierüber gibt uns das Vektordiagramm Abb. 205. In diesem sind die Spannungsvektoren der beiden Zentralen, die einen Winkel α miteinander einschließen, aufgetragen, desgleichen die Differenz dieser beiden Spannungen, die für die Größe des zwischen den beiden Zentralen fließenden Ausgleichstromes maßgebend ist; da wir sämtliche Ohmschen Widerstände vernachlässigt haben, steht er senkrecht auf dieser Spannung, er fällt also gerade in die Mitte der Spannungsvektoren der beiden Zentralen. Wir können daraus schließen, daß in der Nähe der Zentrale I der auf der Verbindungsleitung fließende Strom der Zentralenspannung voreilt, während er dieser in der Nähe der Zentrale II nacheilt. Irgendwo auf der Leitung zwischen den beiden Zentralen wird der Strom in Phase mit der Spannung liegen.

Wir erkennen dies schärfer, wenn wir die Gleichungen für Spannung und Strom anschreiben. Die im gesamten Kreis wirkende EMK, die den Ausgleichstrom i durch diesen treibt, hat die Größe

$$\dot{e} = E \cdot \sin \omega \cdot t - E \cdot \sin(\omega \cdot t + \alpha)$$
$$= E \cdot [(1 - \cos \alpha) \cdot \sin \omega \cdot t - \sin \alpha \cdot \cos \omega \cdot t]. \qquad (305\,a)$$

Der Ausgleichstrom, der dieser Spannung, da wir die Ohmschen Widerstände vernachlässigen, um 90^0 nacheilt, hat dann die Größe

$$i = \frac{E}{x_I + x_{II} + x_L} \cdot [(\cos \alpha - 1) \cdot \cos \omega \cdot t - \sin \alpha \cdot \sin \omega \cdot t]. \qquad (305\,b)$$

Die an den Sammelschienen der Zentrale I herrschende Spannung je Phase ist

$$E_I = E \cdot \sin \omega \cdot t - \frac{x_I}{\omega} \cdot \frac{di}{dt}$$
$$= E \cdot \left[\left(1 - \frac{x_I \cdot (1 - \cos \alpha)}{x_I + x_{II} + x_L} \right) \cdot \sin \omega \cdot t + \frac{x_I \cdot \sin \alpha}{x_I + x_{II} + x_L} \cdot \cos \omega \cdot t \right], \qquad (306\,a)$$

während sich für die Zentrale II eine Spannung

$$E_{II} = E \cdot \sin(\omega \cdot t + \alpha) + \frac{x_{II}}{\omega} \cdot \frac{di}{dt}$$
$$= E \cdot \left[\left(\cos \alpha + \frac{x_{II} \cdot (1 - \cos \alpha)}{x_I + x_{II} + x_L} \right) \cdot \sin \omega \cdot t + \frac{(x_I + x_L) \cdot \sin \alpha}{x_I + x_{II} + x_L} \cdot \cos \omega \cdot t \right] \qquad (306\,b)$$

ergibt. Für einen Punkt auf der Verbindungsleitung in der Entfernung ξ von der Zentrale ergibt sich endlich eine Phasenspannung

$$E_\xi = E \cdot \left[\left(1 - \frac{\left(x_I + x_L \cdot \frac{\xi}{l} \right) \cdot (1 - \cos \alpha)}{x_I + x_{II} + x_L} \right) \cdot \sin \omega \cdot t \right.$$
$$\left. + \frac{\left(x_I + x_L \cdot \frac{\xi}{l} \right) \cdot \sin \alpha}{x_I + x_{II} + x_L} \cdot \cos \omega \cdot t \right], \qquad (307\,a)$$

und eine Phasenverschiebung zwischen Spannung und Ausgleichstrom

$$\varphi_\xi = \operatorname{arctg} \frac{1 - \cos\alpha}{\sin\alpha}$$

$$- \operatorname{arctg} \frac{\left(x_I + x_L \cdot \dfrac{\xi}{l}\right) \cdot \sin\alpha}{\left(x_I + x_L \cdot \dfrac{\xi}{l}\right) \cdot \cos\alpha + x_{II} + x_L \cdot \dfrac{l - \xi}{l}} . \tag{307 b}$$

Die Aussage der eben angeschriebenen Gleichungen wird am klarsten, wenn wir sie im folgenden auf ein Beispiel anwenden; es sei $E = 50$ kV, $x_I = 10$ Ohm, $x_{II} = 10$ Ohm und $x_L = 20$ Ohm.

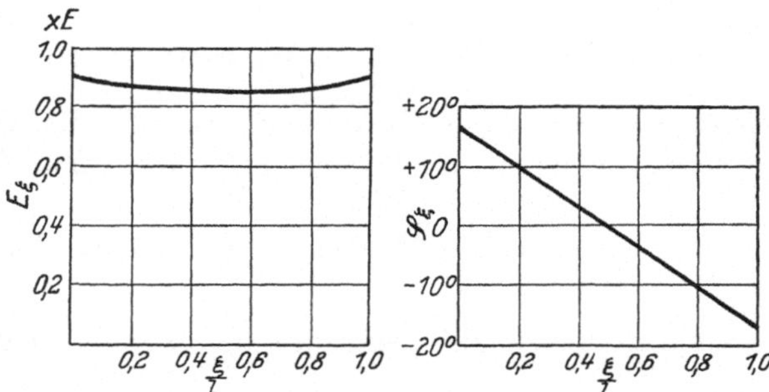

Abb. 206. Spannung und Phasenverschiebung auf der Kuppelleitung. ($\alpha = 60^0$.)

Dann zeigt Abb. 206 den Verlauf der Spannung bzw. der Phasenverschiebung zwischen Spannung und Strom längs der Verbindungsleitung für den Fall, daß die Maschinen der Zentrale I und II unter

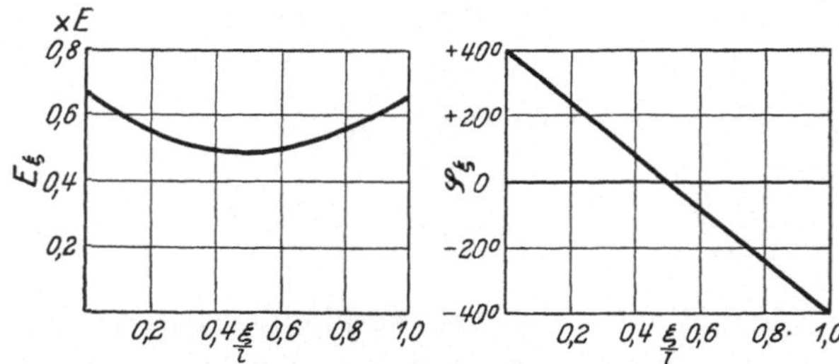

Abb. 207. Spannung und Phasenverschiebung auf der Kuppelleitung. ($\alpha = 120^0$.)

einem Winkel $\alpha = 60^0$ gegeneinander stehen. Während die Spannung längs der Leitung sich verhältnismäßig wenig ändert, durchläuft der Phasenverschiebungswinkel sämtliche Werte zwischen $+17$ und -17^0; auf der Mitte der Leitung ist die Phasenverschiebung Null.

Für einen Winkel $\alpha = 120^0$ zwischen beiden Zentralen wird die Spannungsänderung längs der Leitung, wie Abb. 207 erkennen läßt, bereits stärker. Auch an sich ist die Spannung bereits stark gesenkt. Die Phasenverschiebung variiert zwischen $+40$ und -40^0. Für $\alpha = 150^0$ prägen sich nach Abb. 208 die Erscheinungen noch stärker aus, die Phasenverschiebung durchläuft beispielsweise die Werte von $+60^0$ bis -60^0.

Abb. 209 gibt den Fall wieder, daß die beiden Zentralen in Phasenopposition gegeneinander stehen, daß also $\alpha = 180^0$. Die

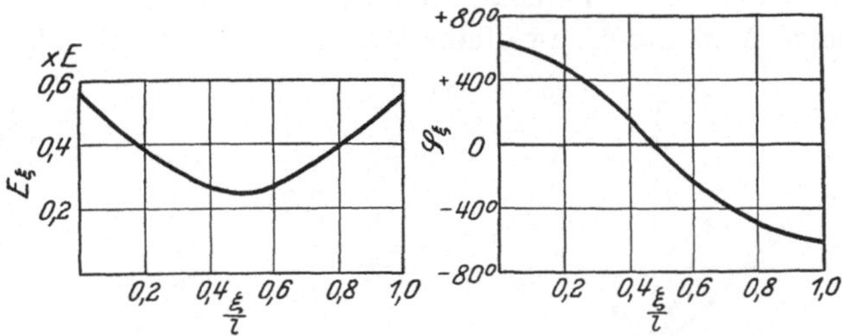

Abb. 208. Spannung und Phasenverschiebung auf der Kuppelleitung. ($\alpha = 150^0$.)

Phasenverschiebung hat jetzt längs der ganzen Leitung, wie nicht anders zu erwarten, den zahlenmäßig gleichbleibenden Wert von 90^0, während jetzt umgekehrt die Spannung längs der Leitung alle Werte zwischen $+0,5\,E$ und $-0,5\,E$ durchläuft. In der Mitte der Leitung ist die Spannung zwischen den Drähten und auch die Phasenverschiebung, die hier von $+90^0$ auf

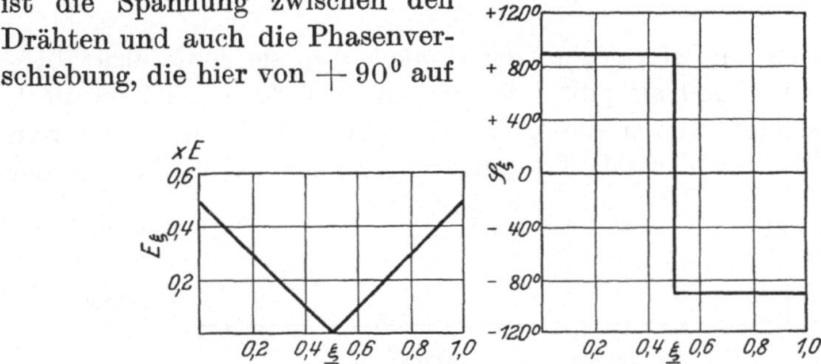

Abb. 209. Spannung und Phasenverschiebung auf der Kuppelleitung. ($\alpha = 180^0$.)

-90^0 springt, Null. Hätten wir für die beiden Zentralen verschiedene Leistungen angenommen, so hätte sich der Punkt mit der Spannung Null nach der Zentrale mit der kleineren Leistung hin verschoben.

Das Vektordiagramm Abb. 205 läßt übrigens noch erkennen, daß bei Vorhandensein von Ohmschen Widerständen im Verbindungsstromkreis sich der Phasenverschiebungswinkel φ_ξ in Richtung einer Voreilung um einen festen Betrag ändert, d. h. in den Abb. 206 bis 209 erscheint die den Verlauf der Phasenverschiebung darstellende Kurve um einen festen Betrag gehoben.

Es wäre nun aber nicht richtig, anzunehmen, daß auf der einen Hälfte der Verbindungsleitung unter allen Umständen voreilender, und auf der anderen Hälfte unter allen Umständen nacheilender Strom fließt, wie dies die eben gezeigten Abbildungen vermuten lassen könnten. Denn wenn der Strom aus der einen Zentrale herausfließt, so fließt er in die andere Zentrale hinein, er ist also für diese negativ zu nehmen und wir gelangen so zu dem vollständigen Vektordiagramm Abb. 210. Für welche Zentrale der Strom negativ zu nehmen ist, kann keinen Augenblick zweifelhaft sein. Zentrale II eilt der syn-

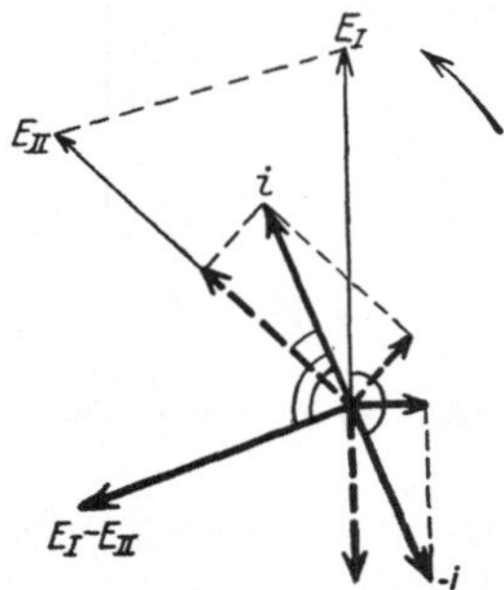

Abb. 210. Vollständiges Vektordiagramm der widerstandslosen Kuppelleitung.

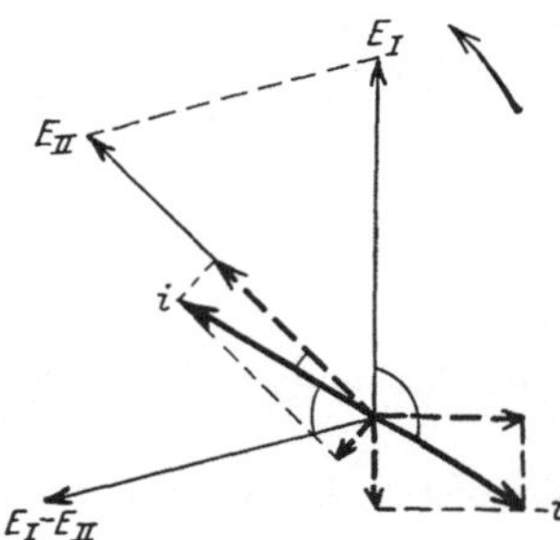

Abb. 211. Vollständiges Vektordiagramm der widerstandbehafteten Kuppelleitung.

chronen Lage um einen gewissen Winkel vor, sie muß also abgebremst werden und sie gibt infolgedessen Nutzstrom an Zentrale I, die beschleunigt werden muß, ab. Für Zentrale II ist der Strom somit positiv, für Zentrale I negativ zu nehmen. Abb. 210, in der

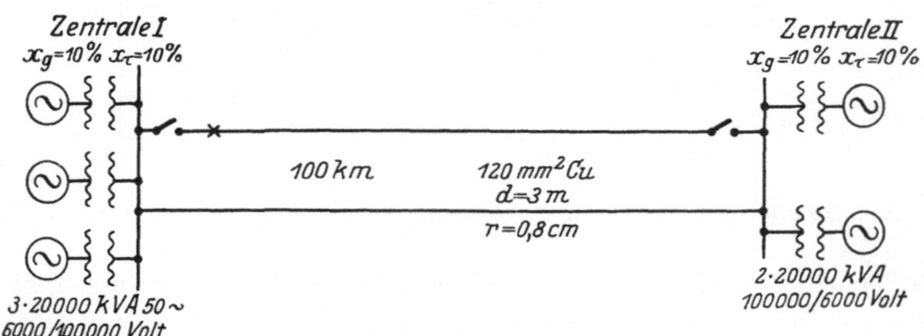

Abb. 212. Schema der parallel laufenden Zentralen.

die Ströme in ihre Wirk- und Blindkomponente zerlegt sind, läßt nun erkennen, daß der Strom in beiden Zentralen eine nacheilende Komponente hat, und daß die Beantwortung der Frage, auf welcher Leitungshälfte voreilender, und auf welcher Leitungshälfte nacheilender Strom fließt, ganz davon abhängt, in welcher Richtung man die

Leitung betrachtet. Abb. 211 zeigt, wie sich die Verhältnisse bei widerstandsbehafteter Leitung verschieben, und läßt erkennen, daß eine Nacheilung sich unter dem Einfluß des Ohmschen Widerstandes in eine Voreilung verwandeln kann.

Abb. 212 zeigt 2 durch eine Doppelleitung von 100 km Länge miteinander verbundene Zentralen. Alle näheren Angaben sind dieser Abbildung zu entnehmen. Es handelt sich um ganz dieselben Maschinen und Transformatoren, ferner um dieselben Freileitungsabmessungen, wie sie dem Beispiel Abb. 190 zugrunde gelegt waren.

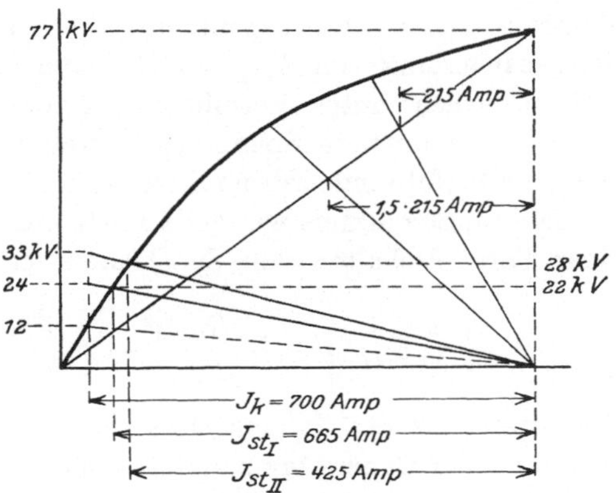

Abb. 213. Berücksichtigung der Eisensättigung.

Wir betrachten nun folgenden Fall:

Auf einem der beiden Parallelstränge der Doppelleitung sei ein Kurzschluß eingetreten, der, nachdem er stationär geworden, durch die beiden Schalter des fehlerhaften Leitungsstranges gleichzeitig abgeschaltet wurde. Wir fragen nun nach der Höhe des Ausgleichstromes, der die beiden Zentralen, die im Verlauf des Kurzschlusses 60° Phasendifferenz angenommen haben, wieder in Synchronismus bringt.

Für Zentrale I haben wir wiederum

$$L \cdot \omega = 110 \text{ Ohm}, \quad L \cdot \omega \cdot \tau_G = 17{,}5 \text{ Ohm}, \quad L_T \cdot \omega = 17{,}5 \text{ Ohm},$$

für Zentrale II, in der nur 2 Maschinen laufen,

$$L \cdot \omega = 165 \text{ Ohm}, \quad L \cdot \omega \cdot \tau_G = 26 \text{ Ohm}, \quad L_T \cdot \omega = 26 \text{ Ohm},$$

und endlich für jeden Strang der Doppelleitung

$$L_L \cdot \omega = 40 \text{ Ohm}, \quad R = 15 \text{ Ohm}.$$

Aus dem Diagramm Abb. 213 entnehmen wir nun, daß der Dauerkurzschlußstrom der Zentrale I vor Abschaltung des Kurzschlusses 665 Amp. betrug, wobei ihre Maschinen eine innere EMK von 22 kV besaßen. Für Zentrale II ergibt das Diagramm, dessen Strommaßstab wir für diesen Fall im Verhältnis 2 : 3 verkleinern müssen, einen Dauerkurzschlußstrom von 425 Amp. bei einer inneren EMK der Maschinen von 28 kV. Bei Berechnung der letzteren ist zu berücksichtigen, daß zur Streureaktanz der Generatoren und Transformatoren im Betrag von 52 Ohm noch die Reaktanz der beiden parallelen Leitungen im Betrag von 20 Ohm zu addieren ist.

Unmittelbar nach Unterbrechung des Kurzschlusses würde also, wenn keine Verbindungsleitung zwischen den Zentralen bestände, Zentrale I eine Phasenspannung von $E_{i\,I} = 22$ kV, Zentrale II eine Phasenspannung von $E_{i\,II} = 28$ kV annehmen. In Wirklichkeit wird sich natürlich unter Vermittlung eines magnetischen Ausgleichvorganges eine mittlere Spannung einstellen. Der diesen Ausgleichvorgang herbeiführende Strom berechnet sich folgendermaßen:

Die im Stromkreis wirkende EMK ist, wie der Leser im Abschnitt über Parallelschalten von Synchronmaschinen nachlesen möge,

$$e = E_{i\,II} \cdot \sqrt{1 + \left(\frac{E_{i\,I}}{E_{i\,II}}\right)^2 - 2 \cdot \frac{E_{i\,I}}{E_{i\,II}} \cdot \cos\alpha} = 25{,}5 \text{ kV}.$$

Die Impedanz des Stromkreises setzt sich zusammen aus der Streureaktanz der Generatoren und Transformatoren von Zentrale I und II und der Reaktanz und dem Ohmschen Widerstand der die Zentralen kuppelnden Freileitung. Die gesamte Reaktanz des Stromkreises ist sonach, wenn wir den Ohmschen Widerstand vernachlässigen, $35 + 52 + 40 = 127$ Ohm und somit der Anfangswert des Ausgleichstromes

$$J_a = \frac{25\,500}{127} = 200 \text{ Amp.}$$

Er strebt einem stationären Wert zu, den wir zunächst unter der Annahme, daß die gegenseitige Phasenlage der beiden Zentralen sich nicht ändert, unter Einführung der synchronen Reaktanz statt der Streureaktanz zu

$$J_{st}' = \frac{77\,000}{110 + 17{,}5 + 40 + 26 + 165} = 215 \text{ Amp.}$$

berechnen. Indem wir für beide Zentralen einen Mittelwert bilden, ergibt Diagramm Abb. 213 unter Berücksichtigung der Eisensättigung einen tatsächlichen Dauerstrom von

$$J_{st} = 270 \text{ Amp.}$$

Dieser stationäre Ausgleichstrom würde sich einstellen, wenn die beiden Zentralen ewig um den Winkel $\alpha_0 = 60^0$ gegeneinander verdreht blieben. Wir wissen aber, daß unter dem Einfluß der synchronisierenden Kraft die Zentralen wieder in Synchronismus laufen, und zwar hatten wir hierfür das durch Gl. (303) gegebene Gesetz kennen gelernt. Damit ändert sich aber auch entsprechend Gl. (304) der zeitliche Verlauf des Ausgleichstromes zwischen beiden Zentralen, für den wir im vorliegenden Falle folgende endgültige Gleichung anschreiben können:

$$i = 270 \cdot e^{-a_i \cdot t} - 70 \cdot e^{-2 \cdot a_i \cdot t}.$$

Der Ausgleichstrom verschwindet somit nach kurzer Zeit vollständig, und die beiden Zentralen sind dann wieder in Synchronismus. Parallel zu dem betrachteten Vorgang verläuft der der Auferregung der Generatoren, die wiederum ihrer ursprünglichen normalen Betriebsspannung zustreben. Infolge der großen magnetischen Trägheit der Maschinen erholen sie sich nur verhältnismäßig langsam wieder, so daß ihre Spannung zu dem Zeitpunkt, in dem die Zentralen bereits wieder in Sychronismus sind, den Mittelwert von 25 kV noch nicht nennenswert überschritten hat. Von nun an erfolgt der Spannungsanstieg des Netzes entsprechend der Gl. (300) mit

$$\tau' = \frac{17,5 + 17,5 + 26 + 26 + 40}{110 + 17,5 + 165 + 26 + 40} = 0,35$$

folgendermaßen:

$$e = E_0 \cdot \left[1 - 0,65 \cdot e^{-0,35 \cdot a_i \cdot t}\right].$$

XI. Mechanische Wirkungen des Kurzschlußstromes.

52. Die Beanspruchung des Maschinengestelles beim plötzlichen Kurzschluß.

Beim plötzlichen Kurzschluß großer Wechselstromerzeuger treten am Umfang von Stator und Induktor infolge der Kontrastwirkungen der magnetischen Felder gewaltige Drehmomente auf; da diese Drehmomente ihre Richtung mit großer Geschwindigkeit und zwar etwa mit der elektrischen Winkelgeschwindigkeit des Kurzschlußstromes wechseln, läßt sich von vornherein nicht sagen, inwieweit die einzelnen Konstruktionsteile des Generators selbst beim plötzlichen Kurzschluß beansprucht werden.

Die eben aufgeworfene Frage ist für die einzelnen Konstruktionselemente von Stator und Induktor noch am leichtesten zu beantworten, da hier sämtliche Teile sehr starr miteinander befestigt sind und infolgedessen die sie beanspruchenden Umfangskräfte aufnehmen müssen, ohne daß sie ihnen nachgeben können. Dies gilt beispielsweise bei Maschinen mit ausgeprägten Polen für die Befestigung der Pole im Radkranz des Induktors, ebenso beispielsweise für die Fundamentbolzen des Stators, und zwar werden die letzteren voll mit der auftretenden Umfangskraft beansprucht, wogegen auf die Befestigung der Pole eine Kraftkomponente entfällt, die durch das Verhältnis des Trägheitsmomentes des Induktorradkranzes zu dem des gesamten Induktors gegeben ist.

Nicht so einfach ist die Frage nach der Beanspruchung des empfindlichsten Konstruktionselementes der Maschine, nämlich der Welle, zu beantworten. Die Welle ist nämlich zu elastischen Verdrehungen befähigt, sie kann also den durch die Kurzschlußkraft ausgelösten Impulsen bis zu einem gewissen Grade nachgeben, und es bedarf infolgedessen einer näheren Untersuchung, um ein eindeutiges Bild über die Größe der Beanspruchung zu gewinnen, der sie beim plötzlichen Kurzschluß ausgesetzt ist. Wir knüpfen unsere Betrachtung an die Abb. 214 an, die ein durch eine Welle direkt gekuppeltes, aus Generator und Antriebsmaschine bestehendes Aggregat darstellt. Der Generator habe das Trägheitsmoment Θ_1, die Antriebsmaschine das Trägheitsmoment Θ_2, die Länge der beide verbindenden Welle sei l und der Durchmesser d. Wir sehen bereits, daß die betrachtete Anordnung mechanischer Schwingungen fähig ist, indem das resultierende Trägheitsmoment $\dfrac{\Theta_1 \cdot \Theta_2}{\Theta_1 + \Theta_2}$ des Systems in Wechselwirkung zur elastischen Kraft $K \cdot (\Psi_1 - \Psi_2)$ der Welle tritt, wo K die sogenannte Torsionskonstante der Welle und Ψ_1 bzw. Ψ_2 die Winkel sind, um die sich der Induktor bzw. der Rotor der Antriebsmaschine aus ihrer Anfangslage verdrehen. $\Psi_1 - \Psi_2$ ist somit der Winkel, um den die Welle verdreht wird. Bekanntlich ist die Torsionskonstante, d. i. das Drehmoment, das aufgewendet werden muß, um die Welle um den Winkel 1 zu verdrehen, gegeben durch

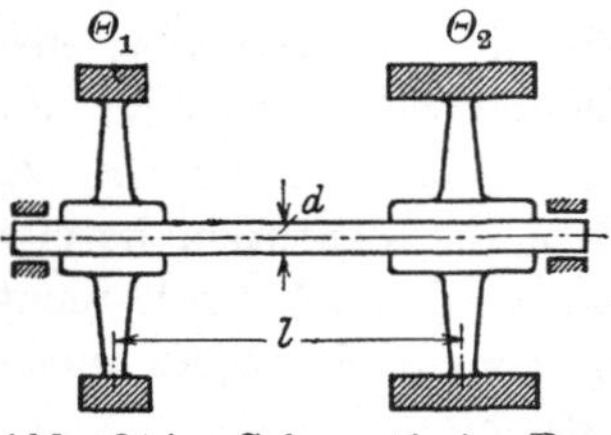

Abb. 214. Schematische Darstellung des schwingungsfähigen Systems.

$$K = \frac{J_p}{\beta \cdot l} = \frac{\pi \cdot d^4}{32 \cdot \beta \cdot l}\ \text{kgcm}.$$

In diesem Ausdruck ist J_p das polare Flächenträgheitsmoment der Welle und β die sogenannte Schubzahl. Für Wellenstahl ist beispielsweise $\dfrac{1}{\beta} = 0{,}85 \cdot 10^6$.

Wir können somit, wenn D das beim plötzlichen Kurzschluß am Induktorumfang auftretende Drehmoment ist, die folgenden Differentialgleichungen für das durch die Abb. 214 dargestellte schwingungsfähige System anschreiben:

$$\left.\begin{aligned}
\Theta_1 \cdot \frac{d^2 \Psi_1}{dt^2} + K \cdot (\Psi_1 - \Psi_2) &= D\\[2mm]
\Theta_2 \cdot \frac{d^2 \Psi_2}{dt^2} + K \cdot (\Psi_2 - \Psi_1) &= 0\,.
\end{aligned}\right\} \qquad (308)$$

Die Differentialgleichungen setzen voraus, daß die Antriebsmaschine kein Drehmoment auf das betrachtete System ausübt. Diese Vernachlässigung ist belanglos, da der vorliegend betrachtete Vorgang sich dem normalen Zustand des untersuchten Systems überlagert, ohne von ihm irgendwie gestört zu werden. Die zweite der angeschriebenen Gleichungen kann auch geschrieben werden

$$K \cdot \Psi_1 = \Theta_2 \cdot \frac{d^2 \Psi_2}{dt^2} + K \cdot \Psi_2,$$

und geht durch zweimalige Differentiation nach der Zeit über in

$$\Theta_1 \cdot \frac{d^2 \Psi_1}{dt^2} + \frac{\Theta_1 \cdot \Theta_2}{K} \cdot \frac{d^4 \Psi_2}{dt^4} + \Theta_1 \cdot \frac{d^2 \Psi_2}{dt^2} \,.$$

Indem wir nun in der ersten der Gl. (308) $\dfrac{d^2 \Psi_1}{dt^2}$ und Ψ_1 durch die eben angeschriebenen Ausdrücke ersetzen, erhalten wir eine Differentialgleichung, in der nur mehr eine Unbekannte, nämlich Ψ_2 vorkommt:

$$\frac{\Theta_1 \cdot \Theta_2}{K} \cdot \frac{d^4 \Psi_2}{dt^4} + (\Theta_1 + \Theta_2) \cdot \frac{d^2 \Psi_2}{dt^2} = D. \qquad (309)$$

Wir setzen nun

$$\sqrt{K \cdot \frac{\Theta_1 + \Theta_2}{\Theta_1 \cdot \Theta_2}} = \nu \qquad (309\,\mathrm{a})$$

und bezeichnen damit die mechanische Eigenfrequenz des schwingenden Systems, ferner substituieren wir

$$\frac{d^2 \Psi_2}{dt^2} = \varphi \qquad (309\,\mathrm{b})$$

und gewinnen damit die einfachere Differentialgleichung

$$\frac{d^2 \varphi}{dt^2} + \nu^2 \cdot \varphi = \frac{K}{\Theta_1 \cdot \Theta_2} \cdot D. \qquad (310)$$

Aus der zweiten der Gl. (308) folgt übrigens die Torsionsbeanspruchung der Welle im Verlauf des plötzlichen Kurzschlusses zu

$$D_T = K \cdot (\Psi_1 - \Psi_2) = \Theta_2 \cdot \varphi. \qquad (310\mathrm{a})$$

Die Gl. (310) ist eine lineare Differentialgleichung zweiten Grades und befähigt uns somit ohne weiteres zur Berechnung der Torsionsbeanspruchung der Welle. Zu dem Zweck müssen wir jedoch noch in die Gleichung den Ausdruck für das Kurzschluß-Drehmoment D einführen.

Beim allpoligen plötzlichen Kurzschluß der Synchronmaschine mit Querfelddämpfung tritt am Induktorumfang, wie die Gl. (153)

und (154) lehren, ein Drehmoment mit folgendem zeitlichen Verlauf auf:

$$D = D_1 \cdot a^{-a \cdot t} \cdot \sin \omega \cdot t - D_2 \cdot e^{-a \cdot t} \cdot \cos \omega \cdot t$$
$$+ (D_2 - D_3) \cdot e^{-a_i \cdot t} + D_3 \qquad (311)$$

mit

$$D_1 = D_{\text{norm}} \cdot \frac{100}{Z_{\%}} \qquad\qquad D_3 = D_{\text{norm}} \cdot \frac{a \cdot x_{\%}}{100 \cdot \omega}$$
$$D_2 = D_{\text{norm}} \cdot \frac{a}{\omega} \cdot \frac{100}{Z_{\%}} \qquad\qquad Z_{\%} = x_{\%} \cdot \left[1 + \left(\frac{a}{\omega} \right)^2 \right]. \qquad (311\,\text{a})$$

In diesen Ausdrücken ist D_{norm} das der Vollastleistung des Generators entsprechende Drehmoment, $x_{\%}$ die prozentuale, auf den Vollaststrom bezogene Streureaktanz des Generators einschließlich des gesamten Kurzschlußkreises, und a die Kurzschlußzeitkonstante der Statorwicklung einschließlich des gesamten Kurzschlußkreises.

Die Differentialgleichung (310) hat nun bei Beachtung der Gl. (311) folgende Lösung:

$$\varphi = A_0 + A_1 \cdot e^{-a \cdot t} \cdot \sin \omega \cdot t + A_2 \cdot e^{-a \cdot t} \cdot \cos \omega \cdot t + A_3 \cdot e^{-a_i \cdot t}$$
$$+ A_4 \cdot \sin \nu \cdot t + A_5 \cdot \cos \nu \cdot t, \qquad (312)$$

mit

$$\left. \begin{aligned} A_0 &= \frac{K}{\Theta_1 \cdot \Theta_2} \cdot \frac{D_3}{\nu^2}, \\[2mm] A_1 &= \frac{K}{\Theta_1 \cdot \Theta_2} \cdot \frac{2 \cdot a \cdot \omega \cdot D_2 - (\omega^2 - a^2 - \nu^2) \cdot D_1}{(\omega^2 - a^2 - \nu^2)^2 + 4 \cdot a^2 \cdot \omega^2}, \\[2mm] A_2 &= \frac{K}{\Theta_1 \cdot \Theta_2} \cdot \frac{2 \cdot a \cdot \omega \cdot D_1 + (\omega^2 - a^2 - \nu^2) \cdot D_2}{(\omega^2 - a^2 - \nu^2)^2 + 4 \cdot a^2 \cdot \omega^2}, \\[2mm] A_3 &= \frac{K}{\Theta_1 \cdot \Theta_2} \cdot \frac{D_2 - D_3}{a_i^2 + \nu^2}. \end{aligned} \right\} \qquad (312\,\text{a})$$

Aus den Anfangsbedingungen, wonach zurzeit $t = 0$, $\varphi = 0$, und wegen der Massenträgheit $\dfrac{d\varphi}{dt} = 0$ ergeben sich die noch fehlenden Integrationskonstanten zu:

$$\left. \begin{aligned} A_5 &= -(A_0 + A_2 + A_3), \\[2mm] A_4 &= -\frac{\omega}{\nu} \cdot A_1 + \frac{a}{\nu} \cdot A_2 + \frac{a_i}{\nu} \cdot A_3. \end{aligned} \right\} \qquad (312\,\text{b})$$

Die Gl. (312) läßt erkennen, daß im Resonanzfalle, nämlich wenn die mechanische Eigenfrequenz ν mit der elektrischen Frequenz ω übereinstimmt, mit hohen Beanspruchungen der Welle gerechnet werden muß. Die Beanspruchung kann jedoch auch bei vollkommener Resonanz gewisse endliche Werte nicht überschreiten. Es kommt dies daher, daß das schwingende System im Resonanzfalle sich durch eine Reihe anschwellender Schwingungen aufschaukelt, daß jedoch dieser Vorgang bald zur Ruhe kommt, da wegen des Dämpfungsfaktors a das periodische, die Resonanzschwingung verursachende Drehmoment bald verschwindet. Nun wird jedoch in praktischen Fällen die Eigenfrequenz ν selten so hoch liegen, daß sie in bedrohliche Nähe der elektrischen Frequenz ω gelangt. Im Gegenteil, man kann in fast allen praktischen Fällen damit rechnen, daß a und ν gegenüber ω kleine Größen sind. Dann kann aber in den Gl. (312a) a^2 und ν^2 gegenüber ω^2 vernachlässigt werden, und wir gelangen so zu dem folgenden Ausdruck für die Torsionsbeanspruchung der Welle:

$$
\begin{aligned}
D_T = \frac{\Theta_2}{\Theta_1 + \Theta_2} \cdot \Bigg[D_3 &+ e^{-a \cdot t} \cdot \Bigg(\left(\frac{2 \cdot a \cdot \nu^2}{\omega^3} \cdot D_2 - \frac{\nu^2}{\omega^2} \cdot D_1 \right) \cdot \sin \omega \cdot t \\
&+ \left(\frac{2 \cdot a \cdot \nu^2}{\omega^3} \cdot D_1 + \frac{\nu^2}{\omega^2} \cdot D_2 \right) \cdot \cos \omega \cdot t \Bigg) + e^{-a_i \cdot t} \cdot \frac{D_2 - D_3}{1 + \dfrac{a_i^2}{\nu^2}} \\
&+ \left(\frac{\nu \cdot (\omega^2 + 2 \cdot a^2)}{\omega^3} \cdot D_1 - \frac{a \cdot \nu}{\omega^2} \cdot D_2 \right) \cdot \sin \nu \cdot t \\
&- \left(\frac{2 \cdot a \cdot \nu^2}{\omega^3} \cdot D_1 + \left(\frac{\nu^2}{\omega^2} + \frac{\nu^2}{\nu^2 + a_i^2} \right) \cdot D_2 + \frac{a_i^2}{a_i^2 + \nu^2} \cdot D_3 \right) \cdot \cos \nu \cdot t \Bigg]. \quad (314)
\end{aligned}
$$

Wir hatten unsere Untersuchungen auf die Maschine mit Querfelddämpfung beschränkt. Bei dieser Maschine nimmt, wie frühere Untersuchungen uns zeigten, das Kurzschlußdrehmoment einen besonders einfachen Verlauf. Daß es bei anderen Maschinen wesentlich komplizierter ausfällt, sehen wir beispielsweise beim Kurzschluß der Einphasenmaschine. Indes kann auch die Behandlung solcher komplizierter Fälle ganz ähnlich, wie eben vorgeführt, erfolgen. Man zerlegt die Drehmomentkurve zu dem Zweck in ihre Grundschwingung und ihre Oberschwingungen. Da die Differentialgleichung des Problems eine lineare ist, können wir die einzelnen Schwingungen getrennt behandeln und wir würden dann sehen, daß Resonanz nicht nur mit der Grundschwingung, sondern auch mit jeder Oberschwingung möglich ist. Doch hat dies keine praktische Bedeutung, da die mechanische Eigenfrequenz schon in den weitaus meisten Fällen weit unterhalb der Grundschwingung der Drehmomentenkurve liegen wird.

Das quantitative Ergebnis unserer Rechnungen wird uns am schnellsten an einem Zahlenbeispiel klar werden, dem wir einen Wasserturbogenerator für 15000 kVA, 500 Umdr./Min. mit einem Induktorgewicht von 50 t zugrunde legen wollen. Das Schwungmoment des Induktors ist $G \times D^2 = 112000$ kg $\times$ m^2 und damit sein Trägheitsmoment $\Theta_1 = 285000$ kg $\times$ cm $\times$ sec^2. Der Induktor sei mittels einer Stahlwelle von 10 m Länge und 50 cm $\oslash$ mit dem Läufer der Antriebsmaschine verbunden, der ein Trägheitsmoment $\Theta_2 = 150\,000$ kg $\times$ cm $\times$ sec^2 besitzen möge. Mit den angegebenen Werten errechnet sich

$$K = \frac{\pi \cdot 50^4}{32 \cdot 1000} \cdot 0{,}85 \cdot 10^6 = 0{,}52 \cdot 10^9,$$

$$\nu = \sqrt{0{,}52 \cdot \frac{435\,000}{150\,000 \cdot 285\,000} \cdot 10^9} = 73,$$

$$D_{\text{norm}} = 0{,}97 \cdot 10^5 \cdot \frac{15\,000 \cdot 0{,}8}{500} = 2{,}15 \cdot 10^6 \text{ kgcm}.$$

Wir betrachten nun zunächst den dreipoligen Klemmenkurzschluß des Generators. Hierfür haben wir

$$Z = x = 10\,^0/_0 , \quad \frac{a}{\omega} = 0{,}1 , \quad a_i = 2 ,$$

ferner

$$D_1 = 21{,}5 \cdot 10^6 \text{ kgcm} ,$$
$$D_2 = 2{,}15 \cdot 10^6 \text{ kgcm} ,$$
$$D_3 = 0{,}0215 \cdot 10^6 \text{ kgcm} .$$

Mit diesen Werten gewinnen wir folgenden Ausdruck für das die Welle beanspruchende Drehmoment:

$$D_T = [0{,}0075 + e^{-a \cdot t} \cdot (0{,}12 \cdot \cos \omega \cdot t - 0{,}4 \cdot \sin \omega \cdot t)$$
$$+ 0{,}75 \cdot e^{-a_i \cdot t} + 1{,}65 \cdot \sin \nu \cdot t - 0{,}87 \cdot \cos \nu \cdot t] \cdot 10^6 \text{ kgcm}.$$

Wie wir sehen, überschreitet die maximale Beanspruchung der Welle nicht das normale von dieser zu übertragende Drehmoment. Es kommt dies eben daher, daß infolge der niedrigen Eigenfrequenz des Systems ($\nu = 73$) dieses nicht imstande ist, dem schnell seine' Richtung wechselnden beanspruchenden Drehmoment zu folgen. Allerdings hatten wir auch den günstigsten Fall betrachtet, nämlich den direkten Klemmenkurzschluß des Generators. Wir werden gleich sehen, daß die Beanspruchung der Weller höher ausfällt, wenn der Kurzschluß weiter draußen im Netz erfolgt.

Wir wollen gleich den ungünstigsten Fall herausgreifen, der Kurzschluß erfolge nämlich in einer solchen Entfernung von der Zentrale, daß gerade $\frac{a}{\omega} = 1$. Der äußere Kurzschlußkreis bestehe also aus einem Kabel, das nur Ohmschen Widerstand und keine nennenswerte Induktivität besitzt. Es sei somit ebenso wie vorher $x\,^0/_0 = 10$. Unter den veränderten Verhältnissen haben wir

$$D_1 = 10,75 \cdot 10^6 \ \text{kgcm},$$
$$D_2 = 10,75 \cdot 10^6 \quad \text{„}$$
$$D_3 = 1,075 \cdot 10^6 \quad \text{„}$$

Der starken zeitlichen Dämpfung wegen können in Gl. (312) die Glieder mit $\sin \omega \cdot t$ und $\cos \omega \cdot t$ vernachlässigt werden, und die Gl. (312 a) ergeben damit

$$\Theta_2 \cdot A_1 = 0,$$

$$\Theta_2 \cdot A_2 = 0,$$

$$\Theta_2 \cdot A_0 = \frac{\Theta_2}{\Theta_1 + \Theta_2} \cdot D_3 = 0,375 \cdot 10^6,$$

$$\Theta_2 \cdot A_3 = 0,35 \cdot \frac{10,75 - 1,075}{1 + \dfrac{a_i^2}{v^2}} = 3,4 \cdot 10^6,$$

$$\Theta_2 \cdot A_4 = A_3 \cdot \frac{a_i}{v} = 0,1 \cdot 10^6,$$

$$\Theta_2 \cdot A_5 = - (0,375 + 3,4) \cdot 10^6 = - 3,8 \cdot 10^6.$$

Mit diesen Werten gelangen wir zu folgender die Torsionsbeanspruchung der Generatorwelle beschreibenden Gleichung:

$$D_T = [0,375 + 3,4 \cdot e^{-a_i \cdot t} + 0,1 \cdot \sin v \cdot t$$
$$- 3,8 \cdot \cos v \cdot t] \cdot 10^6 \ \text{kgcm}.$$

Abb. 215 zeigt den mit Hilfe dieser Gleichung berechneten zeitlichen Verlauf der Torsionsbeanspruchung und läßt erkennen, daß die höchste auftretende Wellenbeanspruchung einen Wert von $6,3 \cdot 10^6$ kgcm erreicht, und das ist das dreifache normale von der Welle zu übertragende Drehmoment. Das ist allerdings nicht allzuviel, doch ist immerhin zu berücksichtigen, daß unser Beispiel insofern eine günstige Annahme enthält, als wir nämlich das Trägheitsmoment der Antriebsmaschine

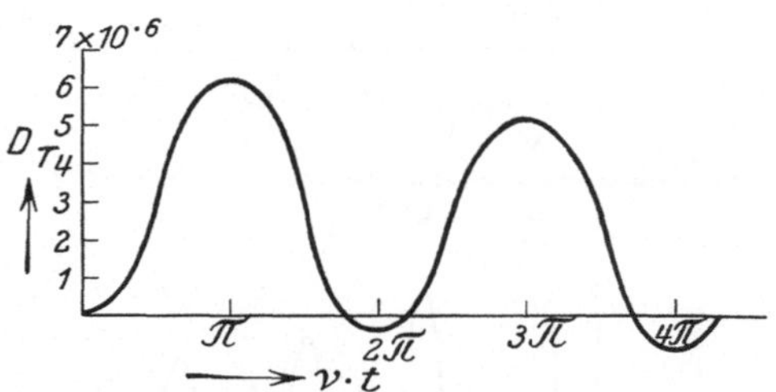

Abb. 215. Zeitlicher Verlauf der Torsionsbeanspruchung der Generatorwelle.

nur halb so groß annahmen als das des Induktors. Bei einem größeren Trägheitsmoment der Antriebsmaschine kann sich die Beanspruchung der Welle sehr wohl verdoppeln. Der Leser sieht hieraus jedenfalls, daß bei der Bemessung von Generatorwellen der beim plötzlichen Kurzschluß auftretenden Beanspruchung alle Aufmerksamkeit zu schenken ist.

Die Schwankungen der Drehzahl des Generators ergeben sich durch Bildung des Ausdruckes $\dfrac{d\psi_1}{dt}$. Da sie uns weniger zahlenmäßig interessieren, wollen wir uns mit der Wiedergabe dreier Oszillogramme begnügen, die H. Rhikli an einem Turbogenerator von 2500 kW 3000 Umdr., der jedoch nur mit 1500 Umdr. angetrieben wurde, aufgenommen hat. In den Oszillogrammen Abb. 216 und 217 sind zwei typische Fälle von einphasigen Kurzschlüssen wiedergegeben, und zwar Einschalten beim Spannungsmaximum bzw. beim Nullwert der Spannung. Im ersteren Falle erscheint kein Gleichstromglied in der Statorstromkurve und in der Kurve des Erregerstromes erscheint lediglich die doppelte Frequenz. Genau phasengleich mit dieser verlaufen die Schwankungen der Drehzahlkurve, und zwar

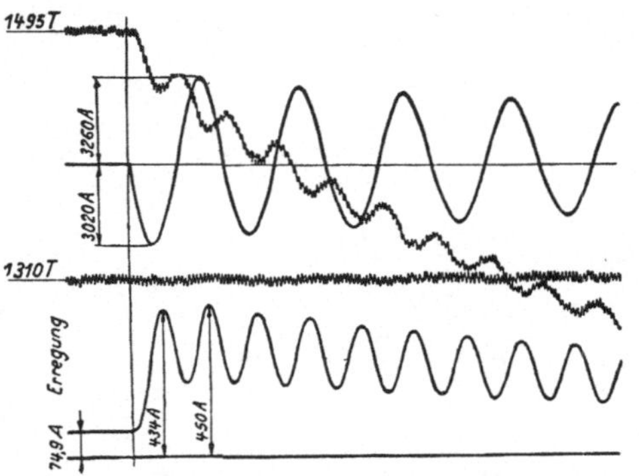

Abb. 216. Drehzahlschwankungen beim plötzlichen einphasigen Kurzschluß im Spannungsmaximum.

wird bei jedem Ansteigen des Erregerstromes dem Rotor kinetische Energie entzogen — er wird abgebremst — und bei jedem Fallen des Erregerstromes dem Rotor ein Teil dieser Energie wieder zugeführt — er wird wieder beschleunigt. Die Differenz beider Beträge ist in Wärme umgesetzt worden. Die erste Amplitude der Bremsleistung erreichte dabei 9250 kW.

Das zweite Oszillogramm zeigt das bekannte Gleichstromglied im Statorstrom

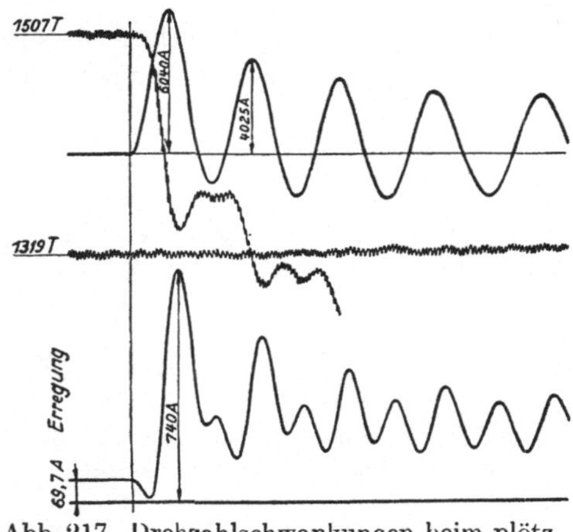

Abb. 217. Drehzahlschwankungen beim plötzlichen einphasigen Kurzschluß im Spannungsnullwert.

und ein entsprechendes Wechselstromglied der Grundfrequenz im Rotorstrom. Die Drehzahl sinkt während der ersten Halbperiode ganz gewaltig entsprechend einer maximalen Bremsleistung von 26 500 kW. Das Oszillogramm bestätigt somit das Ergebnis unserer beim einphasigen Kurzschluß bezüglich der magnetischen Kontrastwirkungen gepflogenen Betrachtungen. Der Induktor kann infolge seiner Massenträgheit natürlich den Pulsationen des Drehmomentes nur teilweise folgen, insbesondere bei seiner normalen Umdrehungszahl.

Das Oszillogramm Abb. 218 endlich wurde beim plötzlichen drei·poligen Kurzschluß aufgenommen und zeigt, daß die Pulsationen der Drehzahlkurve ganz im Einklang mit der Theorie mit dem dem Statorstrom übergelagerten Gleichstromglied verschwinden. Sie sind ja auch nur der Ausdruck der magnetischen Kontrastwirkungen zwischen den am Stator und Induktor haftenden Anteilen des ursprünglichen magnetischen Feldes der Maschine.

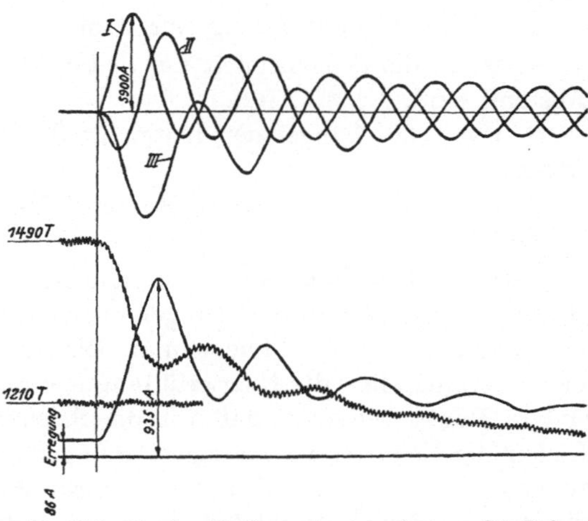

Abb. 218. Drehzahlschwankungen beim plötzlichen dreipoligen Kurzschluß.

53. Die Beanspruchung der Spulenköpfe durch magnetische Zugkräfte.

Die moderne Entwicklung des Elektromaschinenbaues, die das Anwachsen der plötzlichen Kurzschlußströme zu früher nicht gekannter Höhe bedingte, rückte ein Problem in den Vordergrund des Interesses, das die volle Aufmerksamkeit des Konstrukteurs verdient, nämlich die unverrückbare Befestigung der Spulenköpfe.

Wie wir wissen, üben zwei stromdurchflossene, parallel geführte Leiter magnetische Anziehungs- bzw. Abstoßungskräfte aufeinander aus, die dem einfachen Gesetze gehorchen:

$$P = 2 \cdot i_1 \cdot i_2 \cdot \frac{l}{d} . \tag{315}$$

Hierin bedeuten i_1 und i_2 die Stromstärken in den beiden Leitern, l ihre Länge und d ihr gegenseitiger Abstand. Setzt man die Ströme in absoluten Einheiten und die Längen in cm ein, so erhält man die Kraft ebenfalls in absoluten Einheiten, nämlich in Dyn; um kg zu erhalten, ist mit $1{,}02 \cdot 10^{-8}$ zu multiplizieren und die Ströme sind in Ampere einzusetzen. Sind i_1 und i_2 gleichgerichtet, so stellt P

eine Anziehungskraft dar, im anderen Falle stoßen sich die Leiter ab. Gl. (315) ergibt im ersten Fall positive, im zweiten Fall negative Werte.

Die Gl. (315) gilt streng nur dann:

1. wenn die Dimensionen der Leiter klein im Vergleich zu ihrem Abstand sind,

2. wenn die Länge der Leiter groß ist im Vergleich zu ihrem Abstand,

3. wenn das umgebende Medium überall die Permeabilität 1 besitzt.

Diese drei Bedingungen sind in unserem Falle nicht erfüllt. Die Bedingung 1 dürfte zwar deswegen nicht von allzu großer Bedeutung sein, weil der Abstand d linear in die Gleichung eingeht, um so größere Fehler ergibt aber die Nichterfüllung der Bedingungen 2 und 3. Der erstere Punkt bedeutet, daß wir die Streuungserscheinungen an den Enden der Leiter vernachlässigen, infolgedessen ergibt unsere Formel zu hohe Werte. Im selben Sinne wirkt die Nichterfüllung der Bedingung 3; das die Spulenköpfe umgebende Eisen des Stators und der Schutzkappen saugt einen Teil der magnetischen Kraftlinien ab und bewirkt so eine Verringerung der Feldstärke im Luftraum. Die Gl. (315) ergibt daher nur einen in Wirklichkeit nicht erreichten oberen Grenzwert, sie besitzt im vorliegenden Falle mehr den Charakter einer Schätzung, mit welcher wir uns allerdings sehr auf der sicheren Seite bewegen.

Wir können drei verschiedene Möglichkeiten in der Ausbildung magnetischer Zugkräfte unterscheiden.

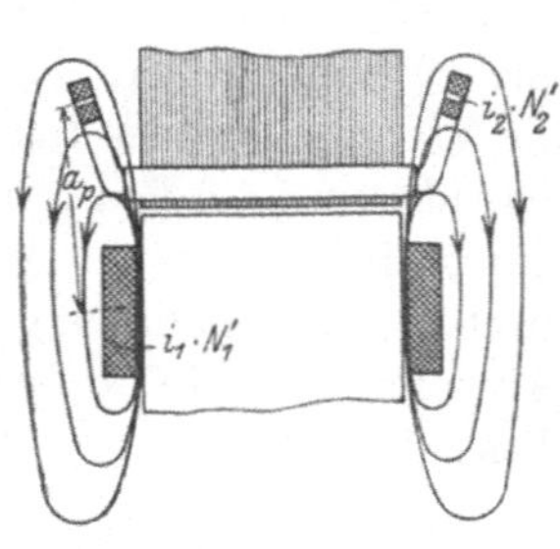

Abb. 219. Streufeld der Erreger-wicklung.

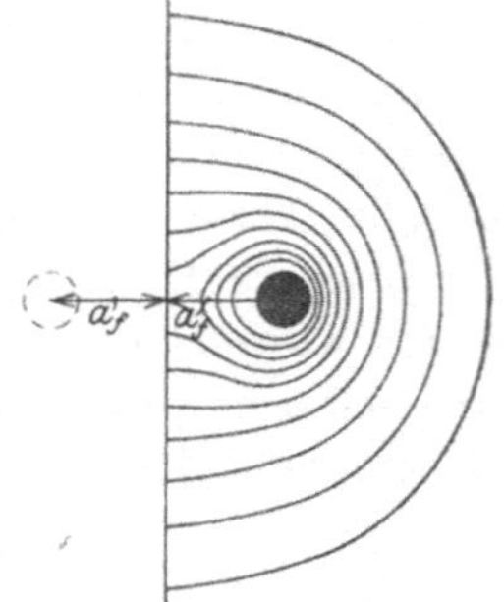

Abb. 220. Streufeld der Stator-wickelköpfe.

Zunächst tritt zwischen Erreger- und Statorwickluug eine Abstoßungskraft auf, welche ihren Höchstwert erreicht, wenn beide gerade koaxial stehen. Abb. 219 zeigt den Verlauf der Erreger-Streulinien in jenem Augenblick; wie man sieht, hat die Abstoßungskraft das Bestreben, die Spulenköpfe in radialer Richtung umzubiegen. Ist $i_1 \cdot z_1'$ die maximale Amperewindungszahl eines Poles, $i_2 \cdot z_2'$ die des gegenüberstehenden Leiterbündels, a_p der mittlere Abstand beider und l_p die mittlere Länge der Erregerwicklung in der Drehrichtung, die stets geringer ist als die des Spulenkopfes, l_s, so folgt für die Größe der Abstoßungskraft:

$$P_1 = -\frac{2{,}04 \cdot l_p \cdot z_1' \cdot z_2' \cdot i_1 \cdot i_2}{a_p} \cdot 10^{-8}. \tag{316a}$$

Eine weitere Kraftäußerung tritt zwischen dem Spulenkopf und der gegenüberliegenden Eisenfläche des Stators auf, diese sucht das Leiterbündel an sich heranzuziehen. Abb. 220 zeigt den Verlauf der Induktionslinien des Eigenfeldes eines Strombündels gegenüber einer parallelliegenden Eisenfläche. Man wird mit der Annahme nicht fehlgehen, daß das für Gleichstrom gezeichnete Linienbild im großen ganzen auch im vorliegenden Falle Gültigkeit besitzt. Unter dieser Voraussetzung ist die Berechnung der magnetischen Zugkraft sehr einfach; denn nach dem Grundsatze der Spiegelung läßt sich die tatsächlich vorhandene Anordnung in ihren Wirkungen vollständig ersetzen durch eine Anordnung, bei welcher das Mittel sehr großer Permeabilität (Eisen) wegfällt und hinter der Trennebene Eisen-Luft ein vom gleichen Strome gleicher Richtung durchflossener Leiter im gleichen Abstande von dieser wie der reelle Leiter von der Ebene liegt. Wir können also die Zugkraft ebenfalls nach Gl. (315) berechnen und erhalten im vorliegenden Falle:

$$P_2 = \frac{1{,}02 \cdot l_s \cdot z_2'^2 \cdot i_2^2}{a_f} \cdot 10^{-8}. \tag{316b}$$

l_s bezieht sich natürlich nur auf die Länge des Spulenkopfes in der Drehrichtung, z_2' gibt, um es nochmals hervorzuheben, die Anzahl sämtlicher in einem Spulenkopf zusammengefaßter Leiter an.

In Mehrphasenmaschinen können sich endlich noch Zugkräfte zwischen den Spulenköpfen verschiedener Phasen ausbilden. In Dreiphasenmaschinen tritt das Maximum der Zugkraft dann auf, wenn die Augenblickswerte der beiden Ströme gerade

$$+\frac{1}{2} \cdot \sqrt{3} \quad \text{und} \quad -\frac{1}{2} \cdot \sqrt{3}$$

sind. Deshalb wird, da die gemeinsame, gegenüberstehende Länge

$$l = \sim \frac{1}{3} \cdot l_s:$$

$$P_3 = -\frac{0{,}51 \cdot l_s \cdot z_2'^2 \cdot i_2^2}{a_s} \cdot 10^{-8}, \tag{316c}$$

wo a_s der Abstand zweier zu verschiedenen Phasen gehöriger Spulenköpfe, gemessen von Mitte zu Mitte der Drahtbündel, ist. Wegen der entgegengesetzten Richtung der Ströme im betrachteten Augenblick äußert sich die magnetische Zugkraft als Abstoßung zwischen den beiden Spulenköpfen, wie auch das negative Vorzeichen des Ausdruckes für P_3 angibt. Auch zwischen den einzelnen aus den Nuten austretenden Leiterbündeln können recht beträchtliche, in der Drehrichtung wirkende Anziehungs- bzw. Abstoßungskräfte auftreten, für die wir eine besondere Gleichung wohl nicht mehr hinzuschreiben brauchen.

Die betrachteten magnetischen Zugkräfte können im plötzlichen Kurzschluß für einen Spulenkopf auf Tausende von Kilogramm steigen und demgemäß, wenn eine besondere Befestigung der Wicklung fehlt, zu einem Umbiegen der Spulenköpfe führen. Aber selbst wenn es auch nicht unter allen Umständen zu einem Verbiegen der Wicklung kommt, so liegt doch eine große Gefährdung der Isolation vor, da die aus den Nuten heraustretenden Röhren aus Isolationsmaterial, z. B. Mikanit, mit den Leitern zusammen Biegungen ausgesetzt werden, denen die Röhren auf die Dauer wegen ihrer geringen Widerstandsfähigkeit gegen Biegungsbeanspruchung nicht standhalten können und die so zum oft beobachteten Durchschlag an der Austrittsstelle aus den Nuten Anlaß geben. Gerade die letztere Erscheinung verlangt mit aller Sorgfalt durchkonstruierte Spulenabstützungen, da sonst eine Zerstörung der Nutenisolation im Laufe der Zeit kaum zu vermeiden ist.

Die Erfahrung hat gezeigt, daß Schnelläufer sehr stark unter den Folgeerscheinungen des plötzlichen Kurzschlusses zu leiden haben, während Langsamläufer hiervon viel weniger betroffen werden. Dieser Unterschied im Verhalten der beiden Maschinengattungen soll uns an folgendem Beispiel klar werden, in welchem wir zwei normale Maschinentypen gleicher Leistung, aber mit sehr verschiedener Polzahl bezüglich ihres Verhaltens im plötzlichen Kurzschluß miteinander vergleichen. Die einschlägigen Daten der beiden Maschinen sind:

	Langsamläufer	Schnelläufer
Leistung	1500 kVA	1500 kVA
Klemmenspannung	6000 Volt	6000 Volt
Vollaststrom	145 Amp.	145 Amp.
Umdrehungszahl	115	1500
Periodenzahl	50	25
Nutenzahl	312	72
„ je Pol und Phase	2	12
Stabzahl je Nut	5	5
Länge eines Spulenkopfes . .	55 cm ($l_s = 30$ cm)	200 cm ($l_s = 150$ cm)
Abstand vom Eisen	$a_f = 15$ cm	$a_f = 10$ cm

	Langsamläufer	Schnelläufer
Gegenseitiger Abstand zweier Spulenköpfe	$a_s = 10$ cm	$a_s = 8$ cm
Mittlerer Abstand von der Erregerwicklung	$a_p = 23$ cm	$a_p = 29$ cm
Durchmesser des Induktors	500 cm	100 cm
Mittlere Länge der Erregerwicklung in der Drehrichtung	$l_p = 22$ cm	$l_p = 110$ cm
Wechselstromglied d. Stoßkurzschlußstromes (Eff.-Wert) . .	$J_a = 1250$ A	$J_a = 2000$ A
Scheitelwert d. Stoßkurzschlußstromes einschl. Gleichstromglied	$i = 3200$ A	$i = 5100$ A

Man wird zunächst im Zweifel darüber sein, welcher der angeschriebenen Stromwerte maßgebend für die Berechnung der Kurzschlußkräfte ist. Betrachtungen, die wir am Ende des nächsten Abschnittes anstellen werden, zeigen nun, um es hier schon vorweg zu nehmen, daß die Wicklung durchaus den Schwankungen des Kurzschlußstromes zu folgen imstande ist, und daß infolgedessen der Berechnung der Kurzschlußkräfte die Spitzenwerte des Kurzschlußstromes zugrunde zu legen sind. Wir haben infolgedessen mit den zuletzt angeschriebenen Stromwerten in die Gl. (316) einzugehen.

Es läßt sich denken, daß die auf die Wickelköpfe ausgeübten magnetischen Zugkräfte beim Turbogenerator nicht gering sein werden. Hier ergeben die Gl. (316), wenn wir beachten, daß die Anzahl sämtlicher in einem Spulenkopf vereinigter Leiter beim Langsamläufer $z_2' = 10$ und beim Schnelläufer $z_2' = 60$ ist, folgende Werte:

	Langsamläufer	Turbogenerator
Maximale Abstoßungskraft zwischen Erregerwicklung u. Spulenkopf, P_1	14,5 kg	5 500 kg
Maximale Anziehungskraft zwischen Spulenkopf und Statoreisen, P_2 .	21,0 kg	14 500 kg
Maximale Anziehungskraft zwischen zwei Spulenköpfen verschiedener Phase, P_3	15,5 kg	9 000 kg

Wenn diese Zahlen auch in Wirklichkeit nicht erreichte Höchstwerte angeben, so stimmt doch wenigstens ihre Größenordnung, und der Leser wird jetzt begreifen, daß die Schwierigkeiten der Spulenkopfbefestigungen erst mit dem Bau großer Schnelläufer begannen. Der Langsamläufer unseres Beispiels besaß keinerlei Wickelkopfbefestigung, wozu, wie die Zahlen der ersten Spalte beweisen, ja auch keine Veranlassung vorlag, dagegen mußte beim Turbogenerator auf eine unverrückbare Befestigung der Spulenköpfe ganz besonderes Augenmerk gerichtet werden. Es handelt sich ja nicht nur darum, die Wicklung

Abb. 221. Kurzschlußsichere Befestigung der Gehäusewicklung von AEG-Turbogeneratoren.

vor Verbiegungen zu schützen, es soll vielmehr jede Erschütterung von den Spulenköpfen ferngehalten werden, um eine Beschädigung der spröden Mikanithülsen zu vermeiden. Die kurzschlußsichere Befestigung der Wickelköpfe ist auch heute noch ein schwieriges Problem, besonders da man noch die Forderung stellen muß, daß eine Maschine auch jenen Beanspruchungen standhält, die beim fehlerhaften Synchronisieren auftreten können.

Wird nämlich ein Generator infolge ungeschickter Schaltmanipulationen gerade in Phasenopposition auf ein großes Netz geschaltet, so wird der Kurzschlußstrom in der Statorwicklung annähernd doppelt so groß und die Anziehungskräfte auf die Spulenköpfe werden vervierfacht. Das heißt, daß bei unserm Turbogenerator auf einen Spulenkopf eine größte Anziehungskraft von annähernd 60 000 kg ausgeübt wird. Selbst wenn diese Zahl die tatsächlich auftretenden

Abb. 222. Kurzschlußsichere Befestigung der Gehäusewicklung bei einem AEG-Wasserturbogenerator von 20 000 kVA.

Kräfte um ein Vielfaches zu hoch angibt, verbleiben immer noch ganz gewaltige Werte, die unsere volle Aufmerksamkeit herausfordern, und wir verstehen es, daß selbst bei modernen, gut durchkonstruierten Maschinen noch gelegentlich eine Zerstörung der Wicklung eintritt.

Die Abb. 221 und 222 zeigen Wicklungsabstützungen, die den auftretenden Kurzschlußkräften mit Sicherheit gewachsen sind. Besonders Abb. 221 läßt erkennen, welche Aufmerksamkeit der Konstrukteur

heute auf die Durchbildung einer unverrückbaren Wickelkopfbefestigung
verwendet. Daß diese Aufmerksamkeit sehr angebracht ist, bestätigt

Abb. 223. Kurzschlußwirkung auf eine schlecht befestigte Gehäusewicklung.

auch die Abb. 223, die zwei Ansichten einer durch Kurzschluß zerstörten, mangelhaft abgestützten Gehäusewicklung eines Langsamläufers bringt.

54. Kurzschlußkräfte an Transformatoren.

Die nachfolgenden Betrachtungen beschäftigen sich mit den verschiedenen Komponenten der an Transformatorwicklungen zu erwartenden Kurzschlußkräfte. Um überhaupt zu einer Lösung zu gelangen
und um handliche Endformeln zu erhalten, mußte das Problem stark
idealisiert werden; jedoch sind die Abweichungen zwischen Theorie
und Wirklichkeit nicht derart, daß die Ergebnisse dem Konstrukteur
keinen brauchbaren Anhalt lieferten, um so mehr, als eine an einem
10000 kVA-Transformator durchgeführte experimentelle Kontrolle ergab, daß die erhaltenen Gleichungen etwas zu hohe Werte für die
in Wirklichkeit auftretenden Kräfte liefern.

Unsere nächste Aufgabe ist die Berechnung der Streuinduktivität
des kurzgeschlossenen Transformators, denn einmal müssen wir, um
überhaupt ein Urteil über die Größe der Kurzschlußkräfte gewinnen

zu können, wissen, wie hoch der zu erwartende Kurzschlußstrom ist, und dann läßt sich, wie sogleich gezeigt werden soll, die Gleichung für die Kurzschlußkraft aus jener für die Streuinduktivität mittels einer einfachen mathematischen Operation gewinnen.

Es bezeichne L die Streuinduktivität des betrachteten Transformators, i den jeweiligen Wert des Kurzschlußstromes und P die Kurzschlußkraft. Bei einer Bewegung einer der Wicklungen in Richtung der uns gerade interessierenden Komponente der Kurzschlußkraft um einen Betrag df ändere sich die Streuinduktivität um einen Betrag dL. Und zwar wächst, wenn die Wicklung der zu berechnenden Kraftkomponente frei folgen kann, die in den Streufeldern aufgespeicherte magnetische Energie um einen Betrag $\frac{1}{2}\,d\,(L\,i^2)$, wobei der Strom i, der sich bei der kleinen Bewegung df nicht nennenswert ändert, auch aus der Klammer herausgesetzt werden kann. Die bei der Bewegung der Wicklung geleistete mechanische Arbeit ist, da die Bewegung in Richtung der Kraftkomponente P_f erfolgt, $P_f df$, und da beide Energiebeträge gleich sein müssen, folgt:

$$\frac{1}{2}\,dL\,i^2 = P_f\,df \qquad \text{oder} \qquad P_f = \frac{1}{2}\cdot i^2\,\frac{dL}{df}. \qquad (317)$$

Man erhält also die in einer bestimmten Richtung wirkende Komponente der Kurzschlußkraft, indem man den Ausdruck für die Streuinduktivität nach der betreffenden Koordinate differenziert. Wenn man sämtliche auf der rechten Seite der Gl. (317) stehenden Größen in absoluten Einheiten mißt, erhält man die Kurzschlußkraft ebenfalls in absoluten Einheiten, also in Dyn. Um die Kraft in kg zu erhalten, ist durch 981000 zu dividieren. Drücken wir ferner die Induktivität in Henry, die Stromstärke dagegen in Ampere aus, so geht Gl. (317) über in

$$P_f = 5,1\,i^2\,\frac{dL}{df}. \qquad (317\,\text{a})$$

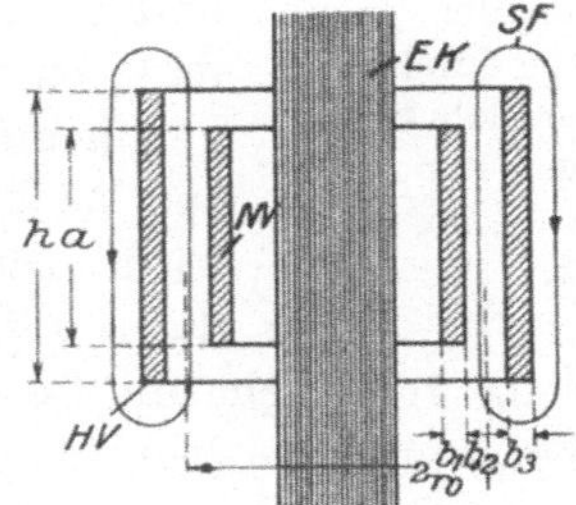

Abb. 224. Wicklungsanordnung des Transformators.

EK = Eisenkern,
HV = Hochspannungswicklung,
NV = Niederspannungswicklung,
SF = Streufluß.

Um nun einen geeigneten Ausdruck für die Streuinduktivität zu finden, gehen wir von Abb. 224 aus, die einen einfachen, aber typischen Fall der Wicklungsanordnung eines Transformators zeigt. Durch passende Umstellung der Bezeichnungen oder Hinzufügung entsprechender Zahlenfaktoren können aus dem gewählten Beispiel die für die verschiedenen, in der Technik üblichen Wicklungsanordnungen gültigen Beziehungen abgeleitet werden.

Abb. 224 stellt einen Transformator mit einfach konzentrischer Wicklung dar, a bedeutet die axiale Höhe der Niederspannungswicklung, h jene der Hochspannungswicklung, r_0 den mittleren Halbmesser des Isolationskanales zwischen beiden Wicklungen und somit $2\,r_0\pi = \lambda_0$ die mittlere Windungslänge des Transformators. Es bezeichnen noch b_1 die radiale Breite der Niederspannungswicklung, b_2 die des Isolationskanales und b_3 jene der Hochspannungswicklung, $z i$ sei ferner die Amperewindungszahl jeder der beiden Wicklungen und somit z die Windungszahl einer der beiden Wicklungen.

Bekanntlich nehmen die Streukraftlinien den in die Abbildung eingezeichneten Verlauf; sie verlaufen fast nur in Luft bzw. Öl und werden durch die Anwesenheit des Eisenkernes so gut wie nicht beeinflußt. Man braucht seine Anwesenheit infolgedessen bei Streuungsberechnungen nicht zu berücksichtigen und gleicht den Fehler, der bezüglich des zur Aufrechterhaltung des gemeinsamen Feldes benötigten Magnetisierungsstromes begangen wird, dadurch aus, daß man gleiche Amperewindungszahlen für beide Wicklungen zugrunde legt.

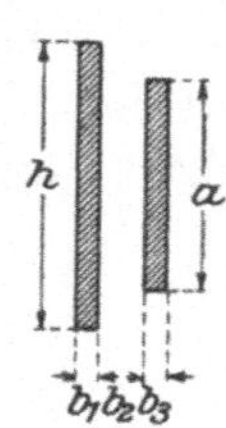

Abb. 225. Ersatz der Wicklung durch zwei parallele Schienen von der Länge $\lambda_0 = 2 \cdot r_0 \cdot \pi$.

Wir können nun aber noch einen Schritt weiter gehen. Zweifellos ändern wir den Verlauf der Streukraftlinien nur verhältnismäßig wenig, wenn wir uns die Wicklungen in axialer Richtung aufgeschnitten und in zwei parallele Ebenen abgewickelt denken. Der dadurch begangene Fehler wird übrigens um so kleiner, je größer der Wicklungsdurchmesser im Vergleich zur Wicklungsbreite bzw. zur Breite des Luftspaltes wird. Durch diesen Kunstgriff vereinfachen wir aber die uns gestellte Aufgabe ganz gewaltig, denn es verbleibt nur mehr die Berechnung der Selbstinduktivität zweier paralleler, vom gleichen Strom $z i$ durchflossener Schienen, deren Abmessungen und gegenseitige Lage die Abb. 225, die einen senkrechten Schnitt zeigt, veranschaulicht. Die Länge beider Schienen ist gleich der mittleren Windungslänge λ_0.

Wenn wir endlich noch eine aus der Theorie der Streuung bekannte reduzierte Luftspaltbreite

$$\delta = b_2 + \frac{b_1 + b_3}{3} \tag{318}$$

einführen, gelangen wir zu Abb. 226 und damit zu unserer endgültigen Problemstellung. Die Wicklungen besitzen nur mehr eine sehr geringe, aber endliche Breite, deren halben Betrag wir aus rein mathematischen Gründen gleich einer beliebig klein zu wählenden Einheit setzen. Sie seien ferner um einen Betrag f in axialer Richtung aus der ursprünglichen Symmetrielage verschoben. Im übrigen sind sämtliche noch interessierenden Bezeichnungen der Abbildung zu entnehmen. Endwirkungen der Schienen kommen natürlich nicht in Betracht; wir haben vielmehr ein aus zwei unendlich langen Schienen herausgeschnittenes Stück von der Länge λ_0 unserer Rechnung zugrunde zu legen; unser Problem ist demnach zweidimensional geworden.

Irgendein Stromelement $i z \dfrac{dx}{a}$ der rechten

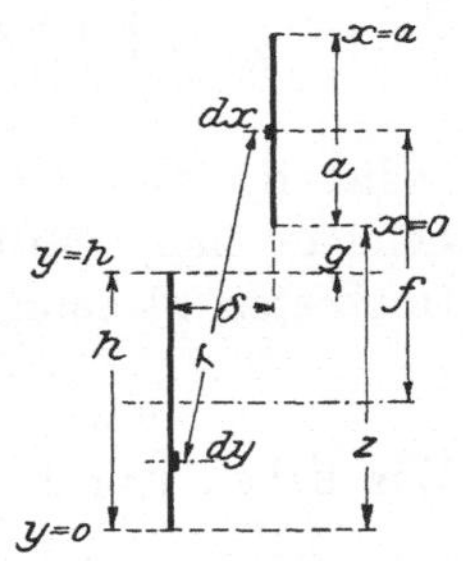
Abb. 226. Idealisierte Wicklungsanordnung.

Schiene erzeugt in seiner Umgebung ein magnetisches Feld, dessen Intensität in der Entfernung ϱ einen Betrag

$$H = 2\, iz \frac{dx}{a\,\varrho}$$

ausmacht. Die aus dem betrachteten Schienenelement dx und aus einem in der Entfernung r auf der andern Schiene liegenden Element dy gebildete Schleife wird von einem Induktionsfluß ($\mu = 1$)

$$d\,\Phi = 2\, iz \frac{dx}{a} \int\limits_{1}^{r} \frac{d\varrho}{\varrho} = 2\, iz \frac{\ln r}{a}\, dx$$

durchsetzt, der durch das betrachtete Stromelement erregt wird. Der Strom der gesamten Schiene erzeugt in der betrachteten Schleife eine Durchflutung

$$\Phi = \frac{2\, iz}{a} \int\limits_{0}^{a} \ln r\, dx\,.$$

Indem wir die Verkettung der einzelnen Stromfäden der linken Schiene mit diesem Flux bestimmen, erhalten wir die wechselseitige magnetische Energie der beiden stromdurchflossenen Schienen, oder, um auf unser ursprüngliches Problem zurückzukommen, der beiden kurzgeschlossenen Wicklungen pro Längeneinheit des mittleren Umfanges zu

$$W_{12} = \frac{2\, i^2 z^2}{ah} \int\limits_{0}^{a} \int\limits_{0}^{h} \ln r\, dx\, dy\,. \tag{319}$$

Um die gesamte magnetische Energie des betrachteten Stromkreises pro Längeneinheit zu erhalten, haben wir von dem erhaltenen Energiebetrag die Verkettung der einzelnen Stromfäden der eigenen Schiene mit dem von ihr erzeugten Flux in Abzug zu bringen, da die Stromrichtung in Hin- und Rückleitung verschieden ist. Auf dem eben betretenen ganz analogen Wege ergibt sich die eigene magnetische Energie der beiden Schienen zu

$$W_{11} = \frac{i^2 z^2}{a^2} \int\limits_0^a \int\limits_0^a \ln r \, dx \, dx' \qquad \text{und} \qquad W_{22} = \frac{i^2 z^2}{h^2} \int\limits_0^h \int\limits_0^h \ln r \, dy \, dy', \qquad (320)$$

wobei dx und dx' bzw. dy und dy' Elemente ein und derselben Schiene sind. Mithin ist die gesamte magnetische Energie des betrachteten Stromkreises:

$$W = (W_{12} - W_{11} - W_{22}) \, 2 \, r_0 \, \pi. \qquad (321\,\mathrm{a})$$

Wir haben jedoch für dieselbe andererseits den Ausdruck

$$W = \frac{1}{2} L \, i^2, \qquad (321\,\mathrm{b})$$

wo L die totale Selbstinduktivität unseres Stromkreises bedeutet. Durch Gleichsetzen der Ausdrücke (321a) und (321b) gewinnen wir somit folgende Gleichung für die Streuinduktivität in Henry des unseren Untersuchungen zugrunde liegenden Transformators:

$$L = 2 \cdot 10^{-9} z^2 \lambda_0 \left[2 \, u_{12} - u_{11} - u_{22} \right], \qquad (322)$$

mit

$$u_{12} = \frac{1}{ah} \int\limits_0^a \int\limits_0^h \ln r \, dx \, dy, \qquad u_{11} = \frac{1}{a^2} \int\limits_0^a \int\limits_0^a \ln r \, dx \, dx',$$

$$u_{22} = \frac{1}{h^2} \int\limits_0^h \int\limits_0^h \ln r \, dy \, dy'. \qquad (322\,\mathrm{a \ bis \ c})$$

Unsere nächste Aufgabe ist nun die Auswertung der durch die Gl. (322a) bis (322c) gegebenen Integrale, die den aus der Theorie des magnetischen Feldes wohlbekannten logarithmischen Abstand zweier dünner Schienen, bzw. den logarithmischen Abstand einer Schiene von sich selbst definieren. Mit

$$r^2 = \delta^2 + (l + x - y)^2$$

folgt nach Rogowski[1])

$$u_{12} = \frac{1}{2 \, ah} \int\limits_0^a \int\limits_0^h \ln \left[\delta^2 + (h + g + x - y)^2 \right] dx \, dy,$$

---

[1]) Rogowski, W.: Über die indurierte Strömung und das Drehmoment bei der Scheibe des Wechselstrommotorzählers. Arch. Elektrot. Bd. 1, S. 205.

und dieses Integral geht, wenn wir zunächst nach x integrieren und vorübergehend

$$\eta = h + g + x - y$$

setzen, über in:

$$u_{12} = \frac{1}{2\,ah} \int\limits_0^h dy \int\limits_{h+g-y}^{h+g-y+a} \ln\,[\delta^2 + \eta^2]\,d\eta\,.$$

Das innere Integral kann ohne weiteres aufgelöst werden, die zweite Integration ist ebenfalls in elementarer Weise möglich und wir schreiben aus diesem Grunde gleich das Rechnungsergebnis hin, welches lautet:

$$u_{12} = -\,1{,}5 + \frac{1}{4\,ah}\left[\left(\left(f + \frac{h+a}{2}\right)^2 - \delta^2\right)\ln\left(\left(f + \frac{h+a}{2}\right)^2 + \delta^2\right)\right.$$

$$+ \left(\left(f - \frac{h+a}{2}\right)^2 - \delta^2\right)\ln\left(\left(f - \frac{h+a}{2}\right)^2 + \delta^2\right)$$

$$- \left(\left(f - \frac{h-a}{2}\right)^2 - \delta^2\right)\ln\left(\left(f - \frac{h-a}{2}\right)^2 + \delta^2\right)$$

$$- \left(\left(f + \frac{h-a}{2}\right)^2 - \delta^2\right)\ln\left(\left(f + \frac{h-a}{2}\right)^2 + \delta^2\right)$$

$$+ 4\left(f + \frac{h+a}{2}\right)\delta\,\mathrm{arctg}\,\frac{f + \dfrac{h+a}{2}}{\delta} + 4\left(f - \frac{h+a}{2}\right)\delta\,\mathrm{arctg}\,\frac{f - \dfrac{h+a}{2}}{\delta}$$

$$- 4\left(f - \frac{h-a}{2}\right)\delta\,\mathrm{arctg}\,\frac{f - \dfrac{h-a}{2}}{\delta}$$

$$\left. - 4\left(f + \frac{h-a}{2}\right)\delta\,\mathrm{arctg}\,\frac{f + \dfrac{h-a}{2}}{\delta}\right]\,. \tag{323a}$$

Indem wir $f = 0$, $\delta = 0$ und $a = h$ setzen, folgt aus der angeschriebenen Gleichung weiterhin:

$$u_{11} = -\,1{,}5 + \ln a \tag{223b}$$

und

$$u_{22} = -\,1{,}5 + \ln h\,. \tag{323c}$$

Um weiterhin einen Ausdruck für die bei axialer Verschiebung einer der beiden Wicklungen aus der Symmetrielage in axialer Richtung auftretende Schubkraft zu gewinnen, bilden wir noch:

$$\frac{du_{12}}{df} = \frac{1}{2\,a\,h}\Bigg\{\left(f+\frac{h+a}{2}\right)\left[\ln\left(\left(f+\frac{h+a}{2}\right)^2+\delta^2\right)+\frac{\left(f+\frac{h+a}{2}\right)^2-\delta^2}{\left(f+\frac{h+a}{2}\right)^2+\delta^2}\right]$$

$$+\left(f-\frac{h+a}{2}\right)\left[\ln\left(\left(f-\frac{h+a}{2}\right)^2+\delta^2\right)+\frac{\left(f-\frac{h+a}{2}\right)^2-\delta^2}{\left(f-\frac{h+a}{2}\right)^2+\delta^2}\right]$$

$$-\left(f-\frac{h-a}{2}\right)\left[\ln\left(\left(f-\frac{h-a}{2}\right)^2+\delta^2\right)+\frac{\left(f-\frac{h-a}{2}\right)^2-\delta^2}{\left(f-\frac{h-a}{2}\right)^2+\delta^2}\right]$$

$$-\left(f+\frac{h-a}{2}\right)\left[\ln\left(\left(f+\frac{h-a}{2}\right)^2+\delta^2\right)+\frac{\left(f+\frac{h-a}{2}\right)^2-\delta^2}{\left(f+\frac{h-a}{2}\right)^2+\delta^2}\right]$$

$$+\,2\,\delta\,\mathrm{arctg}\,\frac{f+\dfrac{h+a}{2}}{\delta}+2\left(f+\frac{h+a}{2}\right)\frac{\delta^2}{\left(f+\frac{h+a}{2}\right)^2+\delta^2}$$

$$+\,2\,\delta\,\mathrm{arctg}\,\frac{f-\dfrac{h+a}{2}}{\delta}+2\left(f-\frac{h+a}{2}\right)\frac{\delta^2}{\left(f-\frac{h+a}{2}\right)^2+\delta^2}$$

$$-\,2\,\delta\,\mathrm{arctg}\,\frac{f-\dfrac{h-a}{2}}{\delta}-2\left(f-\frac{h-a}{2}\right)\frac{\delta^2}{\left(f-\frac{h-a}{2}\right)^2+\delta^2}$$

$$-\,2\,\delta\,\mathrm{arctg}\,\frac{f+\dfrac{h-a}{2}}{\delta}-2\left(f+\frac{h-a}{2}\right)\frac{\delta^2}{\left(f+\frac{h-a}{2}\right)^2+\delta^2}\Bigg\}.\quad(324)$$

Für die Schubkraft selbst ergibt sich mit Rücksicht auf die Gl. (317a) und (322):

$$P_f = 2{,}08\cdot 10^{-8}\,i^2\,z^2\,\lambda_0\,\frac{du_{12}}{df}.\quad(325)$$

Wir haben im Vorhergehenden Gleichungen in geschlossener analytischer Form für die Streuinduktivität eines Transformators und für die bei Wicklungsunsymmetrie auftretende Schubkraft abgeleitet. Unseren Betrachtungen lag allerdings ein ganz spezieller Fall zugrunde, nämlich ein Transformator mit einfach konzentrischer Wicklung, der durch die Abb. 224 schematisch dargestellt wird. Da man nun diesem Aufbau bei praktisch ausgeführten Transformatoren nicht in allen Fällen begegnen wird, muß unsere nächste Aufgabe die Anpassung der erhaltenen Grundgleichungen an beliebige, praktisch mögliche Fälle sein.

Bei mäßigen Spannungen verwendet die Praxis auch Transformatoren mit Scheibenwicklung. Abb. 227 zeigt den einfachsten Fall eines Transformators mit nur einer Hochspannungs- und einer Niederspannungsspule, der also, wie dies auch bei Abb. 224 der Fall ist,

nur einen Isolationskanal zwischen Hoch- und Niederspannungswicklung besitzt. Für diesen einfachen Fall ist nur eine Umstellung der für den konzentrischen Wicklungsaufbau gewählten Bezeichnungen erforderlich, und zwar ist diese so naheliegend, daß ein Hinweis auf die Abb. 224 und 227 genügen dürfte. a bzw. h ist also stets die Ausdehnung der Wicklung in Richtung der Streukraftlinien, b jene senkrecht dazu.

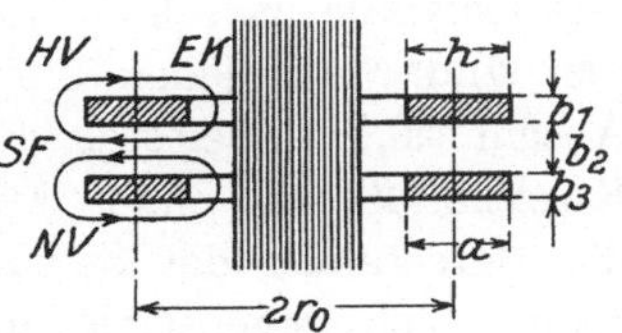

Abb. 227. Einfache Scheibenwicklung.

$E\,K$ = Eisenkern,
$H\,V$ = Hochspannungswicklung,
$N\,V$ = Niederspannungswicklung,
$F\,S$ = Streufluß.

Abb. 228 zeigt die Wicklungsanordnung eines Transformators mit mehrfach unterteilter Scheibenwicklung. Aus Symmetriegründen geht man dabei so vor, daß man eine der Niederspannungsspulen in zwei

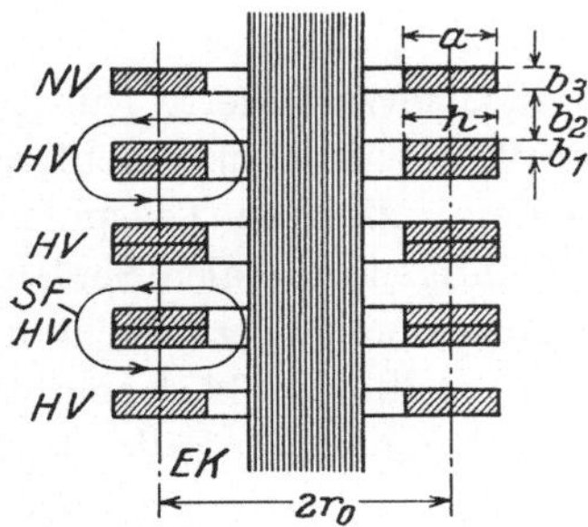

Abb. 228. Mehrfach unterteilte Scheibenwicklung.

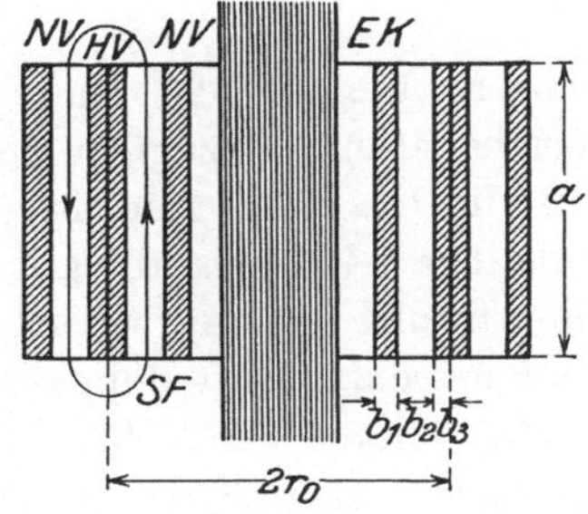

Abb. 229. Doppelkonzentrische Wicklung.

Hälften mit je halber Windungszahl unterteilt, die an den beiden Enden der Wicklung, also zunächst den Jochen sitzen. Genau so werden übrigens mehrfach konzentrische Wicklungen ausgeführt, wie Abb. 229, die einen Transformator mit doppelkonzentrischer Wicklung darstellt, erkennen läßt; die Hochspannungswicklung sitzt in diesem Falle gewöhnlich zwischen der in zwei Spulen aufgeteilten Niederspannungswicklung.

Um nun einen Überblick über den Einfluß der Wicklungsunterteilung auf die Kurzschlußkräfte zu gewinnen, denken wir uns auch die zwischen den beiden äußersten Teilspulen liegenden normal ausgeführten Spulen in zwei Teile mit je halber Windungszahl zerlegt, wie dies die Abb. 228 und 229 andeuten. Im Zusammenhang mit der ebenfalls in die Abbildungen eingezeichneten Aufteilung des Streukraftlinienflusses erkennt man dann, daß bei mehrfach unterteilter Wicklung die gesamte Wicklung in so viele bezüglich der gegenseitigen magnetischen Einwirkung selbständige Teile zerfällt, als Isolationskanäle zwischen Hoch- und Niederspannungswicklung vorhanden sind. Auf jeden einzelnen dieser Teile können die im vorigen Abschnitt hergeleiteten Formeln für die Streuinduktivität und die Kurzschlußkraft ohne weiteres angewendet werden und es ist für die Berechnung der Streuinduktivität nur zu beachten, daß die einzelnen sich gegenseitig nicht weiter beeinflussenden Wicklungsteile elektrisch hintereinandergeschaltet sind.

Ist ξ die Anzahl der Isolationskanäle zwischen Hoch- und Niederspannungswicklung, z die Windungszahl der gesamten Hoch- oder Niederspannungswicklung, so gehen die Gl. (322) und (325) über in:

$$L = 4\,\pi\,10^{-9}\,\frac{z^2}{\xi}\,r_0\,[2\,u_{12} - u_{11} - u_{22}] \qquad (326)$$

und

$$P_f = 4{,}08\,\pi\,10^{-8}\left(\frac{i\,z}{\xi}\right)^2 r_0\,\frac{d\,u_{12}}{df}, \qquad (327)$$

während die Gl. (323) und (324) natürlich ihre unveränderte Gültigkeit behalten. Bezüglich der Kurzschlußkraft ist noch zu beachten, daß die Gl. (327) zunächst nur für die beiden äußersten Teilspulen je halber Windungszahl gilt und daß für die übrigen normalen Spulen, die wir uns aus je zwei solcher Teilspulen zusammengesetzt dachten, die Kurzschlußkraft doppelt so groß wird, als es die Gl. (327) angibt.

In weitaus der Mehrzahl der praktisch vorkommenden Fälle liegt die Sache so, daß der Transformator an eine ganz bestimmte Spannung angeschlossen ist, deren Höhe nur geringen zeitlichen Schwankungen unterworfen ist. Ist das Netz sehr ergiebig, so wird sich die dem Transformator primär aufgedrückte Spannung auch dann nicht allzu stark ändern, wenn an den sekundären Klemmen desselben ein Kurzschluß auftritt. Man wird, will man sicher gehen, mit diesem ungünstigsten Fall rechnen müssen, und es ergeben sich dann folgende Verhältnisse.

Der Kurzschlußstrom des Transformators ist, wenn E die unveränderliche Netzspannung und ω die Kreisfrequenz bedeutet:

$$i = \frac{E}{L\,\omega},$$

und durch Einführung dieser Beziehung in die Gl. (327) folgt unter Beachtung der Gl. (326):

$$P_f = \frac{4{,}08 \cdot 10^{10}}{16\,\pi\,r_0} \left(\frac{E}{z\,\omega}\right)^2 \frac{\dfrac{d\,u_{12}}{df}}{[2\,u_{12} - u_{11} - u_{22}]^2}.$$

Nun ist $2\,\pi\,r_0$ die mittlere Windungslänge $\lambda_0 \dfrac{\sqrt{2}\,E}{z\,\omega}\,10^8$ der Scheitelwert des normalen Kraftlinienflusses im Eisenkern des Transformators, und da letzterer gleich dem Produkt aus der Sättigung B und dem effektiven Eisenquerschnitt des Schenkels q ist, können wir auch schreiben:

$$P_f = 25{,}5 \left(\frac{B\,q}{10\,000}\right)^2 \frac{\dfrac{d\,u_{12}}{df}}{\lambda_0\,[2\,u_{12} - u_{11} - u_{22}]^2}. \tag{328}$$

Wie wir sehen, ist die Größe der Kurzschlußkraft vollständig unabhängig von der Unterteilung der Wicklung, da der Faktor ξ sich aus der Gleichung herausgehoben hat. Die Kurzschlußkraft wird, um es nochmals zu betonen, für die normalen Spulen, im Falle der Abb. 229 also für die H-V-Wicklung, doppelt so groß als Gl. (328) angibt, die letztere ergibt ferner, wenn B den Scheitelwert der Induktion des Eisens bedeutet, die effektive, mittlere Kurzschlußkraft, deren Momentanwert bei 50 periodigem Wechselstrom bekanntlich während $^1/_{100}$ Sekunde zwischen Null und einem Maximalwert vom doppelten Betrage des Effektivwertes hin- und herpendelt. Wie weit diese periodischen Änderungen zur Einwirkung auf die Wicklungsabstützung gelangen, soll später gezeigt werden.

Wenn uns die Gl. (323), (324) und (328) auch die vollständige Lösung unseres Problems in die Hand geben, so sind insbesondere die Gln. (323a) und (324) doch von einer derartigen Unförmlichkeit, daß sie für die praktische Berechnung völlig unbrauchbar sind. Nun ist aber zu bedenken, daß diese Gleichungen unter sehr allgemeinen Voraussetzungen abgeleitet wurden und eine Fülle von Möglichkeiten decken, die uns in der Praxis kaum jemals entgegentreten werden. Stets wird vielmehr die eine oder andere Wicklungsabmessung gegenüber den andern Abmessungen als klein betrachtet werden können, und jede derartige Beschränkung vereinfacht, wie wir sehen werden,

den mathematischen Aufwand in einem Maße, das in keinem Verhältnis zur Einbuße an Rechengenauigkeit steht.

Beginnen wir mit dem einfachsten Fall der völlig symmetrisch aufgebauten Wicklung. Auch diese Wicklung ist gewissen Kurzschlußkräften ausgesetzt, und wenn deren Berechnung uns nur die Bestätigung längst bekannter Resultate bringen kann, so wird damit immerhin die Berechtigung unserer Betrachtungsmethode erwiesen.

Für $h = a$ und $f = 0$ geht die Gl. (223a) über in:

$$u_{12} = -1{,}5 + \frac{h^2 - \delta^2}{2\,h^2}\ln(h^2 + \delta^2) + \frac{\delta^2}{2\,h^2}\ln\delta^2 + 2\,\frac{\delta}{h}\operatorname{arctg}\frac{h}{\delta},$$

und damit folgt aus Gl. (326) nach einigen naheliegenden Umformungen:

$$L = 4 \cdot 10^{-9}\,\frac{z^2}{\xi}\,\frac{\lambda_0\,\delta}{h}\left[\frac{h}{\delta}\ln\sqrt{\frac{h^2 + \delta^2}{h^2}}\right.$$

$$\left. + 2\operatorname{arctg}\frac{h}{\delta} - \frac{\delta}{h}\ln\sqrt{\frac{h^2 + \delta^2}{\delta^2}}\right]. \tag{329}$$

Beim Transformator mit Scheibenwicklung erfahren die beiden Endspulen eine in axialer Richtung wirkende Druckkraft, die sie gegen die Joche zu pressen sucht und die durch die bei modernen Transformatoren recht kräftig bemessene Wicklungsendabstützung aufgenommen werden muß. Die Streuinduktivität des Transformators und damit die im magnetischen Felde aufgespeicherte Energie wächst in der Tat, wenn der Wicklungsabstand δ sich vergrößert und nach den vorhergehenden Entwicklungen gelangen wir zu einem Ausdruck für die Kurzschlußkraft, indem wir die Gleichung für die Streuinduktivität nach δ differenzieren. Aus Gl. (329) folgt dann:

$$P_\delta = 4{,}08 \cdot 10^{-8}\left(\frac{i\,z}{\xi}\right)^2\frac{\lambda_0}{h}\left[\operatorname{arctg}\frac{h}{\delta} - \frac{\delta}{h}\ln\sqrt{\frac{h^2 + \delta^2}{\delta^2}}\right]. \tag{330}$$

Bei den zwischen den beiden Endspulen liegenden normalen Spulen hebt die berechnete Druckkraft sich, da sie von beiden Seiten wirkt, zum allergrößten Teil auf; es verbleibt, wie sich zeigen läßt, eine geringe resultierende Kraftäußerung, die jede Spule bei axialen Verschiebungen aus der Symmetrielage wieder in die mittlere Lage zwischen den beiden benachbarten Spulen zurückzudrücken sucht.

Bei Transformatoren mit konzentrischer Wicklung kommt die durch die Gl. (330) gegebene Kurzschlußkraft in der Weise zur Auswirkung, daß sie die innere Spule radial von außen nach innen gegen den Kern zu pressen sucht. Diese Spule muß also vorzüglich gegen den Kern abgestützt werden. Die äußere Spule wird ähnlich den Wandungen eines Dampfkessels in radialer Richtung von innen nach

außen beansprucht. Bei runden Spulen wird die erwähnte Kurzschlußkraft restlos vom Wicklungsdraht aufgenommen, bei dem sie
sich als reine Zugbeanspruchung äußert. Für den bei doppelkonzentrischer Wicklung zwi-
schen äußerer und innerer
Spule liegenden Wick-
lungsteil verbleibt, wie
bereits erwähnt, eine ge-
ringfügige zentrierende
Kraft.

Die in dem in Abb.
230 eingezeichneten ver-
tikalen Schnitt auftre-
tende, den Wicklungs-

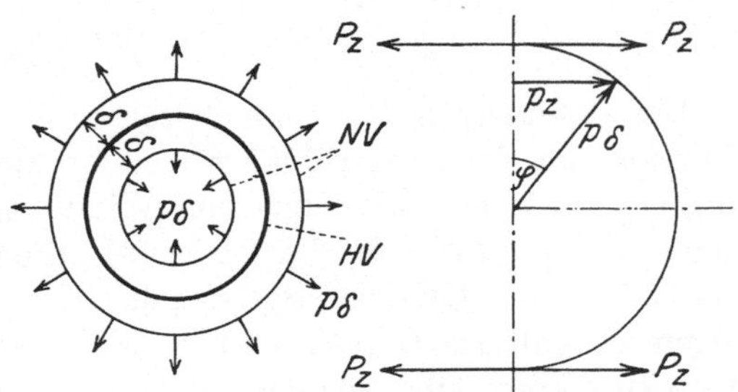

Abb. 230. Ermittlung der Drahtbeanspruchung.

draht der äußeren Spule auf Zug beanspruchende Kraft erhält man,
indem man die Horizontalkomponenten

$$p_z = p_\delta \sin \varphi$$

der in den einzelnen Wicklungselementen auftretenden radialen
Kräfte p_δ über den halben Umfang der Spule summiert. Dies ergibt
für die auf den gesamten Spulenquerschnitt wirkende Zugkraft:

$$P_z = p_\delta r_0 \int\limits_0^\pi \sin \varphi \, d\varphi = 2 \, r_0 \, p_\delta = \frac{1}{\pi} \, P_\delta.$$

Mithin ist die Zugbeanspruchung jeder einzelnen Windung

$$P_z' = \frac{P_\delta}{z \, \pi}, \tag{331}$$

wo der Wert P_δ den Gl. (330) bzw. (330a) zu entnehmen ist.

Für $h = 100$, $\frac{2}{3}(b_1 + b_3) = 2$ und $\delta = 3 \div 20$ ergeben die Gl.

(329) und (330) die folgende Tabelle:

$\dfrac{\delta}{h} =$	$\dfrac{1}{33}$	$\dfrac{1}{20}$	$\dfrac{1}{13}$	$\dfrac{1}{10}$	$\dfrac{1}{5}$	
$L = 4\,\pi\,10^{-9}\,\dfrac{z^2}{\xi}\,\dfrac{\lambda_0\,\delta}{h}\times$	0,966	0,93	0,91	0,883	0,80	Nach Gl. (329)
$P_\delta = 2{,}04\,\pi\,10^{-8}\left(\dfrac{i\,z}{\xi}\right)^2\dfrac{\lambda_0}{h}\times$	0,937	0,875	0,84	0,80	0,67	„ „ (330)
$P_\delta = \dfrac{25{,}5}{4\,\pi}\left(\dfrac{B\,q}{10\,000}\right)^2\dfrac{h}{\lambda_0\,\delta^2}\times$	1,00	1,01	1,015	1,02	1,045	Aus Gl. (329) u. (330) berechn.

Die letzte Zeile der Tabelle lehrt nun, daß mit großer Annäherung die Kurzschlußkraft durch folgende Gleichung dargestellt werden kann:

$$'P_\delta = 2{,}03 \left(\frac{Bq}{10000}\right)^2 \frac{h}{\lambda_0\,\delta^2}. \tag{332}$$

Eine weitere, beim symmetrischen Wicklungsaufbau auftretende Komponente der Kurzschlußkraft sucht die Wicklungshöhe h zu verringern, preßt also die einzelnen Windungen jeder Spule gegeneinander. In der Tat läßt die Gl. (329) erkennen, daß die Streuinduktivität mit abnehmender Spulenhöhe h zunimmt, und es ist ja ein allgemein gültiges Gesetz, daß jeder Stromkreis unter dem Einfluß der Stromkraft eine derartige Form anzunehmen sucht, daß seine Selbstinduktivität einem Maximum zustrebt. Wir können die eben erwähnte Kurzschlußkraft, die in der Hauptsache von der Wicklung selbst aufgenommen wird, berechnen, indem wir die Gl. (329) nach h differenzieren. Es ergibt sich auf diesem Wege:

$$P_h = -\,4{,}08 \cdot 10^{-8} \left(\frac{i\,z}{\xi}\right)^2 \frac{\lambda_0\,\delta}{h^2} \left[\operatorname{arctg}\frac{h}{\delta} - \frac{\delta}{h}\ln\frac{h}{\delta}\right]. \tag{333}$$

Das Minuszeichen vor der Gleichung deutet auf eine derartige Richtung der Kurzschlußkraft hin, daß sie die Spulenhöhe h zu verkleinern sucht.

In gleicher Weise wie vorher läßt sich auch hier eine einfache Gleichung für die betrachtete Kurzschlußkraft ableiten, welche sich auf Grund der Überlegung ergibt, daß das Verhältnis der in den Gl. (329) und (333) enthaltenen eckigen Klammern mit großer Annäherung 2 ist. Und zwar ergibt sich

$$P_h = 2{,}03 \left(\frac{Bq}{10000}\right)^2 \frac{1}{\lambda_0\,\delta}. \tag{334}$$

Die im vorhergehenden betrachteten Kurzschlußkräfte sind von vornherein als unvermeidlich hinzunehmen: sie treten in voller Höhe auch dann auf, wenn beim Aufbau der Wicklung noch so ängstlich auf die Vermeidung jedweder Unsymmetrie geachtet wird. Scheinbar im Gegensatz hierzu stehen die uns im nachstehenden interessierenden Kurzschlußkräfte, da sie theoretisch bei völlig symmetrischem Wicklungsaufbau verschwinden. Ich sage scheinbar, denn in Wirklichkeit lassen sich Unsymmetrien, die beispielsweise bei der exaktesten Werkstattarbeit schon durch die Steigung dickdrähtiger Niederspannungsspulen gegeben sind, nie so vollständig vermeiden, daß die durch sie ausgelösten Kurzschlußkräfte nicht die ernsteste Aufmerksamkeit des Konstrukteurs verdienten.

Besitzt bei konzentrischer Wicklung beispielsweise die Hochspannungswicklung eine gewisse axiale Verschiebung gegen die Niederspannungswicklung, oder sind bei Scheibenwicklung die einzelnen Spulen nicht genau gegen den Kern zentriert, so ist der durch die Abb. 226 gegebene und durch die Gl. (323) und (324) in allgemeiner Form gelöste Fall realisiert. Nun können wir die genannten Gleichungen für unsere Zwecke ganz wesentlich vereinfachen. Zunächst wird der erfahrene Konstrukteur die einzelnen Spulen stets mit gleicher Höhe $(a = h)$ ausführen, um an überstehenden Wicklungsteilen auftretende Kurzschlußkräfte, welche diese von der übrigen Wicklung loszureißen suchen und die schon zum Zusammenbruch mancher Transformatoren mit konzentrischer Wicklung geführt haben, möglichst zu unterdrücken.

Mit $a = h$ gehen die Gl. (323) und (324) über in:

$$u_{12} = -1{,}5 + \frac{1}{4\,h^2}\Big[[(h+f)^2 - \delta^2]\ln[(h+f)^2 + \delta^2]$$

$$+ [(h-f)^2 - \delta^2]\ln[(h-f)^2 + \delta^2]$$

$$+ 2(\delta^2 - f^2)\ln(\delta^2 + f^2) + 4(h+f)\,\delta\,\mathrm{arctg}\,\frac{h+f}{\delta}$$

$$+ 4(h-f)\,\delta\,\mathrm{arctg}\,\frac{h-f}{\delta} - 8\,f\delta\,\mathrm{arctg}\,\frac{f}{\delta}\Big],$$

$$u_{11} = u_{22} = -1{,}5 + \ln h,$$

$$\frac{du_{12}}{df} = \frac{h+f}{2\,h^2}\Big[\ln[(h+f)^2 + \delta^2] + \frac{(h+f)^2 - \delta^2}{(h+f)^2 + \delta^2}\Big]$$

$$- \frac{f}{h^2}\Big[\ln(f^2 + \delta^2) - \frac{\delta^2 - f^2}{\delta^2 + f^2}\Big]$$

$$- \frac{h-f}{2\,h^2}\Big[\ln[(h-f)^2 + \delta^2] + \frac{(h-f)^2 - \delta^2}{(h-f)^2 + \delta^2}\Big]$$

$$+ \frac{\delta}{h^2}\Big[\mathrm{arctg}\,\frac{h+f}{\delta} - \mathrm{arctg}\,\frac{h-f}{\delta} - 2\,\mathrm{arctg}\,\frac{f}{\delta}\Big]$$

$$+ \frac{\delta^2}{h^2}\Big[\frac{h+f}{(h+f)^2 + \delta^2} - \frac{h-f}{(h-f)^2 + \delta^2} - \frac{2\,f}{\delta^2 + f^2}\Big]$$

Unter der Verschiebung f aus der Symmetrielage verstehen wir jene Strecke, um welche die Kante der verschobenen Spule über die der benachbarten Spule vorsteht. Da bei nur einigermaßen zuverlässiger Werkstattarbeit die Verschiebung f stets sehr klein gehalten werden kann, können wir uns bei Herleitung der Gleichungen für die Schubkraft die weitere Beschränkung auferlegen: $f \ll h$ und sogar $f \ll \delta$.

Da bei so kleinen Verschiebungen die Streuinduktivität der Transformatorwicklung sich noch nicht nennenswert geändert haben kann, können wir sie weiterhin mit Hilfe der Gl. (329) berechnen. Der Ausdruck für $\dfrac{du_{12}}{df}$ läßt sich ferner noch außerordentlich vereinfachen. Für kleine Werte von f gilt nämlich:

$$\frac{(h \pm f)^2 - \delta^2}{(h \pm f)^2 + \delta^2} = \sim \frac{h^2 - \delta^2}{h^2 + \delta^2} \cdot \frac{1 \pm \dfrac{2\,h\,f}{h^2 - \delta^2}}{1 \pm \dfrac{2\,h\,f}{h^2 + \delta^2}} \,.$$

Da aber bekanntlich

$$\frac{1}{1 \pm x} = 1 \mp x + x^2 \mp \cdots \ \text{für}\ x \ll 1,$$

folgt weiterhin

$$\frac{(h \pm f)^2 - \delta^2}{(h \pm f)^2 + \delta^2} = \sim \frac{h^2 - \delta^2}{h^2 + \delta^2} \pm \frac{4\,h\,f\,\delta^2}{(h^2 + \delta^2)^2} + \frac{4\,h^2\,f^2}{(h^2 + \delta^2)^2} \,.$$

Ferner gilt

$$\ln(1 \pm x) = \pm x - \frac{x^2}{2} \pm \frac{x^3}{3} \cdots \ \text{für}\ x \ll 1,$$

was unter Anwendung auf den vorliegenden Fall

$$\ln\left[(h \pm f)^2 + \delta^2\right] = \sim \ln(h^2 + \delta^2) \pm \frac{2\,h\,f}{h^2 + \delta^2} - \frac{2\,h^2\,f^2}{(h^2 + \delta^2)^2}$$

ergibt. Erinnern wir uns noch der Beziehung

$$\mathrm{arctg}\, x = \sim \frac{\pi}{2} - \frac{1}{x} \ \text{für}\ x \gg 1,$$

so gelingt uns die Vereinfachung:

$$\mathrm{arctg}\,\frac{h + f}{\delta} - \mathrm{arctg}\,\frac{h - f}{\delta} = \sim \frac{\delta}{h - f} - \frac{\delta}{h + f} = \sim \frac{2\,\delta\,f}{h^2 - f^2},$$

und zum Schlusse können wir noch schreiben

$$\frac{h \pm f}{(h \pm f)^2 + \delta^2} = \sim \frac{h \pm f}{h^2 + \delta^2} \cdot \frac{1}{1 \pm \dfrac{2\,h\,f}{h^2 + \delta^2}} = \sim \frac{h \pm f}{h^2 + \delta^2}\left(1 \mp \frac{2\,h\,f}{h^2 + \delta^2}\right),$$

woraus

$$\frac{h + f}{(h + f)^2 + \delta^2} - \frac{h - f}{(h - f)^2 + \delta^2} = \sim \frac{2\,f}{h^2 + \delta^2} - \frac{4\,h^2\,f}{(h^2 + \delta^2)^2}\,.$$

Mit diesen Vereinfachungen erhalten wir nun

$$\frac{d u_{12}}{df} = \frac{f}{h^2}\left[\ln(h^2+\delta^2) - \ln(f^2+\delta^2) - 2\,\frac{\delta}{f}\,\text{arctg}\,\frac{f}{\delta}\right.$$

$$+\frac{h^2-\delta^2}{h^2+\delta^2} + \frac{2\,h^2 f^2}{(h^2+\delta^2)^2} + \frac{\delta^2-f^2}{\delta^2+f^2}$$

$$+\frac{2\,h^2}{h^2+\delta^2} + \frac{4\,h^2\delta^2}{(h^2+\delta^2)^2} + \frac{2\cdot\delta^2}{h^2-f^2} + \frac{2\,\delta^2}{h^2+\delta^2} - \frac{2\,\delta^2}{\delta^2+f^2} - \frac{4\,h^2\delta^2}{(h^2+\delta^2)^2}\left.\right],$$

woraus sich endlich unter Vornahme weiterer geringfügiger Vernachlässigungen

$$\frac{d u_{12}}{df} = \frac{2f}{h^2}\left[1 + \ln\sqrt{\frac{h^2+\delta^2}{f^2+\delta^2}} - \frac{\delta}{f}\,\text{arctg}\,\frac{f}{\delta}\right]$$

ergibt. Dabei ist zu beachten, daß δ stets als klein gegenüber h betrachtet werden kann, was insbesondere für die im vorliegenden Fall in erster Linie interessierende konzentrische Wicklung zutrifft.

Wir gelangen somit auf Grund vorliegender Betrachtungen zu folgenden Gleichungen für die den Kurzschlußstrom bestimmende Streuinduktivität und für die durch die angenommene Unsymmetrie bedingte Schubkraft:

$$L = 4\cdot 10^{-9}\,\frac{z^2}{\xi}\,\frac{\lambda_0\,\delta}{h}\left[\frac{h}{\delta}\ln\sqrt{\frac{h^2+\delta^2}{h^2}}\right.$$

$$\left.+ 2\,\text{arctg}\,\frac{h}{\delta} - \frac{\delta}{h}\ln\sqrt{\frac{h^2+\delta^2}{\delta^2}}\right], \qquad (329)$$

bzw.

$$P_f = 4{,}08\cdot 10^{-8}\left(\frac{i\,z}{\xi}\right)^2\frac{\lambda_0\,f}{h^2}\left[1 + \ln\sqrt{\frac{h^2+\delta^2}{f^2+\delta^2}} - \frac{\delta}{f}\,\text{arctg}\,\frac{f}{\delta}\right]. \qquad (335)$$

Aus dem positiven Vorzeichen des Ausdruckes für die Schubkraft können wir auf eine derartige Richtung derselben schließen, daß sie die bereits vorhandene Unsymmetrie zu vergrößern sucht; sie ist bei konzentrischer Wicklungsanordnung axial, bei Scheibenwicklung radial gerichtet, und zwar ist im letzteren Falle die pro Endspule wirkende Kraft aus leicht einzusehenden Gründen π mal kleiner, als es die Gl. (335) angibt. Die Schubkraft wächst mit zunehmender Verschiebung f der Wicklung aus der Mittellage rasch an und zwar ist das Wachstumsgesetz anfangs, wie die Gleichung erkennen läßt, annähernd ein lineares. Bei vollständig symmetrisch aufgebauter Wicklung $(f = 0)$ verschwindet, wie nicht anders zu erwarten, die Schubkraft.

Die Gl. (329) und (335) lassen sich wiederum zusammenfassen in

$$P_f = 4{,}06 \left(\frac{Bq}{10000}\right)^2 \cdot \frac{f}{\lambda_0 \cdot \delta^2}$$

$$\cdot \frac{\dfrac{1}{\pi}\left[\ln \sqrt{\dfrac{h^2+\delta^2}{f^2+\delta^2}}+1-\dfrac{\delta}{f}\operatorname{arctg}\dfrac{f}{\delta}\right]}{\left[\dfrac{2}{\pi}\operatorname{arctg}\dfrac{h}{\delta}+\dfrac{h}{\delta\,\pi}\ln\sqrt{\dfrac{h^2+\delta^2}{h^2}}-\dfrac{\delta}{h\,\pi}\ln\sqrt{\dfrac{h^2+\delta^2}{\delta^2}}\right]^2} \cdot$$

Nun weicht der Wert des letzten auf der rechten Seite obiger Gleichung stehenden Bruches für die praktisch in Frage kommenden Werte des Verhältnisses $\dfrac{h}{\delta}$, wie Abb. 231 erkennen läßt, nicht allzusehr von der Einheit ab, der Wert ist ferner ziemlich unempfindlich gegen Schwankungen des Verhältnisses $\dfrac{f}{\delta}$ zwischen den Grenzen 0 und 1.

Wir können somit folgende einfache Gleichung für die durch die Wicklungsunsymmetrie f bedingte Schubkraft anschreiben.

$$P_f = 4{,}06 \left(\frac{Bq.}{10000}\right)^2 \frac{f}{\lambda_0\,\delta^2}, \tag{336}$$

deren Genauigkeit für praktische Zwecke vollkommen ausreicht, solange

$$\frac{h}{\delta} > 5 \quad \text{und} \quad \frac{f}{\delta} < 1.$$

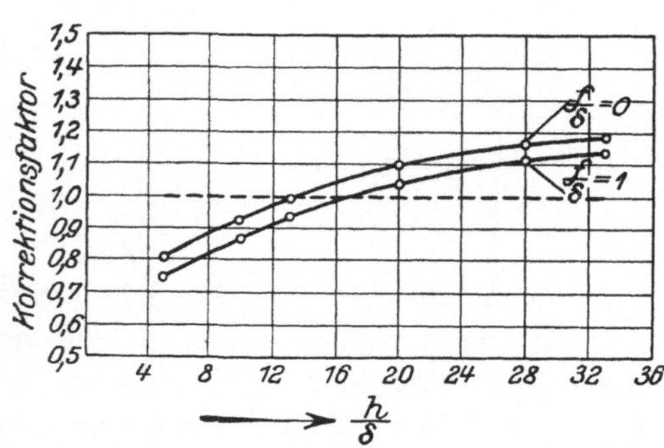

Abb. 231. Korrektionsfaktor für die nach Gl. (336) berechnete Schubkraft.

$$\text{Korrektions-}\atop\text{faktor} = \frac{\dfrac{1}{\pi}\left(\ln\sqrt{\dfrac{h^2+\delta^2}{f^2+\delta^2}}+1-\dfrac{\delta}{f}\operatorname{arctg}\dfrac{f}{\delta}\right)}{\left(\dfrac{2}{\pi}\operatorname{arctg}\dfrac{h}{\delta}+\dfrac{h}{\delta\,\pi}\ln\sqrt{\dfrac{h^2+\delta^2}{\delta^2}}-\dfrac{\delta}{h\,\pi}\ln\sqrt{\dfrac{h^2+\delta^2}{\delta^2}}\right)^2}$$

Unsymmetrien entstehen beispielsweise auch bei Transformatoren mit Röhrenwicklung durch Anzapfungen, die, wie dies Abb. 232 für einen Transformator mit einfach konzentrischer Wicklung zeigt, häufig am Wicklungsende angebracht werden. Die im Falle der Abb. 232 entstehende axiale Unsymmetrie ist

$$f = \frac{h-a}{2},$$

und wir können die hierdurch bedingte axiale Schubkraft, da die Höhen h bzw. a von Primär- und Sekundärwicklung nur wenig voneinander abweichen werden, ebenfalls nach Gl. (336) berechnen. Berücksichtigen wir, daß bei doppelkonzentrischer Wicklung die auf einen Isolationskanal wirkende Amperewindungszahl nur halb so groß ist, so ergibt Gl. (336):

$$P_f = \frac{4{,}06}{\zeta} \cdot \left(\frac{B \cdot q}{10000}\right)^2 \cdot \frac{h-a}{\lambda_0\,\delta^2} = \frac{4{,}06}{\xi} \cdot \left(\frac{B \cdot q}{10000}\right)^2 \cdot \frac{\frac{x_{0/_0}}{100} \cdot \xi \cdot h}{\lambda_0 \cdot \delta^2}.$$

Hierin ist ξ ein Zahlenfaktor, der bei einfach konzentrischer Wicklung $=1$ und bei doppelkonzentrischer Wicklung $=2$ zu setzen ist, und $x_{0/_0}$ der prozentuale Betrag der Anzapfung. Ein gleicher Wert von x ergibt bei doppelkonzentrischer Wicklung, da nur eine der beiden Teilspulen, und zwar die äußere, angezapft wird, eine doppelt so große Höhendifferenz $h-a$, so daß also der Zahlenfaktor ξ sich weghebt und wir einfacher schreiben können:

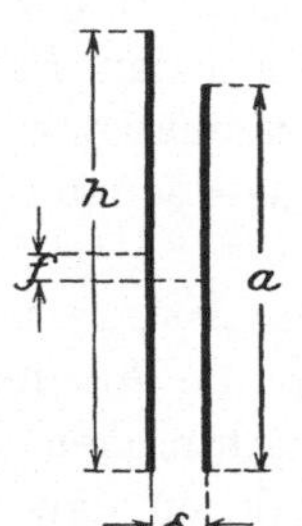

Abb. 232. Anzapfung am Wicklungsende.

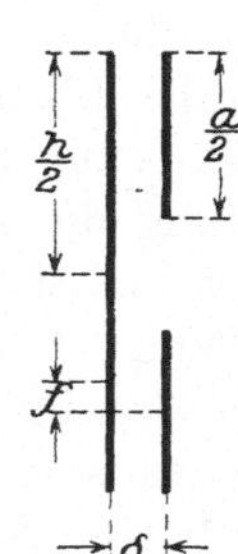

Abb. 233. Anzapfung in der Wicklungsmitte.

$$P_f = 4{,}06 \cdot \left(\frac{B \cdot q}{10000}\right)^2 \cdot \frac{\frac{x_{0/_0}}{100} \cdot h}{\lambda_0 \cdot \delta^2}. \tag{337}$$

Die axialen Schubkräfte werden kleiner, wenn die Anzapfungen nach Abb. 233 in der Wicklungsmitte angebracht werden. Die axiale Unsymmetrie verringert sich zunächst auf $f = \dfrac{h-a}{4}$, ferner wirkt der nach außen gerichteten Schubkraft eine nach Gl. (333) zu berechnende Anziehungskraft zwischen den beiden Wicklungshälften entgegen, und es verbleibt somit nur mehr eine resultierende axiale Schubkraft

$$P_f = \frac{4{,}06}{\xi} \cdot \left(\frac{B \cdot q}{10000}\right)^2 \cdot \frac{\frac{x_{0/_0}}{200} \cdot \xi \cdot h - \delta}{\lambda_0\,\delta^2}. \tag{338}$$

Das bisherige Ergebnis der vorhergehenden Untersuchungen besteht darin, daß wir zu verhältnismäßig einfachen Zusammenhängen zwischen der an der Transformatorwicklung auftretenden Kurzschlußkraft und dem dieselbe durchfließenden Strom gelangt sind. Und zwar kamen wir zu folgender mathematischer Formulierung

$$P_\xi = k\,i^2, \tag{339}$$

wo k ein durch die jeweilige Wicklungsanordnung bedingter Koeffizient ist, der, solange die Wicklung der auf sie einwirkenden Kraft P_ξ nicht nachgibt, als Konstante betrachtet werden kann. Dies ist jedoch praktisch stets der Fall, da eine gute Wicklungsabstützung nur geringfügige Bewegungen der Wicklung oder von Teilen derselben zulassen darf.

Die Stromstärke i ist einerseits durch die während des Kurzschlusses am Transformator herrschende Klemmenspannung, anderseits durch die Streuinduktivität der Wicklung gegeben; während wir die letztere für jeden Fall berechneten, beschränkten wir die erstere auf den ungünstigsten Fall, wo infolge sehr großer Netzleistung die Klemmenspannung auch im Kurzschluß ihren normalen Wert beibehält.

Nun ist die Stromstärke keine konstante Größe, sondern sie befolgt das ihr durch die Spannung aufgezwungene periodische Gesetz, welches sich bei technischen Wechselströmen in einfachster Weise durch eine Sinusfunktion darstellen läßt, so lange wenigstens, als es sich um stationäre Vorgänge handelt. Damit können wir jedoch nicht immer rechnen, im Gegenteil, meist wird es sich in den uns interessierenden Fällen um durch irgendwelche Störungen eingeleitete „plötzlich" auftretende Kurzschlüsse handeln, die, wie wir wissen, zu Ausgleichsströmen führen, die sich dem stationären Kurzschlußstrom überlagern. Wenn diese Ausgleichsströme auch nur eine kurze Lebensdauer besitzen, so darf ihre Wirkung dennoch keinesfalls unterschätzt werden, führen sie doch vorübergehend annähernd zu einer Verdopplung der Spitzenwerte des stationären Kurzschlußstromes.

Wird ein kurzgeschlossener Transformator plötzlich an seine normale Spannung gelegt, oder ein im Betriebe befindlicher Tranformator plötzlich kurzgeschlossen, so ergibt sich, wenn wir von Nebensächlichkeiten absehen, folgender Verlauf des Kurzschlußstromes bei Einschalten im ungünstigsten Moment:

$$\text{mit} \qquad i = i_{\text{eff}} \sqrt{2}\,(e^{-a \cdot t} - \cos \omega\, t) \qquad\qquad (340)$$

$$a = \frac{r}{L} = \frac{e_r}{e_s}\,\omega, \qquad\qquad (340\,\text{a})$$

wo i_{eff} den Effektivwert des stationären oder Dauer-Kurzschlußstromes, e_r die Ohmsche und e_s die induktive Komponente der Kurzschlußspannung e_k, ω die elektrische Kreisfrequenz und t die fortschreitende Zeit bedeuten. Der erste Summand in der Klammer stellt das in der Regel sehr schnell absterbende sogenannte Gleichstromglied dar — a schwankt in praktischen Fällen zwischen 10 (Großtransformatoren mit hoher Streuspannung) und 50 (kleinere Transformatoren) — und der zweite Summand, das sonst meist schwach gedämpfte, im vorliegenden Fall jedoch als konstant betrachtete, sogenannte Wechselstromglied des plötzlichen oder Stoß-Kurzschlußstromes.

Betrachten wir, wie dies in den vorhergehenden Abschnitten stillschweigend geschah, in Gl. (339) i als den Effektivwert des Dauer-Kurzschlußstromes, so haben wir also die unter dieser Annahme berechnete Kurzschlußkraft P_ξ beim plötzlichen Kurzschluß mit einer Funktion $\varphi\,(t)$ zu multiplizieren, die sich aus Gl. (340) ergibt zu

$$\varphi\,(t) = 1 + 2\,e^{-2\,at} - 4\,e^{-at}\cos\omega\,t + \cos 2\,\omega\,t. \tag{341}$$

$\varphi\,(t)$ stellt also die zeitliche Schwankung der Kurzschlußkraft dar, die Abb. 234 für $a = 10$ und $\omega = 314$ erkennen läßt. Wie man sieht,

steigt die Kurzschlußkraft beim plötzlichen Kurzschluß im vorliegenden Fall auf etwa 6,7 fach und bei fehlender Dämpfung auf 8 fach höhere Beträge an, als der Effektivwert des stationären Kurzschlußstromes vermuten läßt.

Den Konstrukteur interessieren weniger die an der Wicklung selbst, als vielmehr die an der Wicklungsabstüt

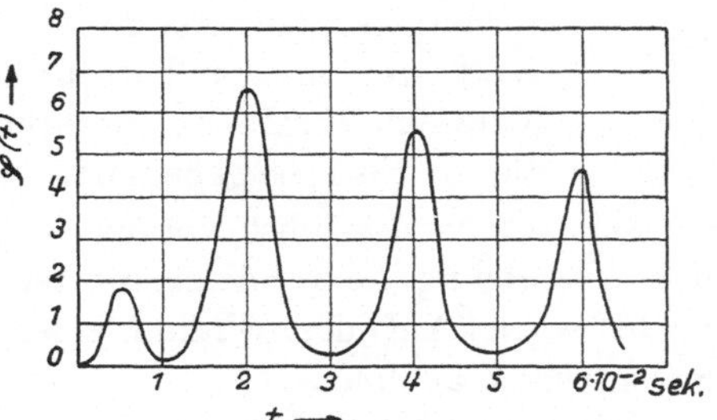

Abb. 234. Zeitliche Schwankung der Kurzschlußkraft.

zung angreifenden Kräfte, da er auf die konstruktive Durchbildung der letzteren sein Hauptaugenmerk zu richten hat. Da aber, wie wir gesehen, die Kurzschlußkraft starken zeitlichen Schwankungen unterworfen ist, braucht sie wegen der Massenträgheit der Wicklung noch lange nicht mit der Beanspruchung P der Wicklungsabstützung identisch zu sein. Eine eingehendere Untersuchung muß vielmehr außer auf den zeitlichen Verlauf des unstationären assymmetrischen Kurzschlußstromes noch auf die durch die Trägheit der Wicklung und die Elastizität der Wicklungsabstützung ermöglichten mechanischen Eigenschwingungen der Wicklung Rücksicht nehmen, da diese letzteren unter gewissen Umständen das sich ergebende Bild stark modifizieren können, wie in einer älteren Untersuchung[1]) dargelegt wurde.

Unsere folgenden Untersuchungen können, da die auftretenden Beanspruchungen niemals die Elastizitätsgrenze der Wicklungsabstützung überschreiten dürfen, von der bekannten linearen Differentialgleichung für einfache harmonische Schwingungen

$$\Theta\,\frac{d^2\,\xi}{dt^2} + R\,\frac{d\,\xi}{dt} + K\,\xi = P_\xi\,\varphi\,(t) \tag{342}$$

---

[1]) Biermanns: Über die mechanischen Wirkungen des plötzlichen Kurzschlußstromes von Synchronmaschinen. Arch. Elektrot. 9, 326.

ausgehen. In dieser Gleichung bedeutet

ξ die jeweilige Entfernung des betrachteten Wicklungsteiles von der Ruhelage,

Θ das Trägheitsmoment des schwingenden Wicklungsteiles, welches, da es sich im vorliegenden Falle um geradlinige Bewegungen in der Richtung ξ handelt, identisch mit der Masse ist,

R den als konstant betrachteten Reibungswiderstand,

K die elastische Kraft der Wicklungsabstützung,

$P_\xi\,\varphi\,(t)$ den jeweiligen Momentanwert der an der Wicklung angreifenden elektrodynamischen Kraft, wobei P_ξ der in den vorhergehenden Abschnitten berechnete mittlere effektive Wert der in der Richtung ξ wirkenden Komponente der Kurzschlußkraft ist, während die Zeitfunktion $\varphi\,(t)$ durch die Gl. (341) gegeben ist.

Wir setzen zunächst voraus, daß in der Ruhelage ($\xi = 0$) von der Abstützung kein nennenswerter Druck auf die Wicklung ausgeübt wird. Auf den Einfluß einer Vorspannung werden wir noch zu sprechen kommen.

Unter Beachtung der auf Grund der Definition von K gegebenen Beziehung

$$P = K\,\xi$$

ergibt die Integration der Gl. (342) folgenden Ausdruck für die Beanspruchung P der Wicklungsabstützung:

$$P = P_\xi\,[1 + A_1\,e^{-2\,at} + A_2\,e^{-at}\cos\omega t + A_3\,e^{-at}\sin\omega t$$
$$+ A_4\cos 2\,\omega t + A_5\sin 2\,\omega t + A_6\,e^{-\nu t}\cos\nu t$$
$$+ A_7\,e^{-\nu t}\sin\nu t], \tag{343}$$

mit

$$\nu_0 = \sqrt{\frac{K}{\Theta}}, \qquad \gamma = \frac{R}{2\,\Theta}, \qquad A_1 = \frac{1}{1 + 4\,\dfrac{a^2}{\nu^2}\left(1 - \dfrac{\gamma}{a}\right)}$$

$$A_2 = \frac{4\,\nu^2\,(\omega^2 + 2\,\gamma\,a - a^2 - \nu^2)}{(\omega^2 + 2\,\gamma\,a - a^2 - \nu^2)^2 + 4\,\omega^2\,(\gamma - a)^2},$$

$$A_3 = \frac{8\,\nu^2\,\omega\,(a - \gamma)}{(\omega^2 + 2\cdot\gamma\cdot a - a^2 - \nu^2)^2 + 4\,\omega^2\,(a - \gamma)^2},$$

$$A_4 = \frac{\nu^2\,(\nu^2 - 4\,\omega^2)}{(\nu^2 - 4\,\omega^2)^2 + 16\,\gamma^2\,\omega^2}, \qquad A_5 = \frac{4\,\nu^2\,\gamma\,\omega}{(\nu^2 - 4\,\omega^2)^2 + 16\,\gamma^2\,\omega^2},$$

$$A_6 = -(1 + A_1 + A_2 + A_4),$$

$$A_7 = 2\,\frac{a}{\nu}\,A_1 + \frac{a}{\nu}\,A_2 - \frac{\omega}{\nu}\,A_3 - 2\,\frac{\omega}{\nu}\,A_5. \tag{343a}$$

Hierbei ist ν die mechanische Eigenfrequenz des schwingenden Systems, γ der Dämpfungsexponent der von demselben ausgeführten Eigenschwingungen, deren Amplitude und zeitliche Phase durch die willkürlichen Integrationskonstanten A_6 und A_7 festgelegt wird. Die letzteren wurden mit Hilfe der Anfangsbedingungen berechnet, wonach $\xi = 0$ für $t = 0$ und wegen der Massenträgheit $\dfrac{d\xi}{dt} = 0$ für $t = 0$.

Eine numerische Auswertung der Gl. (343) für spezielle Fälle bereitet keine Schwierigkeiten und Abb. 235 führt verschiedene charakteristische Fälle vor. Gleichbleibenden Werten von $\omega = 314$, $a = 10$ und $\lambda = 5$ stehen variable Werte der mechanischen Eigenfrequenz ν gegenüber, und zwar wurde der Reihe nach $\nu = 314 - 450 - 628 - 950$ angenommen. Schon die Gl. (343a) lassen erkennen und die vorgeführten Kurven bestätigen dies, daß es zwei Resonanzfälle gibt, die dann eintreten, wenn die mechanische Eigenfrequenz ν mit der elektrischen bzw. mit der doppelten elektrischen Frequenz ω übereinstimmt. Diese beiden Fälle — die Kurven beschränken sich auf den ersten Anfang des Schwingungsvorganges — ergeben eine extrem hohe Beanspruchung der Wicklungsabstützung; man erkennt aber auch, daß

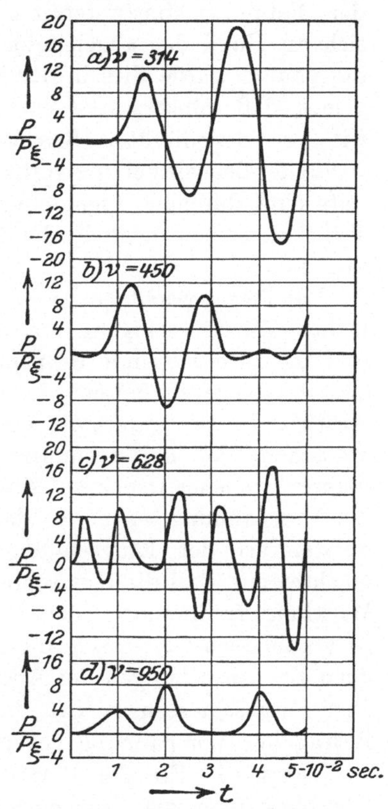

Abb. 235. Beanspruchung beim plötzlichen Kurzschluß.

wenn die Eigenfrequenz der Wicklung recht weit von der Resonanzlage entfernt ist, noch recht respektable Werte des Verhältnisses $\dfrac{P}{P_\xi}$ verbleiben. Dies gilt besonders für Werte von ν, die zwischen ω und $2\,\omega$ liegen, entfernt sich die Eigenfrequenz ν immer weiter über den Wert der doppelten elektrischen Frequenz hinaus, so nehmen die Maximalwerte der Beanspruchung langsam ab und nähern sich den durch die Gl. (341) gegebenen und durch die Abb. 234 gezeigten Spitzenwerten der Kurzschlußkraft $P_\xi\,\varphi\,(t)$. Die Beanspruchung der Wicklungsabstützung folgt also nicht nur den Momentanwerten der Kurzschlußkraft, sondern übersteigt unter Umständen infolge der von der Wicklung ausgeführten Eigenschwingungen deren Spitzenwerte zum Teil nicht unerheblich.

Der Leser wende nicht ein, daß dem vorgeführten Beispiel ungünstige, weil hohe Werte der Eigenfrequenz ν und niedrige Werte der Dämpfungskonstanten a und γ zugrunde gelegt wurden. Es läßt sich an Hand der abgeleiteten Gleichungen leicht beweisen, und für die erstere wurde dies in der S. 359 zitierten Arbeit ausführlich dargelegt, daß selbst starke Variationen der Werte von a und γ, wenn wir von der direkten Resonanzlage absehen, die maximal zu erwartende Beanspruchung verhältnismäßig wenig beeinflussen; andererseits sind durchaus Eigenschwingungszahlen der Wicklung, oder von Teilen derselben möglich, die in die Nähe der elektrischen Periodenzahl fallen.

Bei dieser Sachlage ist es nun erfreulich, daß wir über ein einfaches Mittel verfügen, um uns allen Zufälligkeiten zu entziehen, und die zu erwartende Beanspruchung unterhalb einer vorgegebenen oberen Grenze zu halten. Es ist dies eine gewisse Vorspannung der Abstützung, worunter wir ein derartiges Anziehen der Preßbolzen verstehen, daß bei stromloser Wicklung, also in der Ruhelage, ein vorgeschriebener Druck auf diese ausgeübt wird. Wählt man nämlich die Vorspannung so hoch, daß sie dem höchsten zu erwartenden Spitzenwert der Kurzschlußkraft $P_\xi\,\varphi\,(t)$, gerade gleichkommt, so leuchtet ein, daß die Kurzschlußkräfte nicht mehr imstande sind, die Wicklung zu irgendwelchen Bewegungen aus ihrer Ruhelage heraus zu veranlassen. Eigenschwingungen der Wicklung, und damit zusätzliche Beanspruchungen der Abstützung sind unter diesen Umständen aber ausgeschlossen, so daß die maximale Beanspruchung durch den Betrag der Vorspannung gegeben ist.

Beispiel. Ein der Praxis entnommenes Beispiel soll uns einen Überblick über die Größenordnung der zu erwartenden Kurzschlußkräfte und über das gegenseitige Verhältnis der verschiedenen Komponenten derselben verschaffen. Und zwar wollen wir einen Transformator von 20000 kVA, 110000/6000 V, 50 $\sim$, Schaltung Y/Δ betrachten, dessen Hauptkonstruktionsdaten im folgenden angeführt seien; die Wicklungsanordnung ist doppelkonzentrisch.

$$
\begin{aligned}
\text{Eisensättigung} &\quad \ldots \ldots \ldots \quad B = 11\,800 \text{ cgs}\\
\text{Aktiver Eisenquerschnitt} &\quad \ldots \quad q = 3000 \text{ cm}^2\\
\text{Windungszahl} &\quad \ldots \ldots \ldots \quad z = 844/84\\
\text{Wicklungsquerschnittt} &\quad \ldots \ldots \quad q' = 0{,}28/2{,}6 \text{ cm}^3\\
\text{Wicklungshöhe} &\quad \ldots \ldots \ldots \quad h = 130 \text{ cm}\\
\text{Mittlere Windungslänge} &\quad \ldots \quad \lambda_0 = 369 \text{ cm}\\
\text{Reduzierter Luftspalt} &\quad \ldots \ldots \quad \delta = 14 \text{ cm}\\
\frac{\text{Streuspannung}}{\text{Ohmscher Spannungsabfall}} &\quad \cdot \quad = 11{,}5\,.
\end{aligned}
$$

Das zuletzt angeführte Verhältnis ergibt uns die Dämpfungskonstante des Gleichstromgliedes zu

$$a = 27$$

und liefert uns damit folgenden Maximalwert für die durch Gl. (341) gegebene Zeitfunktion:

$$\varphi\,(t)_{\text{max}} = \sim 2\,(1 + e^{-\frac{27}{50}})^2 = 5\,.$$

Die zeitlichen Schwankungen der Kurzschlußkraft führen also zu einem Höchstwert, der den 5 fachen Betrag ihres stationären Effektivwertes erreicht.

Nach Gl. (332) ergibt sich folgender Maximalwert für die in radialer Richtung erfolgende Abstoßungskraft zwischen Hoch- und Niederspannungswicklung:

$$P_{\delta\,\text{max}} = 10{,}15\,(1{,}18 \cdot 3000)^2\,\frac{130}{369 \cdot 14^2} = 225\,000\ \text{kg}\,.$$

Diese gewaltige Kraftwirkung muß vom Wicklungsmaterial der äußeren Niederspannungswicklung aufgenommen werden und äußert sich in einer Zugbeanspruchung des Drahtes von maximal

$$\delta_{z\,\text{max}} = \frac{225\,000}{42\,\pi\,2{,}6} = 660\ \text{kg/cm}^2\,.$$

Wie man sieht, erreicht die Beanspruchung etwa den 4. Teil der Zerreißfestigkeit des Kupfers.

Die innere Niederspannungswicklung wird durch die berechnete Druckkraft gegen den Eisenkern gepreßt, bei der Hochspannungswicklung heben sich die von beiden Seiten in entgegengesetzter Richtung wirkenden Druckkräfte zum allergrößten Teil auf und es verbleibt eine geringfügige zentrierende Kraft. Eine weitere Kraftäußerung sucht die Wicklungen in axialer Richtung zusammenzupressen. Sie ergibt sich an Hand der Gl. (334) zu

$$P_{h\,\text{max}} = \frac{5 \cdot 2{,}54 \cdot 10^7}{369 \cdot 14} = 25\,000\ \text{kg}\,.$$

Beträchtliche Schubkräfte treten bei praktisch stets unvermeidlichen axialen Verschiebungen einer der Wicklungen aus der Symmetrielage auf. Sie berechnen sich mittels der Gl. (336) für die Hochspannungswicklung, wobei der im vorliegenden Fall anzubringende Korrektionsfaktor nach Abb. 231 sich zu 0,9 ergibt, zu

$$P_{f\,\text{max}} = \frac{0{,}9 \cdot 5 \cdot 5{,}08 \cdot 10^7}{369 \cdot 14^2}\,f = 3200\,f\ \text{kg}\,.$$

Bei einer axialen Verschiebung um 2 cm, die für den vorliegenden Fall als geringfügig bezeichnet werden muß, erreicht die von der Wicklungsabstützung aufzunehmende Schubkraft bereits einen maxi-

Abb. 236. Kurzschlußwirkungen an einer mangelhaft abgestützten Transformatorenwicklung.

malen Betrag von je etwa 6500 kg für die beiden Niederspannungsspulen und von 13600 kg für die Hochspannungswicklung.

Welch gewaltige Werte gerade die axialen Schubkräfte annehmen können, zeigt Abb. 236 am Beispiel einer durch Kurzschlußkräfte zerstörten veralteten Transformatorenwicklung. Der begangene Fehler bestand darin, daß erstens zu wenig Abstützstellen am Umfang an-

Abb. 237. Kurzschlußsichere Abstützung der 100 kV-Wicklung eines
30000 kVA-Transformators der AEG.

Abb. 238. Kurzschlußsichere Abstützung der NV-Wicklung eines
30000 kVA-Transformators der AEG.

geordnet waren, und daß zweitens die Wicklung nicht genügend gegen im Laufe des Betriebs auftretende axiale Verschiebungen gesichert war. Derartige Verschiebungen ermöglichen erst die Entwicklung der beobachteten gewaltigen Kurzschlußkräfte.

Im Gegensatz hierzu zeigt Abb. 237 das Beispiel einer kurzschlußsicheren Wicklungsabstützung, zu der ausschließlich Hartpapier verwendet wurde, das sich bekanntlich durch hohe mechanische und elektrische Festigkeit und durch Ölbeständigkeit auszeichnet. Besonders

Abb. 239. Kurzschlußzerstörung einer schlecht befestigten Stromwandlerwicklung.

Abb. 240. Kurzschlußsichere Abstützung einer Stromwandlerwicklung.

hingewiesen sei auf die angewendete sog. druckfreie Abstützung, bei der jede Spule an der Abstützstelle in einem Hartpapierrahmen ruht, der den ganzen Pressungsdruck aufnimmt. Dadurch werden die Spulen selbst von jedem Druck entlastet und unverrückbar in ihrer ursprünglichen symmetrischen Lage festgehalten. Axiale Schubkräfte werden damit aber von vornherein auf ein Mindestmaß begrenzt.

Zur Aufnahme der unvermeidlichen radialen Kurzschlußkraft besitzt die äußere NV-Wicklung, wie Abb. 238 zeigt, Bandagen, die gleichzeitig die einzelnen Windungen, die direkt auf einen Hartpapierzylinder gewickelt sind, in ihrer richtigen Lage festhalten. Der durch die Abb. 237 und 238 dargestellte Transformator besitzt doppelkonzentrische Wicklungsanordnung.

Die Abb. 239 und 240 lassen die Bedeutung erkennen, die eine kurzschlußfeste Wicklungsabstützung gerade für Stromwandler besitzt. Stromwandler sind in einer besonders ungünstigen Lage, da sie nicht imstande sind, den Kurzschlußstrom durch ihre Eigenreaktanz zu begrenzen. Es empfiehlt sich, Stromwandler so auszuführen, daß sie den 150 fachen Nennstrom, ohne Schaden zu nehmen, ertragen.

55. Kurzschlußkräfte an Schaltern.

Beim Schalten auf im Netz bestehenden Kurzschluß sind an dem betroffenen Ölschalter schon schwere Schäden aufgetreten. Man hat dafür neben der an den Kontakten im Augenblick der Berührung auftretenden hohen Stromdichte und den dadurch ausgelösten thermischen Erscheinungen auch die auf die Schaltertraverse ausgeübten elektrodynamischen Kräfte verantwortlich gemacht. Diese wirken der Einschaltrichtung der Traverse entgegen und suchen sie wieder in ihre Ausschaltstellung zurückzudrücken. Es ist also wichtig, sich ein klares Bild über die Größe dieser Kräfte und ihren Einfluß auf die Einschaltbewegung der Traverse zu verschaffen.

Es bedeute M die Masse der bewegten Teile des Ölschalters, R einen Koeffizienten, der mit der Geschwindigkeit multipliziert den Reibungswiderstand ergibt, und der sowohl die Öl- als auch die Kontakthemmung enthalten möge, und sonach die Dimension $\dfrac{\text{Kraft}}{\text{Geschwindigkeit}}$ besitzt, K die nach Abzug des Gewichtes und der Ausschaltfederkraft verbleibende Kraft des Einschaltmagneten, P_i die elektrodynamische Gegenkraft, v die Geschwindigkeit und t endlich die Zeit, wobei die Zeitzählung vom Moment der Berührung der Kontakte an beginne. Dann lautet unter Vornahme einiger naheliegender Vernachlässigungen, die die Konstanz von R und K betreffen, die Bewegungsgleichung der Traverse:

$$M \cdot \frac{dv}{dt} + R \cdot v = K - P_i. \qquad (344)$$

Drude gibt für den auf die rechtwinklige Verbindungsleitung zweier paralleler Leitungen, in unserem Falle auf die Traverse eines einpoligen Schalters ausgeübten elektrodynamischen Druck folgende Gleichung an, die, wenn man einen durch eine experimentelle Nachprüfung als notwendig erwiesenen Korrektionsfaktor anbringt, lautet:

$$P_i = 1,6 \cdot i^2 \left[\ln\left(\frac{d}{r}\right) + 0,25 \right] \cdot 10^{-8} \text{ kg}. \qquad (345)$$

Hierin bedeutet i die Stromstärke in Ampere, d den Mittenabstand der kreisförmig angenommenen Durchführungsbolzen und r deren Radius. (Abb. 241.)

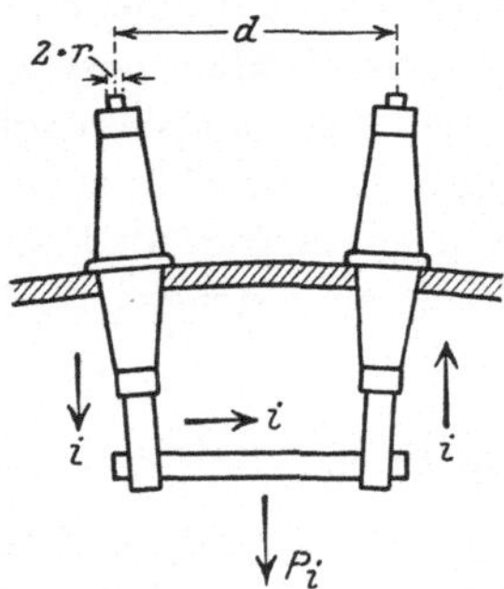

Abb. 241. Elektrodynamische Kraftwirkung auf die Ölschaltertraverse.

Der plötzliche Kurzschlußstrom eines Generators endlich verläuft, wenn im ungünstigsten Moment eingeschaltet wird, nach folgender Gleichung:

$$i = \sqrt{2} \cdot J \cdot (e^{-a \cdot t} - \cos \omega \cdot t). \qquad (346)$$

In dieser Gleichung ist J der Effektivwert des Wechselstromgliedes, dessen zeitliche Dämpfung, da wir nur einen verhältnismäßig sehr kurzzeitigen Vorgang betrachten, vernachlässigt wurde.

Das Integral der Gl. (344) lautet:

$$v = \frac{1}{M} \cdot e^{-\beta \cdot t} \cdot \left[\int e^{\beta \cdot t} \cdot t \cdot (K - P_i) \cdot dt + A_1 \right], \qquad (347)$$

mit

$$\beta = \frac{R}{M}, \qquad (347\,\text{a})$$

oder nach Einsetzen der Werte aus den Gl. (345) und (346):

$$v = \frac{K}{R} + A_1 \cdot e^{-\beta \cdot t} - \frac{k}{M} \cdot J^2 \cdot \left[\frac{1}{\beta} - \frac{2}{2\,a - \beta} \cdot e^{-2 \cdot a \cdot t} \right.$$

$$+ 2 \cdot \frac{(a - \beta) \cdot \cos \omega \cdot t - \omega \cdot \sin \omega \cdot t}{(a - \beta)^2 + \omega^2} \cdot e^{-a \cdot t}$$

$$\left. + \frac{\beta \cdot \cos 2 \cdot \omega \cdot t + 2 \cdot \omega \cdot \sin 2 \cdot \omega \cdot t}{\beta^2 + 4 \cdot \omega^2} + A_2 \cdot e^{-\beta \cdot t} \right], \qquad (348)$$

wo zur Abkürzung

$$k = 1,6 \cdot \left[\ln\left(\frac{d}{r}\right) + 0,25 \right] \cdot 10^{-8} \qquad (348\,\text{a})$$

gesetzt ist.

Aus den Anfangsbedingungen, wonach

$$\left. \begin{array}{c} v = v_0 \\ P_i = 0 \end{array} \right\} \text{ für } t = 0$$

berechnen sich die Integraltionskonstanten zu

$$A_1 = v_0 - \frac{K}{R}$$

und

$$A_2 = \frac{2}{2\,a - \beta} - \frac{1}{\beta} - \frac{2 \cdot (a - \beta)}{(a - \beta)^2 + \omega^2} - \frac{\beta}{\beta^2 + 4 \cdot \omega^2} \qquad (348\,\mathrm{b})$$

In praktischen Fällen ist nun stets ω groß gegenüber a und β, ferner a groß gegenüber β. Unter dieser Voraussetzung läßt sich die Gl. (348) ganz wesentlich vereinfachen und wir erhalten endgültig:

$$v = \frac{K}{R} + \left(v_0 - \frac{K}{R}\right) \cdot e^{-\beta \cdot t} - J^2 \cdot \frac{k}{R} \cdot (1 - e^{-\beta \cdot t}). \qquad (349)$$

Wie man sieht, besagen die gemachten Vernachlässigungen nichts anderes, als daß die Schaltertraverse zu träge ist, um den Stromschwankungen zu folgen und daß das Gleichstromglied des plötzlichen Kurzschlußstromes seines schnellen Absterbens wegen die Schalterbewegung nicht nennenswert zu hemmen vermag. Von elastischen Schwingungen der Schaltertraverse, die die Einschaltbewegung an sich wenig beeinflussen würden, sehen wir ab.

Durch Integration nuch der Zeit folgt aus Gl. (349) der von der Schaltertraverse zurückgelegte Weg zu

$$S = \frac{1}{R} \cdot \left[(K - k \cdot J^2) \cdot t + \frac{M}{R} \cdot (K - R \cdot v_0 - k \cdot J^2) \cdot (e^{-\beta \cdot t} - 1) \right]. \qquad (350)$$

Ein besonders interessanter Zeitpunkt ist der, in welchem die Schaltertraverse durch die elektrodynamische Gegenkraft zum Stillstand abgebremst ist und ihre Bewegungsrichtung umzukehren beginnt. Er ergibt sich, indem man die Gl. (349) der Bedingung

$$v = 0$$

unterwirft, zu

$$t_{v=0} = \frac{M}{R} \cdot \ln \frac{K - R \cdot r_0 - k \cdot J^2}{K - k \cdot J^2}. \qquad (351\,\mathrm{a})$$

Ferner ist der bis zu diesem Zeitpunkt von der Schaltertraverse zurückgelegte Weg

$$S_{v=0} = \frac{M}{R} \cdot \left[v_0 - \frac{k \cdot J^2 - K}{R} \cdot \ln \frac{R \cdot v + k \cdot J^2 - K}{k \cdot J^2 - K} \right]. \qquad (351\,\mathrm{b})$$

Die eben angeschriebene ist unsere interessanteste Gleichung, da wir ihr die für einen gegebenen Schalter zulässige Höchststromstärke entnehmen können; der Weg $S_{v=0}$ muß größer sein als die von der Traverse in den Kontakten zurückzulegende Strecke. Die Gl. (349) bis (351) sind so übersichtlich, daß eine weitere Diskussion derselben sich erübrigt; wir wollen aus diesem Grunde gleich ein Beispiel betrachten.

Ein aus drei einpoligen Ölschaltern bestehendes Aggregat für 6500 V und 2500 A kann mit folgenden Daten angenommen werden:

$$K = 250 \text{ kg} \qquad v_0 = 2 \text{ m/sec}$$

$$M = 17,3 \qquad \frac{d}{r} = 15$$

$$R = 75 \qquad S_{v=0} > 0,04 \text{ m}.$$

Wir betrachten den ungünstigsten Fall des dreipoligen Kurzschlusses; da es sich um einpolige Schalterelemente handelt, findet eine gegenseitige Beeinflussung der einzelnen Phasen nicht statt. Mit den angegebenen Zahlenwerten gehen die Gl. (349) und (351b) über in:

$$v = 3,33 - 1,33 \cdot e^{-4,3 \cdot t} - 0,192 \cdot J^2 \cdot (1 - e^{-4,3 \cdot t})$$

und

$$S_{v=0} = 0,23 \cdot 2 - \frac{29 \cdot J^2 - 500}{150} \cdot \ln \frac{29 \cdot J^2 - 200}{29 \cdot J^2 - 500};$$

die Stromstärke ist in Amp. $\times 10^4$ einzusetzen.

Die Abb. 242 und 243 zeigen die Auswertung dieser Gleichungen für verschiedene Stromstärken; man sieht, daß der Schalter gerade noch auf einen Kurzschlußstrom geschaltet werden darf, dessen Wechselstromglied einen Effektivwert von 70 000 A besitzt. Dem entspricht, da für große Generatoren die Dämpfungskonstante des Statorfeldes, a zu 35 angenommen werden kann, ein größter Stromstoß von 170 000 A.

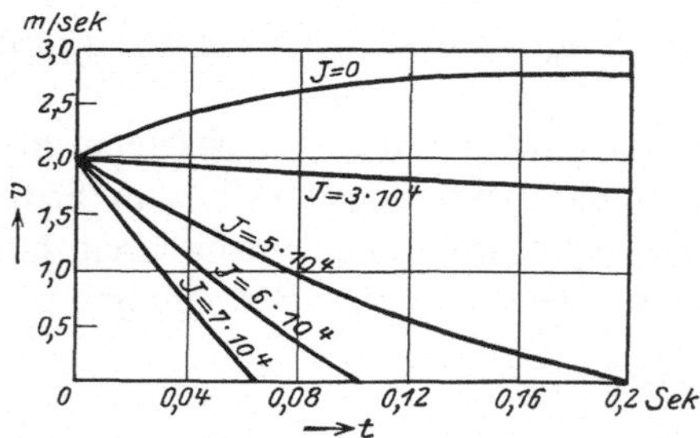

Abb. 242. Beeinflussung der Einschaltgeschwindigkeit durch den Kurzschlußstrom.

Selbst ein wesentlich leichterer Schalter, dessen Traversengewicht nur den dritten Teil des Gewichtes beim vorliegenden Beispiel beträgt ($K = 125$, $M = 3,5$, $R = 50$), kann noch auf einen Kurzschlußstrom mit einem Wechselstromglied von 50 000 A geschaltet werden.

Es gibt unzweckmäßig konstruierte Ölschalter, die beim Auftreten eines schweren Kurzschlusses trotz Ansprechens des Auslöserelais nicht ausschalten, obwohl sich der Auslösemechanismus bei in stromlosem Zustand des Schalters vorgenommener Prüfung als in Ordnung erweist. Wenn diese Schalter sich damit auch selbst vor den Folgen des Unterbrechungsvorganges schützen, denen sie häufig nicht gewachsen sind, so ist mit diesem „Selbstschutz" doch immerhin nicht dem Interesse der Anlage gedient. Das Hängenbleiben solcher Schalter ist darauf zurückzuführen, daß infolge der durch den Kurzschlußstrom auf die Traverse ausgeübten elektrodynamischen Kraftwirkung

der Klinkendruck so stark anwächst, daß der Auslösemagnet nicht imstande ist, die Verklinkung des Schalters zu lösen. Bei unserem eben betrachteten Beispiel ergibt ein Kurzschlußstrom von 50 000 A auf das dreipolige Schalteraggregat umgerechnet immerhin eine

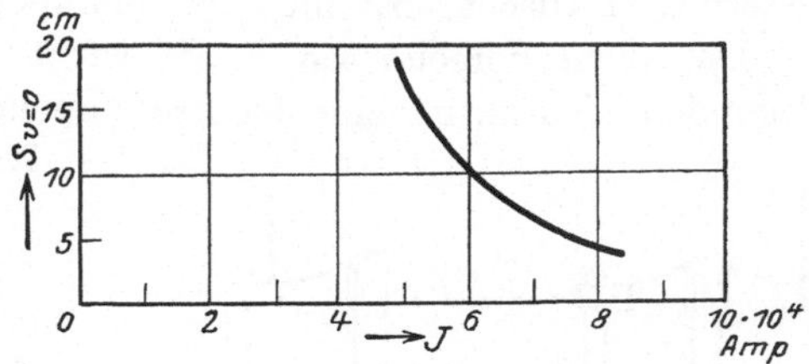

Abb. 243. Bremsweg der Schaltertraverse.

Kraft von 600 kg an der Traverse und damit eine ganz wesentliche Erhöhung des Klinkendruckes. Wir wollen daraus die Lehre ziehen, daß Auslösemagnete stets mit reichlichem Kraftüberschuß auszustatten sind.

Das Ausschalten wird ferner noch dadurch erschwert, daß die nach Abb. 244 meist zu beiden Seiten der Traverse angreifenden Kontakte sich unter dem Einfluß des Kurzschlußstromes gegenseitig

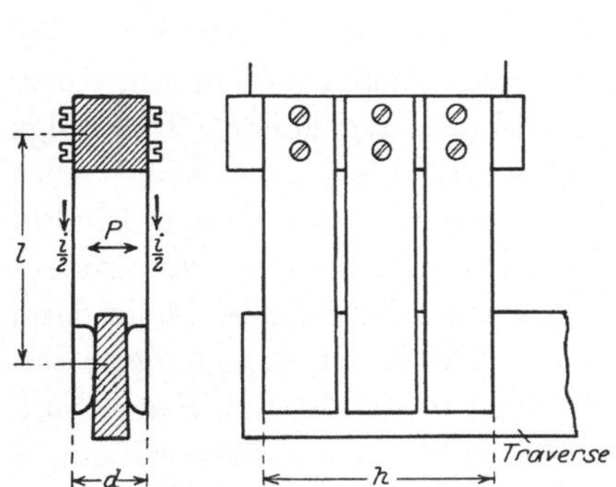

Abb. 244. Elektrodynamische Erhöhung des Kontaktdruckes.

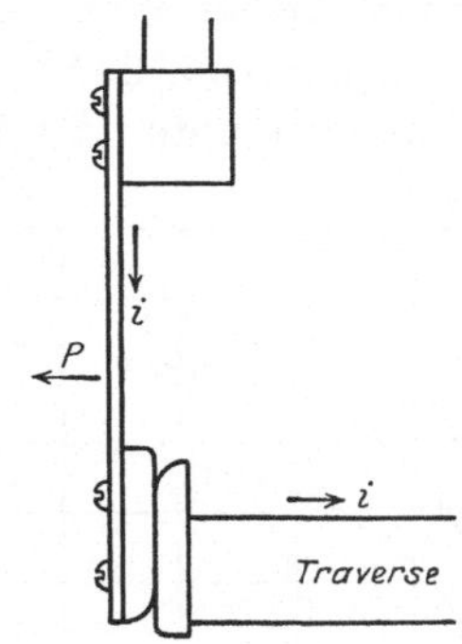

Abb. 245. Unzweckmäßige Kontaktanordnung.

anziehen, wodurch der Kontaktdruck und damit die Kontaktreibung sich nicht unwesentlich erhöhen. Die auf der gesamten Länge l der Kontaktfinger, deren gesamte Breite h und deren gegenseitiger Abstand d sei, wirksame Kraft ist nach Gl. (330):

$$P = 4{,}08 \cdot 10^{-8} \cdot i^2 \cdot \frac{l}{h} \cdot \left[2 \cdot \operatorname{arctg} \frac{h}{d} - \frac{d}{h} \cdot \ln \frac{d^2 + h^2}{d^2} \right] \text{kg} . \qquad (352)$$

Bei unserem Schalter ergibt dies mit $h = 3$ cm, $d = 2$ cm, $l = 8$ cm bei einem Kurzschlußstrom von 50 000 A eine Erhöhung des Kontaktdruckes um $\dfrac{P}{2} = 40$ kg und damit schon eine merkliche Vergrößerung der Kontaktreibung. Man tut somit gut, die Ausschaltfedern von Ölschaltern nicht zu knapp zu bemessen.

Der eben berechneten Kraft wirkt allerdings bei schlecht aufliegenden Kontakten eine elektrodynamische Kraft entgegen, die die Kontakte abzuheben sucht und die die Kraft nach Gl. (352) wesentlich übertreffen kann. Sie kommt dadurch zustande, daß der Strom sich in der Umgebung der Berührungsstelle in den Kontakten parallel zur Oberfläche nach allen Richtungen ausbreitet. Auf diese Weise entstehen entgegengesetzt gerichtete Stromfäden mit kleinem gegenseitigen Abstand

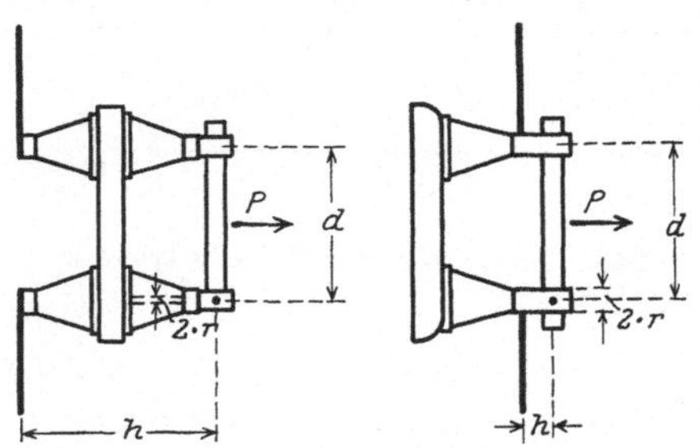

Abb. 246. Die zwei typischen Ausführungsformen des Trennschalters.

und daher starker gegenseitiger Einwirkung. Indes läßt sich die Stromverteilung in den Kontakten und damit die Abstoßungskraft nicht in einfacher Weise berechnen.

Bei nach Abb. 245 angeordneten Kontakten werden diese bei hohen Strömen unter der Wirkung der nach außen gerichteten Kurzschlußkraft abgehoben. Die Folge davon ist die Entstehung eines Lichtbogens, unter dessen Einfluß die Kontakte häufig zusammenschweißen. Der Schalter bleibt dann in der Einschaltstellung hängen und ist nicht imstande, den Kurzschluß abzuschalten. Kontaktanordnungen nach Abb. 245 sind daher bei Schaltern für große Leistungen zu vermeiden.

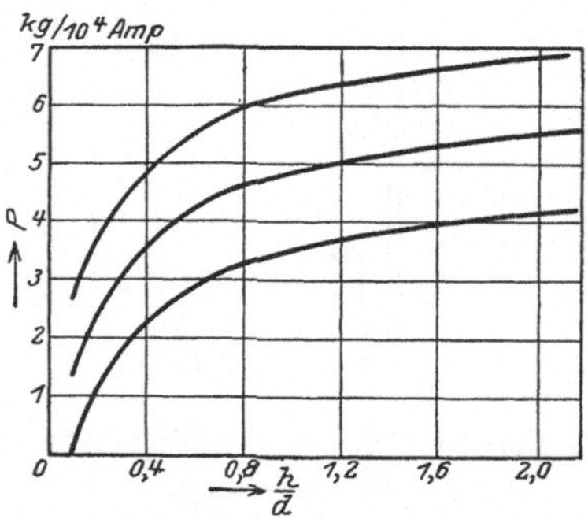

Abb. 247. Höhe der elektrodynamischen Öffnungskraft an Trennschaltern.

In Schaltanlagen mit hohen Kurzschlußströmen wurden durch Trennschalter, die sich unter dem Einfluß elektrodynamischer Kräfte selbsttätig öffneten, schon schwere Betriebsstörungen hervorgerufen. In der Tat tritt, wie die Abb. 246 erkennen lassen, die zwei typische Ausführungsformen des Trennschalters zeigen, ganz ähnlich wie beim Ölschalter, unter dem Einfluß des Kurzschlußstromes, eine Kraftkomponente auf, die den Trennschalter zu öffnen sucht. Daß diese Kraftkomponente, die wir uns in der Mitte des Trennmessers angreifend denken müssen, bei hohen Strömen nicht klein ist, haben wir beim Ölschalter gesehen; diese Tatsache wird auch durch die Kurvenschar der Abb. 247 bestätigt, die für große Werte des Verhältnisses $\dfrac{h}{d}$ in die Drudeschen Werte übergeht. Die für verschiedene Werte des Verhältnisses $\dfrac{d}{r}$ gezeichneten Kurven, die kg per 10000 A Kurzschlußstrom ergeben, erweisen die Berechtigung des Vorgehens mancher Firmen, die ihre Trennschalter mit einer Verriegelung zur Verhinderung des selbsttätigen Öffnens versehen.

56. Kurzschlußkräfte an Leitungen.

Gl. (315) lehrte uns bereits die elektrodynamische Kraftwirkung berechnen, die zwei parallel geführte, stromdurchflossene Leiter aufeinander ausüben. Ist die Stromrichtung in beiden Leitern verschieden, bilden sie also, was meist der Fall sein wird, Hin- und Rückleitung eines Stromkreises, so stoßen sie sich gegenseitig ab. Und zwar sind diese Abstoßungskräfte bei hohen Stromstärken nicht gering. Dazu kommt, daß die Leiter, wie wir dies bei der Transformatorenwicklung kennen lernten, infolge ihrer Elastizität zu mechanischen Eigenschwingungen befähigt und bei genügend hoher Eigenschwingungszahl durchaus imstande sind, den zeitlichen Schwankungen der Kurzschlußkraft zu folgen. Damit muß stets gerechnet werden, wenn die Eigenschwingungszahl des Leiters annähernd so groß oder größer ist als die Periodenzahl des Kurzschlußstromes. Man tut also auf alle Fälle gut, Untersuchungen, die die mechanische Beanspruchung von Stromleitern betreffen, die Spitzenwerte des plötzlichen Kurzschlußstromes zugrunde zu legen. Wir wissen, daß im ungünstigsten Schaltmoment die erste Stromspitze des plötzlichen Kurzschlußstromes $1,41 \cdot 1,8 = 2,55$ mal größer ausfällt als der Effektivwert des Wechselstromgliedes. Einem Effektivwert des Wechselstromgliedes von 50000 A entspräche also ein in die Gl. (315) einzusetzender Höchstwert des plötzlichen Kurzschlußstromes von 130000 A.

Die sekundliche Eigenschwingungszahl einer beiderseitig eingespannten Schiene ist

$$n = 112 \cdot \sqrt{\dfrac{E \cdot J}{g \cdot l^{4}}}, \qquad (353)$$

wo

$g =$ Gewicht der Schiene pro Längeneinheit in kg,

$E =$ Elastizitätsmodul des Schienenmaterials in kg/cm²,

$J =$ Trägheitsmoment des Schienenquerschnittes in cm⁴,

$l =$ freie Länge der Schiene in cm.

Für Kupfer ist beispielsweise $E = 1,15 \cdot 10^{6}$ kg/cm²; das Trägheitsmoment einer rechteckigen Schiene ist ferner

$$J = \frac{b^3 \cdot h}{12},$$

wo h die Höhe der Schiene senkrecht zur Schwingungsrichtung und b ihre Dicke in der Schwingungsrichtung ist. Damit ergibt sich für eine Kupfer-Sammelschiene mit $h = 10$ cm, $b = 1$ cm, $l = 100$ cm, wie sie häufig vorkommt, eine Eigenschwingungszahl von $n = 37$, die, wie wir sehen, schon recht nah an die Periodenzahl von 50 herankommt. Eine derartige Schiene folgt, wie sich zeigen läßt, bereits recht gut den Schwankungen der Kurzschlußkraft. Extrem hohe Beanspruchungen treten, wie wir sahen, auf, wenn die Eigenschwingungszahl des stromdurchflossenen Leiters gerade mit der Netzperiodenzahl oder ihrem doppelten Wert zusammenfällt.

Wenn wir sonach die Abb. 248 und 249 betrachten, die die Kurzschlußkräfte für die beiden wichtigsten, im praktischen Betrieb mit Drehstrom vorkommenden Leiteranordnungen

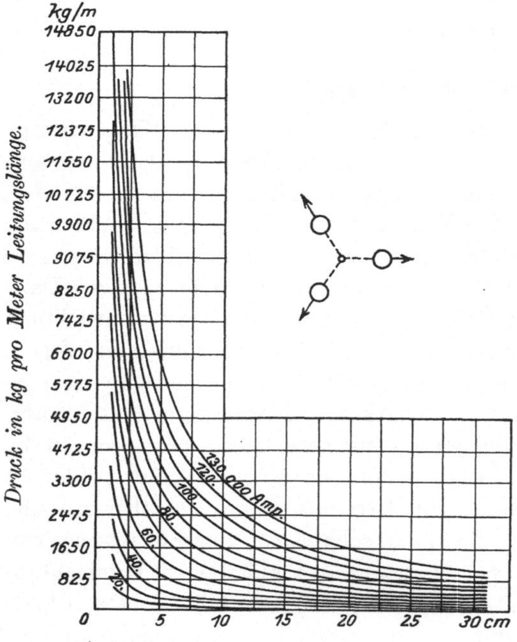

Abb. 248. Kurven der mechanischen Kräfte, die in Drehstromkabeln oder bei in Dreieckform verlegten Leitern bei Kurzschlüssen auftreten.

angeben, so müssen wir nach dem Vorhergehenden berücksichtigen, daß die eingeschriebenen Stromwerte Spitzenwerte des plötzlichen Kurzschlußstromes sind, und daß der höchsten eingetragenen Stromstärke von 130000 Amp. ein Effektivwert des Wechselstromgliedes von 50000 Amp. entspricht.

Die Kurven zeigen, daß insbesondere bei kleinen Leiterabständen gewaltige Abstoßungskräfte auftreten können. Dies gilt in erster Linie für Kabel, in denen die stromdurchflossenen Leiter in extreme Nähe gebracht sind, und in denen die Kurzschlußkraft bei der höchsten angenommenen Stromstärke auf viele Tonnen pro laufenden Meter steigt. Nun sind die Kabel selbst infolge der Eigenart ihres Aufbaues mechanisch so widerstandsfähig, daß sie dieser Beanspruchung im allgemeinen gewachsen sind. Nicht so glücklich daran sind jedoch die Kabelmuffen und Kabelendverschlüsse, die, wenn sie nicht sehr sorgfältig durchkonstruiert sind, schwer unter den Wirkungen der Kurzschlußströme zu leiden haben. Der Vorgang spielt sich beispielsweise, wie Abb. 250 erkennen läßt, bei der Kabelmuffe so ab, daß die nicht genügend befestigten Leiter gegen die gußeiserne Muffenwand gedrückt werden. Die unmittelbare Folge hiervon ist ein Kurzschluß in der Muffe, und der hierdurch eingeleitete Lichtbogen führt zu ihrer Sprengung. Einen so zersprengten Kabelendverschluß zeigt Abb. 251. Viele Defekte in Kabelnetzen, die man anfänglich den Überspannungen zur Last legte, entpuppten sich so als eine typische Überstromerscheinung.

Durch die Durchführungen von Ölstromwandlern werden Hin-

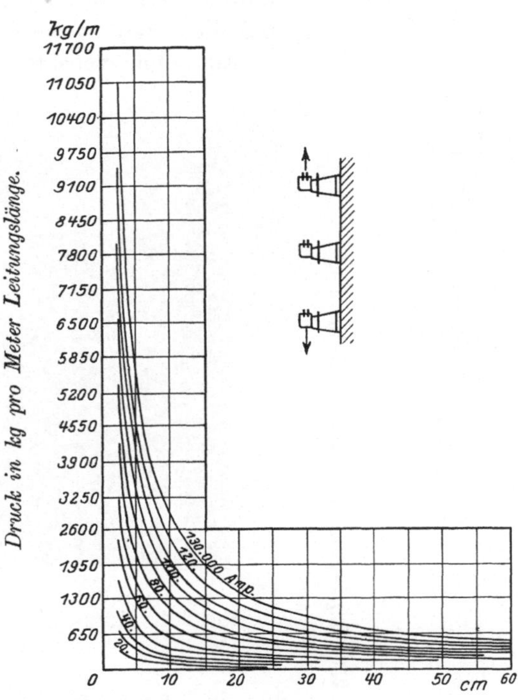

Abb. 249. Kurven der mechanischen Kräfte, die bei senkrecht übereinander angeordneten Leitern auftreten.

und Rückleitung als sehr eng zusammenliegende parallele Schienen geführt. Die Kurzschlußkräfte an diesen Schienen können sehr groß werden und haben auch schon manchmal zu einer Zertrümmerung der Porzellandurchführung geführt Abb. 252 zeigt einen so beschädigten Stromwandler; der Wandler hätte gerettet werden können, wenn die Schienen gegenseitig befestigt worden wären, denn die vorzüglich abgestützte Wicklung hatte dem Kurzschlußstrom anstandslos standgehalten.

Den eben betrachteten besonders krassen Fällen gegenüber wollen wir indes die Kurzschlußbeanspruchnng von Sammelschienen nicht allzuleicht nehmen. Daß an diesen recht respektable Kurzschluß-kräfte auftreten können, dürfte ein Blick auf die Abb. 248 und 249 zur Genüge dartun. In Schaltanlagen mit hohen Kurzschlußströmen empfiehlt sich aus diesem Grunde eine sichere und unbewegliche Befestigung der Sammelschienen und die Wahl besonders kräftiger Isolatoren.

Ein Schmerzenskind vieler Betriebsleiter sind

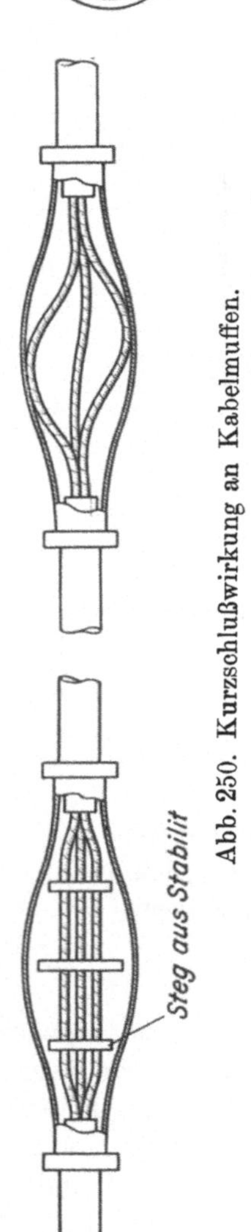

Abb. 250. Kurzschlußwirkung an Kabelmuffen.

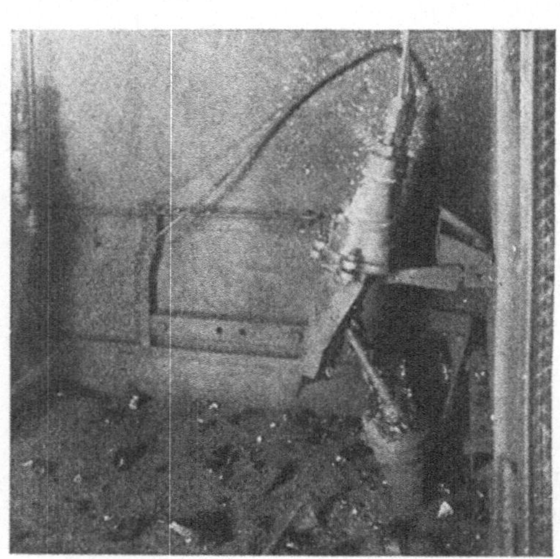

Abb. 251. Kurzschlußwirkung an einem Kabel-endverschluß.

die in ihren Anlagen eingebauten Überspan-nungsschutzdrosselspulen, die unter der Wirkung der Kurzschlußkräfte oft geradezu phantastische Formen annehmen. Viele Konstrukteure scheinen sich der geradezu ungeheuren Kräfte, die an derartigen Spulen auftreten und sie zusammen-zudrücken suchen, nicht bewußt zu sein. Wie weit die durch derartige Spulen hervorgerufenen Störungen um sich greifen können, zeigt fol-gender Vorfall. In einer Schaltanlage mit 6000 Volt Betriebsspannung waren schlecht ab-gestützte Schutzdrosselspulen mit blanken Win-dungen montiert. Als Folgeerscheinung von Kurzschlüssen traten an diesen verschiedentlich Überschläge nach den benachbarten Phasen auf, obwohl der Abstand etwa 1 m betrug.

Man dachte zunächst — es herrschte damals gerade die Überspannungshochkonjunktur — an Unterbrechungs- und andere Überspannungen. Die sehr einfache Erklärung der Überschläge war jedoch die, daß die Windungen der Drosselspulen unter der Wirkung der

Abb. 252. Kurzschlußwirkung an Stromwandlerdurchführungen.

Kurzschlußkräfte zusammenschlugen und daß an den Berührungsstellen Spritzfeuer entstand, das die Überschläge einleitete.

XII. Thermische Wirkungen des Kurzschlußstromes.

57. Die Erwärmung vom Kurzschlußstrom durchflossener Leiter.

Daß sich elektrische Leiter unter Einwirkung eines sie durchfließenden Stromes erwärmen, ist bekannt. Bei Kurzschlüssen können in den betroffenen Leitungen hohe Stromdichten auftreten. Damit rückt aber die Frage nach der Erwärmung dieser Leiter während des Kurzschlusses in den Vordergrund des Interesses und wir wollen infolgedessen nachfolgend untersuchen, wie weit mit dieser Erwärmung eine Gefährdung der betroffenen Leiter und Wicklungen verbunden ist.

Der Verlauf des plötzlichen Kurzschlußstromes eines Drehstromerzeugers ist durch folgende Gleichung gegeben:

$$i = \bar{J}_a \cdot e^{-a \cdot t} - ((\bar{J}_a - \bar{J}_{st}) \cdot e^{-a_i \cdot t} + \bar{J}_{st}) \cdot \cos \omega \cdot t . \qquad (354)$$

Diese Gleichung erscheint uns jedoch als Ausgangsgleichung für unsere Betrachtungen noch nicht einfach genug und wir wollen infolgedessen zunächst einmal feststellen, ob wir nicht das eine oder andere Glied derselben vernachlässigen können. Dies trifft, wie wir gleich sehen werden, in der Tat für das sogenannte Gleichstromglied des plötzlichen Kurzschlußstromes, das auf der rechten Seite der Gl. (354) an erster Stelle steht, zu. Um dies zu beweisen, bilden wir zunächst einen Ausdruck für den Effektivwert des plötzlichen Kurzschlußstromes, der durch folgende Beziehung gegeben ist:

$$i_{\text{eff}} = \frac{1}{2 \cdot \pi} \cdot \int_0^{2 \cdot \pi} i^2 \cdot dt$$

$$= \sqrt{((\bar{J}_a - \bar{J}_{st}) \cdot e^{-a_i \cdot t} + \bar{J}_{st})^2 + (\bar{J}_a \cdot \sqrt{2} \cdot e^{-a \cdot t})^2} . \qquad (355)$$

Dabei wurde bei Ableitung des unter der Wurzel stehenden Ausdrucks angenommen, daß die Dämpfungsfaktoren des Gleichstrom- und des Wechselstromgliedes a und a_i konstante Größen sind und daß

$$a^2 \text{ und } a_i^2 \ll \omega^2 .$$

Es sind dies Annahmen, die mit, wenigstens für den vorliegenden Fall, genügender Annäherung erfüllt sind.

Bei der Berechnung der vom plötzlichen Kurzschlußstrom erzeugten Stromwärme wollen wir, um besser vergleichen zu können, annehmen, die Maschine habe keinen stationären Kurzschlußstrom, so daß also der gesamte Kurzschlußstrom auf den Wert Null sinkt. Die gesamte erzeugte Stromwärme ist dann

$$W = R \cdot \int_0^\infty i_{\text{eff}}^2 \cdot dt = J_a^2 \cdot R \cdot \int_0^\infty (e^{-2 \cdot a_i \cdot t} + 2 \cdot e^{-2 \cdot a \cdot t}) \cdot dt$$

$$= J_a^2 \cdot R \cdot \left(\frac{1}{2 \cdot a_i} + \frac{1}{a} \right) . \qquad (356)$$

In praktischen Fällen ist bei Klemmenkurzschluß a etwa 20 mal so groß als a_i, also beträgt die Stromwärme des Gleichstromgliedes nur etwa $10\,^0/_0$ der des Wechselstromgliedes. Bei Kurzschlüssen im Netz wird a gegenüber a_i noch viel größer, der Betrag des Gleichstromgliedes verschwindet also völlig, so daß wir es infolgedessen ruhig bei den folgenden Betrachtungen vernachlässigen können.

In Wirklichkeit ist die Dämpfungskonstante a_i keine Konstante, die tatsächlichen Abklingkurven des Stoßkurzschlußstromes zeigt Abb. 160. Diese enthält Kurven eines Faktors m, der, mit dem Anfangswert J_a des plötzlichen Kurzschlußstromes multipliziert, die Höhe des Kurzschlußstromes zu irgendeinem Zeitpunkte nach Eintritt des Kurzschlusses ergibt. Das Gleichstromglied ist in diesem Faktor nicht enthalten. Wir können somit im Besitze der Abb. 160 mit folgender einfachen Gleichung für den Verlauf des plötzlichen Kurzschlußstromes operieren:

$$i = J_a \cdot m. \tag{357}$$

Für die Erwärmung eines vom Strom i durchflossenen Leiters läßt sich folgende Gleichung anschreiben:

$$\vartheta = k \cdot \int_0^t \left(\frac{i}{q}\right)^2 \cdot dt, \tag{358}$$

wenn wir die Widerstandszunahme des Leiters infolge der Erwärmung zunächst nicht berücksichtigen. In dieser Gleichung ist q der Leiterquerschnitt in mm², und

$$k = \frac{\varrho_0}{4,19 \cdot s \cdot c},$$

worin bedeutet:

ϱ_0 den spezifischen Widerstand des Leitermaterials in Ohm/m und mm² bei 15° C (für Kupfer $= 0,02$),

s das spezifische Gewicht in g/cm³ (für Kupfer $= 8,9$),

c die spezifische Wärmekapazität in cal/g und 1° C (für Kupfer $= 0,093$).

Für Kupfer ist $k = 0,0057$, für Aluminium $0,012$, für Zink $0,021$, für Messing $0,023$.

Die angeschriebene Gl. (358) setzt voraus, daß die ganze im Leiter erzeugte Stromwärme sich in diesem aufspeichert, daß also keinerlei Abfuhr der erzeugten Wärme nach außenhin stattfindet. Diese Voraussetzung ist zulässig, da der Kurzschlußvorgang sich nur über wenige Sekunden erstreckt und infolgedessen die an die Umgebung abgegebene Wärmemenge nur sehr gering sein kann. Von ebenso geringer Bedeutung ist die Vernachlässigung der sehr geringen Abhängigkeit der spezifischen Wärmekapazität von der Temperatur. Völlig unzulässig dagegen ist die Vernachlässigung der Widerstandszunahme mit der Erwärmung; man sieht dies leicht ein, wenn man bedenkt, daß bei Kupfer eine Erwärmung um 250^0 bereits eine Verdoppelung des spezifischen Widerstandes im Gefolge hat.

Wir müssen sonach, um die Erwärmung richtig berechnen zu können, das Temperaturgesetz

$$\varrho = \varrho_0 \cdot (1 + \alpha \cdot \vartheta) \tag{358b}$$

in die Gl. (358) einführen, die damit folgende Gestalt annimmt:

$$\vartheta = k \cdot \int_0^t \left(\frac{i}{q}\right)^2 \cdot (1 + \alpha \cdot \vartheta) \cdot dt. \tag{359}$$

α ist der sogenannte Temperaturkoeffizient des Leitermaterials

$$\left(\text{für Kupfer} \quad = \frac{1}{235}\right.$$

$$\text{„ Aluminium} = \frac{1}{255}$$

$$\text{„ Zink} \quad = \frac{1}{240}$$

$$\left.\text{„ Messing} \quad = \frac{1}{600}\right)$$

Gl. (359) hat folgende Lösung:

$$\vartheta = \frac{1}{\alpha} \cdot \left(e^{k \cdot \alpha \cdot \int_0^t \left(\frac{i}{q}\right)^2 \cdot dt} - 1\right), \tag{360}$$

der wir jedoch noch eine für praktische Rechnungen geeignetere Form geben wollen. Zu dem Zweck erinnern wir uns der Gl. (357), mit deren Hilfe wir das im Exponenten der Gl. (360) stehende Integral auch schreiben können:

$$\int_0^t \left(\frac{i}{q}\right)^2 \cdot dt = \left(\frac{J_a}{q}\right)^2 \cdot \int_0^t m^2 \cdot dt = \left(\frac{J_{st}}{q}\right)^2 \cdot \left(\frac{J_a}{J_{st}}\right)^2 \cdot \int_0^t m^2 \cdot dt = \left(\frac{J_{st}}{q}\right)^2 \cdot t'.$$

Gl. (360) geht somit über in:

$$\vartheta = \frac{1}{\alpha} \cdot \left(e^{k \cdot \alpha \cdot \left(\frac{J_{st}}{q}\right)^2 \cdot t'} - 1\right), \tag{360a}$$

mit

$$t' = \left(\frac{J_a}{J_{st}}\right)^2 \cdot \int_0^t m^2 \cdot dt. \tag{360b}$$

Der Sinn der gewählten Schreibweise ist folgender: Mit Hilfe der Gl. (360a) wird die Erwärmung genau so bestimmt, als wenn der

Kurzschlußstrom eine zahlenmäßig mit seinem stationären Endwert J_{st} übereinstimmende und zeitlich konstante Größe wäre. Um dies zu ermöglichen, wurde in die Gleichung statt der tatsächlichen Kurzschlußdauer t eine durch die Gl. (360b) definierte fiktive Zeit t' eingeführt, in der der Dauerkurzschlußstrom J_{st} dieselbe Stromwärme

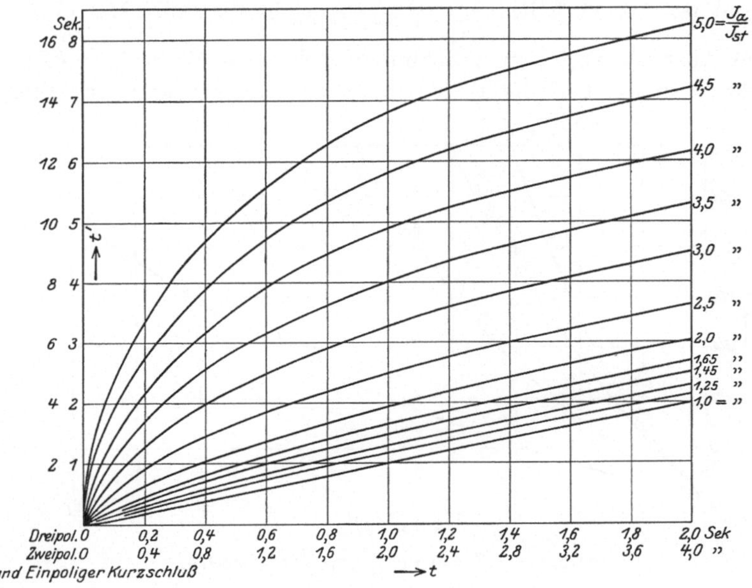

Abb. 253. Ermittlung der fiktiven Kurzschlußzeit t'.

erzeugt wie der tatsächliche, zeitlich veränderliche Kurzschlußstrom in der Zeit t.

Abb. 253 zeigt eine Kurvenschar, die für verschiedene Werte des Verhältnisses $\dfrac{\text{Stoßkurzschlußstrom} = J_a}{\text{Dauerkurzschlußstrom} = J_{st}}$ die Auswertung der Gleichung (360b), also den Zusammenhang der fiktiven Zeit t' mit der wahren Kurzschlußzeit t zeigt. Die Kurvenschar wurde durch Quadrieren und Ausplanimetrieren der Kurven Abb. 160 gewonnen, gilt also für den plötzlichen dreipoligen Kurzschluß normaler mit $\cos \varphi = 0{,}8$ vollbelasteter Generatoren. Beim zwei- und einpoligen Kurzschluß sind lediglich die Abszissen- und Ordinatenwerte zu verdoppeln.

Die Abb. 253 deckt sonach beim dreipoligen Kurzschluß den Bereich bis 2 Sekunden und beim zwei- und einpoligen Kurzschluß den Bereich bis 4 Sekunden. Nach dieser Zeit ist der Kurzschlußstrom stationär geworden, d. h. er ist in seinen Dauerwert J_{st} übergegangen. Dauert nun ein dreipoliger Kurzschluß länger als 2 Sekunden an, so wird sonach die fiktive, in die Gl. (360a) einzuführende Kurzschlußzeit in der Weise bestimmt, daß zunächst der Abb. 253 die einer Kurzschlußdauer von 2 Sekunden entsprechende Zeit $t'_{(2)}$ entnommen wird und daß zu dieser Zeit der die Zeit von 2 Sekunden übersteigende Betrag der wahren Kurzschlußdauer addiert wird. Dauert beispielsweise ein dreipoliger Kurzschluß 5 Sekunden an und ist das Verhältnis $\dfrac{J_a}{J_{st}} = 4$, so ergibt die Abb. 253 einen zu einem Abszissenwert von 2 Sekunden gehörigen Wert $t'_{(2)} = 6{,}25$ Sekunden. In die Gl. (360a) ist somit zur Bestimmung der Tempe-

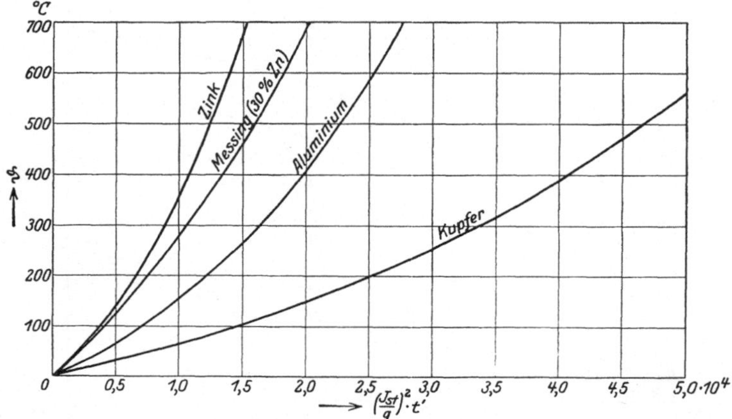

Abb. 254. Erwärmung von Stromleitern.

raturzunahme ϑ eine Zeit $t' = 6{,}25 + 3 = 9{,}25$ Sekunden einzuführen.

Wäre der Kurzschluß zweipolig und im übrigen gleichfalls $\dfrac{J_a}{J_{st}} = 4$ gewesen, so hätten wir sinngemäß der Abb. 253 eine einer Kurzschlußdauer von 4 Sekunden entsprechende fiktive Kurzschlußdauer $t'_{(4)} = 12{,}5$ Sekunden entnommen und wir müßten in die Gl. (360a) eine Zeit $t' = 12{,}5 + 1 = 13{,}5$ Sekunden einführen. Die Wärmewirkung des Stoßkurzschlußstromes kommt also im vorliegenden Falle beim dreipoligen Kurzschluß in einer scheinbaren Verlängerung der Kurzschlußdauer um 4,25 Sekunden, beim zweipoligen und einpoligen Kurzschluß aber um 8,5 Sekunden zum Ausdruck. Der zwei- und einpolige Kurzschluß ist also der gefährlichere, das um so mehr, als auch der stationäre Kurzschlußstrom an sich schon im allgemeinen höher sein wird als beim dreipoligen Kurzschluß.

Gl. (360a) hat eine für die zahlenmäßige Auswertung etwas unbequeme Form. Aus diesem Grunde wurden die Kurven der Abb. 254 berechnet, die für die wichtigsten als Stromleiter praktisch in Betracht kommenden Metalle die Kurzschlußerwärmung ϑ als Funktion des Arguments $\left(\dfrac{J_{st}}{q}\right)^2 \cdot t'$ direkt abzulesen gestatten. Wir brauchen somit außer der Kurzschlußdauer nur die Stromdichte im stationären Kurzschluß und das Verhältnis des Stoßkurzschlußstromes zum Dauerkurzschlußstrom zu kennen, um ohne weitere Rechnung mittels der Abb. 253 und 254 die Temperaturzunahme zu bestimmen.

Auf die Sammelschienen einer Zentrale arbeiten 2 Drehstromgeneratoren à 15 000 kVA, die mit cos $\varphi = 0{,}8$ vollbelastet seien. Die Sammelschienenspannung sei 6000 Volt verkettet, das Wechselstromglied des Stoßkurzschlußstromes der Generatoren besitze bei Klemmenkurzschluß den 10fachen Wert ihres Nennstromes, der dreipolige Dauerkurzschlußstrom erreiche den doppelten Nennstrom. Von den Sammelschienen gehe unter anderem ein Kupferkabel mit einem Querschnitt von $3 \cdot 100$ mm² ab, das in geringer Entfernung von der Zentrale zwischen zwei Adern durchschlagen möge. Der so entstehende plötzliche Kurzschluß werde von dem zugehörigen Ölschalter nach 2 Sekunden abgeschaltet. Wir fragen uns nun, welche Erwärmung das Kabel in diesen 2 Sekunden unter dem Einfluß des nach der Fehlerstelle fließenden Kurzschlußstromes erfährt.

Der Vollaststrom der zwei Generatoren ist 3000 A, mithin beträgt das Wechselstromglied des Stoßkurzschlußstromes $J_a = 30\,000$ A und der zweipolige Dauerkurzschlußstrom

$$J_{st\,II} = 6000 \cdot \frac{\sqrt{3}}{1 + 0{,}1} = 9000 \text{ A}\,.$$

Abb. 253 entnehmen wir nun eine dem Verhältnis $\dfrac{J_a}{J_{st}} = 3$ entsprechende fiktive Kurzschlußdauer $t'_{(2)} = 6{,}5$ Sekunden. Da ferner

$$\left(\frac{J_{st}}{q}\right) = \frac{9000}{100} = 90 \text{ A/mm}^2\,,$$

ergibt sich das Argument $\left(\dfrac{J_{st}}{q}\right)^2 \cdot t' = 5{,}1 \cdot 10^4$. Damit entnehmen wir aber der Abb. 254 eine Temperatursteigerung um 600° C. Selbst wenn der Kurzschluß bereits nach einer Zeitdauer von 1 Sekunde abgeschaltet wird, erwärmt sich das Kabel immer noch um 350°, also um einen ganz unzulässigen Betrag. Wir sehen schon, daß im vorliegenden Falle Einrichtungen getroffen werden müssen, die die Höhe des Kurzschlußstromes an sich heruntersetzen. Daß hiermit mehr zu erreichen ist als mit einer Verkürzung der Abschaltzeit, sehen, wir bei der Betrachtung des dreipoligen Kurzschlusses.

Das gleiche Kabel schlage in der Nähe der Zentrale zwischen sämtlichen drei Adern durch und werde nach 2 Sekunden abgeschaltet. Da der dreipolige Kurzschlußstrom im stationären Zustand nur 6000 A beträgt, haben wir im stationären Kurzschluß eine Stromdichte von 60 A/mm², da ferner der dreipolige Kurzschlußstrom schneller abklingt und wir der Abb. 253 für $\dfrac{J_a}{J_{st}} = \dfrac{30\,000}{6000} = 5$ ein

$t'_{(2)} = 8{,}25$ Sekunden entnehmen, ergibt sich das Argument $\left(\dfrac{J_{st}}{q}\right)^2 \cdot t'$ zu $3{,}0 \cdot 10^4$ und damit laut Abb. 254 die Erwärmung des Kabels zu 250^0 C, ein Betrag, der gerade noch zugelassen werden kann.

Der Leser kann sich auf Grund vorliegender Betrachtungen einen Begriff von den Schwierigkeiten machen, die im Krieg die Zinkkabel in Zentralen mit großer Kurzschlußleistung verursachten. Nach Kurzschlüssen am Ende solcher Kabel waren die Adern häufig nicht mehr auffindbar.

Noch krasser als das vorhin betrachtete Beispiel liegt folgender Fall. Die Motoren der elektrisch angetriebenen Kondensationspumpen der Antriebsturbinen seien über ein Kabel direkt an die Sammelschienen der Zentrale angeschlossen. Für die Leistung solcher Motoren genügt ein Kabel von 3×16 mm², dieses sei durch einen sofort wirkenden Ölschalter geschützt, der bei einem Kurzschluß das Kabel nach 0,25 Sekunden abschaltet. Erfolgt nun an den Klemmen eines der Motoren ein dreipoliger Kurzschluß, so entnehmen wir für $\dfrac{J_a}{J_{st}} = 5$ der Abb. 253 eine fiktive Kurzschlußzeit von 3,75 Sekunden

und erhalten damit ein Argument $\left(\dfrac{J_{st}}{q}\right)^2 \cdot t' = \left(\dfrac{6000}{16}\right)^2 \cdot 3{,}75 = 53 \cdot 10^4$.

Vom Kabel bleibt also nicht viel mehr übrig. Nicht viel besser erginge es wohl den Auslösespulen des Ölschalters und dessen Messing-Durchführungsbolzen.

In Netzen mit großer Kurzschlußleistung ist somit der thermischen Beanspruchung sämtlicher Teile die größte Aufmerksamkeit zu schenken. Dies gilt besonders für Leitungen mit geringer Nennstromstärke und für Stromwandler mit niedriger Primärstromstärke. Auch die im Sekundärkreis solcher Wandler liegenden Meßinstrumente und Relais sind gefährdet, wenn nicht das Eisen der Wandler so hoch gesättigt wird, daß ihr Übersetzungsverhältnis bei hohen Strömen stark zurückgeht. Die letztere Maßnahme hat jedoch den Nachteil, das derartige Wandler nicht zum Anschluß stromabhängiger Relais zu gebrauchen sind.

Auch Transformatoren mit niedriger Kurzschlußspannung erscheinen gefährdet, wenn die Leistung des Netzes so groß ist, daß sie im Kurzschlußfalle den vollen, ihrer Kurzschlußleistung entsprechenden Strom aufnehmen. So nimmt ein Transformator mit

$3\,^0/_0$ Kurzschlußspannung im Kurzschluß den 33 fachen Nennstrom auf und das ergibt, wenn der Transformator mit einer normalen Stromdichte von 3 A/mm² arbeitet, eine Stromdichte $\dfrac{J_{st}}{q} =$ 100 A/mm². Die Transformatorenwicklung wird also bereits in 2 Sekunden eine Übertemperatur von 150⁰ C annehmen und kommt damit hart an die Gefährdungsgrenze. Eine Erhöhung der Kurzschlußspannung auf $4\,^0/_0$ würde die Kurzschlußerwärmung auf die Hälfte herunterdrücken.

Die Generatoren selbst werden durch ihren eigenen Kurzschlußstrom in thermischer Beziehung nicht im geringsten gefährdet. Sei anschließend an das vorherige Beispiel ihre normale Stromdichte

Abb. 255. Verhalten einer schlechten Kontaktstelle beim Kurzschluß.

3 A/mm², so ergibt sich beim zweipoligen Klemmenkurzschluß und einer Kurzschlußdauer von 10 Sekunden $t' = 9 + 6 = 15$ Sekunden und $\left(\dfrac{J_{st}}{q}\right)^2 \cdot t' = 9^2 \cdot 15 = 0,12 \cdot 10^4$. Die Generatorwicklung erwärmt sich bei der angenommenen großen Kurzschlußdauer also nur um 7⁰ C. Dasselbe gilt natürlich auch für unmittelbar mit den Generatoren gekuppelte Transformatoren gleicher Leistung. Mit gefährlichen Erwärmungen ist bei solchen Generatoren und Transformatoren aber beim Auftreten kurzgeschlossener Windungen zu rechnen.

Reichlich dimensionierte Leitungen können bei Kurzschlüssen versagen, wenn sich in ihrem Zuge schlechte Kontaktstellen befinden. Abb. 255 zeigt einen folgenschweren, durch solch eine schlechte Kontaktstelle verursachten Defekt; man sieht, daß die schlecht angezogene Klemme zum Abschmelzen eines längeren Leitungsstückes führte. Aber auch wenn die auftretende Zerstörung nicht so schwerer Natur ist, so entsteht an derartigen Kontaktstellen unter dem Einfluß des sie durchfließenden Kurzschlußstromes „Spritzfeuer", das häufig Überschläge zwischen den Phasen einleitet. Ein schlechter

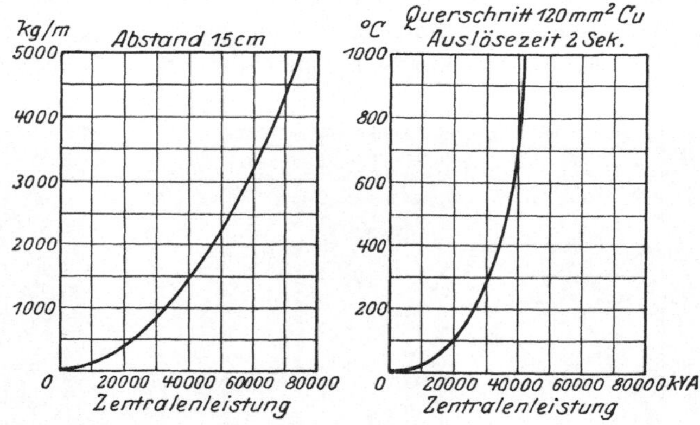

Abb. 256. Dynamische und thermische Beanspruchung zweier 6 kV-Leitungen bei Kurzschluß.

Kontakt an den Sammelschienen kann also den ganzen Betrieb einer Zentrale umwerfen. Das sogenannte Spritzfeuer ist die Erklärung für viele, früher in Zusammenhang mit Kurzschlüssen gebrachte Überspannungen, und man ersieht hieraus, daß der Schraubschlüssel noch lange nicht der schlechteste Überspannungsschutz ist.

Die gepflogenen Betrachtungen zeigen, daß ein Betriebsleiter, der seine Zentrale vergrößern will, vor ernste Probleme gestellt ist. Nahmen schon die elektrodynamischen Kräfte quadratisch mit der Kurzschlußstromstärke zu, so wächst die thermische Gefährdung, wie die Gegenüberstellung in Abb. 256 erkennen läßt, noch viel schneller. Und daher kommt es, daß beispielsweise eine Vergrößerung der Zentralenleistung von 30000 auf 40000 kVA früher kaum beachtete Störungen zu Katastrophen auswachsen lassen kann.

58. Elektrische und thermische Vorgänge beim Schalten großer Wechselstromleistungen.

Bis vor wenigen Jahren bot die Ölschalterfrage noch die allergrößten Schwierigkeiten, die sich gerade in größeren Zentralen zu einer solchen Kalamität auswuchsen, daß deren weitere Entwicklung zu den heutigen Leistungen ernstlich in Frage gestellt schien. Die aus dieser Not geborenen Bemühungen und insbesondere eingehendes Studium der Ölschalterfrage mit Hilfe zum Teil groß angelegter Versuche führten glücklicherweise zu einer Lösung auch dieses Problems, so daß die Technik heute im Besitze von Schaltern ist, die die größten heute auftretenden Kurzschlußleistungen mit Sicherheit beherrschen.

Das im praktischen Betriebe häufig vorkommende Einschalten auf einen bestehenden Kurzschluß ist für den betroffenen Schalter dann gefährlich, wenn mit dem Auftreten hoher Stromstärken gerechnet werden muß. Dabei ist zu berücksichtigen, daß beim Einschaltvorgang zu dem völlig ungedämpften Wechselstromglied des plötzlichen Kurzschlußstromes noch das Gleichstromglied in voller Höhe tritt, und daß in ungünstigen Fällen dieses infolge des sogenannten Sättigungsstoßes zu enormer Höhe anwachsen kann. Es ist weniger der an den Kontakten auftretende Lichtbogen, der das Einschalten gefährlich macht, denn bei gut konstruierten Schaltern mit ausreichender Einschaltgeschwindigkeit hat der Kurzschlußstrom wegen seines im allerersten Moment verhältnismäßig langsamen Anwachsens noch nicht $1\,^0/_0$ seines Höchstwertes erreicht, wenn die Kontakte des Schalters sich bereits metallisch berühren. Es ist vielmehr die hohe Stromdichte, die durch die im Anfang geringe Berührungsfläche der Kontakte gegeben ist, die das Metall sofort zum Schmelzen bringt. Bei schwachen Schaltern kann die dabei freiwerdende Joulesche Wärme so viel Öl verdampfen, daß es zu einer Zerstörung des Schaltergefäßes kommt. Meist jedoch verläuft der Vorgang harmloser, wenngleich infolge des bei solchen Gelegenheiten manchmal vorkommenden Zusammenschweißens der Kontakte die Folgen für den Betrieb unangenehm genug sein können. Der Kurzschlußstrom durchläuft nämlich betriebsmäßig jede hundertstel Sekunde die Nulllinie, und vor allem beim Auftreten eines kräftigen Gleichstromgliedes ist die Zeit, während der der Strom nur eine sehr geringe Höhe besitzt, verhältnismäßig lang. Andererseits ist die Kühlwirkung des beim Ölschalter die Kontakte umgebenden Öles sehr energisch, so daß die geschmolzenen Kontaktteile beim ersten Stromdurchgang durch Null wieder erstarren — die Kontakte sind zusammengeschweißt —. Der Übergangswiderstand ist dadurch so gering geworden, daß ein Wiederschmelzen des Metalls beim erneuten Ansteigen des Stromes nicht wieder eintritt. Die Kontakte von Ölschaltern schweißen bei solchen Gelegenheiten manchmal so gut zusammen, daß sie nur durch Hammer und Meißel wieder voneinander zu trennen sind. Der Schalter ist jedenfalls in solchen Fällen längere Zeit außer Funktion gesetzt; es

25*

ist vor allem nicht möglich, den bestehenden Kurzschluß mit diesem
Schalter wieder aus dem Netz zu schalten, und es läßt sich daher
denken, daß das Zusammenschweißen der Kontakte für den betroffenen
Betrieb in jedem Falle eine empfindliche Störung bedeutet.

Die äußeren Erscheinungen am Schalter selbst sind bei dem betrachteten Vorgang meist geringfügig. Bei ungenauer Werkstattarbeit
kann es aber geschehen, daß beim Zusammenschweißen zweier Kontakte die Kontakte der anderen Phasen erst kurz vor der Berührung
sind. An diesen entstehen dann, wenn die Traverse ihre Weiter-
bewegung nicht mehr fortsetzen kann, Dauerlichtbögen, die zu Schalter-
explosionen führen können.

Das Zusammenschweißen der Kontakte normaler Ölschalter ist
bei Kurzschlußströmen mit einem Wechselstromglied von 10000 A_{eff}
an zu fürchten. Bei sehr hohen Strömen — Wechselstromglied
$> 50000\ A_{eff}$ — wird durch die Abbremsung der Traverse infolge der elektrodynamischen Kräfte die Gefahr des Zusammenschweißens der Kontakte sehr vergrößert. Die
besten Gegenmittel sind hohe Einschaltgeschwindigkeit,
große Kontaktflächen, gün-
stige Kontaktform und zweck-
mäßiges Kontaktmaterial.

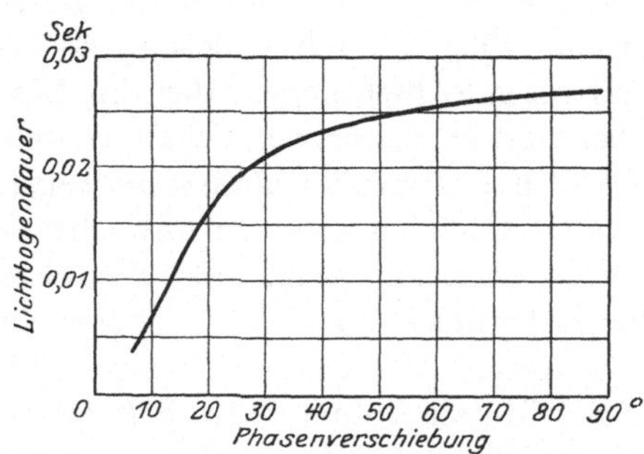

Abb. 257. Abhängigkeit der Lichtbogendauer
von der Phasenverschiebung zwischen Strom
und Spannung.

Die höchste Beanspru-
chung des Schalters tritt in
der Regel beim Unterbrechen
eines Kurzschlusses auf. Maßgebend für die Beanspruchung ist die
Abschaltleistung, welche definiert wird als das Produkt aus dem kurz
vor der Unterbrechung fließenden Strom und der verketteten Spannung, die sofort nach Erlöschen des Lichtbogens an den Schalterkontakten erscheint. Beim dreipoligen Kurzschluß wird diesem Produkt noch der Faktor $\sqrt{3}$ hinzugefügt.

Da die Höhe der nach der Unterbrechung sofort wiedererscheinenden Spannung, außer von der Amplitude der induzierten EMK
auch von der Phasenverschiebung des Kurzschlußstromes gegen jene
abhängt, und zwar mit dem Sinus derselben wächst, so folgt, daß
die Unterbrechung stark phasenverschobener Ströme für einen Schalter
am gefährlichsten ist. Abb. 257, die die für eine unterbrochene
Leistung von 20000 kVA experimentell bestimmte Abhängigkeit der
Lichtbogendauer von der Phasenverschiebung angibt, zeigt, daß bei
einer Phasenverschiebung von 45° bereits die maximale Lichtbogen-

dauer erreicht ist. Mit dieser Phasenverschiebung ist aber mindestens bei Kurzschlüssen in der Nähe der Zentrale zu rechnen. Bei der Angabe der Abschaltleistung eines Schalters wird stets stillschweigend eine Phasenverschiebung von annähernd 90° angenommen.

Bei Parallelschalten in Phasenopposition hat der unterbrechende Schalter die doppelte Spannung zu bewältigen, wie beim Abschalten eines Kurzschlusses.

Wenn ein dreipoliger Schalter in einem Drehstromnetz einen zweipoligen Kurzschluß unterbricht, so hat, gleichzeitiges Öffnen aller Kontakte vorausgesetzt, jeder Schalterpol den halben verketteten Wert der sich nach der Unterbrechung einstellenden Spannung zu bewältigen. Die Abschaltung eines dreipoligen Kurzschlusses verläuft

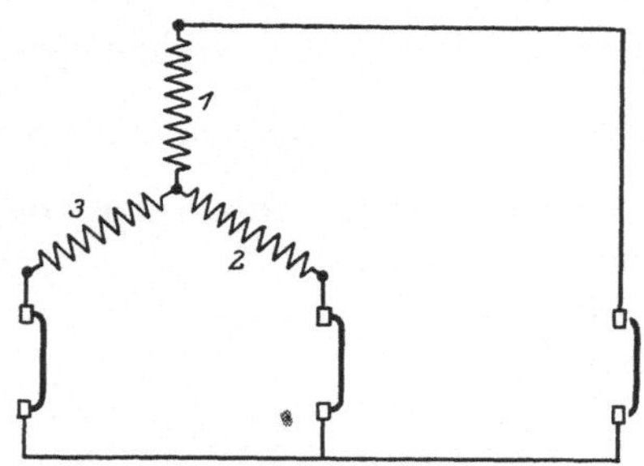

Abb. 258. Phase 1 des Schalters hat unterbrochen.

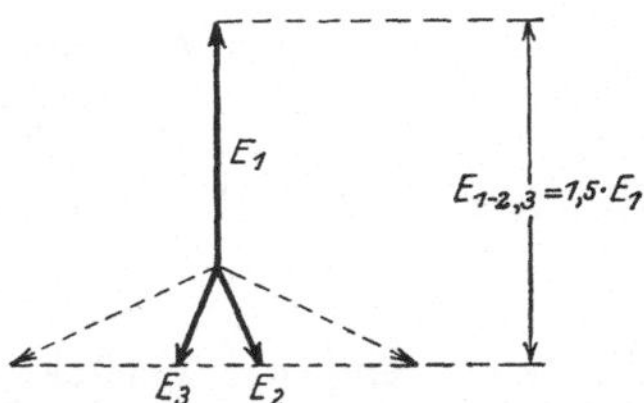

Abb. 259. Spannungsdiagramm für den durch Abb. 258 dargestellten Zustand.

folgendermaßen: Der Lichtbogen der Phase 1 (Abb. 258) möge beim Durchgang des Stromes durch Null kurzzeitig löschen. Dann besteht in diesem Augenblick, wie die Abbildung zeigt, für die Stromquelle der Zustand des zweipoligen Kurzschlusses, dessen Spannungsdiagramm durch die Abb. 259 dargestellt wird. Es läßt erkennen, daß bei induktivem Strom, bei dem die Spannung nach der Unterbrechung auf ihren Scheitelwert springt, an den Schalterkontakten der Phase 1 die 1,5 fache Phasenspannung auftritt. Diese Spannung steht also zur Neuzündung des Lichtbogens zur Verfügung, und da wir unsere Betrachtung an jeden beliebigen Schalterpol hätten anknüpfen können, folgt, daß der Schalter beim Abschalten eines dreipoligen Kurzschlusses unter sonst gleichen Verhältnissen mit einer $\sqrt{3}$fach höheren Spannung beansprucht wird wie beim Abschalten eines zweipoligen Kurzschlusses.

Diese Erkenntnis ist wichtig für die Beurteilung von Kurzschlußversuchen, die an einem einpoligen Element eines Dreikessel-Schalters vorgenommen werden. Ergeben derartige einphasige Schaltversuche eine bestimmte Abschaltleistung für das untersuchte einpolige Element, so ist die Abschaltleistung der ganzen Schaltergruppe nicht 3-, sondern nur 2 mal so groß.

Es ist nicht gleichgültig für die Beanspruchung eines Schalters, welche Zeit vom Eintritt des Kurzschlusses bis zu seiner Abschaltung vergeht. Denn einmal klingt der Kurzschlußstrom mit wachsender Zeit von seinem Anfangswert J_a auf seinen Dauerwert J_{st} ab, ferner verringert sich im selben Maße die Höhe der nach der Unterbrechung an den Kontakten sich einstellenden Spannung. Bedeuten e und i die Effektivwerte von Kurzschlußstrom und wiedererscheinender Spannung zu irgendeiner Zeit t nach Eintritt des Kurzschlusses, so hatten wir für beide, wenn noch E die Spannung vor Eintritt des Kurzschlusses bedeutet, die einfache Beziehung gefunden

bzw.
$$\left.\begin{aligned} i &= J_a \cdot m, \\ e &= E \cdot m, \end{aligned}\right\} \tag{361a}$$

wo der Abklingfaktor m für verschiedene Werte des Verhältnisses $\dfrac{J_a}{J_{st}}$ der Abb. 160 entnommen werden kann. Wir gelangen damit aber zu der folgenden einfachen Beziehung für die Größe der vom Schalter zu unterbrechenden Leistung:

$$N_u = e \cdot i = E \cdot J_a \cdot m^2,$$

die wir, wenn wir berücksichtigen, daß

$$J_a = \frac{E}{x + \lambda \cdot \omega}, \tag{361b}$$

auch so schreiben können:

$$N_u = \frac{E^2}{x} \cdot \frac{m^2}{1 + \dfrac{\lambda \cdot \omega}{x}}. \tag{362}$$

In diesem Ausdruck bedeutet x die Streureaktanz der den Kurzschluß speisenden Generatoren, $\lambda \cdot \omega$ die Reaktanz der Kurzschlußbahnen; der Ohmsche Widerstand wurde der Einfachheit halber vernachlässigt. Der erste Faktor auf der rechten Seite der Gl. (362) gibt die Leistung an, die der Schalter bei sofortiger Abschaltung des plötzlichen Klemmenkurzschlusses (ohne Gleichstromglied) der Generatoren zu bewältigen hätte. Im zweiten Faktor gibt der Zähler die Abnahme der vom Schalter zu bewältigenden Leistung mit wachsender Zeit, der Nenner die Abnahme mit wachsender Reaktanz des Kurzschlußkreises an.

Die Quadrate des Abklingfaktors m zeigt Abb. 260, die letztere gilt, ebenso wie Gl. (362), bei entsprechender Wahl des Abszissenmaßstabes sowohl für drei-, zwei- und einpoligen Kurzschluß; im ersten Fall ist übrigens noch die rechte Seite der Gl. (362) mit $\sqrt{3}$ zu multiplizieren, im dritten Fall durch $\sqrt{3}$ zu dividieren.

Abb. 261 gewährt einen guten Überblick über die doppelte Abhängigkeit der Unterbrechungsleistung von der Kurzschlußdauer und von der Reaktanz des Kurzschlußkreises. Es ist interessant, zu sehen,

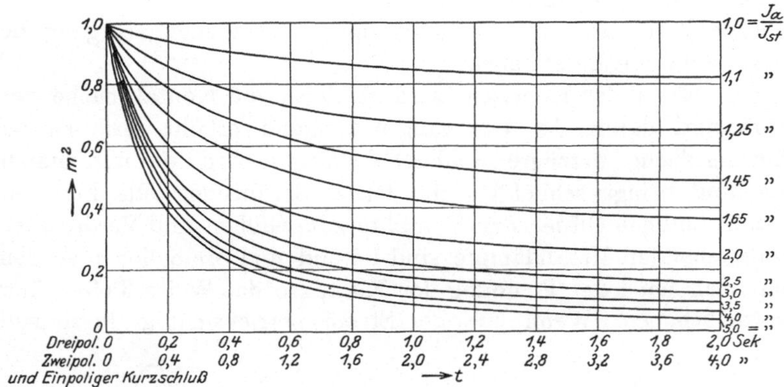

Abb. 260. Quadrate des Abklingfaktors m.

daß die Erscheinungen des plötzlichen dreipoligen Kurzschlusses, soweit die Abschaltleistung in Frage kommt, nach einer Sekunde praktisch abgeklungen sind. Die vom Schalter zu bewältigende Leistung beträgt dann nur mehr $10\,^0/_0$ der maximalen Kurzschlußleistung der Generatoren und entspricht damit ihrer Vollastleistung. Es ist auffallend, wie wenig diese Leistung durch die Reaktanz der Kurzschlußbahnen beeinflußt wird. Man sieht sogar, daß beim Abschalten des stationären Kurzschlusses die Unterbrechungsleistung entgegen der Erwartung mit zunehmender Reaktanz des Kurzschlußkreises zunächst ansteigt. Dies erklärt

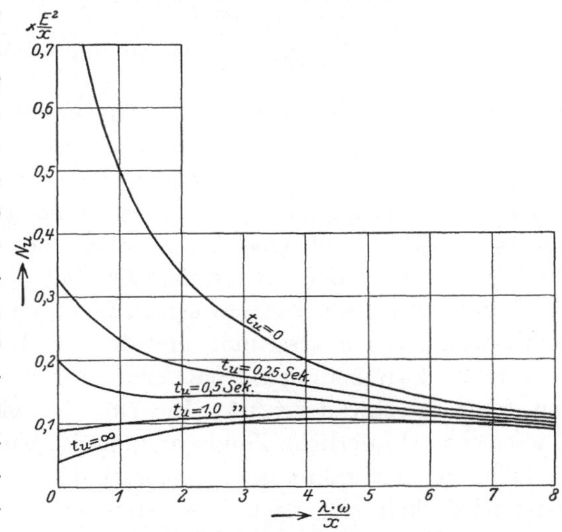

Abb. 261. Einfluß von Leitungsimpedanz und Auslösezeit auf die Unterbrechungsleistung.

sich daraus, daß die wiedererscheinende Spannung mit zunehmender Reaktanz schneller ansteigt als der Dauerkurzschlußstrom sinkt.

Das Abklingen des zwei- und einpoligen Kurzschlusses erfolgt nur

halb so schnell; da in der Mehrzahl der Fälle mit dem Auftreten
des ersteren gerechnet werden muß, empfiehlt es sich, um den Schalter
nicht unnötig zu beanspruchen, demselben keine wesentlich kürzere
Auslösezeit als 2 Sekunden zu geben.

Physikalisch betrachtet verläuft der Unterbrechungsvorgang bei
Wechselstrom folgendermaßen:

Beim Öffnen der Kontakte wird zunächst die Kontaktfläche verkleinert und damit der Übergangswiderstand erhöht. Die an der
Berührungsfläche erzeugte Joulesche Wärme wird deshalb immer
größer und bringt schließlich die letzte Berührungsstelle kurz vor
dem vollständigen Öffnen der Kontakte zum Glühen und Verdampfen.
Die entstehenden Metalldämpfe sind leitend und ermöglichen so dem
Strom auch nach der Trennung der Kontakte das Weiterfließen über
einen Lichtbogen. Wenn nun der Strom betriebsmäßig durch Null

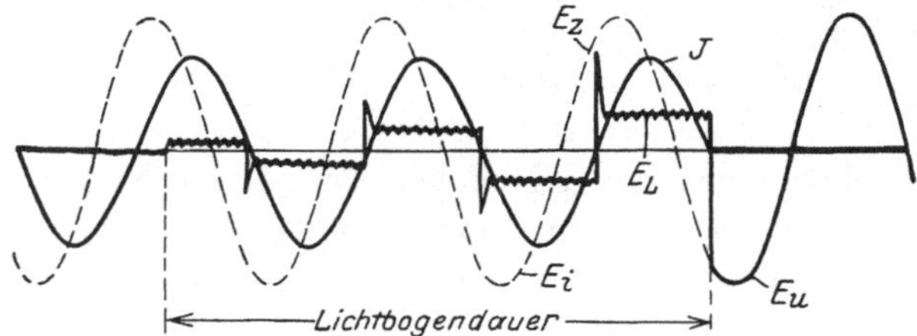

Abb. 262. Unterbrechungsvorgang bei Wechselstrom.

geht, so erlischt der Lichtbogen für eine kurze Zeit. Der Unterbrechungsvorgang wäre damit beendet, wenn nicht bei stark phasen-
verschobenem Strom — und darum handelt es sich bei Kurzschluß
meistens — die Spannung in diesem Moment auf ihren Scheitelwert
springen würde und eine Neuzündung des Lichtbogens bewirkte.
Die letztere wird dadurch ermöglicht, daß die Stellen der Kontakte,
die Fußpunkte des vorangegangenen Lichtbogens waren, noch glühen,
somit weiter Ionen aussenden und daß der Lichtbogen eine glühende
Gasstrecke zwischen den Kontakten hinterlassen hat, die ebenfalls
mit Ionen geschwängert ist. Die zum Durchschlagen dieser heißen
Gasstrecke erforderliche Zündspannung ist natürlich um so geringer,
je näher die Kontakte sich gegenüberstehen. Der beschriebene Vorgang wiederholt sich nach jeder Halbperiode so lange, bis nach genügender Verlängerung des Lichtbogens die Zündspannung größer
als die an den Elektroden zur Verfügung stehende äußere Spannung
geworden ist, und infolgedessen die Neuzündung unterbleibt. Abb. 262,
die den Unterbrechungsvorgang eines Ölschalters zeigt, läßt dies
deutlich erkennen. Die Lichtbogenspannung E_L an sich ist nur niedrig;
man sieht jedoch bei jedem Durchgang des Stromes durch Null eine

Zündspitze, die mit zunehmender Lichtbogenlänge immer höher wird. In der letzten Halbperiode hat die Höhe der Zündspitze E_z fast die Höhe der induzierten Spannung E_i erreicht, der Lichtbogen wird also gerade noch gezündet und erlischt dann auch, wie zu erwarten, beim nächsten Durchgang des Stromes durch Null. Die Spannung springt in jenem Moment auf den Wert E_u der sogenannten wiedererscheinenden Spannung, die, da wir der Abbildung eine Phasenverschiebung von 60° zugrunde legten, nicht ganz mit dem Scheitelwert der induzierten Spannung E_i zusammenfällt.

Luftschalter werden in Wechselstrom-Hochspannungsanlagen heute nicht mehr verwendet, ihr Anwendungsgebiet ist nur mehr der Gleichstrom. Es sind in den letzten Jahren bemerkenswerte Konstruktionen entwickelt worden, die Spannungen bis zu 5000 V und Abschaltleistungen bis 50000 kW sicher beherrschen. Daß jedoch auch große Wechselstromleistungen bei hohen Spannungen sich durch Luftschalter beherrschen lassen, mögen die folgenden Bilder zeigen. Abb. 263 bringt ein Oszillogramm, das beim Abschalten einer Kurzschlußleistung von etwa 100000 kVA bei einer Spannung von 8000 V aufgenommen wurde. Die eben erörterten Erscheinungen sind hier, da es sich um einen Lichtbogen in Luft mit ihrer verhältnismäßig geringen Kühlwirkung handelt, nur sehr schwach ausgeprägt. Man bemerkt im Gegenteil ein sehr stetiges Übergehen der Spannung in ihren normalen sinusförmigen Verlauf und ein ganz allmähliches Verlöschen des Stromes. Insofern berührt das gezeigte Oszillogramm sympathischer als Oszillogramme, die bei Ölschaltern aufgenommen werden. Als Nachteil fallen jedoch ins Gewicht die außerordentlich lange Lichtbogendauer und die ganz gewaltige Ausbreitung des Lichtbogens, von der die Abb. 264 a—c einen Begriff geben mögen. Bei der angegebenen Spannung von 8000 V

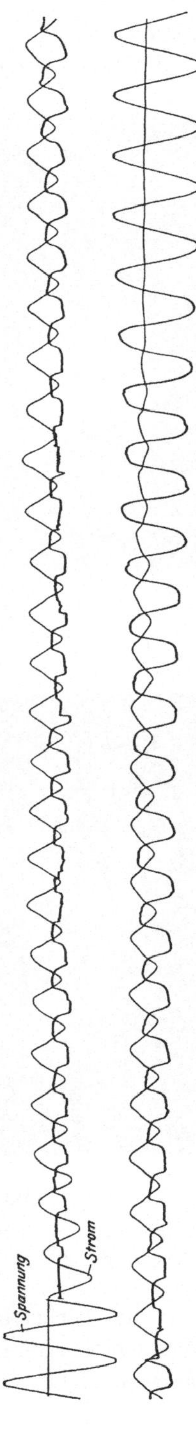

Abb. 263. Oszillogramm des Unterbrechungsvorganges bei einem Luftschalter.

wurden Lichtbogenlängen bis 10 m beobachtet, bei 100 000 V waren die Lichtbogenlängen entsprechend größer. Hand in Hand damit gingen die übrigen Lichtbogenerscheinungen, wie starkes Geräusch und grelle, weithin sichtbare Lichtwirkung, die die Verwendung derartiger Luftschalter in bewohnten Gegenden zur Unmöglichkeit machen würden.

Daß das wirkliche an einem Ölschalter aufgenommene Oszillogramm in allen wesentlichen Zügen mit der etwas schematisierten Abb. 262 übereinstimmt, möge Abb. 265 zeigen, die ein Oszillogramm wiedergibt, das beim Abschalten einer Leistung von 150 000 kVA mittels eines normalen Ölschalters aufgenommen wurde. Die verkettete Spannung betrug 20 000 V. Man bemerkt deutlich die Zündspitze bei jedem Durchgang des Stromes durch Null. Die etwas eigenartige Form der Lichtbogenspannung ist dadurch bedingt, daß das Oszillogramm bei einem dreipoligen Kurzschluß aufgenommen wurde und daß das Oszillogramm die verkettete Spannung wiedergibt.

Abb. 264a.

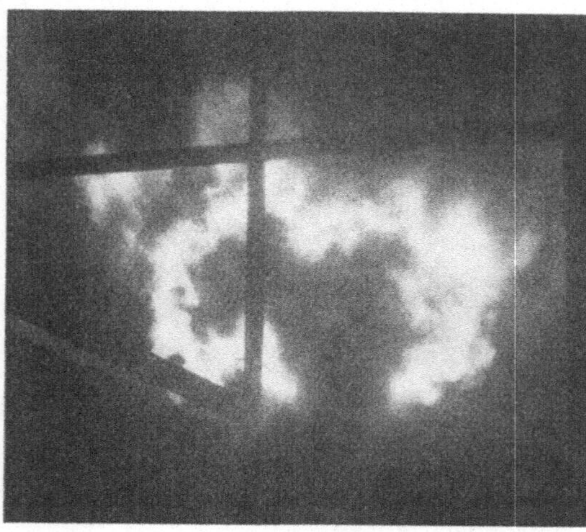

Abb. 264b.

Abb. 264a—b. Momentaufnahmen des Unterbrechungslichtbogens beim Luftschalter.

Wenn man einen Ölschalter beim Abschalten eines schweren Kurzschlusses beobachtet, so wird man zunächst eine heftige Erschütterung des Schalters bemerken, die den freistehenden Schalter oft einige Zentimeter vom Boden abhebt. Aus den Schalteröffnungen wird Öl

mit großer Heftigkeit ausgepreßt und mehrere Meter weit geschleudert. Dem Schalter entströmen dicke Rauchschwaden, unter Umständen sogar, wenn man seiner Grenzleistung nahegekommen ist, Flammen. Diese Beobachtungen zeigen, daß im Schalter beim Ausschaltvorgang gewaltige Kräfte wirksam sind, die dadurch ausgelöst werden, daß der Unterbrechungslichtbogen mit einer Temperatur von mehreren 1000 Grad große Ölmengen zur Verdampfung und Vergasung bringt.

Abb. 264c.

Abb. 264c. Momentaufnahme des Unterbrechungslichtbogens beim Luftschalter.

Es ist lediglich die hierdurch hervorgerufene Drucksteigerung im Innern des Schalters, die diese äußeren Erscheinungen zustande bringt.

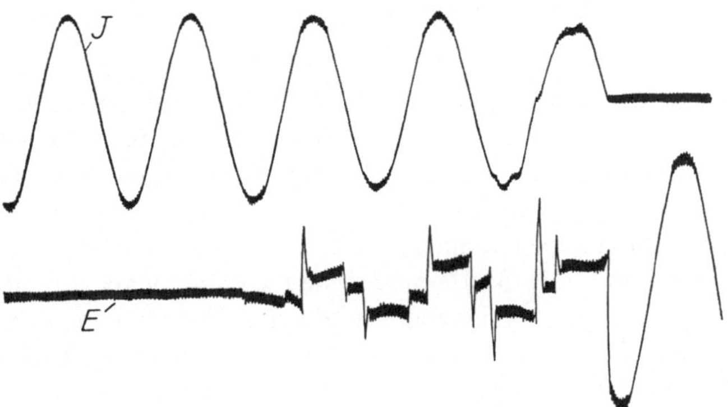

Abb. 265. Oszillogramm des Unterbrechungsvorganges beim Ölschalter.

Von einer Explosion kann im allgemeinen nicht die Rede sein, auch dann nicht, wenn der Druck im Schalter so weit ansteigt, daß sein Gefäß zerstört wird. Von einer Explosion kann in der Regel nur in dem Sinne gesprochen werden, in dem man von einer Dampfkesselexplosion spricht. Eigentliche Explosionen, die dadurch entstehen, daß sich die Zersetzungsprodukte des Öles, und zwar Wasserstoff und leichte Kohlenwasserstoffe, mit dem Sauerstoff der Luft im oberen Teil des Schalters mischen, und daß dieses Gasgemisch durch mitgerissene glühende Kontaktteilchen oder durch seine eigene hohe Temperatur entzündet wird, sind, Gott sei Dank, außerordentlich selten; denn wenn sie auftreten, so sind sie sowohl für den Schalter selbst als auch für die ihn umgebenden Gebäudeteile von verheerender Wirkung. Ab und zu treten Explosionen übrigens in dem den Schalter umgebenden Raum auf, und zwar dadurch, daß sich die austretenden Gase mit der Luft mischen und durch einen durch die Rauchschwaden gezündeten Überschlagslichtbogen entzündet werden.

Bauer hat festgestellt, daß pro 1 kWSek im Lichtbogen in Wärme umgesetzter Energie 0,05 l Gas entstehen. Andererseits läßt sich für jede Ölschalterkonstruktion ungefähr eine Konstante angeben, die ausdrückt, wie groß die im Unterbrechungslichtbogen in Wärme umgesetzte Energie im Verhältnis zu der vom Schalter unterbrochenen Leistung ist. Für diese Schalterarbeit haben wir somit die Beziehung

$$A = c \cdot \frac{E_u \cdot J_u}{1000} \text{ kWSek,} \qquad (363)$$

wo c bei Leistungen bis 100 000 kVA und normalen Schalterkonstruktionen einen Wert von etwa 0,01 besitzt. Dies ergibt beispielsweise bei einer Abschaltleistung von 100000 kVA eine Schalterarbeit von

$$A = 100\,000 \cdot 0,01 = 1000 \text{ kWSek}$$

und damit eine erzeugte Gasmenge von

$$1000 \cdot 0,05 = 50 \text{ l.}$$

Diese Gasmenge würde bei normalem Druck und normaler Temperatur festgestellt werden. Nun besitzen aber die Gase während des Abschaltvorganges eine sehr hohe Temperatur, außerdem ist zu berücksichtigen, daß auch noch Öldämpfe vorhanden sind, die nicht so schnell kondensieren können. Wenn wir die Gastemperatur ganz roh auf 900^0 und mit Brühlmann den Dampfgehalt auf $50^0/_0$ der Gasmenge schätzen, so gelangen wir, da das Gasvolumen proportional der absoluten Temperatur ist und wir diese auf ursprünglich 300^0 festsetzen können, zu einem Volumen des heißen Gas- und Dampfgemisches von

$$50 \cdot 1,5 \cdot \frac{300 + 900}{300} = 300 \text{ l.}$$

Die Größe dieser auf normalen Druck bezogenen Gasmenge ist verblüffend, denn sie stellt der Größenordnung nach etwa den gesamten Inhalt eines für eine derartige Abschaltleistung in Betracht kommenden Schalters vor.

Es ist zu berücksichtigen, daß die große soeben ausgerechnete Gasmenge in der kurzen Zeit von einigen Hundertstel Sekunden entsteht; die um den Lichtbogen sich bildende Gas- und Dampfsphäre vergrößert sich also außerordentlich schnell und das umgebende Öl muß ausweichen. Zur Erzeugung dieser Ölbewegung sind aber starke Beschleunigungskräfte notwendig und wir können uns infolgedessen vorstellen, daß das Gas im Anfangszustand den Unterbrechungslichtbogen in Form einer stark komprimierten Kugel umgibt. Entsprechend der Volumenvermehrung der Gaskugel muß der Ölspiegel steigen und der Vorgang wird

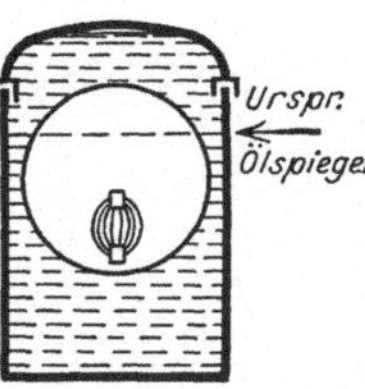

Abb. 266. Abschaltvorgang im Schalterinnern nach der Brühlmannschen Ölkolbentheorie.

sich ungefähr nach der von Brühlmann gezeichneten Abb. 266 abspielen, welche folgendes erkennen läßt:

Zunächst sehen wir, daß das über der Gasblase liegende Öl (nach Brühlmann der Ölkolben) mit bedeutender Geschwindigkeit gegen den Schalterdeckel geworfen wird. Beträgt z. B. die Höhe vom Ölspiegel bis zum Deckel 20 cm und wird dieser Weg in 0,03 Sekunden zurückgelegt, so prallt das Öl mit einer Geschwindigkeit von ca. 13 m pro Sekunde auf den Deckel auf. Die Wirkung ist mit derjenigen eines Hammerschlages zu vergleichen und führt manchmal zu einer Zertrümmerung gußeiserner Deckel. Der Ölanprall erklärt auch zwanglos das beobachtete Aufspringen von Schaltern bei Kurzschlußversuchen.

Beim Steigen des Ölspiegels wird die im Schalter befindliche Luft durch die Deckelöffnungen hinausgedrückt und es ist, wenn der Ölspiegel den Deckel berührt, keine Luft mehr im Schalter vorhanden. Gasblase und Luft kommen also im allgemeinen während des Ausschaltvorganges nicht in Berührung, und Explosionen durch Mischung der Gasblasen mit der Luft sind infolgedessen, wie bereits erwähnt, außerordentlich selten.

Von dem Augenblick an, in welchem alle Luft aus dem Schalter hinausgedrückt ist, tritt Öl vor die Deckelöffnungen. Besteht im Schalter Überdruck, so wird dasselbe mit einer der Druckhöhe entsprechenden Geschwindigkeit ausströmen, doch ist der Massenträgheit wegen die Ausströmgeschwindigkeit des Öles verhältnismäßig gering. Der Gasblase steht also im Höchstfalle nur das Volumen zur Verfügung, das vorher die Luft im Schalter eingenommen hat. Aus dieser Überlegung heraus läßt sich die Größe des im Schalter entstehenden Druckes ohne weiteres bestimmen. Nehmen wir bei dem vorher betrachteten Schalter an, daß der Luftraum über dem Ölspiegel 60 l betragen habe, dann finden wir die während des Abschaltvorganges produzierte Gas- und Dampfmenge von 300 l nach beendetem Abschaltvorgang auf 60 l komprimiert vor. Damit berechnet

Abb. 267. Durch Deckelüberschlag zerstörter Ölschalter.

sich nach dem Mariotteschen Gesetz der im Schalter herrschende Überdruck auf $5 - 1 = 4$ at. Dieser Druck beansprucht sämtliche Teile des Schalters, der, wenn er diesem Druck nicht standhält, zerstört wird. Es ist dies die häufigste Ursache der Schalterzerstörungen, welche also mit einer eigentlichen Explosion nichts zu tun hat.

Eine sehr häufige Störungsursache bilden die den Schalter während und nach Beendigung des Abschaltvorganges verlassenden schwarzen Rauchschwaden; diese enthalten festen Kohlenstoff in feinster Verteilung, sind also leitend und führen, wenn sie an die Durchführungen des Schalters oder sonstige, unter Spannung stehende Teil gelangen, zu Überschlägen. Nun bedeutet ein Überschlag an einem Schalter aber einen Sammelschienenkurzschluß und damit eine schwere

Betriebsstörung. Diese Überschläge treten bei unzweckmäßig konstruierten Schaltern in der Regel bereits bei Leistungen ein, die der Schalter selbst noch spielend beherrscht. Man hat dann das häufige Bild eines über dem Deckel vollständig zusammengeschmorten Schalters, während das Gehäuse des Schalters selbst und seine Innenteile vollkommen in Ordnung sind (Abb. 267).

Die normalen, den vom VDE vorgeschriebenen Abmessungen entsprechenden Serienschalter beherrschen eine Abschaltleistung von 75000 kVA, wenn dafür gesorgt wird, daß die bei so großen Leistungen reichlich austretenden Rauchschwaden nicht an spannungführende Teile gelangen können. Dabei ist die Größe dieser Abschaltleistung in weiten Grenzen unabhängig von der gewählten Betriebsspannung, wenn diese nur nicht größer ist als die Serienspannung des Ölschalters. Es kommt dies daher, daß bei höherer Spannung zwar die Lichtbogendauer größer ist, daß aber auch gleichzeitig die Höhe der Lichtbogenspannung relativ zur Betriebsspannung in etwa gleichem Maße zurückgeht. Die gesamte im Ölschalter in Wärme umgesetzte Energie und damit die Beanspruchung des Schaltergehäuses bleibt damit

Abb. 268. Neuer dreipoliger Serienölschalter 24000 V, 600 A.

dieselbe. Wir hatten dies in Gl. (363) ja auch dadurch zum Ausdruck gebracht, daß wir eine Konstante für das Verhältnis der unterbrochenen Leistung zu der im Lichtbogen in Wärme umgesetzten Leistung angaben. Ausgedehnte Versuche in der Kurschlußversuchsanlage der AEG ergaben auch für sämtliche Serienschalter, und zwar für die Serien II bis V, fast genau dieselbe Ausschaltkapazität. Man sieht daraus, daß die Leistungsfähigkeit eines Ölschalters nicht durch seine Größe, sondern lediglich durch seine Konstruktion bedingt wird. Und zwar kommt es in erster Linie auf kräftige Ausführung des Gehäuses, ausreichenden Ausschaltweg und ausreichende Ausschaltgeschwindigkeit an.

Als Beispiel hierfür sei in Abb. 268 und 269 der neue dreipolige Serienölschalter der AEG für 24 000 V und 600 A gebracht, der, trotzdem er kleinere Abmessungen und geringeren Ölinhalt als der alte Serienschalter besitzt, eine Abschaltleistung von 150 000 kVA beherrscht. Derselbe Schalter kann, mit Löschkammern ausgerüstet, mit Leichtigkeit 300 000 kVA abschalten. Abb. 270 zeigt einen derartigen Ölschalter für 35 kV Betriebsspannung.

Auf die sogenannte Löschkammer möge an dieser Stelle kurz eingegangen werden:

Bei der üblichen Ölschalteranordnung mit nach unten ausschaltender Traverse sind um die feststehenden Kontakte zylindrische Kammern aus Metall angeordnet, die nach oben zu geschlossen sind, abgesehen von kleinen Löchern zur Kommunikation des Öles. Im unteren Boden dieser Zylinder ist ein rundes Loch, das den stiftförmigen beweglichen Kontakten den Ein- und Austritt gestattet; zwischen Stift und Lochwandung ist bei eingeschalteter Traverse nur geringes Spiel zugelassen. Bei Ausschaltung wird durch die Vergasung des den Lichtbogen umgebenden

Abb. 269. Neuer dreipoliger Serienölschalter 24 000 V, 600 A.

Öles ein hoher Druck entstehen, da der fast vollkommene Abschluß der Kammern den Druckausgleich nach dem übrigen im Ölschalterkessel vorhandenen Öl verhindert. Außerdem kann man sich denken, daß in der Kammer außerordentlich starke Ölbewegungen stattfinden, besonders dann, wenn der Stift die Öffnung verläßt. In diesem Augenblick wird, da in der Kammer Drücke bis zu 40 at auftreten, mit kolossaler Wucht ein Ölstrahl aus der Öffnung austreten, der den Unterbrechungslichtbogen, falls er nicht schon in der Kammer erstickt wurde, mit Sicherheit ausbläst. Beim Löschkammerschalter wird also der für die Unterbrechung günstige hohe Druck vom Lichtbogen selbst an der Stelle erzeugt, wo er gebraucht wird,

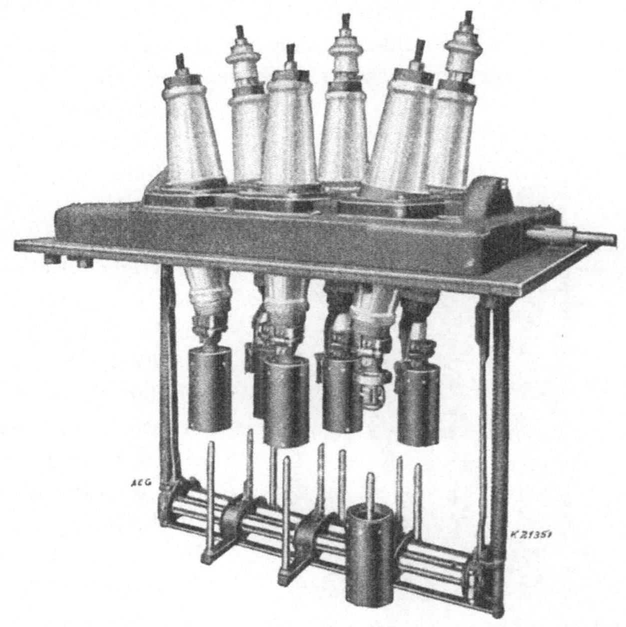

Abb. 270. Serienschalter der AEG mit Löschkammern. Betriebsspannung 35 kV, Betriebsstrom 600 A, Ausschaltleistung 300000 kVA.

während der Druck auf die Kesselwandungen naturgemäß nur gering wird.

Die günstige Wirkung der Löschkammer kommt zur vollen Auswirkung, wenn die Stiftkontakte frei beweglich und mit einer Schnell-

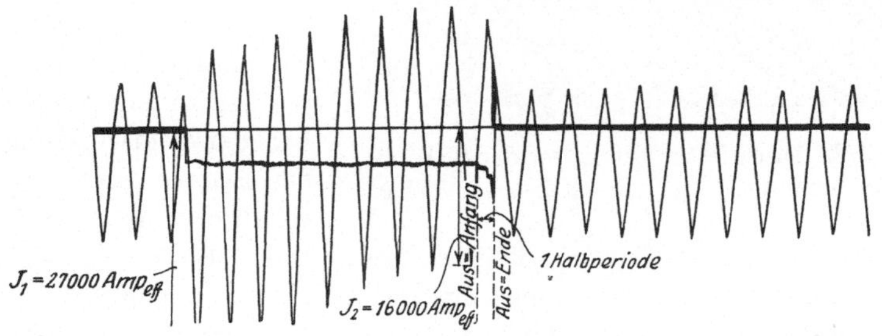

Abb. 271. Oszillogramm des Ausschaltvorganges eines Ölschalters mit Löschkammern und Schnellkontakten.

schalteinrichtung versehen angeordnet werden. Da die Kontakte in diesem Falle frei beweglich sind, können sie dem in der Löschkammer herrschenden hohen Druck frei folgen und erreichen dadurch eine sehr hohe Ausschaltgeschwindigkeit. Derartige Schalter besitzen bei den höchsten in Betracht kommenden Abschaltleistungen eine Lichtbogendauer von nur $^1/_2$ Periode $= 0{,}01$ Sekunden bei 50 Perioden. Das ist die kürzeste überhaupt zulässige Lichtbogendauer, die im Ölschalter in Wärme umgesetzte Energie wird ein Minimum und dementsprechend auch das äußere Verhalten des Ölschalters beim Abschalten schwerer Kurzschlüsse ein denkbar günstiges. Ein derartiger Ölschalter wirft auch beim Abschalten einer Kurzschlußleistung von 500 000 kVA kaum einen Tropfen Öl aus. Der Schalter wird nur wenig erschüttert und es entweichen demselben nach der Abschaltung nur geringe Mengen von Rauch. Abb. 271 zeigt ein bei einer Abschaltleistung von 120 000 kVA am einpoligen Element entsprechend einer auf das ganze Aggregat bezogenen Abschaltleistung von 240 000 kVA aufgenommenes Oszillogramm. Die Lichtbogendauer beträgt, wie man sieht, nur eine halbe Periode.

Ein anderer Weg wurde bei der Entwicklung von Ölschaltern für hohe Abschaltleistung durch den

Abb. 272. Druckfester Ölschalter der SSW, Betriebsspannung 12 kV, Betriebsstrom 350 A.

Bau der sog. „druckfesten" Schalter beschritten. Bei diesen wird die den normalen Konstruktionen entsprechende Lichtbogendauer als gegeben hingenommen und der Schalter selbst so kräftig gehalten, daß er den selbst bei der Verdampfung und Vergasung großer Ölmengen entstehenden inneren Überdrücken standhalten kann. Auch mit diesen Schaltern lassen sich sehr hohe Abschaltleistungen erzielen. Abb. 272 zeigt einen derartigen, von den Siemens-Schuckert-Werken gebauten Ölschalter für 12 kV Betriebsspannung.

59. Kurzschlußlichtbögen.

Wenn wir bisher von einem Kurzschluß sprachen, so verstanden wir darunter stets stillschweigend eine direkte metallische Berührung der betroffenen Leiter. Hiermit ist nun in Wirklichkeit in den sel-

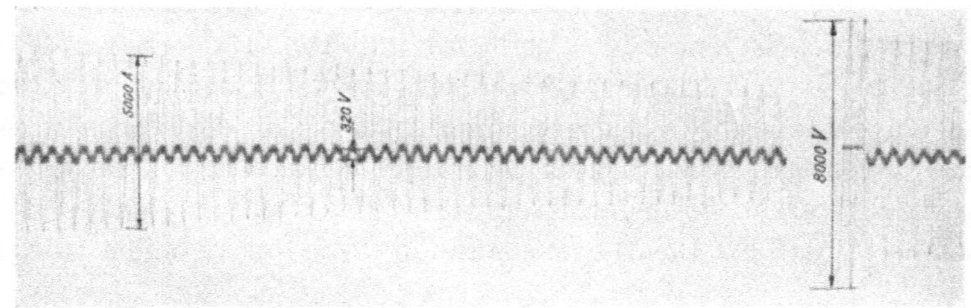

Abb. 273. Strom und Spannung an einem fehlerhaften 30 kV-Kabel.

tensten Fällen zu rechnen. Stets wird der Kurzschluß über einen mehr oder weniger langen Lichtbogen eingeleitet werden. Selbst bei den häufig vorkommenden Fehlschaltungen durch Einlegen eines

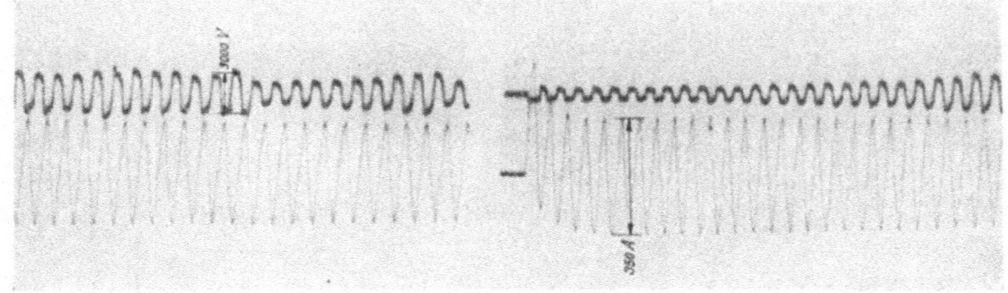

Abb. 274. Strom und Spannung des Überschlaglichtbogens einer 100 kV-Durchführung.

Trennmessers auf eine kurzgeschlossene Leitung werden die Kontakte des Trennschalters sofort verbrannt, und der weitere Stromfluß wird über einen Lichtbogen aufrecht erhalten.

Durch diese Tatsache werden indes unsere die Höhe des Kurzschlußstromes betreffenden Rechnungen nicht nennenswert beeinflußt, denn die Höhe der Lichtbogenspannung ist im Vergleich zur Betriebsspannung nur sehr gering. Ferner steht sie, da sie einen Ohmschen Spannungsabfall darstellt, senkrecht auf dem induktiven Spannungsabfall der Generatoren und verschwindet somit in ihrer Wirkung vollends. Die nachstehend gebrachten Oszillogramme zeigen drei typische Fälle: Abb. 273 zeigt Strom und Spannung beim Auftreten eines Fehlers an einem 30 kV-Kabel. Man sieht, daß die Lichtbogenspannung ungefähr 300 V beträgt, das sind im vorliegenden Falle $1\,^0/_0$ der Betriebsspannung. Weitere Versuche zeigten, daß diese Spannung auch bei Kabeln anderer Betriebsspannung nur wenig variierte, bei einem Kabel für 6 kV Betriebsspannung wird sonach die Spannung an der Fehlerstelle etwa $5\,^0/_0$ der normalen Spannung erreichen.

Das andere Extrem zeigt Oszillogramm, Abb. 274. Es wurde an einer 100 kV-Durchführung aufgenommen, an der künstlich ein Überschlag eingeleitet wurde. Die Spannung des für die Versuche benutzten Generators von 15 000 kVA normaler Leistung wurde mittels eines gleich starken Transformators auf 100 kV erhöht. Das Oszillogramm zeigt, daß die Lichtbogenspannung stetig bis zu einem Höchst-

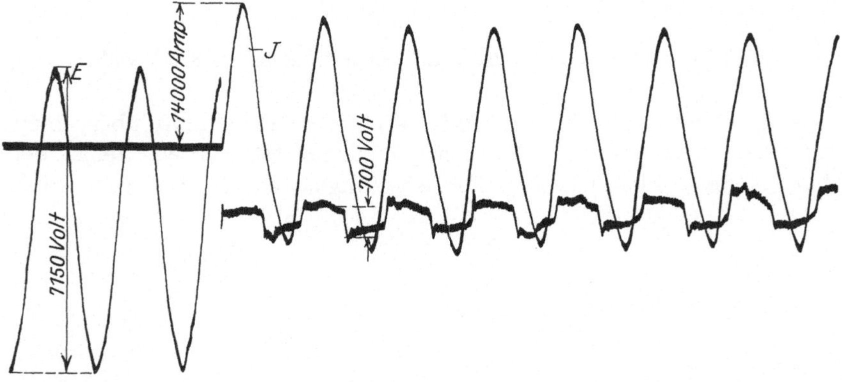

Abb. 275. Oszillogramm eines längs zwei Schienen wandernden Lichtbogens.

werte anwächst und dann plötzlich wieder ihren ursprünglichen Wert annimmt, worauf sich der Vorgang wiederholt. Dies kommt daher, daß der Lichtbogen durch die elektrodynamischen Kraftwirkung der seitlich zugeführten Verbindungsleitungen von der Durchführung abgetrieben wird, worauf, wenn der Lichtbogen eine gewisse Länge erreicht hat, wieder eine Neuzündung an der Durchführung selbst erfolgt. Die Lichtbogenspannung überschreitet im vorliegenden Falle, wie man sieht, nicht $3\,^0/_0$ der normalen Betriebsspannung. Längere Lichtbögen, wie im vorliegenden Falle, sind aber in einer Schaltanlage und auch zwischen Freileitungsdrähten nicht leicht möglich.

Oszillogramm Abb. 275 zeigt einen zwischen zwei Sammelschienen mit 30 cm gegenseitigem Abstand bei 6 kV Betriebsspannung eingeleiteten Kurzschlußlichtbogen, und man sieht auch hier, daß die Lichtbogenspannung $10\,^0/_0$ der normalen Betriebsspannung nicht überschreitet.

Die Höhe des Kurzschlußstromes ist somit völlig unabhängig davon, ob der Kurzschluß metallisch ist oder über einen Lichtbogen erfolgt.

Die Oszillogramme lassen erkennen, daß die Kurvenform der Lichtbogenspannuug nicht so stark verzerrt ist, wie vielfach angenommen wird. Die Lichtbogenspannung an sich ist ferner nicht sehr hoch. Der Einfluß des Lichtbogens auf die Kurvenform des Kurzschlußstromes kann also nur ganz verschwindend sein und wir können den Einfluß des Lichtbogens auf diese jedenfalls völlig vernachlässigen. Ebenfalls wird die Kurzschlußspannung am Anfang einer Leitung, die über einen Lichtbogen kurzgeschlossen ist, nur wenig von der Sinusform abweichen, wenn die Kurzschlußstelle nicht gerade in unmittelbarer Nähe des Leitungsanfanges liegt. Diese Tatsache ist wichtig für die Beurteilung der Wirkungsweise von Stromrichtungsrelais und Distanzrelais.

Wir wissen, daß jede Stromschleife unter dem Einfluß der elektrodynamischen Kräfte das Bestreben hat, sich zu vergrößern. Wenn somit zwischen zwei Schienen ein Lichtbogen entsteht, so wird dieser von der Stromquelle aus sich längs den Schienen fortbewegen. Da einerseits die Masse des Lichtbogens sehr gering und andererseits bei hohen Stromstärken die elektrodynamischen Kräfte sehr groß sind, so erfolgt diese Fortbewegung mit außerordentlich großer Geschwindigkeit. Es ist dem Lichtbogen dabei völlig gleichgültig, ob die Bewegung horizontal oder vertikal nach aufwärts oder abwärts erfolgt. Der Wärmeauftrieb spielt gegenüber der elektrodynamischen Kraftwirkung keinerlei Rolle. Die Bewegung erfolgt bei hohen Stromstärken so schnell, daß man beispielsweise auf gestrichenen Sammelschienen die Fußpunkte des Lichtbogens kaum wahrnehmen kann. Ein wenig geübter Beobachter wird infolgedessen nicht immer feststellen können, wo in einem Störungsfalle der Lichtbogen ursprünglich entstanden ist, denn der Lichtbogen bewegt sich, ohne nennenswerte Spuren zu hinterlassen, so weit vom Entstehungsort weg, bis er durch irgendein Hindernis aufgehalten wird. Dort kommt er dann voll zur Entfaltung und richtet oft schwere Zerstörungen an. Derartige Hindernisse bestehen meistens aus Durchführungsisolatoren, durch die die vom Kurzschluß betroffene Leitung hindurchgeht. Sind solche Hindernisse nicht vorhanden, so wandert der Lichtbogen bis zum Ende der Sammelschienen, wo er stehen bleibt und starke Verbrennungen an diesen verursacht. Häufig wird der Lichtbogen auch durch von den Sammelschienen abgehenden Leitungen abgelenkt und wandert an diesen bis zum Auftreffen auf ein Hindernis entlang. Interessant ist z. B. folgender Fall, welchen der Verfasser zu beobachten Gelegenheit hatte:

Von einer Schaltanlage gingen mehrere Abzweige ab, die über Ölschalter zu Asynchronmotoren führten. Es kam nun häufig vor, daß beim Abschalten irgendeines Motors sich plötzlich ein Lichtbogen an den Ölschalter-Durchführungen eines der anderen im Betriebe befindlichen Motoren zeigte und diese völlig zerstörte. Man dachte natürlich zunächst an Unterbrechungsüberspannungen, die beim Abschalten dieser Motoren auftreten sollten, während sich in Wirklichkeit der Vorfall ganz anders aufklärte. Die Ölschalter hatten Vorstufenwiderstände, die außen angeordnet waren. Infolge unsachgemäßer Montage klemmten die Ölschalterwellen und es blieben so infolgedessen beim Ausschalten die Vorkontakte unzulässig lange in Eingriff. Die Folge davon war eine unzulässige Erhitzung der Vorstufenwiderstände, die ins Glühen gerieten und dann Überschläge zwischen den Phasen einleiteten. Der entstehende Lichtbogen wurde nun mit großer Geschwindigkeit längs den Sammelschienen fortgetrieben, übersprang ab und zu den einen oder anderen Abzweig und wanderte nun an irgendeinem Abzweig abwärts, bis er an den Ölschalterdurchführungen nicht mehr weiterkonnte; diese wurden dann von ihm völlig zerstört. Die Fußpunkte des Lichtbogens längs seiner Wanderung waren nur bei genauester Untersuchung zu entdecken.

XIII. Fernwirkungen des Kurzschlußstromes.

60. Elektromagnetische Beeinflussung fremder Leitungen.

Insbesondere Fernsprechleitungen werden gelegentlich durch in der Nachbarschaft verlaufende Starkstromleitungen in schwerster Weise gestört. Wenn auch Beschädigungen der Fernsprechleitungen selbst durch die eingebauten Sicherheitseinrichtungen in der Regel vermie-

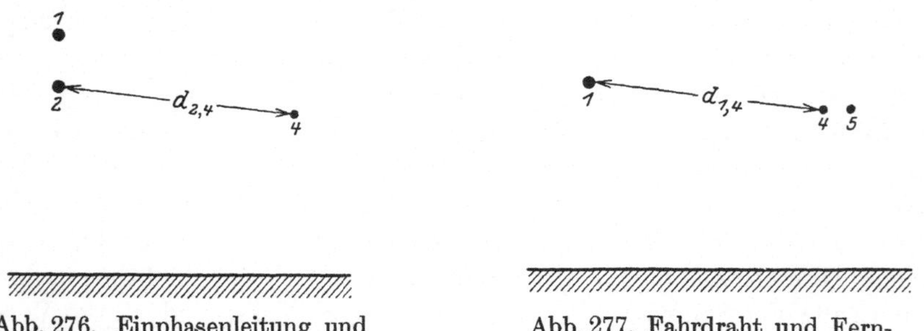

Abb. 276. Einphasenleitung und Fernsprecheinfachleitung.

Abb. 277. Fahrdraht und Fernsprechdoppelleitung.

den werden, so führt doch deren Ansprechen zu einer vorübergehenden Unterbrechung des Fernsprechbetriebes. Um so folgenschwerer sind die Störungen jedoch für das Fernsprechpersonal bzw. für gerade angeschlossene Teilnehmer, die infolge der auftretenden sogenannten Knallgeräusche schweren gesundheitlichen Schäden ausgesetzt sind.

Die Erfahrung hat gelehrt, daß die Hauptursache der erwähnten schweren Störungen Doppelerdschlüsse auf der Starkstromleitung sind. Es kann sich somit nur um induktive Beeinflussungen der Schwachstromleitung durch die Starkstromleitung handeln und wir wollen im folgenden diese einer näheren Betrachtung unterziehen.

Sind in Abb. 276, 1 und 2 die Drähte einer einphasigen Hochspannungsleitung, 4 der Draht einer einpoligen Fernsprechleitung, so ist bekanntlich der Koeffizient der gegenseitigen Induktion zwischen beiden Systemen, wenn wir uns die Rückleitung so tief in der Erde denken, daß ihr Beitrag zur Gegeninduktivität vernachlässigt werden kann:

$$M = 2 \cdot 10^{-4} \cdot \ln \frac{d_{14}}{d_{24}} \text{ Henry/km}, \tag{364}$$

wo d_{14} bzw. d_{24} der Abstand des Fernsprechdrahtes von den beiden Drähten der Einphasenleitung ist.

<table>
<tr><td>Abb. 278. Einphasenleitung und Fern-
sprechdoppelleitung.</td><td>Abb. 279. Drehstromleitung und Fern-
sprecheinfachleitung.</td></tr>
</table>

Dieselbe Gleichung gilt natürlich auch für den umgekehrten Fall einer eindrähtigen Starkstromleitung, die eine zweidrähtige Fernsprechleitung induziert. Mit den Bezeichnungen der Abb. 277, die den Fahrdraht 1 einer elektrischen Bahn darstellen möge, der einer Fernsprechdoppelleitung 4 und 5 parallel geführt ist, gilt somit ebenfalls

$$M = 2 \cdot 10^{-4} \cdot \ln \frac{d_{15}}{d_{14}} \text{ Henry/km}. \tag{365}$$

Die eben angeschriebene Gleichung deckt natürlich auch den Fall des Doppelerdschlusses einer mehrphasigen, parallel zu einer Fernsprechdoppelleitung geführten Hochpannungsleitung.

Die Gegeninduktivität einer Einphasenleitung auf eine Fernsprechdoppelleitung nach Abb. 278 ist gleich der Differenz der Gegeninduktivitäten der Einphasenleitung auf jeden einzelnen Draht der Fernsprechleitung, somit

$$M = 2 \cdot 10^{-4} \cdot \ln \frac{d_{14} \cdot d_{25}}{d_{24} \cdot d_{15}} \text{ Henry/km} . \qquad (366)$$

Eine Drehstromleitung mit den Drähten 1, 2, 3 werde von einem symmetrischen Dreiphasenstrom durchflossen. Parallel zu ihr sei nach Abb. 279 eine eindrähtige Fernsprechleitung 4 geführt. Dann ist nach Brauns der Koeffizient der gegenseitigen Induktion zwischen beiden Systemen:

$$M = 2 \cdot 10^{-4} \cdot$$
$$\sqrt{\ln d_{14} \cdot \ln \frac{d_{14}}{d_{24}} + \ln d_{24} \cdot \ln \frac{d_{24}}{d_{34}} + \ln d_{34} \cdot \ln \frac{d_{34}}{d_{14}}} \text{ Henry/km} . \qquad (367)$$

Um die Gegeninduktivität zwischen einer Drehstromleitung und einer Fernsprechdoppelleitung zu erhalten, braucht man lediglich den eben

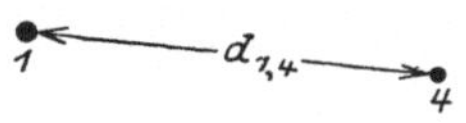

angeschriebenen Ausdruck für jeden Draht der Fernsprechleitung zu bilden und beide Ausdrücke voneinander zu subtrahieren.

Den Koeffizienten der gegenseitigen Induktion zwischen 2 Einzeldrähten, die beide die Erde als Rückleitung benutzen, haben wir bereits früher kennengelernt. Für Abb. 280, die beispielsweise den Fall des Doppelerdschlusses

Abb. 280. Fahrdraht und Fernsprecheinfachleitung.

auf einer Hochspannungsleitung deckt, die einer Fernsprecheinfachleitung parallel geführt ist, gilt

$$M = \sqrt{\pi^2 + \left[2 \cdot \ln \left(\frac{50}{\nu} \cdot \frac{1{,}25 \cdot 10^5}{d_{14}} \right) - 1{,}154 \right]^2} \cdot 10^{-4} \text{ Henry/km,} \qquad (368)$$

solange

$$d_{14} < 12{,}5 \text{ m} .$$

Für größere Abstände zwischen beiden Drähten als 12,5 m kann M der durch die Abb. 281 dargestellten Kurve entnommen werden.

Die angeschriebene Gleichung, in der ν die Betriebsfrequenz bedeutet, gilt für mittlere Leitfähigkeit des Erdbodens. Sie ergibt einen reellen, in Phase mit dem Strom der Hochspannungsleitung liegenden Anteil der induzierten Spannung, der proportional

$$M_r = \pi \cdot 10^{-4}, \qquad (368\,a)$$

und einen imaginären, dem Strom um 90^0 nacheilenden Anteil, der proportional

$$M_i = \left[2 \cdot \ln\left(\frac{50}{\nu} \cdot \frac{1{,}15 \cdot 10^5}{d_{14}} \right) - 1{,}154 \right] \cdot 10^{-4} \qquad (368\,\mathrm{b})$$

ist.

In sämtlichen Gleichungen sind übrigens die Längen in cm einzusetzen.

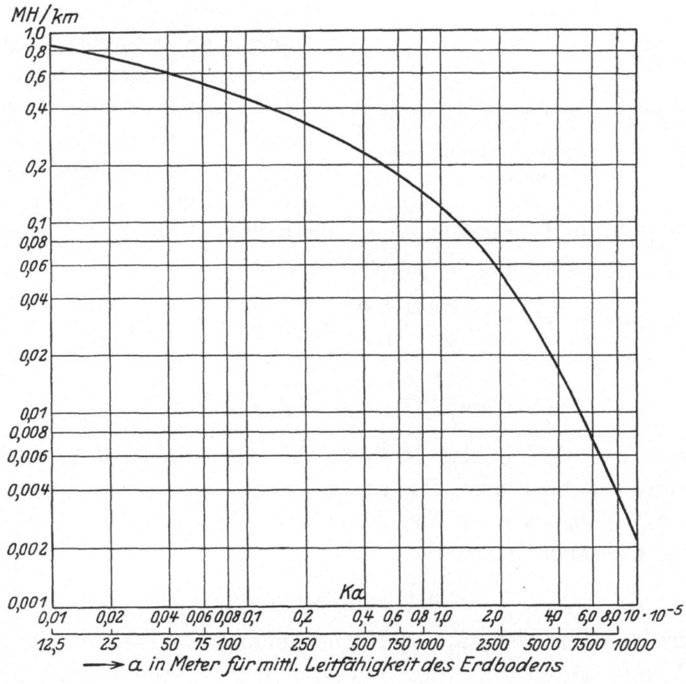

Abb. 281. Absolutwert M der Gegeninduktivität zweier Schleifen Draht—Erde für große Leitungsabstände.

Der Metermaßstab gilt bei 50 Perioden. Bei einer andern Periodenzahl ν ist statt mit d mit $d' = d \cdot \dfrac{\nu}{50}$ in die Kurve einzugehen, z. B. ist für $d = 250$ und $\nu = 150$ bei $d' = 250 \cdot \dfrac{150}{50} = 750$ m der Wert $M = 0{,}17$ MH/km zu entnehmen.

Fließt nun in der Hochspannungsleitung ein Kurzschlußstrom mit dem Effektivwert J, so ist, wenn ω dessen Kreisfrequenz ist, der Effektivwert der in der Fernsprechleitung induzierten Spannung:

$$E = J \cdot M \cdot l \cdot \omega. \qquad (369)$$

l ist die Länge der Parallelführung beider Leitungssysteme in km. Die durch Gl. (369) gegebene Spannung tritt tatsächlich zwischen den Enden der Fernsprechleitung auf, wenn sie an einem Ende offen ist.

Wir wollen einmal eine zweidrähtige Fernsprechleitung betrachten, die auf einer Strecke von 10 km parallel zu einer Einphasen-Hochspannungsleitung verläuft. Sämtliche vier Drähte sind in gleicher Höhe über dem Erdboden verlegt; Abb. 282, die die Anordnung erkennen läßt, gibt den gegenseitigen Abstand in m an. In der Hochspannungsleitung fließe ein Kurzschlußstrom von 1000 A, die Periodenzahl sei 50 pro Sekunde. Dann wird nach den Gl. (366) und (369) zwischen den beiden Drähten der Fernsprechleitung eine Spannung induziert:

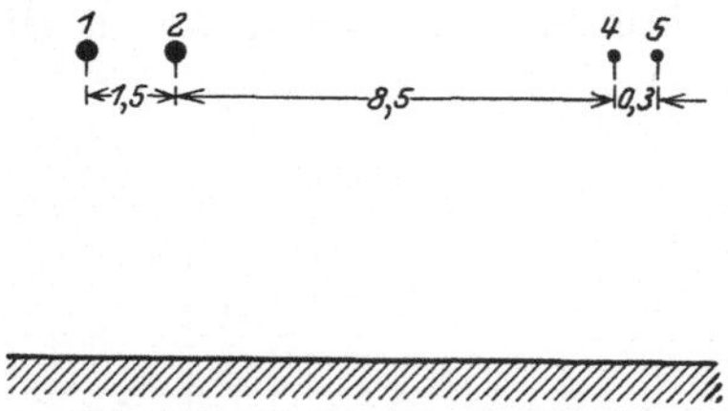

Abb. 282. Leiteranordnung des Beispiels.

$$E = 1000 \cdot 2 \cdot 10^{-4} \cdot \ln \frac{1000 \cdot 870}{850 \cdot 1020} \cdot 10 \cdot 314 = 628 \cdot \ln \frac{870}{867} = 628 \cdot \ln$$

$$\left(1 + \frac{3}{867}\right) = \sim 628 \cdot \frac{3}{867} = 2{,}2 \text{ V} .$$

Die zwischen den beiden Drähten der Fernsprechleitung induzierte Spannung ist also nur sehr geringfügig. Wir haben bei der Ausrechnung übrigens von der für kleine Werte von x gültigen Beziehung Gebrauch gemacht

$$\ln (1 + x) = \sim x .$$

Nun nehmen wir an, im Hochspannungsnetz sei ein Doppelerdschluß aufgetreten und den Leiter 2 der betrachteten Einphasenleitung durchfließe ein Kurzschlußstrom von ebenfalls 1000 A. Die zwischen den Drähten der Fernsprechleitung induzierte Spannung wird diesmal entsprechend Gl. (365)

$$E = 1000 \cdot 2 \cdot 10^{-4} \cdot \ln \frac{870}{850} \cdot 10 \cdot 314 = 628 \cdot \ln \left(1 + \frac{20}{850}\right)$$

$$= 628 \cdot \frac{20}{850} = 15 \text{ V} ,$$

und ist damit immer noch sehr niedrig. Sie läßt sich übrigens ganz zum Verschwinden bringen, wenn nur die Drähte 4 und 5 der Fernsprechleitung so übereinander angeordnet werden, daß sie beide den gleichen Abstand von der induzierenden Leistung besitzen. Dann wird in Gl. (365) $\frac{d_{15}}{d_{14}} = 1$ und damit der Logarithmus gleich Null.

Dasselbe wird natürlich auch mit einer Verdrillung der Fernsprechleitung erreicht.

Wir hatten bisher eine Fernsprech-Doppelleitung vorausgesetzt, d. i. die neuerdings bevorzugte Ausführung von Fernsprechkreisen, bei der Hin- und Rückleitung als von Erde isolierte Drähte verlegt sind. Vielfach verwendet die Post jedoch heute noch aus Einzeldrähten bestehende Sprechkreise, bei denen die Erde als Rückleitung dient. Daß in diesem Falle aber die durch den Doppelerdschluß verursachte Störung ganz andere Dimensionen als bei der Fernsprechdoppelleitung annimmt, sehen wir sofort, wenn wir die Daten unseres Beispieles in die Gl. (368) einführen. Es ergibt sich, wenn wir das reelle Glied unter der Wurzel seiner geringen Größe wegen vernachlässigen:

$$E = 1000 \cdot \left[2 \cdot \ln \frac{1{,}25 \cdot 10^5}{850} - 1{,}154 \right] \cdot 10^{-4} \cdot 10 \cdot 314 = 314 \cdot$$
$$[2 \cdot \ln 147 - 1{,}154] = 2800 \text{ V},$$

und unter Berücksichtigung des reellen Gliedes sogar

$$E = 3000 \text{ V}.$$

Wir haben also Hochspannung im Fernsprechkreis und damit eine starke Gefährdung des gesamten Fernsprechbetriebes.

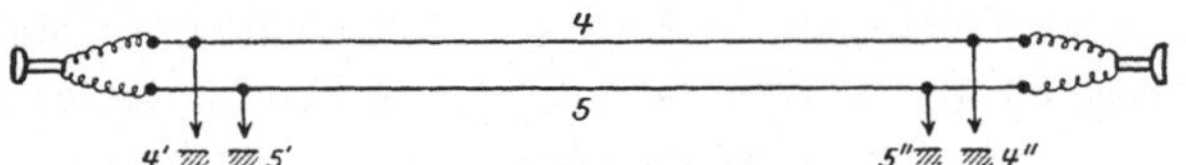

Abb. 283. Fernsprechdoppelleitung mit Überspannungssicherungen.

Nach dem Vorhergehenden scheint es nun aber leicht möglich zu sein, diese Gefährdung dadurch restlos zu beseitigen, daß man im Fernsprechbetrieb auf die Erdrückleitung verzichtet und nur Doppelleitungen verwendet, die zwar teurer, dafür aber auch betriebssicherer sind. Ganz so einfach ist jedoch die Sachlage nicht, und zwar gerade wegen der für die Sicherheit der Fernsprechanlagen unbedingt erforderlichen Durchschlagssicherungen, die in jeder Station zwischen die ankommenden Drähte und Erde geschaltet sind. Abb. 283 zeigt eine derart gesicherte Fernsprechdoppelleitung; die Sicherungen sprechen bei einer Spannung von etwa 300 V an, und dienen unter anderem auch als Blitzschutz der Fernsprechanlage.

Wenn bei der Fernsprechdoppelleitung auch die Spannungsdifferenz zwischen den beiden Drähten nur sehr geringfügig ist, so nehmen doch die beiden Drähte zusammen unter dem Einfluß des Doppelerdschlusses auf einer parallel verlaufenden Hochspannungsleitung eine Spannung gegen Erde an, die der der Einzelleitung entspricht, und die, wie unser Beispiel zeigte, auf mehrere Tausend Volt steigen kann. Wir sehen dies sofort ein, wenn wir den in Abb. 284 gezeichneten Verlauf der magnetischen Kraftlinien einer unter Doppelerdschluß stehenden Hochspannungsleitung betrachten. Die Spannung zwischen den beiden Drähten der Doppelleitung wird nur durch die wenigen Kraftlinien induziert, die zwischen den beiden Drähten durchtreten, während die Spannung beider Drähte gegen Erde proportional dem gesamten, die beiden Drähte gemeinsam umschließenden Kraftlinienfluß ist. Abb. 285 zeigt die sich auf der Fernsprechdoppelleitung einstellende Spannungsverteilung; beide Drähte nehmen annähernd die gleiche Spannung gegen Erde an, die längs der Parallelführung linear anwächst und bei gleichen Kapazitätsverhältnissen an beiden Leitungsenden in der Leitungsmitte Null ist. Die Überspannungssicherungen der Fernsprechleitung werden somit ansprechen, indes erfolgt dieses Ansprechen niemals bei sämtlichen Sicherungen gleichzeitig. Die Folge

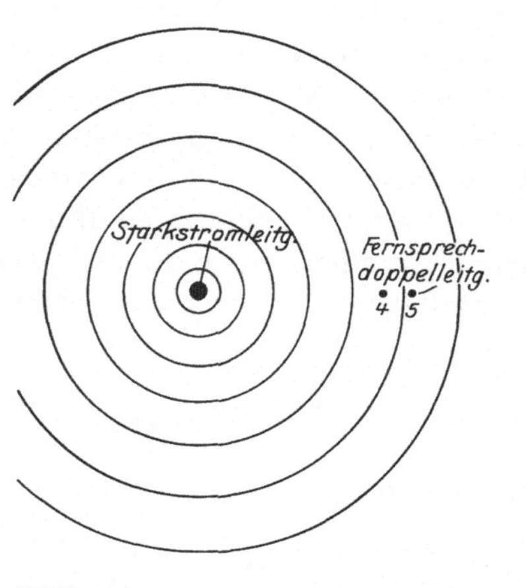

Abb. 284. Magnetische Kraftlinien um die Hochspannungsleitung bei Doppelerdschluß.

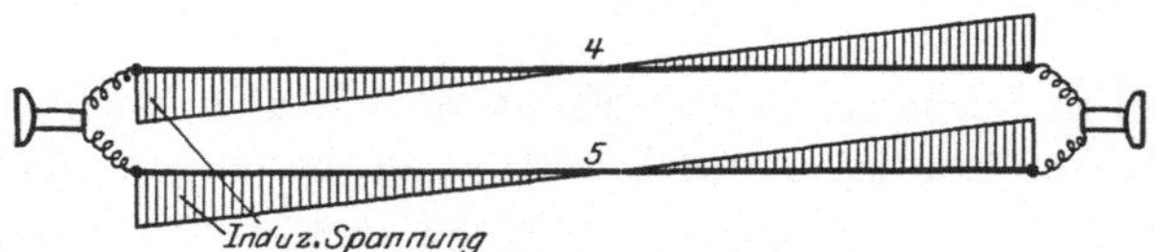

Abb. 285. Spannungsverteilung gegen Erde auf der Fernsprechdoppelleitung.

davon ist, daß sich der Leitungsdraht mit den später ansprechenden Sicherungen im wesentlichen gleichfalls über die zuerst zündende Sicherung nach Erde entlädt, und daß hierbei die Ladung ihren Weg über den Fernsprechhörer nimmt. Die hohe Frequenz des Vorganges und die hierdurch bedingte hohe Stromstärke erzeugen aber in den Fernhörern das so gesundheitsschädliche Knallgeräusch.

Wir stehen somit hier vor einer Kalamität, die sich nicht einfach durch die Forderung abtun läßt, mit den Hochspannungsleitungen weit genug von den Fernsprechleitungen wegzubleiben. Denn auf der einen Seite nimmt die gegenseitige Induktivität, wie Abb. 281

zeigt, nur verhältnismäßig langsam mit der Entfernung ab, auf der anderen Seite aber, hauptsächlich in gebirgigen Gegenden, ist eine starke Annäherung oft gar nicht zu umgehen.

Um so mehr ist es zu begrüßen, daß R. Tröger vor kurzem eine einfache Anordnung angegeben hat, die nach eingehenden Versuchen imstande zu sein scheint,. die bestehenden Schwierigkeiten zu beseitigen. Tröger erdet, wie Abb. 286 erkennen läßt, die Gegenelektroden der beiden an jedem Ende der Fernsprechdoppelleitung angeschlossenen Überspannungssicherungen nicht direkt, sondern über die beiden Wicklungen eines kleinen Transformators. Spricht nun die eine der beiden Sicherungen zuerst an, so induziert der die eine der beiden Wicklungen durchfließende Strom in der anderen Wicklung des Transformators eine genügend hohe Spannung, um auch die zweite Funkenstrecke zum sofortigen Ansprechen zu bringen. Das Ansprechen beider Funkenstrecken erfolgt dann so schnell hintereinander, daß schädliche Knallgeräusche im Hörer vermieden werden. Die

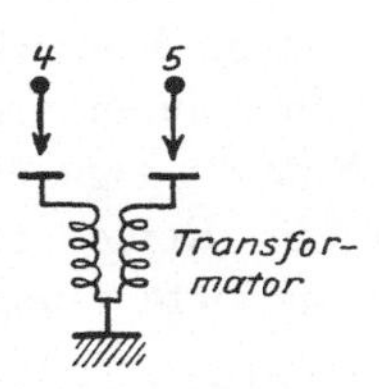

Abb. 286. Überspannungssicherung mit Kopplungstransformator.

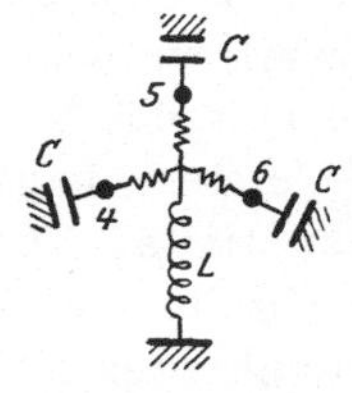

Abb. 287. Induktive Beeinflussung einer durch Petersenspulen geschützten Drehstromleitung.

Anordnung ist natürlich auch in gleicher Weise bei durch atmosphärische Störungen hervorgerufenen Überspannungen wirksam.

Wenn auch die Fernsprechstörungen das wichtigste Beispiel induktiver Beeinflussung fremder Leitungssysteme durch Hochspannungsleitungen sind, so ist damit jedoch die Bedeutung dieser Erscheinung noch nicht erschöpft. Erinnert sei nur an die Störungen, die Signalanlagen der Bahn erfuhren und die auch dort zur Vermeidung der Erde als Rückleiter geführt haben. Aber auch in den Betrieb fremder Starkstromleitungen können solche induktiven Beeinflussungen störend eingreifen, wie schon aus der Höhe der möglicherweise induzierten Spannung erhellt, uud wie besonders das nachstehend gebrachte Beispiel zeigen möge. Abb. 287 zeigt eine durch eine Petersenspule geschützte Drehstromleitung mit den Drähten 4, 5, 6, die parallel einer zweiten Hochspannungsleitung verläuft, deren Draht 1 im Stromkreis eines Doppelerdschlusses liegt. Die Petersenspule, die bekanntlich eine zwischen Netznullpunkt und Erde geschaltete Drosselspule ist, erhält eine Induktivität L von solchem Betrage, daß sie bei der Netzfrequenz gerade Resonanz mit der gesamten Erdkapazität $3 \cdot C$ ergibt. Die gestörte Drehstromleitung stellt also im Verein mit der Petersenspule ein schwingungsfähiges System dar, dessen Eigenschwingungszahl mit der Periodenzahl des Netzes übereinstimmt. Arbeitet nun die störende Fernleitung mit der gleichen Periodenzahl, so besteht Resonanz zwischen dem störenden Kurzschlußstrom und der gestörten Leitung und diese nimmt im Verein mit dem gesamten Netz eine hohe Nullpunktsspannung gegen Erde an. Durch richtige Wahl der Eisensättigung der Petersenspule schützt man sich gegen ein gefährliches Anwachsen der Nullpunktsspannung[1]), immerhin kann sie solche Werte annehmen, daß ein Erdschluß des gestörten Netzes vorgetäuscht wird.

Wir hatten bisher die gestörte Leitung stets unbelastet angenommen. Wir können diese vereinfachende Voraussetzung jedoch ruhig fallen lassen, ohne daß unsere Rechnungen dadurch wesentlich kompliziert würden. Da wir die Rückwirkung der gestörten Leitung auf die störende Leitung ruhig außer acht lassen können, ergibt sich für die erstere folgende Spannungsgleichung, wenn L die resultierende Induktivität, C die in Reihe mit ihr liegende resultierende Kapazität und r der gesamte Ohmsche Widerstand des gestörten Stromkreises ist:

$$M \cdot \frac{dJ}{dt} + L \cdot \frac{di}{dt} + r \cdot i + \frac{1}{C} \cdot \int i \cdot dt = 0 \,. \qquad (369)$$

J ist ferner die Stromstärke in der störenden, i die in der gestörten Leitung.

Betrachten wir z. B. eine eindrähtige Fernsprechleitung, die unter dem Einfluß des Doppelerdschlusses einer parallel verlaufenden Hochspannungsleitung steht. Ihr gegenseitiger Abstand sei 8,5 m, die Länge der Parallelführung 10 km. Die Fernsprechleitung habe indes eine gesamte Länge von 20 km. Sie bestehe aus 3 mm starkem Kupferdraht und sei an einem Ende direkt, am anderen Ende über einen Ohmschen Widerstand von 10 Ohm geerdet. Wir fragen uns zunächst nach der Stromstärke in der Fernsprechleitung, wenn in der Hochspannungsleitung ein Kurzschlußstrom von $J = 1000$ A bei 50 Perioden pro Sekunde fließt.

Nach Gl. (369) und (368) wird im Stromkreis der Fernsprechleitung eine Spannung von

$$E = 3000 \text{ V}$$

induziert.

Seine Selbstinduktivität berechnet sich bekanntlich nach der Gleichung

$$L = \left[2 \cdot \ln \left(\frac{50}{\nu} \cdot \frac{1{,}25 \cdot 10^5}{r} \right) - 0{,}654 \right] \cdot 10^{-4} \text{ Henry/km} \,, \qquad (370)$$

---

[1]) Biermanns, J.: Die Theorie des Schwingungskreises mit eisenhaltiger Induktivität, Arch. Elektrot. 1921.

wenn wir in diese eine Periodenzahl $\nu = 50$ und einen Drahtradius $r = 0,15$ cm einführen, bei einer Leitungslänge von 20 km zu

$$L = \left[2 \cdot \ln \frac{1{,}25 \cdot 10^5}{0{,}15} - 0{,}654 \right] \cdot 20 \cdot 10^{-4} = 0{,}053 \text{ Henry} \,.$$

Der Stromkreis der Fernsprechleitung besitzt sonach eine Reaktanz

$$L \cdot \omega = 0{,}053 \cdot 314 = 17 \text{ Ohm} \,,$$

und einen gesamten Ohmschen Widerstand, wenn wir den Widerstand der Erde vernachlässigen, von

$$r = \frac{20\,000}{57 \cdot 7} + 10 = 50 + 10 = 60 \text{ Ohm} \,.$$

Der gestörte Stromkreis besitzt somit eine gesamte Impedanz von

$$Z = \sqrt{17^2 + 60^2} = 62 \text{ Ohm} \,,$$

so daß in ihm ein Strom von

$$i = \frac{E}{Z} = \frac{3000}{62} = \sim 50 \text{ A}$$

fließt, der an dem Widerstand von 10 Ohm eine Spannung von 500 V erzeugt. Es ist vor allem bemerkenswert, daß in der gestörten Fernsprechleitung ein ganz erheblicher Strom fließt.

XIV. Schutzeinrichtungen gegen die Gefahren des Kurzschlußstromes.

61. Problemstellung.

Kurzschlußströme können, wenn sie Gelegenheit haben, sich frei auszutoben, für die betroffene Anlage von verheerender Wirkung sein. Elektrische Verteilungsanlagen müssen deshalb mit Schutzeinrichtungen versehen werden, die die Kurzschlußwirkungen in erträglichen Grenzen halten. Ein zweckentsprechender Überstromschutz muß offenbar folgende Forderungen erfüllen:

1. Der bei einem Fehler in irgendeinem Teil des geschützten Netzes auftretende Überstrom muß in seiner Höhe und Zeitdauer so begrenzt werden, daß die von ihm durchflossenen Leitungsteile, Maschinen und Apparate, sowohl in mechanischer als auch in thermischer Beziehung nicht gefährdet werden können.

2. Ein schadhaft gewordener Netzteil soll so schnell wie möglich abgeschaltet werden, einmal, um seine eigene Beschädigung möglichst einzudämmen und dann, um störende Wirkungen oder Betriebsunterbrechungen in gesunden Teilen des Netzes zu verhindern.

Um diese Forderungen in ihrer Tragweite verstehen zu können, müssen wir uns an Früheres erinnern. Wir sahen, daß ein großer Teil der Überstromerscheinungen, besonders deren heftigste Form, nur vorübergehender Natur ist. Andererseits braucht jeder Schalter auch bei sofortiger Auslösung eine gewisse Zeit, sagen wir 0,25 Sekunden, um die Unterbrechung zu bewerkstelligen. In diese Zeitspanne drängen sich aber gerade die schlimmsten mechanischen und thermischen Wirkungen des plötzlichen Kurzschlußstromes zusammen, und wir kommen somit zu dem Ergebnis, daß die erste der beiden aufgestellten Forderungen durch die Verwendung schnell wirkender Schalter nicht erfüllt werden kann. Wir müssen vielmehr im Bedarfsfalle nach Mitteln suchen, die die Höhe des Kurzschlußstromes an sich herunterzudrücken gestatten, während den Schaltern eine genügende Verzögerung gegeben werden kann — wir hatten 2 Sekunden gefunden —, um sie von der Beanspruchung des plötzlichen Kurzschlusses zu entlasten.

Die zweite der aufgestellten Forderungen besagt, daß von einer auftretenden Störung immer nur möglichst kleine Teile des Netzes betroffen werden sollen, von allen im Netz eingebauten Schaltern soll also nur der der Kurzschlußstelle zunächst gelegene ansprechen und diese von der Zentrale abtrennen. Ferner ist zu beachten, daß, wenn der Kurzschluß in genügender Nähe der Zentrale auftritt, deren Spannung während der Kurzschlußdauer praktisch verschwindet. Dies zieht nun verschiedene Folgen nach sich. Synchronmotoren fallen während dieser Zeit außer Tritt, und sind daher in solchen Fällen zweckmäßig vom Netz abzutrennen. Asynchronmotoren werden sich je nach den Betriebsverhältnissen verschieden verhalten. Handelt es sich beispielsweise um Antriebsmotoren für Walzenstraßen mit großen Schwungmassen, so kann die Spannung mehrere Sekunden wegbleiben, ohne daß bei ihrem Wiedererscheinen allzugroße Stromstöße zu erwarten sind; es ist ja auch zu bedenken, daß die Spannung nur allmählich wieder auf ihren vollen Wert ansteigt, und daß auch die Generatoren während des Kurzschlusses in ihrer Umdrehungszahl abfallen. Weniger günstig liegen die Verhältnisse für Motoren mit geringen Schwungmassen, die dauernd mit ihrem vollen Drehmoment belastet sind, z. B. Wasserhaltungsmotoren. Hier darf die Kurzschlußdauer sicherlich 2 Sekunden nicht wesentlich überschreiten, wenn die Motorumdrehungszahl nicht unzulässig abfallen soll. Eine zu große Kurzschlußdauer ist übrigens auch im Hinblick auf das Intrittbleiben der Generatoren nicht zu empfehlen. Das im vorhergehenden über Synchronmaschinen Gesagte gilt indes nur für Maschinen ohne Dämpferwicklung. Synchrongeneratoren und Motoren mit Dämpferwicklung verhalten sich im Kurzschluß ähnlich wie Asynchronmotoren.

62. Vorbeugende Maßnahmen.

Wir haben die Überstromfrage im Vorhergehenden von einem etwas einseitigen Standpunkt aus betrachtet, indem wir nur die Aufgabe stellten, eine einmal aufgetretene Störung auf dem schnellsten und ungefährlichsten Wege zu beseitigen. Dabei ist es doch zweifellos vorzuziehen, solche Störungen möglichst von vornherein zu verhüten, bzw. eine elektrische Anlage mit Überstromschutzeinrichtungen auszurüsten, die vorbeugenden Charakter haben.

Hier kann bereits bei der Projektierung bzw. beim Bau der Anlage viel getan werden. Eine sorgfältige Auswahl der verwendeten Isolatoren, genügend große Abstände zwischen den Phasen und nach Erde hin, eine sichere Befestigung der Leitungen werden Überschläge und dadurch eingeleitete Kurzschlüsse auf ein Mindestmaß begrenzen. Besondere Sorgfalt ist auch auf das Leitungsnetz zu legen, in dem bekanntlich die Mehrzahl der Kurzschlüsse entsteht. Eine sorgfältige Ausführung desselben, vorsichtige Trassierung, Entfernung zu nahe stehender Bäume, reichliche Dimensionierung und sorgfältige Auswahl der Isolatoren, guter Vogelschutz usw. werden vieles verhüten können. Von großer Bedeutung ist auch die Wahl einer genügend starken Isolation für die aufgestellten Maschinen, Transformatoren und Apparate. Ferner ist größtes Gewicht auf möglichste Einfachheit der ganzen Schaltanlage zu legen, um Fehlschaltungen des Bedienungspersonals unter allen Umständen zu verhindern. Das Personal ist vor allem auch im Synchronisieren sorgfältig zu unterrichten, da gerade bei diesem Schaltvorgang, wie man immer wieder beobachten kann, nicht mit der genügenden Gewissenhaftigkeit vorgegangen wird. Der Einbau einer automatischen Synchronisierung oder noch besser einer Sperrvorrichtung, die falsches Synchronisieren verhindert, kann nur empfohlen werden. Von großer Bedeutung ist endlich eine möglichst überspannungsfreie Projektierung der Anlage, die Forderung eines guten Überspannungsschutzes geht mit der des Überstromschutzes Hand in Hand, denn wenn ein sicher wirkender Überspannungsschutz das Auftreten von Überschlägen und Isolationsdefekten als Folge von Überspannungserscheinungen vermeidet, sind damit eine große Anzahl von Kurzschlüssen von vornherein aus der Welt geschafft.

Die Gefahren der Kurzschlußströme wachsen mindestens mit dem Quadrat der Stromstärke, und bei Überschreitung gewisser Grenzen treten so hohe thermische und mechanische Beanspruchungen der verschiedenen Anlageteile auf, daß ihre Bekämpfung nur mit verhältnismäßig großem Aufwand an Material möglich ist. Es ist daher viel zweckmäßiger, die Anlage von vornherein so zu entwerfen, daß der Kurzschlußstrom eine bestimmte obere Grenze nicht überschreiten kann, für die sich als zweckmäßiger Wert 50000 A erwiesen hat. Der sicherste und rationellste Weg zur Erreichung dieses Zieles ist bei Höchstspannungsanlagen die Vermeidung des direkten Parallelschaltens großer Generatoren. Dieses soll möglichst erst auf der Oberspannungsseite der Transformatoren erfolgen, so daß also Generatoren und Transformatoren eine Einheit bilden. Zu vermeiden ist selbstverständlich auch die Wahl einer zu niedrigen Verteilungsspannung. Besitzt das Verteilungsnetz große Kapazität, so ist darauf zu achten, daß die Generatoren des Kraftwerks zur Vermeidung von Überspannungen bei einphasigen Kurzschlüssen mit Dämpferkäfigen oder Stäben zu versehen sind. Bei Maschinen mit Walzenrotoren genügen für diesen Zweck die aus Messing oder Bronze hergestellten Nutenverschlußkeile.

Man wird die innere Reaktanz der Generatoren und Transformatoren zweckmäßig so hoch wählen, als die Forderung nach möglichst konstanter Netzspannung es irgendwie gestattet, denn wie wir sahen, werden die auftretenden Überströme um so geringer, je größer die Reaktanz der Maschinen und Transformatoren gewählt wird. Nach VDE-Vorschrift soll denn auch der Stoßkurzschlußstrom eines Generators einschließlich Gleichstromglied den 15 fachen Wert seines Nennstromes nicht übersteigen. Wichtig ist die Wahl einer einheitlichen Schaltertype für das gesamte Netz, abgesehen natürlich von ganz entlegenen Ausläufern, an welchen der Kurzschlußstrom durch die Reaktanz der Leitungen unter allen Umständen in bescheidenen Grenzen gehalten wird. Die Schalterauslösungen sind meistens so eingestellt, daß die Schalter den annähernd stationär gewordenen Kurzschluß zu unterbrechen haben. Hier zeigt sich nun, daß nicht immer die in der Zentrale eingebauten Ölschalter die größte Leistung abzuschalten haben, sondern daß die größtmögliche Beanspruchung bei Schaltern auftreten kann, die in nicht unbeträchtlicher Entfernung von der Zentrale irgendwo im Netz eingebaut sind. Es wäre also von diesem Standpunkt aus betrachtet geradezu sinnlos, wollte man in der Zentrale eine große Schaltertype einbauen, während man sich für das übrige Netz mit einer kleinen unzureichenden Schaltertype begnügt.

Wegen des immer wieder vorkommenden Schaltens auf bestehenden Kurzschluß sollten in Werken mit hoher Kurzschlußleistung Ölschalter prinzipiell mit Fernschalteinrichtung ausgerüstet werden, um schnelles und sicheres Durchschalten zu erzielen. Daß die Ölschalter entweder einzeln oder wenigstens gruppenweise in geschlossene Zellen einzubauen sind, dürfte auch heute noch als selbstverständlich gelten. Wenn mit dem Auftreten erheblicher Kurzschlußströme gerechnet werden muß, sind auf die Ölschalter direkt aufgebaute Auslösespulen unter allen Umständen zu vermeiden. Überhaupt ist in der Schaltanlage auf die Verwendung zuverlässiger Verbindungsstücke zu achten, da das an diesen unter dem Einfluß von Kurzschlußströmen auftretende Spritzfeuer zu manchen Überschlägen Veranlassung gegeben hat. Die Trennschalter sind entweder mit Selbstsperrung zu versehen, oder die Führung der Anschlußleitung ist so zu wählen, daß unter dem Einfluß der Kurzschlußströme kein selbsttätiges Öffnen eintreten kann. Bei Ölschalterzellen ist auf eine gute Entlüftung zu achten, denn die beim Abschalten heftiger Kurzschlüsse auftretenden Rauchgase führen, wenn sie an spannungführende Teile gelangen, leicht zu Überschlägen und damit zu schweren Betriebsstörungen. Dabei ist es zweckmäßig, einen langsamen, von oben nach unten gerichteten Luftzug zu unterhalten, oder die Ölschalterzelle über der Deckelfuge durch eine horizontale Querwand abzuschließen, um die Rauchgase gar nicht erst in die Nähe der Isolatoren und Zuleitungen gelangen zu lassen. Achtet man weiterhin auf dauernd gute Beschaffenheit aller Verbindungsstellen, so wird man sich die vermeintlichen „Unterbrechungsüberspannungen" von vornherein vom Leibe halten. Eine Revision der Ölschalter in regelmäßigen Zeitabständen und insbesondere nach der Abschaltung heftiger Kurzschlüsse gehört zu den Selbstverständlichkeiten einer geordneten Betriebsführung. Alle Arten von Auslösevorrichtungen sind natürlich in diese Revisionen mit einzuschließen. Überhaupt ist die laufende Überwachung der guten Funktion aller Überstromschutzeinrichtungen eine der wesentlichsten an eine geordnete Betriebsführung zu stellenden Forderungen.

Die Verwendung zu geringer Leitungsquerschnitte, sowohl in Apparaten als in der Schaltungsanlage oder auch im Netz, ist zu vermeiden, Bei der Dimensionierung ist nicht nur an die Höhe des normalen Betriebsstromes, sondern auch an die Höhe des möglicherweise auftretenden plötzlichen Kurzschlußstromes zu denken. Die Querschnitte sind so groß zu wählen, daß auch im Kurzschluß keine unzulässige Erwärmung eintritt.

Eine Reihe von Überstromerscheinungen sind auf willkürlich ausgelöste Schaltvorgänge zurückzuführen. Sie können durch die Verwendung von Vorstufenschaltern mit passend dimensionierten Schutzwiderständen in praktisch ungefährlichen Grenzen gehalten werden. Vorstufenschalter sind also einzubauen:

1. bei großen Transformatoren und Asynchronmaschinen, um die beim Einschalten im Leerlaufzustande auftretenden Stromstöße zu begrenzen;

2. bei Asynchronmaschinen mit Kurzschlußanker, um den beim

Einschalten des synchron umlaufenden Rotors zu erwartenden Kurzschlußstrom herunterzudrücken.

In beiden Fällen ist der Ohmwert des Vorstufenwiderstandes gleich der Leerlauf- bzw. Kurzschlußreaktanz der zu schaltenden Maschine zu wählen.

Die Nullspannungsauslösung ist eine an den Schaltern angebrachte Vorrichtung, welche diese beim Wegbleiben der Netzspannung oder beim Absinken derselben unter einen bestimmten Betrag (35 bis 60 vH des normalen Wertes) selbsttätig zum Auslösen bringt. Sie ist insbesondere vor Motoren einzubauen und verhindert, daß nach einer Betriebsstörung die Netzspannung auf den inzwischen zum Stillstand oder immerhin auf stark verminderte Tourenzahl gebrachten Motor geschaltet wird, was wieder zu neuen Überströmen führen würde. Von diesem Gesichtspunkte aus betrachtet, gehört die Nullspannungsauslösung zu den vorbeugenden Maßnahmen gegen Überströme. Es ist sehr zweckmäßig, die Nullspannungsauslösung mit einer gewissen Zeitverzögerung auszurüsten, um zu verhindern, daß bei jedem kurzzeitigen Netzkurzschluß eine größere Zahl von Motoren außer Betrieb kommt.

Die Erdschlußspule ist nicht nur ein hervorragender Überspannungsschutzapparat, sondern auch ein Überstromschutzapparat von nicht zu unterschätzender Bedeutung. Tritt aus irgendeinem Grunde irgendwo im Netz ein Überschlag oder ein Durchschlag ein, so wird dieser meist zwischen einer Phase und Erde einsetzen und der sich bildende Lichtbogen wird durch den Erdschlußstrom der Anlage aufrecht erhalten. Erst durch das Emporklettern des Lichtbogens bzw. durch die Zerstörung der Isolation wird der Überschlag zwischen zwei Phasen und damit der Kurzschluß eingeleitet. Die Erdschlußspule unterdrückt nun in Freileitungsnetzen jeden Erdschlußlichtbogen bzw. vermindert in Kabelnetzen den Erdschlußstrom und damit die Wärmewirkung so weit, daß genug Zeit verbleibt, um die fehlerhafte Strecke vor Eintritt des Kurzschlusses von Hand oder automatisch mit Hilfe der Erdschlußauslösung abzuschalten. Die Erdschlußspule ist somit auch befähigt, eine große Zahl von Kurzschlüssen von vornherein zu vermeiden. Hierzu gehören besonders die in Freileitungsnetzen mäßiger Spannung während der Gewitterperiode auftretenden zahllosen Kurzschlüsse.

Viele Störungen können durch eine sorgfältige Überwachung des Leitungsnetzes vermieden werden. Es liegt auf der Hand, daß dem Auftreten von Erdschlüssen und den damit verbundenen Störungen in vielen Fällen durch die schnellste Feststellung und Auswechselung fehlerhafter Isolatoren und besonders auch durch umgehende Aufsuchung und Beseitigung schleichender Erdschlüsse vorgebeugt werden kann. Wesentliche Dienste leistet hier der Einbau einer selbsttätigen Erdschluß-Anzeige- oder -Auslösevorrichtung, die sofort die fehlerhafte Strecke erkennen läßt. Um zunächst überhaupt zu erkennen, ob in der Anlage ein Erdschluß entstanden ist, werden in der Regel Spannungsmesser in Schaltung nach Abb. 288 verwendet, die gleichzeitig auch als Überspannungsschutz zur Abführung statischer Ladungen dienen. An diese Anordnung kann noch eine Hupe angeschlossen werden, welche durch schwächeres oder stärkeres Tönen auf die Größe des Fehlers aufmerksam macht. Bei höheren Spannungen können Meßwandler an die Fassung und an den Meßbelag von Durchführungsisolatoren gelegt werden.

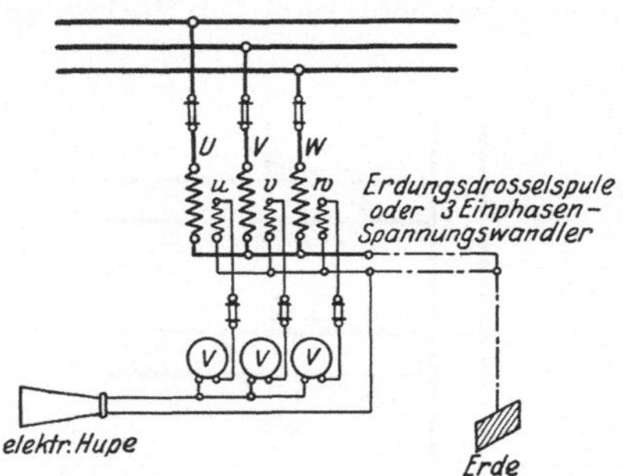

Abb. 288. Erdschlußanzeigevorrichtung.

Ein weiterer Schritt vorwärts ist die Verwendung von Erdschlußrelais, die die erdgeschlossene Leitungsstrecke erkennen lassen und sodann schnellste Abschaltung ermöglichen.

In einem durch Erdschlußspulen geschützten Netz wird bekanntlich der in der fehlerhaften Leitung zur Erde abfließende kapazitive Erdschlußstrom der gesamten Anlage durch den nacheilenden Strom

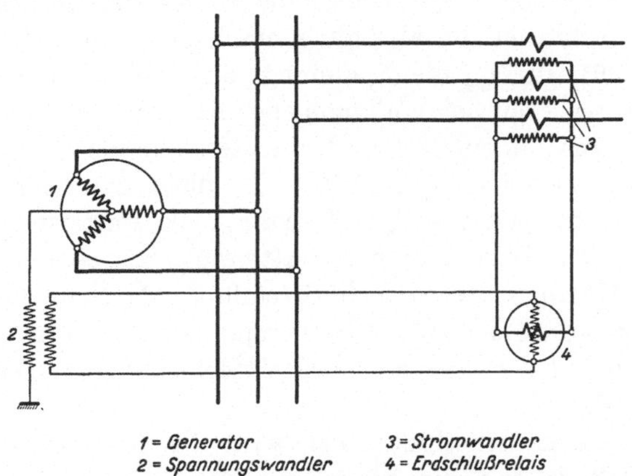

Abb. 289. Schaltungsschema der Erdschlußauslösung.

der Erdschlußspulen kompensiert, während ein restlicher, durch die dielektrischen und Stromwärmeverluste bedingter Wattstrom verbleibt. Dieser Reststrom wird nun bei der Erdschlußauslösung in der durch die Abb. 289 dargestellten Assymmetrieschaltung herausgeschält und mit Hilfe eines Wattrelais zur Abschaltung der erdgeschlossenen Strecke herangezogen. Die im normalen Betrieb fließenden Nutz- und Ladeströme heben sich, da in den 3 Phasen ihre Summe Null ist, in der angegebenen Stromwandlerschaltung auf und kommen somit nicht zur Einwirkung auf das Relais, um so mehr, als auch dessen Spannungswicklung im normalen Betriebe stromlos bleibt.

Im Falle eines Erdschlusses fließen folgende Assymmetrieströme, wie in der der Einfachheit halber einphasig gezeichneten Abb. 290 zu sehen ist.

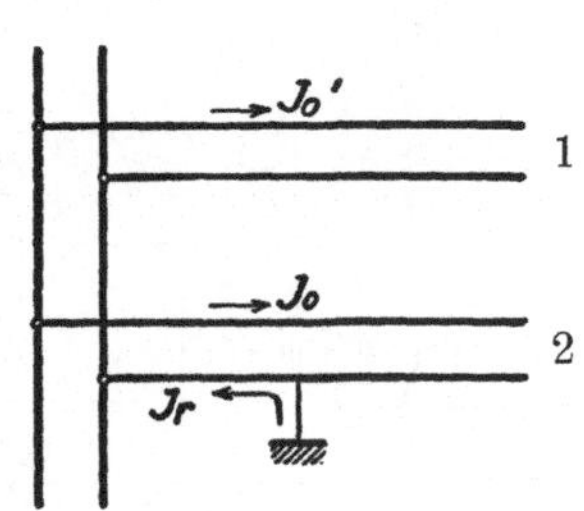

Abb. 290. Ladeströme bei Erdschluß.

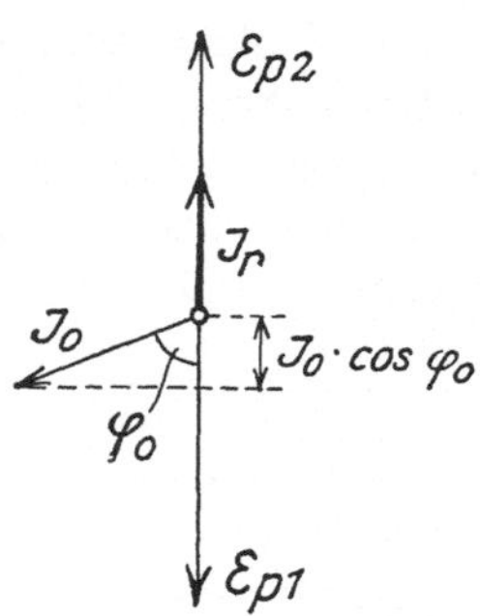

Abb. 291. Diagramm der Ladeströme.

In Leitung 1 der Ladestrom gegen Erde der betreffenden Strecke $= J'_0$, in Leitung 2 die Wattkomponente und die nicht ausgeglichene kapazitive Komponente des Erdschlußstromes des gesamten Netzes, das ist der Reststrom J_r, abzüglich des Lagestromes J_0.

In Abb. 291 ist E_{p_2} die Spannung der erdgeschlossenen Phase, J_r der Reststrom, der bei vollkommener Abgleichung seiner Richtung nach mit E_{p_2} zusammenfällt, J_0 der Ladestrom der gesunden Phase, φ_0 der Winkel zwischen J_0 und E_{p_1}. Es fließt dann im Wattmeterrelais als Wattkomponente $J_r - J_0 \cdot \cos \varphi_0$, als wattlose Komponente $J_0 \cdot \sin \varphi_0 = \sim J_0$. Wird nun das Wattmeterrelais so eingestellt, daß die wattlose Komponente es nicht beeinflußt, dagegen eine entgegen dem Betriebsstrom fließende Wattkomponente es zum Ansprechen bringt, so wird die erdgeschlosssene Strecke bei genügender Stärke von J_r angezeigt.

In Netzen ohne Erdschlußspulen wird das Relais zweckmäßig so einjustiert, daß es auf die kapazitive Komponente des Erdschlußstromes anspricht.

Netze mit geringem Erdschlußstrom bedürfen sehr empfindlicher Erdschlußrelais. Es sind heute Konstruktionen auf dem Markt, die bei einer Nennstromstärke von 5 A eine Ansprechstromstärke von 0,005 A besitzen. Die Relais sind dabei kurzschlußfest, und zwar muß diese Forderung gestellt werden, da die Erdschlußrelais bei Doppelerdschlüssen vom vollen Kurzschlußstrom durchflossen werden.

Erdschußrelais können auch zur Abschaltung des erdgeschlossenen Netzteiles verwendet werden, indes macht die Praxis hiervon keinen Gebrauch, da man es vorzieht, die Abschaltung zu einer gelegenen Zeit von Hand vorzunehmen.

Es ist darauf zu achten, daß die Erdschlußrelais bei Doppelerdschlüssen zum Teil im falschen Sinne ansprechen, wie die folgende Betrachtung zeigt, die an die Abb. 189 anknüpft.

Auf die Erdschlußrelais in der Nähe der Fehlerstelle der Phase u wirken der Strom J_1 und die Spannung e_1, während die Erdschlußrelais in der Nähe der Fehlerstelle der Phase v den Strom J_2 und die Spannung e_2 zugeführt erhalten. Ohne näher auf die Ermittlung des richtigen Drehsinnes der Erdschlußrelais einzugehen, lassen die Diagramme Abb. 189 jedoch erkennen, daß die Erdschlußrelais in der Nähe der beiden Fehlerstellen verschiedenen Drehsinn besitzen werden. Wenn also beispielsweise, was in der Tat zutrifft, die Erdschlußrelais in der Umgebung der Fehlerstelle der Phase u im richtigen Sinne ansprechen, werden in der Umgebung der Fehlerstelle der Phase v die Relais der fehlerhaften Leitung blockiert, während die Relais der gesunden Leitungen ansprechen werden.

Die Erdschlußauslösung ist somit so auszugestalten, daß sie bei Doppelerdschluß außer Wirksamkeit gesetzt wird, was ohne weiteres zulässig ist, da der Doppelerdschluß unter die Kategorie der Kurzschlüsse fällt, und somit durch die Überstromrelais abgeschaltet wird. Die Außerbetriebsetzung des Erdschlußrelais kann in einfachster Weise durch ein in Reihe mit seiner Stromwicklung geschaltetes Überstromrelais erfolgen, da beim Doppelerdschluß, wie bereits erwähnt, der volle Kurzschlußstrom das Erdschlußrelais durchfließt.

63. Einrichtungen zur Begrenzung der Höhe des Kurzschlußstromes.

Um die Beanspruchung von Anlageteilen durch die mechanischen und thermischen Wirkungen der Kurzschlußströme in erträglichen Grenzen zu halten, ist es in vielen Fällen erforderlich, die bei einem Kurzschluß zu erwartenden Überströme von vornherein unter eine gewisse obere Grenze herunterzudrücken. Vor diese Notwendigkeit sieht man sich besonders häufig dann gestellt, wenn Maschinen großer Leistung direkt in Kabelnetze hineinspeisen, da Kabel mit nicht zu geringem Querschnitt und mäßiger Länge den plötzlichen Kurzschlußstrom der Maschinen nur wenig abschwächen können.

Eines der bekanntesten Schutzmittel zur Begrenzung der Höhe des Kurzschlußstromes sind eisenlose Drosselspulen, die vor den zu schützenden Stromkreis geschaltet werden. Die Verwendung eines Eisenkernes ist unstatthaft, da sonst gerade bei hohen Strömen, also wenn die Schutzwirkung der Drossel am meisten gebraucht wird, infolge eintretender Sättigung ihre Induktivität und damit ihre Schutzwirkung sinken würde.

Die gemäß der früher befolgten Praxis unmittelbar vor den Generator geschaltete sogenannte Schutzreaktanz hat den in diesem Falle besonders fühlbaren Nachteil, daß sie ständig im Betriebe eine gewisse Spannung verzehrt, und daß infolgedessen die Erregung der Maschine um einen entsprechenden Betrag verstärkt werden muß.

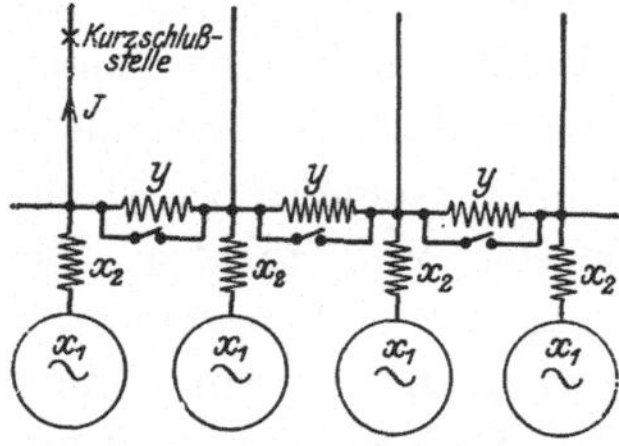

Abb. 292. Schaltungsschema einer Zentrale mit Sammelschienenreaktanzen.

Immerhin darf nicht vergessen werden, daß diese Spannung dem Strome um 90^0 voreilt und daß sie infolgedessen geometrisch von der Maschinenspannung zu subtrahieren ist, nichtsdestoweniger zieht aber die Forderung eines nicht zu hohen Spannungsabfalles der Bemessung der Reaktanzen enge Grenzen. Um dieser Schwierigkeit zu entgehen, die besonders dann auftrat, wenn es sich um den nachträglichen Einbau von Schutzreaktanzen in eine vorhandene Anlage mit mehreren parallel arbeitenden Stromerzeugern handelte, ging man dazu über, die Sammelschienen in Sektionen von annähernd gleicher Leistungsabgabe zu unterteilen und diese Sektionen über Drosselspulen untereinander zu verbinden. Auf jede Sektion werden je ein oder mehrere Stromerzeuger geschaltet, welchen außerdem noch je eine Drosselspule verhältnismäßig geringer Induktivität vorgeschaltet werden kann. Abb. 292 zeigt das Schema einer derartigen Anlage. In den Drosselspulen y fließt dann normalerweise nur ein geringer Ausgleichsstrom, so daß man diesen eine verhältnismäßig große Induktivität bei geringem Kupfergewicht geben kann. Sollte der Ausgleichsstrom zwischen zwei Sektionen ausnahmsweise einmal größere Beträge annehmen, so kann man die betreffende Drosselspule leicht durch einen Umgehungstrennschalter kurzschließen.

Tritt nun an der in der Abb. 292 bezeichneten Stelle plötzlich ein Kurzschluß ein, so findet der von den vier Generatoren nach der Kurzschlußstelle fließende Strom einen resultierenden induktiven Widerstand:

$$X = \cfrac{\left(\cfrac{\left(\cfrac{(x+y)\cdot x}{x+y+x} + y \right)\cdot x}{\cfrac{(x+y)\cdot x}{x+y+x} + y + x} + y \right)\cdot x}{\cfrac{\left(\cfrac{(x+y)\cdot x}{x+y+x} + y \right)\cdot x}{\cfrac{(x+y)\cdot x}{x+y+x} + y + x} + y + x} \tag{364}$$

vor, wo

$$x = x_1 + x_2, \tag{364a}$$

und x_1 die Streureaktanz der unter sich gleichen Generatoren, x_2 die Reaktanz der vor jeden Generator geschalteten Drosselspule ist.

Wäre beispielsweise $x_1 + x_2 = 10^0/_0$ (auf den Vollaststrom bezogen) und denken wir uns die in den Sammelschienen liegenden Drosselspulen, deren Reaktanz $y = 10^0/_0$ betragen möge, zunächst überbrückt, so ergäbe sich das Wechselstromglied des plötzlichen Kurzschlußstromes zu

$$J_a = J_{1/1} \cdot 4 \cdot \frac{100}{10} = 40 \cdot J_{1/1},$$

er betrüge also das 40fache des Vollaststromes eines Generators. Öffnen wir dagegen die die Drosselspulen y überbrückenden Trennschalter, so kann sich im Höchstfalle

$$J_a = J_{1/1} \cdot \frac{100}{6,2} = 16 \cdot J_{1/1}$$

ergeben, der Stoßkurzschlußstrom würde also ganz wesentlich reduziert. Arbeiten nun nicht vier, sondern unendlich viel Generatoren auf die Sammelschienen, so errechnet sich für diesen ungünstigen Fall

$$J_a = J_{1/1} \cdot \frac{100}{5} = 20 \cdot J_{1/1}.$$

Die Sammelschienenreaktanz ist also ein sehr wirksames und nicht allzu kostspieliges Mittel, um den Stoßkurzschlußstrom großer Zentralen auf erträgliche Werte zu begrenzen.

Bezüglich des Dauerkurzschlußstromes ist ihre Schutzwirkung jedoch viel geringer. Es kommt dies daher, daß die synchrone Reaktanz der Generatoren vielfach größer ist als ihre Streureaktanz, und daß der ersteren gegenüber infolgedessen die Induktivität der Schutzdrosselspulen viel weniger ins Gewicht fällt. Setzen wir in dem eben betrachteten Beispiel die synchrone Reaktanz $x = 50^0/_0$, sei also der Dauerkurzschlußstrom der Generatoren gleich ihrem doppelten Nenn-

strom, so ergibt sich an der angenommenen Fehlerstelle bei über-
brückten Sammelschienenreaktanzen ein Dauerkurzschlußstrom

$$J_{st} = J_{1/1} \cdot 4 \cdot \frac{100}{50} = 8 \cdot J_{1/1},$$

der bei Einschaltung sämtlicher Sammelschienenreaktanzen indes
nur auf

$$J_{st} = J_{1/1} \cdot \frac{100}{19} = 5,3 \cdot J_{1/1}$$

sinkt.

Die Drosselspule entfaltet ihre größte Schutzwirkung, wenn sie,
entsprechend der jetzigen Praxis, in die von den Sammelschienen
abgehenden Leitungen geschaltet wird. Der innere Grund hierfür ist
der, daß die Nennstromstärke des einzelnen Abzweigs in der Regel nur
ein kleiner Bruchteil der Nennstromstärke des einzelnen Generators ist. Bei gleicher Induktivität der Drosselspule, d. h. gleicher Schutzwirkung, wird aber der Spannungsabfall im normalen Betrieb bei der geringen Stromstärke des Abzweiges ebenfalls kleiner, oder aber, man kann bei in beiden

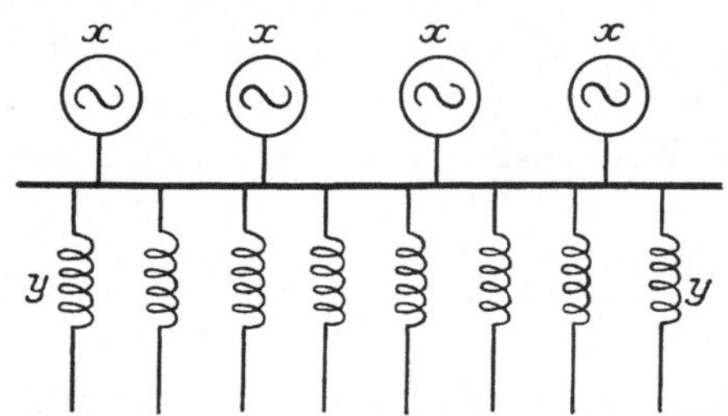

Abb. 293.   Schaltungsschema einer Zentrale
mit Abzweigreaktanzen.

Fällen gleichem Spannungsabfall die Induktivität der Abzweig-
drossel wesentlich erhöhen und damit ihre Schutzwirkung entsprechend verstärken.   In einer nach Abb. 293 geschalteten Zentrale
mit 4 Generatoren mögen beispielsweise von den Sammelschienen
im ganzen 20 Abzweige mit je gleicher Nennstromstärke abgehen.
Die Nennstromstärke eines Abzweiges sei $^1/_5$ der Nennstromstärke
eines Generators, jeder Abzweig enthalte eine Drosselspule, an deren
Klemmen der Nennstrom eine Spannung induziert, die $5\,^0/_0$ der Betriebsspannung ausmacht.   Der gesamte, durch die Schutzreaktanzen
bedingte betriebsmäßige Spannungsabfall ist also eher noch kleiner
als in dem eben betrachteten Beispiel der Abb. 292.   Trotzdem steigt
bei einem Kurzschluß in einem der Abzweige der Stoßkurzschlußstrom bei Vernachlässigung der Reaktanz der Generatoren, also bei
unendlich großer Zentralenleistung nur auf

$$J_a = \frac{1}{5} \cdot J_{1/1} \cdot \frac{100}{5} = 4 \cdot J_{1/1},$$

und der Dauerkurzschlußstrom bei einer synchronen Reaktanz der

Generatoren von $50\,{}^0/_0$ nur auf

$$J_{st} = J_{{}^1/_1} \cdot \frac{100}{12,5 + 25} = 2,7 \cdot J_{{}^1/_1}.$$

Die Verhältnisse liegen natürlich noch günstiger, wenn die Zahl der von den Sammelschienen abgehenden Speiseleitungen größer als im vorliegenden Beispiel ist, was gerade bei großen Zentralen meist zutreffen wird. Von einem Kurzschluß kann also eigentlich keine Rede

Abb. 294. Dreiphasige Schutzdrosselspule für Abzweige.

mehr sein, die Beanspruchung des Kabels und die des auslösenden Ölschalters fallen sehr gering aus, während für die Zentrale selbst der Vorgang nicht viel mehr als eine Überlastung ist und infolgedessen ihren ungestörten Betrieb nicht im geringsten gefährdet. Gerade in dieser Tatsache äußert sich aber einer der wichtigsten Vorzüge der Abzweigdrosselspule, und von dieser ihrer Eigenschaft sollte eigentlich mehr als bisher Gebrauch gemacht werden. Dies gilt besonders für Kabelnetze mit ihren hohen Kurzschlußströmen; wegen des vorhandenen niedrigen Nennstromes der einzelnen Kabel werden die Abmessungen der Drosselspule nicht allzu groß, und es bietet infolgedessen meist keine Schwierigkeiten, sie zwanglos in die Schaltanlage einzufügen. Am deutlichsten zeigen sich all diese Vorteile der Abzweigdrosselspule bei Betriebsspannungen bis 10 kV. Abb. 294 stellt eine dreiphasige Abzweigdrosselspule für 6000 V und 200 A dar, besonders hinzuweisen ist auf die außerordentlich kräftige Abstützung der einzelnen Spulen, die wegen der großen an ihnen auftretenden Kurzschlußkräfte erforderlich ist.

Geradezu unentbehrlich sind Schutzdrosselspulen für an die Sammelschienen großer Zentralen angeschlossene schwache Abzweige, die etwa die Hilfsbetriebe der Zentrale versorgen. Ebenso können Schutzdrosselspulen unumgänglich notwendig werden, wenn bestehende ältere Kraftwerke an Großversorgungsnetze angeschlossen werden. Unzulässiger Spannungsabfall kann dadurch vermieden werden, daß das ältere Werk durch kräftige Erregung seiner Generatoren für eine geringe Phasenverschiebung des von der Großkraftversorgung bezogenen Stromes sorgt. Bei geringer Phasenverschiebung ist ja der durch die Schutzdrosselspule bedingte Spannungsabfall, da die an ihr induzierte Spannung senkrecht auf der Netzspannung steht, nur geringfügig.

Selbsttätige Spannungsschnellregler, die heute vielfach verwendet werden, versuchen auch bei Kurzschluß die Spannung der Generatoren aufrecht zu erhalten und verstärken infolgedessen ihre Erregung. Sie vergrößern dadurch, wie die an einem leerlaufenden Turbogenerator von 10 000 kVA aufgenommene Abb. 295 zeigt, den Dauerkurzschlußstrom und ebenfalls die nach der Unterbrechung des Kurzschlusses wiedererscheinende Spannung. Um die dadurch gegebene unnötige Mehrbelastung der Ölschalter und der übrigen Anlage zu unterbinden, versieht man neuerdings die Spannungsschnellregler mit einem Überstromrelais, das sie bei eintretendem Kurzschluß außer Betrieb setzt, bzw. eine Schwächung der Generatorerregung bewirkt.

Man geht heute vielfach noch einen Schritt weiter und versieht die Generatoren außer mit einem selbsttätigen Spannungsregler noch mit einem selbsttätigen Stromregler, der im Kurzschlußfalle den Spannungsregler außer Betrieb setzt und nun seinerseits die Regulierung des Generators auf einen einstellbaren, konstanten Strom übernimmt. Der Einstellbereich liegt in der Regel zwischen dem

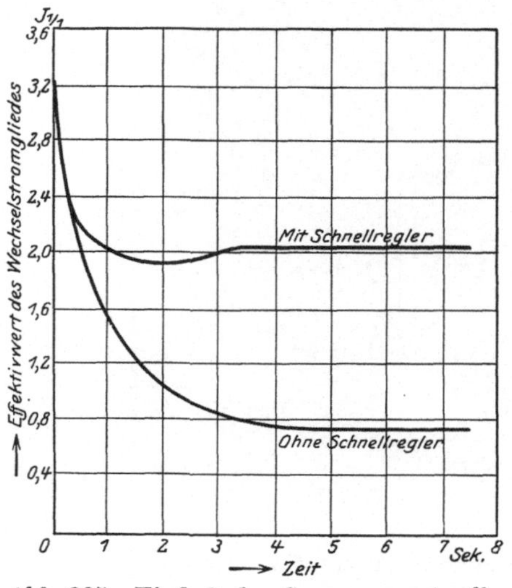

Abb. 295. Einfluß des Spannungsschnellreglers auf den zeitlichen Verlauf des plötzlichen Kurzschlußstromes.

1,2- und dem 2-fachen Nennstrom des Generators. Daß hierdurch eine fühlbare Entlastung der Ölschalter erzielt wird, liegt auf der Hand, außerdem deuten die Betriebserfahrungen darauf hin, daß, besonders in Freileitungsnetzen, Lichtbogenkurzschlüsse zum Erlöschen gebracht werden, ohne daß Schalterfälle und damit Betriebsunterbrechungen zu verzeichnen sind. Auf der anderen Seite verschärft der Stromregler infolge der starken Aberregung der Generatoren die Rückwirkungen des Kurzschlusses auf den Betrieb des gesamten Netzes. Jedes Netz eignet sich infolgedessen nicht für die Verwendung von Stromreglern, deren gegebenes Anwendungsgebiet mittlere, in sich abgeschlossene Netze sein dürften. Der Stoßkurzschlußstrom wird, um es nochmals zu betonen, durch den Stromregler in keiner Weise beeinflußt, die eben besprochenen Einrichtungen dienen vielmehr lediglich der Begrenzung des Dauerkurzschlußstromes.

64. Einrichtungen zur Begrenzung der Dauer des Kurzschlußstromes.

Man könnte daran denken, und es ist dies auch schon vorgeschlagen worden, zur Entlastung der Ölschalter und des gesamten Kurzschlußkreises den eingetretenen Kurzschluß nicht auf der Statorseite, sondern durch Schnellschalter auf der Induktorseite zu unterbrechen. Daß beim Schalten auf der Induktorseite die zu unterbrechende Leistung viel geringer ist, liegt auf der Hand. Die normale Erregerleistung eines Generators kann mit etwa $1^0/_0$ seiner Nennleistung angenommen werden. Bei $10^0/_0$ Streuung des Generators steigt der Erregerstrom im plötzlichen Kurzschluß ohne Berücksichtigung des übergelagerten und schnell verschwindenden Wechselstromgliedes auf seinen 10 fachen normalen Wert und damit die Erregerleistung auf das 100 fache. Der Schalter im Erregerkreis hat also nur eine der Nennleistung des Generators entsprechende Leistung zu bewältigen, bei Berücksichtignng des Wechselstromgliedes sogar noch wesentlich weniger. Unterbrechungsüberspannungen sind nicht zu befürchten, da die kurzgeschlossene Statorwicklung das freiwerdende magnetische Feld des Generators abfängt.

Nun muß man sich aber darüber klar sein, daß eine Aberregung sämtlicher Generatoren im Falle eines Netzkurzschlusses den gesamten Betrieb des Netzes zum Erliegen bringen würde. In der Praxis ist also an eine Verwirklichung dieser Idee nicht zu denken. Die schnelle Aberregung eines Generators ist aber im Falle eines an ihm eingetretenen Fehlers von größter Bedeutung. Denn es genügt nicht, ihn bei einem Wicklungsdurchschlag vom übrigen Netz abzutrennen, da er mit seinem eigenen Kurzschlußstrom auf den Fehler weiterarbeitet und die begonnenen Zerstörungen fortsetzt. Insbesondere wegen des hohen Dauerkurzschlußstromes bei inneren Wicklungskurzschlüssen muß das magnetische Feld des Generators so schnell wie möglich zum Verschwinden gebracht werden. Man hat dem auch schon seit mehreren Jahren in der Praxis Rechnung getragen, indem man auf der Welle des Generatorölschalters einen Kontakt anbringt, der beim Auslösen des Ölschalters die Erregung der Erregermaschine des Generators über einen Zwischenschütz unterbricht. Dadurch wird gleichzeitig und zwangläufig mit der Abschaltung des Generators seine Aberregung eingeleitet, und diese gebräuchliche Feldschwächungsmethode hat in der Praxis noch keinen Anlaß zu Beanstandungen gegeben.

Oszillographische Untersuchungen des Aberregungsvorganges haben neuerdings die Meinung aufkommen lassen, daß eine etwa durch ihren Differentialschutz abgeschaltete Maschine noch eine große Anzahl von Sekunden mit wenig verminderter Spannung auf den Defekt weiter-

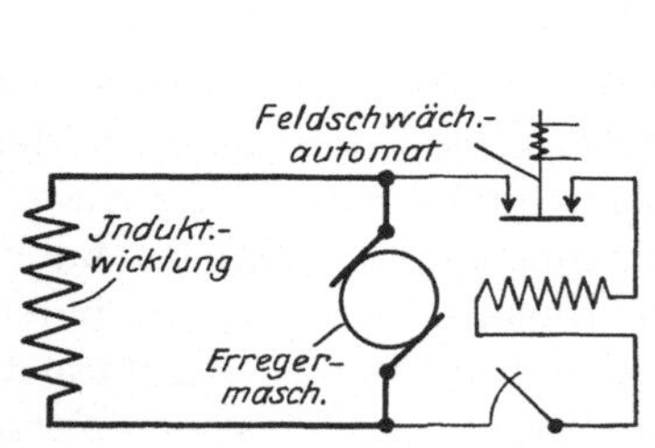

Abb. 296. Feldschwächungseinrichtung im Erregerkreis der Erregermaschine.

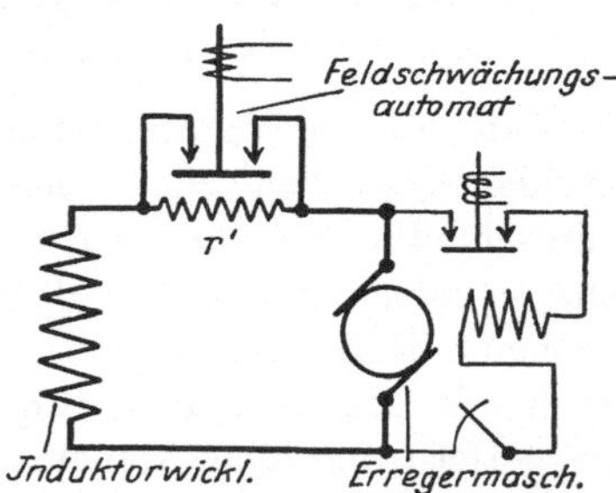

Abb. 297. Feldschwächungseinrichtung im Haupterregerkreis.

arbeiten würde, wenn die Aberregung auf die Auslöschung des Feldes der Erregermaschine beschränkt bleibt. Denn wegen der großen Zeitkonstante der Erregerwicklung erlischt das magnetische Feld des Induktors selbst bei momentan verschwindender Erregerspannung nur verhältnismäßig langsam. Nun darf aber nicht übersehen werden, daß die erwähnten oszillographischen Untersuchungen sich auf die Aberregung der leerlaufenden Maschine bezogen, und daß der Aberregungsvorgang der kurzgeschlossenen Maschine ganz anderen Gesetzen gehorcht. Um einen Kurzschluß handelt es sich aber stets bei schweren Maschinenschäden. Die Kurzschlußzeitkonstante der Erregerwicklung des Generators ist, wie wir wissen, $\dfrac{L \cdot \tau}{r}$, ist also vielmals kleiner als ihre Leerlaufzeitkonstante $\dfrac{L}{r}$. Das Abklingen des magnetischen Feldes der kurzgeschlossenen Maschine erfolgt also wesentlich schneller, und zwar bei praktisch ausgeführten Maschinen nach einer Funktion, die durch die unterste Kurve der Abb. 160 wiedergegeben wird. Nach 1 bis 2 Sekunden ist somit das magnetische Feld zum allergrößten Teil verschwunden, wenn die Aberregung des Generators durch Öffnen des Erregerkreises der Erregermaschine nach Abb. 296 geschieht.

Von viel energischerer Wirkung ist natürlich eine Feldschwächungseinrichtung im Haupterregerkreis, die entsprechend Abb. 297 aus einem selbsttätigen Schalter besteht, der beim Ansprechen einen Ohm-

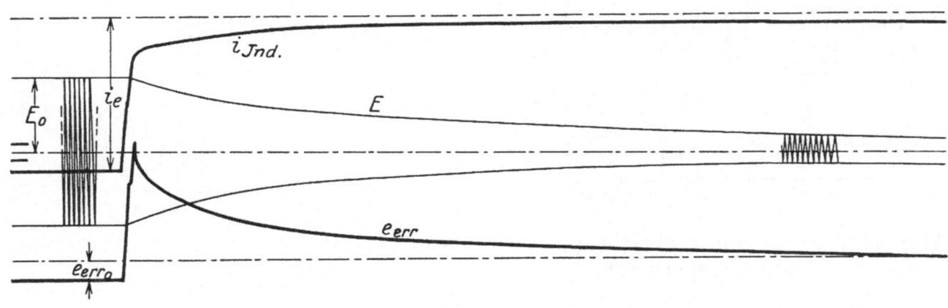

Abb. 298. Aberregung eines leerlaufenden Generators bei Einschaltung des 27-fachen Läuferwiderstandes in den Haupterregerkreis.

schen Widerstand r' in den Stromkreis der Induktorwicklung schaltet. Hierdurch wird die Kurzschlußzeitkonstante des Erregerkreises auf

$$\frac{L \cdot \tau}{r + r'}$$

verkleinert, so daß das Abklingen des magnetischen Feldes entsprechend schneller erfolgt. Die Einrichtung wirkt um so energischer, je höher man den Widerstand r' wählt, eine obere Grenze ist durch die Unterbrechungsüberspannungen gegeben, die bei Betätigung der Einrichtung bei leerlaufendem Generator zu befürchten sind. Diese Überspannungen erreichen allerdings nicht die gefährliche Höhe, die man ihnen häufig zuschreibt, weil das Hauptfeld der Maschine durch die Wirkung der Wirbelströme im massiven Eisen des Induktors und im Dämpferkäfig nur recht langsam abklingt. Hierdurch wird natürlich auch die Wirksamkeit der betrachteten Feldschwächungseinrichtung beeinträchtigt, und Versuche an einem großen Turbogenerator ergaben denn auch, daß eine Steigerung des in den Induktorkreis eingeschalteten Widerstandes vom 4 fachen auf den 8- bzw. 27 fachen Wert des Läuferwiderstandes die Abklingungskonstante nur im Verhältnis 1:1,3:2,15 wachsen ließ, und nicht im Verhältnis 4:8:27, wie die Theorie eigentlich erwarten läßt. Ebenso sieht man in dem die Einschaltung des 27 fachen Läuferwiderstandes zeigenden Oszillogramm, Abb. 298, wie der Erregerstrom beinahe momentan abfällt, während die Generatorspannung und damit das magnetische Feld nur verhältnismäßig langsam verschwindet.

Die in Amerika angewendete Aberregungseinrichtung nach Abb. 299, bei der im Notfalle ein Widerstand r' parallel zur Induktorwicklung geschaltet und hierauf diese von der Erregermaschine abgetrennt wird, bietet den Vorteil, daß das magnetische Feld der Maschine bis auf einen ihrer eigenen Remanenz entsprechenden Betrag von etwa $1\,^0/_0$ verschwindet. Hiergegen kann bei der Feldschwächungseinrichtung

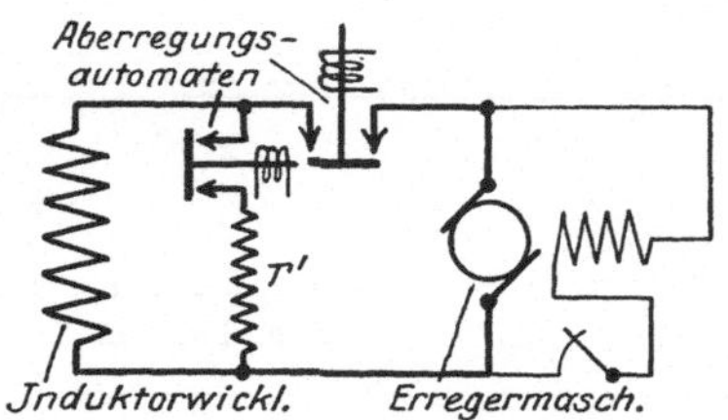

Abb. 299. Aberregungseinrichtung im Haupterregerkreis.

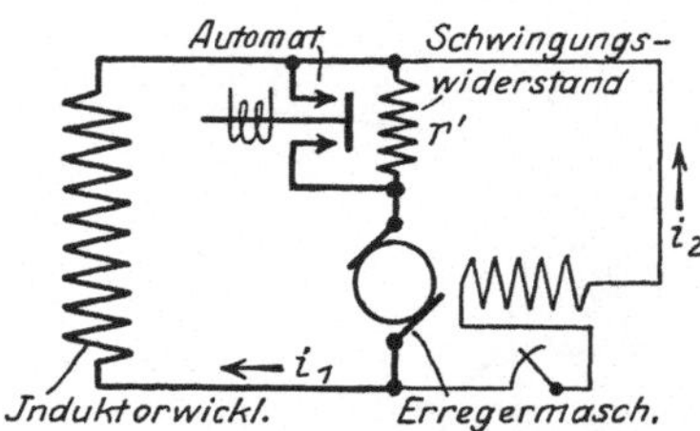

Abb. 300. Schwingungswiderstand von Rüdenberg.

nach Abb. 296 immerhin noch ein Restfeld von 15 bis $20\,^0/_0$ seines ursprünglichen Betrages verbleiben.

Eine interessante und wirksame Lösung des Aberregungsproblems ist der sogenannte Schwingungswiderstand von Rüdenberg nach Abb. 300, dessen Anwendung nur bei Generatoren mit eigener Erregermaschine möglich ist. Unterbricht der automatische Schalter den direkten Stromkreis, so fließt der Erregerstrom des Generators infolge der großen Selbstinduktion der Induktorwicklung ruhig über den Widerstand r' weiter, an diesem einen der Spannung der Erregermaschine entgegengesetzten Spannungsabfall erzeugend. Bei genügender Größe des Schwingungswiderstandes r' ergibt sich für die Erregerwicklung der Erregermaschine eine der ursprünglichen entgegengesetzte Spannung, so daß die Erregermaschine umgepolt wird und nunmehr ihrerseits den Erregerstrom des Generators zur baldigen Umkehr zwingt. Eine genauere Verfolgung des Vorganges zeigt, daß der Erregerstrom des Generators ins Pendeln kommt und daß je nach der Größe des Schwingungswiderstandes seine Schwingung aperiodisch, ungedämpft oder negativ gedämpft verlaufen kann. Bei der Bemessung des Schwingungswiderstandes ist also eine gewisse Vorsicht geboten, die Praxis ergab als günstigsten Wert einen Schwingungswiderstand von der Größenordnung des Läuferwiderstandes des Generators. Die Erregermaschine selbst wird dabei so weitgehend enterregt, daß sie gar nicht wieder von selbst auf Spannung kommt. Abb. 301 zeigt zwei Oszillogramme, die die Aberregung eines Generators mit Hilfe des Schwingungswiderstandes darstellen, und von denen das obere bei Leerlauf, das untere bei Kurzschluß des Generators aufgenommen wurde. Die Erregermaschine polt sich momentan um und bewirkt dadurch nach einiger Zeit auch einen Richtungswechsel des

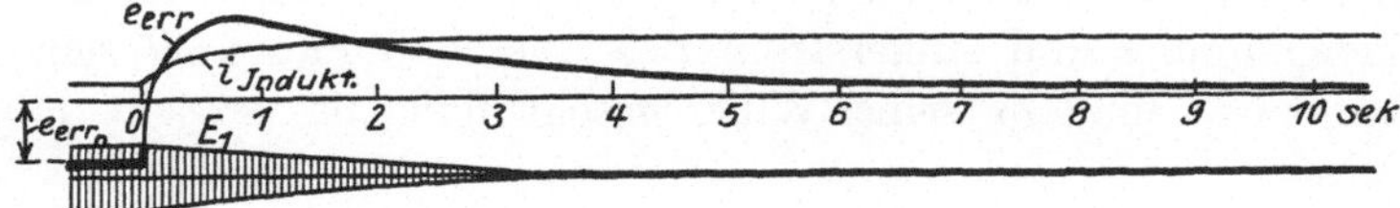
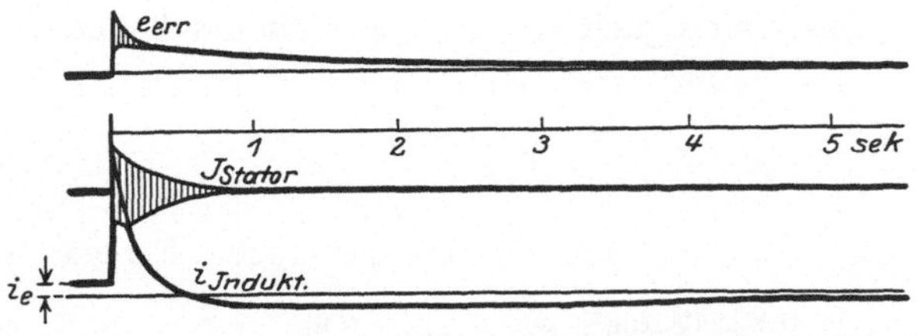

Abb. 301. Aberregung mit Hilfe des Schwingungswiderstandes bei Leerlauf n. Kurzschluß des Generators.

Erregerstromes des Generators, der bald verschwunden ist. Auch hier macht sich jedoch die verzögernde Wirkung der Wirbelströme bemerkbar, denn das magnetische Feld des Generators klingt viel weniger schnell als der Erregerstrom ab. Damit bleibt aber der erzielte Erfolg nicht unwesentlich hinter den Erwartungen zurück.

Eine Kompoundierung der Erregermaschine oder eine Verschiebung ihrer Bürsten aus der neutralen Zone ergibt übrigens den gleichen Erfolg wie die Anordnung des Schwindungswiderstandes.

Ein gleichfalls sehr wirksames und interessantes Mittel zur schnellen Aberregung ist endlich noch der sog. Ausschaltmotor, dessen Anker, wie Abb. 302 erkennen läßt, durch Öffnen eines Schalters in den Er-

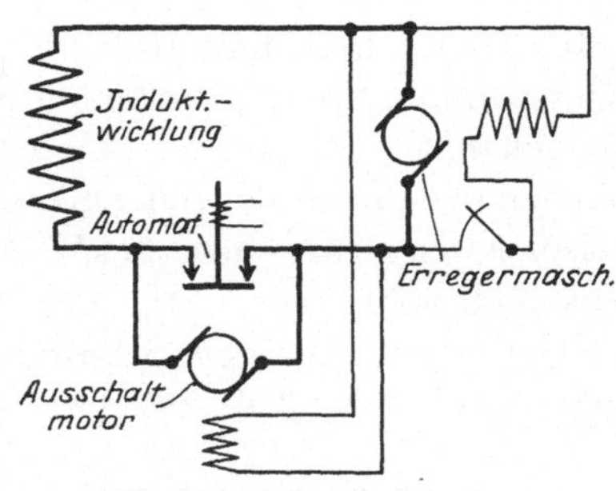

Abb. 302. Ausschaltmotor.

regerkreis des Generators gelegt wird, während sein Feld dauernd fremderregt bleibt. Der stillstehende Anker wird zunächst vom vollen Erregerstrom durchflossen und beschleunigt sich daher sehr schnell auf seine normale Drehzahl, über die er wegen der Selbstinduktion des Erregerkreises sogar zeitweise hinausschießt. Im Erregerkreis des Generators fließt schließlich nur noch der sehr geringe Leerlaufstrom des Ausschaltmotors.

Die Leistung, die der Ausschaltmotor während des Hochlaufens dem Erregerkreis entnimmt, verwendet er bei Vernachlässigung der Verluste zur Beschleunigung seiner Ankermasse. Sind daher e und i Ankerspannung und Ankerstrom des Ausschaltmotors, Θ sein Trägheitsmoment und ω seine Winkelgeschwindigkeit, so gilt folgende Gleichung:

$$e \cdot i = \frac{d}{dt}\left(\frac{9{,}81}{2} \cdot \Theta \cdot \omega^2\right) = 9{,}81 \cdot \Theta \cdot \omega \cdot \frac{d\omega}{dt}. \qquad (365\,\mathrm{a})$$

Da ferner, wenn e_e die Erregerspannung und ω_0 die dieser Spannung entsprechende Endgeschwindigkeit des Ausschaltmotors bedeutet, die Beziehung gilt

$$\omega = \frac{e}{e_e} \cdot \omega_0, \qquad (365\,\mathrm{b})$$

so erhalten wir folgende Gleichung für den jeweiligen Erregerstrom:

$$i = \frac{9{,}81 \cdot \Theta \cdot \omega_0{}^2}{e_e{}^2} \cdot \frac{de}{dt} = C_{\mathrm{dyn}} \cdot \frac{de}{dt}. \qquad (366)$$

Das ist aber genau dieselbe Beziehung, die für den Zusammenhang von Strom und Spannung eines Kondensators gilt, und wir können infolgedessen den fremderregten Gleichstrommotor als einen dynamischen Kondensator mit der Kapazität

$$C_{\mathrm{dyn}} = \left(\frac{\pi}{60}\right)^2 \cdot \frac{n_0{}^2 \cdot G \cdot D^2}{e_e{}^2} \qquad (366\,\mathrm{a})$$

betrachten. Daß mit Hilfe von Kondensatoren ein schnelles und überspannungsfreies Abschalten von induktiven Kreisen möglich ist, ist bekannt. Im Ausschaltmotor besitzen wir einen verhältnismäßig billigen Kondensator von außerordentlich großer Kapazität, die sich beispielsweise für einen 3 kW-Motor zu 2,5 Farad berechnet. Ein Ausschaltmotor von $2\,^0/_0$ der Generatorleistung ergibt etwa die gleiche Wirkung wie ein Schwingungswiderstand oder ein Aberregungswiderstand nach Abb. 297 bzw. 299.

65. Das Überstromzeitprinzip.

Ist irgendwo in einem elektrischen Verteilungsnetz ein Kurzschluß eingetreten, so muß die Kurzschlußstelle so bald als möglich vom übrigen Netz abgetrennt werden; wir hatten als günstigste Zeit, die vom Eintritt des Kurzschlusses bis zu seiner Abschaltung vergehen soll, 1 bis 2 Sekunden festgestellt.

Die auffallendste Reaktion des Netzes auf den eingetretenen Kurzschluß ist das Auftreten eines Überstromes in den von den Stromerzeugern zu der Kurzschlußstelle führenden Leitungen. Man hat denn auch von Anfang an bei der Entwicklung der zur Abtrennung der Fehlerstelle bestimmten Einrichtungen von dieser Tatsache Gebrauch gemacht, so daß als Kriterium für ihr Ansprechen das Auftreten eines Überstromes gilt. Und zwar ist ihre Ansprechgrenze meist willkürlich innerhalb eines Intervalls verstellbar, das sich zwischen dem 1- bis 2fachen Wert des Nennstromes des zu schützenden Netzteiles erstreckt.

Die auftretende Schwierigkeit ist nun die, daß bei einem Netzkurzschluß im allgemeinen eine ganze Reihe von Leitungen vom Überstrom durchflossen werden, während entsprechend der Forderung der Praxis nach Selektivität der Schutzeinrichtung nur die fehlerhafte Leitung allein abgetrennt werden soll. Man hat, um aus dieser Schwierigkeit einen Ausweg zu finden, zu dem Prinzip der Zeitstaffelung gegriffen, indem man den verschiedenen im Kurzschlußkreis aufeinanderfolgenden Auslöseeinrichtungen eine voneinander abweichende Auslösezeit gab, so, daß sich die kürzeste Auslösezeit in unmittelbarer Nähe der Fehlerstelle ergibt. Da nach dem Abschalten der Fehlerstelle der Überstrom verschwindet und sämtliche Auslöseeinrichtungen wieder in ihre Ruhestellung zurückgehen, wird hierdurch erreicht, daß tatsächlich nur der fehlerhafte Netzteil allein zur Abtrennung gelangt. Die Praxis hat gezeigt, daß ein Auslösen der Schalter in der richtigen Reihenfolge nur dann mit Sicherheit erzielt wird, wenn die Zeitstaffelung, d. i. die Differenz der Auslösezeiten zweier aufeinanderfolgender Schalter, etwa 2 Sekunden beträgt.

So einfach das geschilderte Überstromzeitprinzip in seiner Grundlage erscheint, so schwierig war jedoch seine Verwirklichung in der Praxis. Wir sehen das am besten, wenn wir kurz auf die Entwicklung des Auslöserelais eingehen, wie sie sich bis zum heutigen Tage abgespielt hat. Von der primitivsten Form der Überstromauslösung, nämlich von der Abschmelzsicherung, ging man bald zu den selbsttätig wirkenden Schaltern über, die entweder sofort wirksam waren oder deren Auslöseelement mit einer Zeitverzögerung ausgestattet war. Vielfach war die im übrigen willkürlich einstellbare Auslösezeit unabhängig von der auftretenden Stromstärke, und man erstrebte in der Weise eine zweckentsprechende Auswahl der auslösenden Schalter, daß man die Auslöseelemente von der Zentrale beginnend nach der Fehlerstelle hin in passender Weise abstufte, derart, daß die Auslösezeit des der Zentrale zunächst gelegenen Schalters am größten, die des Schalters am Leitungsende am kleinsten war. Diese Art des Überstromschutzes war natürlich nur bei von der Zentrale ausgehenden einfachen Leitungssträngen, also bei dem sog. Radialleitungssystem, anwendbar. Es läßt sich denken, daß sich bei vielen in einer Leitung hintereinander liegenden Stationen für die in der Nähe der Zentrale liegenden Schalter sehr große Auslösezeiten ergaben, die gerade an dieser Stelle, wo ein Kurzschluß naturgemäß die stärksten Rückwirkungen auf das Netz ausüben muß, besonders unangenehm waren. Als Aushilfsmittel stattete man deshalb die sog. unabhängigen Zeitschalter mit einer Zusatzeinrichtung aus, die bei starken Überströmen, also bei direkten Kurzschlüssen, das Zeitwerk außer Tätigkeit setzte und den Schalter sofort auslöste. Natürlich war dann bei einem Kurzschluß stets der ganze Leitungsstrang außer Betrieb gesetzt, die Betriebsstörung war also eine äußerst empfindliche, ferner hat die unverzögerte Unterbrechung eines Kurz-

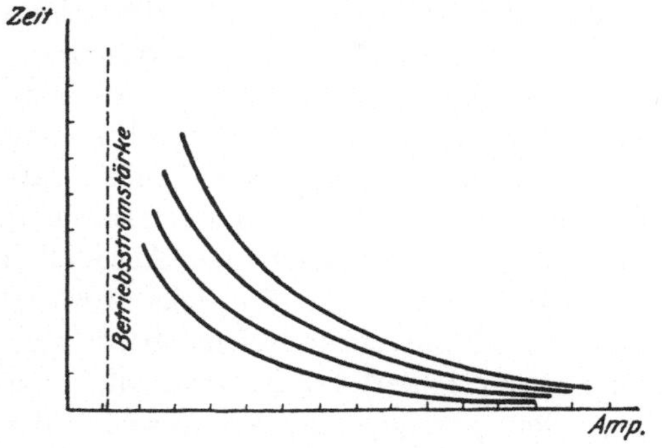

Abb. 303. Strom-Zeit-Charakteristik eines stromabhängigen Überstrom-Zeitrelais.

schlusses noch weitere Nachteile im Gefolge, die in erster Linie in einer außerordentlich starken Beanspruchung des unterbrechenden Schalters bestehen. Man hat aus diesen Gründen die letzterwähnte Zusatzeinrichtung wieder vollkommen verlassen. Um von den unangenehm langen Auslösezeiten der unabhängigen selbsttätigen Schalter abzukommen, verwandte man sog. abhängige Auslöseeinrichtungen, das sind Relais, deren Auslösezeit zwar auf einen bestimmten willkürlichen Wert eingestellt werden kann, bei welchen jedoch der einmal eingestellte Wert eine Funktion der Stromstärke ist, derart, daß entsprechend Abb. 303 mit zunehmender Stromstärke die Auslösezeit abnimmt. Je heftiger also der Kurzschluß ist, in um so schnellerer Zeit löst der Schalter aus. Diese Relais entsprechen dem Schutzbedürfnis des Leitungsnetzes selbst besser, da bei höheren Stromstärken die Gefährdung durch allzu starke Erwärmung größer wird und infolgedessen in diesem Falle eine schnelle Abschaltung erwünscht ist. Indessen muß jedoch mit dem eben geschilderten Vorteil ein schwerwiegender, gerade die Selektivität der Auslösung betreffender Nachteil in Kauf genommen werden. Mit der Stromstärke sinkt nämlich nicht nur die Auslösezeit an sich, sondern auch die Differenz der Auslösezeiten der Schalter zweier benachbarter Stationen, also die Staffelung. Bei sehr hohen Strömen kann die letztere so geringe Werte annehmen, daß mehrere in der Leitung aufeinanderfolgende Schalter gleichzeitig herausfallen, so daß also die gewünschte selektive Wirkung · wenigstens zum Teil vereitelt wird.

In den sog. abhängigen Überstromzeitrelais steckt jedoch bereits ein Prinzip von allgemeiner Bedeutung, das ihnen bis zu einem ge-

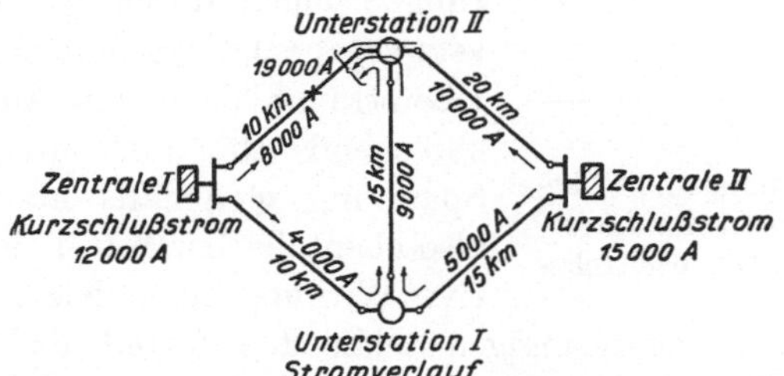

Abb. 304. Stromverteilung in einem kurzgeschlossenen Netz.

wissen Grade die Fähigkeit der selbsttätigen Auswahl fehlerhafter Leitungsstrecken in einem vermaschten Netz verleiht. In einem vermaschten Netz mit z. B. zwei Kraftwerken und zwei Speisepunkten entsprechend Abb. 304 fließt der Fehlerstrom bei Kurzschluß an

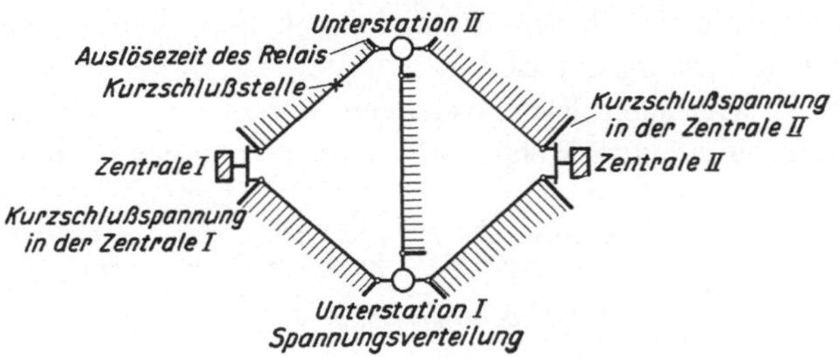

Abb. 305. Spannungsverteilung im kurzgeschlossenen Netz.

irgendeiner Stelle des Netzes von allen Seiten der Kurzschlußstelle zu und erreicht demnach sein Maximum in der kranken Leitung. Werden die Schalter dieses Netzes mit Überstromzeitrelais ausgerüstet, deren Auslösezeiten mit zunehmenden Fehlerströmen abnehmen, so wird eine gewisse Staffelung der Auslösezeiten erhalten. Je mehr man sich der Fehlerstelle nähert, um so mehr nehmen die Auslösezeiten ab. Bei wenig vermaschten Netzen kann jedoch das Prinzip der Stromabhängigkeit allein noch keine befriedigende Lösung der Selektivschutzfrage bieten, während dagegen in stark vermaschten Netzen mit stromabhängigen Relais schon recht gute Betriebsergebnisse erzielt wurden.

In ähnlicher Weise suchte man eine Staffelung der Auslösezeiten in Abhängigkeit von der Spannungsverteilung beim Kurzschluß zu erreichen. Abb. 305 zeigt den Spannungsverlauf im Kurzschlußfalle eines von zwei Zentralen gespeisten Netzes; im Kurzschlußpunkt herrscht die Spannung Null, sie nimmt jedoch nach den Speisepunkten hin stetig zu, da der Kurzschlußstrom vermöge der Impedanz der Zuführungsleitungen einen durch das Ohmsche Gesetz gegebenen Spannungsabfall erzeugt. Überstromrelais, deren Auslösezeit entsprechend Abb. 306 mit abnehmender Spannung gleichfalls abnimmt, geben also ebenfalls ein Mittel, um eine selektive Wirkung zu erzielen. Sie besitzen gegenüber dem stromabhängigen Relais den Vorteil, daß sie nicht so große Ansprüche an die Vermaschung des Netzes stellen, und daß sie besonders bei einfachen Ringnetzen mit gutem Erfolg verwendet werden können. Ein Nachteil derselben jedoch soll nicht unerwähnt bleiben. Der Spannungsabfall einer Leitung ist proportional der Stromstärke. Bei gleichbleibender Leitungslänge wächst also die Auslösezeit des Relais mit der Stromstärke. Das Verhalten des Relais entspricht mithin in diesem Punkte in keiner Weise dem Schutzbedürfnis des Leitungsnetzes.

In einem wichtigen Falle versagen sowohl das strom- als auch das spannungsabhängige Relais vollkommen, nämlich in dem der ein-

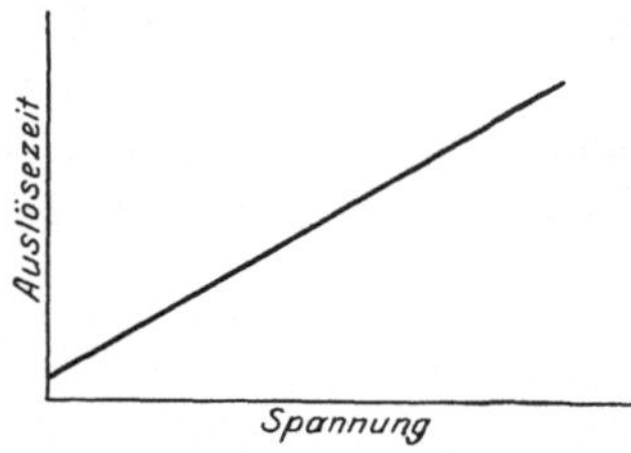

Abb. 306. Spannungs-Zeit-Charakteristik eines spannungsabhängigen Überstromzeitrelais.

Abb. 307. Stromrichtung bei Kurzschluß.

fachen Durchgangsstation, wie diese durch die Abb. 307 charakterisiert wird. Tritt in der Nähe dieser Station ein Fehler auf, so wird in der nach der Fehlerstelle gehenden Leitung der Strom von den Sammelschienen weg gerichtet sein, während er in den ankommenden gesunden Leitungen den Sammelschienen zu gerichtet ist. Da die in beiden Leitungsenden liegenden Relais nicht nur gleiche Spannung, sondern auch gleiche Stromstärke vorfinden, so werden die Prinzipien der Strom- und Spannungsabhängigkeit versagen. Erst nach Hinzunahme des Prinzips der Stromrichtungsabhängigkeit wird die richtige Auswahl der auszulösenden Schalter möglich. Besitzen nämlich die Schalter beider Leitungen Energierichtungsrelais, die den Schalter

nur dann auslösen, wenn der Strom von den Sammelschienen weg-
fließt, so ist ohne weiteres einzusehen, daß nur die fehlerhafte Leitung
von den Sammelschienen der Station abgetrennt wird, während die
Belieferung der Station durch die ankommende gesunde Leitung
weiterhin sichergestellt bleibt. Die Energierichtungsrelais sind speziell
im Zusammenhang mit spannungsabhängigen Relais schon mehrfach
in der Praxis benutzt worden.

Ein weiteres Anwendungsbeispiel für Energierichtungsrelais zeigt
Abb. 308 im Falle der Doppelleitung. Im normalen Betriebe ist in

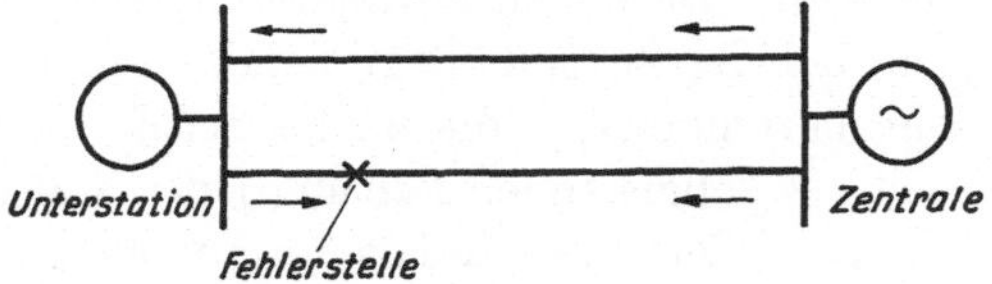

Abb. 308. Stromrichtung beim Kurzschluß einer Doppelleitung.

beiden Leitungssträngen der Strom von der Zentrale nach der Unterstation zu gerichtet. Tritt dagegen in einem der beiden Stränge ein
Kurzschluß auf, so ist leicht einzusehen, daß sich an den Sammelschienen der Unterstation die Stromrichtung im fehlerhaften Strang
umkehrt, da die Kurzschlußstelle auch von rückwärts her über den
gesunden Strang von der Zentrale gespeist
wird. Energierichtungsrelais gestatten also
auch hier die Auswahl der fehlerhaften
Leitung.

Energierichtungsrelais werden als Rückstromrelais vielfach zum Schutz von Generatoren verwendet, wobei man von dem
Gedanken ausgeht, daß im gesunden Zustand die Energie nur aus dem Generator
herausfließen kann. Beim Auftreten eines
Fehlers arbeiten die übrigen Generatoren
des Netzes auf den fehlerhaften Generator
zurück, seine Energierichtung kehrt sich

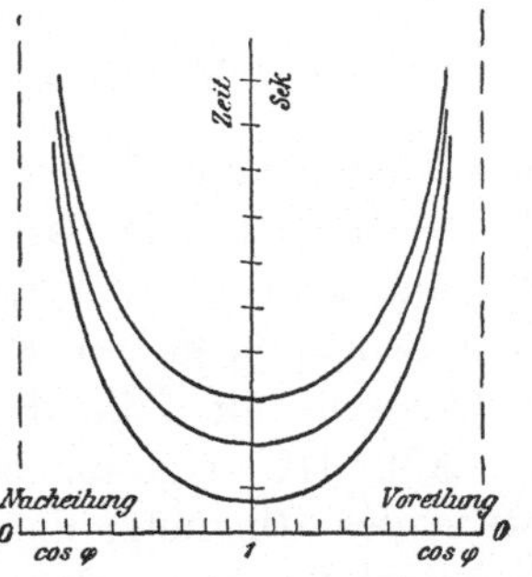

Abb. 309. Strom Zeit-Charak-
teristik eines Rückstromrelais.

also um und sein Rückstromrelais spricht an. Da das Drehmoment
des Rückstromrelais proportional der durchfließenden Leistung ist, ist
seine Auslösezeit einmal von der Höhe des Stromes bzw. der Spannung und dann vom Cosinus des Phasenverschiebungswinkels zwischen
Strom und Spannung abhängig, wie die Abb. 309 erkennen läßt, in
welcher die einzelne Kurve die Abhängigkeit der Auslösezeit von
der Phasenverschiebung darstellt, während die verschiedenen Kurven
sich auf verschiedene Stromstärken beziehen. Für die Abhängigkeit
der Ansprechleistung vom cos φ gelten übrigens die gleichen Kurven.

Wir haben bereits im Erdschlußrelais ein Energierichtungsrelais kennen gelernt.

Vor kurzem ist ein Selektivschutzsystem bekannt geworden und auch schon in Betrieb gekommen, das das Prinzip der Energierichtungsabhängigkeit in Verbindung mit der sog. gegenläufigen Staffelung benutzt. Bei Ringleitungen z. B., für die bereits eine Ausführung des Selektivschutzes mit spannungsabhängigen Relais, verbunden mit Stromrichtungsrelais, erwähnt wurde, werden statt des einen spannungsabhängigen Relais immer je zwei unabhängige Überstromzeitrelais eingebaut. Deren Auslösezeiten werden so eingestellt, daß, wenn man sich, bei der Zentrale beginnend, einmal im Uhrzeigersinn im Leitungsring herumbewegt, die Auslösezeiten der einen in der abgehenden Leitung jeder Station liegenden Serie der Relais im abnehmenden Sinn gestaffelt sind, während, wenn man sich, bei der Zentrale beginnend, im Gegensinn um den Ring herumbewegt, die Auslösezeit der übrigen Hälfte der Relais, die dann ebenfalls in der abgehenden Leitung liegen, von einem Höchstwert beginnend bis zu einem Mindestwert in gleichen Abständen abnimmt. Die unabhängigen Überstromzeitrelais sind nun mit dem zugehörigen Stromrichtungsrelais so zusammengeschaltet, daß immer das unabhängige Relais jener Leitung gesperrt wird, in welcher der Fehlerstrom auf die Sammelschienen der betreffenden Station zufließt. Es sind also von der Zentrale beginnend bis zur Fehlerstelle in beiden Ringzweigen nur Relais freigegeben, deren Auslösezeit nach der Fehlerstelle hin fallend gestaffelt ist.

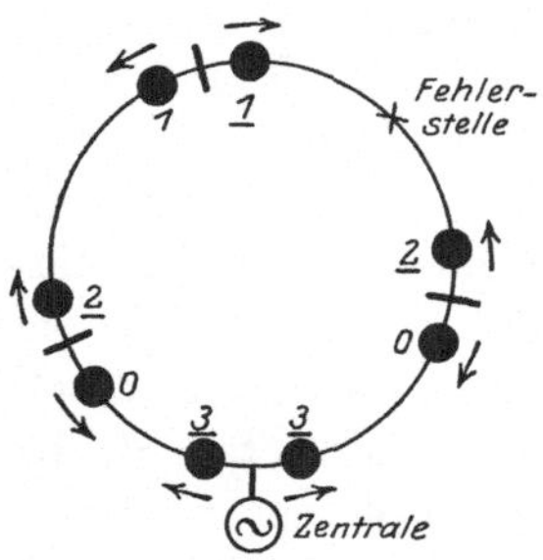

Abb. 310. Prinzip der gegenläufigen Staffelung.

Abb. 310 zeigt ein aus einer Zentrale und 3 Unterstationen bestehendes Ringnetz; die bei den Relais stehenden Zahlen geben ihre Zeiteinstellung in Sekunden und die eingezeichneten Pfeile die Energierichtung an, bei der sie freigegeben sind. Bei der angenommenen Fehlerstelle sind also alle Relais freigegeben, deren Auslösezeiten unterstrichen sind, und man sieht, daß die beiden die fehlerhafte Leitungsstrecke eingrenzenden Relais die kürzeste Auslösezeit haben.

Von den eben beschriebenen verschiedenen Lösungen der Selektivschutzfrage erfüllt wohl keine alle Forderungen, die die Praxis zu stellen gezwungen ist und die da sind: Einfachheit, Betriebssicherheit und Unabhängigkeit vom jeweiligen Betriebszustand und von der jeweiligen Gestaltung des Netzes. Der geschilderte Entwicklungsgang läßt die Größe der zu überwindenden Schwierigkeiten erkennen, er deutet aber auch zwangläufig auf diejenige Lösung hin, die nach dem heutigen Stande der Erkenntnis allein die eben aufgestellten Forderungen zu erfüllen vermag. Und zwar beruht diese Lösung auf der Zusammenfassung aller derjenigen zur Feststellung der Fehlerstelle verwendbaren Prinzipien, die durch die natürlichen Eigenschaften eines jeden Leitungsnetzes gegeben sind. Wir kennen diese Prinzipien bereits durch die vorhergehenden Erörterungen; es handelt sich nämlich um die Prinzipien der Stromabhängigkeit, der Spannungsabhängigkeit und der Stromrichtungsabhängigkeit. Es ist ohne weiteres einleuchtend, daß ein Relais, welches die drei vorgenannten Prinzipien vereinigt, die meisten Aussichten für die richtige Auswahl des kranken Netzteiles bietet. Die auftretende Schwierigkeit wird darin bestehen, trotz der Vereinigung sämtlicher drei Prinzipien eine genügende Einfachheit des Selektivrelais zu wahren.

Auf Grund der angestellten Überlegungen lassen sich bereits die Eigenschaften eines zweckentsprechenden Selektivrelais voraussagen. Seine Auslösezeit muß mit wachsender Stromstärke abnehmen, während sie mit zunehmender Spannung zunehmen muß. Es ergibt sich demnach, wenn man lineare Abhängigkeit, die, wie wir gleich sehen werden, besondere Vorteile bietet, voraussetzt, folgende Gleichung für die Auslösezeit des Relais:

$$T = \frac{e}{i}.$$

Die Auslösezeit des Relais soll also proportional dem Quotienten aus Leitungsspannung und Leitungsstrom sein. Dieser Quotient stellt aber die Impedanz der Leitung dar, und da die Impedanz je Längeneinheit in der Regel konstant ist oder doch sich nur wenig ändert, ist die Auslösezeit proportional der Leitungslänge. Die Auslösezeit des Relais wird also in der Nähe der Fehlerstelle ein Minimum sein und nimmt mit wachsender Entfernung von der Fehlerstelle stetig und proportional der Leitungslänge zu. Das Relais wird ferner entsprechend der dritten der aufgestellten Forderungen stromrichtungsabhängig sein müssen, d. h. bei auf die Sammelschienen zu gerichtetem Strom läuft das Relais gegen einen Anschlag, ohne den Auslösekontakt zu betätigen. Man versteht also, weshalb das so charakterisierte ideale Selektivrelais als Distanzrelais bezeichnet wird.

Es sind in der letzten Zeit verschiedene Konstruktionen des Distanzrelais herausgebracht worden, wir wollen uns indes auf die Beschreibung derjenigen Konstruktion beschränken, die die weiteste Verbreitung gefunden hat. Sie arbeitet nach folgendem Prinzip:

Bei einem Rückstromrelais nach dem Ferrarisprinzip ist das auf die Triebscheibe ausgeübte Drehmoment proportional dem Produkt aus Strom und Spannung. Ist die Scheibe sich selbst überlassen, so wird die sich unter dem Einfluß der Antriebskraft ergebende Drehzahl begrenzt durch die Wirbelstromdämpfung, die die Scheibe im magnetischen Feld der Triebkerne erfährt. Diese bremsende Kraft ist prortional dem Produkt aus der Winkelgeschwindigkeit der Scheibe und der Summe der Quadrate der Kraftlinienflüsse des Strom- und Spannungskernes oder, abgesehen von zwei Proportionalitätsfaktoren, proportional der Summe der Quadrate von Strom und Span-

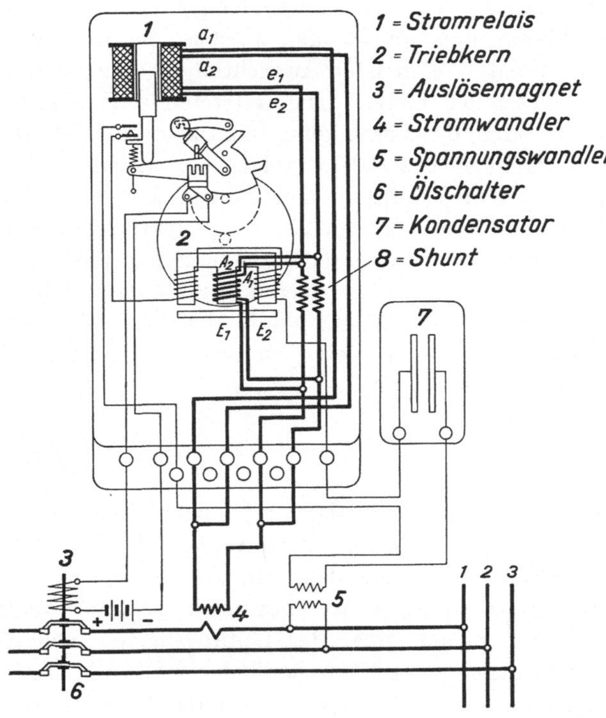

Abb. 311. Schematische Darstellung des Distanzrelais der AEG.

nung. Nun sind bei dem vorliegenden Distanzrelais die Verhältnisse so gewählt, daß der Spannungskern sehr kräftig, der Strom dagegen sehr schwach ausgebildet ist. Das Quadrat des Kraftlinienflusses des Stromkernes kann also gegenüber dem des Spannungskernes vernachlässigt werden, und die sich ergebende Ablaufzeit der Relaisscheibe ist, abgesehen von einem Proportionalitätsfaktor,

$$T = \frac{e^2}{e \cdot i} = \frac{e}{i},$$

das ist, wie man sieht, gerade die Charakteristik des idealen Distanzrelais. Das Relais ist, da es seinem Aufbau nach ein Wattrelais ist, selbstverständlich auch stromrichtungsabhängig.

Mit dem beschriebenen Distanzrelais wird noch ein einfaches Überstromrelais verbunden, das die in dem üblichen Bereich einstellbare Ansprechstromstärke bestimmt, und das außerdem noch verschiedene Funktionen zu erfüllen hat, bezüglich derer auf Abb. 311 verwiesen sei. Der dargestellte Kondensator ist auf Resonanz mit der Spannungswicklung abgestimmt und verleiht dem Relais eine Rückstromempfindlichkeit von $1\,^0/_0$ der normalen Spannung.

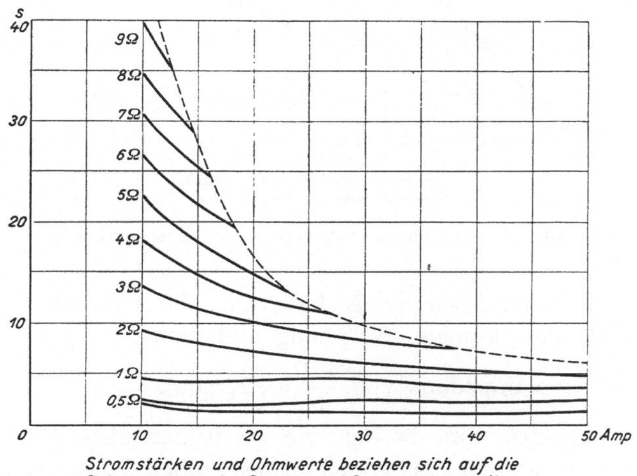

Abb 312. Auslösecharakteristik des Distanzrelais.

Die Auslösezeit des Relais wächst praktisch proportional mit der Leitungslänge zwischen Fehlerstelle und Relais und ist fast völlig unabhäng von der auf das Netz arbeitenden Maschinenleistung; die Abb. 312 und 313 lassen dies erkennen. Abb. 312 zeigt die Auslösezeit des Relais für verschiedene Werte der Impedanz der Leitung zwischen Relaisort und Fehlerstelle in Abhängigkeit von der Stromstärke. Sowohl die Werte für die Impedanz als für die Stromstärke beziehen sich auf die sekundären Kreise von Strom- und Spannungswandlern, für die als Normalwerte 5 A und 110 V angenommen sind. Die gestrichelt eingezeichnete Begrenzungskurve zeigt an, daß für den von ihr berührten jeweiligen Versuchspunkt die normale Spannung von 110 V erreicht ist und daß infolgedessen eine Fortführung der Kurve über diesen Punkt hinaus praktisch keine Bedeutung mehr hätte. Wie man sieht, ist bei gegebener Impedanz die Abhängigkeit von der Stromstärke nur gering und kann für praktische Zwecke unbedenklich vernachlässigt werden. Aus dem Grunde wurde mit

Hilfe der Abb. 312 die in Abb. 313 dargestellte charakteristische Auslösekurve des Distanzrelais aufgestellt. Die eingetragenen Impe-

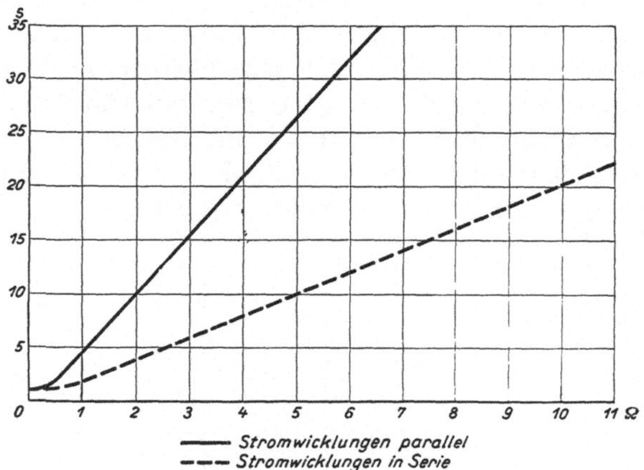

Abb. 313 Auslösecharakteristik des Distanzrelais.

danzwerte beziehen sich auch hier auf die Sekundärstromkreise der Wandler; der normalen Spannung und dem normalen Strom entspricht also eine Impedanz von $\dfrac{110}{5} = 22$ Ohm.

Beim Doppelerdschluß besitzt, wie wir früher sahen, die verkettete Spannung auch an der Fehlerstelle einen hohen Wert, dagegen verschwindet dort die Spannung des fehlerhaften Drahtes gegen Erde. Aus diesem Grunde mußte dem Distanzrelais ein durch das Überstromrelais zu betätigender Umschaltkontakt gegeben werden, der seine Spannungswicklung bei Doppelerdschluß an die Spannung gegen Erde,

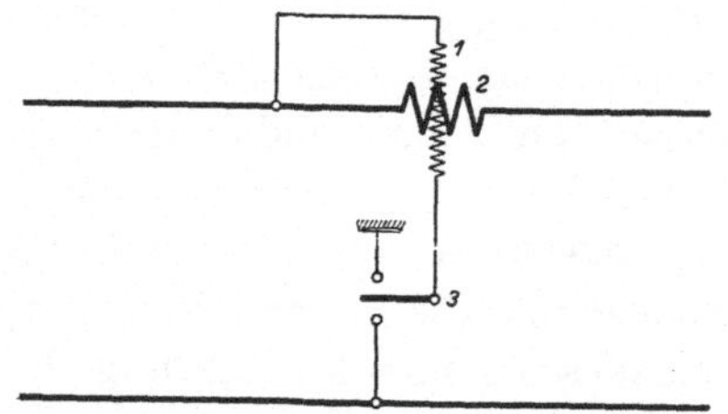

Abb. 314. Umschaltvorrichtung des Distanzrelais.

Abb. 315. Distanzrelais der AEG.

bei Kurzschluß an die verkettete Spannung legt, je nach der Stellung des Umschaltkontaktes in Abb. 314. Dieser Umschaltkontakt wird aber durch das Überstromrelais des Distanzrelais der unteren Phase betätigt, die bei Doppelerdschluß der oberen Phase ja stromlos ist. Der Umschaltkontakt liegt dann an Erde. Bei einem Kurzschluß sind dagegen beide Phasen von Strom durchflossen und der Umschaltkontakt schaltet dann auf die verkettete Spannung um.

Bei genügend hohem Erdschlußstrom arbeitet das Distanzrelais auch bei Erdschluß einwandfrei.

Abb. 315 zeigt den konstruktiven Aufbau des vorbeschriebenen Distanzrelais.

66. Das Fehlerstromprinzip.

Die folgerichtige Weiterentwicklung des Überstromzeitprinzips hat, wie wir sahen, zu einer im allgemeinen befriedigenden Lösung der

Abb. 316. Durch inneren Kurzschluß und zu späte Abschaltung
zerstörter Generator.

Selektivschutzfrage geführt. Da als auswählendes Mittel die Zeit benutzt wird, müssen indes in vielen Fällen Auslösezeiten in Kauf genommen werden, die über der von uns erkannten günstigsten Zeit von 1 bis 2 Sekunden liegen. Nun gibt es jedoch Fälle, in denen man ohne Rücksicht auf den unterbrechenden Schalter den eingetretenen Kurzschluß so schnell wie möglich abzuschalten trachtet, um seine Folgeerscheinungen tunlichst einzuschränken. Dies trifft insbesondere für Generatoren und Transformatoren zu; der Vorteil, den beispielsweise beim Generator die so schnelle Abschaltung eines Wicklungsdurchschlages bietet, daß keine nennenswerte Verbrennung des Statoreisenblechkörpers eintritt, ist zu augenfällig, als daß wir uns hierüber ausführlich auszulassen brauchen. Die Folgen eines zu spät abgeschalteten Fehlers führen die Abb. 316 und 317 eindringlich genug vor Augen.

Es ist somit das Suchen nach Schutzeinrichtungen zu verstehen, die ohne Zuhilfenahme des Überstromprinzips die durch den eingetretenen Fehler verursachte Störung irgendeines Gleichgewichtszustandes zur sofortigen Abschaltung benutzen. Da das Funktionieren dieser auf dem Fehlerstromprinzip beruhenden Einrichtungen nicht an das Auftreten eines Überstromes gebunden ist, ermöglichen sie ferner schon in vielen Fällen die Abschaltung der Fehlerstelle, bevor es zum eigentlichen Kurzschluß gekommen ist.

Abb. 317. Durch inneren Kurzschluß und zu späte Abschaltung zerstörter Transformator.

Der zuerst bekannt gewordene und im größten Maßstab in die Praxis eingedrungene Vertreter der eben definierten Kategorie von Schutzeinrichtungen ist der sog. Differentialschutz von Merz & Price, der, wie die auf den Schutz eines Kabels sich beziehende Abb. 318

erkennen läßt, darauf beruht, daß die in die betreffende Leitung oder Maschine hinein- und aus ihr herausfließenden Ströme in sogenannten Differentialrelais miteinander verglichen werden. Solange der zu schützende Netzteil gesund ist, besitzen die Ströme am Anfang und Ende gleiche Phase und Größe, und die Relais sind somit stromlos, wie groß auch die bei außerhalb des Schutzbereiches auftretenden Kurzschlüssen fließenden Ströme sein mögen; tritt jedoch ein Fehler innerhalb des zu schützenden Systems auf, so unter-

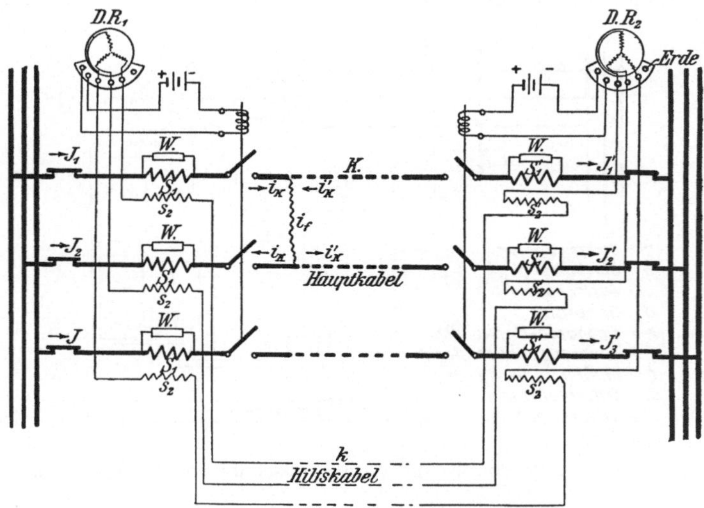

Abb. 318. Differentialschutz von Merz-Price.

scheiden sich die Ströme am Anfang und Ende um den Betrag des Fehlerstromes, ein diesem proportionaler Betrag durchfließt das Differentialrelais und bringt dieses zum Auslösen.

Für Generatoren kommt heute in erster Linie wohl der Differentialschutz in Frage, bei dem die Ströme im Nullpunkt und an den Klemmen des Generators miteinander verglichen werden. Solange die Wicklung in Ordnung ist, sind die Ströme am Anfang und Ende jeder Phase gleich, die Differenz ist also Null und das Differentialrelais verbleibt in Ruhe. Bei einem innerhalb des Schutzbereiches auftretenden Wicklungskurzschluß dagegen erhält das Relais sofort Strom und schaltet den Generator ab. Um zu verhüten, daß im abgeschalteten Generator der Kurzschlußlichtbogen weiter brennt, da ja der Generator seine eigene Erregung besitzt, läßt man durch das Differentialrelais außer dem Ölschalter auch gleichzeitig die Erregung des Generators abschalten, und man kann die Schutzeinrichtung dadurch noch weiter vervollkommnen, daß außerdem noch ein Ventil

geöffnet wird, das unter gleichzeitigem Abschluß der Frischluftzuführung Wasserdampf in den Generator eintreten läßt. Auf diese
Weise wird ein Wicklungsbrand im Entstehen erstickt. Zur Erhöhung
der Empfindlichkeit des Differentialschutzes wurde derselbe in der
letzten Zeit noch durch Hinzunahme eines hochempfindlichen Erdschlußrelais unter gleichzeitiger Erdung des Generatornullpunktes über
einen hochohmigen Widerstand vervollkommnet, wie dies die Abb. 319
schematisch darstellt. Bei einem Wicklungsdurchschlag nach Erde
fließt infolge des Widerstandes nur ein Strom von wenigen Ampere,

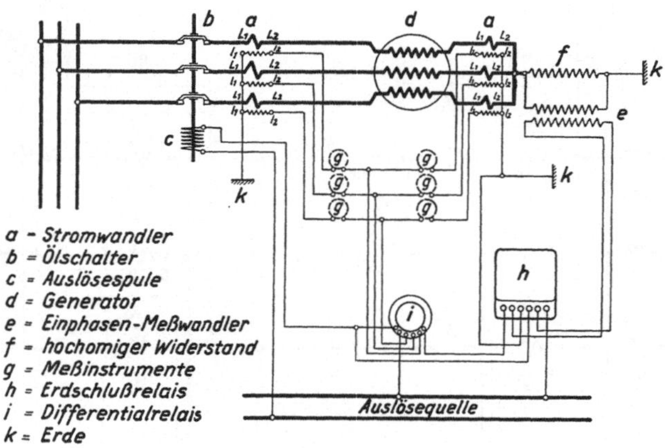

Abb. 319. Differential- und Erdschlußschutz von Generatoren.

der auf der einen Seite keine nennenswerten Zerstörungen der Wicklung und des Statoreisenblechkörpers zur Folge hat, auf der anderen
Seite aber das sofortige Ansprechen des Erdschlußrelais und damit
die Außerbetriebsetzung des Generators bewirkt.

Für Transformatoren ist der Differentialschutz in der Weise
modifiziert worden, daß statt der Ströme die hinein- und die herausfließende Leistung miteinander verglichen werden. Das als Wattmeter
ausgebildete Differentialrelais zeigt dabei infolge der besonderen Art
der Schaltung im normalen Betriebe die Eisenverluste des Transformators an und der Schutz läßt also eine allmähliche Verschlechterung des Eisenkerns, d. h. das Auftreten eines Eisendefektes und
die Ausbildung kurzgeschlossener Windungen rechtzeitig erkennen,
bevor größere Zerstörungen eingetreten sind. Der Schutz besitzt eine
große Empfindlichkeit und schaltet defekte Transformatoren bereits
ab, wenn der Fehlerstelle eine Leistung von etwa $0,5\,^0/_0$ der normalen
Transformatorenleistung zufließt.

Buchholz hat vor kurzem einen sehr interessanten und gerade
wegen seiner einfachen und sicheren Wirkung ganz vorzüglichen

Schutzapparat für Transformatoren angegeben. Er ging von dem Gedanken aus, daß irgendein Fehler im Transformator stets zu örtlicher Überhitzung und damit zur Zersetzung der Isoliermittel führt. Die Zersetzung der Isolation zeigt sich im Entstehen verschiedener Gase, die in Form von Blasen aufsteigen und nun vom Buchholz-Schutz an der höchsten Stelle des Deckels aufgefangen und einem mit zwei Schwimmern versehenen Apparat zugeführt werden. In dem Maße, in dem das den oberen Schwimmer umgebende Öl durch die aufsteigenden Zersetzungsgase verdrängt wird, büßt dieser an Auftrieb ein und sinkt schließlich nach unten, wobei sich ein Kontakt schließt, der eine Alarmvorrichtung betätigt. Bei größeren Fehlern setzt die Gasentwicklung im Transformator so heftig ein, daß starke Verdrängung entsteht, die einen weiteren durch den unteren Schwimmer betätigten Kontakt zum Ansprechen bringt und den Transformator sofort abschaltet. Eingehende auch im praktischen Betriebe angestellte Versuche haben die große Empfindlichkeit und ausgezeichnete Brauchbarkeit dieses Apparates ergeben, dessen Ausführungsform die Abb. 320 und 321 erkennen lassen. a ist ein Schwimmer, der unter dem Einfluß der aufsteigenden Gasblasen mittels eines der beiden Quecksilberkontakte c die Alarmvorrichtung betätigt. Der Schwimmer b, der im Zuge der vom Transformator kommenden Rohrleitung liegt, wird im Falle eines ernsteren Defektes angestoßen und löst mittels des zweiten der Quecksilberkontakte c die beiden Transformatorenschalter aus. Mittels des Hahnes d kann das entwickelte Gas zwecks näherer Untersuchung aufgefangen werden. Brennbarkeit des Gases deutet immer auf einen entstehenden Fehler hin, im anderen Falle handelt es sich um infolge ungenügender Evakuierung im Transformator verbliebene Luft. Die praktischen Erfahrungen

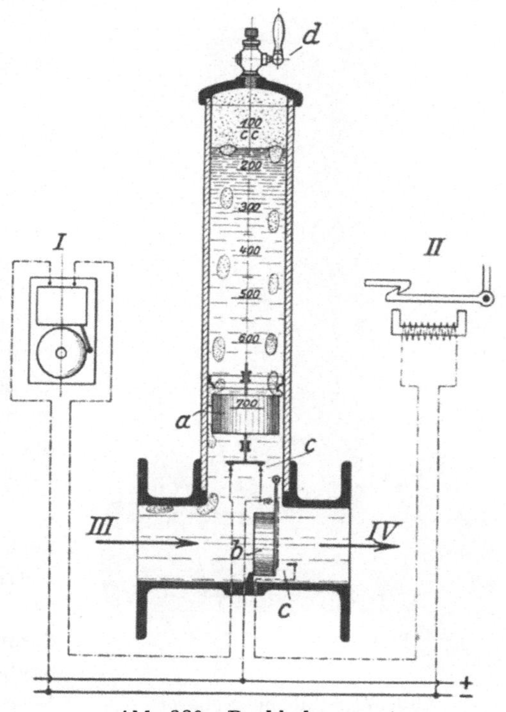

Abb. 320. Buchholzapparat.

haben gezeigt, daß der Buchholz-Apparat beginnende Fehler im frühesten Stadium anzeigt und den Transformator abschaltet, bevor nennenswerte Zerstörungen eingetreten sind. Jeder Betriebsleiter weiß aber, was das bezüglich der Ersparnis an Reparaturkosten und Zeit bedeutet. Der untere Schwimmer spricht übrigens auch an, sobald der Ölspiegel im Transformator die zulässige Grenze unterschreitet.

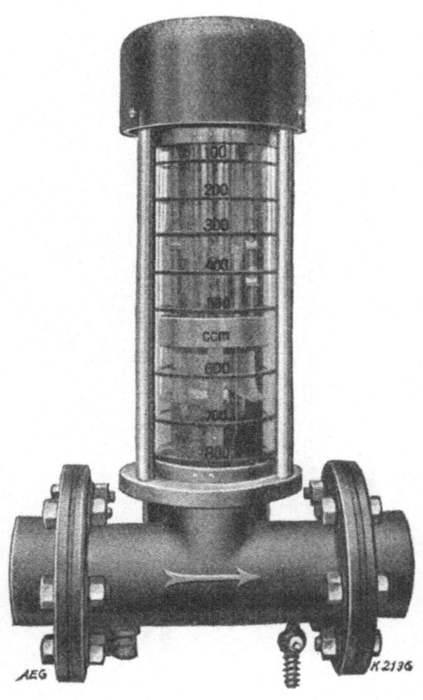

Abb. 321. Buchholzapparat.

Der Differentialschutz von Merz-Price ist auch in großem Maßstabe zum Schutz von Kabeln verwendet worden, und man hat in zahlreichen zum Teil sehr ausgedehnten Netzen für Betriebsspannungen bis 30 kV recht gute Erfahrungen mit ihm gemacht. Er ist in letzter Zeit durch ein neues von Pfannkuch gegebenes Schutzsystem verdrängt worden, das neben großer Betriebssicherheit und großer Empfindlichkeit vor allem den Vorteil aufweist, daß auftretende Isolationsfehler bereits im Entstehen festgestellt werden, so daß das Kabel außer Betrieb genommen werden kann, bevor ein Kurzschluß und die damit verbundenen umfangreichen Beschädigungen des Kabels eingetreten sind. Der Fehler wird ferner in einem so frühen Stadium bemerkt, daß die Außerbetriebnahme des Kabels auf einen günstig gelegenen Zeitpunkt verschoben werden kann. Der Schutz besteht darin, daß die äußere Lage der Kabelseele, wie dies Abb. 322 erkennen läßt, schwach gegen den übrigen Querschnitt isoliert wird und daß die schwach isolierten Leiter in zwei Gruppen unterteilt sind, denen mittels besonderer Stromwandler eine bestimmte niedrige Spannung gegeneinander und gegen den übrigen Teil der Seele aufgedrückt wird. Die schwachisolierten Drähte nehmen übrigens voll an der Fortleitung des Betriebsstromes teil, so daß die Kosten des Systems nur in der schwachen Isolation der äußeren Decklage bestehen und somit nur 5% des Kabelpreises ausmachen. Ein beginnender Isolationsfehler des Kabels wird nun stets am äußeren

Umfang des spannungführenden Leiters seinen Anfang nehmen; es wird also zunächst die schwache Isolation der äußersten Decklage zerstört, so daß die abwechselnd aufeinander folgenden Drähte der beiden Gruppen miteinander Schluß bekommen. Dadurch wird ein Relais zum Ansprechen gebracht, das zunächst ein Warnungssignal betätigt und erst bei größerem Umfang des Fehlers die Abschaltung des Kabels bewirkt.

Auf einem ähnlichen Prinzip beruht der sogenannte Lypro-Schutz von Hochstädter, der im Gegensatz zu Pfannkuch einen in der Mitte der Kabelseele verlegten isolierten Draht benutzt. Durch diese Anordnung geht natürlich die vorbeugende Wirkung, die gerade die Schutzsysteme von Buchholz und Pfannkuch so wertvoll macht, verloren.

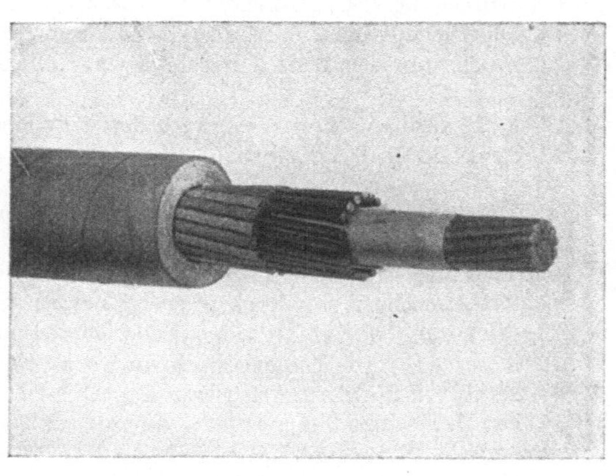

Abb. 322. Pfannkuchkabel.

Die vorbeschriebenen Differentialschutzeinrichtungen, sowie der Buchholz-Schutz haben ihrer ganzen Anlage nach von vornherein selektive Wirkung, d. h. bei einem auftretenden Fehler wird nur der betroffene Apparat bzw. Leitungsteil sofort abgeschaltet, während der übrige Teil des Netzes ungestört im Betriebe verbleibt. Die Einrichtungen stellen keinerlei Forderungen an die Gestaltung des Netzes; man kann also das Verteilungsnetz beliebig vermaschen, ohne daß darunter die selektive Wirkung im geringsten leiden würde. Gerade die ungestörte Aufrechterhaltung der Stromversorgung sämtlicher Stationen eines Netzes verlangt aber eine möglichst weitgehende Vermaschung.

Nun haben die vorbeschriebenen auf dem Fehlerstromprinzip beruhenden Schutzeinrichtungen neben den verhältnismäßig hohen Kosten den Nachteil, daß sie nicht an den Leitungen nachträglich angebracht werden können, und daß sie vor allem sich nicht für Freileitungsnetze verwenden lassen. Neben ihnen haben somit die auf dem Überstromzeitprinzip beruhenden Schutzeinrichtungen ihre volle Daseinsberechtigung.

Quellenverzeichnis.

Biermanns, J.: Der plötzliche einphasige Kurzschluß der Drehstrom-Synchronmaschine. Arch. Elektrot. Bd. 3, S. 354.
— Über die Vorgänge in Ein- und Mehrphasen-Synchronmaschinen bei der Unterbrechung des Kurzschlusses. Arch. Elektrot. Bd. 4, S. 193.
— Der plötzliche Kurzschluß der Drehstrom-Synchronmaschine. ETZ 1916, S. 579.
— Ausgleichsvorgänge beim Kurzschluß von Kollektormaschinen. Arch. Elektrot. Bd. 7, S. 1.
— Über die mechanischen Wirkungen des plötzlichen Kurzschlußstromes. Arch. Elektrot. Bd 9, S. 326.
— Über Hochleistungsschalter. ETZ 1920, S. 325.
— Ausgleichsvorgänge beim Parallelschalten von Synchronmaschinen. Arch. Elektrot. Bd. 10, S. 185.
— Kurzschlußkräfte an Transformatoren. Bull. des S.E.V. 1923, S. 212.
— Fehlerstromschutz von Hochspannungsnetzen. El. u. Maschinenb. 1925, S. 369.
— Die Sicherung der elektrischen Energieversorgung. ETZ 1925, S. 909.
Brühlmann, G.: Die theoretischen und praktischen Grundlagen für den Bau, die Wahl und den Betrieb von Ölschaltern. Bull. des S.E.V. 1925, S. 81.
Dreyfus, L.: Freie magnetische Energie zwischen verketteten Mehrphasensystemen. El. u. Maschinenb. 1911, S. 891.
— Ausgleichsvorgänge in der symmetrischen Mehrphasenmaschine. El. u. Maschinenb. 1912, S. 25.
— Ausgleichsvorgänge beim plötzlichen Kurzschluß von Synchrongeneratoren. Arch. Elektrot. Bd. 5, S. 103.
Kuhlmann, K.: Die Rückwirkung des Einschaltstromes von Transformatoren auf das Netz. Arch. Elektrot. Bd. 1, S. 525.
Lewis, W. W.: Single-phase Shat-circuit Calculations. Gen. El. Rev. 1925. S. 479.
Linke, W.: Über Einschaltvorgänge bei elektrischen Maschinen und Apparaten. Arch. Elektrot. Bd. 1, S. 16.
Mayr, O.: Die Erde als Wechselstromleiter. ETZ 1925, S. 1352.
Niethammer, F.: Kurzschlußreaktanz von ein- und mehrphasigen Maschinen. El. u. Maschinenb. 1916 S. 401.
— Der plötzliche Kurzschluß von mehrphasigen Synchronmaschinen. El. u. Maschinenb. 1916, S. 437.
Rikli, H.: Experimentelle Untersuchung über den plötzlichen Kurzschluß von Wechselstromgeneratoren. Bull. des S.E.V. Bd. 16, S. 217.
Rogowski, W.: Einschaltstromstoß und Vorkontaktwiderstand beim Transformator. Arch. Elektrot. Bd. 1, S. 344.
Rüdenberg, R.: Kurzschlußströme beim Betrieb großer Kraftwerke. El. u. Maschinenb. 1925, Heft 5 und 6.
Stern, G., und Biermanns, J.: Ölschalterversuche. ETZ 1916, Heft 46 u. 47.
Trettin, C.: Das Schalten großer Gleichstrommotoren ohne Vorschaltwiderstände. ETZ 1912, S. 760.
Wagner, K. W.: Über die Wirkungsweise von Dämpferwicklungen auf Gleichstrommagneten. El. u. Maschinenb. 1909, S. 804.

Druck von Oscar Brandstetter in Leipzig.

Kurzschlußströme beim Betrieb von Großkraftwerken. Von Prof. Dr.-Ing. und Dr.-Ing. e. h. **Reinhold Rüdenberg,** Berlin. Mit 60 Textabbildungen. (79 S.) 1925. RM. 4.80

Die Transformatoren. Von Prof. Dr. techn. **Milan Vidmar,** Ljubljana. Zweite, verbesserte und vermehrte Auflage. Mit 320 Abbildungen im Text und auf einer Tafel. (770 S.) 1925. Gebunden RM. 36.—

Elektronen- und Ionen-Ströme. Experimental-Vortrag bei der Jahresversammlung des Verbandes Deutscher Elektrotechniker am 30. Mai 1922. Von Prof. Dr. **J. Zenneck,** München. Mit 41 Abbildungen. (48 S.) 1923. RM. 1.50

Elektrische Durchbruchfeldstärke von Gasen. Theoretische Grundlagen und Anwendung. Von Prof. **W. O. Schumann,** Jena. Mit 80 Textabbildungen. (253 S.) 1923. RM. 7.20; gebunden RM. 8.40

Die Grundlagen der Hochvakuumtechnik. Von **Saul Dushman.** Deutsch von Dr. phil. **R. C. Berthold** und Dipl.-Ing. **E. Reimann.** Mit 112 Abbildungen im Text. (310 S.) 1926. Gebunden RM. 22.50

Die Grundlagen der Hochfrequenztechnik. Eine Einführung in die Theorie von Dr.-Ing. **Franz Ollendorff,** Charlottenburg. Mit 379 Abbildungen im Text und 3 Tafeln. (656 S.) 1926. Gebunden RM. 36.—

Hochfrequenzmeßtechnik. Ihre wissenschaftlichen und praktischen Grundlagen. Von Dr.-Ing. **August Hund,** Beratender Ingenieur. Mit 150 Textabbildungen (340 S.) 1922. Gebunden RM. 11.—

Elektrische Hochspannungszündapparate. Theoretische und experimentelle Untersuchungen. Von Professor Dipl.-Ing. **Viktor Kulebakin,** Moskau. Mit 100 Textabbildungen. (89 S.) 1924. RM. 4.20

Anleitungen zum Arbeiten im Elektrotechnischen Laboratorium. Von **E. Orlich.** Erster Teil. Mit 74 Textbildern. (100 S.) 1923. RM. 2.40

Die mathematischen Hilfsmittel des Physikers. Von Dr. **Erwin Madelung,** ord. Professor der Theoretischen Physik an der Universität Frankfurt a. M. Zweite, verbesserte Auflage. (Die Grundlehren der mathematischen Wissenschaften, Band IV.) Mit 20 Textfiguren. (298 S.) 1925. RM. 13.50; gebunden RM. 15.—

Methoden der mathematischen Physik. Von Prof. **R. Courant,** Göttingen, und Geh. Reg.-Rat Prof. **D. Hilbert,** Göttingen. Erster Band. Mit 29 Abbildungen. (Die Grundlehren der mathematischen Wissenschaften, Band XII.) (463 S.) 1924. RM. 22.50; gebunden RM. 24.—

J. Scott-Taggart, Die Vakuum-Röhren und ihre Schaltungen für den Radio-Amateur. Deutsche Bearbeitung von Dr. **Sieg. Löwe** und Dipl.-Ing. Dr. **E. Nesper.** Mit 136 Textabbildungen. (188 S.) 1925. Gebunden RM. 13.50

Drahtlose Telegraphie und Telephonie. Ein Leitfaden für Ingenieure und Studierende von **L. B. Turner.** Ins Deutsche übersetzt von Dipl.-Ing. **W. Glitsch,** Darmstadt. Mit 143 Textabbildungen. (229 S.) 1925. Gebunden RM. 10.50

Die elektrische Kraftübertragung. Von Oberingenieur Dipl.-Ing. **Herbert Kyser.** In 3 Bänden.

Erster Band: **Die Motoren, Umformer und Transformatoren.** Ihre Arbeitsweise, Schaltung, Anwendung und Ausführung. Zweite, umgearbeitete und erweiterte Auflage. Mit 305 Textfiguren und 6 Tafeln. (432 S.) 1920. Unveränderter Neudruck. 1923. Gebunden RM. 15.—

Zweiter Band: **Die Niederspannungs- und Hochspannungs-Leitungsanlagen.** Ihre Projektierung, Berechnung, elektrische und mechanische Ausführung und Untersuchung. Zweite, umgearbeitete und erweiterte Auflage. Mit 319 Textfiguren und 44 Tabellen. (413 S.) 1921. Unveränderter Neudruck. 1923. Gebunden RM. 15.—

Dritter Band: **Die maschinellen und elektrischen Einrichtungen des Kraftwerkes und die wirtschaftlichen Gesichtspunkte für die Projektierung.** Zweite, umgearbeitete und erweiterte Auflage. Mit 665 Textfiguren, 2 Tafeln und 87 Tabellen. (942 S.) 1923. Gebunden RM. 28.—

Hilfsbuch für die Elektrotechnik. Unter Mitwirkung namhafter Fachgenossen bearbeitet und herausgegeben von Dr. **Karl Strecker.** Zehnte, umgearbeitete Auflage. **Starkstromausgabe.** Mit 560 Abbildungen. (751 S.) 1925. Gebunden RM. 13.50

Kurzes Lehrbuch der Elektrotechnik. Von Prof. Dr. **Adolf Thomälen,** Karlsruhe. Neunte, verbesserte Auflage. Mit 555 Textbildern. (404 S.) 1922. Gebunden RM. 9.—

Die wissenschaftlichen Grundlagen der Elektrotechnik. Von Prof. Dr. **Gustav Benischke,** Berlin. Sechste, vermehrte Auflage. Mit 633 Abbildungen im Text. (698 S.) 1922. Gebunden RM. 18.—

Elektrische Maschinen. Von Prof. **Rudolf Richter,** Direktor des Elektrotechnischen Instituts Karlsruhe. In zwei Bänden.

Erster Band: **Allgemeine Berechnungselemente. Die Gleichstrommaschinen.** Mit 453 Textabbilnungen. (640 S.) 1924. Gebunden RM. 27.—

Elektromaschinenbau. Berechnung elektrischer Maschinen in Theorie und Praxis. Von Dr.-Ing. **P. B. Arthur Linker,** Hannover. Mit 128 Textfiguren und 14 Anlagen. (312 S.) 1925. Gebunden RM. 24.—

Elektrotechnische Meßkunde. Von Dr.-Ing. **P. B. Arthur Linker.** Dritte, völlig umgearbeitete und erweiterte Auflage. Mit 408 Textfiguren. (583 S.) 1920. Unveränderter Neudruck. 1923. Gebunden RM. 11.—

Messungen an elektrischen Maschinen. Apparate, Instrumente, Methoden, Schaltungen. Von Oberingenieur Dipl.-Ing. **Georg Jahn.** Fünfte, gänzlich umgearbeitete Auflage des von **R. Krause** begründeten gleichnamigen Buches. Mit 407 Abbildungen im Text und auf einer Tafel. (401 S.) 1925. Gebunden RM. 21.—

Elektrotechnische Meßinstrumente. Ein Leitfaden. Von **Konrad Gruhn,** Oberingenieur und Gewerbestudienrat. Zweite, vermehrte und verbesserte Auflage. Mit 321 Textabbildungen. (227 S.) 1923. Gebunden RM. 7.—